中国现象学文库
现象学研究丛书

意识现象学教程

关于意识结构与意识发生的精神科学研究

倪梁康 著

商务印书馆
The Commercial Press
创于1897

图书在版编目(CIP)数据

意识现象学教程:关于意识结构与意识发生的精神
科学研究/倪梁康著.—北京:商务印书馆,2023
(中国现象学文库.现象学研究丛书)
ISBN 978 - 7 - 100 - 22236 - 5

Ⅰ.①意… Ⅱ.①倪… Ⅲ.①现象学—研究 Ⅳ.
①B81 - 06

中国国家版本馆 CIP 数据核字(2023)第 059434 号

中国现象学文库
现象学研究丛书
意识现象学教程
关于意识结构与意识发生的精神科学研究
倪梁康 著

商 务 印 书 馆 出 版
(北京王府井大街36号 邮政编码100710)
商 务 印 书 馆 发 行
北京通州皇家印刷厂印刷
ISBN 978 - 7 - 100 - 22236 - 5

2023 年 6 月第 1 版 开本 880×1230 1/32
2023 年 6 月北京第 1 次印刷 印张 23⅛
定价:148.00 元

《中国现象学文库》总序

自 20 世纪 80 年代以来，现象学在汉语学术界引发了广泛的兴趣，渐成一门显学。1994 年 10 月在南京成立中国现象学专业委员会，此后基本上保持着每年一会一刊的运作节奏。稍后香港的现象学学者们在香港独立成立学会，与设在大陆的中国现象学专业委员会常有友好合作，共同推进汉语现象学哲学事业的发展。

中国现象学学者这些年来对域外现象学著作的翻译、对现象学哲学的介绍和研究著述，无论在数量还是在质量上均值得称道，在我国当代西学研究中占据着重要地位。然而，我们也不能不看到，中国的现象学事业才刚刚起步，即便与东亚邻国日本和韩国相比，我们的译介和研究也还差了一大截。又由于缺乏统筹规划，此间出版的翻译和著述成果散见于多家出版社，选题杂乱，不成系统，致使我国现象学翻译和研究事业未显示整体推进的全部效应和影响。

有鉴于此，中国现象学专业委员会与香港中文大学现象学与当代哲学资料中心合作，编辑出版《中国现象学文库》丛书。《文库》分为"现象学原典译丛"与"现象学研究丛书"两个系列，前者收译作，包括现象学经典与国外现象学研究著作的汉译；后者收中国学者的现象学著述。《文库》初期以整理旧译和旧作为主，逐步过渡到出版首版作品，希望汉语学术界现象学方面的主要成果能以《文库》统一格式集中推出。

我们期待着学界同仁和广大读者的关心和支持，藉《文库》这个园地，共同促进中国的现象学哲学事业的发展。

《中国现象学文库》编委会

2007 年 1 月 26 日

目　　录

第一编　绪论

第二编　对意识结构的描述：结构的奠基

第三编　对意识发生的说明：发生的奠基

第四编　意识研究的方法与任务

附　录

第一编

绪　　论

绪言　意识现象学的四定理

　　我们十分熟悉"意识"这个词并且经常使用它。但关于"意识"的问题，还是可以用得上"百姓日用而不知"这句亘古不变的老话。这里的情况与涉及"时间"、"存在"等问题时出现的情况一样，时至今日，我们依然必须赞同柏拉图和奥古斯丁所说以及后来为胡塞尔和海德格尔所引的两句话。第一句是："时间究竟是什么？没人问我，我还知道，若有人问我，我想向他说明时，便又茫然不知了。"[①]第二句是："当你们用到'存在着'这样的词，显然你们早就很熟悉这些词的意思，不过，虽然我们也曾以为自己是懂得的，现在却感到困惑不安。"[②]

　　必须承认，面对"意识"问题，我们今天仍旧会有与"茫然不知"和"困惑不安"相似的感受。不过我们还是需要先从最简单的语词

---

　　① 　奥古斯丁:《忏悔录》(*Confessiones*)，第 11 篇第 14 章。胡塞尔在其《内时间意识现象学》(Edmund Husserl, *Zur Phänomenologie des inneren Zeitbewusstseins, 1893—1917*, Husserliana X, Den Haag: Martinus Nijhoff, 1966。以下凡引《胡塞尔全集》均仅在正文中标出 Hua + 卷数 + 页码) 开篇第一节便引用它来说明他讨论的时间问题的难与易。

　　② 　柏拉图:《智者篇》(*Sophist*)，244 a。海德格尔在其《存在与时间》(Martin Heidegger, *Sein und Zeit*, GA 2, Frankfurt am Main: Verlag Vittorio Klostermann, 1977。以下凡引《海德格尔全集》均仅在正文中标出 GA + 卷数 + 页码) 扉页上引用了柏拉图的这段话来说明他讨论的存在问题的难与易。

概念说起，以便能够达到在这些语词概念之中或之后或之上的相关意义内涵。①

　　"意识"是一个外来词，最初源自佛教的翻译。用两个或多个有独立含义的单字组成一个词，这是汉语所具有的一种特殊的语言功能。在"意识"这里，"意"（manas）是指"思量"，"识"（vijñāna）是指"分别"。这两个字的含义被一同纳入到一个词的含义中，构成一个彼此交融的含义圈。②

　　接下来，"现象学"也是一个外来词，最初产生于德国哲学之中。它是对希腊文的"现象"（φαινόμενο, phaenomeno）与"学"（λόγος, logos）两个词的组合。它产生的时间比"意识"要晚一千多年。这个词最早出现在兰贝特（J. H. Lambert）于1764年发表的《新工具或关于真与谬误和假象之区别的研究与标示的思想》（*Neues Organon oder Gedanken über die Erforschung und Bezeichnung des Wahren und dessen Unterscheidung vom Irrthum und Schein*）一书中。后来的语言哲学家赫尔德和哲学家康德、费希特都曾使用过这个概念。而黑格尔则将他的早期代表作命名为《精神现象学》③。半个世纪之后，爱德华·封·哈特曼的成名作也叫作

---

　　①　这里实际上已经默认了一个前提的存在：通过语词概念来澄清问题的人（如柏拉图、奥古斯丁、胡塞尔、海德格尔）自己已经有了对相关问题的一个直接明见，这样他们才能试图通过语言来澄清它，而所谓"澄清"，也就意味着通过对语言的诉诸来唤起读者的相应明见。

　　②　与此类似的还有同样来自佛教汉译的"世界"含义圈："世"指"时间"，"界"指"空间"，"世界"因此而意味着时间与空间的合成语义范围。

　　③　Georg Wilhelm Friedrich Hegel, *Phänomenologie des Geistes*, Bamberg und Würzburg, 1807.

《道德意识现象学》^①。

在 20 世纪的胡塞尔这里,"意识"与"现象学"这两个组合词再次被组合在一起,由此产生出"意识现象学"的概念。它意味着关于意识及其显现方式的学说与方法。

"意识"的概念与问题在各个文化传统和语言传统中都出现过,带有不同的含义和指向。我们这里仅仅列出与现代意识表述和意识研究的语境有关的语词。

如今我们使用的汉语"意识"属于现代汉语,它是受西方哲学与科学语言的影响而形成的。我们可以划分出它的宽、窄两个含义。前者,即广义的意识,泛指一切精神活动,或者说,泛指心理主体的所有心理体验,如感知、回忆、想象、图像行为、符号行为、情感、意欲,如此等等,皆属于意识的范畴;后者,即窄义的意识,则特指觉察、警悟的心理活动,如"我意识到自己存在的问题","他意识到事态的严重性",如此等等。

中国古代文献中很少出现"意识"的双字词。哲学文献中使用更多的是"心"、"意"、"识"的单字词。"意识"一词的形成更多是受了佛教用语的影响,是在佛典翻译过程中形成的概念。在佛典翻译过程中,传统哲学中的"心"、"意"、"识"也被大量使用,并被赋予新的含义。

原始佛教中所说的"意识"(mano-vijñāna),是六识之一:"眼识"、"耳识"、"鼻识"、"舌识"、"身识"、"意识"。汉语中这个

---

① 　Eduard von Hartmann, *Phänomenologie des sittlichen Bewußtseins*, Berlin: Carl Duncker's Verlag, 1879.

词最初很可能来源于后汉安世高翻译的《阿含经》①，而在后秦鸠摩罗什所译的《般若经》、佛陀耶舍所译的《长阿含经》中已经多次出现。后来在唐玄奘翻译的《般若经》中，"意识"一词已被使用得十分频繁；尤其是在玄奘翻译的《阿毗达磨俱舍论》卷二中，也出现了对"意识"的广为流传的定义："论曰：传说分别略有三种。一、自性分别。二、计度分别。三、随念分别。由五识身，虽有自性；而无余二。说无分别。如一足马，名为无足。自性分别，体唯是寻。后心所中，自当辩释。余二分别，如其次第。意地散慧诸念为体。散谓非定。意识相应散慧，名为计度分别。若定若散意识相应诸念，名为随念分别。"②

　　大乘唯识宗后来将六识扩展为八识，增加了"阿赖耶识"和"末那识"。原先在部派佛教中的同义词"心"（citta）、"意"（manas）、"识"（vijñāna），现在被用来专门指称第八识、第七识和前六识。大乘佛教实际上采纳了这三个词在此之前便各自含有的基本特征刻画与定义命名："心意识体一"，"集起故名心，思量故名意，了别故名识"。③

　　这里还需要说明一点：大乘佛教唯识学中的第七识"意"与第六识"意-识"代表了意识的两个不同的层面或向度，它们都与梵文的"manas"有关，但第七识被音译为"末那"，而第六识被意译为"意

---

① 《尸迦罗越六方礼经》，安世高译，《大正新修大藏经》第 1 册，第 252 页。

② 世亲造：《阿毗达磨俱舍论》卷第二，玄奘译，《大正新修大藏经》第 29 册，No. 1558，第 8 页。

③ 世亲造：《阿毗达磨俱舍论》卷第四，玄奘译，《大正新修大藏经》第 29 册，No. 1558，第 21 页。

识"（mano-vijñāna），即"末那"之识、与思量相关的"心识"。

　　现代语言中的"意识"概念，无论是汉语的"意识"，还是德语的"Bewußtsein"或英语的"consciousness"或法语的"conscience"，对应的都是佛教中的全部八识或"心、意、识"，而不是其中的某个"意识"，无论是第七识，还是第六识。

　　因而今天流行的"意识"概念，基本上是来自西方的"意识"，也与佛教唯识学中广义的"识"相等，即涵盖心（第八阿赖耶识）、意（第七末那识）、识（狭义的识：眼-耳-鼻-舌-身-意前六识），即全部八识（广义的"识"），而且还与汉语思想史上出现的"心"或"心性"的概念相近，虽然不完全相等。

　　但在西方主要语言中，尤其是在德文和英文中的"意识"概念，并不完全相等。目前最为流行的英文"意识"（consciousness）或"心灵"（mind）概念也是目前意识研究或意识理论所使用的概念。[1]

　　仅从大卫·查尔默斯（David John Chalmers, 1966—）的著名论著《有意识的心灵》[2]（*The Conscious Mind*）的标题便可以看出，英文中的"意识"（consciousness）与"心灵"（mind）并不相互等同，"心灵"的外延要比"意识"更广，至少包含未被意识到的心灵：记

---

　　①　这里或许值得留意一下胡塞尔的加拿大学生贝尔（Winthrop P. Bell）在研究和翻译当时美国著名的观念论哲学家乔赛亚·罗伊斯（Josiah Royces, 1855—1916）哲学时做出的一个特别术语提示："并不始终能够用'Seele'来翻译'mind'这个词，并将'Bewusstsein'保存给英文的'consciousness'。因为罗伊斯几乎是在交替使用这两个名称。'mind'对于罗伊斯来说就是'Pysche'，所有意识的因而都是心理的。他的'绝对'意识则主要被称作绝对'自我'（ego）。"（Hua Dok. V,S. 15. Anm. 1）

　　②　David John Chalmers, *The Conscious Mind*, New York: Oxford University Press, 1996.

忆意识、无意识、潜意识、下意识、前意识、后意识等等。简言之，非当下显现但在背后起作用的意识。我们可以将心灵的显现部分称作"现象学的部分"，将不显现的部分称作"心而上学的部分"，或者说，"现象学的心灵"（the phenomenological mind）与"心而上学的心灵"（the metapsychological mind）。这里可以参见丹麦哲学家扎哈维的著作《现象学的心灵》①。在这个意义上，心理学家特奥多尔·利普斯曾将心理学称作"关于意识内容或意识体验本身的学说"②。而"心理学"原初也就意味着关于"心灵生活"的学说，但现在需要增加一个定语："**显现的**心灵生活"，因为不显现的心灵生活的部分属于心而上学、机能心理学的讨论范围。

现在可以看出，我们所使用的传统的和非主流的德文、中文的"意识"概念与现行的、主流的英文"mind"基本相等，而英文的"consciousness"则相当于德文的"自身意识"（Selbstbewußtsein）和佛教唯识学的"自证"（svasaṃvedana）。

卡西尔在许多年前曾感叹说："看起来意识这个概念是真正的哲学柏洛托斯③。它在哲学的所有不同问题领域都出现；但它在这些领域中并不以同一个形态示人，而是处在不断的含义变化中。"④

---

① Shaun Gallagher and Dan Zahavi, *The Phenomenological Mind*, London: Routledge, 2008.

② Theodor Lipps, *Leitfaden der Psychologie*, Leipzig: Verlag von Wilhelm Engelmann, 1903, S. 1.

③ 柏洛托斯是希腊神话中变幻无常的神。

④ E. Cassirer, *Philosophie der symbolischen Formen III, Phänomenologie der Erkenntnis*, Darmstadt: Wissenschaftliche Buchgesellschaft, 1982, S. 57.

但我们如今还是可以做出一个有把握的确定：虽然有不同的显示形态，也有变化的语词含义，但在它们后面仍然可以把捉到某些共同的东西。我们可以结合布伦塔诺以及他的两位学生弗洛伊德与胡塞尔的话来说：心灵生活在进行过程中会有被意识到的部分和未被意识到的部分，前者是确切意义上的意识，后者是确切意义上的无意识。

我们这里要阐述的意识现象学是关于意识的研究，其间也涉及作为意识的边缘问题的无意识心而上学。

我们将这里把捉到的共同的东西先用"意识现象学的四定理"的方式确定下来：

1. 意识总是关于某物的意识（意向性现象学、意识结构现象学）。

2. 意识总是处在流动中（时间意识现象学、意识发生现象学、历史现象学）。

3. 意识（Bewußtsein）是通过反思而可被直接把握到的意识-存在（Bewußt-Sein）（超越论现象学、存在论现象学、方法论现象学）。

4. 意识的法则可以通过本质直观来把握（方法论现象学）。

前两条定理关系意识现象学的实事内容，也意味着意向生活的两个基本特征。黑尔德曾用胡塞尔的说法对它们做过如下的概括：

1）感知被理解为意向地拥有，而所有意向生活都被理解为原型意向性的实现或"更高阶段的"变异。2）现象学在其反思的第一次实施中发现了自我的无限反思权能并与此一致地发现了意向生活一般的第二个基本特征：它的持续流动。①

我们在这里首先阐释关于意识生活这两个基本特征的前两个命题。后两条定理涉及意识现象学的两个基本方法：超越论现象学还原与本质还原，对此我们将在本书第四编论述。

我们现在已经可以看出，而且后面随着讨论的进行还会看到，前面所说的关于"时间"、"存在"等问题之所以会让古往今来的思想家们"茫然不知"或"困惑不安"，乃是因为它们与"意识"的问题内在地联系在一起，甚至就是表达同一个问题的三个概念。

除此之外，在阐释的过程中我们也会一再地切身体会到，胡塞尔所说的"现象学哲学的所有广度和深度，它的所有错综复杂"（Hua Brief. III, 90）以及"枝缠叶蔓的现象学证明（可以说是大量细致入微的纵横截面与标本）"（Hua Brief. IX, 80），究竟是怎样一种状况。

---

① Klaus Held, *Lebendige Gegenwart – Die Frage nach der Seinsweise des transzendentalen Ich bei Edmund Husserl, entwickelt am Leitfaden der Zeitproblematik*, The Hague: Martinus Nijhoff, 1966, S. 8 ff..

第 1 章　何谓意识：原意识、自意识、自证分、内觉知、感受质

　　这里要讨论的"意识"，在古今东西方的意识哲学传统中具有各种各样的表达方式。本章的意图在于尽可能清晰地说明："意识"就是在笛卡尔那里被称作"直接意识"的东西，就是在胡塞尔的意识现象学中被称作"原意识"（Urbewußtsein）或"内觉知"（inneres Gewahren）的东西，就是在心灵哲学与海德堡学派那里也被称作"自身意识"（Selbstbewußtsein）或"自我意识"（self-awareness）的东西；而且它们同样也是在古代东方的瑜伽行唯识学派那里被称作"自证"（svasaṃvedana）的东西；最后，它们与在心理学和科学哲学中被称作"感受质"（quale/qualia）的东西也是一致的。在所有这些概念中都包含了关于"意识"的各种相近视角和相应理解。

　　意识分析或心理分析在思想史上已经有了很长的传统。而在瑜伽唯识学的心意识理论中，这个传统已经具备了十分成熟的形态。除了心意识发生脉络方面的纵向一分为三以外，还有在心意识结构方面的横向一分为四。而无论是纵向的发生分析，还是横向的结构分析，都有其发展的历史。我们这里的讨论主要集中于后者，即横向结构方面的发展变化。

就心意识结构方面而言，唯识学文献中有所谓"安慧（sthiramati）立唯一分，难陀（nanda）立二分，陈那（dignāga）立三分，护法（dharmapāla）立四分"[①]的说法，它涉及的就是这里所说的心意识分析的发展变化。

自证一分的主张在时间上应当是最后出现的。所谓安慧立一分，就是指安慧立自证分为识体，提出唯自体分的主张。在此之前，还有难陀的见、相二分说，陈那的见、相、自证三分说。这里可以参考吕澂更为精确的说法："安慧基本上继承了难陀，同时吸收了陈那之所长，把二分说、三分说同《摄大乘论》、《辨中边论》中的唯识说融合一起。虽然他的说法还是三分说，但他用《辨中边论》开宗明义第一颂的意思，认为识法分别只是'虚妄分别'，在此分别上的见相二分即'二取'（见分属能取，相分属所取），是遍计所执性，都是不实在的，所以谓之'二取无'（这与难陀说法不同）。只有自证那一分才是实在的，属于依他起的性质。所以从心分来说，三分说反而成了一分说了。"[②]

无论是自证的一分，还是见、相的二分，或是见、相、自证的三分，涉及的都是心意识自体中含有的不可或缺的本质要素的数量。用近代欧洲哲学的鼻祖笛卡尔的语言来说，自证的一分相当于他所说的"思"（cogito）。这里的第一人称单数的"思"，并不是专指"思维"，而是"意识"，威廉·文德尔班（Wilhelm Windelband）认为这

---

① 窥基：《成唯识论述记》卷三，《大正新修大藏经》第43册，第320页。
② 吕澂：《印度佛学源流略讲》，上海：上海人民出版社，2018年，第185页。

个翻译是对"思"的最好转述。[①]"意识"包含了"表象"、"思维"、"感受"、"意欲"等。因此，笛卡尔所说的"cogito, ergo sum"（我思故我在），其实际的意思就是"我意识，所以我存在"，或按黑格尔的解释："意识（思维）即存在"。它与"万法唯识"的意思之间没有本质的区别。而见、相二分说则意味着："思"是由"思维活动"（cogitatio）和"思维对象"（cogitatum）组成的，或按胡塞尔的分析，"意识"是由"意识活动"（noesis）和"意识对象"（noema）组成的。

最后，见、相、自证的三分说则还特别表明：意识活动在指向意识对象的同时，也直接意识到自己的这种指向。[②]在此意义上，意识中包含了第三自证分，或者说，意识的自体中除了包含上述意识活动和意识对象之外，还包含了一种对本身活动的直接意识到的成分。

---

①　文德尔班在其《哲学史教程》中就笛卡尔的"思维"的特点写道："通常将'cogitare'、'cogitatio'译成'思维'（Denken），这种做法并非不带有误解的危险，因为德文中的'思维'意味着一种特殊的理论意识。笛卡尔本人用列举法阐述'cogitare'的意义；他将此理解为怀疑、肯定、否定、领会、意欲、厌恶、臆想、感觉等等。对于所有这些功能的共同点，我们在德文中除'意识'（Bewußtsein）以外，几乎别无他词可以表示。"（Wilhelm Windelband, *Lehrbuch der Geschichte der Philosophie*, Tübingen: Mohr[Siebeck], 1957, S. 335.）

②　这个意义上的"自证分"也可以在笛卡尔那里找到。笔者曾在《自识与反思》中引述了笛卡尔在其著作中一再使用的"直接地意识到"的说法："我将思维（cogitatio）理解为所有那些在我们之中如此发生的事情，以至于我们从我们自身出发而**直接地意识到**（immediate conscii）它。"（Descartes, *Principia Philosophiae*, Œuvres VIII. Paris: Publiées par Ch. Adam et P. Tannery, 1897—1913, I, 9. 强调为笔者所加。）参见倪梁康：《自识与反思：近现代西方哲学的基本问题》，北京：商务印书馆，2020 年，第 57 页。基本相同的一段文字也出现在《第一哲学沉思集》的第二答辩中："我将'思维'这个名字理解为所有那些如此地在我们之中，以至于为我们所**直接地意识到的东西**。"（Descartes, *Meditationes de prima Philosophia*, Œuvres VII. Paris: Publiées par Ch. Adam et P. Tannery, 1897—1913, S. 143, 强调为笔者所加。）

这是一个古今东西的意识哲学家都提出过的意识分析的结论，一个对意识的三位一体的理解。意识现象学的创始人胡塞尔这样来表述这个意识哲学的基本结论："每个[意识]行为都是关于某物的意识，但每个[意识]行为也被意识到。每个[意识]体验都是'被感觉到的'（empfunden），都是内在地'被感知到的'（内意识），即使它当然还没有被设定、被意指（感知在这里并不意味着意指地朝向与把握）。"（Hua X, 126）

胡塞尔在这里所说的"内意识"，或打了引号的"被感觉"或"被感知"，与唯识学家用"自证"来表达的东西并无二致。而他所说的"每个[意识]行为都是关于某物的意识"，则指明了意识的基本结构是意向性，即意识活动总是指向一个意识对象。这也就是意识的见分和相分。

但无论是胡塞尔所说的"内意识"（inneres Bewußtsein）或"内感知"、"内感觉"、"觉察"（innewerden）、"内觉知"，还是唯识学家所说的"自证"，都会造成某些理解上的困难。当代心灵哲学和心理学所说的"感觉质"（qualia）也是一个不能提供更多帮助的概念，尤其在"qualia"被理解为某种仅仅与感觉或感觉材料有关的"质"的情况下。现在流行的中译"感觉质"更是一种基于现代心灵哲学的解释性翻译。而事实上在一百多年前的舍勒那里，"qualia"就已经被用来说明价值的性质或价值感受的特殊性质，例如某种"适意"的性质或"适意的快乐"的性质。原则上可以说，"qualia"不是"感觉质"，而是更宽泛意义上的"感受质"或"感质"，也就是胡塞尔所说的"被内意识到的"或"被内觉知到的"性质。马克斯·舍勒认为，"Wertquale"（不妨译作"价值感质"）只能为相关的个体主体把捉到, 表达的实际上也是同一个意思。[①]

　　而瑜伽唯识宗所说的 "svasaṃvedana", 英译作 "self-cognition", 中译作 "自证"[②], 带有了太多的证明和知识的意味, 缺少了笛卡尔所说的 "直接地意识到" 以及 "不证自明" 意义上的 "自明" (self-evidence) 的意味。

　　总而言之, 意识就是它自己觉知、觉察的东西; 意识就是内意识; 意识就是感受质 (qualia)。当然, 这个意义上的 "意识" 涵盖的只是 "意识" 的第一个定义: 个体的主观体验。它无可替代, 不具有共性。看一片红叶, 伴随每个人的看的意识或感受质都各不相同; 听一首曲子, 伴随每个人的听的意识或感受质都各不相同。而它的最重要特点就是在它进行的过程中意识到自己的进行, 它的进行是有意识的、被觉知的、被觉察的。因而意识不多不少就是自身意识到的东西。表象意识是被意识到的看、听、尝、嗅、触; 与此相同, 怜悯意识就是被意识到的怜悯, 愤怒意识就是被意识到的愤怒, 欲望意识就是被意识到的欲望, 恐惧意识就是被意识到的恐惧, 羞愧意识就是被意识到的羞愧, 如此类推至笛卡尔列举的所有包含在 "cogitare" 标题下的意识行为: 怀疑、肯定、否定、领会、意欲、厌恶、臆想、感觉。用安慧的说法来表达: 见、相、自证的三分就是一

---

　　① 舍勒的原话是: "每一个个体伦常的主体都对那个只能为它所把捉的价值性质 (Wertquale) 进行特殊的照管和培养。" (参见舍勒:《伦理学中的形式主义与质料的价值伦理学》, 倪梁康译, 北京: 商务印书馆, 2011 年, 第 707 页, 还可以参见第 255 页)

　　② 参见窥基:《成唯识论述记》卷三,《大正新修大藏经》第 43 册, 第 319 页: "若无自证分, 相、见二分无所依事故。" 以及参见:《成唯识论》卷二, 玄奘译,《大正新修大藏经》第 31 册, 第 10 页: "此若无者, 谁证第三。"

分"自证"，而用笛卡尔的说法来表达："思维"（cogitatio）（意识）就是"为我们所直接地意识到的东西"。一言以蔽之，"意识"就是"被意识到的"或"有意识的"心理过程，也就是自己意识到自己的心理状况或心理过程；"无意识"则反之，是"未被意识到的"心理过程。

在这个意义上，"心灵"（mind）或"精神"（Geist）是一个比"意识"更大的概念。意识只是心灵显现出来的部分，现象的部分。心灵原则上还包含其他未显现的、无意识的部分。唯识学的经典如《解深密经》将它称作"深密"的部分；当代的人工智能研究常常将它们冠以"深度"的称号，如"深度心灵"、"深度学习"等。

我们可以这样说："无意识"是指未显现出来的心理过程。对此可以通过心而上学和无意识心理学来研究，但这些研究必定是间接的，因为无意识的心理过程并不显现，因而也不被意识过程本身所意识到，对无意识的研究只能通过解释、假设、推理、揣摩、思辨等方法来把握。对无意识的研究并非不重要，恰恰相反，事实上自无意识研究产生以来，实施它们的哲学家们（如封·哈特曼、赫尔巴特）和心理学家们（如弗洛伊德、荣格等）就一直在强调对无意识的心理过程的研究要比对有意识的心理过程的研究更重要，规模也会更大。

这里所说的有意识的心理过程是指显现出来的心理过程，即费希纳和弗洛伊德都用冰山隐喻来说明的冰山的露出水面部分。与它相比，潜在水下的冰山部分通常要比露出的部分大许多。但对于显现的心理过程，实际上我们至今为止的所知仍然很少。

但无论如何，如果心理学的研究对象是心理状态或心理过程，那么它的研究领域就可以首先一分为二：有意识的与无意识的心理状态或心理过程。除此之外，别无他哉。也就是说，一位心理学家要么就是研究有意识的心理状态或心理过程，要么就是研究无意识的心理状态或心理过程。①

对无意识的研究自然有其自己的困难。用何种方法来研究心而上学的东西，这一直还是不断引起争论的问题。初期的思辨方法如今已经被弃置，后来的诠释方法一度有很大成效，但始终未能摆脱间接、揣摩、建构、推断的特点与缺陷。但这里暂不对此做展开讨论。

而对"意识"或"自身意识"的研究的困难在于：虽然对意识的反思是直接的，即无须中介的，也是直观明见的，但这种反思是个体的、主观的、经验的、后发的，因而往往被视作非客观的、非科学的。

无论如何，迄今为止对意识的反思研究已经把握到了贯穿在意识之中的主观逻辑或超越论逻辑的基本要素。瑜伽唯识学对各种意识类型的划分、分析、概念把握以及在结构与发生两个方向上的理解与研究，已经为意识分析和意识理论奠定了一个重要的基础。当代的意识现象学与心灵哲学也在意识与无意识领域的研究中有诸多的成果问世，并且对当代自然科学的意识理论和意识研究产生

---

①　潘菽在讨论意识心理学时将"意识"仅仅理解为"人的认识活动"，甚至主张，"意识就是认识"，即主要包括感觉、知觉、思维这三种认识活动，但不包括记忆、情绪等非认识心理活动。因此，他认为"传统心理学的最大错误看法之一"就是"用意识概括人的全部心理活动"（潘菽：《意识：心理学的研究》，北京：商务印书馆，2018 年，第 4、5、17 页）。这个对"意识"概念的特定的定义与笔者这里所说的广义的，即包括了意识与无意识的"意识"概念并不一致。

重要的影响。

在瑜伽唯识学的心意识分析传统中，第七、八识属于心意识的深密部分，相当于当代心理学中的无意识部分，不属于这里讨论的问题。笔者在此着重关注的是意识，亦即唯识学中的前六识部分，它的特点是了别，即分辨出对象的能力。以前六识为分析对象，可以最为清晰地看出其中的三分特征：前五识眼耳鼻舌身是感觉材料，本身不是行为，不会单独出现，也就是唯识学家所说的不能单独升起。而前五识之外的一切，都属于第六意识的范围。

前六识的最重要的组成部分是感知行为：感知的意识活动（见分）首先意味着第六识对前五识进行统摄，将它们造就成一个意识对象（相分），这就是前五识必定与第六识共同升起的原因。但在第六识不仅仅包含统摄的成分，而且还包含在统摄时一并赋予对象的许多其他意识内容，例如，与空间相关的视域意识、背景意识，与时间相关的当下意识，以及与此时此地相关的存在意识或存在设定。这些都是必然包含在作为第六识的感知意识中的基本要素。

在作为前五识的感觉材料中包含了一定意义上的时间感和存在感。感觉材料必定是当下的、现前的，因而只要感觉材料出现，就会被内觉知为是现在存在的。这也决定了：在感知意识中始终包含原本意识与存在意识。

需要特别说明这里的"意识"概念：它指的就是作为内觉知或原意识的意识。我们可以从一个意识中抽象出它的作为见分相分的意向性，也可以抽象出它的其他成分，如作为原本意识、存在意识、时间意识等成分，在许多情况下还会包含道德意识、审美意识等。这些成分以合乎规律的方式包含在特定的意识类型中，例如在这里是包含在感知意识中，即包含在唯识学家所说的五俱意识中。①

绝大部分的意识成分都是第六意识在统摄感觉材料（五识）或想象材料时加入的。唯识学家只将五种感觉材料确立为五种识，即眼耳鼻舌身五种感觉材料。感觉材料本身实际上并不是意识行为，因而唯识学家都强调说明五识不能单独成立，只能随第六意识一同升起，也就是说，第六识是激活感觉材料（五识）并使感觉材料能够被统摄成为一个意识对象的能力。

这个能力就是以后在现象学那里叫作"意向性"的东西。唯识学中的第六"意识"是指"了别"的能力，即一种能够将某个东西从杂乱的感觉材料中提升出来，从而有别于其周遭的机能。现象学将这个最基本的意识机能称作"意向性"或"客体化"的机能。最初提出"意向性"概念的布伦塔诺认为，物理现象与心理现象的区别是前者没有意向性，后者有意向性。而他所说的物理现象就是感觉材料，即视、听、嗅、味、触五觉，或眼、耳、鼻、舌、身五识；而心理现象就相当于唯识学中的第六意识。

第六识涵盖的范围很大，不仅包括感知的统摄活动，而且也包括回忆行为，或者胡塞尔所说的广义的"当下化行为"（Vergegenwärtigung）；或者用布伦塔诺的术语也可以说，不仅包括本真表象，而且包括非本真表象，即想象行为、图像行为、符号行为、

---

① 此外，唯识学家还区分出五十一种属于意识并按照一定规律伴随其出现的意识现象，即所谓"心所"，其中五种为"遍行"，五种为"别境"，十一种为"善"，六种为"烦恼"，二十种为"随烦恼"，四种为"不定"。它们都是在作为"心王"的意识活动中伴随"心王"产生的种种道德意识和精神状态。但这里对此不做深入讨论。笔者在其他文章中已经做出较为详细的论述。参见倪梁康："关于事物感知与价值感受的奠基关系的再思考：以及对佛教'心-心所'说的再解释"，载于《哲学研究》，2018 年第 4 期。

思维行为、判断行为、推理行为，如此等等。

在前六识中，除了"五俱意识"之外，其余的意识类型都属于唯识学家所说的"不俱意识"，即属于可以在不带有前五识的情况下独立形成的第六意识。我们在前五识那里可以发现的存在意识、时间意识等，在作为"不俱意识"的第六识这里并不能找到。这是因为，原先与感觉材料相伴的这些意识因素，在不包含感觉材料的"不俱意识"这里已经不复出现。

在感觉材料中包含了一定的存在意识，感觉材料显现时必定伴随着存在感或存在意识。唯识学家并未将回忆、想象、期待等意识行为中的想象材料单独列出与五识并行，但现象学家和现代心理学家则特别强调这种想象材料（Phantasma）成分的存在，例如被回忆的漫游途中见到的漫山遍野的红色，昨晚品尝的葡萄的酸味，如此等等。它们不是感觉材料，而只是对感觉材料的再造。这些想象材料在显现时不带有任何存在意识和时间意识。① 单纯的想象材料可以是当下的，也可以属于过去或将来。只有在意识活动（即见分）统摄它们，使它们成为回忆对象、期待对象、想象对象等（即相分）时，才会有诸多的意识成分如存在意识、时间意识附加进来。

我们可以以回忆行为为例。胡塞尔在这里再次谈到"内意识"："每个［意识］行为都可以被再造，在每个对作为一个感知的行为的'内'意识中，都包含着一个可能的再造意识，例如一个可能的再回忆。"（Hua X, 126）

---

① 或许图像意识的情况可以构成某种例外：在看到发黄的黑白照片或影片时，我们已经会在这些想象材料上意识到它们的过去存在，而无须去辨认和了别上面的人物和事物的相分。

这里的"内意识",就是指被意识到的感知行为。唯有当原本的感知活动是自身被意识到的,被觉察到的,或者说,被关注的,它才能在将来重新被唤回到意识中,即被重新回忆起来;而且是以一种原先被意识到多少后来就可以被回忆多少的方式。这也是玄奘所说的:"此[自证分、内意识]若无者,应不自忆心、心所法。"①也正因为此,回忆是最能说明意识的主观体验特征的意识行为。每个人的回忆都是自己的,且各不相同,这是因为构成回忆的基础是原初的内意识,即包含再造可能的内意识。

但回忆行为不只是将过去的意识活动或内意识加以单纯的复现和再造,而且还必定会在这种复现和再造中减少一些东西,同时也会增加一些东西。减少的情况十分常见,但并非必然。正如耿宁在"回忆与特殊的过去之现实"文章中举例所示:如果现在我回忆前次的长达几天的漫游的经历,我们通常不会在意识中用相同的时间来重复再现这个几天的经历,而只是选择其中的某些部分,并且跳过或略过其余的部分。而增加的情况则属于必然:每一次的回忆都至少会在回忆中增加原先的感知意识中没有的时间间距意识和过去存在意识,即对过去的存在设定。例如,两天前曾经拥有的一百元虽然不代表今天仍然拥有,但它也不是虚构的,而是一种特殊的实在。这是一种不同于感知行为中的存在意识的回忆行为中的存在意识。倘若没有这些意识成分的加入,回忆就不成其为回忆。

因而在作为回忆行为的第六识中,不仅包含回忆活动(见分)

---

① 《成唯识论》卷二,玄奘译,《大正新修大藏经》第 31 册,第 10 页。

和被回忆的对象或经历（相分），也包含对被回忆的过去的时间间距意识，对被回忆的过去的存在意识，以及如此等等。这里可以特别提一下在回忆中增加的与被回忆的过去有关的空间意识，如耿宁所说，这个空间意识总是一个特定的、与原先感知时的视角相应、但又不相同的视角的空间意识：我前面的和后面的，下面的和上面的，如此等等。

回忆活动在唯识宗的意识分析中属于"独散意识"。这个类别与胡塞尔所说的狭义上的"当下化行为"，即"直观当下化行为"①的种类最为接近。它不仅包括回忆，也包括期待、想象等行为。它们都属于"不俱意识"的大类。所谓"不俱"，意味着可以脱离作为感觉材料的前五识而单独出现。而与"不俱意识"相对的是"五俱意识"，即伴随五识出现的第六识。在这两类意识类型中，我们可以特别留意其中的两种，它们可以为说明意识的主观体验特征提供特别的视角。

第一种是在"五俱意识"中包含的所谓"不同缘意识"。它与"同缘意识"一起构成"五俱意识"的总体。这里的"缘"（ālambana），是指心意识指向和把握对象的活动或作用，即现象学所说的意向性。"同缘"意味着第六识与同时升起的前五识所指向的或把握（见

---

①　胡塞尔在"直观当下化现象学"方面所做的大量思考和分析的手稿后来被收入《胡塞尔全集》第二十三卷《想象、图像意识、回忆：论直观当下化的现象学》出版。参见 Edmund Husserl, *Zur Phänomenologie der anschaulichen Vergegenwärtigungen. Texte aus dem Nachlass, 1898—1925*, Hua XXIII, herausgegeben von Eduard Marbach, Dordrecht / Boston / London: Kluwer Academic Publishers, 1980. 这个意义上的"当下化"是狭义的。广义的当下化行为还包括同感、本质直观、符号意识、抽象思维等，一言以蔽之，所有非感知的意识行为都可以说是以当下化的方式进行的。

分）的对象（相分）并无不同，眼看见蓝天，也意识为蓝天。而"不同缘意识"的情况则相反，尽管第六识与前五识也一同升起，但它们指向不同的对象。唯识学家曾举例说明：眼看是烟，却意识为火；眼看是绳，却意识为蛇。意识现象学会将这种情况定义为意识在统摄感觉材料时出现的"不相合"（Nichtdeckung），即一个意向在充实的过程中与直观没有达到"一致"或"相等"。意识所意指的东西与直观地显现出来的东西并不相符或不完全相符。在唯识学家这里也可以说：第六识与前五识是"不同缘的"。

　　这种"不相合"或"不同缘"一方面与我们的生活经验有关，与意识发生现象学所要讨论的发生的结构问题有关；另一方面也涉及第六意识与前五识本身具有的本质结构和本质关联。

　　就前一方面而言，第六识在攀缘对象、把握对象的过程中之所以会发生误差和偏离，乃是因为第六意识在发生上奠基于第七末那识和第八种子识之上，因而它的活动潜移默化地受其经验发生和意义积淀的影响，并在统摄前五识的过程中不会完全局限于这些感觉材料上，而是常常会超出内在的感觉材料，将它们综合为一个带有某种超越性的对象。例如在有过烟与火的经历之后，在看见烟时会以联想推断的方式意识到火，又如，在受过蛇的惊吓或伤害之后，在看见绳时会不由自主地偏向于将它意识为蛇，如此等等。

　　就后一方面而言，胡塞尔在《现象学的观念》中就曾指出意识的两种超越性，并将意识统摄感觉材料的过程称作"内在的超越"或"实项的超越"。[①] 除此之外，我们还可以参考胡塞尔在《被动综

---

　　① 参见胡塞尔：《现象学的观念》，倪梁康译，北京：商务印书馆，2018 年，第 45—46 页。

合分析》中也对这个外感知意义上的第六意识做过的本质描述："外感知是一种持久的伪称,即伪称自己能做一些按其本质来说无法做到的事情。因此,在某种程度上,它的本质中包含一个矛盾。"① 而这个矛盾是内含在第六意识与前五识的关系之中的。由于我们对外部世界的认识建基于外感知之上,因而这个矛盾也是我们永远无法获得完美的自然认识的根本原因。真正完美的认识在胡塞尔看来应当是"内感知"或"内在感知",即意识通过反思而完成的自身把握。但实际上这种自身认识也会带有不尽完美之处,笔者此前已经在其他文字中阐释过这个观点,这里不再复述。②

　　第二种是在"不俱意识"中包含的所谓"五后意识"。所谓"五后",是指在"五俱意识"已完成之后才升起的意识。它是独散意识,但又不完全是,因为虽然感觉材料已消失不见,但第六识的见分相分仍然会维持一段时间,如听觉中的余音缭绕,甚至有所谓绕梁三日不绝的说法,还有视觉中的影像暂留,如此等等,它们使得流动的音乐与流动的画面成为可能。胡塞尔在其内时间意识的分析中用"滞留"(Retention)来命名这种意识流动的彗星尾现象。

　　耿宁在分析回忆时曾提出这样的问题:"对正在过去的东西以及越来越远地进入过去之中的过去之物的滞留意识会延续得有多远呢?例如,它一直延续到了现在演奏的这个音乐乐章的开端处?或者它也包含了前行的乐章?在一个好的音乐聆听者那里必定是第二种情况,因为他必须在第二乐章的演奏中一并听到第一乐章的

---

① 参见胡塞尔:《被动综合分析》,李云飞译,北京:商务印书馆,2018年,第15页。
② 参见倪梁康:《自识与反思》,第二十一讲"胡塞尔(2):'原意识'与'后反思'"第2节"反思作为后-思意识和变异",北京:商务印书馆,2020年,第366—370页。

主题或动机。在这个滞留意识中同样还含糊不清地意识到前面演奏的音乐作品吗？还意识到进入我们现在聆听第二个音乐作品的第二乐章的这个音乐大厅的行程？还意识到在这个行程前在家里穿上比较好的服装，以及还有在换装前的晚饭？时间距离的界限在哪里？在含糊不清的和不确定的东西中没有确定的界限。它们最终是否渐渐模糊地消失在人开始进行回忆的早期童年中？"①

这里之所以要举这两个第六意识的例子，是因为通过它们可以特别清晰地看到，意识之所以难以成为自然科学的客观研究对象，乃是因为它是因人而异的，即因各人的体验和经历的不同而各不相同。而在第六意识后面的第七末那识和第八种子识则更是个体性的东西。因为各人的体验与经历之所以大相径庭，千差万别，又是因为各人先天具有的本性、禀赋、气质、智能、情商的各不相同，后天占据的地理位置的各不相同，具有的生活经历长短与繁简各不相同。因此，每个人的主观体验不仅是冷暖自知，而且快慢、善恶、美丑，都是自己意识到的东西：**自意识**；都是只能自己感受到的东西：**感受质**。

当然，意识的主观体验特征与个体发生特征并不意味着，在它们之中完全没有客观规律可寻。胡塞尔甚至认为真正的客观性是在主观性之中的。这里的关键在于，如何理解客观规律。如果客观规律仅仅是自然科学所寻求的可以通过实验观察的方式实证把握到的精确的、定量的因果规律以及通过形式逻辑展现的法则，那么在意识这里很难发现类似的东西。在意识这里可以通过反思把握

---

① 耿宁："回忆与特殊的过去之现实"，未刊文稿，第36页。

到的,应当是严格的、定性的、主观的和交互主观的体验的规律以及通过超越论逻辑展现的法则。实际上,意识现象学目前所提供的对意识问题的所有思考和研究,都是在这个意义上的"严格科学"的研究。胡塞尔本人认为,他讨论的意识不仅仅是人类意识,而首先是纯粹意识,即所有可能的意识生物的意识,就像康德讨论的理性是所有可能的理性生物的理性一样。因此可以想象,意识现象学的研究成果也应当适用于未来的可能的人工意识的设计与制作。

无论如何,超越论的意识现象学意味着从主观意识的角度出发来看待所有问题,自我与世界的所有问题。按照克劳斯·黑尔德的说法:"意识不是孤立的对象,而是视域并因此而构造着世界。因而现象学的方法最终是借此才成为超越论哲学,即成为一种从存在者对意识的显现方面出发对存在者总体的探问。"①

这是一个作为严格科学的哲学的主体概念,它是否可以成为自然科学的主体概念,或是否可以为自然科学的主体概念奠基,这还始终是一个有待回答的问题。

———————

① 克劳斯·黑尔德:"前言",载于胡塞尔:《生活世界现象学》,倪梁康译,上海:上海译文出版社,2002年,第33—34页。

第 2 章 意识问题的现象学与心理学视角

引　子

关于意识，我们今天有两个基本的定义：1. 主观体验，2. 信息。这两个定义代表了意识理论研究的现状，也指明了意识研究未来的可能发展方向。

前一个意识定义是意识哲学与意识现象学的，后一个意识定义是生物学和物理学的，心理学的位置处在两者之间，因而它既在一定程度上接受前一个定义，也在一定程度上接受后一个定义。

后一个意识定义我认为是可能的，但无法取代第一个定义。事实上这两个定义不能相互还原。只是对这一点还需要做原则性的论证。无论如何，对以下问题，我的回答是肯定的，即在意识问题成为热门的课题的当下，要想理解意识，我们需要在现有的意识心理学和意识现象学之外另立一门新的意识科学吗？在我看来，脑科学和神经科学可以帮助我们更全面地了解意识，提供现象学和心理学无法获取的对意识的认识。

但我在这里要讨论的仅仅是第一个意识定义，它是意识现象学和心理学都接受的，而且与脑科学和神经科学的意识研究没有关系，却反过来同样可以为脑科学和神经科学提供它们无法获取的对意识的认识。

我的全部讨论分为以下八个方面：

一、开端上的科学心理学："主观心理学"与"客观心理学"；

二、精神科学和自然科学的心理学"描述"方法；

三、自然科学的实验心理学方法论；

四、描述现象学观念的形成；

五、有别于心理学描述的现象学描述方法；

六、现象学描述在整个现象学方法中的位置；

七、精神科学与现象学的内在反思与共同精神；

八、心灵、精神、意识、无意识：现象学的描述与定义。

一、开端上的科学心理学：
"主观心理学"与"客观心理学"

我们可以确定一个思想史的基本事实：意识哲学（心灵论）的历史要比意识科学（心理学）的历史更长，而现代心理学的开端则要比现代现象学的开端更早。胡塞尔所开创的现象学首先是以现代形式的意识哲学或意识现象学或意识理论的面目显现给世人的。因而现象学与心理学的关系显然涉及哲学与科学的关系问题。如果我们在这里讨论意识问题的现象学与心理学的视角，那么关于意识哲学与意识科学的关系问题就必须首先得到回答。

这里存在着两个已经得到普遍认同的定义，也存在着两个有待进一步回答的问题。其一，心理学是科学，但心理学是不是自然科学意义上的科学，是不是"精确的实证科学"？其二，现象学是科学的哲学，但现象学或意识哲学是否成为了胡塞尔孜孜以求的"严格的科学"？对这两个问题的回答同时意味着对现象学与心理学之间本质区别的确定。

大约一个半世纪前，在"心理探究"（Seelenkunde）逐渐成为"心理科学"（Psychologie）的过程中，有两个发展趋向十分明显地显露出来：其一是在内省心理学或主观心理学方面的起步与停滞，其二是在实验心理学或客观心理学方面的进步与发展。[①]

最初的心理科学的创立者如威廉·冯特、威廉·詹姆斯、海尔曼·艾宾浩斯、卡尔·施通普夫、欧根·布洛伊勒、特奥多尔·利普斯等人，大都是双重意义上的心理学家：既是大量运用内在经验反思方法的主观心理学家（或主体心理学家），也是最早创立心理实

---

① 这个区分"主观心理学"和"客观心理学"的说法很可能是现象学家亚历山大·普凡德尔首次提出的，至少他首次明确强调了在这两者之间存在的奠基关系："所有的所谓客观心理学的方法都预设了对所谓主观方法的运用。因而客观方法只能是对于心理学而言的辅助手段，但不能构成**唯独**的心理学方法。"就客观必须回溯到主观这一点而言，这个意义上的"主观"，已经相当于胡塞尔所说的"绝对主体性"或"超越论的主体性"，它构成所有客体性的基础。而主观心理学之所以应当是"回溯心理学"，乃是因为，"这个所谓'主观的'方法并不必然在于一种对直接被体验之物的直接观察……毋宁说，'主观的'方法必定大都是以对直接的或遥远的回忆图像的坚持为出发点的"（参见 A. Pfänder, *Phänomenologie des Wollens. Motive und Motivation*, München: Verlag Johann Ambrosius Barth, 1965, S. 6f.）。——对此还可以进一步参见笔者："意欲现象学的开端与发展：普凡德尔与胡塞尔的共同尝试"，载于《社会科学》，2017 年第 2 期。

验室的客观心理学家(或客体心理学家)。以利普斯为例,他基本上
与冯特、詹姆斯一样,主张心理学既要依据内在经验的哲学方法,
也要借助实验方法来进行精神科学的研究与探讨。在此意义上,艾
宾浩斯的记忆研究、布洛伊勒的注意力研究都以本己的主体为论题
和观察对象,因而可以说是主观心理学的工作,而弗洛伊德的心理
分析则因为以他人的无意识和梦意识为研究客体和观察对象而更
应当被称作客观心理学。

主观心理学的立场和操作方法与狄尔泰和胡塞尔的基本主张
是一致的。这个意义上的主观心理学对于他们来说无异于反思和
自身思义的方法,后者对于他们来说就是经验实证的方法。而且他
们都始终坚持,后者必须奠基于前者之中。也就是说,客观心理学
须以主观心理学为基础。在此意义上胡塞尔也曾一再强调:真正的
客观性是建立在绝对的主观性之中。

时至今日,在心理学领域,完全持守甚至部分兼顾"主观心理
学"方法的心理学家已经寥寥无几。事实上在一百年前他们就因为
不够"客观"而饱受业内人士的诟病和讨伐。如今一个没有心理学
实验室的心理学家已经被等同于没有基本科学依据的科学家。可
以说,在心理学领域已经完成了一次托马斯·库恩意义上的"科学
革命"或"范式的转换",即发生了一次在心理学领域中的心理学研
究对象和研究方法的社会心理转变。

当然,主观心理学方向上的心灵问题虽然已经从心理学的领域
退出,但并未完全消失,而是以各种形式在更大范围的哲学领域,
如意识现象学、心灵哲学、心理哲学的领域,得到继续研究和重新
思考,同样也在思想史领域,如古希腊思想史、中国思想史和佛教

思想史的领域，一再地被激活和讨论。这个方向在总体上也可以被称作"哲学心理学"，它有别于如今作为自然科学学科分支的"科学心理学"。

二、精神科学和自然科学的心理学"描述"方法

就哲学心理学或主观心理学这条发展线索而言，其中最初并始终包含的一个形式是狄尔泰的"精神科学的心理学"。精神哲学家、意识哲学家、心灵哲学家以及狄尔泰意义上的"精神科学家"曾在精神或意识领域结成某种形式的同盟，以反思、内省、"回溯"（retrospektiv）① 或"自身思义"（Selbstbesinnung）② 的方法继续进行他们的思考和研究。这些研究从一开始便试图以各种方式与客观心理学或实验心理学划清界限，无论是在狄尔泰以及他的学派那里，还是在胡塞尔和早期现象学家那里。但就今天的总体研究趋向来看，哲学心理学与科学心理学的研究有渐行渐近的趋势。

即使如此，原有的主观心理学方向上的思考和研究基本上仅存

---

① 这是慕尼黑现象学家普凡德尔对他理解的"主观心理学"方法的命名。详见笔者："意欲现象学的开端与发展：普凡德尔与胡塞尔的共同尝试"，载于《社会科学》，2017 年第 2 期。

② 参见 W. Dilthey, *Gesammelte Schriften I: Einleitung in die Geisteswissenschaften. Versuch einer Grundlegung für das Studium der Gesellschaft und der Geschichte*, Göttingen: Vandenhoeck&Ruprecht ,1990, S. 26, 34, 61, 87 usw（以下凡引本书在正文中简称 GS I）。对此还可以参见笔者：《自识与反思》，"第十八讲：狄尔泰：历史-哲学中的'自身思义'与'理解'"，北京：商务印书馆，2020 年，第 289—312 页。

于哲学界，精神哲学界、意识哲学界或心灵哲学界，它们只是在一种特殊的"科学"的意义上将自己也称作"精神科学"。这个带有强烈的狄尔泰烙印的概念不同于近现代以来力图将自己自然科学化的"心理科学"。①

我们在此要大致梳理一下这条发展线索。狄尔泰的"精神科学"概念主要受两个方面的影响，一方面受黑格尔的"精神现象学"的影响，另一方面也受他的好友约克伯爵在"意识地位与历史"方面的思考的影响。② 历史意识与精神科学在狄尔泰那里因而具有内在的统一性。精神科学的主旨在于理解历史性，即理解个体意识的结构联系与发生联系以及由它们合成的人类精神的历史发展规律。③

在方法上，精神科学最初依据的是描述心理学的方法。马赫、

---

① 在德语心理学概念的汉译历史上，用"精神"取代"心理"的做法从一开始便频繁出现并一直沿习至今，尤其是在心理病理学的领域。雅斯贝尔斯的"心理病理学"（Psychopathologie）本身就被译作"精神病理学"；弗洛伊德的"心理分析"（Psychoanalyse）也被译作"精神分析"；"心理诊疗术"（Psychiatrie）被译作"精神病治疗学"；"心理疗法"（Psychotherapie）被译作"精神疗法"，"心理发生"被译作"精神发生"，如此等等。究其原因，很可能这是心理学汉译过程中受日文翻译的影响所致（例如参见日中英医学对照用语辞典编集委员会编：《日中英医学对照用语辞典》，东京：朝仓书店，1994 年，第 284 页）。这个词的翻译会对德语哲学和心理学中"心理科学"（Psychologie）与"精神科学"（Geisteswissenschaft）的根本差异的理解造成很大的困扰（对此问题的论述还可以参见笔者："始创阶段上的心理病理学与现象学：雅斯贝尔斯与胡塞尔的思想关系概论"，载于《江苏行政学院学报》，2014 年第 2 期，第 17 页注释 2)。

② 这是两人各自两部书的书名：黑格尔的早期著作《精神现象学》（G. W. F. Hegel, *Phänomenologie des Geistes*, Bamberg und Würzburg, 1807）与约克的遗稿《意识地位与历史》（Paul von Yorck, *Bewußtseinsstellung und Geschichte: Ein Fragment aus dem philosophischen Nachlass*, Tübingen: M. Niemeyer, 1956）。

③ 这个旨向后来在胡塞尔那里也被冠以"意识发生现象学"和"发生逻辑学"的名称。

狄尔泰、布伦塔诺等人都属于描述心理学的奠基者。就狄尔泰而言，他于 1883 年和 1894 年先后发表了《精神科学引论》第一卷（GS I）以及"论一门描述的和分析的心理学的观念"的长文 [1]，在其中表达了他在精神科学的体系与方法方面的成熟思考。他明确主张人类的精神生活不同于外部自然进程，有其自己的独特规律，据此反对用自然科学的因果解释的方法来研究精神活动。他坚信精神科学的心理学可以通过对本己心理状态的"内经验"或对本己心灵生活的结构联系的"内觉知"（Innewerden）来发现和探讨心理学的规律。他在同期的文章中还用"追复构成"（Nachbildung）、"追复体验"（Nacherleben），以及"追复生活"（Nachleben）来刻画这种"内经验"。[2] 在 1897 年的文章中他写道："必须从生活出发，即是说，必须在生活的种种形式中追复生活，而且必须内在地得出包含在它之中的结论。哲学是一种行动，它将生活，即作为活力（Lebendigkeit）而处在其种种关系中的主体提升为意识，并对它做彻底的思考。"[3]

　　这里需要提到并在后面还会进一步说明的一点是："追复生活"的概念后来也出现在胡塞尔的"哲学作为严格的科学"的长文中，即便胡塞尔在这里同时也批评狄尔泰的历史主义和世界观哲学。除此之外，胡塞尔还使用了"追复直观"（nachschauen）和"追复感

---

　　① 参见 W. Dilthey, *Gesammelte Schriften V: Die geistie Welt. Einleitung in die Philosophie des Lebens. Erste Hälfte:Abhandlungen zur Grundlegung der Geisteswissenschaften*, Göttingen: Vandenhoeck & Ruprecht, 1990, S. 139—240。（以下凡引本书在正文中简称 GS V）

　　② 关于这些用语可以分别参见：GS V, 195, 177, 260, 266, 417, 133。狄尔泰还说明："追复构成恰恰就是一种追复体验。"（GS V, 277）

　　③ 转引自：Georg Misch, „Vorbericht des Herausgebers", in GS V, S. LVIII。

受"（nachfühlen）等类似术语。它们所表达和刻画的都是对精神生活历史的纵向本质把握。

在 1883 年出版《精神科学引论》第一卷时，狄尔泰同时预告了第二卷，它应当包含为精神科学所做的认识论奠基。但这个第二卷在狄尔泰生前始终未能完成其最终的定稿。[①] 胡塞尔《逻辑研究》于 1900/1901 年的发表，让晚年的狄尔泰看到了他设想和尝试的描述分析心理学方法成功实施的可能。狄尔泰在其《精神科学中历史世界的建构》讨论"心理的结构联系"的第一研究中对第二编"描述的前概念"做了如下说明："这项研究的描述性部分是对我在以往研究中所持立场的继承。……如果我现在于此要尝试继续构建一个实在论的或带有批判性的客观趋向的认识论之基础，那么我必须一劳永逸地在总体上指明：我有如此多的方面要感谢胡塞尔在对认识论的描述利用方面的划时代著作《逻辑研究》（1900/1901 年）。"（GS VII, 13f., Anm. 1）而且此前他在这里还夸赞：胡塞尔的"杰出研究"为"作为认识现象学的知识理论完成了严格描述的奠基，并随之而创造出了一门新的哲学学科"（GS VII, 10）。

在此意义上，通过严格描述的方法，精神科学与实验心理学区分开来。换言之，狄尔泰正是借助了描述心理学来完成他和好友约克伯爵倡导的精神科学的"历史性理解"。他为此而倡导一种精神科学的"理解的心理学"，或者说，"精神科学的心理学"。这种心

---

① Vgl. Bernhard Groethuysen, „Vorbericht des Herausgebers", in Wilhelm Dilthey, *Gesammelte Schriften VII: Der Aufbau der geschichtlichen Welt in den Geisteswissenschaften*, Göttingen: Teubner, 1992, S. V.（以下凡引本书在正文中简称 GS VII）

理学构成一种在主观心理学和客观心理学之间的第三者：第三种心理学研究的可能性。

三、自然科学的实验心理学方法论

但狄尔泰的精神科学观念以及描述心理学的观念很快就受到了来自两个方面的批评：一方面是来自新康德主义代表人物文德尔班从文化科学（Kulturwissenschaft）立场出发对狄尔泰的精神科学与自然科学之对立的批评[①]；另一方面则是来自实验心理学的创始人和主要代表之一的艾宾浩斯从自然科学的实验心理学立场出发对狄尔泰的"精神科学的心理学"所做的批评。[②] 尤其是后者对狄尔泰的冲击很大，以至于他不得不暂时放下对文德尔班的反驳来应对艾宾浩斯的抨击。

艾宾浩斯于 1896 年在《心理学杂志》上发表了对狄尔泰长篇论文的长篇书评："描述的和解释的心理学"。在将文章寄给狄尔泰时，艾宾浩斯还附了一封信，他在信中对狄尔泰的论文言简意赅地表明自己的态度，认为"整个论文根本上是失误的和误导的。实际上我没有料想到您对当下心理学持有如此多的不公态度，以及没有

---

① 参见 Wilhelm Windelband, „Geschichte und Naturwissenschaft", in *Rede zum Antritt des Rektorats der Kaiser-Wilhelms-Universität Straßburg*, gehalten am 1. Mai 1894, S. 1—12。

② 参见 Hermann Ebbinghaus, „Über erklärende und beschreibende Psychologie", in *Zeitschrift für Psychologie und Physiologie der Sinnesorgane*, Nr. 9, 1896, S. 161—205。

想到您如此不明白您向人们推荐的恰恰就是人们早已在做的"。[①]

这里所说的狄尔泰的"推荐"和"人们早已在做的"便是指"心理学的描述方法"或"描述心理学"。艾宾浩斯在这里是从客观心理学角度来批评狄尔泰的"描述心理学",指出自然科学的心理学早已将"描述的方法"视作不言自明的了,因而狄尔泰所诉诸的描述方法并非精神科学的特有精神财富。艾宾浩斯正是以"说明的和描述的心理学"的文章标题来与狄尔泰的"描述的和分析的心理学"的文章标题针锋相对。

除此之外,艾宾浩斯在其长篇文章中还对狄尔泰的精神科学心理学构想主要提出以下几点批评和反驳:其一,他反驳狄尔泰对自然科学心理学及其因果关系说明方法的批评,认为狄尔泰对"心理发生的因果性"理解和定义有误,指出心理学的联想分析也是因果说明的一种;其二,他认为狄尔泰批评实验心理学借助假设是因为狄尔泰自己忽略了意识与无意识的联系;其三,他还批评狄尔泰完全诉诸内经验的做法并不能提供客观有效的结论,内省心理学的方法不能达到客观性,即不能达到主体之间可比较的结论,因而狄尔泰所要诉诸的比较心理学也是可疑的。[②]

狄尔泰在读到艾宾浩斯的抨击性书评之后打算写一篇长文来回应,但后来放弃了这个打算,仅仅撰写了一个近四页纸的反驳艾

---

① Guy van Kerckhoven, Hans-Ulrich Lessing, et al. (Hrsg.), *Wilhelm Dilthey: Leben und Werk in Bildern*, Freiburg / München: Verlag Karl Alber, 2008, Abb. 204—205. 对此还可以参见《狄尔泰全集》第五卷的编者说明: „Anmerkungen", in GS V,S. 423。

② 最后这个批评实际上是针对整个主观心理学或内省心理学的。我们在本章第七节中还会详细讨论这个问题。

宾浩斯的脚注 ①,附在他于 1895/1896 年发表的论文"个体性研究文稿"中。② 狄尔泰曾将该文命名为"论比较的心理学",可以被视作"描述的和分析的心理学"论文的续篇。在校样中它也包含了对文德尔班的批评的回应,但在最终出版时,狄尔泰删除了论辩的第一节。看起来艾宾浩斯的抨击对狄尔泰的伤害很大,以至于他在这个时期基本放弃了所有的公开回应、反驳与论辩的打算,专心致志于对自己观点和设想的积极阐述。③

狄尔泰的这个退隐的决定使得思想史上的这场论辩看起来是以艾宾浩斯的胜利而宣告结束。④ 至少它给胡塞尔的印象便是如此。对此可以参考现象学运动史上一段十分有趣的记录:1928 年胡塞尔

---

①　W. Dilthey, „Beiträge zum Studium der Individualität", in *Sitzungsberichte der Königlich Preußischen Akademie der Wissenschaften zu Berlin*, 1896, S. 294—335.

②　在《狄尔泰全集》中,这个脚注从这篇"比较的心理学"(1896)文章中被撤回并被置于"描述的和分析的心理学"(1894)文章的后面。参见 GS V, S. 237—240。

③　这里还可以参考《狄尔泰书信集》第三卷编者的新近说明:"这个批评在狄尔泰看来非常不合理而且带有个人伤害,它对他完成'论描述的和分析的心理学的观念'论文的续篇产生了干扰,狄尔泰曾计划将这个续篇写成'论比较心理学'的长文。由于艾宾浩斯的批评对他的科学创造力和自信造成了持续的妨碍,狄尔泰在 1896 年仅仅发表了该论文的一个简本,并且随后失望地中断了他在一门描述心理学计划方面的继续工作。"(Gudrun Kühne-Bertram und Hans-Ulrich Lessing, „Vorwort der Herausgeber", in Wilhelm Dilthey, *Briefwechsel, Band III: 1896—1905*, Göttingen: Vandenhoeck & Ruprecht, 2018, S. VI)

④　不过狄尔泰的这篇文章对自然科学心理学和精神科学心理学的区分还是产生了重要的影响,例如在宾斯旺格和雅斯贝尔斯那里。宾斯旺格便曾回忆说:"狄尔泰敏锐区分了'假设性的'或因果－构成性的心理学与描述的或分析的心理学——这个区分后来被雅斯贝尔斯归结为'因果与理解之关系'的学说——这对我把握心理分析的科学结构、科学方法及其界限,有着很大帮助。"(路德维希·宾斯旺格:"感谢埃德蒙德·胡塞尔",唐杰译,载于倪梁康编:《回忆埃德蒙德·胡塞尔》,北京:商务印书馆,2018 年,第 240 页)

在弗莱堡与刚刚完成关于狄尔泰历史哲学博士论文答辩并担任胡塞尔助手的兰德格雷贝一同开设题为"狄尔泰的描述的与分析的心理学"的研讨班。当时执教于澳大利亚墨尔本大学的英国哲学家鲍伊斯·吉布森参与了这个研讨班。参与者中还有时任弗莱堡大学讲师的朱利叶斯·艾宾浩斯(海尔曼·艾宾浩斯的儿子)。吉布森在其日记中记录过胡塞尔在二十多年后关于狄尔泰对自己影响的回忆:"1905 年,他与狄尔泰见了面,与狄尔泰认真会谈了两三天。这次拜访给胡塞尔留下了极深的印象。他以前是位实证主义者,并对狄尔泰 1904—1905 年的心理学著作持有与艾宾浩斯相同的观点〔例如艾宾浩斯曾严厉批判过'描述的与分析的心理学',而狄尔泰不知道如何应对他的批判〕,但他现在对狄尔泰产生了共鸣和浓厚的兴趣,站到了'绝对精神'的立场上,而且两人相互认识到了各自所引领的运动之间存在着共鸣与和谐。"①

　　胡塞尔在这里对狄尔泰的评价主要涉及他从狄尔泰那里获得的积极影响方面。它提供了理解胡塞尔《逻辑研究》之后思想发展的一个重要视角。现象学以它独有的方法论从一开始就处在与科学心理学对立的立场上,这也使它与狄尔泰的精神科学心理学站在了一边。

　　而另一方面,从吉布森的记载中还可以隐约地读出胡塞尔当时(1896 年)对艾宾浩斯批评的态度,以及他后来(1903 年,即在认

---

　　① 鲍伊斯·吉布森:"从胡塞尔到海德格尔:1928 年弗莱堡日记节选",张琳译,载于倪梁康编:《回忆埃德蒙德·胡塞尔》,第325—326 页。吉布森在后面还再次强调:"要记得,他之前说过,我曾经很多年都是一名坚定的实证主义者(只是到 1905 年他拜访了狄尔泰这位绝对精神的信仰者之后才有所改变)。"(同上书,第 328 页)

识狄尔泰之前)便对"描述心理学"持保留态度的原因。我们在后面会进一步说明：胡塞尔是如何以自己的方式来应对艾宾浩斯的批评的。

尽管从这里还不能明显地看出狄尔泰当时对胡塞尔的《逻辑研究》第一版如获至宝的确切原因何在，但我们已经可以设想，这个原因与狄尔泰受到艾宾浩斯的抨击有关：狄尔泰在胡塞尔那里，即在《逻辑研究》第二卷中，尤其是在胡塞尔的名为"描述心理学"的现象学中看到了可能的方法论支持。因而霍伦斯坦有理由说："在他［狄尔泰］这方面还没有对第一卷的心理主义问题域的直接表态。似乎狄尔泰对在第二卷中所论述的认识论的描述奠基更感兴趣。"①

不过，1905 年在柏林与胡塞尔的几天讨论中，狄尔泰必定已经注意到胡塞尔在此期间（即自 1903 年以来）对"描述心理学"方法所持态度的变化，因而担心胡塞尔有可能在《逻辑研究》再版时改变自己的观点。据此可以理解为何狄尔泰后来——按胡塞尔太太的回忆——在哥廷根回访胡塞尔时对他所说的话："……《逻辑研究》把哲学引入了一个新的时代。这部著作还会出许多版，请您运用您的全部影响，不要让它被加工，这是一个历史的纪念碑，它必须以它原创的样子保存下来。"②

无论如何，如丹波克所言，"艾宾浩斯论辩对于德国经验主义

---

① 霍伦斯坦："编者引论"，载于胡塞尔：《逻辑研究》第一卷，倪梁康译，商务印书馆，2018 年，第 liv 页。

② 参见马尔维纳·胡塞尔："埃德蒙德·胡塞尔生平素描"，倪梁康译，载于倪梁康编：《回忆埃德蒙德·胡塞尔》，第 22 页。

的历史而言无疑是一段重要的插曲"。① 而这段插曲之所以重要,乃
是因为它代表了现代心理学开始阶段内省心理学或主观心理学与
实验心理学或客观心理学这两个流派的方法论基本分歧,从而为我
们理解现代心理学后来的发展和走向提供了一个很好的视角。

四、描述现象学观念的形成

与狄尔泰的长篇论文和艾宾浩斯的长篇书评几乎同时发生的
一个事件是布伦塔诺于 1884/1885 年在维也纳大学开设了以"基
础逻辑学以及在它之中的必要改造"为题的讲座,在其中讨论了
"一门描述的智识心理学的各个系统联结的基本成分"。而后在
1887/1888 年的讲座中,他用"描述的心理学"来命名他的讲座 ②。
随后在 1889/1990 年的相同内容的讲座稿中,布伦塔诺甚至还使用
了"描述的心理学或描述的现象学"的标题。布伦塔诺在这个讲稿
的附录中对"描述心理学或描述现象学"的概念做了如下一系列的
说明,其中包括:"1. 我将它理解为对我们的现象的一种分析的描
述。2. 但我将现象理解为被我们感知到的东西,而且是在严格的词
义上被感知到的。3. 例如在外部世界那里就不是这种情况。"③ 这个
严格意义上的"感知"在布伦塔诺那里就意味着"内(inner)感知",

①　Christian Dambӧck,〈*Deutscher Empirismus*〉- *Studien* zur *Philosophie im
deutschsprachigen Raum 1830—1930*, Dordrecht: Springer, 2017, S. 85. ——丹波克在
该书中将狄尔泰纳入"德国经验主义"重要代表人物的行列。我们后面还会回到这个问
题上来。

②　参见 Franz Brentano, *Deskriptive Psychologie*, Hamburg: Felix Meiner, 1982。

③　Franz Brentano, *Deskriptive Psychologie*, a.a.O., S. 129.

即对"心理现象［意向活动］和物理现象［感觉材料］"的感知。胡塞尔后来在《逻辑研究》将此称作对"意识现象"的"内在（immanent）感知"。

　　胡塞尔于 1884/1885 年的冬季学期和此后的夏季学期在维也纳选听了布伦塔诺的这门课程。可以确定，胡塞尔的"描述心理学"或"描述现象学"的观念最初是受布伦塔诺的讲座的影响，同时也受狄尔泰论文和艾宾浩斯书评的影响。胡塞尔在 1900/1901 年的《逻辑研究》第一版中也将纯粹现象学等同于"描述心理学"[①]，并且在其中运用了大量的意向性描述分析，其中包括"关于直观与代现的描述心理学"。此后在 1903 年的一篇书评中，胡塞尔还将自己的《逻辑研究》第二卷的工作统称为"思维体验的描述现象学研究"（Hua XXII,154）。从胡塞尔在 1890—1910 年撰写的文稿来看，他在此期间的讨论首先围绕逻辑演算和逻辑语义学进行，而后主要逐步转向描述现象学的讨论。[②]

　　胡塞尔之所以接受和使用"描述"概念，是因为他看到这个概念或方法中的积极因素："描述的"方法对他来说首先意味着，仅仅运用那些产生于被直观之物本身之中的概念来表达被直观之物。因此，虽然"描述"是在概念中进行，但却始终不离开直观的基础，直观性是"描述"方法的第一特征。其次，"描述"的方法还意味着对被直观之物做尽可能深入的分析，对它的各个因素做直观性的展显（Hua IX, 29）。在这个意义上，"描述"自身还包含着"分析"的

[①]　例如参见 Hua XVIII, A 42："描述心理学的（纯粹现象学的）"，以及其他各处。

[②]　可以参见 Bernhard Rang, „Einleitung des Herausgebers", in Hua XXII, S. XI.

成分。就此而论，它与狄尔泰所倡导的"描述的和分析的心理学"构想是基本一致的。

另一方面，这个倡导描述心理学并抵制自然科学心理学的做法也与布伦塔诺对"描述心理学"与"发生心理学"的划分有关联。对于胡塞尔而言，发生心理学是自然科学的心理学，这也属于他在《逻辑研究》第一卷中激烈反对过的心理主义。他曾在1903年1月25日致 W. E. 霍金的信中说："如果我反对'心理主义'，即通过'心理学'来论证纯粹逻辑学（＝普遍数理模式）与认识批判，那么这里所说的'心理学'便是指发生心理学、作为自然科学的心理学，它们在形而上学和认识论方面与物理的自然科学一样素朴（naiv）"（Hua Brief. III, 131）。这里的"素朴"，实际上也可以译作"幼稚"。

这里不去讨论为什么发生心理学就是心理主义以及为什么心理的自然科学与物理的自然科学一样"素朴"或"幼稚"的问题——它们在《逻辑研究》第一卷中已经得到阐述——，而是继续我们原有的问题思考：胡塞尔为何自1903年起，即还在认识狄尔泰并受到狄尔泰的影响之前，就已经不再继续用"描述心理学"来标示他的认识体验的现象学分析呢？①

按照胡塞尔自己在《逻辑研究》1913年第二版"前言"中的说法，

---

①　按照霍伦斯坦的解释："胡塞尔在1903年就已经不再同意用描述心理学来标示他的认识体验的现象学分析。这个做法的原因在于，传统的描述心理学将它所研究的体验和体验类理解为人的体验和体验类，即是说，理解为在客观-时间上可规定的自然事实，而胡塞尔的纯粹现象学分析则将任何关于心理体验的心理物理的和物理的依赖性的假设连同对物理自然的实存设定都悬置起来。"（霍伦斯坦："编者引论"，载于胡塞尔：《逻辑研究》第一卷，第 lxi 页）但这个说法若能成立，就必须设定胡塞尔在1903年就已经完成了超越论现象学的转向并开始使用现象学还原以及悬搁的方法。而实际上这个转向最早是在1905年才露出端倪的。

"在第二卷出版之后我就立即发现了它的缺陷,并也很快便有机会(在《系统哲学文库》1903 年第九卷发表的一篇书评上,第 397—399 页)对我将现象学标示为描述心理学的误导做法提出异议。几个原则性的要点已经在那里得到了言简意赅的刻画:在内经验中进行的心理学描述显得与外在进行的对外部自然的描述相等同;另一方面它与现象学的描述相对立,现象学的描述排除任何对内在被给予性的超越解释,也排除那种作为实体自我的'心理行为和状态'的超越解释。这篇评论指明(第 399 页):现象学的描述'不涉及经验个人的体验或体验层次;因为它对个人、对我的和其他人的体验既一无所知,也一无所测;它不提这类问题,它不做这类规定,它不设这类假说'"(Hua XVIII, B XIII—XIV)。

　　胡塞尔在这里自引的这篇报告后来收在《胡塞尔文集》第二十二卷《文章与书评(1890—1910)》中,它对于理解胡塞尔从通常意义上的描述心理学向纯粹现象学的转向具有重要意义。① 这里首先需要依据胡塞尔的这个最初的文本来进行仔细的分析:他从这一时期开始在各个场合所说的现象学描述与通常意义上的心理学描述之间,以及进一步说,在现象学与心理学之间究竟存在着哪些

---

　　① 该书的编者、我的博士导师让克(B. Rang)就这篇报告特别说明:"此处应该指出胡塞尔在《1895 年德国逻辑学著作报告》第三篇(下文第 201 页及以下)中对现象学的任务与方法的富有启发的评注,在其中,在《逻辑研究》第二部分发表的两年后,胡塞尔根据已经初具特征的超越论-现象学还原理论对问题做了说明。"(B. Rang, „Einleitung des Herausgebers", in Hua XXII, S. X.——中译文参照了:胡塞尔:《文章与书评(1890—1910)》,高松译,北京:商务印书馆,2018 年)尽管让克在这里也像霍伦斯坦一样,主张胡塞尔还在 1903 年就已经隐含地提出了超越论现象学还原的理论,笔者还是认为这两位前辈学者混淆了胡塞尔的"本质还原"理论和"超越论还原"理论,后者只是在胡塞尔 1913 年的《逻辑研究》第一卷的"第二版前言"中才得到清楚的表达。

基本差异；此外我们也需要参考胡塞尔在此之后对现象学描述与心理学描述之间差异的刻画与确定：胡塞尔不仅在 1913 年的《逻辑研究》第一卷的"第二版前言"中，而且也曾在这年为《逻辑研究》"第二版前言"的第二个草稿中特意说明现象学与描述心理学的区别，对此可以参考其中的第 6 节"自身误解：将现象学误导性地刻画为描述心理学"（Hua XX/1, 312ff.）。

五、有别于心理学描述的现象学描述方法

我们首先按照胡塞尔给出的几个要点来分析这里存在的基本差异：

第一点，在内经验中进行的心理学描述显得与外在进行的对外部自然的描述相等同。现在看来，这里事关对艾宾浩斯的狄尔泰描述心理学批评的隐含回应。胡塞尔实际上承认了艾宾浩斯的看法，即描述的方法并不能从根本上区分精神科学的和自然科学的心理学研究，并据此而试图将自己的现象学描述与所有心理学的描述切割开来。艾宾浩斯本人在其著名的《论记忆》的研究 ① 中使用的方法是实验心理学的方法，更确切地说，是对记忆力的量化的测定方法，但这种方法并不完全是实验心理学的或自然科学的，而这主要是由于心理学的研究因其研究对象的特质（心理学的对象不是外部自然，除非这里所说的心理学是行为心理学）而无法完全摆脱内经

---

① 参见 Hermann Ebbinghaus, *Über das Gedächtnis: Untersuchungen zur experimentellen Psychologie*, Darmstadt: Wissenschaftliche Buchgesellschaft, 2011, S. 1f.。

验，否则它只能是神经学或脑科学而非心理学。艾宾浩斯本人得以成名的关于记忆问题的研究恰恰构成一个特有的典型案例：记忆构成回忆的生理学基础，而生理学则是物理学和心理学交叉的领域，主要属于生物的自然科学；因而记忆的研究可以采用广义的物理学的实验方法，也可以采用广义的心理学的反思方法；而回忆活动则完全属于心理学或精神科学或现象学的研究领域。艾宾浩斯本人在《论记忆》中一开始所描述和区分的三组记忆效果的情况便完全立足于内经验的基础上。[①]艾宾浩斯在这里使用的实验方法也是既以自己为主试者，也以自己为受试者，从而既在主观心理学意义上，也在客观心理学的意义上操作和实验。据此也可以理解他为何完全不能同意狄尔泰将心理学描述方法认作精神科学心理学的专有方法。

　　事实上，这里同样也可以看出，无论是在狄尔泰那里，还是在艾宾浩斯这里，在自然科学的心理学描述方法与精神科学的心理学描述方法之间的本质区别尚未得到清晰的确定。同样的情况也出现在对自然科学的因果说明和精神科学的动机理解这两种方法的界定上。

　　如我们在第三节中所述，艾宾浩斯对狄尔泰的批评不只是局限在心理学描述方法上，而是超出心理学描述方法的讨论范畴进一步涉及心理学方法一般的问题。我们后面还会再回到这些问题上来。

---

　　①　这三种记忆的效果是：第一，经过意志的努力，一度存在但已消失的心理状态可以复现在意识中；第二，没有意志的努力，一度存在但已消失的心理状态也可以复现在意识中；第三，一度存在但已消失的心理状态完全不能或至少在一定的时间里不能复现在意识中。参见 H. Ebbinghaus, *Über das Gedächtnis*, a.a.O., § 1.

这里我们先转向胡塞尔关于现象学与描述心理学之差异的第二点。

第二点，在内经验中进行的心理学的描述与现象学的描述相对立。胡塞尔在这里表明自己的描述方法本质上不同于科学心理学的描述，无论后者是指艾宾浩斯的自然科学心理学，还是狄尔泰的精神科学心理学，或是布伦塔诺意义上的描述心理学。

但这里的"现象学的描述"的含义比较复杂。这主要是因为，胡塞尔在 1903 年撰写这篇书评时所理解的现象学与他十年之后在《逻辑研究》"第二版前言"中理解的现象学并不完全相同，两者之间已经有了很大的变化，最主要的变化就是现象学还原方法的加入，它使得胡塞尔的现象学在纯粹现象学的名义下从本质现象学进展到超越论现象学。

1903 年胡塞尔所理解的有别于心理学描述的现象学描述主要是指**纯粹本质描述**。这里的"有别"是指现象学与发生心理学和经验心理学或归纳说明的心理学的差别。他在此期间已经认识到，将现象学标示为"描述心理学"的做法，"不只是一个术语上的差误，而是一种开端上的不肯定性的标示"①。按照胡塞尔自己所做的回顾性说明："第六研究的分析，也包括作为本质分析的其他研究，是作为绝然明见的观念分析来进行的。但我一般不愿承认这一点：多年来我视为心理学而从内'相即'感知的明见中汲取的东西，应当都是先天的或可以被理解为先天的吗？"（Hua XX/1, 312）

当然，这个问题在 1903 年已经获得了明确的答案：现象学的研究不是经验事实的描述和分析。在这里，即还在胡塞尔认识狄尔

---

① 霍伦斯坦："编者引论"，载于胡塞尔：《逻辑研究》（第一卷），第 xxx 页。

泰之前,狄尔泰的"德国经验主义"① 立场就已经被胡塞尔抛诸身后。按照胡塞尔这时的说法:"所有现象学分析一般,只要它们做出普遍的确定(感知一般、回忆、图像意识一般,或外感知一般、心理学感知一般等等),便都具有先天的特征,这是在唯一有价值的意义上的分析,这些分析会对直观地被给予的观念、在现实的本原直观中自身被给予的观念进行一种在其本质内涵方面的纯粹描述。"(Hua XX/1, 313)就此而论,现象学的描述虽然不是心理学的描述,但仍然是一种本质描述,或者说,不是经验心理学的描述,而是本质心

---

①　丹波克将狄尔泰列入只有一百年的历史的"德国经验论"的代表人物当然是有道理的(参见 Christian Damböck,〈*Deutscher Empirismus*〉*Studien zur Philosophie im deutschsprachigen Raum 1830—1930*, a.a.O., Kapitel 3 „Diltheys empirische Auffassung von Philosophie")。狄尔泰本人做过题为"心理学作为经验科学"的长年讲座,身后出版了相关的讲座稿和研究书稿(参见 Wilhelm Dilthey, *Gesammelte Schriften*, Bd. 21—24, Göttingen: Vandenhoeck & Ruprecht, 1997—2005)。实际上,除了冯特、胡塞尔等人之外,大多数心理学家通常都会将这门学科视作一种经验科学。例如胡塞尔的老师弗兰茨·布伦塔诺的心理学代表作便是《出自经验立场的心理学》(Franz Brentano, *Psychologie vom empirischen Standpunkt*, Leipzig: Duncker & Humblot, 1874)。这个书名实际上表明了布伦塔诺自己对于经验研究的立场,而这个立场与他后来执教的维也纳大学和维也纳哲学圈的哲学传统有不谋而合的内在联系:注重并诉诸经验,尤其是在开端上以经验为出发点,但并不唯经验论,不持守在经验主义的立场上。这使得这个奥地利的哲学传统既有别于英国经验论,也有别于德国观念论。属于这个传统的既有胡塞尔等人的现象学,也有石里克等人的逻辑经验论,还有维特根斯坦、卡尔纳普等人的哲学观念和立场。它们代表了近现代欧洲哲学的三个重要的认识论和方法论特征。需要特别留意的是:这个奥地利传统在更早的赫尔巴特那里已经有了相关的宣示,他本人虽非奥地利人,但对布伦塔诺、胡塞尔等人均产生重要影响。赫尔巴特在其《作为科学的心理学》中已经指出过这个意义上的经验研究的特点:既不是彻底的经验论,也不是彻底的反经验论:"我深知成见的强力;而倘若人们从面前的这部书中清楚地读出我是一个彻头彻尾的经验主义者,就像从我的那本《哲学引论》中清楚地读出我是所有经验的反对者一样,那么我不会感到惊异,而且也不会感到抑郁。误解是每一门新学说的老命运。"(Johann Friedrich Herbart, *Psychologie als Wissenschaft: neu gegründet auf Erfahrung, Metaphysik und Mathematik*, Königsberg: Unzer, 1824, S. 1)

理学的描述。因而胡塞尔在 1913 年的《纯粹现象学与现象学哲学的观念》第一卷中仍然可以将"现象学"刻画为"纯粹体验的描述本质论"(Hua III/1, §75)。

在此意义上，胡塞尔所建立的"纯粹描述心理学"一方面不同于传统的(布伦塔诺、狄尔泰、马赫等人的)经验描述心理学，另一方面也不同于他本人后来的超越论现象学的构想。胡塞尔在后期也将"纯粹描述心理学"等同于"现象学的心理学"、"本质心理学"、"理性心理学"、"先天心理学"或"纯粹心理学"等(Hua XXV, 117f.)。

简言之，现象学描述之所以是"现象学的"，一方面是因为它是以反思的或回溯的或"自身思义"的方式进行的，这个目光朝向使它有别于观察、统计和实验的自然科学心理学，但接近于精神科学的心理学；另一方面，使它既有别于当时的自然科学心理学，也有别于精神科学心理学的是它的研究对象的性质：它要把握的是一个在变动不居的感受流中形成的较为恒定的体验种类，因此这种在内省中进行的直观和描述所涉及的是对本质规律性的直观把握。① 现象学的描述因而是"本质描述"，即对意识的本质要素和要素间的本质联系的把握。

可以说，现象学最初是作为本质科学而与经验的自然科学和经验的精神科学相对立。但后来，在完成超越论转向之后，现象学作为超越论科学也与所有世间科学——无论是自然科学还是精神

---

① 参见 M. Geiger, *Beiträge zur Phänomenologie des ästhetischen Genusses*, in *Jahrbuch für Philosophie und phänomenologische Forschung*, Band I, 1913, S. 568, S. 571f.。

科学——区别开来。因而 1913 年的"现象学"含义有了变化: 在 1905 年提出现象学还原方法之后, 现象学的描述不仅与经验事实无关, 也与世俗事实无关。因为, 按照胡塞尔 1917 年在弗莱堡就职讲座中的说法: "纯粹现象学是关于纯粹意识的科学。这说明, 它仅仅来源于纯粹反思, 这种反思本身排斥任何外在经验, 即排斥任何未被意识到的对象的混杂。"而另一方面, "特别是对作为关于精神生活的自然科学的心理学来说, 意识体验是动物的体验, 是动物肉体的真实的因果附加物。尽管心理学家为了使意识体验成为与经验相符合的事实也需要反思, 但这种反思已不再是纯粹的反思了"(Hua XXV, 79f.)。

在这里, 胡塞尔将现象学的反思与内省心理学的内省或"回溯"区分开来: 前者是纯粹的, 即排斥了所有自然观点和自然科学的前提; 后者则反之, 因为它与外在经验连接在一起, 与作为自然联系中的存在而出现在心理学的经验连接在一起。

在完成了对"现象学描述"中的"现象学"含义的双重澄清之后, 现象学表明自己是摆脱经验事实的纯粹本质描述和摆脱世间(mundan)设定的纯粹反思描述:

> 如果心理学这个词保留其旧的意义, 那么现象学恰恰就不是描述的心理学, 它所特有的那种"**纯粹**"描述, 即在对体验(即使是在自由想象中**臆造的**体验)的范例性个别直观的基础上进行的本质直观以及在纯粹概念中对被直观到的本质的描述确定, 并不是经验的(自然科学的)描述, 毋宁说它排斥所有自然进行的经验的(自然主义的)统觉和设定。描述心理学对感知、

判断、感情、意愿等的确定乃是针对自然现实的动物生物之实体状态而言，正如有关物理状况的确定不言而喻是针对自然事件、针对现实的自然事件而非臆造的自然事件所作。这里的每一个普遍定律都带有经验普遍性的特征，即：对**这个**自然是有效的。但现象学却不谈论动物生物的状态（甚至都不去谈论一个可能的自然一般的动物生物状态），它谈论的是感知、判断、感受等**本身**，谈论它们先天地、在无条件的普遍性中作为**纯粹**种类的**纯粹**个别性所含有的东西，谈论那些只有在对"本质"（本质属、本质类）的纯粹直观把握的基础上才能明察到的东西；与此完全类似：在对观念普遍性的纯粹直观的基础上，纯粹数学谈论数字，几何学谈论空间形态。因此，纯粹逻辑学的（以及所有理性批判的）阐明的基础不在于心理学，而在于现象学。同时，在另一种完全不同的功能上，现象学又是任何一门——可以**完全**有理由自称为是严格科学的——心理学的基础，正如纯粹数学，如纯粹空间论和纯粹运动论，是任何一门精密的自然科学（关于经验事物及其经验形态和运动的自然论）的必然基础一样。关于感知、意愿以及其他任何体验构形的本质认识当然也适用于相应的动物生物的经验状态，就像几何认识也适用于自然的空间形态一样。（Hua XIX/1, B_1）

这里最后提到的纯粹现象学可以为心理学奠定理论基础的观点与胡塞尔本人的数学家出身有关。他在《逻辑研究》之前和之后都一再强调：现象学与心理学的研究并非各行其道，而是平行展开的，例如在1897年，"显然，被排除的心理学统觉随时可以插进来，让现象学和认识批判的结果可以为心理学所用。因此，现象学分析获得了描述心理学分析的特征；它充当了对心理学这门关于精神显现的自然科学进行理论解释的基础"（Hua XXII, 207）。又如此后在 1917 年："每个现象学的确定作为关于意识和被意识之物的本质确定都可以被重新评价为心理学的确定。……纯粹现象学的每个结果都可以被转释为先天心理学或理性心理学的一个结果。"（Hua XXV, 117）如此等等，不一而足。

就此而论，现象学家对感知、回忆、想象、图像表象、符号表象、同感、同情、羞愧、厌恶、爱、恨、喜悦、怨、美感、良知、判断、计算、推理、思维等意识体验（可以归入思维意识、情感意识和意欲意识的三大范畴）的描述与分析，都可以视作心理学理论研究的成果并运用于心理学的实践领域。

六、现象学描述在整个现象学方法中的位置

需要特别补充说明的是：以上讨论的现象学描述并不构成现象学方法的全部，而只是其中的一个环节。一言以蔽之，现象学描述在现象学的方法程序中应当排在第二的位置：首先它必须以现象学直观为前提，其次它本身又构成现象学的概念定义的前提。在这些环节之后还可以有进一步的现象学的方法步骤，如现象学解释、现象学实践等。我们在这里仅仅讨论现象学方法中的前三个环节，它们之间存在着单向的奠基关系。

在现象学描述进行之前，最重要的环节是现象学的直观，它是"一切原则的原则"或"第一方法原则"（Hua III/1, § 24）。因此，

在纯粹现象学中，"描述"首先应当是一种"本质直观的描述分析"（Hua III/1，§79），是在对意识的本质要素以及它们之间本质关系的直观把握基础上的描述分析。

1923 年 8 月 15 日访问瑞士心理学家宾斯旺格时，胡塞尔曾在宾斯旺格家中的访客簿上写道："接受在现象中的现实可直观到的东西，如其自身给予的那样，**诚实地**描述它，而不是转释它。"① 这是对现象学方法的直观、描述之奠基关系的一个明确的特征刻画和操作要求。

另一位现象学家莫里茨·盖格尔也曾对"本质直观"与"描述"的方法步骤做过明确的区分："本质直观仅仅是描述的前提，但不是描述本身。描述要使被直观到的本质在其最突出标记方面能够交流；应当使认识者的共同体能够了解为个别人所直观到的东西及其特别类型。"② 在这个意义上，"直观"意味着"看"，而"描述"意味着"说"；"看"可以是为自己的，"说"则大都是为他人的，即用于自己与他人之间交流的。虽然这的确是准确意义上的"描述"，即一种用思想语言手段来系统有序地展示和表达被直观到的意识现象的实事状态的方法，但胡塞尔似乎并未如此地强调过"现象学描述"中的这个表达功能。但对它的强调，从一开始就默默地、自明地预设了交互主体性，这就排除了唯我论的可能。也正是在此意

---

① 宾斯旺格："感谢埃德蒙德·胡塞尔"，唐杰译，载于倪梁康编：《回忆埃德蒙德·胡塞尔》，第 238 页（中译文有所改动）。

② M. Geiger, „Alexander Pfänders methodische Stellung", in *Neue Münchener Philosophische Abhandlungen: Alexander Pfänder zu seinem sechzigsten Geburtstag gewidmet von Freunden und Schülern*, Leipzig: Barth 1933, S. 9.

义上，盖格尔指出普凡德尔的现象学描述的特殊方式："类比的描述的方法"①，如此等等。这实际上是对狄尔泰的"比较的心理学"观念的一种继承。我们在下一节中还会进一步讨论这个问题。

最后还要指出一点：只是在描述的基础上，现象学才进行概念定义。冯特在仔细读完《逻辑研究》之后曾批评胡塞尔在概念规定方面有缺失："如果作者真的做出过自己的概念规定，它们也是分散于各处，难以查找。我甚至不得不承认，尽管做过专注的阅读，我还是没有可能发现对在这个探讨的逻辑基本概念如真理、或然性、明见性、抽象等的清楚而正面的定义。"②

胡塞尔在对冯特的一个未发表的回应中特别说明了现象学描述与定义的关系。他认为冯特对定义的期待是对现象学描述的误解："毫不奇怪，他[冯特]始终会感到失望。他难道会期待斯文·赫定③对西藏的居民点、大草原、荒漠的定义吗？大概只能期待他的描述。"胡塞尔在这里用日常经验意义上的描述来比喻现象学的描述。事实上所有的概念定义都循此次序进行：直观、描述、定义。而现象学的意识研究尤其是如此，它首先需要对意识进行反思性的直观，进而才能进行本质直观中的描述，并通过描述来最终界定和确立概念范畴。为此胡塞尔写道："当然，这是一些对于我们关于居民点、大草原以及如此等等的日常经验而言可以理解的描述，对于它们，这些描述已经准备了类似的直观，它们有可能允许人们通

① M. Geiger, „Alexander Pfänders methodische Stellung", in a.a.O., S. 10f..

② Wilhelm Wundt, „Psychologismus und Logizismus", in Wilhelm Wundt, *Kleine Schriften*, Bd. 1, Leipzig: Engelmann, 1910, S. 608.

③ 斯文·赫定（Sven Anders Hedin, 1865—1952），瑞典人，著名探险家，曾到新疆、西藏、蒙古等地考察，也是楼兰古城遗址的发现者。

过适当的变异与组合来兑现这些描述；而现象学则要求直接地自身产生出相关的现象或对这些现象的想象变异，而且要求一种极难实施的反思性的目光转向。"（Hua XX/1, 325f.）

七、精神科学与现象学的
内在反思与共同精神

如前所述，狄尔泰原来计划在描述心理学的基础上提出并完善其比较心理学的观念，但因为艾宾浩斯的抨击而中断了这个计划。艾宾浩斯对狄尔泰的批评实际上代表了从"客观心理学"的客观性立场出发对"主观心理学"的主观性所能进行的终极批评："对内经验的最仔细的询问也仍然只会为这个人提供这个结果，为另一个人提供另一个结果；而且即使有多重的和认真的检验也无法使事情达到无疑的清晰性。"[1] 这个批评后来也以相似的形式，以唯我论质疑的形式，出现在对胡塞尔意识现象学的反思方法的批评中。

需要注意的是，狄尔泰提出的两个观念分别代表了狄尔泰精神科学心理学方法的两个阶段或层次：自身思义（selbstbesinnen）和追复生活（nachleben）。前者更多是狄尔泰在保尔·约克的影响下确定和提出的精神科学方法和立场，它默认自己是指向个体精神或个别精神的，因而是个体主体的。而后者则超出自身的范围而扩展到他人与公共领域，因而具有交互主体的关联，具有对"共同精神"

---

① H. Ebbinghaus, „Über erklärende und beschreibende Psychologie", in a.a.O., S. 200.

（Gemeingeist）的指向。

在狄尔泰和约克那里可以发现，他们都持有一种修昔底德式的历史哲学观念，即认为历史的规律和逻辑只能在历史的主体及其意志、动机、信念等之中寻找。**历史就是心灵史**，或者也可以说，**历史就是精神史**。因而历史研究是通过对这些主体的历史发生事实的反思或自身思义来完成的。在约克看来，正如他在与狄尔泰的通信中所说，"历史科学只能是历史心理学"。[①] 这实际上也是历史哲学中"哲学"的根本意义所在，即通过自身思义来发现和理解"历史性"。所以约克在其《意识地位与历史》的遗稿中开篇便说："自身思义开启哲学时代，在苏格拉底是如此，在笛卡尔那里是如此。"[②] 约克在这里所说的"自身思义"，并不仅仅是指历史学家本人对本己的生活意义的思考，而更多是"我们"对在历史生活中贯穿的"共同精神"的领会与把捉。

当这种自身思义的历史研究和思考方法涉及历史上的个别"他人"时，狄尔泰也用"追复生活"的概念来表述它，并且认为："唯有与一个人一同感受，并在我们心中对他的活动进行追复生活，我们才能理解和确定他。"[③] 狄尔泰一生所做的最重要历史研究，如施莱尔马赫研究、青年黑格尔研究、德意志精神史研究、19 世纪精

---

① Wilhelm Dilthey und Paul Yorck, *Briefwechsel zwischen Wilhelm Dilthey und dem Grafen Paul Yorck v. Wartenburg 1877—1897*, Halle: Niemeyer, 1923, S. 71f..

② Graf Paul Yorck von Wartenburg, *Bewusstseinsstellung und Geschichte. Ein Fragment aus dem philosophischen Nachlass*, Tübingen: Max Niemeyer Verlag, 1956, S. 1.

③ W. Dilthey, *Gesammelte Schriften VI: Die geistie Welt. Einleitung in die Philosophie des Lebens. Zweite Hälfte:Abhandlungen zur Poetik, Ethik und Pädagogik*, Göttingen: Vandenhoeck & Ruprecht, 1994.

神史研究等等，都是在这种追复生活的理解和思考中完成的。这些研究已经超出"自身思义"和"内经验"的范畴，延展到"同感"（Einfühlung）（更确切地说是"同经验"［Ein-erfahren］或"同理解"［Ein-verstehen］）或"追复体验"（Nacherleben）（或"追复生活"）的方法论领域。它们是主观心理学的，但具有交互主体的或共同精神的有效性。而且狄尔泰很早就认为，那些在研究所里或实验室中进行分析的心理学家们永远无法提供这种对在历史中完成的伟大事件的追复生活（vgl. GS I, 15）。

在这些立场上，胡塞尔是与狄尔泰并肩而立的。他曾对狄尔泰的精神科学研究工作做过如下刻画："透彻地研究［精神生活的］形态结构、它们的类别，以及它们的发展联系，并且通过最内在的追复生活（Nachleben）而使那些规定着它们本质的精神动机得到历史的理解。"（Hua XXV, 42）与此同时，胡塞尔将自己的现象学工作理解为："当我们在内在直观中追复直观（nachschauen）现象流时，我们从一个现象走到另一个现象（每一个现象都包容着一个在此河流中的统一并且也包容着在流动中的自身），并且永远只能走向现象。唯有当内在直观和事物经验得到综合时，被直观的现象（即在内在直观中纯粹被直观之物）与被经验的事物才会发生联系。"（Hua XXV, 30）

胡塞尔在这里强调的是狄尔泰的精神科学和自己的现象学之间的共同特征：内在反思——无论它是以**追复生活**的方式进行，还是以**追复直观**的方式进行。而通过这种方法把握到的，并非外部世界的规律、真理和逻辑，而是交互主体的精神、内在的精神世界及其发展的历史性和真理性、"具有其交互主体的和共同精神的客观性"（Hua XXX, 376）。

　　胡塞尔与狄尔泰一样，而且比狄尔泰更多地思考过如何回应类似艾宾浩斯的批评的问题，即"主观心理学家"如何摆脱其研究的内在主观性而达到交互主体的客观性问题。

　　从个体反思把握到的个别精神，再进一步把握诸个体、民族、共同体、社会所体现的共同精神，这条道路在狄尔泰那里是一条**从自身思义到追复生活**的路径。在胡塞尔这里则是一条通过从个体反思达到个别精神，再通过**同感**而达到交互主体的共同精神的道路。

　　德文中特有的"精神"（Geist）概念已经在黑格尔和狄尔泰那里得到了哲学上的弘扬并或多或少具有"客观精神"意义上的"绝对精神"的含义。它在胡塞尔这里更多意味着"共同精神"（Gemeingeist）或"交互主体的精神"（Hua XXX, 376）。胡塞尔在其研究手稿中谈到"精神与它的心灵基底（Untergrund）"（Hua IV, 332），这是因为精神世界与自然世界一样，都是意识的意向性构造的产物。

　　就此而论，现象学的意识研究构成现象学的精神世界研究的基础。胡塞尔也是这样看待他的现象学与狄尔泰的精神世界的关系的，而且狄尔泰在很大程度上认可这种看法。胡塞尔在 1927 年 12 月 26 日致其哥廷根学生曼科（Dietrich Mahnke）的信中特别说明他对狄尔泰的精神科学之诉求的赞同："狄尔泰将我的现象学与精神科学的心理学相等同，并与他的为精神科学作哲学奠基的生活目标相关联，这给我的印象异常深刻。"（Hua Brief. III, 460）为此，胡塞尔有理由一再将自己的"意识现象学"称作"精神的本质学

（Eidetik）"（Hua III/1, 90, 279, 317f.）或"共同精神的本体论"（Hua XXX, 282, 284, 302, 375; Hua XIV, Nr. 10 f.）。①

八、心灵、精神、意识、无意识：
现象学的描述与定义

在完成对三种心理学（如艾宾浩斯的实验心理学）、精神科学（如狄尔泰的精神科学的心理学）、现象学（如胡塞尔的现象学的心理学）的划分与描述之后，我们需要回过来看一下这三种学说各自的研究对象的同一与差异：心灵、精神、意识、无意识。

从以上关于心理学和现象学关系的历史回顾以及对它们各自的讨论课题和研究方法的特征刻画中，我们可以初步得出以下对心灵、精神、意识、无意识的基本理解，并以命题的形式来陈述它们：

1. "心灵"或"精神"（Seele, Geist, mind）是指心理状态或心理活动的总和；它们构成宽泛意义上的心理学或心理哲学的总体研究领域。

2. 这些心理状态有些是被意识到的，有些则不被意识到：前者

---

① 但这里需要指出一点：曼科在他为《狄尔泰全集》第七卷撰写的书评中曾提到：胡塞尔在《观念》第一卷（*Ideen* I, 90, 279, 317f. ... ）中多次提到"共同精神的现象学"（参见 D. Mahnke, „Rezension von Wilhelm Diltheys Gesammelten Schriften, Bd. VII", in *Deutsche Literaturzeitung*, N.F. IV, Heft 44, 1927, S. 2150）。这一点也为胡塞尔所默认。但这个提示是一个十分离奇的错误，一方面是因为胡塞尔在《观念》第一卷中不仅没有使用过"共同精神的现象学"的概念，而且甚至连"共同精神"都只字未提；另一方面，他在其他地方也未曾使用过"共同精神的现象学"的概念。

叫作"意识",后者叫作"无意识"(Unbewußtsein)或"未被意识到的东西"(Unbewußtes)。

3. 早期的许多心理学家和心理哲学家,或者说,"主观心理学家"和"客观心理学家",都是针对整个心理状态的总体来开展自己的研究。即是说,他们既探讨被意识到的心理状态,也探讨未被意识到但可以各种方式假设、推测到的心理状态。

4. 对意识的把握需要直接反身的直观,对无意识的把握则只能通过间接的推论和诠释。[①]

5. 意识不是类固体的,而是类液体的,更多是涌现出来的,更像是泉水。弗洛伊德的冰山喻,只是形象地说明了意识与无意识的关系。但将意识比喻为露出海面的冰山并不恰当。由于其涌现和流动的特性,意识与无意识一样难以把捉。

6. 被意识到的、即自身被察觉的(被觉知的、内感知到的、内经验到的)心理状态,是确切意义上的"意识"(Bewußtsein, consciousness, awareness)。它们构成意识心理学或意识现象学的研究领域。

---

① 实际上,印度与中国的唯识学家也是以这种双重的眼光和方法来区分和探讨心、意、识的八种类型(阿赖耶、末那、前六识)。——这也是路德维希·宾斯旺格所说的在 1927 年完成的"我的研究中第一个而且完全仅受胡塞尔影响的成果":"严格区分生命机能(Lebensfunktion)和内生命历史(innere Lebensgeschichte)"。这在古代唯识学中就是指"根"与"识"的区分。例如,记忆与"生命机能"或"根"有关,回忆则与"内生命历史"或"识"有关。对此还可以参见宾斯旺格的同名论文:"生命机能与内生命历史"(Ludwig Binswanger, „Lebensfunktion und innere Lebensgeschichte", in L. Binswanger, *Zur phänomenologischen Anthropologie. Ausgewählte Vorträge und Aufsätze* Band I, Bern: Francke Verlag, 1961, S. 51—73)。

7. "意识"（consciousness）就是"自身意识"（Selbstbewußt-sein/self-consciousness）或"原意识"（Urbewußtsein/self-awareness），如今它在英语文献中也常常被称作"感觉质"（qualia）或"内觉知"（interoception）。它意味着：显现的心理状态和心理活动在显现出来的同时也自己意识到自己的显现。

8. 被意识到的心理状态，可以通过回忆再次被意识到；未曾出现过的心理状态，也可以通过想象和期待而以特殊的方式被意识到。

9. 意识并不是某个确定的心理活动种类，而是那个显现出来的心理状态和心理活动，据此，要在脑神经中寻找与意识对应的神经元，是一项不可能完成的工作。但我们可以说，哪一部分的神经元最活跃，与它们相对应的心理状态或心理活动就可能是被意识到的，也就是意识所在。①

10. 意识首先是动词，包含被动态和主动态。某物被我们意识到和我们意识到某物，在德文和中文中都是说得通的。当我们对意识进行反思时，意识成为动名词，成为固定的对

---

① 泰格马克在其《生命 3.0》书中讨论"意识发生在何处"，并相信科赫与克里克发现的所谓"意识相关神经区"（NCC）（Max Tegmark, *LIFE 3.0 — Being Human in the Age of Artificial Intelligence*, New York: Alfred A. Knopf, 2017, Kap. 8. Consciousness, 中译本参见迈克尔斯·泰格马克：《生命 3.0：人工智能时代人类的进化与重生》，汪婕舒译，杭州：浙江教育出版社，2018 年，第 387—393 页。如果的确有这种"意识相关神经区"，那么它们应当存在于所有神经区中，而且是以流动的方式。例如，在感到恐惧时，意识的相关神经区是与恐惧有关的神经元；在感到怜悯或同情时，意识的相关神经区是镜像神经元，如此等等。

象和主题,就像显现成为现象一样。

11. 意欲意识实际上是指可以被意识到的欲望,喜悦意识是指可以被意识到的喜悦,恐惧意识、同情意识、羞愧意识、图像意识、符号意识、时间意识、空间意识、表象意识、判断意识等等,都是可以被意识到的心理状态和心理活动。

12. 这里的直接显现和意识到是对心理活动主体而言。对于外部的观察者,意识只是具有一定含义的信息。因而意识的两个定义:主观体验和信息,并不是非此即彼的,而是都有合理的地方,全看它们是对谁而言。可以说它们是一体两面,但彼此不可相互还原。[①]

13. 我们当下的各种心理活动,如思维活动、情感活动、意欲活动等等,只要被意识到,只要显现出来,就是意识,就是意识现象学所要讨论的课题。

14. 所有意识现象学都诉诸反思,诉诸对意识的内在本质直观。但即使不诉诸内经验,心理描述和分析也可以是本质性的。[②] 因此,尽管所有意识现象学的描述分析都应当是本质描述和本质分析,但并非所有本质描述和本质分析都是意识现象学的。与此同理,所有意识现象学的描述分析都应当在对原意识的反思中进行,但并非所有在对原意识或

---

①　泰格马克在其《生命 3.0》书中给出了这两个定义,即意识作为主观体验和信息(参见迈克斯·泰格马克:《生命 3.0》,第 376、397 页)。

②　例如,对在心理学家和心理哲学家的研究中把握到的心理活动特征与规律的历史陈述也可以是本质性的;再如,对在各种自传中表现出的记忆模式的研究也可以是本质性的。

内意识的反思中进行的描述分析都是意识现象学的。因而意识现象学的方法一方面是直观的、描述的、同感的、分析的、说明的、解释的,另一方面是内在的、反思的、超越论的、批判的;它们使意识现象学的研究有别于其他心理-物理学研究,也有别于其他的现象学研究。

15. 但胡塞尔的意识现象学所讨论的意识,必须是经过彻底的现象学还原的意识,即不是某个人或某种人的意识或某类动物的意识,而是纯粹意识,或者也可以说,是任何可能的理性生物的意识,如今我们也可以说:包括可能的非生物的意识,如机器人的人工意识。因而现象学是关于纯粹意识的学说,它涉及的是纯粹的可能性,是在排除了世界和在世之中的自我之后剩余下来的绝对的东西。

16. 由于在纯粹意识体验中不仅包含纯粹理性,也包含纯粹情感和纯粹意愿等,因而现象学的领域也可以说就是精神科学的领域。

17. 不被察觉的心理状态属于下意识或潜意识,在通常情况下不被意识到,因而可以统称为"无意识"(Unbewußtsein),但它并不是指"没有意识"(bewußtlos),而是指"未被意识到的东西"(Unbewußtes)。它部分与"本性"或"天生的本能"有关,部分与"习性"与"习得的本能"有关;它们都属于"心灵"或"心理"的"心而上学"部分。①

---

① "心而上学"(Meta-Psychologie)的概念,可以参见弗洛伊德于 1896 年 2 月 13 日致弗里斯(Wilhelm Fliess)的信函,弗洛伊德在那里将他自己从事的心理学称作"实际上是心而上学"(参见 S. Freud, *Aus den Anfängen der Psychoanalyse, Briefe an Wilhelm*

18. 确切地看，梦意识也属于意识现象学的研究领域，只要梦是被意识到的，更确切地说，只要梦在睡眠中以梦的方式被意识到，在睡醒时能够以回忆的方式复现在意识中。[①] 严格意义上的"心而上学"并不包括梦意识，因为梦也是以特定的方式被意识到的，因而更属于"现象学"。与"心而上学"相关联的更应当是未被意识到的梦。[②]

19. 除了被意识到的心理活动之外，必定还有未被意识到的心理活动。在一段时间的无意识（例如无梦的睡眠、昏迷）之后醒来，我们仍然知道自己是自己，这就表明我们的意识后面有一个未被意识到的心理活动在维持我们对自身同一的连续的认可。虽然我们自己意识不到这种心理活动，但通过推断（例如这里刚刚做出的推断）或通过外部观察（例如通过脑电波仪的测试）还是可以确定它们的存在。

20. 应当区分"意识的心而上学"和"意识的现象学"。现象学讨论的是意识行为或无意识行为，心而上学讨论的是在"意

Fließ. Abhandlungen und Notizen aus den Jahren 1887—1902, Hamburg: S. Fischer Verlag, 1962, S. 138）。它指的是一种能够将他引到"意识之后"的心理学，是对一些假设的研究，这些假设构成心理分析理论体系的基础。

① 例如，爱德华·封·哈特曼的《无意识哲学》(1868) 就包含"无意识现象学"的部分。哈特曼在该书的第一部分中便区分"无意识现象学"和"无意识形而上学"(Eduard von Hartmann, *Philosophie des Unbewußten*, Berlin: Hofenberg, 2017)，后者用弗洛伊德的话来说就是"无意识心而上学"。弗洛伊德的"梦的解释"(1900) 实际上属于哈特曼所说的"无意识现象学"的范畴。

② 我们有很多做梦却无梦意识的例子。例如，通过仪器测量或外部观察（如说梦话）可以确定一个人在做梦或有梦中的心理活动，但在很多时候他自己并未意识到，或醒来后完全不记得。

识之后"或"意识之下"的心理机能。[①] 现象学与心而上学
完全可以各司其职。

21. 许多心理学研究的对象都是"心而上学的",但不一定是"形
而上学的",因为它们可以通过生理-物理的手段来观察、
测量和确定。

22. 意识现象学的研究或精神科学心理学的研究,无法替代心
而上学的研究和生物学、生理学、物理学的意识研究,但后
者显然也无法替代前者。

九、结尾的思考

在列出这些命题之后会有一个问题随之产生:在意识问题成为
热门的课题的当下,要想理解意识,我们需要在现有的意识心理学
和意识现象学之外另立一门新的意识科学吗?

目前人工智能研究界在总体上趋向于回答"是"。那么接下来

---

① 艾宾浩斯探讨的记忆便属于后者(Hermann Ebbinghaus, *Über das Gedächtnis: Untersuchungen zur experimentellen Psychologie*, a.a.O. S. 1f.):记忆力是一种心理机能,它本身并不显现,而是通过回忆活动才显现出来。他的记忆研究与耿宁新近完成的回忆研究"回忆与特殊的过去之现实"(2019)形成一个鲜明的比照。耿宁在这篇长文中同时以回忆行为的意向分析为例,清晰地说明了现象学的意识研究为何是以及如何是质性研究。欧根·布洛伊勒讨论的注意力(心理机能)和关注活动(意识行为)也属于类似的案例。关于注意力的研究在心理学中通常会追溯到他于 1912 年出版的《心理病学教程》那里,参见 Paul Eugen Bleuler, *Lehrbuch der Psychiatrie*, Berlin / Heidelberg / New York: Springer, 1972。他在该书的第九章讨论了关于注意力的一般问题和关于注意力障碍的问题。对此还可以参见本书附录 6:"注意力现象学的基本法则:兼论其在注意力政治学-社会学中的可能应用"。再如,弗洛伊德讨论的俄狄浦斯情结,同样属于这种情况,它们本身是心而上学的,只是在突破潜意识封锁的情况下才得以显露。

的问题是，这种新的意识科学应当是何种形态的呢？自然科学的（如脑科学、神经科学、生理物理学的），精神科学的，形而上学的，精确实证的，严格本质的？

今天的脑科学、神经生物学、生理物理学以及在科学哲学方向上的精神哲学极有可能建立一门作为脑信息学的意识科学。这个做法如果能够成功，我们就会拥有一门客观的、量化的意识科学。[①]

但如前所述，它不可能替代意识现象学，这是由这两门新旧意识科学的本质差异所决定的。首先，意识现象学始终以建立一门关于意识的本质科学为己任，即通过反思来把握体验的主观质性（即"自身意识"或"感质"或"内觉"）以及它内含的本质要素及其本质结构与本质发生。其次，现象学是一门力图成为严格科学的意识哲学，它从一开始就摒弃精确实证的经验科学论证方式，认为这种方式必须以本质科学的论证方式为前提，而不是反过来。这个意义上的意识现象学是研究主观性的严格科学，并因此而将自己与新的意识科学做了双重的切割。

一门研究主观性的学说是否能够和必须达到严格？从原则上说，胡塞尔的严格标准就是针对一门意识科学而制定的，即建立在清晰直观基础上的概念严格："现代心理学不想成为关于'心灵'的科学，而想成为关于'心理现象'的科学。如果它真想成为这种科

---

① 例如参见 Susan Blackmore, Emily T. Troscianko, *Consciousness: An Introduction*, London: Routledge, 2018; Bernard J. Baars, Nicole. M. Gage, *Cognition, Brain, and Consciousness: Introduction to Cognitive Neuroscience, 2nd Edition*, Burlington: Academic Press, 2010; Thomas Metzinger（Hg.）, *Bewußtsein. Beiträge aus der Gegenwartsphilosophie*, Paderborn: Schöningh, 1996。

学，它就必须在概念的严格性中描述和规定这些概念。它必须已经
在方法工作中获得了这些必要的严格的概念。"（Hua XXV, 23）但
在心理学那里，胡塞尔对他那个时代的客观心理学的工作所做的评
价至今依然有效："在心理认识方面，在意识领域的认识方面，我们
虽然有'实验-精确的'心理学，它自认为是精确的自然科学的完全
合法的对应项——但它在主要的方面仍然处在**前伽利略时期**，即使
它自己根本没有意识到这一点。"（Hua XXV, 24）

　　胡塞尔本人尝试建立一门虽非自然科学般"精确的"但却精神
科学般"严格的"现象学：它包含纯粹现象学和现象学的哲学（含现
象学的心理学或本质心理学）。他在很大程度上获得了成功。普莱
斯纳曾概括过他那个时代的现象学效应："［现象学］这种科学理论
的思考的典型之处在于，它并未妨碍现象学的实践为心理学、心理
病理学和所有精神科学所接受。这种促进作用，也包括对哲学的促
进作用，是异乎寻常的，只有弗洛伊德的作用能够与之相比拟。"①

　　时至今日，在胡塞尔去世八十年后，"严格科学"的理想看起
来并未实现，而且看起来还离我们越来越远。但事实上它似乎以另
一种形式在发挥着效用，即以如今在社会学、心理学研究领域越来
越多地受到讨论和实施的"**质性**研究方法"的形式。普罗德在其专
著《质性研究作为严格的科学？论胡塞尔现象学在方法文献中的接
受》中说明，近三十年来质性研究在德语学术界的方法论讨论中获
得了重要的意义。人们在研究文献中不再像以往那样借助于阿尔

---

①　Helmut Plessner, „Bei Husserl in Göttingen", in *E. Husserl, 1859—1959.
Recueil commémoratif publié à l'occasion du centenaire de la naissance du philosophe*,
Den Haag: Martinus Nijhoff, 1959, S. 37.

弗雷德·舒茨的中介，而是常常直接诉诸胡塞尔的现象学及其严格科学的理想与施行。[①] 事实上，如果我们回想一下艾宾浩斯的代表作《论记忆》并以它为例，那么他开始时对记忆的三类效果的划分在笔者看来就属于"严格科学"一类，是质性研究，即使并非立足于自然科学的基础上，而他后面对记忆的具体实验方法和实验结论则仅仅是胡塞尔所说的"实验-精确的心理学的"以及按艾宾浩斯自己的说法是"自然科学的"。

　　此外，在心理学领域开展的质性研究也已形成气候，[②] 它代表着一种与以往心理学精确实证的科学方法本质不同的研究风格。它是否与胡塞尔赋予意识科学的严格科学特征相符合，这是一个值得思考和研究的问题，也是意识哲学界和心理哲学界正在尝试回答的问题。[③]

---

　　① 　Andrea Ploder, *Qualitative Forschung als strenge Wissenschaft?: Zur Rezeption der Phänomenologie Husserls in der Methodenliteratur*, Köln: Herbert von Halem Verlag, 2014, S. 1ff..

　　② 　例如参见 Günter Mey, Katja Mruck（Hrsg.）, *Handbuch Qualitative Forschung in der Psychologie*, Wiesbaden: VS Verlag, 2010。

　　③ 　在这方面的新近解答尝试可以参见上文提及的 Andrea Ploder, *Qualitative Forschung als strenge Wissenschaft?: Zur Rezeption der Phänomenologie Husserls in der Methodenliteratur*, a.a.O. S. 9ff.。

第二编

对意识结构的描述：
结构的奠基

引　　论

　　意识结构通常被用来指称组成意识行为整体的各个部分、成分、要素、属性等之间基本固定的或至少相对稳定的排列与关联的秩序。由于意识结构基本上是稳定不变的，因此对它的研究被划归到静态结构的现象学描述与分析的范围中。

　　所谓"静态结构"，就意味着被固定下来的意识流的横截面。从原则上说，意识流是无法被固定的。这里的"固定"只是一种方便的说法和理论的抽象。如果弗洛伊德将意识比喻为冰山，那么我们也可以将意识流比作一条冰河。借此隐喻，我们可以设想它的任意一个固定的横截面，在这个横截面上可以发现意识自身包含的一个稳定的和静态的结构。对此我们当然也可以用化学中分子结构与分子运动的关系来做类比。而关于意识的最普遍的发生规律，即它的纵剖面的结构与逻辑，我们会在关于意识发生的说明的第三编中予以论述。

　　这里需要注意一点：意向活动并不是传统哲学意义上的"主体"，即作为意识载体的人的实体，而只是意识的统摄、构造和综合作用与活动；而意向相关项也不是传统哲学意义上的"客体"，即独立于主体的实体，而只是如其所是地显现的意向内容。换言之，如果意识是一条河流，那么意向活动和意向相关项仅仅是这条河流的两边，而不是作为主体和客体的两岸。意识现象学要探讨和把握的是这条河流的横截面和纵剖面的结构与逻辑，而非它的两岸的状况。

胡塞尔在 1913 年以后用一对源自希腊文的概念"能意（noesis）-所意（noema）"来标示它们。笛卡尔所说的"能思（cogitatio）-所思（cogitationes）"，弗雷格所说的"思维（denken）-思想（Gedanken）"，也属于在此方向上的类似思考和表达。与此相关的表达在佛教唯识学也可以发现，如"见分-相分"、"能缘-所缘"、"能取-所取"等。

1.0. 意识现象学的第一定理应当是：意识总是关于某物的意识。这个定理意味着意向性现象学或意识结构现象学的原理

我们可以对意识现象学的第一定理做逐步的展开。

意识最普遍的静态结构就是它的意向性：意识总是指向某个对象，或者说，意向活动始终有一个意向相关项。胡塞尔曾说"每个［意识］行为都是关于某物的意识，但每个［意识］行为也被意识到"（Hua X, 126），便是这个意思。当然，这段引文中的第二句话还意味着：意识就是自身意识。与此相同，佛教唯识学中也有意识的二分说或三分说，即将意识分为最基本的两个或三个成分：见分、相分和自证分。[①]也就是说，意识有三个基本要素：行为、对象、自身意识。缺少其中的一个要素，意识就不再是确切意义上的意识。例如，如果意识自身意识不到自己的进行，它就不是意识，而只可能是下意识或潜意识。因而这三者之间的相互关系就意味着最基本的意识结构的成立。这个结构对于意识来说是稳定不变的。

---

① 　参见《成唯识论》卷二，玄奘译，《大正新修大藏经》第 31 册，第 10 页。

在这个最普遍的意识结构的基础上，我们还可以通过直观的反思来对意识的结构组成做出更为细化的描述分析。例如，意向活动（行为）是由材料、质性和质料组成的，它们的变化组合会导致不同的意向相关项的产生。

1.1. 意向活动的形式差异与意识体验的不同种类：认知意识、情感意识、意欲意识

意识总是指向某个对象。这里的所谓"指向"意味着两种情况：其一，意向活动在直观材料的基础上构造出相应的意向相关项；其二，意向活动指向已经被构造出的意向相关项。这里的所谓"构造"，是指某个对象以意识的方式的显现，或者说，意向活动以综合和统摄的方式将杂多的材料加工为一个统一的意向相关项并赋予它以统一的意义的能力或过程。或者说，通过意识行为的杂多性而建立起对象的同一性。这是意向性概念的第一个含义。而构造概念的第二个含义则不再是指建立对象，而仅仅意味着指向已有的对象。①

因而无论如何，意向活动都不会是空乏的、无对象的，而是始终朝向一个意向相关项，或者是原构造的，或者是已构造的。前一种意向意识也叫作"客体化行为"，它们在胡塞尔的意向分析中是指包括表象、判断在内的逻辑-认识的智性行为，即指那些使客体或对象得以被构造出来的行为。而后一种意向意识则被称作"非客体化行为"，它们意味着情感、价值感受、意愿等价值论、实践论的行

---

① 参见笔者：《胡塞尔现象学概念通释（增补版）》，北京：商务印书馆，2016年，第284—287页，"构造"（Konstitution［constitution］）条目。

为活动，它们不具有构造客体对象的能力，但却仍然指向对象，即指向那些被客体化行为构造出的对象。

具体说来，看见一朵花，这属于构造对象的意识行为；面对花儿感到愉悦，这属于对已被构造对象的感受行为。这样，意向活动这一个大类已经可以区分为表象的和感受的两种形式了。如果除此之外还想要这朵花，那么这已经属于对已构造的对象的意欲行为了。它可以算作第三形式的意向活动。它们都与意识的意向性原理相符合。

因此，一方面是意向性的变化，另一方面是其他意识要素的增加或减少使得意识产生差异性变化，使得各种不同的意识类型得以形成，如表象意识，包括感知、想象、判断、运算等，以及感受意识，包括同情、恭敬、羞愧等，以及意欲意识，包括食欲、性欲、强力意志等。各种意识的意向性结构的变异与衍生使得意识能够被划分为不同的意识类型。

在这些行为类型中间存在着一定的奠基关系，即一些意向活动必须以另一些意向活动为前提，例如想象行为和符号行为必须以感知行为为前提，以及一些对象性的构造必须以另一些对象性的构造为前提，例如范畴事态的构造必须以感性感知对象的构造为前提，如此等等。这也属于意识现象学家们所说的"心的秩序"或"心的逻辑"。胡塞尔曾一度将这种奠基性称作"发生性"（Hua III/1，125）的奠基。但这并非是真正意义上的"发生奠基"，而只是静态结构的奠基，只是各个意识行为的结构奠基的"层次顺序"[1]。

---

[1]   参见 Hua XIV, 41。胡塞尔在这里说："我在这里具有本质共属性，即关系的本

1.2. 意向活动的权能差异与意识体验的不同强度

对于意识结构而言与上述意向活动的形式差异同样具有普遍意义的是意向活动的权能差异：权能（Vermöglichkeit）是胡塞尔生造的一个概念，专门用来表达意向活动方面的积极主动的"我能"。我们可以将它视作一种与客观可能性相对的主观可能性。

这种权能性可以表现在意向活动的许多方面，例如在构建作为外部自然世界的视域和作为内心精神世界的人格之能力方面。这里要指出的是意向活动的强度上的差异以及由此而导致的两种不同强度的意向活动类型：关注的和轻触的。从这个角度看，所有意向活动都可以分作关注型的和轻触型的。我们通常讨论的注意力心理学与这种意识关注强弱有关。

佛教唯识学将能够普遍进行的意识活动（即所谓"遍行心所"）分为五类："想"（saṃjñā, perception），"思"（cetanā, volition），"受"（vedanā, feeling），"触"（sparśa, touching），"作意"（manasikāra, attention）。前三类与我们在 1.1 中论及的意向性形式相对应，后两类与我们在 1.2 这里所说的意向性的权能有关："触"是指精神目光或心目的浮光掠影，"作意"是指精神目光的专心注意。它们构成所有意向活动的意向性强度之两端。

质共属性，但这还不是发生的制约性，这里没有从制约者中生成的被制约者。"这意味着，"意识发生"之所以还不是"发生的奠基"，乃是因为它并没有解释"后识"是如何从"前识"生成的，或者说，"上层的"构造是如何从"底层的"构造中产生的。在这个意义上，胡塞尔后期的著作《经验与判断》（1939）所讨论的也只是结构奠基的"谱系学"，而非发生现象学。

1.3. 意向活动的样式差异与意识体验的不同类型：感知、想象、图像意识、符号意识等

意向活动最基本的样式是感知或知觉。感知意识的结构是最基本的意向性，它由实项内容和意向内容两部分组成。实项内容在感知意识这里可以分为感觉材料和意向活动，而意向内容则相当于意向相关项。

意识的样式会发生变化。我可以观看一种花瓶，而后闭上眼睛回忆它。这时的意向相关项是同一个花瓶，但与之相关的意向活动已经不是同一个。意向性的样式已经从感知的意向性变化为回忆的意向性。

回忆的意向性属于想象的意向性的类别。包括回忆意识在内的想象意识的意向性是由想象内容和意向内容两部分组成。想象内容在想象意识这里可以分为想象材料和意向活动，而想象的意向内容也就是想象的意向相关项。

1.4. 意向性的质性差异与意识体验的不同立场：设定的、不设定的

这里的"质性"（Qualität）是意识行为的"质性"。它与意识行为的"质料"（Materie）一同构成意识的本质，即胡塞尔意义上的意向性的本质（Hua XIX/1, A 444/B_1 476）。

所有意向活动从质性方面来看可以分为两类，一类是带有存在信念的，一类则不带有这种信念。所谓"存在信念"，是指意向活动在指向意向相关项的同时带有对它的存在设定。例如，每一个感知都带有对被感知者的存在的信念，每一个回忆也是如此。如果缺少

这种设定，感知就不成其为感知，而是幻觉或其他意识；回忆也不成其为回忆，而是单纯的想象了。

胡塞尔在早期将这种意向性的差异称作"质性"的差异，后来也用"设定"和"立场"来标示它。"不设定的"或"无立场的"意向性是"中立的"意向性。例如在面对一张展示某个人物或事物的图像时，在阅读一部童话、科幻、虚构等文学作品时，在听取一场报告时，我们所持的通常便是这种立场和态度；我们仅仅是理解它们，但并不对它们的真实与否、正确与否、存在与否做出判断；或者说，我们对它们的态度是中立的、中性的。

1.5. 意向性的模态差异与意识体验的不同模式：肯定的、否定的、确然的、怀疑的、猜测的、或然的

在含有存在设定的意向性中还可以区分出各种存在信念的模态：首先是否定的存在信念，例如，看见路上的一条蛇，而后否认蛇的存在，因为发现这只是一段草绳。这个例子中的否定的存在信念也仍然是存在信念。不过每个否定的存在信念都会与一个肯定的存在信念相伴。因此，否定的存在信念总是以"不是……，而是……"的形式出现。

在从肯定到否定的发展过程中会出现许多中间阶段，它们表现为各种存在信念的模态，如疑问、怀疑、预感、猜测等等。

1.6. 意向活动的质料差异与意识体验的不同相关项：感性的与非感性的、实在的与非实在的、价值的与非价值的

这里所说的"质料"就是在1.4中曾提及的行为质料，它与行

为质性一同构成意向性的本质。"质料"是意识在对感觉材料进行统摄或综合时赋予感觉材料的意义，因而这个统摄活动也被称作"赋义"（Sinngebung）活动或"释义"（Deutung）活动，各种意向相关项通过这种活动而被构造出来。例如我们在面对一幅油画时可以将它理解为一张普通的有色画布，也可以将它看作给人愉悦感的装饰画，或给它以一幅价值连城的名画的意义，或将它贬为一幅名画的赝品。它们虽然仍是同一个物理事物，但因我们赋予它的不同意义而不再是同一个意向相关项。再以一个直观到的语词符号"桌子"为例，我们可以将它理解为一个具体的桌子，也可以将它理解为观念的桌子；而且根据语境的不同，我们也可以将它理解为实在的"桌子"，也可以理解为虚构的桌子，如此等等。

1.7. 意向活动的时空定位与意识体验的不同形态：时间感（间距与三世）与空间感（距离与方向）

意向活动在其进行过程中还会含有伴随性的其他因素。例如时间感和空间感。这些因素大都与对感性的和个体的事物与事件的直观（或表象）相关联。也可以说，感性的、个体的直观在构造事物时会在意向相关项中加入时间与空间的成分，对它们进行时间和空间的定位，而且这些都不是有意识进行的，而更多是下意识进行的，因而这些时间感和空间感本身不是独立的意识行为，即本身不是表象，而只是包含在意识行为中的某些因素。我们对一个过去的事物或事件的回忆都带有清楚或模糊的时间间距感，或者几年前，或者几天前，如此等等。我们对当下的事物和事件的感知也都带有空间的定位，不一定是东南西北的客观定位，但必定会带有前后左右的主观定位。

　　或许可以用康德所说的时空的感性形式来标示这种时空感，但它们是意向性的直观形式。至少时间在这里可以起到区分个体感性的对象与普遍观念的对象的作用：前者在处在时间流之中，后者是无时间的或超时间的。

　　以上这些可以说是意识现象学具有的在对意识静态结构或意向性问题进行具体展开分析方面的种种可能性。这里提到的几点还远远没有穷尽这些可能性。

　　胡塞尔曾批评笛卡尔在确认"我思"（cogito）之后就过于匆忙地得出"我在"以及所有其他自然观点的总命题，忽略了对在"我思"中已经含藏的整个意识世界的展开研究。在通过笛卡尔式的普遍怀疑悬搁了一切自然观点并中止了一切现存科学命题之后，现象学的反思性直观和描述可以帮助重建起一个基于稳固精神世界之上的、包括自然世界在内的普全世界。这也就是奥古斯丁所说"不要向外行，回到你自身；真理寓于人心之中"的意义所在。

　　就此而论，意识现象学带有强烈的普遍性诉求。所谓"本我思维被思者"（ego cogito cogitatum），或更确切地说"本我意识被意识者"，并不仅仅是分析和理解意识的理论，而是关于在意识中构造起来的世界的哲学理论。对意识的本质要素与普遍结构的研究和把握最终会导向对世界的本质要素与普遍结构的了解和把握。意识现象学最终成为世界现象学。

　　当然，世界现象学在这个意义上还是横向系统的世界现象学，是在意识中被构造的自身世界、自然世界、社会世界的现象学。但世界现象学还具有纵向系统的世界现象学的意义，即在意识中被构造的个体的和群体的历史世界的现象学的意义。它是我们在本书第三编中要讨论的论题。

第1章　感知或当下拥有

　　从意识现象学的角度来看，意识总体的结构层次或奠基顺序可以分为以下五个方面：

　　1) 其他所有意识行为（如爱、恨、同情、愤怒、喜悦等）都以客体化的意识行为（如表象、判断等）为基础，因为在客体通过客体化的行为被构造出来之前，任何一种无客体的意识行为，例如无被爱对象的爱、无恐惧对象的恐惧等，都是不可想象的。

　　2) 在客体化行为本身之中，表象的客体化行为（看、听、回忆）又是判断的客体化行为的基础，任何一个判断的客体化行为最后都可以还原为表象性客体化行为。例如，对"天是蓝的"所做的判断可以还原为"蓝天"的表象。

　　3) 在表象性行为本身之中，直观行为（感知、想象）又是所有非直观行为（如图像意识、符号意识）的基础，因为任何图像意识（如一幅照片所展示的人物）或符号意识（如一个字母所体现的含义）都必须借助于直观（对照片、符号的看或听）才能进行。

　　4) 在由感知和想象所组成的直观行为中，感知又是想象的基础。据此而可以说，任何客体的构造最终都可以被回溯到感知上，即使是一个虚构的客体也必须依据起源于感知的感性材料。例如对一条龙的想象必须依赖于"狮头"、"蛇身"、"鹰爪"等在感知中出现过的对象，并且最终还必须依据色彩、广袤这样一些感性材料。

5) 虽然感知构成最底层的具有意向能力的意识行为，但并非所有感知都能代表最原本的意识。感知可以分为内在性感知和超越性感知。在超越性感知之中，我们可以区分原本意识和非原本意识：例如当桌子这个客体在我的意识中展现出来时，我看到的桌子的这个面是原本地被给予我的，它是当下被给予之物；而我没有看到的桌子的背面则是非原本地被给予我的，它是共同被给予之物。超越性的感知始终是由原本意识与非原本意识所一同组成的。①

我们在这里首先将这个奠基顺序作为不言自明的前提接受下来，对它的论证会在接下来的阐释中进行。按照这个顺序，现象学的意向分析应当先从感知开始，因为在胡塞尔那里，它是最具奠基性的意识行为，也就是说，所有其他意识行为都植根于感知，即使在感知本身中也包含着一些非原本的东西。

一、感知意识概论

感知意识是所有意识种类中最原本的、也是最基本的意识行为。这意味着：所有其他的意识种类在结构上都奠基于感知之中，例如回忆意识、想象意识、图像意识、符号意识、判断意识，以及如

---

① 笔者最早是在"图像意识的现象学"的论文中论述过这个奠基顺序。参见倪梁康："图像意识的现象学"，载于《南京大学学报》（哲学·人文科学·社会科学版），2001 年第 1 期。——事实上，这个奠基顺序的说明应当放在感知这个首要的奠基性的意识行为这里，而不是放在图像意识这类被奠基的意识行为那里。这里重复列出这个奠基顺序就是为了对过去的做法做出某种纠偏。

此等等。用胡塞尔意识现象学的描述术语可以说,感知是一种"当下拥有的行为"(Gegenwärtigung),即这类意识行为的意向相关项是直接当下的和自身在此的,而所有其他的行为都是宽泛意义上的"当下化的行为"(Vergegenwärtigung),这意味着,这类意识行为的意向相关项不是自身当下在此的,而是以再现或再造的方式被带入当下的,例如通过回忆、想象、期待的方式,如此等等。

在意识现象学中,感知意识最初是在胡塞尔那里得到缜密的思考和系统的研究。除了在《逻辑研究》(1900/1901)和《纯粹现象学与现象学哲学的观念》第一卷(1913)等重要著述中的阐释之外,胡塞尔在其一生的讲座与研究手稿中,例如在《感知与注意力》(1893—1912)(Hua XXXVIII)、《事物与空间》(1907)(Hua XVI)、《被动综合分析》(1918—1926)(Hua XI)中,都对感知意识做了深入分析和讨论。

而在胡塞尔指导的学生中,哥廷根时期博士研究生威廉·沙普(Wilhelm Schapp, 1884—1965)是第一位以现象学为题,而且是以"感知现象学"为题完成博士论文的学生。他的《感知现象学论稿》[1]是在胡塞尔指导下完成的这个领域中的首次尝试。此后,胡塞尔另一位学生阿隆·古尔维奇(Aron Gurwitsch, 1901—1973)对感知意识所做的关注最多,发表的相关著述也最为丰富。[2]接下来,

---

[1]　Wilhelm Schapp, *Beiträge zur Phänomenologie der Wahrnehmung*, Halle: Max Niemeyer Verlag, 1910.

[2]　参见 U. Melle, *Das Wahrnehmungsproblem und seine Verwandlung in phänomenologischer Einstellung. Untersuchungen zu den phänomenologischen Wahrnehmungstheorien von Husserl, Gurwitsch und Merleau-Ponty*, Den Haag u.a.:Martinus Nijhoff, 1983。

在感知意识研究方面, 法国现象学家莫里斯·梅洛-庞蒂(Maurice Merleau-Ponty, 1908—1961) 功不可没。他不仅撰写了其代表作《感知现象学》[①], 而且也撰写了长文 "感知的首要地位及其哲学结论" [②] 来为其感知意识分析做论述和辩护。应当说, 在意识现象学家中, 梅洛-庞蒂最重视感知意识分析, 也在此论题上着力最深, 影响也最大。除此之外, 新康德主义的主要代表人物恩斯特·卡西尔(Ernst Cassirer, 1874—1945) 也在感知意识的结构分析方面有重要贡献。[③]

当然, 在胡塞尔之前, 瑜伽唯识学在感知意识的分析上也提供了重要的思想资源。感知意识在这里被纳入第六识的范畴。而它之所以是奠基性的, 乃是因为它以感觉或感觉材料为内容[④], 即自身包含五种识: 眼耳鼻舌身。瑜伽唯识学因此将它称作 "五俱意识", 即伴随五识一同显现的意识。

我们在接下来对感知意识结构的现象学分析中会一再地参考和借助上述感知理论或感知哲学的思想成果。

------

① Maurice Merleau-Ponty, *Phénoménologie de la perception*, Paris: Gallimard, 1945.

② Maurice Merleau-Ponty, *Le primat de la perception et ses conséquences philosophiques. Précédé de: Projet de travail sur la nature de la perception. 1933*, Paris: Verdier, 1996.

③ 这方面的讨论可以参见: Martina Plümacher, *Wahrnehmung, Repräsentation und Wissen: Edmund Husserls und Ernst Cassirers Analysen zur Struktur des Bewusstseins*, Berlin: Parerga Verlag, 2003。

④ 这也是笔者使用 "感知" 而非 "知觉" 来对应翻译德文中的 "Wahrnehmung" 和英文、法文中的 "perception" 的主要原因, 即 "感知" 中的 "感" 可以体现在它之中含有感觉的要素。当然, 另一个原因还在于: "知觉" 不是动名词, 无法作被动态使用, 例如不能说 "被知觉"。

我们通常所说的"感知",大都是指外感知,或者说,事物感知,更严格地说,空间事物的感知。这也是在现象学的感知分析中讨论最多的感知意识类型:对空间物理对象的感知。唯识学所说的"五俱意识",也是对这个意义上的感知的另一种命名,它意味着伴随五种感觉材料的意识。

但在空间事物中同样包含有意识活动的空间事物,或者说,有心灵的空间事物,例如人与动物。尤其是对他人的感知,具有与对其他事物的感知本质不同的结构。即是说,我们对他人的感知本质上不同于对事物的感知。因此,胡塞尔也将他人感知或陌生感知(Fremdwahrnehmung)纳入同感(Einfühlung, Empathie)的意识种类来专门讨论。

同感概念和理论的最早缔造者是心理哲学家特奥多尔·利普斯。他在自1900年起的多部心理学著述中分析和讨论同感现象,尤其是将其《心理学研究》巨著的第二卷用于讨论"同感"。利普斯将同感视作我们认识的三个来源之一,即关于其他自我的认识。而其他两种关于事物的认识和关于自己的认识则来源于感性感知和内感知①。而后现象学家舍勒在其1913年的重要著作《论同情感》中也讨论了利普斯的"投射性同感"的概念,但舍勒本人更愿意使用的是"同情"(Mitgefühl, Sympathie)概念,因为他尤为关注的是"同感"的情感向度而非认知向度,而且按他自己在《伦理学中的形

① 这与我们这里对感知的三种类型的划分是一致的。当然,我们是在胡塞尔赋予的意义上谈论三种感知。在利普斯那里它们是三种认识,而且在德文原文中只有事物感知是真正意义上的感知,其他两种分别是同感知(Einfühlung, Empathie)和内感知(Introspektion, Selbstbeobachtung)。

式主义与质料的价值伦理学》中的说法，他事实上已经"深入地反驳了一门价值的同感理论"①。此后，胡塞尔的学生埃迪·施泰因受舍勒和胡塞尔关于同感和同情问题讲座的启发，撰写并于 1917 年完成了她的博士论文《关于同感问题的历史发展与现象学考察》，从历史的和系统的方面对同感问题和同感理论进行阐释和分析②，并在胡塞尔那里收获了高度的评价。

胡塞尔本人虽然没有发表关于同感问题的系统文字，但他对此问题的思考延续了三十多年，身后留下了大量的研究手稿，20 世纪 70 年代由耿宁编辑并作为《胡塞尔全集》第 13—15 卷出版之后，胡塞尔通过"同感"或"交互主体性"的问题分析而准备的现象学的社会本体论基础引起学界的关注和讨论。现象学在伦理学、政治学、社会学方面可能产生的效应也逐渐显露出来。

最后，与他人感知相对，我们还可以讨论对自己的感知。这是在感知意识范畴中包含的第三感知：自身感知或内感知。陌生感知是对作为心灵与身体之统一体的他人的感知，本己感知是对作为心灵与身体统一体的自己的感知。这两者之间又存在本质差异。

自身感知的特点在于，它是对发生脉络的纵向感知，是对处在历史发展中的自身发生的追踪把握。就这个角度而言，事物感知和他人感知都属于指向静态结构的横向感知，属于对具有稳定系统的

---

①　Max Scheler, *Gesammelte Werke II: Der Formalismus in der Ethik und die materiale Wertethik*, Bern: Francke-Verlag, 1980, S. 258.

②　Edith Stein, *Das Einfühlungsproblem in seiner historischen Entwicklung und in phänomenologischer Betrachtung vorgelegten Dissertation*, Freiburg, 1917.——但施泰因博士论文的历史考察部分，即第一部分，后来因为"一战"期间的印刷限制而没有付印，"二战"期间最终遗失不见。

意向相关项的观察把握。佛教唯识学将前者称作"心生"，将后者称作"心住"，并要求"善知心生、善知心住"。佛教的"二种性"和"三能变"学说主要是针对"心生"而言，而"四分说"与"心王说"和"心所说"则主要是针对"心住"而言。

由于自身感知主要是对本己意识发生的纵向追溯并最终导向最初的潜隐意识，或者说，不显现的无意识，即"深度心理学"意义上的"心灵深处"以及佛教唯识经典《解深密经》意义上的"深密"，因而严格意义上的自身感知在这里的活动范围很小。《解深密经》的"解"，并非是通常意义上的"解析"，即建基于直观基础上的描述分析，而更多是"解释"，即"心而上学"意义上的阐释和说明。这方面的奠基性工作主要是由无意识心理学或"心而上学"的创始人如弗洛伊德、荣格、阿德勒等人提供的。弗洛伊德在其无意识心理学中对艾斯(Es)、自我与超我的划分，后来在胡塞尔的发生现象学与本能现象学思考与研究中对前我、原我与自我的区分基本相近，也与唯识学三能变的阿赖耶识、末那识和前六识的划分遥相呼应。

综上所述，感知意识是由三种感知类型构成的：物感知(或外感知)、同感知、自感知(或内感知)。它们分别意味着，对事物的感知、对他人的感知和对自己的感知。尽管这三种感知有不同的结构，却仍然都可以被称作"感知"。这表明它们自身含有本质相同的东西。当然，如果我们刻意地强调它们的差异性而非相同性，那么最严格意义上的感知只能是事物感知。其他的感知不一定要叫作"感知"，而可以更宽泛地叫作"经验"，或更确切地说，"原本经验"。胡塞尔便常常因此也将"自身感知"和"他人感知"称作"自身经验"和"他人经验"。

在下面的分析中，我们可以更为清晰地看到这三种感知或原本经验的本质相同性和本质差异性。

二、事物感知的结构：物感知

事物感知或外感知是建基于感觉材料之上的感知，这里的感觉是指视觉、听觉、嗅觉、味觉、触觉这五种感觉。而用唯识学的语言来说，这种意识是伴随五种识一同升起的，即必定是伴随眼识、耳识、鼻识、舌识、身识这五种识中的一种或几种一同升起的。因此，将这种建基于感觉上的意识种类称作"感知"是十分合理与恰当的。所有的感知都必定与感觉材料有关。后面我们还会看到，它是我们这里上面所概括的三种感知的共同特征。

事物感知具有最典型的感知结构，或者说，本质结构。一个意识体验的本质结构就意味着这个意识体验所具有的若干个本质要素以及它们之间的本质联系。

1. 事物感知中的感觉材料

事物感知的感觉材料大致可以分为五类：视觉、听觉、嗅觉、味觉和触觉。它们组成广义上的"身体"概念。在大小乘佛教中，它们很早便被命名为"五识"，即可以进行分辨或了别的五种意识活动：眼识、耳识、鼻识、舌识、身识。它们与现象学和心理学中对五种感觉的区分是一致的和对应的。但佛教所说的"身识"，应当是狭义的"身识"，即"触觉"（更确切地说是"身觉"）：通过皮肤来分辨的冷暖、软硬、痛痒等。而在宽泛的意义上，通过眼睛分辨的颜色、大小、高低、远近等，通过耳朵分辨的声音，通过鼻子分辨的气味，通过舌头分辨的口味，以及通过皮肤分辨的冷暖、软硬等，都可以算作广义的"身识"。它们在布伦塔诺那里都被纳入"物理现象"的范畴。

这五种感觉材料具有几个基本的特性，它们也包含在建基于它们之上的感知意识之中。**首先**，感觉材料是时间性的：它们始终是当下的或现在的。过去和将来的感觉都是想象材料。**其次**，感觉材料是直接的，即是说，它们自己本身被意识到，不需要其他的中介或代表。

五种感觉可以同时升起，但这种情况比较少。更多的情况是其中的一种或几种感觉单独出现或结伴出现，例如只看见花，没有闻到花香；或者只闻到花香，没有见到花；或者看见花并闻到花香，如此等等。在这个案例中，听觉、味觉和触觉是不在场的。

根据这些感觉的组合的不同，会有许多建立在它们之上的意识活动得以形成。例如在性、色、情、欲与眼、耳、鼻、舌、身、意之间的关联：性与身识有必然关联；色与六识有关联，或与其中之一，或与所有六识；情仅仅与作为情感的意识（心所）有必然关联；而欲则同时与作为情感的意识（心所）和身识有必然关联，但也只是与前五识有或然的关联。而当人们在日常用语中使用这些单字来组词时，由此形成的双字词大都意味着与它们对应的感觉的组合与叠加，例如情色、色情、情欲、色欲、性欲等。

与它们与此密切相关联的一个词及其相应的意识情感是"爱"。它与前面几个词也有关联，如爱情、情爱、爱欲。但一方面，也许

没有其他的词的含义能够比"爱"这个词的词义所涵盖的情感意识
范围更宽泛了。它的含义甚至远远超出性、色、情、欲的含义的总
和，因此在谈论感知的地方并不是讨论"爱"的合适场所。但"爱"
所具有的一个十分核心的含义与精神的爱有关。在这个意义上，它
与我们这里讨论的建基于感觉之上的种种意识活动反而形成对立。
这个对立在另一些语词中或多或少地表达出来，例如古希腊人所说
的"爱欲"（eros）与古印度人所说的"爱欲"（Kama）等，它们都意
指一种混杂了感性和精神的双重情感意识。

2. 事物感知中的意识活动

对这些感知材料的统摄或立义则是由意向活动来完成的：一堆
感觉材料，如红、宽、高、硬，包括视觉上的木质感等被赋予一个特
定对象的意义，例如被统摄为"一张椅子"。这种统摄的意向活动
在唯识学那里属于第六意识的工作，它代表的是第六意识的一种，
即五俱意识。唯识学中的第六意识包括了五俱意识、不俱意识（不
带有感觉材料的回忆、想象等）、梦中意识、定中意识等。我们在后
面还会一再地涉及这个相当宽泛的"意识"概念。

这种事物感知的意识活动也就是胡塞尔所说的意向活动。布
伦塔诺将它纳入"心理现象"的范畴。心理现象是意向的、指向对
象的，物理现象是非意向的。西方的心理哲学家布伦塔诺、胡塞尔
在这里与东方唯识学家已经达成了一种共识，他们的区别主要在于
术语选择的不同：唯识学家所说的五识，就是布伦塔诺所说的"物
理现象"和胡塞尔所说的"感觉材料"，而特定意义上的第六识（五
俱意识）则相当于布伦塔诺所说的"心理现象"或胡塞尔所说的"意

向活动"。

在事物感知中进行的意向活动具有两个鲜明的特点。**其一**，它始终在进行超越的活动。事物感知虽然立足于感觉之上，却始终会超出感觉的范围，在它通过对感觉材料的统摄而构造起来的对象中始终会包含某些并非直接意识到的东西，例如在以感知方式被意识到的椅子的内容中包含了未被直接意识到或未被感知到的椅子的下面和背面。即是说，对椅子或其他物理空间事物的意识始终是由两个部分组成的：对椅子的一些部分的直接感知意识以及对椅子的其他未被感知部分的一同意识到。当我们将一些有限的感觉材料 a1, a2, a3……统摄为一个可以从各个角度无限地被感知到的事物 A 时，意识已经完成了从内在的感觉材料到整体的事物的超越。胡塞尔也将它称作"内在的超越"，即在意识内部完成的超越，对意识的实项内在的超越。我们也可以说，意识的统摄或构造就是指"意识的内在超越"。

其二，事物感知始终带有存在意识，并在这个意义上始终进行自身的超越。具体地说，被感知的东西始终会被视作"存在着的"。我们可以将贝克莱所说的"存在就是被感知"转述为"被感知的就是存在的"。在意识哲学中，"存在"并不是指独立于意识的实存，而是意识之中的存在感，或存在意识：感知活动总是将它构造的对象意识为存在着的。例如，在意识清醒的状态中，我们看见一面墙通常不会认为它不一定存在而有意撞上去。在这个意义上，感知意识完成了第二种超越。它表明了感知的意识活动的一个本质特征：它能够超出其自身直接被给予性的范围而将一个它自己构造的对象设定为在它自己之外存在的客体。

就这个双重超越的意义而言，胡塞尔可以说，"外感知是一种不断的伪称，即伪称自己做了一些按其本质来说无法做到的事情。因而在某种程度上，在外感知的本质中包含着一个矛盾"（Hua XI, 3）。

3. 事物感知中的意向相关项

事物感知中的意向相关项，或者说，意向活动所统摄、所指向、所构造的相关对象，通常具有以下本质特征：

其一，尽管事物感知的对象始终是以局部的、片面的方式呈现出来，它们仍然被认作是总体的、全面的。例如一张大部被家具遮挡住的地毯仍然会被当作一张完整的地毯；一根仅仅从一个侧面展示出来的柱子仍然会被当作一根完整的柱子，如此等等。这与上述事物感知意识的第一种超越能力有关。它与胡塞尔所说的"共现"能力是一致的。我们后面也会看到，在所有类型的感知意识中都有这种"共现"在起作用。①

其二，事物感知的对象都被认作存在的，即在意识之外存在的。这与上述事物感知意识的第二种超越能力有关。在正常的感知意识中，被感知的对象都会被视作真实的或现实的。所谓"眼见为实"的说法，实际上可以扩展到所有感知类型，即耳听、舌尝、鼻嗅、身受；而"耳听为虚"的说法实际上仅仅被用来说明，那些需要通过

---

① 这里所说的"共现"是德文的"Appräsentation"，也可以译作"附现"。它既不同于"体现"（Präsentation），也不同于"再现"（Repräsentation）。这种"共现"活动不仅在各种感知意识中起作用，而且在所有意识类型中都起作用。对此的详细论述可以参见本书附录 7："意识的共现能力"。

语言符号中介获得的知识或传闻不具有原本的真实性。

其三，事物感知的对象都是直接被意识到的，因此会被认作是自身在场的，即不需要借助其他中介而自身呈现的。被感知到的符号，例如看到的文字、听到的语声，仅仅是纯粹的符号，而不是符号所代表的东西。这也是符号意识必须奠基在感知意识之中的原因。

其四，事物感知的对象始终伴随空间意识或广延意识，即始终占据一个空间位置，因而也等同于空间事物。即使是单纯耳识感知到的对象，如声音或发声事物，也是空间性的。

其五，事物感知的对象都是当下的、现在的，在时间中占据一个位置。这一点是由感觉材料的时间性决定的。

如此等等，不一而足。

三、错觉与幻觉（错感知、幻感知）

当我们在外感知中所面对的不是事物，而是他人时，外感知的性质会发生变化。我们对他人的感知本质上不同于对事物的感知，包括对一个栩栩如生的蜡像的感知或对一个橱窗模特的感知。胡塞尔在他的讲座和研究手稿中多次提到他在柏林蜡像馆中的一个经历：他一进去就见到一位美丽的女士在向他微笑，以示欢迎，让他受宠若惊。稍后才发现，这不过是一座蜡像。通常我们也将此称作错觉，它是一种从感知 A 到感知 B 的过渡环节。错觉始终是过去时，始终是对一个已经过去并被认为假的感知的命名。

错觉不是对感知意识活动的否定，而只是对感知意识相关项的否定。这个否定的过程可以是渐进的，也可以是突变的。它从对一个意识相关项 A 的肯定开始转到对它的否定，而在否定的同时也形成对一个新的意识相关项 B 的肯定。在这里，感觉材料并未发生变化，但意向活动发生了变化：它赋予感觉材料以新的意义，并因此构造出一个新的意向相关项。从对意向相关项 A 的肯定到对它的否定是一种在感知中的存在意识的模态变化。这个存在意识的模态变化可以是渐进的。我们至少可以发现以下四种存在意识及其相关项的模态：1. 肯定与确定的存在；2. 怀疑与可疑的存在；3. 开放的可能性与不确定的存在；4. 否定与不存在。它们都属于感知中的存在意识模式。而且这里还有进一步区分的可能性。例如，疑问与有问题的存在，猜测与或然的存在，如此等等。[①]

但如前所述，在错觉这里，对意向相关项 A 的否定不是这个变化的终点，因为这个否定必定是由一个对意向相关项 B 或 X 来取代的，它呈现出一种"不是 A，而是 B"的结构特点。

在从一个错感知到一个正感知的过渡中，感觉材料会有或多或少的变化。例如在森林中漫步时我起先将一个物体看作兔子，但走近后发现它只是一个石块。也有这样的情况出现：感觉材料完全相同，但意向活动构造的意向相关项会大相径庭。类似的例子有心理学家 J. 贾斯特罗（Joseph Jastrow）在他的《心理学中的事实与虚构》中所画的鸭兔图，以及英国漫画家威廉·伊利·希尔（William Ely Hill）所画的"妻子与岳母"。维特根斯坦在他的《哲学研究》中也

----

① 对此更为详细的说明可以参见笔者的博士论文：Ni, Liangkang, *Seinsglaube in der Phänomenologie Edmund Husserls*, Phaenomenologica 153, Dordrecht: Springer, 1999, Kap. II, „Wahrnehmung bzw. Trugwahrnehmung und Glaubensmodifikation", S. 73f.。

讨论过前者。它们现在被当作错觉的例子来引述。但实际上它们都是正确的知觉，即我们所说的正确的感知。在这里，感觉材料（维特根斯坦所说的感觉）是完全相同的，不同的是我们对它们的统摄和立义。这是一个基本的事实：我们赋予完全相同的材料以根本不同的意义，从而构造出完全不同的意向相关项，或鸭或兔，或妻子或岳母。

此外，将上面两个案例称作"错觉案例"（所谓"贾斯特罗错觉"和"希尔错觉"）是误解的和误导的。这两个案例涉及的都不是错觉，而是两种特殊的感知的案例。在这两个案例中都不存在错误，因为两个案例中的两种立义都是合理的，都具有直接感觉材料的依据。而真正的错觉应当是错误的感知，例如胡塞尔所说的将蜡像视作真人。真正的错觉不像双重立义（双视像）那样可以随意反转。

这里所列出的错觉的某些基本特点同样适用于幻觉。例如，幻觉同样是一个过渡性的意识活动。幻觉在没有被觉知为幻觉时就是感知，而当我们认定自己的一个感知是幻觉时，这个感知已经不再是感知了。错觉与幻觉都带有否定的模态。在肯定到否定之间存在着一个或渐进或突变的过渡。

但在幻觉与错觉之间仍然存在本质的差异：错觉所展示的是一种从一个错误感知到一个正确感知的过渡，而幻觉则意味着一种从一个虚幻感知向一个空乏感知的过渡。之所以如此，是因为在这里不会出现类似错觉中的替代情况，即以否定方式出现的意向相关项 A 被意向相关项 B 所取代。在从虚幻感知到空乏感知的过渡中完成的是从存在到不存在的转变。这里的模态具有"不是 A，而是无（什么也没有）"的结构特点。

幻觉（Halluzination）也是一种不可反转的知觉形式，虚幻感知在被证明是这种感知之后就会丧失真正感知的性质，而且不可能再通过意识活动而回归虚幻感知，就像梦醒了之后不再可能通过意识活动回到原先的梦中一样。实际上，在心理学领域中使用的最初源自拉丁语的"幻觉"一词，基本的意思也是梦幻。幻觉常常也被称作白日梦。我们在讨论梦中意识的时候还会涉及幻觉。

但幻觉（或虚幻感知）所具有的感知特征使它有别于其他与之相近的意识种类，如幻想、虚构或臆造。幻觉的一个根本特点在于，它有感觉材料的依据。幻听和幻视是典型的幻觉现象，而且事实上五种感觉都有可能为幻觉提供基础（其他还有幻嗅、幻味、幻触）。幻觉在没有被证明为幻觉之前就是知觉（感知）。这种证明可以是自己完成的，例如我发现刚才听到的噪音实际上是我的耳鸣；这种证明也可以是由他人提供的，例如几个人告诉我，刚才我自以为看到的那个熟人不可能出现在这里。

幻觉的本质在于，这种感知意识会将纯粹感觉材料统摄为一个后来无法再感知到和再被认为是真的意向相关项。这个幻觉的定义是意识现象学的，而非心理病理学的。从意识现象学角度来看，幻觉更应当是一种拟–感知（Quasi-Wahrnehmung），一种事后失去了对意向相关项的存在信仰的感知；而从心理病理学角度来看，幻觉是感觉器官缺乏客观刺激时的知觉体验。

在错觉和幻觉方面，最后还有一点需要提及：即使感知意识会发生错误，将一个应当是意向相关项 B 统摄为意向相关项 A（这是错感知的状况），将一个不存在的东西当作意向相关项（这是虚幻感知的状况），但对错误的和虚幻的意向相关项的否定并不会导致本体论的否定，不会意味着对意识及其相关项总体的否定。在笛卡尔的意义上，它们都是对"所思"的否定，但仍然无法动摇"能思（我思）"的确然性。而在佛教中，这种本体论的否定是需要通过修行来完成的。[①]

四、他人感知的结构：同感知

如前所述，除了事物感知之外，感知意识至少还包含其他两种感知类型：同感知（他人感知）和内感知（自身感知）。事实上，当我们以胡塞尔的柏林蜡像馆的例子来说明错感知（错觉）时，我们已经涉及两种感知类型：对女士的感知（他人感知）和对蜡像的感知（事物感知）。因而上面所说的从一个意向相关项 A 到意向相关项 B 的"过渡"，同时也意味着从一个感知类型到另一个感知类型的过渡。

从意识现象学的角度来看，对事物的经验和对他人的经验都以感知为基础，但对他人的经验要比对事物的经验更为复杂。这里所说的蜡像感知与真人感知的案例已经表明，它们之间的转换是不可逆的，这与我们对鸭兔图等的感知立义不同。我们可以将蜡像的感知修改为真人感知，也可以将对一个街头塑像的感知修改为一个街头塑像艺人的感知，但此后便不可能再对它们进行反转。

对他人感知活动本身的分析需要分为两步来进行，这是因为这种特殊的感知类型具有两个层次：一方面，同感知或他人感知意

---

① 对此可以参见单培根：《金刚经正义》，上海：上海佛学书局，2016 年。单培根分析和阐释《金刚经》前半部分和后半部分的关系，强调前半部分破"所"，后半部分破"能"，由此说明佛家如何将无明我见尽破无余的道理。

味着我对他人的感知，即我将一个人感知为他人，即一个与我相同或相似的理性生物或人格生物——胡塞尔所说的柏林蜡像馆中的蜡像感知和女士感知与此相关；另一方面，同感知或他人感知也意味着我对他人心灵的感知，即对一个与我的心灵相同的心灵的感知。这与前面对同感知的三个定义中的第一个和第三个是正相对应的。而第一个定义构成第三个定义的前提，因为我只有首先将一个事物或生物感知为他人，我才能进一步感知他的自我、他的心灵，即拉丁文的"alter ego"。施泰因以一个例子来说明这个意义上的同感：一位朋友告诉我，他的兄弟去世了。而我觉知到他的悲伤或痛苦。这个意义上的觉知（gewahren）也就是施泰因在其博士论文《关于同感问题的历史发展与现象学考察》中所说的"同感"（Einfühlung），也是我们这里所说的"同感知"：对他人心理活动的一同感受。①

需要强调一点：在这两个（胡塞尔的和施泰因的）案例中，都还没有情感的因素在起作用。这里的"同感"是"同感知"，它可以感知别人的情感（例如朋友的痛苦），抑或更进一步引发自己的情感（如自己的同情），但它本身还不是情感，而只是觉知。正是在此意义上，施泰因一方面指出"同感"不同于"外感知"，另一方面也将"同感"与"同情"（Mitfühlen）区分开来②。

---

① 关于这个概念的历史与含义，参见本书附录8："关于几个西方心理学和哲学核心概念的含义及其中译问题的思考"。

② 参见 Edith Stein, *Zum Problem der Einfühlung. Teil II–IV der unter dem Titel: Das Einfühlungsproblem in seiner historischen Entwicklung und in phänomenologischer Betrachtung vorgelegten Dissertation*, Edith Stein Gesamtausgabe V, Freiburg i.Br.: Verlag Herder, 2010, Teil II, § 2. a）Äußere Wahrnehmung und Einfühlung, § 3. c）Einfühlung und Mitfühlen。（以下凡引本书在正文中简称 ESGA V）

按照意识现象学的原则，即始终从存在者对意识的显现的角度出发来探讨存在者，这里提出的是一个双重的问题：首先，他人是如何被意识到的；其次，他心（他人的心灵生活）是如何被意识到的。我们这里也要按照这两个层次或阶段来揭示和把握"同感知"这种意识类型的本质结构。

第一层次：就这个层次而言，感知意识能够将一个物体感知为人，一个与自己一样的他人，这个过程同样包含了两个超越。这两个超越与事物感知相同，是对有限的感觉材料的超越和对内在存在的超越。当我们将一个事物感知为蜡像或雕塑时，我们进行的就是这种外感知或超越感知。但他人感知或同感知与事物感知或外感知本质不同的地方在于，同感知还会进一步感知到这里的对象是人，即不仅是物理的躯体（Körper），而且是有心灵活动的身体（Leib）。易言之，在同感知中，不仅有一个物理事物被意识到或被构造出来，而且有一个心理事物，即一个他我，被意识到并且被构造出来。

在对交互主体性问题的长年研究中，胡塞尔曾反复思考他人感知的过程并将它定义为"结对联想"（Paarungsassoziation），即最初对他我的感知总是与对自我的感知结对相伴形成的。在完成了对自己的自我赋义的感知同时，我们能够通过这种结对联想的方式将另一个与自己相似的事物感知为另一个自我。这种情况类似于最初通过镜子而发现自己的自身感知。而在他人感知中，本己的身体和异己的身体是作为"对子"出现在感知领域中的。在胡塞尔看来，"本我与他我始终地并且必然地是在原初结对中被给予的"（Hua I，142）。这种固有的联想能力通过 20 世纪末在神经科学领域发现的镜像神经元而获得某种生物学的佐证。

当然，在完成了对"他我"的最初统摄之后，接下来的他人感知并不需要始终以结对联想的方式进行。在通常情况下，对蜡像和真人的分辨与日常经验有关，即通过对一个人形物体的外表与运动的观察。之所以蜡像会在仔细的观察后被确定为不是真人，乃是因为它的外表细节以及它的固化状态会泄露它的真实身份。

通过实验心理学中的"暗室光点"试验，我们还能够确定我们辨认一个真人所需要的最基本因素和成分，例如可以量化为在暗室中的十多个光点。在他人感知这里与在事物感知中那里一样，感知者拥有的感觉材料和动感材料越是丰富，对感知的意向相关项的辨认和确认就越是迅速可靠。

当然，我们并不总是有把握分辨真人和假人，尤其是在如今的人工智能时代。尽管我们今天在现实中和艺术中还可以轻易地分辨自然人和机器人[①]，但有一点是确定无疑的：无法分辨它们的时代迟早是会到来的。因而我们的同感知也会像外感知一样出错，而且很可能差错率更高，因为同感知比外感知要多一个超越的环节。

第二层次：这里涉及他人感知中包含着的第三个超越环节。它使得我们的关于他我的意识在本质上有别于关于他物的意识，这是我们例如从一个蜡像感知转到一个女士感知的根据。因为这个形式的超越，我们在严格的意义上并不能将它称作"感知"。因为如

---

①   到目前为止，最逼真的机器人或仿生人还是很容易与真人区分开来。连平面电影中的机器人也还需要用真人演员来扮演，例如日本的《我的机器人女友》，美国的系列剧《西部世界》，美国系列电影《终结者》，以及国产连续剧《我的机器人男友》等。即使在影片《阿丽塔：战斗天使》中，阿丽塔的机器人造型已经算得上相当细致逼真，但也仍然不难辨认出它的动画机器人形象。

果我对自己悲伤的感知是本真的感知，或用施泰因的表达来说，是对自己悲伤的觉知（Gewahren），那么对他人的悲哀的觉知就不是这样的觉知。

就总体而言，对自己心灵生活的感知本质上有别于对他人心灵生活的觉知。这也是施泰因最终将"同感"（Einfühlung）归入与回忆、期待和想象相同的范畴的原因。① 胡塞尔在将"他人经验"定义为"诠释的"、"同理解的"（einverstehend）、"传习的"（tradiert）经验的同时，也将"自身经验"定义为原始的经验（Hua XIV, 318）。就此而论，本己经验与他人经验具有本质的差异。

我们在这里可以做如下的概括：在他人感知或同感知中，他人身体的正面是真正被感知到的、被体现的，而他人的未被感知到的背面或里面则是以一种可以说是"物理共现"（Appräsentation）的方式一同被意识到的，而他人的心灵生活则是以另一种可以说是"心理共现"的方式一同被意识到的。在他人感知中可以清楚地发现这个双重的"共现力量"的参与作用。

此外还可以补充一点：作为他人感知以及进一步的社会感知，同感知如今在社会心理学的理论领域和实践领域中都被视作"情感智能"（"情智"或"情商"）的重要组成部分。培养和运用同感知的心理能力目前已经成为教育学、管理学、营销学等学科的热门实践项目。但在这里，在培养同感知能力方面如何做到适度，始终是一个需要留意的问题，例如如何培养一个人在社会生活中既能够善解

---

① 参见 Edith Stein, (ESGA V, II. Teil, § 2, c) Erinnerung, Erwartung, Phantasie und Einfühlung。

人意，又具备独立人格而不盲目从众趋同。[①]

五、本己感知的结构：自感知

按照胡塞尔的看法，他人感知与事物感知一样，都含有非原本的成分，即被共现的而非单纯被体现的成分，因此都具有超越性，都是"超越的感知"。而"唯一原本给予的"只可能是自身经验（Hua XIV, 7），即自身感知。这里的"唯一原本"实际上是胡塞尔的一个不太严格的说法，通常它会导致其他社会哲学家对他的所谓"唯我论"的批评。但他对他人经验的分析是认识论向度而非存在论向度的。因此"唯我"批评归根结底是不着边际的。胡塞尔在1934年的一个文本中实际上区分了意识原本性的三个层次：我当下的意识生活在第一原本性中被给予我，我被回忆的意识生活在第二原本性中被给予我，而被同感的他人的意识生活在第三原本性中被给予我（Hua XV, 641）。这意味着，关于他心的知识或他人感知与关于本心的知识或自身感知相比，在确然性上是要略逊一筹的。

这个意义上的"自身感知"，在胡塞尔那里也叫作"内在感知"。也正是因为它的内在性和非超越性，人们也在某种意义上谈论它的"透明性"或"透明的自身感知"，以及由此而可能引发的自身意识

---

① "顶峰娱乐"（Summit Entertainment）电影公司于2014、2015和2016年拍摄的三部《分歧者》（*Divergent* 2014, *Insurgent* 2015, *Allegiant* 2016）科幻影片中也涉及这个问题：未来通过基因改造，人群被分为五种性格：博学、友好、诚实、无畏、无私，以便能够各司其职，和谐相处。而后出现过度的问题："太勇敢会变得残忍，太平和会变得懦弱"，以及如此等等。这里涉及在东西方伦理学（亚里士多德、孔子、释迦牟尼的思想）中都曾倡导的"中道"准则问题。

的理论困难。① 胡塞尔的《逻辑研究》第二卷的附录"外（äußer）感知与内（inner）感知。物理现象与心理现象"就是专门讨论"超越（transzendent）感知"和"内在（immanent）感知"之间的本质区别的。而附录标题所说的"外感知与内感知"，仍然属于"通俗的和传统哲学的外感知与内感知概念"。胡塞尔在那里尝试用"超越感知"和"内在感知"的概念对来替代或改造它们，至少对它们做出重新解释。

内在感知不同于超越感知的地方在于，在内在感知中，被感知的内容与被把握的对象是相合的、一致的，因此在这里没有超越，也没有它带来的问题，即传统认识论的问题：认识如何能够超越自己去达到外在的认识对象。

内在感知的对象是我们自己的意识感受和意识体验，因此是"内在的"，而且我们对自己意识的把握是直接的，因此而可以被称作"感知"。不过这里还需要对内在感知做出进一步的界定。

一方面，内在感知不同于"内感知"：前者是一种向内的、回顾的、反思的目光，以已经完成的意识体验为对象。因此，严格说来它是当下化的行为而非当下拥有的行为，是与回忆同类而非与感知同类的行为；而后者是对当下意向体验的内感知，并且在这个意义上是内省（Introspektion），是当下拥有的行为。对此我们会在后面讨论反思意识时再详加阐释。

在这里我们主要关注对内在感知的另一方面的界定：内在感知

---

① 参见 Martin Barteis, *Selbstbewusstsein und Unbewusstes. Studien zu Freud und Heidegger*, Berlin / New York: Walter de Gruyter, 1976, S. 22。——关于这个理论困难，我们会在反思意识和现象学方法的章节（本书第四编第 1 章）中展开讨论。

是直接把握意义上的自身感知、自身经验或自身直观（我们也可以将它称作"自感知"、"自经验"或"自直观"）。它不同于**自我**感知（Ich-Wahrnemung）、**自我**经验或**自我**直观。即是说，我们在内在感知中所感知的是自己的意识体验，而不是一个自我实体对象。事实上在神经系统中至今也找不到与自我相对应的神经元。这里的原因也很简单：自我在意识中始终是以代词"我的"或"自己的"的方式出现的。我看，我听，我说，我尝，我嗅，我触，我愤怒，我悲哀，我同情，我厌恶……都是笛卡尔意义上的"我思"（cogito），即第一人称的意识活动。这里的"我"始终是发出意识活动光束的极点，类似于数学中的零点或几何学中的点，它本身不具有任何内容，不是一个飘浮在意识体验之上或之外的东西。

但我们还是常常会思考和谈论"自我"以及它引发的问题。萨特在其《自我的超越性》（1934）中认为这个意义上的"自我"是我们日常反思意识的构造结果。这个意义上的自我与物感知中的事物以及同感知中的他人一样具有超越性，而且更具有虚假性和欺瞒性。萨特的这个结论，实际上也是对胡塞尔在《逻辑研究》（1900/1901）中得出的意识分析结论的进一步展开和发挥，此外它与佛教的无我的主张也是相应和的。

但胡塞尔后来在 1913 年仍然做出修改，尽管他坚持经验自我的超越性并反对"自我形而上学"，但还是承认某种意义上的纯粹自我"是必然的关系中心"（LU II/1, B$_1$ 362）。

这个"关系中心"是意识体验的"主体极"或"自我极"（Ichpol），它与意识活动所构造的"客体极"即意向相关项相对立，以此方式构成意识流的两岸。意识现象学的工作和任务就在于对不断涌现的意识流进行反思和探究，而不会去讨论作为它们的生理心理和心理物理原因的两岸。

对本己意识的内在感知已经预设了感知者与感知相关项的直接统一性，尽管这种统一性首先只是静态的、共时的统一性。在通常情况下，我们所说的"我"或"自我"都与这种意识统一性有关。意识的共时统一或同时统一在哲学史上时而也有讨论，但并未成为关注的焦点，直至当代施行的神经学手术以及心理病理学的报告才开始受到讨论。这个手术是指在猴子、猫和人身上进行的，将两个脑半球的联系或多或少部分切除的所谓连合部切开术（Kommissurotomie），以及将牛的一个脑半球切除的脑半体切除术（Hemisphärektomie）。而这个报告是指关于多重人格性的心理病理学报告，首先是默顿·普林斯（Merton Prince）对克里斯廷·博仟普（Christine Beauchamp）病例的叙述。耿宁曾从意识现象学的角度出发来切入这里的问题。[①] 它涉及意识的第一本质要素，即意向性；更确切地说，横意向性。

但思想史上更多被讨论的并不是共时的意识统一性，而是动态的、历时的意识统一性问题。这主要是因为意识本身具有的流动性、时间性和涌现性的特点，或者说，纵意向性。而对意识流的反思实际上就是意识对自身的反观以及对自己的特点的把握。这种自感知的目光会很快从横向的（这也是物感知的目光）转向纵向的，即以纵意向性为意向相关项。它在这里意味着意识体验的历时统一性。

---

① 参见耿宁：《心的现象：耿宁心性现象学研究文集》，北京：商务印书馆，2012年，第 307—336 页。

　　如果说对意识的奠基结构的把握是意识结构现象学的任务，那么对意识的发生奠基的追踪就是意识发生现象学的工作。

　　佛教中很早便提供了这方面的思考。可以说，大乘唯识学的"八识说"就是在对这个问题的思考和回答中产生的。小乘佛教的"六识说"主张"识"只有六种，即眼耳鼻舌身意，但"六识说"不能解释意识的历时统一性问题：为什么在睡眠、昏厥等无意识状态之后，苏醒了的意识仍然能够不言自明地将自己认作无意识之前的意识？在这里最容易得出的推论就是在意识后面或下面还有一个潜意识或下意识或超意识在深层次隐秘地起作用。这里的情况有点类似于电脑：如果我们断掉计算机电源，过一段时间再重新开机，我们会发现其显示的时间并不是关机时的时间，而是仍然与当下时间同步，那么我们也很容易就可以得出一个推论：电脑中必定还有一个电源在起作用。

　　瑜伽唯识学的经典《解深密经》就是对此心意识状态的解析：唯识学主张在第六识之后还有第七末那识（思量识）和第八阿赖耶识（种子识）在起作用。它们并不像前六识那样以意识现象的方式显现，即它们通常是心而上学的，而非现象学的。正是因为无意识不能通过意识的自身感知来直接获得，因而对它们的探讨就只剩下两种间接的可能性，也可以说是一种双重间接的方式：一方面是通过对他人的无意识之泄露的观察与分析，另一方面是通过对梦、图腾、禁忌、情结等的解释与推断。这样，在意识现象学中通过反思的直观与描述的方法来获得的东西，在弗洛伊德所说的"心而上学"或胡塞尔所说的"自我形而上学"中都已是不再可能的了。而我们今天所说的广义上的"心灵"（mind）哲学，实际上就是由意识现象学和无意识心理学（"心而上学"或"自我形而上学"）两者共同组成的。

因而无意识研究的方法不可能是感知、描述和分析，而只能是叙述、解释、辨析和推断。在这个方向上的思考，在现象学上也被称作对"前现象的"（vorphänomenal）或"前意向的"（vorintentional）领域的思考。在胡塞尔的研究手稿中，其在"前我"（Vor-Ich）、"原我"（Ur-Ich）和"本我"（Ego）的标题下对本能（Instinkt）现象学或本欲（Urtrieb）所做的深入思考，同样为这个深度心理学领域（或无意识心理学领域，或深度心而上学领域）的研究提供了许多重要的思想资源。

当然，如果弗洛伊德说他喜欢探察别人家里的地下室，那么胡塞尔应该会说他更喜欢登堂入室直接观察和思考自己的家，即横意向意识的本质结构。不过胡塞尔在其一生的意识现象学思考中对纵意向意识的本质发生的发生现象学思考所占比例也很大，尤其是在他生命最后的二十年里。从意识现象学的角度出发来看，统一的本己心灵生活是在意识与无意识之间若隐若现的河流。如果我们试图通过自感知而将自己的心意识连同自我极理解为一个发生的整体，例如理解为一个统一的个体主体或一个人格，那么这也已经会有超越的成分包含其中，即超越自感知的成分，自感知（自身感知）因此也会变为超越感知，并且不再等同于胡塞尔意义上的内在感知。

这也意味着，横向的自感知有可能是内在感知，尽管这个命题还需要在后面关于反思意识的一章中再进一步讨论；但纵向的内感知只可能是超越感知，这个命题是确定无疑的。在纵向的内感知中，作为意识统一性的自我极仍然是以体现加共现的方式显现出来的，仿佛是一条在心灵生活缆绳中断断续续露出来的红线，对它的把握与对物和他人把握一样，无法达到感知与被感知之物的全然相合。

六、结语：感知意识的本质

根据以上描述和分析，我们可以得出结论说，所有的感知意识——物感知、自感知和同感知——都是在各自特定意义上的超越意识，即在自身中都包含超越了原本意识的因素，因而都是某种意义上的"伪称"。前引胡塞尔就"物感知"所说的"外感知是一种不断的伪称，即伪称自己做了一些按其本质来说无法做到的事情"（Hua XI, 3），实际上不仅对于"同感知"，而且同样对于"自感知"有效。这也意味着，我们对外部的自然世界、社会世界以及对我们本己心灵世界的认知，都始终是不完满的，都始终有可能出错，而这是由我们的感知意识的先天结构所决定的：在某种程度上，在感知意识的本质中就包含着一个矛盾：它始终是由感性的、可感知的部分和非感性的、不可感知的部分组成的。这也是我们的感知常常会出错，故而我们始终无法完全信赖我们的感知的原因。即使如此，它仍然是我们的知识的最重要来源，并且在认识论中占有首要地位。

第 2 章　时间意识

　　在论述感知意识之后和回忆意识之前，我们需要专门来探讨时间意识的问题。在前面讨论感知意识时，我们尚无须顾及时间。这是因为通常意义上的感知意识（即物感知和同感知）是由横意向性主宰的，在这里尚未涉及时间发生的问题。而当问题涉及宽泛意义上的感知意识，即自感知时，这里出现的更多是指向自身历史发展线索的纵意向性，在这里也未直接涉及时间问题，尽管已经默默地设定了时间性。现在，在我们准备讨论回忆意识时，时间问题就已经不可避免地摆在了面前。

　　这也是胡塞尔本人的意识现象学的发展进程。在 1900/1901 年发表《逻辑研究》时，关于"意识体验"他讨论的基本上是感知、表象、直观，即横意向性的问题。纵意向性的问题要在几年乃至十几年后才出现，其最初的开端是 1905 年的"内时间意识现象学讲座"。胡塞尔在这里主要讨论的是回忆意识。之所以对回忆意识的讨论会直接涉及时间问题，乃是因为——我们后面还会对此做详细的讨论——在回忆意识中必然包含着过去意识和时间间距意识。因而，使得感知与回忆得以区分开来的时间究竟是如何可能的？对这个问题的应答不仅是讨论回忆意识问题的前提，也是进一步界定感知意识的前提。

　　胡塞尔曾在研究手稿中对这个意识现象学的讨论顺序做过反思和说明："如果我构想一门感知现象学、想象现象学、判断现象学、意愿现象学以及如此等等，那么就应当排除时间构造的问题，排除这些体验的类型如何自身构造成为时间客体的问题，因为这种构造对于所有行为及其意向相关项而言都是一个共同的东西、本质相同的东西。就此而论，我的工作进程是完全正确的，而且同样正确的是，将原初时间意识现象学置后处理。"（Hua XXXIII, 120f.）

　　这也意味着，在结构现象学领域中，时间不会成为问题，因为这里的结构，即意识的结构奠基本身是超时间的或非时间的。不过，一旦我们涉及回忆意识或期待意识，涉及过去意识和将来意识，我们就必须思考过去、现在、将来是以何种方式显现的，即如何被我们意识到的，以及思考时间是如何可能的问题。它构成发生现象学的基本问题。

　　事实上，我们在感知意识中已经接触到时间问题：所有感觉材料都是当下的，这也导致感知意识本身包含了当下意识或现在意识。只是因为我们关注的是这个当下的横截面或凝固的当下瞬间，因而在这期间不会出现时间流动的问题。但静态的意识仅仅是通过理论的抽象而完成的第一步。在下一瞬间，意识的活动性或流动性就会不可扼制地显露出来，表明它的另一个根本性质。这也是反思意识中纵意向性得以可能的前提。

　　意识在指向对象的同时，本身始终处在不断的运动中。胡塞尔在研究手稿中将当下的时间点称作"活的当下"[①]。无论大脑在生物

———————

　　[①]　克劳斯·黑尔德的博士论文是对胡塞尔在相关问题的研究手稿中所做的分

进化过程中是如何完成在时间连续统的思维框架方面的构建的，我们的意识无须超出自身就可以知道当下会不断地过去，成为回忆的内容，而未来会不可阻止地到来，成为当下的生活。对于意识来说，时间连续统的思维框架不是构建的，而是意识本身的形式。正是在此意义上，哲学家和心理学家会使用"意识生活"或"心灵生活"的说法，并且常常会将意识哲学与生命哲学放在一起讨论，例如在胡塞尔、狄尔泰那里。

即使是在对一个静止物体的凝视过程中，意识仍然是流动不息的，而且它也会觉察到自己的流动；即使是在完全的无所事事中，或在无所指向的刻意关闭状态中，意识仍然是流动不息的，而且是以自己可以觉察到的方式。[①]

这种对意识流动的觉察或内意识，不同于对它的反思，因为反思是对已经发生的意识流动的追思，而对意识流动的觉察是以非意向的、非对象的方式伴随意识流动一起进行的。胡塞尔将它称作意识的"延续"（Dauer），柏格森将它称作意识的"绵延"（durée）。它们基本上都是"内时间意识"的同义词。

意识现象学的时间分析需要从"延续"或"绵延"开始，即从当下的"内时间意识"开始，因为当下的发生是原初时间意识的起源，也是意识现象学的"客观时间"的起源。在所有感知活动中都

析和思考之缜密梳理和出色重构。参见 Klaus Held, *Lebendige Gegenwart: Die Frage nach der Seinsweise des transzendentalen Ich bei Edmund Husserl, entwickelt am Leitfaden der Zeitproblematik*, Den Haag: Nijhoff, 1966。

①　这个意义上的意识流动也被胡塞尔称作"原流"（Urstrom）。它与心理学中常常讨论的"心理活动"（Psychokinesis）不尽相同，但也有联系。

已经包含了当下意识，但这个当下意识还不能算是时间意识，因为它是点状的、静态的。但在意识活动进行的过程中，这个当下意识的"点"会伴随意识活动前行。与此同时，原有的意识内容并不会随新的意识内容的出现而即刻逃遁不见踪影，也不会附着在新的意识内容上以滚雪球的方式伴随它一同前行，而是以一种动态滞留（Retention）的方式滞后拖延，并渐行渐远地没入意识的深处，像彗星一样留下自己的越来越细微的尾巴。

更新涌现的意识内容也会以此方式让位给更新的意识内容。在此不断更新的意识进程中，意识活动的当下点会越来越远地离开最初的当下点。如前所述，胡塞尔因而将这个意义上的"当下"称作"活的当下"。

在这里我们涉及时间与我们前面在讨论"自感知"时提到的"线性自我"的本质关联。这是时间意识的第一个本质关联。

按照胡塞尔在其时间分析中给出的时间意识的图式，我们可以获得一个"活的当下"与"线性自我"关系的形象理解。"线性自我"在这里仅仅代表了延续的时间形式。在这里仍然可以不讨论"自我"的内容或质料。胡塞尔曾用以下几何图式（图1）来刻画这里的时间形式的特征（Hua X, 28）。

在这里，从 A 到 E 的横线展示了时间意识的前行进程，它是由一个一个原印象的时间点组成的。从 A 到 A′竖线则代表了随着不断延续的滞留而形成的内容下坠的进程。这里所说的"前行的"原印象、前摄与"下坠的"滞留都是具有意识内容的，它们可以是感知的内容、想象的内容、判断的内容，如此等等，但我们在这里不去顾及变动不居的具体意识内容，而仅仅关注纯粹的时间和纯粹的

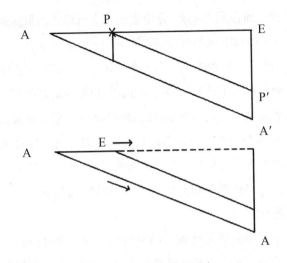

图 1　时间意识的几何图式

AE：诸现在点的系列；AA′：下坠；EA′：相位连续统（现在点连同过去视域）

发生。以此方式，我们在意识的不断流动中就可以把握到它在时间与发生方面的不变形式。胡塞尔因此说："我们具有流动时间的恒定的形式，我们具有在它之中生成构建的对象，它的原现前相位或原生成相位是线性的行为连续统，它被我们称作横连续统。"（Hua XXXIII, 114, Anm. 1）

　　而由竖线代表的意识内容的下坠表明了时间与发生的关系形式：时间前行到横线 P 的位置时，相当于内容下坠到竖线的 P′ 的位置。这个发生现象学意义上的深度与心理分析和深度心理学讨论的"深度"是基本一致的，也与唯识学中所说的心意识的"深密"相一致，但它与目前人工智能中的所说的"深度心灵"、"深度学习"、"深度信念"、"深度伪造"等意义上的深度并不相同。发生现象学与深度心理学所说的"深度"是由意识发生所形成的积淀的无意识深处（相当于瑜伽唯识学所说的"种子"），相对于意识当下进行的显现表层（相当于瑜伽唯识学所说的"熏习"）；而人工智能所说的"深度"，则是指人工神经网络的多隐层，相对于单隐层节点的浅层模型。前者关系意识发生与积淀的过程与结果，后者涉及意识发生与积淀的原因与条件。对前者的确定与研究是通过反思和描述或观察与解释的哲学与精神科学方法来进行的，对后者的构建和深化是在对神经网络认知基础上通过建模、计算、检测和记录等自然科学方法来进行的。

第二个本质关联是现象学的原时间流与客观时间起源之间存在的本质关联。就时间意识现象学的思考而言，所有对时间意识的直观、描述、刻画与分析，都是在反思的目光中进行和完成的，即在关于意识的意识中进行和完成的。在直向的、非反思的意识的进程中，我们仅仅有延续感或绵延感，但我们并不具有作为思考对象的时间性。这种对象性的时间是我们在反思的过程中构造起来的。

这一方面意味着，内时间意识的原流（Urstrom）要先行于对时间的反思意识。时间反思始终后于内时间意识，而且前者是以后者为前提的。另一方面，这也意味着，原先并非是对象的内时间意识，在反思的过程中成为对象，类似于在自感知中的"现象学自我"的情况：原先的非对象的"我的"代词在反思中成为对象性的主词"自我"[①]。这个情况实际上适用于所有的反思行为及其结果：在直向的

[①]　后者才是萨特说的"自我的超越性"的"自我"（ego）。在此意义上，主观时间也是超越性的；而原意识流中的"我"和"内时间"都不是超越性的。

意识进程中的一个非对象的伴随性因素可以在反思中成为反思的对象。在此意义上，反思的意识行为与直向的意识行为一样，是客体化的行为，即构造客体的行为。

通过反思而构造起来的时间是我们通常所说的主观时间。它是意识通过对自己的原流状态的反思而把握到的个体的意识体验的时间。前面所说的时间的三位一体：原印象、滞留、前摄，就是这个内时间意识的基本结构。从原则上说，内时间意识始终以此方式流动，一边前行，一边下坠，本身没有长短快慢的分别。时间的长与短、快与慢是通过个体反思而构造起来的主观时间以及随后通过交互主体的约定而构造起来的客观时间的特征。

意识现象学意义上的时间起源问题与这个时间意识的反思有关。通过反思产生的对象性的时间是主观时间。它有长短之分，而这是主观时间的基本特征，时间的长短在这里是相对于主观体验而言：我们常常觉得某一段体验的时间很长或很短，例如人在年迈时会觉得早年的岁月长，而当下的岁月短。许多年长者的回忆录都显露出这样的特征。但这当然还不是真正意义上的快与慢。因为时间的快与慢通常是相对于客观时间而言。我们之所以常常会觉得时间过得很快或很慢，乃是因为我们有客观时间的比照或参考。

这种客观时间是在时间意识发生的最后步骤上才产生的或被构造出来的：由于我们的主观时间有很大的差异，各个个体对于时间长短的理解和体验无法达到一致，因而人类共同体会以约定的方式来构建一种具有交互主体有效性的时间：客观时间。各个文化中最初形成的历法便是这种约定的结果：无论以什么为依据，历法根本上是时间法则。我们目前通用的时间，无论是以公历即西历的形式，还是以农历或印度历或犹太历或伊斯兰历的形式，都是约定的结果。

这个意义上的客观时间具有双重的"客观"的含义：其一，在康德所说的对所有主体都有效的意义上的"客观"；其二，在康德所说的在所有主体之外存在的意义上的"客观"。

就第二个意义上的"客观"而言，所有文化中的历法的依据都是外部自然，都可以归为阴历或阳历，即它们的客观参照物要么是太阳，要么是月亮，要么同时是这两者。在此意义上它们是客观的。而当这种时间法则被一个共同体用来标识对这个共同体中的所有人都一致的时间时，它就是对这个共同体有效的时间法则，而当它被所有人用来标识对所有人都一致的时间时，它就是对所有人都有效的时间法则。

据此可以做出如下的总结：按照意识现象学的分析，时间形成的顺序是内时间、主观时间和客观时间。这里的客观时间当然也是自然科学所理解和讨论的时间。但从自然科学的视角来看，客观时间的起源无疑远早于主观时间的形成，因为人类意识的产生是在宇宙产生之后才发生的事情。

这两种观点尽管相互对立，但都有其合理性：自然科学的合理性和精神科学的合理性。前者是外部世界或物质宇宙的起源，是客观时空的发生；后者是内心世界或精神宇宙的由来，是主观时空或时空意识的缘起。

第 3 章　想象或当下化

一、引论

想象意识属于直观意识的大类。更具体地说，想象与感知构成通常意义上的直观，因为直观意识就是由感知和想象组成的。胡塞尔也曾用"当下拥有"（Gegenwärtigung）和"直观当下化"（anschauliche Vergegenwärtigung）来标示这两种意识行为。这意味着，除了感知之外，所有其他的直观行为都属于想象意识。因此，广义上的"想象"包含了回忆意识、图像意识和狭义上的想象，甚至还包含了同感意识、梦中意识、本质直观等。而与直观行为相对的是符号行为。客体化行为这个大的意识行为类别是由较小的两个行为种类组成的：直观行为和符号行为。①

胡塞尔本人对想象意识做过多年的思考和研究。他留下的相关问题的研究手稿后来收入他的全集作为第二十三卷出版，题为：

---

　　①　符号意识也属于"当下化意识"，即"非直观的当下化"（例如语言和文字），有别于"直观的当下化"。

《想象、图像意识、回忆——直观当下化的现象学》。[1] 后来这也成为胡塞尔最后的学生芬克（Eugen Fink, 1905—1975）在胡塞尔指导下于 1929 年完成博士论文的论题：《当下化与图像：非现实性现象学论稿》。该论文一年后发表在胡塞尔主编的《哲学与现象学研究年刊》第十一辑上，这也是该年刊的最后一辑。[2]

　　在此之后，法国的现象学家让-保罗·萨特（Jean-Paul Sartre, 1905—1980）曾撰写了两部著作来阐述他自己独立思考想象意识的研究结果：《想象》与《想象物：关于想象的现象学心理学》[3]。可以说，在意识现象学家中，萨特是最重视想象意识分析的，而且也在此论题上着力最深。另一位现象学家梅洛-庞蒂虽然更为偏重感知意识分析，但也在 1936 年借评论萨特的论著之机，发表了关于想象问题的论文，并因此也很早便开启了他的"想象的本体论"的行程。[4]

---

　　[1]　Edmund, Husserl, *Phantasie, Bildbewusstsein, Erinnerung. Zur Phänomenologie der anschaulichen Vergegenwartigungen. Texte aus dem Nachlass, 1898—1925*, Hua XXIII, Den Haag: Martinus Nijhoff, 1980.

　　[2]　Eugen Fink, *Vergegenwärtigung und Bild. Beiträge zur Phänomenologie der Unwirklichkeit*, Freiburg 1930, 最初发表在胡塞尔主编的《哲学与现象学研究年刊》（*Beitrag zur Phänomenologie der Unwirklichkeit*, in *Jahrbuch für Philosophischie und phänomenologische Forschungen*, Bd. 11, 1930, S. 239—309），后收入芬克的《现象学研究（1930—1939 年）》文集（Eugen Fink, *Studien zur Phänomenologie, 1930—1939*, Den Haag: Martinus Nijhoff, 1966, S. 1—78）。

　　[3]　参见 Jean-Paul Sartre, *L'imagination*, Paris: Alcan, 1936 和 *L'Imaginaire: Psychologie-phénoménologique de l'imagination*, Paris: Gallimard, 1940。

　　[4]　参见 Maurice Merleau-Ponty, „Compte-rendu de *L'imagination* de J. P. Sartre", in *Journal de Psychologie Normale et Pathologique*, 33ème année, nos 9—10, novembre-décembre 1936, pp. 756—761; 详细的论述还可以参见 Annabelle Dufourcq, *Merleau-Ponty: une ontologie de l'imaginaire*, Dordrecht / Heidelberg / London / New York: Springer, 2012。

而他后期的著作《眼与心》则在审美学（绘画论）与想象学（图像论）之间建立起本质联系。[①]

在完成这个对想象意识的基本定位划界与现象学文献综述之后，我们接下来要对想象意识的几个本质特征做几个最基本的刻画，同时也在这些本质特征刻画的基础上对想象意识做出最基本的分类。

二、想象作为非感性意识或不俱意识

首先可以确定想象意识所具有的一个本质特征：严格意义上的想象或"纯粹想象"是一种脱离了感觉材料的直观行为。[②]这使得它在根本上有别于感知。瑜伽唯识学之所以将感知称作"五俱意识"，即有眼、耳、鼻、舌、身识伴随的意识，而将想象称作"不俱意识"，即没有眼、耳、鼻、舌、身识伴随的意识，原因就在于有无感觉材料的基础乃是区分感知与想象的根本要点。想象中的感性对象不再是通过感觉材料（Sinnesdaten），而是通过想象材料（Phantasmen）显现出来，例如对桂花的色、香、味的想象。这也是想象意识与感知意识虽然是不同的类型，却仍然属于直观意识之大类的原因。

上面所说的"纯粹想象"的"纯粹"，是指仅仅含有想象材料而

---

① 参见 Maurice Merleau-Ponty, *L'Œil et l'Esprit*, Paris: Éditions Gallimard, 1964。

② 我们这里暂且撇开图像意识的案例不论。在后面的讨论中我们会说明，图像意识虽然也可以被视作一种特殊的想象意识，但严格说来还是构成一个在感知和想象之间的间域，因为图像意识仍然依赖物理图像，因此也离不开感觉材料。

不掺杂感觉材料。因而纯粹想象是指不含有任何感觉材料的想象。但也有许多想象是不纯粹的，它们是指通过感觉材料来引发并借助感觉材料来进行的想象。这里所说的"感觉材料"由两类组成：物理图像和物理符号。通过图像（图片、绘画、塑像、建筑、电影、戏曲等）引发的想象属于想象中贴近"象意识"或"具象想象"的一方面；通过符号（文学作品、历史记载、哲学文本、数学几何符号等）引发的想象则属于贴近"想意识"或"抽象想象"的另一方面。[①]

由此而可以确定想象的另一个本质特征：在意识领域中，想象较之于感知要离思维更近。我们通常所说的思维可以分为形象思维（具象思维）和抽象思维。它们是在相应的图像意识与符号意识中进行的。由于在图像意识与符号意识之间并不存在截然的界限，而只存在渐进的过渡[②]，因而我们实际上也不能将具象思维与抽象思维截然地切割开来。与此一致，在思维中运作的那些精神图像或精神符号也是无法截然区别和分离彼此的。

不过原则上可以说，想象是一种图像意识。这意味着，它所指向的始终是实事的图像或影像，而非实事本身，这使想象有别于感知。在思想史的传统中，西文中的"想象"，如希腊文中的"phantasia, φαντασία"，拉丁文中的"imaginatio"，德文中的"Einbildung"，汉语中的"想象"，都与光和像有关。想象意识的主要构成是"图像"

---

① 还有一类通过音乐引发的想象构成一个特例。通常我们以类比的方式既谈论音乐画面，也谈论音乐语言。而对音乐究竟是符号还是图像的定义决定了应当将音乐引发的想象纳入"具象想象"还是"抽象想象"的范畴。同样的问题也表现在音乐是感性的还是理性的传统争论上。

② 对此我们会在后面讨论"符号意识"的章节中做出较为详细的说明。

或"影像",它们都表示一定的形状或样子,要么与物理的图像有关,要么与精神的图像有关。包含物理图像的意识属于严格意义上的图像意识,而仅仅涉及精神图像的意识则属于严格意义上的想象意识。但它们两者在宽泛的意义上都可以被称作想象意识。

因而想象意识的基本特征在于它是对感知的复制或再造,它构造的方式不是原本的,而是次生的,或者说,是复制的或再造的,无论是以物理复制的外部方式,还是以精神复制的内部方式。

在想象意识的大类中包含了回忆与期待,即对过去的回忆性想象和对未来的期待性想象。我们会在后面讨论回忆意识与期待意识时专门讨论这两类想象意识。就感知意识与想象意识两者的关系而言,这里存在着一个在直观行为范围内的必然奠基顺序:想象意识是奠基在感知意识之中的。即是说,前者以后者为前提。这是因为想象材料必须以感觉材料为基础。如果一种感觉材料从未在感知中出现过,它就不会在想象中出现。例如一个天生的盲人永远无法想象颜色,一个天生的聋人永远无法想象音乐。这与人类虽然可以推断蝙蝠用超声波信号来进行"视""听",但也无法直观地想象这种信号听上去或看起来是怎样的。因此可以说,感觉材料与想象材料之间的奠基关系决定了感知意识与想象意识之间的奠基关系。

不过这种奠基关系并不存在于两种意识行为的统觉之间。即是说,想象中的统觉并不需要奠基于感知的统觉之上:一个未被感知过的对象完全可以在想象中栩栩如生地显现出来,例如一只独角兽或一条龙,如此等等。而且很容易证明,想象中的统觉通常要比感知中的统觉更为开放和自由。这主要是因为感觉中的统觉会受感觉材料的束缚，而想象的统觉则摆脱了这种束缚。即使我们从未亲眼见到独角兽或半人马，也就是说，即使我们无法在感觉材料基础上构造它们，但想象材料仍然给我们提供了这种可能。这与图像意识中的统觉的情况相似：其开放和自由的程度略高于感知中的统觉，例如鸭兔图的案例表明我们在特定情况下对完全相同的感觉材料具有特定的统觉选择可能，但由于想象不受限于感觉材料，因而它可以随意构造各种意向相关项连同其视域情景，而且这种构造甚至可以脱离时间空间的关联。

在宽泛的意义上，所有想象都可以说是自由的。但这里还必须对"自由"的定义做进一步的描述和规定。

三、想象作为非设定意识和拟设定意识

我们还可以确定想象意识的第二个本质特征以及由此引发的类别划分：与感知意识不同，想象意识常常可以不带有存在设定或不含有现实性意识，即缺乏对它所构造的想象物的存在信仰（be-lief）。这是想象有别于感知的另一个要点。

但并不是所有想象都是无存在设定的。在总体上，想象意识可以分作两类：想象与自由想象，我们也可以将它们称作现实性想象与非现实性想象。

非现实性想象是通常意义上的"自由想象"。例如想象自己在云端漫步或飞翔。这时它与"幻想"可以是同义词。这个意义上的"自由"，与我们在上一节中所说的不受感觉材料及其统觉的束缚的"自由"是基本一致的。不过这里仍需要补充一点："自由"还有一个基本的定义，即不受存在设定的束缚，或不受现实性意识的束缚。因此，在前一个意义上，"自由想象"是非原本性想象；在后一个意义上，"自由想象"是非现实性想象。

但我们也可以有"不自由"的想象，即现实性想象。这也是我们在说特定意义上的"想象"时还需要加上定语"自由"的原因。"不自由的想象"属于带有某种类型的存在设定的想象。例如在许多现实主义文学作品中的想象，尽管它们也是虚构的故事，但作者在创作中与读者在阅读中的想象都是现实性想象，即他们都将这些作品视作真实的并受现实性和现实的可能性的制约，它们也因此有别于科幻类或魔幻类的文学作品。

这种缺乏或不设定并不是指想象会在构造它的意向相关项的过程中将其认定为不存在的，而仅仅是指，在它构造其意向相关项的过程中并没有存在意识伴随它：它既不在构造对象的过程中将其意向相关项认为是真（存在），也不认之为假（不存在）。可以说，它不对其意向相关项的存在与否做出表态，即不执态。这种不执态当然也可以视作一种态度：中立的（neutral）态度。这也是图像意识所包含的一个基本成分：我们对其中的精神图像持有这种中立的态度。不过我们同时必然会对物理图像持有存在设定，即始终会相信物理图像的实存，而这又是想象不同于图像意识的地方。

据此，含有中立态度的想象意识可以叫作"非现实性想象"。它代表了想象的最重要类别。胡塞尔也将它称作"纯粹想象"，"它不具有与'这里'和'现在'的联系。它缺乏信仰"（Hua XXIII, 217）。也就是说，这种想象不带有时间设定、空间设定和存在设定。

除了非现实性想象之外，想象意识中还包含现实性想象。现实性想象是指有些想象自身包含存在设定：被想象的事物和事态同时也被设定为真，即设定为存在。

但这种现实性想象中的存在设定必定有别于感知中的存在设定。即使我们有时会忘记自己的当下感知世界而全然沉浸到想象世界之中，而后将想象世界当作感知世界，并因此而带有某种"拟（quasi）存在设定"，例如在想象中我漫步在月球上，并且身临其境地在那里遇到了嫦娥与玉兔，如此等等，但这种意识仍然不同于感知意识而属于一种特殊的想象意识：带有"拟"存在设定的想象意识。而这种想象的存在设定之所以仍然会以"拟"或"准"的方式出现，主要的原因仍然在于这里的意识内容仍然是想象材料而非感觉材料。想象一只老虎扑向自己和看见一只老虎扑向自己，这是带有两种意识材料并因此带有两种存在设定的意识。

如果我们将想象分为拟现实性想象与非现实性想象两大类，那么我们应当可以说：如果不是大部分，也有相当多数量的文学家和艺术家是非现实性想象的运用者。而在历史学家与哲学家中，包括在自然科学家和精神科学家中，所占比例更大的是现实性想象的运用者。

四、想象作为时间意识和非时间意识

我们在这里还可以从时间角度对想象意识进行第三个本质特征刻画。事实上，广义上的想象，即直观的当下化，已经涵盖了我们后面要专门讨论的回忆与期待，它们都带有各自的时间规定。而狭义上的想象，即除去回忆和期待之外的当下化行为，则还可以分为伴随时间意识和不伴随时间意识的想象。这同时也是区分非自由想象与自由想象的另一个维度：受时间定位束缚的想象和不受时间定位束缚的想象。前者是非自由想象，后者是自由想象。

非自由想象，即受时间定位束缚的想象，可以再分为：1.伴随过去意识的想象；2.伴随将来意识的想象；3.伴随当下意识的想象。

伴随过去意识的想象主要是指对自己以往经历的回忆，但也有对过去的想象不是回忆，而只是过去想象，例如对自己从未经历过的历史事件的想象。与此同理，伴随将来意识的想象主要是指对自己将有经历的期待，但也有对未来的想象不是期待，而只是一种将来想象，例如对自己永远不会经历的未来事件的想象。

在想象中，这两种意识，即时间意识与存在意识（包括非现实性意识与拟现实性意识），交织在一起，已经构成至少四种想象意识的类别。

除此之外，当然还需要考虑具有当下意识的想象类型。例如想象自己此时此刻不处在身体所处的这里，而是生活在别处。这种当下想象与过去想象和将来想象一样，可以是非设定的，也可以是拟设定的。

不受时间定位束缚的想象是自由想象的一种。它与不受存在设定的想象应当是完全相合的。在这里我们可以验证海德格尔意义上的"存在与时间"：作为动词的存在，即作为时间词的存在。即是说，存在是时间性的，或者说，时间性的存在。

我们可以从存在意识和时间意识的角度出发，将想象区别于通常意义上的回忆与期待：如果感知意识中的存在设定是"存在"，那么回忆意识中的存在设定就是"曾在"，而期待意识中的存在设定则是"将在"。与此同理，想象意识中的存在设定是"拟在"，包括"拟曾在"、"拟将在"、"拟现在"。

"拟在"或"拟设定"不可能是无时间的或超时间的。无时间的或超时间的想象只能是"不设定的"、"中立的"想象。而"拟在"的存在设定则必定束缚在特定的时间上。

最后还需要思考在自由想象与梦中意识之间的差异。它们本身是十分相近的，尤其是就它们的构造对象和视域的能力而言：它们都是自由的，即无拘无束的，没有时空限制的，无须借助感官的。在这个意义上，一个天生的盲人也能够自由想象他所以为的颜色，一个天生的聋人也可以自由想象他所以为的音乐。

但在自由想象与梦中意识之间还是存在本质差异，这个差异也可以说是梦与白日梦的差异，或者说，是醒着想象和梦中想象的差异，又或者说，是幻想与梦想的差异。这个差异首先体现在想象的自主性方面：自由想象是自主的想象，梦中意识是不自主的想象。这一点当然还不足以穷尽这两者之间的本质差异。对此还应当有更为详尽的描述和分析。

五、想象作为回忆意识

如其所述，回忆意识包含在想象意识的大类中，即包含在广义的想象意识中，属于其中的一种有过去时间设定与曾在设定的想象。

意识现象学对回忆意识的研究不同于记忆心理学、神经科学与脑科学对记忆的研究：前者仅仅涉及意识活动，后者则与心理机能以及相关的神经生理机制有关。路德维希·宾斯旺格曾回忆说，他在 1927 年完成了他的研究中"第一个而且完全仅受胡塞尔影响的成果"："严格区分生命机能（Lebensfunktion）和内生命历史（innere Lebensgeschichte）"[①]。他在这里实际上是用一位人文主义心理学家的语言表达出胡塞尔称之为"纯粹意识"与"心理机能"之差异的东西。[②]

撇开记性或记忆不论，通过意识现象学的反思，我们应当可以把握到回忆意识的以下基本特征：

1. 回忆是意向的意识活动，具有所有严格意义上的意识的特征，即意向意识的特征。每个回忆行为必定包含三个本质要素：回忆的意向活动（能意、见分），回忆的意向对象（所意、相分），回忆的自身觉知（自证分）。例如我现在回忆昨天的晚宴，那么回忆的行为（能意、见分）是当下进行的，被回忆的晚宴（所意、相分）是昨天发生的，我在回忆时意识到（自证分）我正在回忆而且被回忆的晚宴发生于昨天。

2. 回忆是对以往进行的意识行为的一种复现或再造。它作为"当下化行为"与作为"当下拥有行为"的感知一样，属于直观行为的大类。这同时意味着，它自身含有直观性的材料。但回忆与感知

[①]　路德维希·宾斯旺格："感谢埃德蒙德·胡塞尔"，唐杰译，载于倪梁康编：《回忆埃德蒙德·胡塞尔》，北京：商务印书馆，2018 年，第 240 页。宾斯旺格所说的"成果"参见：Ludwig Binswanger, *Zur phänomenologische Anthropologie. Ausgewählte Vorträge und Aufsätze*, Band I, Bern: A. Francke Verlag, 1961。

[②]　对此问题的详细讨论可以参见为耿宁的中文新书《论回忆：关于意识的现象学研究》（商务印书馆，计划于 2023 年出版）撰写的译后记。——下面引述的耿宁的观点均出自他的这部尚未出版的新书。

所包含的直观性材料之间存在本质差异：感知自身包含的直观性材料是"感觉材料"（Sinnesdaten），例如现在直接呈现的蓝色；而回忆自身包含的直观性材料是"想象材料"（Phantasmen），例如后来以回忆方式再现的蓝色。

3. 回忆属于想象或当下化行为的一种。想象包含的"想象材料"本身不具有时间性，即耿宁所说："呈现的想象材料无法决定，在回忆中什么东西曾现实地是我们的过去。"只有在想象材料被统摄为时间中的对象时，才会有时间意识附加上去，或现在，或过去，或未来。这与感知包含"感觉材料"的情况不同，感觉材料始终是处在当下的，因而它们的时间性始终是现在。

4. 与感知必定包含"当下意识"的情况类似，回忆必定含有"过去意识"，或者说，"曾经（gewesen）意识"。它因此有别于含有当下意识的"感知"，同样有别于含有"将来意识"的预期或期待。回忆同样也有别于在时间意识方面常常含糊不清和千变万化的"梦意识"。

5. 回忆必定在自身中含有"存在信仰"或"现实信仰"，并因此而有别于同样自身包含"想象材料"的"自由想象"的意识行为。即是说，凡是被回忆的，都是被认作"曾是的"或"曾有的"。但回忆的"存在信仰"又有别于感知行为以及期待行为中的"存在信仰"或"现实性信仰"。回忆中的存在信仰是"曾是信仰"（Gewesen-Sein-Glaube），不同于"现在是"的信仰和"将是"的信仰。耿宁因而在此意义上将与回忆有关的现实称作"特殊的过去之现实"。与此相应，与期待有关的现实，例如明天太阳会升起的期待，也是特殊的将来之现实。

6. 回忆必定含有"对时间间距的意识"。这是由内时间意识的结构决定的，尤其是由"滞留"（Retention）决定的。胡塞尔在"内时间意识"（或"延续"[Dauer]，类似柏格森的"绵延"[durée]）的标题下讨论过回忆与时间的关系。例如对昨天晚宴的回忆或对二十年前的一次相似晚宴的回忆所含有的对时间间距的意识是不同的。这种时间间距意识有时会含糊不清，有时会出现误差和混乱，但在回忆行为上始终附有或多或少的时间间距意识。

7. 回忆活动的指向是向内回溯的。德语的回忆在这个词义上表达得最明显：sich erinnern。它同时也意味着，回忆是个体的，它必定是对某个自身经历过的过去事物或过去事件的回忆。也可以说，回忆是反思的而非直向的，是自知的而非共享的，是私己的而非公开的。

8. 这意味着，回忆的正确与否必定有其内部的标准。原则上应当可以通过自己的回忆来纠正自己的回忆。回忆的清晰性是回忆的真实性和正确性的最重要标准。回忆的清晰与对原初体验的关注强度或被意识的强度有关。回忆的正确无疑以及被回忆的事物和事件的真实无疑，在耿宁看来至少取决于三种情况：1）我们是否从被回忆的经历和事件中获得过最深刻的印象；2）我们是否为此付出过最大的努力；3）我们是否为此投入过最丰富的情感。例如，经历的一次生命危险，遭受的一次导致残废的事故，忍受的一次丧失至亲的悲痛，以及如此等等，都会给我们终生留下清晰的回忆。

9. 回忆常常会包含差误。回忆差误产生的起因在耿宁看来有四种。**第一**，回忆中掺杂了不同的事件；**第二**，回忆中相似的内容发生混淆；**第三**，对被回忆的行动之动机的难以理解；**第四**，回忆中包含了自欺的成分。在笔者看来，前两个原因属于回忆的意向对象方面，后两个原因属于回忆的意向活动方面。

10. 能够将一个过去的事件回忆起来，即能够将一个看似消失的心理状态通过意志唤回意识，它的前提在于：只有或多或少被关注的行动才是被意识到的，并且因此而能够或多或少地被回忆。而之所以会发生或多或少的关注，也有自己的前提条件。耿宁总结为至少以下几点：**第一**，初次与新颖；**第二**，唯一与新奇；**第三**，重复与习常。

11. 回忆的产生和接续与各种联想（或被动发生）有内在的联系，其中包括连续性联想、相似性联想、关系性联想等。回忆的产生和接续的规律可以通过联想心理学和联想现象学的研究来把握。这也是佛教所说的"等无间缘"或"次第缘"。现象学中则有关于"联想现象学"或"动机引发现象学"的研究。

以上是在回忆方面目前已经得出的一些大致的研究结论。需要说明的是，这里至此为止讨论的都是回忆行为而非记忆能力，因而不涉及神经系统和大脑组织，不涉及回忆的生物学基础。

六、想象作为期待意识

期待（Erwartung）也属于想象的大类，即属于直观当下化行为，它构成其中的一种特殊的想象类型。它与回忆在许多方面有相似性，例如两者都不是感知，但时间上与感知相邻，而且它们本身也都包含时间定位和存在设定。

而期待有别于回忆的地方则在于：1) 回忆意识的时间定位在过

去，期待意识的时间定位在将来。2）期待与未来以前摄的方式连接感知，回忆与过去以滞留的方式连接感知。3）期待是对将有经历的预想，回忆是对曾有经历的回想。4）期待的无法达及的最远处是死亡，回忆的无法达及的最深处是出生。

意识现象学家胡塞尔对个体意识流的这个起源和结尾都有思考。但这些思考在他生前并未发表，而是在自"二战"后出版的《胡塞尔全集》中才得到陆续发布。①

由于胡塞尔在生前出版的著作中，尤其是在《内时间意识现象学》中，讨论和分析的意识类型大都是感知与回忆，只是偶尔谈及期待以及与此相关的未来，更不论述死亡问题，因而连他最亲近的弟子们也认为胡塞尔仅仅致力于对意识的回溯思考，反思以及回忆与过去，而不在意对意识的前行思考，即对期待与将来乃至死亡问题漠不关心。施泰因在 1932 年拜访胡塞尔后给英加尔登的信中感叹说："您当时写道，您很想问胡塞尔：他如何对待死亡问题。我尝试让他对此说些什么，并且毫无怜悯地在离题万里之后一再回归到这个问题上来——但最终无果。他始终逆流回溯（此外也没有充分澄清出生的问题），无法让他顺流前行。"②

施泰因的这个观点后来在现象学研究中也得到进一步的流传。有一种相当普遍的看法在于，在胡塞尔的时间概念和海德格尔的时

---

① 例如参见 Hua XLII, Nr. 1: „Geburt und Tod als Weltvorkommnisse und in ihrer transzendentalen Bedeutung für die Konstitution einer Welt. Die Limesfälle ‚Urschlaf‘ ‚‚traumloser Schlaf‘ und ‚Ohnmacht‘", S. 1ff.。

② Edith Stein, *Selbstbildnis in Briefen III. Briefe an Roman Ingarden*, Freiburg i.Br.: Herder Verlag, 2005, S. 226.

间概念之间存在一个基本的区别：胡塞尔的时间研究主要偏重于过去和已被给予的起源，而海德格尔的时间研究主要偏重于未来和向死之在。不过门施已经对这种说法提出质疑，并根据胡塞尔的时间意识分析遗稿，对其中的"未来"概念做了专门论述。[①]

但无论如何，海德格尔关于向死而在的论述有其独特的哲学含义，它与舍勒关于死亡与永生的思考遥相呼应，构成现象学的未来哲学的另一景观。

从意识现象学，尤其是时间意识现象学的角度来看，期待意识是所有将来被给予性的当下化或所有将来发生的意识体验的当下化的总称。它可以进一步分为三类：

第一类，预期：对自己不能决定的未来的期待，这是较为常见的一种期待。我们可以将它称作意向相关项方面的期待或被动期待。例如我们预期明天的气温会下降；或预期寒假中去日本开会乘坐的航班会准点；或预期自己的一本著作会在年内出版面市，以及如此等等。

第二类，筹划：对自己能够决定的未来的期待，这是意向活动方面的期待，即与意识主体的活动有关的期待，也可称作主动期待。例如我们筹划明天外出散步时多穿衣服；或筹划今年将要开设的课程的时间、地点、内容；或筹划今后若干年内要完成的工作，如此等等。伸展最远的筹划可以是一个人的一生的筹划，甚至可以是身

---

① 参见 James R. Mensch, "Husserl's Concept of the Future", in: *Husserl Studies*, vol. 16, no.1. 1999, pp. 41—64。中译文参见詹姆斯·R. 门施："胡塞尔的'未来'概念"，倪梁康译，载于《中国现象学与哲学评论》第六辑，上海：上海译文出版社，2004 年，第 138—166 页。

后事宜的筹划。

第三类,展望:通常是指"展望未来",它与"回首过去"相对应。这是历史思考的一种。与反思相似,它具有方法论的含义。如果我们可以将反思纳入回忆的范畴,那么也就可以将展望纳入期待的范畴。这是狄尔泰与约克所提出的"理解历史性"之诉求的两个最重要的向度。我们在这里可以将它暂且置而不论,以便后面在讨论意识研究的反思方法时再集中论述。

七、想象作为图像意识

在想象的大类中,即在直观当下化的行为中,也包含图像意识。[①]一般说来,图像意识是指意识总体中与图像有关的一类意识。在对图像的讨论中,意识现象学家不会询问图像本身是什么,而是会询问,图像是如何被意识到的,易言之,意识如何构造出一个图像。图像意识为何不同于一个事物意识、一个人物意识、一个符号意识、一个判断意识,以及如此等等。它们在意识中为何会是各不相同、各自有别的。

胡塞尔在《逻辑研究》中把"图像意识"看作是一种想象行为,甚至把整个想象都称作是广义上的"图像意识",因为西文中的"想象"(imaginatio)实际上更应当译作"想像"。这里的"像"(image),或者是指一种纯粹的精神图像,例如在自由想象的情况

[①]　关于胡塞尔的图像意识理论更为详细的阐释可以参见笔者:"图像意识的现象学",载于《南京大学学报》(哲学·人文科学·社会科学版),2001 年第 1 期。

中，或者是指一种物质的图像，例如在图像意识的情况中。这个意义上的想象或图像意识所具有的共同特征就在于，它所构造的不是事物本身，而是关于事物的图像。从这个角度来说，想象只是一种感知的变异或衍生：感知构造起事物本身，而想象则构造起关于事物的图像，甚至可以说，想象只是一种准构造。

而狭义上的"图像意识"之所以属于想象，乃是因为它本身是一种借助于图像（图片、绘画、电影等手段）而进行的想象行为。这样，图像意识就可以从根本上有别于符号意识，因为图像意识属于想象，也就属于直观行为，而符号意识就不属于直观。

但胡塞尔在后期的手稿中也趋向于把图像意识与符号意识看作是同一类型的意识活动，即它们都是非本真的表象。而表象的本真性和非本真关系到双重自我的问题。具体地说，本真的表象是指：现实自我在阻碍想象自我进入想象世界（很少有人在做白日梦）。而非本真的表象则不同，它意味着：现实自我在帮助想象自我沉湎于想象世界（例如看电影、读小说等）。

从意识现象学的角度可以先确立以下几个基本命题：

1. 关于图像的意识不同于关于事物本身的意识。关于一个女士的图像不是女士本身。图像只是实事的代表，实事与图像属于意识的两个不同种类。图像与实事的区分初看上去十分清楚：实事是感知或感知意识的对象；图像是图像表象或图像意识的对象。但更进一步看，图像却显得复杂得多（参见下面第三个命题）。

2. 图像不是符号。图像与符号之间的区别首先在于，图像与图像所表象的东西之间至少存在某种相似性关系，甚至是某种相同性关系，而在图像与符号之间则没有这种相似性或相同性关系。但在图像与符号之间的这种界线并不是固定的，或者常常是模糊的：中文符号与古埃及文符号等都既是图像，也是符号。而且在绘画的象征派与抽象派那里同样很难区分图像与符号。

3. 图像意识有一个结构，它是本质性的。即是说，如果一个图像意识不具有这个结构，它就失去了被认为是图像意识的根据。在每个图像意识中都有一个三重的目光，并因此而包含一个三重的对象性：1) 物理图像，例如展示着睡莲的纸张、画布、荧屏或银幕等；2) 精神图像，例如以图像方式被表象的睡莲形象等；以及 3) 图像主题，例如在图像中并不显现出来的作为主题的睡莲。胡塞尔也将它们称作"图像事物"、"图像客体"与"图像课题或图像动机"。这三个客体展现了图像意识中的"图像本质"（Hua XXIII, 489）：缺少这三个客体中的任何一个，我们就无法谈论一个图像或一个图像意识。

4. 朝向这个三重对象性的是一个三重的图像目光，这是在图像意识中的三种统觉。1) 对物理图像的感知统觉：当我们说"这是一幅油画"时，这个感知统觉已经完成了。而如果我们停留在这个感知上，即是说，如果我们仅仅注意这个物理图像，而不去顾及精神图像，那么我们所具有的就仅仅是一个单纯的感知，而没有图像表象。2) 对精神图像的统觉：在这里我们虽然有一个知觉性（perzeptiv）的统觉，但却有一个具有图像形式的非知觉对象。例如我们并不将这个睡莲知觉为现实中存在的或不存在的睡莲，而是知觉为关于现实存在睡莲的图像。3) 对图像主题的统觉：它不是知觉性的统觉，而是再造性的统觉。但需要注意的是，对图像主题的统觉不是正常的再造性想象。唯当我们的注意力不再朝向图像客体，而是完全朝向显现出来的图像主题时，才必定会有一个正常的当下化形成，而这时我们所具有的也就不再是图像意识了。

在这三个统觉之间的关系还需要得到进一步澄清，同样需要澄清的还有在这些统觉中的不同设定，如此等等。这是意识哲学的任务。

此外还要提到的另外两位现象学家、两位胡塞尔的学生，他们在胡塞尔的图像意识现象学的基础上创立起各自的艺术作品的本体论：英加尔登的"图像艺术作品的本体论"与海德格尔的关于"艺术作品的起源"的理论。它们都是在胡塞尔的基础上进一步展开图像艺术研究与讨论的典型案例。

八、想象作为梦中意识

梦意识（Traumbewußtsein, dream-consciousness，或唯识学所说的"梦中意识"）是一种意识行为。它本质上不同于所有其他在清醒状态下进行的意识行为，因此构成醒意识（Wachbewußtsein, awake-consciousness）的一个对立面。由于它仍然属于意识行为，因此它的进行与引发都具有与其他意识种类相似的结构。

几乎所有意识哲学和意识理论都会讨论梦，因为梦是一种意识现象，而且是十分特别的意识现象。严格意义上的梦都与睡眠有关，因此也叫"睡梦"。但并非所有睡都有梦。睡眠有无梦睡眠和有梦睡眠。前者仅仅是确切意义上的"无意识"，后者才是确切意义上的"梦意识"现象。而宽泛意义上的梦就是一种特殊类型的想象意识，因此也有"白日梦"的说法。

　　人们通常将梦意识理解为睡眠中进行的意识活动连同其构建的意识对象，它与现实中进行的意识活动和意识对象具有一样的真实性结构，但这种真实性只有局限于梦世界的短暂有效性，所以梦常常与水中月、镜中花一样被用来比喻人事与物事的虚妄。苏东坡的"人生如梦"，戴复古的"世事如梦"，都是以隐喻的方式来表达一种最终可以回归佛教的人生观和世界观，回归《金刚经》的最后四句偈："一切有为法，如梦幻泡影，如露亦如电，应作如是观。"

　　这里所说的佛教主要是指大乘佛教。类似的以梦为隐喻来说明实体有无与善恶差别的看法和做法在近代西方哲学中也可以找到。例如笛卡尔对梦的最著名的利用就是将梦的虚幻不实扩展到万事万物，从而引出他的怀疑一切的主张。

　　但在笛卡尔那里还可以发现另一种对梦的利用和解释，即托梦或借梦来暗示重大的事件或转变。他曾记录和解释自己的三个梦，用它们来说明自己的哲学思想变革，这个做法类似小乘佛教对梦的看法和用法。

　　当代的意识现象学家胡塞尔则几乎从不专门讨论梦意识，只有偶尔几次例外。[①] 即使他时而也思考无意识的问题，例如作为"无梦的睡眠"的无意识。在总体上，胡塞尔将梦意识归属于当下化行为或想象行为，因而认为可以对它做意识现象学的反思和描述分析。而讨论梦意识最多的是无意识心理学家弗洛伊德。他将梦意识视作无意识与意识之间的中介环节：梦是潜意识流露的渠道，因而也为研究者提供通往潜意识的桥梁。

---

　　① 对此可以参见胡塞尔与其学生让·海林大约在 1930 年后的一次书信往来（Hua Brief III, 119f.）。

关于梦，我们可以用意识现象学的回忆与反思的方式去直观、描述、分析，并把握它的本质结构。就此而论，梦意识可以成为现象学的论题。而关于梦的原因，我们只能用心理学实验、解释、推论以及生理学观察和实验的方式去探讨和研究。就此而论，梦的原因只能是心而上学或无意识心理学的讨论问题。

我们在此至少可以通过回忆和反思来确定梦意识所具有的最基本特征。而且对于现象学家来说，这是梦意识研究的主要途径。①这也意味着，对于意识现象学家来说，梦意识只能是在过去时状态中被讨论。因而梦意识与许多当下化意识行为如想象、回忆等具有共性。

通过对梦意识的反思与回忆，我们可以确立以下的基本命题：

1. 就行为形式的类型来看，梦意识不是感知意识，而是一种想象意识，因为它不需要眼耳鼻舌身这五识（即五种感觉材料）便可以独自升起。在唯识学中它也因此被视作"独散意识"的一种，即一种可以在没有感觉材料伴随的情况下独自升起的意识。但这个命题是对梦的反思者做出的，直向的做梦者本身大都是在进行感知。

2. 梦意识有其基本的结构，这个结构与醒意识的结构是相同的。首先，它的最基本结构是意向性，即具有意向活动-意向相关项-自身意识（见分-相分-自证分）的三位一体结构。其次，梦意识也有存在设定，也有内时间意识，也有内空间意识，如此等等。再次，梦意识如其所述大都是梦感知，也可以是梦回忆、梦想象、梦期待、梦情感、梦判断、梦意欲等。可以说，在醒意识中有多少意

---

①　我们这里要撇开催眠状态的案例不论。

识类型，在梦意识中就有多少梦意识类型。

3. 梦意识作为当下化行为在本质上不同于当下拥有的行为，即本质上有别于感知。在对梦意识的思考中必然包含双重自我的问题：正在做梦的自我与正在对这个做梦的自我进行反思的自我。这个双重自我问题在所有想象行为中都存在：想象着的自我与对这个想象着的自我进行反思的自我。唯有感知是单纯的：自我-感知-被感知者。因此可以说，自我的单数与复数是区分感知意识（当下拥有的行为）与其他想象意识（当下化的行为）的一个基本标准。但我们在自感知的一节中已经说明：这里的"双重自我"是不同意义上的"自我"，即做梦的、后来被回忆和反思的自我是宾词意义上的、对象性的自我，回忆的和反思的自我是代词意义上的、非对象的自我。

4. 梦意识与醒意识中的想象意识存在一定的分别。它们在某些方面有本质的差异，例如，梦意识是不受意志力控制的，一方面是其进程不受控制：它完全自主地进行，其产生、走向与中断或消失均不受控制；另一方面是其内容不受控制，无论是以春梦的方式，还是以噩梦的方式。而有意识的想象在这些方面都不同于梦意识。[①]

5. 其次，在梦意识与想象意识之间的某些差异是量性的而非质性的。梦意识是一种弱意识，即比意识弱。这里的"弱"是指：它

---

① 例如，2013 年 2 月 3 日，在我的梦中出现"生滚粥"一词。它是广州的一种传统粥品。我此前曾经听过或见过这个词，但对它印象不深。它在醒意识中显然不会主动产生，而只会被动激发。但在梦意识中它却主动升起了。又如《红楼梦》中描述的香菱的梦中做诗，也提供一个典型的被动激发的梦的案例。通常所说的"日有所思，夜有所梦"，可能就是这种状况的写照。

与有意识的幻想意识、想象意识相比较而言是弱的。更进一步说，"弱"是指梦意识的关注力度相对较弱，因而它的自身意识也相对较弱（或自证分弱）。因此，醒后不记得梦的内容是十分常见的事情。用科技的手段可以证明许多人夜里大脑在活动，但他们醒来却认为自己没有做梦。用我们这里仅仅允许的反思方法，我们自己也常常可以确定地知道例如昨晚做了梦，只是不记得做了什么，或记得很少，或记得不连贯。

6. 除了强度上的分别之外，实际上在梦意识和想象意识之间并不存在截然的界限，而只存在从梦到醒之间的渐进层次过渡。此外还可以考虑梦的语境是非理性、非逻辑的组合，类似于自由想象。在自由想象中的全然沉浸就意味着"白日梦"。

7. 引发梦意识的东西与引发醒意识的东西应当都是某种意愿（Wille），但前者只能是拟-意愿（Quasi-Wille），因为它不受意愿的控制，而受某种隐而不显的东西的控制，这种东西有可能是积淀下来的习性，有可能是生而有之的本性，还有各类被称作"情结"的无意识组合。[①] 它们都已属于心而上学的领域。对梦的原因的讨论已经超出了现象学的直观和描述的范围。弗洛伊德的心理分析就是通过对梦的解释而非反思来进行的。与弗洛伊德在相近的方向上工作的是本能现象学、发生现象学、机能心理学等。

8. 梦是最私己的事情，是确切意义上的主观体验。梦的构造，

---

　　① 例如，俄狄浦斯情结（Œdipus Complex，恋母情结），恋师情结，初恋情结，处女情结，处男情结，恋父情结，完美情结，成功情结，斯德哥尔摩情结（人质情结），凯因情结（Cain Complex，兄弟敌对情结），等等。情结可以理解为无意识的积淀因素。这种积淀如果是个人的，就是习性的；如果是人种的，就是本性的。

即梦境，是不可能与人合有的。类似《盗梦空间》（*Inception*, 2010）的科学幻想永远只能是幻想，因为它本质上是不可能的。胡塞尔曾说，"一个共同的梦是悖谬的，就像一个共同的回忆、一个共同的体验流是悖谬的一样"（Hua Brief III, 120）。

9. 但对这一点要做一个补充说明：现在时状态中的梦意识，即在进行过程中的梦意识，就是感知，就是"当下拥有的行为"（Gegenwärtigung）。只是在梦意识结束之后，即在梦醒之后对它的回忆和反思中，梦意识才应当被归入"直观当下化行为"（Vergegenwärtigung）。在这里，对梦意识的确定和定义与对错觉（错感知）的确定和定义有相同之处。

九、结语：想象的分类学

综上所述，我们可以得出在想象分类方面的以下两个基本结论：

1. 想象具有两个与感知意识正相对立的本质特征：

第一个特征：感知始终是原本意识，而想象恰恰不是原本意识；

第二个特征：感知始终是存在意识，而想象恰恰不是存在意识，它可以是拟存在意识，也可以是非存在意识（非设定意识）。

2. 想象因此而构成意识的一个大类。广义上的想象相当于胡塞尔所说的当下化意识的大类。狭义上的想象则是指其中的一种特殊类别。

具体说来，如果我们用分类法的方式对意识域（Domain）的总体做出划分，那么直观意识与符号意识是其中两个门（Phylum），而直观意识又可以分为当下拥有意识与当下化意识这两个纲（Class）；
当下化意识再分为想象、回忆、期待、图像意识这四个目（Order）；
而其中的想象又可分为不自由想象与自由想象两个科（Family）；其
中的自由想象是指摆脱了所有实在性设定和时间性定位之束缚的
想象；而不自由想象则进一步包含了实在性想象、时间性想象这两
个属（Genus）；这两个属自身还分别包含相应的三个种（Species），
拟曾在想象、拟将在想象、拟现在想象。最后，想象还可以根据是
否依赖感觉材料（无论是物理图像还是物理符号）而区分为普通想
象（或不纯粹想象）和纯粹想象。

第4章　情感：感受与情绪

一、引论：处在认知、意欲、性格之间的情感意识

汉语中用来标示"情感"的类概念有许多，除了"情感"之外，还有"感受"、"情绪"、"感情"、"心绪"、"心态"等。它们基本上都可以在西方语言中找到自己的对应项，例如，感受或感情（Fühlen）、情感（emotion, Gemüt）、情绪（Stimmung）、心态（Zustand）或精神状态（Geisteszustand）等。而在梵文中含有的大量情感类用词至少表明，人类文化用来表达"情感"的意识类型的语词是十分丰富的，而这也进一步意味着，在这些语词后面或这些语词所指向的意识类型是极为繁多的。

我们在这里将情感意识算作总体意识的三种类型之一：认知、情感、意欲。这种归纳具有人为抽象的性质。我们也有理由将意识仅仅分为两类，或更多，分为四类、五类。这些划分是以划分者各自感受到的情感意识类别来决定的，就像佛教各派，除了将心或心王分作八识的之外，也有分作六识或九识的；还有，除了将心所分作五十一种的之外，也有分为四十六种、五十二种的，等等。

作为总体的情感意识种类本身，其界域也并非泾渭分明。它一方面与其他两大类意识，即认知意识和意欲意识相邻，而且在交界处彼此相融；另一方面它也与无意识领域相接壤，并在这个方面与最宽泛意义上的性格（Charakter）难分难解。这个广义的性格涵盖本能（Instinkt）、情结（Komplex）、素质（Disposition）、气质（Anlage）、禀赋（Talent）、禀好（Neigung）、性情（Temperament），以及如此等等。

这就意味着，我们对**情感意识**的研究一方面在意识领域要与**认知意识**、**思维意识**或**智识意识**的研究区分开来，另一方面，**情感学**也应当从一开始就与隶属于无意识领域或机能心理学领域的**性格学**划清界限。前一种区分是意识现象学始终在做的事情；而后一种区分则涉及意识现象学与无意识理论或机能现象学的划界问题，类似于作为意识现象学论题的回忆与作为机能心理学论题的记忆的分别。尤其要留意的是，这个对意识现象学与机能心理学的区分在理论领域或实践领域中常常是要么被忽略了，并因此而被纳入心理生理学的领域一并处理，要么被误解了，并因此而被等同于经验主义心理学与形而上学心理学（或实验心理学与心而上学）的区别。

区别情感与性格的一个重要视角是通过反思来确认它们是否可以被自知。情感可以通过自身反思而被自知，例如我反思自己并未因为一个熟人的去世而感到悲哀。反之，性格是无法通过自身反思被自知的，例如我无法通过反思而知道自己是一个勇敢的还是懦弱的人，或是一个谦虚的还是骄傲的人。

另一个区分情感与性格的视角在于，情感是意识活动，是显现出来的，是性格的表露；而性格是稳定的趋向与禀性，是潜在的和未意识到的,需要通过一系列的意识活动表现出来。

因此,情感连同其繁多复杂的分类型是情感学或意识现象学的研究课题,性格连同繁多复杂的分类型是性格学或机能心理学的研究课题。

在完成以上的基本划界之后,我们接下来要将目光仅仅集中在情感意识方面。

二、情感意识的各个类型

情感意识首先可以分为两种类型:一种是意向情感,一种是非意向情感。意向情感指向对象,例如愤怒、喜悦、悲伤、快乐、焦虑、同情、羞愧、敬畏、忧伤、怨恨等等,通常我们也将它们称作"**感受**"(feeling, Fühlen)。例如审美感受:面对美的事物时的愉悦感和面对丑的事物时的厌恶感;再如道德感受:面对善行时的赞赏感和面对恶习时的愤怒感。

而非意向情感不指向具体的对象,如悠闲、忧郁、惆怅、烦闷、寂寞、孤独感、失落感等等,通常我们也将它们称作"**情绪**"或"**心情**"(emotion, Gemüt)。

当然,意向情感与非意向情感之间的界限也并不始终明晰可见或并不始终固定不变。有些情感意识既可以算作意向情感,也可以算作非意向情感,例如烦躁、无聊、郁闷等。我们有时可以发现它们的相关项或引发原因,有时则完全不能。胡塞尔曾举"莫名的喜悦"和"无名的悲哀"等例子来说明一个情感意识的意向对象并不始终是可以直截了当地被确定的。

　　最简单的感受与感觉直接相衔接。例如绿色的感觉和与之相应的感受彼此相连，灼热的感觉与苦痛的感受息息相关。中文中的"感受"一词十分恰当地表达了在感觉（以及感知）与感受之间的这个紧密联系。而鲍德温用"sensibility"一词来概括普遍情感的特征和本质，也是出于类似的理由。[①]英文中的"sense"、"sensation"和"sensibility"与中文中的"感觉"和"感受"一样指示着它们对于感官的共同依赖。

　　但原则上我们还是可以区分这两者。应当说，许多感受是奠基在感觉或感知之中的，或者是由感觉引起的。但还有许多感受与感觉或感知无关。鲍德温曾将感受划分为"低级的感官感受（sensuous feeling）"与"高级的观念感受（ideal feeling）"两类。这两类又各自再分为复合的和简单的感官感受和观念感受，而其中的复合感官感受和复合观念感受又再各自分为共有的和特殊的感官感受和观念感受。[②]这些分类如今仍然可以为我们当下的研究和分析提供参考。它们的分类、命名和描述与亚里士多德的灵魂论中的做法相似，而亚里士多德也因这些做法而被海德格尔称作"第一个现象学家"。

　　但我们在这里仅仅需要留意一点：观念感受虽然也指向对象，但不会像感官感受那样指向感性对象，而是指向观念对象。鲍德温在这里使用的"观念的"（ideal），并不追溯到柏拉图或康德意义

---

　　① 参见 James Mark Baldwin, *Elements of Psychology,* New York: Henry Holt and Company, 1893, p. 241。

　　② 参见 James Mark Baldwin, *Elements of Psychology,* New York: Henry Holt and Company, 1893, p. 225。

上的"理念"（ἰδέα, Idee）那里，而更多是与休谟意义上的"观念"
（idea）相关联。

　　鲍德温的这些情感分类的工作显然受到冯特的影响。[①] 冯特在
《生理心理学原理》和《心理学纲要》两书中都区分简单感受与复合
感受，尽管是在不同的名称下。[②] 对他来说，"简单感受" 相当于认
知意识中的感觉（Empfindung），是最基本的要素，而 "复合感受"
相当于认知意识中的表象（Vorstellung），已经属于情感（Gemüt）的
范畴。

　　冯特在《心理学纲要》中并不认可鲍德温的"感性感受"的说法，
当然也不会将 "简单感受" 等同于 "感性感受"，尽管他承认 "简单
感受" 与感觉有密切联系。同样，他也没有接受 "观念感受" 的说法，
没有将 "复合感受" 与 "观念感受" 放在一起讨论。

　　但冯特在这里提出了所谓的 "情感三度说"。按照我们这里的
术语翻译，它指的是感受的三个主要方向（Hauptrichtungen）: 快乐
的与不快乐的（Lust und Unlust）感受，兴奋的与平静的（erregenden
und beruhigenden）感受，以及紧张的与松弛的（spannenden und

---

　　① 　当然不是受我们这里引用的冯特《心理学纲要》(1896) 的影响，因为鲍德温
的《心理学要素》(1893) 出版得更早，但鲍德温在这十年（1884—1885）前便赴德国
莱比锡大学随冯特学习过，同时他在该书的文献引用给出的是冯特的两部早期代表
作: W. Wundt, *Grundzüge der physiologischen Psychologie, 1873—1874*; W. Wundt,
Vorlesungen über die Menschen- und Tierseele, 1863。

　　② 　参见 Wilhelm Wundt, *Grundzüge der Physiologischen Psychologie*, 1. Bd., Leipzig:
Verlag von Wilhelm Engelmann, 1902, S. 344ff.; Wilhelm Wundt, *Grundriss der Psychologie*,
Leipzig: Wilhelm Engelmann, 1896, § 7. „Die einfachen Gefühle", S. 87ff., § 12. „Die
zusammengesetzten Gefühle", S. 186ff.。

lösenden）的感受。①

　　这个三重划分对于冯特来说并不等同于对情感的具体类别的划分。他认为不可能完整地列举出所有可能的简单感受的类型，因为感受根据其自己的特性而构成一个总是处在关联性中的杂多性。冯特在这里列出的情感的三个主要维度，涉及的是在所有情感中都可能包含的三种相互对立的性质。作为生理心理学的创始人，冯特最终是想将这三个维度还原为生理过程的心理反应，并通过脉搏的强弱变化来解释它们。②

　　这是另一种对情感的划界：情感的生理学划界。当然这已经超出我们这里的意识现象学的讨论范围。对于一个现象学家来说，他要问的问题并不是例如："特殊的生理过程是否与简单感受相符合？"而更多是："哪些现象引发恐惧？""我们的同情心从何而来？"如此等等。

　　前面的问题是冯特自问的问题，后面的问题是舍勒自问的问题。这里可以看出生理心理学家和意识现象学家的视角、论题、意图与主旨的差异。

三、价值感受中的价值与感受

　　舍勒的感受现象学虽然没有受到鲍德温的情感划界分类尝试的影响，但很明显受到鲍德温的老师冯特的影响。不过这种生理心

---

① 参见 Wilhelm Wundt, *Grundriss der Psychologie*, a.a.O., S. 106。
② 参见 Wilhelm Wundt, *Grundriss der Psychologie*, a.a.O., S. 101。

理学方面的影响并不强烈到足以使舍勒成为生理心理学家的程度。舍勒的情感理论，更多是在价值感受的现象学的方向上展开。

　　与胡塞尔将客体化行为（表象、判断）视作最为基础的意识种类，并据此而将意识的第一本质视作意向性的做法不同，对于舍勒来说，感受行为才是全部意识行为中最为基础的。他的意识现象学首先表现为一种感受现象学（Gefühlsphänomenologie）。

　　舍勒将全部情感生活划分为四类感受：1. 感性感受（sinnliche Gefühle）；2. 生命感受（Lebensgefühle）；3. 纯粹心灵感受（rein seelische Gefühle）；4. 精神感受（geistige Gefühle）。舍勒在这里所说的"感受"（Gefühl），主要是指被感受的内容，它们所对应的是感受活动（Fühlen）。它们的关系与胡塞尔那里的意向活动和意向相关项的关系是相似的。[①]

　　原则上舍勒也会说，所有感受都是关于某物的感受，或者更确切地说，关于某个价值之物的感受："感受活动**原初地**指向一种**特有的**对象，这便是'**价值**'。"（GW II, 4）而且反过来也可以说：所有价值都是被感受到的，都属于感受的内容（Gefühl）。

　　如果在胡塞尔那里，不可能有一门纯粹的意向活动学（Noetik）或一门纯粹的意向相关项学（Noematik），那么在舍勒这里也可以说：一门纯粹的"感受活动学"和一门纯粹的"感受内容学"都是不可能的，因为它们始终处在相互关联的状态中，无法将它们从彼此

---

　　① 参见 Max Scheler, *Gesammelte Werke II:Der Formalismus in der Ethik und die materiale Wertethik*, Bern: Francke-Verlag, 1980, S. 261ff.（以下仅在正文中括号标出《舍勒全集》的简称、卷数和页码）。

中分离抽象出来。

如果声称有价值存在，但这种价值不以任何方式被感受到，那么舍勒就会将这种声言贬为价值本体主义，而这种本体主义是与他坚持的价值感受的现象学相悖的。在此意义上，感受是意向性的或对象性的。但这个对象并不仅仅是感知性的对象，如外部空间事物或他人等，而主要是指感受性的对象，即价值对象，或者说，作为价值的对象。

在与感受活动的王国相对应的价值王国中，舍勒认为可以发现两种价值先天秩序的类型："一种秩序按照价值的**本质载体**方面的规定而在等级上有序地含有价值的高度；而另一种秩序则是**一种纯粹质料的**秩序，因为它们是在——我们想称作'**价值样式**'（Wertmodalitäten）的——**价值质性序列**的最终统一之间的秩序。"（GW II, 117）

舍勒将第一种秩序称作在价值高度与纯粹价值载体之间的关系的先天等级秩序，将第二种称作在各个价值样式之间的先天等级秩序。前者是"形式的"先天秩序，即无关具体的价值内涵；后者是"质料的"先天秩序，即涉及具体的价值内涵。

第一种秩序贯穿在以下八种价值样式的先天关系的类型之中：a. 人格价值与实事价值；b. 本己价值与异己价值；c. 行为价值、功能价值、反应价值；d. 志向价值、行动价值、成效价值；e. 意向价值与状况价值；f. 基础价值、形式价值与关系价值；g. 个体价值与群体价值；h. 自身价值与后继价值。

原则上，这些价值的横向的前后排列顺序也就意味着它们的高低顺序：前者高，后者低，只有本己价值与异己价值除外，它们的高度相等。但这个顺序在具体的情况中也有可能会发生变化,例如,实现一个异己价值的行为要比实现一个本己价值的行为具有更高价值,而对一个"异己价值"的**把握**是否具有比对"本己价值"的把握更高的价值,则还是一个问题(GW II, 118)。

此外,这些价值的类型可以相互交叠和相互交切。例如,本己价值可以是个体价值,也可以是群体价值;又如,行为价值、功能价值、反应价值也属于人格价值;再如,基础价值也是人格价值,以及各个价值之间的关系也是关系价值,如此等等。

而第二种秩序则纵向地贯穿在各种价值样式(也可以译作"价值模态")中,它可以与感受活动相对应地被分为四个由低到高的层次:1. 与感性感受相对应的感性价值:适意与不适意的价值;2. 与生命感受相对应的生命价值:高贵与粗俗的价值;3. 与心灵感受相对应的精神价值:它们可以再分为三类:纯粹审美价值(美与丑),正当与不正当的价值,绝对真理认识的价值;4. 与精神感受相对应的神圣价值:极乐和绝望。

与前一种秩序相对,这里涉及的是各个价值样式的**先天的级序**,或者说,价值质料的价值级序。按照舍勒的总结,"高贵与粗俗的价值是一个比适意与不适意的价值**更高的价值序列**;精神的价值是一个比生命价值**更高的价值序列**;神圣的价值是一个比精神价值**更高的价值序列**"(GW II, 117ff.)。

舍勒对此并未给出进一步的论证,但他确定了在价值等级秩序方面的以下基本规律:"价值越是延续,它们也就'越高',与此相同,它们在'延展性'和可分性方面参与得越少,它们也就越高;其次还相同的是,它们通过其他价值'被奠基的'越少,它们也就越高;

再次还相同的是，与对它们之感受相联结的'满足'越深，它们也就越高；最后还相同的是，对它们的感受在'感受'与'偏好'的特定本质载体设定上所具有的相对性越少，它们也就越高。"（GW II, 107）

除此之外，舍勒还列出了他在价值方面把握到的其他基本定理：

首先，"1.一个正价值的实存本身就是一个正价值。2.一个正价值的非实存本身就是一个负价值。3.一个负价值的实存本身就是一个负价值。4.一个负价值的非实存本身就是一个正价值"。

其次，"1.在意欲领域中附着在一个正价值之实现上的价值是善的。2.在意欲领域中附着在一个负价值之实现上的价值是恶的。3.在意欲领域中附着在一个较高（最高）价值之实现上的价值是善的。4.在意欲领域中附着在一个较低（最低）价值之实现上的价值是恶的"。

最后，"在这个领域中，'善'（和'恶'）的标准在于在被意指价值的实现与偏好价值的一致（和争执），或者说，与偏恶价值的争执（和一致）"（GW II, 100）。

舍勒相信这些法律或法则是先天有效的，即是说，它们遵循严格的逻辑系统，不受处在时空中的实证经验变化的影响，而且具有普遍有效性，不会因为时代、民族、文化等的不同而失去效用。

我们之所以不厌其烦地引述舍勒的相关思考和研究，乃是因为在这里已经可以看到他所勾勒出的这个价值体系或价值王国的基本轮廓。这样，一门价值感受的现象学已经在他这里完成了对感受活动及其相关项的初步描述、分析、定义和分类工作。

四、作为感受的形式与作为价值的质料

胡塞尔在《逻辑研究》中就已经对意识行为的"立义形式"与"立义质料"做出区分，不过这个区分在那里主要涉及认知、表象这样的客体化行为：感知、想象、图像意识、符号意识涉及不同的行为的"形式"。例如，观看桌上的一只花瓶，而后回忆它；或通过摄影而将它存为图像，日后再通过照片来观看它——在这里涉及的是同一个花瓶，但意识行为的"形式"已经发生变化；而对象的不同则涉及行为的不同"质料"，例如，观看桌上的一只花瓶，而后观看桌上的一只笔筒，在这里没有变化的是观看，而有所变化的是意识行为的"质料"。

这个"形式"与"质料"的区分在情感意识这个领域同样有效。借用舍勒的术语，我们可以说：各种感受活动都具有自己固有的"先天形式"。以道德情感为例，恻隐意识、羞恶意识、恭敬意识与是非意识等，都具有自己的"形式先天"，它们可以被称作能力、本能、机能。由于这些道德情感或道德能力是"不学而知"和"不习而能"的良知、良能（即本能），因此我们将也可以说它们是天赋的，是一种禀赋。每一种情感都意味着在此意义上的先天形式，它们与格式塔心理学所说的心理"完形"（Gestalt）是基本一致的。[①] 在此意义上可以理解胡塞尔晚年在与凯恩斯的谈话中所说："所有的心灵（意识）拥有一个同一的世界，这一世界又具有一个同一的形式存在论

---

① 　在这点上，格式塔心理学受胡塞尔现象学影响可能性较大。但格式塔心理学与胡塞尔现象学都受到胡塞尔老师卡尔·施通普夫的影响，这也是确定无疑的。

的结构。" ①

这也是威廉·詹姆斯将许多情感类型纳入本能的范畴来讨论的原因，如嫉妒、母爱、羞愧、好奇等。他认为不可能将本能和与其伴随的情绪兴奋分离开来，尽管他在其《心理学原理》中仍然将本能与情感分作两章讨论。②

原则上我们不能也不应以本能与情感无法分离为理由将这两者混为一谈。按照意识现象学的"形式与质料说"，本能与情感可以说是两个相交的圆：本能是情感的先天形式部分，情感是本能的感受禀赋部分。以孟子的"良能"为例，这里的"良"，是不习而能的天赋能力。但禀赋并不能穷尽情感，因为情感或感受必定还有其指向的对象，这便是情感的意向内容部分或质料部分。

概括说来，我们能够有同情意识、羞恶意识、恭敬意识等，这是我们的与生俱来的本能，是我们的先天本性，它构成情感意识中的先天形式部分；而我们同情什么，对什么感到羞愧和厌恶，恭敬什么，这些都与我们后天的习得有关，是我们的后天习性，它构成情感意识中的后天质料部分。

首先以同情意识为例。在生理学中我们或许可以找到作为佛教唯识学意义上的"根"，即作为器官、机能、能力的"镜像神经元"，即可以发现同情的先天形式和天赋本性。但同情所指向的是"将于入井"的孺子，还是"将以衅钟"的牛，这是由我们的后天习得决定

---

① Dorion Cairns, *Conversations with Husserl and Fink*, The Hague: Martinus Nijhoff, 1976, S. 63（中译文采用余洋的待刊译本）。

② 参见 Wilhelm James, *The Principles of Psychology, vol. II*, New York: Holt, 1890, chap. 24, chap. 25。

的。齐宣王不愿意用他见到的牛祭钟，而宁可牺牲他未见到的羊，恰恰说明同情意识的产生并不完全取决于同情的先天形式。③

再以羞耻意识为例。我们从小就不学而知、不习而能地具有羞愧感，而且我们的羞愧意识的产生常常并不以我们自己的意愿和我们长辈的意愿为转移，也往往不与它们相应和。与同情意识一样，羞愧意识都是不由自主地产生的，都是油然而起的。但我们为了什么、在什么人面前感到羞愧，则是后天习得的，而且因此也是随时变动不居的。詹姆斯曾引用瓦尔茨的《土著人的人类学》中的报告来说明，帝汶岛上的女子只有在衣冠楚楚的欧洲贵族面前才会害羞，并用腰带来遮掩她们的胸部。在澳大利亚的土著人中也有类似的案例。④ 舍勒在其讨论羞愧感的论文中也举过在非洲黑人妇女那里发现的类似情况：她们虽应传教士的要求穿衣遮羞，但在同族人面前则为穿衣而感到羞愧。他还指出，非洲女子羞于遮蔽身体，西方女子羞于裸露下体，而东方女子则甚至羞于裸露面孔和手臂，但她们在具有天生的羞愧意识和能力方面是完全相同的。⑤

又以恭敬意识为例。恭敬意识的要义在于"敬"。这个行为形式的特点在于，它将自己的意向相关项的价值感受为高于自己的价值，这一点构成恭敬行为的先天形式统一。而它也会随着在具体情况中意向相关项的变化而发生种类范围内的变异，例如，要么转变为"虔敬"或"敬畏"，它们指向超感性事物或神圣事物，情感在这

---

③　参见朱熹：《四书章句集注·孟子集注·梁惠王章句上》，北京：中华书局，1983 年，第 207—212 页。

④　参见 Wilhelm James, *The Principles of Psychology, vol. II*, chap. 24, p. 1046。

⑤　参见 Max Scheler, „Über Scham und Schamgefühl", in *Gesammelte Werke X*, Bern: Francke-Verlag, 1986, S. 76。

里获得了宗教的成分；要么转为"孝敬"或"敬爱"，它们指向家庭中的长辈，情感在这里含有伦常的成分，如此等等。

最后还可以审美意识为例。在审美意识中能够统一的是审美意向活动的先天形式，它与指向意向相关项时所产生的愉悦和享受有关。审美意识在涉及不同的意向相关项时也会发生一定的变化。审美的意向相关项可以是文学、音乐、舞蹈、电影、风景、图像、雕塑、建筑等等，它们以不同的表象方式或通过客体化行为（如感知、想象、图像意识、符号意识）被呈现出来，并引发不同的但相似的愉悦感受和审美体验。在这个意义上，审美意识是审美的意向活动形式与审美的意向相关项内容的统一。这也是我们通常所说的"美是主客观的统一"的基本含义。

这种先天形式与后天质料的对应结构在所有情感意识和意欲意识中都可以发现。这种情况与康德在"先天综合判断"标题下讨论的认识可能性问题的情况十分相似。我们也可以用它来说明情感可能性与意欲可能性的问题。不过在这里，用胡塞尔"先天综合原则"（synthetische Prinzipien a priori）的说法来标示这个普遍有效的结构要更为妥帖（Hua III/1, 38）。

五、结语：情感的静态类型学与人格的发生学

这里涉及的不仅仅是道德情感，而且还有审美情感、宗教情感、社会情感，以及如此等等。原则上可以说，有多少情感，就有多少种情感的先天形式。而我们对情感的各种类型的划分，主要是根据

情感活动及其相关项的各自特点：每一种情感活动都有其自己的相关对象。

如前所述，冯特已经指出：我们无法将所有可能的感受或情感类型都完整地列举出来。[①] 究其原因，乃是因为从一方面看，感受的类型繁多复杂，且按其自己的特性而处在彼此交切交织和相互纠结缠绕的关联性中，而且还在这种关联中生成变化，产生出更多的新的亚种或变种；而从另一方面看，每个人都有各自不同的情感、感受和情绪体验，他们只是用我们共同的语词概念来表达他们认为基本对应的情感意识，例如绝望或失望，悲哀或忧郁，欣喜或欢喜，而包含在这些语词后面的表达者以及由它们唤起的理解者的情感实际上是各有偏差的。

不过无论如何，情感意识的各种"形式"之间的差异和界限还是相当明显的，并非始终是剪不断理还乱的一团乱麻，否则我们无法谈论情感学说或情感理论，遑论心的秩序或心的逻辑。

事实上，即使像同感（Empathie）与同情（Sympathie）这样彼此十分接近的意识类型，也仍然有各自的形式先天：前者是对他人体验的理解，后者是对他人情感的分有。这里存在的先天形式的差异不仅已经超越了情感意识领域而进入表象意识领域，因为同感更属于直观行为中包含的对他人身心的感知，同情则属于情感行为中包含的对他人情感的分有；而且也超越了"形式"的领域而进入"质料"的领域，因为这里涉及的尽管都是他人，但同感涉及的是他人的整个心灵生活，而同情涉及的仅仅是他人的悲喜情感部分，前者的范

---

① 参见 Wilhelm Wundt, *Grundriss der Psychologie*, a.a.O., S. 101。

围要比后者广得多。

　　情感的形式与质料最终是情感的静态类型学与静态结构学的研究论题，包含在静态现象学的总论题之中。除此之外，对情感还可以做纵向的性格学研究，或者说，人格现象学研究，它们也包含在发生现象学的总论题中。

第5章 符号意识

　　符号意识在意识现象学中属于与直观意识相邻并相对的一类意识行为，尤其与直观意识中的图像意识靠得最近，而且严格说来它们不仅仅彼此相邻，更有相互交融的情况。可以说，在图像意识与符号意识之间并没有明确的界限，只有逐渐的过渡。

　　我们首先可以确定在符号意识和图像意识之间的几个本质共同性。首先，图像意识与符号意识都是某种方式的代现（Repräsentation）。因而在它们之中都包含着代现者与被代现者之间的关系，在图像意识中是图像与图像所代表的东西之间的关系，而在符号意识中是符号与符号所代表的东西之间的关系。其次，与图像必须依赖物理图像如纸张、画布、屏幕等的情况相似，符号也必须依赖物理符号：任何符号都必须以物理符号的方式被给予，如通过语音、文字、图形等。再次，从特定角度来看，图像意识与符号意识都可以归入想象的范畴，要么是以图像引起的想象，要么是以符号引起的想象。因此胡塞尔也将它们都称作"非本真的表象"（Hua XXIII, 139），即图像表象和符号表象，它们展开后几乎可以涵盖从艺术想象与创作，到数学与几何的计算，再到科学和哲学的思考与判断的所有意识区域。

　　不过，在图像意识与符号意识两者之间的差异不可谓不大，而且它们之间的本质差异决定了它们即使在意识领域中彼此相邻，甚至彼此相交，最终还是不能被纳入到同一种意识方式中。因为尽管我们在许多情况下无法区分符号和图像，例如古今汉语、古埃及文等象形文字就既可以被视作图像，也可以被视作符号，在象征派、抽象派的绘画那里也不区分被绘制的是图像还是符号。[①]

但在绝大多数情况下我们始终可以说，符号是符号，图像是图像。早期的心理学家们就已经划分出"我们能够在一个被给予的内容中思考我们面前对象的三种方式：感知的方式、表象的方式和单纯象征思考的方式。我们'在内容中'感知、表象和象征地意指这个对象"。[②]这里提到的"表象"相当于胡塞尔所说的"想象"。[③]这也意味着，这里提到的"感知"和"表象"也就相当于胡塞尔所说的"直观"。因而在对客体化行为的基本划分上，早期心理学和意识现象学是基本一致的。

我们可以得出以下几个最基本的结论：

1. 图像意识与符号意识之间的最根本差异在于，在图像意识那里，图像与图像所展示的东西之间必定存在某种相似性，例如在我

[①]　胡塞尔在 1904/1905 年间曾举例说明，在符号和图像之间并没有一个明确的界限指明。它们的临界情况例如有：艺术品收藏的一个图绘目录、一个象形文字、作为回忆图像的素描等（Hua XXIII, 53）。

[②]　参见 Theodor Lipps（Hrsg.），*Psychologische Untersuchungen, Bd.I,* Leipzig: Verlag von Wilhelm Engelmann, 1907, S. 210。

[③]　胡塞尔在《逻辑研究》中便已区分出传统"表象"（Vorstellung）概念所带有的四个基本含义以及其他九个进一步的含义，因此认为这个概念"不可坚持"（Hua XIX II/1, A 471ff./B₁ 499ff., A 471/B₁ 507）。此外，"Vorstellung"的英译是"representation"。从当代英美哲学中转译而生造出的中文译名"表征"同样是含糊不清的，尤其是因为它附着了太多的歧义，至少在中文包含了"表象＋象征"的意思。

的哥哥的照片上展示的人物与我哥哥本身之间必定存在或多或少的相似性；而且即使不相似，它也仍然可以与图像意识有关，只要看起来"像"某个人，甚至某个东西。如果这种相似性（"像"）完全不存在，例如在照片完全模糊不清的情况下，那么照片也就可以不叫照片，而叫作纸片或其他了。而在符号意识这里则不需要这种相似性，或者也可以说，符号意识不受这种相似性的束缚。例如，符号的最典型代表是文字符号，即语言。我们究竟是用 X 还是用 Y 来表示一个面前的对象，这对于符号意识来说是无关紧要的。这里的选择不会改变关于 X 或 Y 的意识是符号意识的事实。只有当它们什么也不表示，而仅仅是它们自己，即拉丁文字母时，关于它们的意识才不再是符号意识，而只是单纯的字母感知，即物理符号感知。

2. 正是因为摆脱了相似性的束缚，符号意识才比图像意识更自由。这里的"自由"，是指对具象的摆脱，从具象中抽身出来。这是符号的抽象性的根本原因，因而用符号来表达较之于用图像来表达也就能够做到更抽象。这就是我们在前面讨论想象意识时为何能够说"图像意识与具象想象有关，符号意识与抽象想象有关"的原因。符号意识的这种特殊的抽象与自由的能力同时也赋予它更大的创造力。这种创造力最明显地表现在语言文字和数字符号上。无论是文学与诗歌的创作，还是数学与几何的运算，或是科学与哲学的思考等，绝大多数都是在抽象的符号意识中进行的。

3. 符号意识不是奠基意识或基底意识，而是被奠基在直观意识上的。也就是说，在人类意识中，倘若直观意识的种类不存在，那么符号意识也就不会存在。但反过来却不成立：几乎在所有动物中都可以发现直观意识，但极少发现符号意识。这意味着，符号意识是高阶的，但在进化方面也意味着是次生的。之所以如此，是因为符号意识最终必须依赖直观意识。具体说来，在任何符号意识中都必定包含代现者和被代现者，但纯粹的符号意识并不具有自己的代现内容，它只有在将直观意识的材料（感觉材料或想象材料）据为己有的情况下才能成立。例如，一个用粉笔写在家门上的可见记号，或一个作为命令发出的可听声音，哪怕是以想象的方式。因此，一个纯粹的、即不含有任何直观材料的符号意识在胡塞尔看来"只能是理论上的"（LU II/2, A 88/B$_2$ 560）。

4. 最基本和最简单的符号意识是符号表象，即对单个符号的表象。在此基础上建立起符号之间各种复杂关系。这些复杂关系首先体现在语言符号、数字符号、信息符号、音乐符号、图像符号以及其他特殊符号的排列组合中。我们可以用宽泛意义上的"语言符号"来统称这些符号，这样它们便相当于卡尔·波普所说的既非物理世界也非心理世界的"第三世界"。符号一旦相对独立于其载体，不再拘泥于直观材料的基础，它们就会成为一个独立王国。这个独立王国并不是物理符号的王国，而是符号意义的王国，即符号所指、符号所代表的含义的王国，或者说，观念的王国。

第6章　意欲:意志或意愿

一、引论:意欲现象学的历史

在早期现象学运动中,意欲现象学的方案最初是在亚历山大·普凡德尔那里得到倡导和实施的。在意识分类问题上,不仅普凡德尔的老师特奥多尔·利普斯接受了欧洲哲学与宗教的思维-感受-意欲的三分传统,普凡德尔本人也在其《意欲现象学》(1900)的引论中开宗明义地提到这个源自康德的思维-感受-意欲的三分,并用它来引出自己主要关注的意欲现象或意欲意识的问题。[①]

这部与胡塞尔的《逻辑研究》同年出版的《意欲现象学》是普凡德尔在慕尼黑大学所作的任教资格论文,也是对他1897年在利普斯指导下的博士论文《意欲意识》[②]的扩展。此后他在1911年为利普斯祝寿而在《慕尼黑哲学论文集》上发表的"动机与动机引发"的长文,也直接属于这个问题域,并且构成《意欲现象学》的续篇。

---

① 参见 Alexander Pfänder, *Phänomenologie des Wollens. Eine psychologische Analyse,* Leipzig: J. A. Barth, 1900, S. 3。

② 参见 A. Pfänder, „Das Bewußtsein des Wollens", in *Zeitschrift für Psychologie und Physiologie der Sinnesorgane,* Nr.17, 1898, S. 321—367。

它于 1930 年起便与《意欲现象学》合为一书出版。[①] 这部著作可以说是当时意欲心理学或意欲现象学研究的标志性成果。普凡德尔所做的工作，即"分析意欲的意识组成，给出在这个意识组成中可区分的和必然的因素，以此指明它本身的合乎规律的属性"[②]，至今仍然是意欲现象学工作的出发点和组成部分。

胡塞尔对普凡德尔的"动机与动机引发"极为重视，在阅读时做了摘录笔记。他似乎有计划在这方面做一个文字发表，并在这些摘录的前面写过一段引论性的文字，以此表明他对普凡德尔意欲现象学研究的一个总体评价："它通过分析的深刻和仔细而将至此为止的文献在对意欲领域的描述方面所提供的一切都抛在身后。但是它还没有完全克服质料方面的异常艰难性，而且并未构成一个基本研究的结尾，而只构成它的开端。"[③] 而心理病学家路德维希·宾斯旺格在其《人类此在的基本形式与认识》中写道："在关于动机引发所写的东西中，普凡德尔的'动机与动机引发'直至今日仍然是最好的。"[④]

胡塞尔本人在意欲现象学方面的思考大致是从 1907 年开始，

---

① A. Pfänder, *Phänomenologie des Wollens und »Motive und Motivation«*, Leipzig: J. A. Barth, 1930. ——该书的编者是普凡德尔的学生、现象学史家赫巴特·施皮格伯格，他也是该书的英文本译者：Alexander Pfänder, *Phenomenology of Willing and Motivation*, translated by Herbert Spiegelberg, Evanston, Illinois: Northwestern University Press, 1967。

② A. Pfänder, *Phänomenologie des Wollens. Motive und Motivation*, a.a.O., S. 121.

③ 胡塞尔手稿：A VI 3. 5a。转引自：U. Melle, „Husserls Phänomenologie des Willens", in *Tijdschrift voor Filosofie*, 54ste Jaarg., Nr. 2, 1992, S. 284f.。

④ Ludwig Binswanger, *Grundformen und Erkenntnis menschlichen Daseins*, Zürich: Niehans, 1942, S. 688, Anm.

即比他在表象意识或客体化行为方面的思考要迟了二十多年。意欲意识在胡塞尔那里与情感意识一样,属于意识现象学的非客体化行为领域,因而他常常将意欲与情感合并为一来讨论。他虽然留下了许多关于意欲问题思考的速记研究手稿,但从未考虑出版。事实上,今天在这里谈论胡塞尔的意欲现象学对于没有见到这部分胡塞尔手稿的人来说尚属为时过早。在鲁汶大学胡塞尔文献馆编辑出版的文集《感受与价值,意欲与行动》中,胡塞尔的情感现象学和意欲现象学都已在其研究手稿的基础上得到了讨论,从这些研究资料中可以看到胡塞尔的意识结构现象学的基本轮廓。①

当然,在此同时仍然必须留意的一点在于,尽管在胡塞尔那里如今看来并不缺少意欲现象学方面的研究,但它们与普凡德尔的研究相比仍然要迟了十多年,而且实际上也受到了普凡德尔的相关思考的直接影响。不过同时也需要指出一个对应的事实:普凡德尔1911 年发表的"动机与动机引发"也受到了胡塞尔现象学的思考方式和思考角度的影响,其中有许多思考流露出这方面的明显痕迹。无论如何,普凡德尔与胡塞尔在意欲现象学方面的思考和研究在许多方面都是可以互补的。

普凡德尔与胡塞尔之后,在现象学的意欲哲学方面的最主要

---

① 尤其可以参见其中梅勒的论文:"意识结构研究:胡塞尔对一门现象学心理学的贡献"(U. Melle, „„Studien zur Struktur des Bewusstseins': Husserls Beitrag zu einer phänomenologischen Psychologie", in Marta Ubiali/Maren Wehrle[Editors], *Feeling and Value, Willing and Action. Essays in the Context of a Phenomenological Psychology*, Phaenomenologica 216, Switzerland: Springer International Publishing, 2015, S. 3—11)。

贡献应当是法国现象学家保罗·利科完成的。他的三卷本《意志哲学》的论著和"意志现象学的任务与方法"的论文就是在普凡德尔和胡塞尔的研究基础上对意志现象学问题的进一步展开论述。[①]

此外还需要说明一点：我们在这里已经默默地将"意志"、"意欲"、"意愿"当作同义词使用。它们在普凡德尔和胡塞尔这里的对应德文词主要是"Wollen/Wollung"和"Wille"。前者是普凡德尔使用的概念，也被他的学生施皮格伯格英译作"willing"，中文也可译作"意愿"；后者则被用来指称胡塞尔的相关现象学思考，通常被译作"意志"。[②]这两个概念在他们那里都被使用，而且是作为同义词。但在中文翻译中，"意志"的概念显然要强于"意愿"，例如尼采的"权力意志"（Wille zur Macht），或叔本华的"世界之为意志与表象"的"意志"。笔者在此采用了"意欲"这个最广义的表达，原因是它的含义范围较宽，差不多可以将意思较弱的"意愿"（欲念、愿望、动机等）和意思较强的"意志"（决心、毅力、志向等）都涵盖入内。事实上，它们在德文中的词源也是相同的。后来保罗·利科使用的"volonté"一词，含义也是在"意愿"和"意志"之间，他受普凡德尔"意欲现象学"的影响较深。此外，普凡德尔与利科之所以不会与通常理解的"意志主义"范畴联系在一起，也是因为他们

---

① Paul Ricoeur, *Philosophie de la volonté*, *Vol. I*, *Le volontaire et l'involontaire*, Paris: Editions Aubier, 1950.（英译本：Paul Ricoeur, *Freedom and Nature: The Voluntary and the Involuntary*, trans. Erazim Kohak, Evanston: Northwestern University Press, 1966 [1950]）；*Finitude et Culpabilité*, Paris: Editions Aubier, 1960.

② 参见 U. Melle, „Husserls Phänomenologie des Willens", in *Tijdschrift voor Filosofie*, 54ste Jaarg., Nr. 2, 1992, pp. 280—305。

对意欲的现象学-心理学的描述分析研究与在意志主义标题下弘扬意志的世界观的哲学主张分别处在两个不同的哲学讨论层面上。

二、意欲的区分与界定：意愿、意志与意动

胡塞尔在前引文稿中所说的意欲意识的"质料方面的异常艰难性"，主要是指由于"意欲"、"意志"、"意愿"作为现象学意识分析对象所具有的异常特点而造成的困难。

在"意欲"的大范畴中包含了"意愿"和"意志"的两端。我们这里首先需要从一开始就明确区分两种意义上的意欲活动。接下来我们还要对另一种意义上的"意欲"做出界定。

1. 第一种"意欲"是指作为意向行为的意欲，或作为及物动词的意欲。这个意义上的意欲更应当被称作"意愿"（德文中的"Wollen"和英文中的"willing"），是一种意向活动，即具有意向性，指向某个对象。围绕着这个意欲行为的可以说是一个家族相似的行为群组，它们都与对作为客体和对象的具体事物或事项的欲求有关：意求、渴求、追求、需求、盼望、愿望、需要，如此等等。因而在海德格尔那里，这个意义上的意欲被视作与现实性、对象性相关的意愿，或者也可以说，在存在者层面上的意愿。[①]他认为"意求与愿望在存在论上都必然植根于作为烦（Sorge）的此在之中，而不单单是在存在论上无差别的、在一种就其存在意义而言完全无规定的

[①]　参见海德格尔：《尼采》上卷，孙周兴译，北京：商务印书馆，2003 年，第 7 页。

'流'中出现的体验"。[①]

　　意愿行为在许多方面与情感行为结合在一起，无法分割。"我感受"与"我意欲"常常是一个行为的一体两面，例如"我喜欢……"与"我想要……"或"我厌恶……"与"我不想要……"往往是混杂在一起同时出现的。布伦塔诺、胡塞尔等人将它们放在一个范畴中讨论自然有其理由：一方面是因为这两种意识行为都不是客体化行为，它们必须依据客体化行为所构造的客体；另一方面也是因为在这两种意识行为之间只有连续的过渡而无截然的分界。或许在一定程度上可以说，我们之所以能够将作为非客体化行为的感受和意欲划分为两类意识，就像胡塞尔在后期的意识结构研究中所做的那样，乃是基于它们之间的一个基本特征或本质因素方面的差异：感受行为大都是被动的、接受的，而意欲行为则大都是主动的、索取的。但这个分界并不对于所有感受和意欲有效，例如并不适用于爱、恨这类最基本的意识行为。它们通常既是感受也是意欲，或者说，既非感受亦非意欲。正因为如此，一些研究者认为，这两种意识行为是相互制约的和互为前提的，"情感可以采纳动机的特性，就像动机可以产生情感的效果一样"。[②]

　　2.第二种"意欲"是作为非客体化行为的意欲，或作为不及物

---

　　① 海德格尔：《存在与时间》，陈嘉映、王庆节译，北京：商务印书馆，2018年，第271页。——这里的"意求"的德文原文是"Wollen"，即我们这里译作"意欲"或"意愿"的语词。在海德格尔那里很难找到对他自己理解的"意志"和"意愿"概念的讨论。但我们无疑可以将他对存在者层面上的"意求"和存在层面上的"意志"的划分理解为他的存在论差异的另一个角度。

　　② Mark Galliker, *Psychologie der Gefühle und Bedürfnisse – Theorien, Erfahrungen, Kompetenzen*, Stuttgart: W. Kohlhammer, 2009, S. 5.

动词的意欲。这个意义上的"意欲"更应当称作"意志"（德文中的"Wille"和英文中的"will"）。围绕这个意欲行为的也有一个家族相似的行为群组：心志／志向（Gesinnung）、决断、毅力等。但在这里没有具体而确定的意向相关项。这个方向上的最典型例子是通常意义上的"自由意志"，即追求自由的意志。叔本华强调的"意志"，也是在类似的意义上，即意志本身不是表象，却是表象的原动力。同样属于这个范畴的还有尼采的"朝向强力的意志"（der Wille zur Macht），它并不意味着对任何具体的统治能力或支配能力的追求，或按照海德格尔的解释，"强力并不是强制力和暴力"，而强力意志是"存在的筹划"。[①]

这种非对象的或非存在者的"意欲"可以被称作"本欲"。它是与生俱来的"欲求"，与作为与生俱来的能力"本能"相类似。[②] 后者，即"本能"，在孟子那里可以分为同情之心、羞恶之心、恭敬之心、是非之心的"四端"。而前者，即"本欲"，在古代中国哲学中和佛教中都有"六欲"的说法，基本上都是生而有之的生理欲求。此外，除了前面提到的自由意志以及叔本华、尼采所说的"意志"之外，还有弗洛伊德的"性本欲"、马克思的"物本欲"、阿德勒所说的"荣誉欲"，甚至包括荣格所说的"情结"和海德格尔所说的"基本情绪"

---

① 海德格尔：《尼采》上卷，第 150、867 页。——但海德格尔在该书的另一处也说：在尼采那里，强力意志是"一切存在者之基本特征的名称"（第 4 页）。据此他似乎将尼采的"意志"又等同于《存在与时间》中所说的"意求"了。我们对此只能忽略不计。

② 在相近的意义上，西美尔将"本欲"（Triebe）视作"意志"发展的第一阶段。参见 G. Simmel, „Skizze einer Willenstheorie", in: *Zeitschrift für Psychologie und Physiologie der Sinnesorgane*, Nr.9, 1896, S. 206。

或"处身状态"，以及如此等等。

这种本欲主要涉及人格中的本性部分，但也关系其中特定的习性部分，即习得的本性部分或第二本性部分。

这个意义上的"意志"，通常是形而上学的探讨课题，因而更多是哲学家的讨论课题。但它也可以从发生现象学的角度来切入，并得到确定的说明。如果说，第一种"意欲"（"意愿"）属于"结构描述的现象学"的工作和任务，那么第二种"意欲"（"意志"）就属于"发生说明的现象学"的讨论领域。[①]

3. 除了以上两种意欲之外，还有一种作为本性的意欲，或作为助动词的意欲。它本身不是行为，而是行为的一个成分或一个部分。这里的所谓"助动词"，是指这种意欲意识所指向的是相关的行动，因而并不与客体或对象发生关联。它的中文对应是"我要做……"，"我要行动……"，以及如此等等。在此意义上它同样是非意向的或非对象性的，同时也与第二种"意欲"密切相关。事实上，如果第二种"意欲"即"意志"还可以说是一种独立的行为，即一种有意向活动而无意向相关项的意识活动，类似于海德格尔所说的基本情绪[②]，那么这个第三种"意欲"就很难算是一个独立的行为。

---

① 屈特曼在其发表的心理学史研究著作《德·比朗：一个意志形而上学与意志心理学的贡献》中指出了"意志形而上学"和"意志心理学"的两个现代版本：德国叔本华和冯特的意志理论与英国和爱丁堡学派的意志理论。参见 M. Offner（Literraturbericht），„Alfred Kühtmann: Maine de Biran, *Ein Beitrag zur Geschichte der Metaphysik und Psychologie des Willens*, Bremen: M. Nößler, 1901. 195 S.", in *Zeitschrift für Psychologie und Physiologie der Sinnesorgane*, Nr. 27, 1902, S. 441。

② 但如前所述，海德格尔将"基本情绪"摆放在作为存在者的此在的层面，而将尼采的"意志"置于存在的层面。

　　胡塞尔在《纯粹现象学与现象学哲学的观念》第一卷的第 125
节中曾谈到"扩展后的行为概念"，并区分行为萌动（Aktregungen）
与行为进行（Aktvollzüge）。在这里，行为的萌动是行为的一部分
而非独立的行为，例如"喜悦萌动"、"判断萌动"、"愿望萌动"，
如此等等（Hua III/1, 189）。从行为萌动到行为进行在胡塞尔的描
述中是一个在具体的时间流中的发生进程："前面的我思（cogito）
已经退却，已经坠入'昏暗'之中，但它仍然还有一个尽管已经发
生变异的体验此在。同样在体验背景中有思维活动（cogitationes）
涌现出来，时而以回忆的方式或中性变更的方式，时而以未变更的
方式，例如一个信念、一个真实的信念'在萌动'；'在我们知道之
前'，我们已经相信。同样，在某些状况下，在我们进行本真的我思
之前，在自我'进行'判断、喜悦、欲求、意欲之前，喜悦设定或不
悦设定，也包括决定就已经是活跃的。"（Hua III/1, 263）这个意义
上的"萌动"或"活跃"与我们所说的第三种"意欲"是基本一致的，
它意味着包含在一个意识行为中的起因和动机的部分，也是我们在
语言学上称作"助动词"的部分。

　　不过，利科在他的意欲现象学分析中所看到的是不尽相同的
东西。他曾提到过这种可以说是"要去做"的助动词"意欲"类型：
"'要去做'走向做，在这里，正在草拟的意向性结构是行动的意向
性结构。意欲不再是'悬空地［空泛地］'意指，它在当下作业。"①
在这个说明中，意欲是一个独立的行为，尽管不具有通常意义上的

---

　　①　利科："意志现象学的方法与任务（1952）"，刘国英译，载于《面对实事本身：
现象学经典文选》，北京：东方出版社，2000 年，第 854 页。

意向性，却具有一种特殊的意向性，即"行动的意向性"。我们也可以将它称作"实践的意向性"。此时的"意欲"的主动性表现为行动性，或趋向于行动。利科也将这个从意识现象学到行动现象学的推进最终归诸普凡德尔："如果今天再来阅读普凡德尔，那么人们会发现，他的伟大之处在于，通过一门意欲与动机引发的现象学而直接把握到了行为的核心，一个有意识的主体由于这个核心而成为一个有责任的主体。"①

　　也许我们并不需要将胡塞尔和利科所提供的这两个可能解释视作相互对立、非此即彼的，而是可以视为彼此接续和相互补充的，因为这两个对第三种"意欲"的可能解释都赋予它以"发动"、"动机"、"倾向"、"追求"等特征。"意欲"既可以构成意识行为的动力前提，也可以构成身体行动的意向前提。

三、"意欲"意识的两种类型
与"意念"的关系

　　上述三种类型的"意欲"构成意欲现象学的讨论领域。如前所述，我们可以将它们分别简称作"意愿"、"意志"和"意动"。"意愿"是指向对象的意识行为，"意志"是无关对象的意识活动，"意动"则是意识行为的一个成分，即意欲意识中的动机，促发行动的成分。

　　① P. Ricoeur, „Phänomenologie des Wollens und Ordinary Language Approach", in H. Kuhn, E. Avé-Lallemant, R. Gladiator (Hrsg.), *Die Münchener Phänomenologie. Vorträge des Internationalen Kongresses in München 13.–18. April 1971*, Phaenomenologica 65, Den Haag: Martinus Nijhoff, 1975, S. 124.

　　这个由三个概念构成的意欲意识领域与心理学中的"意欲功能"（conation）和"心理活动"（psychokinesis）以及神经科学中的"意念"问题处在何种关系中，这是一个需要由现象学界与心理学界、神经学界共同讨论和合作研究的问题。在现有的心理学研究中，与意欲现象学讨论最接近的是动机（motivation）心理学的工作，就像与感受现象学最接近的是情感（emotion）心理学一样。而在神经工程学和脑科学的领域中，我们也已经可以看到在人工智能与意念结合的研究中得出的最新成果。

　　从意识现象学角度应当强调：这三种意欲意识的关系并不是相互并列的或相互叠加的三种意识行为，尤其是第三种可以被称作"意动"的意欲，本身并不构成独立的意识行为，而只是独立行为的一个成分或一个部分。这个意义上的"意动"相当于目前在人工智能研究中常常使用的"意念"概念。

　　在最新的人工智能研究成果报道中我们可以读到诸多被中译作"意念"的概念，但它们的英文原文往往是各不相同的，例如"will"、"idea"、"desire"、"mind"、"thought"等等，而且它们的各自所指也确实是不尽相同的，例如意念打字，意念驾车，意念交流，意念操控，以及如此等等。事实上，与我们这里所说意义上的"意动"相近的英文概念应当是"will"和"desire"。在浙江大学2020年年初宣布的"双脑计划"重要科研成果中已经可以看到这个意义上的"意念"。报道称："求是高等研究院'脑机接口'团队与浙江大学医学院附属第二医院神经外科合作完成国内第一例植入式脑机接口临床研究，患者可以完全利用大脑运动皮层信号精准控制外部机械臂与机械手实现三维空间的运动，同时首次证明高龄患者利用植入式脑机接口进行复杂而有效的运动控制是可行的。"①

　　这里所说的"运动控制"是一位张姓高龄患者在四肢完全瘫痪的情况下，通过研究者实施的脑机结合的研究实验，即对人脑神经电信号进行实时采集和解码，将不同的电信号特征与机械手臂的动作匹配对应，从而达到用"意念"控制外部机械臂及机械手来完成各种行为，如握手、拿饮料、吃油条、玩麻将。

　　这里的"意念"，是指意欲的启动，即我们所说的作为第三种"意欲"的"意动"，它是一个行动的开端，但不是全部行动，在通常情况下，这就相当于胡塞尔所说的"行为萌动"与"行为进行"的关系。但在脑机结合的案例中，"行为萌动"或"意念"与"行为进行"或"行动"之间的关系是由脑机分别完成的，或者说，真正的行动是由机器完成的，意念只是发令者与操控者。

　　这个意义上的"意动"不仅出现在与第一种意欲即"意愿"的接续中，而且也出现在与第二种意欲即"意志"的结合中。这种形而上学的、无意向相关项的"意志"在很大程度上是"先天的"本性，但原则上也与"后天的"习性和习得相关联。②

　　我们在情感意识那里已经做出确定：情感的形式是"先天的"，情感的内容是"后天的"。而在意欲意识这里，由于它有三种类型

―――――――――

　　① 参见浙江大学官方微信公众号 2020 年 1 月 16 日报道："国内首例！72 岁高位截瘫患者用意念喝可乐、打麻将"。

　　② 这里使用的"先天-后天"概念不是康德意义上的"a priori / a posteriori"，而更多是王畿的儒家心学意义上的，即："先天是心，后天是意。""正心，先天之学也；诚意，后天之学也。"（王畿：《龙溪王先生全集》，济南：齐鲁书社，1997 年，卷六，第 5 页 a，卷一，第 11 页 b—第 12 页 a）即是说，心体和本性是先天，意念和习性是后天。它们与现代心理学中使用的"nature / nurture"概念相对应。

的分别，因而在这个方面与情感意识不尽相同：相类似的仅仅是第一种类型即"意愿"，在这里这个"先天-后天"的分别仍然是有效的，即意愿的形式是"先天的"，意愿的内容是"后天的"。意愿的形式有许多种，主要是有强的和弱的，有选择的和无选择的，本性的与习性的，冲动的和缓动的等分别。根据结构以及强度的不同，它们可以区分为欲求、要求、追求、愿望、希望、感兴趣、倾向于等类型以及与此相对应的厌恶、不愿意、抵御等等[①]。所有这些也是不习而能的"先天本性"以及可划分的种种"模态"。而在意愿内容方面的种类则更多，从万物到众人，无一不是意愿的可能对象。在这点上，意欲意识与直观意识的状况相同：意欲内容和直观内容与每个人的后天生活经历有关并因此而更有差异。

至于第二种类型即"意志"，这里只有单纯的意向活动而没有具体的意向相关项，因而我们只能发现它的形式方面或模态方面的差异，例如自由意志、性本欲、物本欲、力比多等，它们与具体的对象无关，而仅仅是包含在意志活动类型中的力量、成分与要素的差异。

从属于各种"意志"的"意动"也有各有不同的形式或模态，它们与"意愿"的"意动"一样，也是行动的意念，但不同之处在于，只是这个行动既非以外物为对象，也非以自己为对象。普凡德尔曾将本真意义上的"意欲"理解为一种相信，即可以通过自己的行动

---

① 威廉·詹姆斯仅仅将"意志"分为三类：欲望、愿望、意志，并认为没有什么定义能够对这些心理状态进行更加明确的表述（William James, *Principles of Psychology*, in two volumes, Global Grey ebooks, 2018, Chapter XXVI. "Will", p. 1156）。勒汶则将"蓄意、意愿、欲求"归为一类，构成"意欲心理学"的讨论课题（Kurt Lewin, *Vorsatz, Wille und Bedürfnis, Mit Vorbemerkungen über die psychischen Kräfte und Energien und die Struktur der Seele*, Berlin Heidelberg: Springer-Verlag, 1926, S. 40）。

来决定这个体验的现实化。①

在这个意义上我们也可以说：属于"意志"的"意动"是"意志"本身的活动开端——意动在意志这里就是意志的萌动，就像它在意愿那里就是意愿的萌动一样。

意愿的意动与意志的意动都会导向实践行动，前者导向与对象相关的实践行动，而后者会更多导向与意志本身相关的伦理实践。它与耿宁所指出的、被晚明儒家心学所强调的"诚意"的意志努力是十分接近的。在王阳明及其后学那里，这种伦理实践是一种"实施善的意图并驳回恶的意图，后者通常被称作'私欲'或'欲念'"。②

无论是善的"意念"还是恶的"欲念"，都属于王龙溪所说的"后天之学"需要面对的问题，即需要通过后天的意志努力来解决的问题。这种伦理实践意义上的意念启动在儒家心学中也被称作"起意"、"动念"，在佛学中则被称作"发心"。王阳明、王龙溪等都谈到"一念"，或"一念萌动"，或"一念自反"，或其他。这个"一念"可以作"意志的意动"解，它构成在伦理实践中去恶行善的意志斗争的起始与开端。

从以上从意愿、意志、意念的三重视角对意欲意识所做的分析中可以看到，在意欲领域中包含了十分丰富的内容，它们既可以成为意愿心理学的研究课题，也可以纳入意志哲学的讨论范围，既可以在人工智能的当代研究中发挥可能的作用，也可以提供对传统的道德实践的理解与解释。

---

① 参见 A. Pfänder, *Phänomenologie des Wollens. Motive und Motivation*, a.a.O., S. 86。

② 耿宁：《人生第一等事：王阳明及其后学论"致良知"》，倪梁康译，北京：商务印书馆，2014 年，第 1073—1074 页。

四、意欲现象学方法：结构研究与发生研究

　　早在初期的利普斯和鲍德温等经典心理学家那里就已有了将认知（或表象）意识、感受（或情感）意识、意志（或动机）意识三者放在一起，但分别予以讨论的情况。而在今天"学院心理学"研究中，这也是一个基本常态。对情感和意欲的考察大都是在与认知和理性的内在关联性中进行的。[1]

　　而将情感与意欲视作同一个种类，例如在布伦塔诺和胡塞尔那里，并且对它们进行思维或表象的情况下进行专门研究，例如在亚历山大·拜因的《情感与意志》以及前引马尔科·嘉利克的《情感与欲求的心理学》中[2]，也是并非罕见的情况。

　　接下来，将情感与意欲分别作为论题来单独讨论的心理学研究也屡见不鲜，即使"情感心理学"概念要早于"意欲心理学"概念出现，而且关于前者的文献目前要远远多于关于后者的文献。

　　将情感与意欲分门别类的做法的确有其实事方面的根据。我们在前面曾尝试从主动性和被动性的角度来观察感受与意欲这两种意识类型的本质区别，并给出将这两种意识类型区分开来的可能理由。随后通过我们对意欲的结构与发生的分析已经可以看出，意欲是一种独立于情感、具有不同形式或不同模态却仍可自成一体的

---

　　[1]　对此可以参见本书第二编第 4 章："情感：感受与情绪"。

　　[2]　参见 Alexander Bain, *The Emotions and the Will*, New York: D. Appleton & Company, 1876; Mark Galliker, *Psychologie der Gefühle und Bedürfnisse – Theorien, Erfahrungen, Kompetenzen*, Stuttgart: W. Kohlhammer, 2009。

意识活动或心理状态。

　　由于关于意欲现象学的系统思考在思想史上的出现要早于意志心理学的成立近三十年 [①]，因而两者的区别与关系也是一个受到关注的论题。对此，利科在前面曾引述过的论文"意志现象学的任务与方法"中做过阐释。他主要从任务和方法方面区分意欲现象学的三个层面：1. 描述性分析的层面，对应于理论现象学；2. 超越论构造的层面：从意欲行为到无意欲行为，对应于超越论现象学；3. 意识的存在论的层面，对应于实践现象学。 [②] 这个区分所涉及的实际上是现象学与心理学的一般差异。我们已在"意识问题的现象学与心理学视角"一章中做了专门讨论和说明 [③]，这里便不再展开对利科这个思路的阐释。

　　在意欲意识问题上需要强调的是，对意欲的现象学分析在整个现象学的意识分析中占有一个特别重要的位置，因为意欲意识是纵横意向性的交接点，从这里出发伸展出纵横两个方向的路线。因而在意欲现象学的分析中可以把握到意识现象学的两条基本脉络的起始点：其一是意识结构的脉络，其二是意识发生的脉络。而这

---

　　① 虽然冯特在 1896 年的《心理学纲要》中已经提出"意志主义心理学"的概念，并将它与智识主义心理学一起归入解释的心理学的门类（参见 Wundt Wilhelm Max, *Grundriss der Psychologie*, Leipzig: Wilhelm Engelmann, 1896, S. 14），但此学科的系统建立者还当属库尔特·勒汶。他在 1926 年发表的专著《蓄意、意志与欲求》中对意志问题做了系统的研究（参见 Kurt Lewin, *Vorsatz, Wille und Bedürfnis*, a.a.O., S. 5, S.10ff.)，后来也在文章标题中正式提出"实验的意欲心理学"的概念（参见 Kurt Lewin, „Die Entwicklung der experimentellen Willens- und Affektpsychologie und die Psychotherapie", in *Archiv für Psychiatrie*, Nr.85, 1928, S. 515—537)。

　　② 参见保罗·利科："意志现象学的方法与任务(1952)"，刘国英译，载于《面对实事本身：现象学经典文选》，第 845—869 页。

　　③ 参见本书第一编第 2 章。

同时也就意味着, 它是静态现象学与发生现象学的交汇处。具体地说, 对"意欲"这个意识类型以及与之内在相关和相邻的其他意识种类的界定、分类、描述和分析, 构成意欲现象学的结构研究内容和研究方法; 而"意欲"的发生过程及其内在的规律则构成意欲现象学的发生研究内容和研究方法。

胡塞尔在 1917 年撰写的《现象学与心理学》的文稿中将意识的横意向性结构与纵意向性发生的关系比喻为"横截面"与"整体"的关系, 并认为"一个横截面只有在其整体得到研究时才可能完整地被理解"(Hua XXV, 197f.)。这个说法非常有助于对意欲的结构分析与发生分析之间关系的透彻理解。类似的说法也可以在之前的狄尔泰和之后的海德格尔那里找到。[1]

还需要强调的是, 意欲现象学研究的一个重要特点在于: 在意欲分析中蕴涵着对意识的结构研究和发生研究两方面的可能性, 而且因此也进一步蕴涵着对从理论意向性到实践意向性, 或者也可以说, 从实践意向性到理论意向性的意识发生研究的双重可能性。因而意欲现象学在此意义上构成整个意识现象学研究的多重意义上的起点。即是说, 现象学的意欲分析既在意识的结构研究和发生研究这两方面, 也在理论意向性和实践意向性这两方面具有异常重要的意义。

五、作为结尾的附论

笔者对意欲现象的研究和意欲现象学历史的追踪最初是在"意

---

[1]　参见 W. Dilthey, GS VII, S. 94, S. 100; M. Heidegger, GA 59, S. 157f.。

欲现象学的开端与发展：普凡德尔与胡塞尔的共同尝试"[①]中完成的。这里的分析采纳了其中的部分成果。在文章交付发表之后，读到笔者的弗莱堡大学同窗、胡塞尔战后《伦理学引论》讲座（Hua XXXVII）的编者海宁·珀伊克尔的近作"胡塞尔有一个固定的意欲理论吗？静态现象学与发生现象学中的意欲意识"[②]。海宁与笔者一样看到了胡塞尔意欲现象学的静态层面和发生层面，以及由此出发所导致的在现象学分析中截然不同结论。他将此视作胡塞尔在此方面的思考尚未定型的结果，因此认为在胡塞尔那里并未形成统一的意欲现象学的理论。他最后为调解因两种现象学方法而导致的不同结论提出了四个建议：一、发生现象学纠正和取代出自静态现象学的奠基模式；二、静态现象学和发生现象学涉及意欲意识的不同视角；三、意欲发生现象学补充静态现象学；四、静态现象学与发生现象学遵循不同的认识兴趣并且因此而走向不同的结论。笔者在本文中提出的观点，可以说是应和了海宁的第二建议和第三建议。

接下来，在完成对意识的共时结构与奠基秩序的论述之后，我们将会转向对意识的历时发生及其奠基秩序的阐释。

---

① 倪梁康："意欲现象学的开端与发展：普凡德尔与胡塞尔的共同尝试"，载于《社会科学》，2017 年第 2 期。

② Henning Peucker, „Hat Husserl eine konsistente Theorie des Willens? Das Willensbewusstsein in der statischen und der genetischen Phänomenologie", in *Husserl Studies*, vol.31, 2015, S. 17—43.

第三编

对意识发生的说明：
发生的奠基

引　论

在前面讨论情感意识和意欲意识的过程中，我们已经涉及发生现象学的研究论题与方法。但这并不意味着，作为智识意识的表象或思维与发生问题无关。实际上，所有意识类型都包含共时结构与历时发生的双重角度。如果将意识生活比喻为一条河流，那么对它的研究无非是从两个方面切入：横截面和纵剖面。前者便是静态的、共时的、稳定结构的方面，后者则是发生的、历时的、历史的方面。对这两个方面的关注可以被视作在近代欧洲哲学思考中包含的两个最重要动机：笛卡尔的动机和黑格尔的动机。如果再进一步向古典哲学回溯，我们也可以将它们称作巴门尼德的动机和赫拉克利特的动机。

历史哲学家狄尔泰、意识哲学家胡塞尔、存在哲学家海德格尔都在这个意义上谈到"横截面"与"纵剖面"的视角及其相互关系。哲学人类学家赫尔穆特·普莱斯纳将这两个方面称作"对象性的世界观察"与"起源性的生活观察"的双重方向。①

---

① 　参见 H. Plessner, *Schriften zur Philosophie*, GS IX, Frankfurt am Main: Suhrkamp Verlag, 1985, S. 176。但普莱斯纳误认为这个双重方向唯有在希腊人的哲学中才可以找到，而中国人和印度人都没有在向哲学的前两次腾飞中成功地赋予思想以这个双重方向。笔者在《缘起与实相：唯识现象学十二讲》（北京：商务印书馆，2019 年）中至少证

　　在欧洲的思想传统中，第二个方向，即"起源性的生活观察"的方向，曾通过一批哲学家的工作而得到指明：例如维柯在其《新科学》(1725)中揭示的人类心灵史，黑格尔的《精神现象学》(1806)和《逻辑学》(1812—1816)中揭示的精神的逻辑，狄尔泰的《精神科学引论》(1883)中揭示的对人类精神生活的历史性理解，胡塞尔在《形式逻辑与超越论逻辑》和《经验与判断》中指明的发生的逻辑与逻辑的谱系，海德格尔在《存在与时间》中指明的作为时间的存在及其理解，以及埃利亚斯在《文明的进程》(1939)中揭示的社会发生和心理发生的历史规律。

　　于此可见，由于哲学家对意识的讨论并不像生理物理学家那样仅仅局限于意识本身以及它与大脑、神经的关系，而是将意识理解为精神世界、心灵世界、社会世界与历史世界的内涵，因而意识的发生研究和分析在深度上可以进入到个体与群体的下意识和潜意识的最深处，在广度上可以一直延展到民族心灵史、社会心理史、人类精神史与人群文化史的最普遍领域。

　　生理物理学家也在特定的意义上讨论意识发生问题以及与此相关的有意识、无意识和潜意识的统一性问题，主要是从作为脑功能活动的重要现象的意识涌现来讨论。但事实上生理物理的意识研究只能提供意识动力学、生物化学以及生理物理学等方面的认识与解释[①]，或者原则上说是提供关于"意识现象的物质基础"或"意

明，这个双重的维度在古代印度佛教中从一开始就以"缘起论"和"实相论"的方式存在，后来也在中国佛教的发展中得到传承和发展。至于在古代中国孔孟老庄思想中完成的腾飞是否也存在相应的双重维度，则是一个需要专门讨论的问题。

　　① 例如参见唐孝威：《意识论：意识问题的自然科学研究》，北京：高等教育出版

识过程的生理物理学基础"方面的认识与解释[①]。但它们无法提供对意识现象和意识过程本身及其规律的理解与说明——就像生理学和生物化学虽然可以证明荷尔蒙和肾上腺素是情爱与爱情的物质基础和前提，但对情爱和爱情的直接把握和理解却必须通过自己切身的意识体验才会成为可能。

如果没有发生心理学和发生现象学的帮助，如果不采纳精神科学的动机说明的方法，自然科学的意识论本身不可能仍然用精确实证的因果解释的方法来提供关于精神现象或意识发生方面的知识与理论。

这里所说的意识现象和意识过程的规律，即所谓"发生的规律"，主要是指前识与后识的逻辑关系，即在前起的意识与后起的意识之间的规律性联系，而不是指那些导致意识形成、变化和终结的生物基础或物理原因。例如，在我与同伴散步的路上，一条绳状物体被我看见，并被我理解为一段草绳。但我的同行人曾被蛇咬过，因而将它理解为一条蛇。在这个案例中，意识发生的物理原因

社，2004 年。该书的第六、七、八、九章是用来讨论意识的发生、发展和历史的，主要是从有意识、无意识、潜意识的统一理论，涌现理论，动力学理论，个体意识的发展历史理论四个方面来讨论意识的发生。

　　① 关于这个问题，心理学家在心理学创建初期便有过讨论和论述，例如 1898 年克里斯的著作《论意识现象的物质基础》与 1923 年波姆克为克里斯撰写的同名纪念文章（J. von Kries, *Über die materiellen Grundlagen der Bewußtseinserscheinungen*, Freiburg i.Br.: Lehmann, 1898; Oswald Bumke, „Über die materiellen Grundlagen der Bewußtseinserscheinungen", in *Psychologische Forschung*, Volume 3, 1923, S. 272—281), 以及 1921 年霍夫曼的论文 "意识过程的生理学基础"（F. B. Hofmann, „Die physiologischen Grundlagen der Bewußtseinsvorgänge", in *Naturwissenschaften*, Volume 9, 1921, S. 165—172), 如此等等，不一而足。

和心理动机是可以明确区分的，并且它们各自遵循自己的规律。后者是发生现象学、理解心理学、联想现象学等精神科学研究的对象，前者是脑科学、神经学、生物学等自然科学研究的论题。这里可以很明显地看出，自然科学的和精神科学的意识理论有各自的领域和职责，彼此是无法相互替代的。如果自然科学的意识理论有一天真的完成了对意识发生学法则的科学指明和理论说明，那么它也就不再是自然科学而已经是精神科学了。①

1.0. 这里可以给出意识现象学的第二定理：意识永远处在流动中。这个定理意味着时间现象学、发生现象学、历史现象学的原理

这里所说的"发生"（genesis），也可以被称作"生成"或"成为"（become, werden）。它与通常意义上的"存在"或"是"相对应。如果用传统的哲学术语来表达，那么前面通过意识结构的第一定理来表达的是意识现象学的存在论或本体论，而这里通过意识发生的第二定理来表达的是意识现象学的生成论或发生论。而如果我们这里也顾及海德格尔早期的存在论现象学，那么我们可以说，海德格尔的企图在于将存在论转换为生成论，亦即用黑格尔的动机来覆盖笛卡尔的动机。海德格尔的《存在与时间》也可以叫作"存在即时间"，或者说，存在是时间性的。

在传统哲学的意义上，时间性恰恰是区分生成论与存在论的最

---

① 今天的心理学和神经学、脑科学以及人工智能研究正在进行将传统的心身二元论还原为生理物理一元论的努力。究竟有无可能建立一门自然科学的精神科学，或者说，一门物理学的心理学？这个问题我们在后面讨论现象学方法时会做出讨论和说明。

根本之点。时间是生成的前提，但不是存在的前提。由此也可以理解，胡塞尔是在初步完成时间意识现象学之后才开始讨论发生现象学的问题。因此可以说，胡塞尔本人的意识现象学思想也有一个生成发生期。他于 1900/1901 年完成《逻辑研究》和意识静态结构的现象学，而后于 1905 年初步完成时间意识现象学的讲座。随后于 1910 年前后还开始关注和思考发生现象学的问题，并从这个角度思考所有意识现象学的问题。因而胡塞尔对意识发生与发生现象学的研究要比对意识结构与静态现象学的研究晚十年左右。

虽然胡塞尔在 1905 年的"内时间意识讲座"中就已经提出与意识结构和意识发生相关的双重意向性的概念，即共时的"横意向性"和历时的"纵意向性"（Hua X, 82, 379），并且偶尔也将时间问题视作发生学的问题，但原则上胡塞尔在这个时期还是认为，"经验发生的问题对我们来说是无关紧要的"（Hua X, 9）。它会让人不由自主地联想到柏拉图"我们不叙述历史"（《智者篇》, 242c）的说法。而在胡塞尔这里表露出的意向不仅是"我们不关心发生"，因为我们追求永恒，而且还有"我们不关心经验"，因为我们追求本质。后者也是胡塞尔设想的发生现象学有别于通常意义上的发生心理学的地方。

因此，即使胡塞尔这个时期将时间学等同于发生学，他也不认为它们与经验的东西有关。他所构想的关于意识流动性的学说必须是一种本质学，无论是时间理论，还是发生理论，它们所指明或揭示的都应当是本质规律，而不能是经验事实的罗列。发生的逻辑应当是纵意向性的本质法则，也是历史中的合规律的东西。就总体而言，这是狄尔泰和约克所主张的精神科学的任务：理解历史性。

而且在此之前黑格尔与马克思都曾以各自的方式致力于此项任务。

　　还需要留意一点：现象学所说的"意识发生"也与佛教所说的"心生"有相似的含义，就像现象学所说的"意识结构"与佛教所说的"心住"意思是类似的一样。此外，佛教常常自称为"缘起论"。这里的"缘起"，尤其是法相唯识宗的"阿赖耶缘起"，与现象学意义上的"意识发生"也十分接近。"缘起"的基本含义就是意识的有条件的升起，即有规律的发生。

1.1. 意识发生的时间形式与时间意识现象学

　　发生现象学追踪在时间流中的原初生成，更具体地说，追踪在时间流中意识从原印象到滞留的过渡[①]，就是在这个过程中，这个生成的意识以及与此相关的从现在到过去的变化意识构造起自身（Hua XIV, 41）。也就是说，生成和变化的意识最初是在内时间意识中形成的，这个内时间意识也相当于胡塞尔所说的"延续"（Dauer）或柏格森所说的"绵延"（durée）。

　　胡塞尔在其《内时间意识现象学讲座》中以及在日后的手稿中用一系列的图式来勾画这个从现在到过去的连续过渡。它们标示的一方面是时间的三位一体形式：原印象（Impression）、滞留（Retention）和前摄（Protention），它们组成意识流动的当下；另一方面是从这个作为现在点的垂足到滞留的连续过渡和向过去之中的持续下坠的互相垂直线。这些图式表明了"一个构造流的统一"（Hua V, 129），即时间意识生成的法则：流动变化的统一体，或统一

---

　　① 　对此可以参见前面关于时间意识分析的一章（本书第二编第 2 章）。

体的流动变化。

　　虽然这个时间流动形式的理论还不是真正的发生现象学，至少不是发生现象学的全部，但已经可以说，时间意识现象学是发生现象学的一个基础部分，它提供的是对意识发生的形式系统的认识，这个形式系统显然有别于意识结构的形式系统。

1.2. 意识发生的动机法则与动机现象学和联想现象学

　　严格意义上的发生现象学需要探讨意识发生的过程和规律，追踪在动机的引发者与被引发者中间的条件关系，把握意识如何从意识中生成的"动机作用"。简言之，发生现象学需要探问：意识如何从意识中生成？一个意识如何引发另一个意识？意识流是循何种轨迹流动并构成自身的？

　　我们在前面论述"意欲意识"的章节中曾经讨论第三种意义上的"意欲"，它本身不是独立的意识行为，但它构成任何主动的意识行为的开端部分。它被胡塞尔称作"行为萌动"（Aktregung），也是意识哲学或道德哲学通常所说的"起意"、"起念"或"发心"的东西。

　　在现象学反思中从当下的"起意"开始，逆流而上地不断追溯它的起因，并找到其中的规律性的东西，这应当就是发生现象学所要完成的最基本工作。这种在意识中的逆流而上的回溯当然与意识发生的时间性处在内在的联系中，但它并不等于我们在 1.1 中所说的原初的时间构造，不等于从原印象到滞留，再到回忆的意识形式的变化。毋宁说，它建立在时间形式基础上，但以时间内容的生成和变化为其探究对象。

　　时间内容是指意识活动在时间流中产生并消失的经验过程连

同其经验内容。这个产生和消失有其自身的规律，即最基本的因果规律。这里涉及一种"因果关系"，而且是更原本意义上的因果关系，即心理发生的因果性。这个"因果性"概念最初是在原始佛教哲学中提出的，即所谓"缘起法则"："此有故彼有，此生故彼生，此无故彼无，此灭故彼灭。"[①] 它之所以更原本，是因为自然科学物理学的因果概念后来才在中世纪经院哲学中出现，而且很快便在近代哲学中受到休谟和康德的反驳和改造。可以说，在哲学中占有主宰地位的始终是哲学心理学的因果概念而非物理学的因果概念。

　　哲学心理学的因果概念所指的是在意识活动中进行的动机引发的原因及其导致的结果。对它们的规律的把握，是动机现象学和联想现象学的工作和任务。

1.3. 意识活动的深浅层次差异与意识体验的不同显隐方式

　　胡塞尔的下列时间图式（图 2）已经表明：一方面，从 A 到 E 的时间进程是一个当下点 E 不断远离过去点 A 的过程；另一方面，它也是 E 点的时间内容不断下坠到 A′ 点的深处的过程。这也意味着如下原则的可能性：时间上距离越远的过去的东西，在意识中所处的位置越深。时间内容下坠的深度实际上代表了意识的经验内容的积淀深度。

　　这里的所谓"深度"，应当不同于目前人工智能和人工神经网络的研究与实践中使用的"深度"概念，如深度心灵、深度学习、深度技术、深度欺骗等等。人工智能意义上的"深"，大都是指神经网

---

① 参见《杂阿含经》262 经，求那跋陀罗译，《大正新修大正藏》第 2 册，第 66 页。

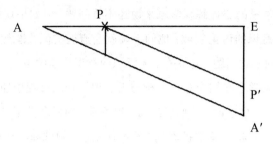

图 2　胡塞尔的时间图式

络层次数量的"多"，与时间的远近无关。

　　但意识现象学所使用的"深度"概念与心理分析学和无意识哲学中所说的"深度"是基本一致的。弗洛伊德的"深度心理学"中的"艾斯"（Es）、"自我"（Ich）与"超我"（Über-Ich）的划分涉及心理生成的时间性，它们与胡塞尔在其发生现象学研究手稿中提出的"原我"（Ur-Ich）、"前我"（Vor-Ich）与"本我"（Ego）的三种类型划分相一致。它们都有时间背景。

　　同样可以将三重自我的学说与佛教唯识学中的"八识"、"三能变"学说做比较研究：八识中作为初能变的第八阿赖耶识，作为二能变的第七末那识和作为三能变的前六识也具有三种意识类型。"能变"在这里意味着生成变化的能力，这种生成变化也是在时间中展开的。

　　唯识宗的经典是《解深密经》。因此，在唯识宗这里，"深"意味着隐藏的"深"，即"深密"之深。无论是阿赖耶识（藏识），还是艾斯或原我，在唯识学家和意识现象学家与心理解释学家那里都属于不显现的、非现象的意识活动。而一旦涉及隐而不显的意识活动，我们就会进入到潜意识或下意识，甚至无意识的领域。这对作为心而上学家的心理解释学家来说还不算问题，但如果现象学家想要进入无意识的讨论领域，他们无疑就会遭遇类似"非现象的现象学"的语词矛盾问题，类似关于无意识的意识哲学的说法。事实上，当法国现象学家在结合意识分析与无意识解释的过程中使用"非现象的现象学"概念时，他们已经将"现象学"的概念做了扩展，这种扩展与胡塞尔将现象学扩展到"发生现象学"领域和海德格尔将现象学扩展到"现象学的解释学"领域的做法一脉相承。

这里出现了现象学方法论的新问题或发生现象学的方法论问题，我们会在后面专门论述方法论的章节中展开对此问题的讨论。

1.4. 意识发生的生理物理基础与本性（天性）现象学

上述意识活动深浅层次和显隐方式分别属于严格意义上的意识现象学与机能心理学的研究论题。如果说这些意识活动始终是意识哲学家们和心理哲学家们关注研究的问题，那么它们的生物学根源和生物学基础目前则是神经科学家们和脑科学家们探讨的问题。这两者之间的联系在传统哲学中被视作心身关系或心理物理关系问题，现在因为包括人工智能在内的自然科学的进展，认知哲学家这方面也根据自然科学的进展而开始从意识出发来展开对意识与大脑和神经的问题的重新探讨，并承认"神经科学方法的数据与哲学中一些长期存在的传统问题如意识的本质、自我、自由意志、知识、道德和学习有关"，而神经科学家那里也在谈论"意识研究再次回归科学领域"，并从大脑和神经元出发展开对心身关系的重新研究，甚至是对意识问题的重新研究："尽管哲学期刊仍然充斥着心智／身体关系的争论，但是科学家们必须根据经验术语来定义一些问题。如今，我们对于来自心智和大脑的证据越来越自信，并且当我们对其仔细研究时，我们已经渐渐开始了解这二者之间是如何联系的了。"① 可以说，当代科学目前正在尝试消解传统哲学的心身问题，而且是以不同于传统哲学的方式。

传统的意识哲学，包括佛教哲学在内，大都是以一元论的方式将身还原为心，将物理化解为心理，故有唯心、唯识之说，如"存在就是被感知"、"万法唯识"等主张。而神经科学和脑科学的努力则处在相反的方向上，即试图将心还原为身，将心理消解为物理，这也代表了特定意义上的唯物论。

不过，我们也可以采纳一种积极和包容的而非对立的立场，即既可以从意识出发来了解神经系统，也可以从神经系统出发来了解意识，尤其是在意识的先天自然本性和生物基础方面。这相当于以往佛教唯识学所说的以"根"解"识"与以"识"知"根"的两种途径。这两种可能性在最新的研究和讨论中一再得到展示，例如意识哲学家对镜像神经元现象的关注，以及用它来解释同情与同感等意识的生物学基础的做法；又如神经科学家正在利用基因编辑技术来处理神经元整体，最终实现例如对记忆进行修改或删除，等等。原则上的确存在这样的可能性，即有朝一日可以将所有主观体验的意识内容都转换为类似脑电波和数码一类的客观信息。

但即使如此，即使有一天可以在此基础上进一步编撰和整合出人工意识和人工心灵，心理物理二元的状态仍然不会消失。相反，

---

① 伯纳德·J. 巴斯、尼科尔·M. 盖奇（主编）：《认知、大脑和意识：认知神经科学引论》，王兆新等译，上海：上海人民出版社，2015年，第28—30页。

更有可能出现的是一个三元世界：物质、意识与信息。这三者之间会形成新的交互关系。将会有一门跨物理心理信息的新学科。

1.5. 意识发生的社会文化基础与习性现象学

无论如何，自然科学研究所能提供的是意识的生理物理基础，它仅仅构成意识产生的一个来源。不应忽略的是，还有另一方面的因素在决定着意识的产生。从原则上说，上述人类意识活动，无论深的或浅的、显的或隐的，都不仅有其生理物理的根源和基础，而且也有其社会文化的根源和基础。前者与意识的先天自然本性有关，后者与意识的后天文化习性有关。这两者构成意识的本质或心性。对生理物理基础的研究是由自然科学提供的，对社会文化基础的研究则只能由精神科学提供。

这个意义上的"精神科学"，不仅是由狄尔泰在历史哲学、生命哲学、精神哲学的思考中所展示的研究工作，而且也更早是维柯在其《新科学》（全名为：关于各民族的共同性质的新科学原则）中展示的思考；既是黑格尔在其《精神现象学》《逻辑学》《历史哲学》《哲学史讲演录》中展示的思辨工作，也是埃利亚斯在《文明的进程》中展示的"社会发生与心理发生"的经验研究成果；它也包括关于自然科学本身历史的思考，例如李约瑟关于中国科学技术发展史的思考，又如柯瓦雷的科学思想史研究与福柯的文化思想史研究，再如库恩关于科学及其发展史的思考，等等，同样都属于这个精神科学的一部分。最后还可以说，从达尔文的进化论到汤因比、施本格勒等人的文化史研究，都属于意识发生的社会文化基础研究的一部分。

应当说，在意识发生的社会文化基础研究方面，哲学家、文学家和历史学要比科学家更擅长，更具体地就意识学家和心理学家而言，人文主义的心理学家要比科学主义的心理学家更擅长。

这个方向的研究和思考之所以可以统括在习性现象学的名义下，乃是因为意识的发生总是在一个社会的和文化的背景和氛围中完成的。可以说，所有当下的意识活动都是习性化的过程，而已有的习性同时也在影响当下的意识活动。在相似的意义上，胡塞尔曾在其1925年夏季学期的"现象学的心理学"讲座中讨论过"现行性"（Aktivitäten）与"习得性"（Habitualitäten）的关系（Hua IX, § 41）。

1.6. 意识发生与人格生成的现象学

所谓"人格"，实际上就是个体的人性，它由两个部分组成：天性与习性。它们会在意识发生的过程中显现出来，并在此过程中发生变化。这里所说的"天性"或"本性"，与1.4中所说的意识发生的生理物理基础有关，而"习性"则就是1.5中所说的意识发生的社会文化基础。

佛教唯识学也曾在类似的意义上讨论"二种性"说，即"本性住种性"和"习所成种性"，分析它们两者的普遍关系，包括它们的相互作用与相互结合。[①] 孔子所说的"性相近也，习相远也"（《论语·阳货·第十七》），涉及的也是这二种性各自的特征。

天性和习性本身是意识的结构，并且会在意识发生中显露出来：作为意识活动的先天形式与后天质料，前者涉及我们的各种意

---

① 　关于"二种性"以及与此相关的"种子"、"熏习"、"现行"之间的关系，可以参见本书附录4："唯识学中的'二种性'说及其发生现象学的意义"。

识体验能力，后者涉及我们的各种意识体验内容。

以我们的认知表象为例，在所有直观意识、图像意识、符号意识（语言、判断）那里的先天形式与后天质料：所有的形式差异是我们生而有之的，如对同一个事物的感知、想象、图像表象和符号表象能力都是植根于我们的意识的生理物理基础之中的。所谓"性相近"，是指我们的这些能力大都相近，但不是完全相同。具体说来，各人生而有之的辨音、辨色、辨味的感觉能力，以及触觉的感觉神经末梢的敏感度（即唯识学所说的"前五识"），也包括各人的辨认能力和理解能力（即唯识学所说的"第六识"），如此等等，都是相近而有别的。

不仅在智识意识中可以发现这样的区别，而且在情感、意欲、道德、审美等意识种类那里，也可以注意到这样的区别。例如在道德情感那里，可以发现同情、羞愧的能力都属于天性的部分，对什么感到同情和为什么感到羞愧，这些都属于道德情感的习性部分；再如，以符号意识为例，我们普遍具有的语言能力属于先天的部分，亦即乔姆斯基寻找的"内语言结构"，而每个人学到的语言，即在各个文化背景中各人习得的各种语言，则属于后天的部分，如此等等，不一而足。这个意义上的各种"天性"和各种"习性"共同组成了各个个体的人格性。

在现象学的思想发展史上，胡塞尔、舍勒都曾为一门"人格现象学"、"人格主义现象学"或"人格性现象学"的建立付诸心血。[1]

---

[1]　对此可以参见笔者：《胡塞尔与舍勒：人格现象学的两种可能性》，北京：商务印书馆，2018 年，第二、三章。

海德格尔在其几个稿本的《存在与时间》中所强调的都是这个意义上的"人格性"问题，即使不是以这个概念的名义。海德格尔梳理了从狄尔泰到胡塞尔和舍勒的人格主义心理学的思想发展脉络，并将狄尔泰的"历史性"、胡塞尔和舍勒的"人格性"化解为包含在种种显现出来的存在者的历史之中的形而上的存在的历史。①

1.7. 意识发生的交互人格层面与精神的和文化的历史现象学

社会是由众多个体组成的。个体的人格以及人格之间的相互关系决定了从每个人所处的生活世界，如家庭的、职业的、国家的生活世界，到整个人类的社会世界的基本性质。个体的心理发生史与个体人格的交互作用史，或者说，交互人格（Interpersonal）的作用史，就意味着社会心理的发生史。这里的历史，就是种种主体、种种人格的交互作用历史，也是种种生活世界的过程历史。所有这些都可以包含在"文化的进程"的标题下，构成心理发生和社会发生研究的论题，也构成一门精神的和文化的历史现象学的研究课题。②

---

① 对此可以参见笔者：《胡塞尔与海德格尔：弗莱堡的相遇与背离》，北京：商务印书馆，2016 年，第七、八讲。

② 这里的理论思考与在诺伯特・埃利亚斯的《论文明的过程：社会发生的和心理发生的研究》中完成的经验研究工作是基本一致的。对此参见笔者："埃利亚斯与胡塞尔：'过程社会学'与'发生现象学'的隐秘关联"，载于《南国学术》，2021 年第 2 期。

第 1 章　意识现象学与
无意识研究的可能性

对意识的探索属于人类思想史上最古老和最艰难的哲学思考，无论在柏拉图的《斐多篇》对话中或在亚里士多德的《论灵魂》的著作中，还是在孟子的儒家心性论中或在释迦牟尼的心性思想中都可以看到它的身影。而且它以不断变化的形式贯穿在思想史的发展始终，时而出现在近代心物二元的哲学主张中，时而出现在现代身心关系的哲学论辩中，如今也出现在当代关于有意识的和无意识的心灵的心理哲学讨论中以及人工智能的问题探索中。

这里所说的"心"是指人类的心灵生活，它由两部分组成：彰显的和潜隐的。易言之，我们的心灵生活可以分为两个部分：被自己意识到的以及未被自己意识到的。前者被称作"意识"，后者被称作"无意识"。意识研究与无意识研究是人类认识自己的心灵的两条基本途径。前者的思考对象是显现的意识体验，后者的思考对象是时而彰显、时而潜隐的意识功能。这两方面的研究虽然很早就露出萌芽，但关于有意识的心灵部分和无意识的心灵部分的哲学讨论最初还是由胡塞尔的意识现象学和弗洛伊德的无意识心理学开启的。就总体而言，胡塞尔的意识现象学致力于意识研究，弗洛伊德的"心而上学"（Meta-Psychologie）致力于无意识研究。这两者之间的关系不能被刻画为地上地下黑白分明的两条河流，而应当被视作一个包含相互渗透的中间地带与彼此续接的运动进程的心灵整体。

对于最确切意义上的意识现象学来说，无论是无意识、下意识，还是前意识、潜意识、超意识，都不属于它的讨论课题。原因很简单，意识现象学研究意识现象，如果没有意识显现，那么现象学就无从着手研究。按照胡塞尔1908年的手稿中的思考记录："作为确定无疑的东西被给予我们的唯有现象。我们的构造对象的机能并不是被给予的。我的天生的资质本身并不是被给予的。心理物理的构造只是假设。而且最主要的是：这些机能的法则并不是被给予的现象。这一切都只是超越。"（Hua VIII, 380）在此意义上，意识现象学的研究是严格受限的。而通常所说的"无意识现象"，说到底是与天文学家所说的黑洞相类似的：不是直接地显现出来，但可以通过观测它对其他事物的影响，以及其他间接的方式来获得有关的它的存在的间接推断和间接信息。具体说来，在无意识这里，例如可以通过梦意识来推测和解释无意识的存在与属性，通过脑电波来推断无意识状态下的高级神经活动的过程，通过对他人的行为与动作的观察来推断他人的下意识反应和无意识活动，诸如此类。就此而论，无意识问题虽然可以属于弗洛伊德意义上的"心而上学"，却不能属于胡塞尔意义上的"意识现象学"。这两者在许多方面是正相对立的。

不过，对于宽泛意义的现象学而言，对于胡塞尔意义上的"现象学哲学"和"现象学心理学"而言，例如对于交互主体性现象学、

意识发生现象学、人格现象学、本性与习性现象学等来说，意识机
能或心理机制又是或迟或早必须面对的问题，即使它们往往隐而
不显。因此，如果意识现象学不满足于"有意识的心灵"（查尔默
斯①）或"现象学的心灵"（扎哈维②）的研究，而且还想探讨包括无
意识的机能或权能（Vermögen）在内的全部心灵生活领域，那么它
就必须与机能心理学合作，以此方式去面对和处理无意识问题。在
此合作基础上形成的现象学是广义上的现象学：关于全部心灵生活
的现象学。它意味着意识体验现象学与意识权能现象学的统一，意
味着彰显之物的现象学与潜隐之物的现象学的统一，意味着可见者
的现象学与不可见者的现象学的统一。它们共同代表了未来能够
作为科学出现的"心而上学"的可能性。

下面的论述将首先在第一节中回顾自布伦塔诺以降的关于意
识与无意识关系问题的思想史问题脉络，而后在第二节中以艾宾浩
斯的记忆心理学研究为例来说明意识现象学与机能心理学之间的
可能合作关系，接下来在第三、四、五节中我们会展示已有的三种
无意识研究的视角或进路以及它们提供的可能性，在随后的第六、
七节中我们会对意识研究与无意识研究的不同领域和不同方法做
出界定和刻画，并最终在第八节的结尾思考中论述意识与无意识研
究在人工智能时代凸现出来的意义：它们决定了未来的人工意识乃
至人工心灵是否可能的问题的答案。

----

① 参见 David J. Chalmers, *The Conscious Mind: In Search of a Fundamental Theory*,
New York: Oxford University Press, 1996。

② 参见 Shaun Gallagher and Dan Zahavi, *The Phenomenological Mind*, London:
Routledge, 2008。

一、无意识现象学与"无意识的意识"问题

　　20 世纪初,意识现象学的代表性研究与无意识心而上学的代表
性研究几乎是同时起步的,其标志性的成果是胡塞尔于 1900/1901
年出版的《逻辑研究》以及弗洛伊德于 1900 年出版的《梦的诠释》。
这可以说是一个时间上的巧合,但在心理学的发展中却带有一定的
必然性。这里首先需要谈到布伦塔诺的功绩。胡塞尔与弗洛伊德
两人都是布伦塔诺的学生,已经处在对人类心灵生活的科学研究的
大发展背景中,而且从一开始就站在这个发展的前沿。

　　当时的欧美科学心理学已经达到一定的高度,不仅是在意识
研究方面,例如在冯特、利普斯、詹姆斯、狄尔泰等人那里,而
且在无意识研究方面也已形成气候。这里首先要提到的是爱德
华·封·哈特曼的成名作《无意识哲学》[1],它早在 1868 年就已出
版,而且封·哈特曼在 1878 年的第二版附录中甚至还使用了"无
意识现象学"(Phänomenologie des Unbewußten)的概念。他对布

---

　　[1]　Eduard von Hartmann, *Philosophie des Unbewußten*, Berlin: Carl Duncker's
Verlag, 1869. ——封·哈特曼的 "无意识哲学" 是当时无意识理论研究的代表性著述。
我们后面会看到,他不仅对后来的无意识研究者弗洛伊德和荣格有重要影响,也对否认
有 "无意识的意识" 的心理学家布伦塔诺有影响。后来的佩特拉施克用两卷本的《无意
识的逻辑》来回应封·哈特曼的基本原理与基本概念。(参见 Karl Otto Petraschek, *Die
Logik des Unbewussten, Eine Auseinandersetzung mit den Prinzipien und Grundbegriffen
der Philosophie Eduards von Hartmann*, 2 Bände, Bd. 1. *Logisch-erkenntnistheoretischer
und naturphilosophischer Teil*, Bd. 2. *Metaphysisch-religionsphilosophischer Teil*,
München: E. Reinhardt, 1926)

伦塔诺的影响很大，并通过布伦塔诺而影响了他的学生胡塞尔和弗洛伊德，他们正是在这个思想背景中成长起来的。

布伦塔诺对胡塞尔的影响主要是在描述心理学和现象学心理学方面，即在意识现象学方面。这些影响大致可以归结为三个方法层面与七个内容层面，对此笔者已有说明 [①]，这里不再赘述。而布伦塔诺对弗洛伊德的影响则应当是通过他的讲座以及在其 1874 年出版的代表作《出自经验立场的心理学》一书，他在其中两次集中讨论"心灵的无意识活动"和"无意识的意识"（unbewußtes Bewußtsein）问题。[②] 尤其是在讨论"内意识"（inneres Bewußtsein）的一章中，他用大部分的篇幅来讨论"无意识的意识"问题，可以说是试图通过"无意识"来说明"内意识"。[③]

这里的"无意识"就是相对于"内意识"而言。由于每个意识活动在进行过程中都是被内意识到的，或者说，被内感知到的，都自身意识到自己的进行，因而意识的存在之所以被意识为存在，乃是因为它在进行过程中自身被意识到，而且也等同于内意识。这是笛卡尔在论证"我思"（cogito）时做过的说明，也是后来胡塞尔在讨论自身意识时所做的说明。这个观点在这里并未受到布伦塔诺

---

① 参见笔者："现象学与心理学的绞缠：关于胡塞尔与布伦塔诺的思想关系的回顾与再审"，载于《同济大学学报》（社会科学版），2014 年第 3 期。

② 参见 Franz Brentano, *Psychologie vom empirischen Standpunkt*, Band I, Hamburg: Felix Meiner Verlag, 1973, Kap. I, § 6, Kap. II, § 2（中译本可以参考：布伦塔诺：《从经验立场出发的心理学》，郝亿春译，北京：商务印书馆，2017 年）。

③ 这里需要说明：布伦塔诺对弗洛伊德的影响更多是反作用的影响。因为弗洛伊德后来对"无意识"的理解可以用来反驳布伦塔诺的关于"无意识"的观念。我们在本章结尾处还会展开说明这个问题。

的质疑，而且也更多代表了他的立场。他在这里提出的仅仅是这个命题的普遍有效性问题：是否存在未被意识到的意识活动？这就是所谓"是否存在无意识的意识"。

布伦塔诺所理解的"无意识的意识"也被他称作"无意识的心理行为"、"无意识的心理活动"、"无意识的心理现象"，具体是指"无意识的感觉"、"无意识的表象"、"无意识的思维"、"无意识的推理"等。与布伦塔诺以往的做法一样，他在讨论相关问题前都会交代这个问题在思想史上的来龙去脉。这个论述方法很可能是受他一生研究最多最深的亚里士多德的影响的结果。他根据对此问题所持答案的不同而将思想史上的思想家分为两类：最早主张有"无意识的意识"的思想家可以一直追溯到托马斯·阿奎那那里。接下来是莱布尼茨和康德，直至后来的老穆勒、汉密尔顿、刘易斯、洛采、斯宾塞，以及布伦塔诺的前辈心理哲学家赫尔巴特、鲍尔扎诺、费希纳等，以及他的同时代心理学家冯特、赫尔姆霍尔茨、佐尔纳等，他们都承认，有无意识的心理活动存在。布伦塔诺还特别引述封·哈特曼的《无意识哲学》一书来说明，这些主张有"无意识的心理活动"的心理哲学家们已经形成了一支"部队"，而且已经有了自己的"一套完整的哲学"①。

但布伦塔诺也指出，"存在着无意识的意识"这个观点并未得到普遍的认同。例如小穆勒并不赞成其父老穆勒的观点。甚至同一位心理学家也会有表达不同的主张，例如费希纳虽然认为心理

①　参见 Franz Brentano, *Psychologie vom empirischen Standpunkt*, Band I, a.a.O., S. 141—145。

学不应忽略无意识的感觉与表象，但也否认无意识的心理现象的存在，如此等等。布伦塔诺已经看到这里的问题与对"无意识"一词的理解差异有关。

布伦塔诺列出四条可能证明"无意识的意识"之存在的不同途径，并用了十节的篇幅来对它们做详细的分析和阐释。我们可以用我们的意识现象学的术语和表达式来简单扼要地概括他的论述：

1. 证明有一些未被意识到的心理现象必定是某些经验事实产生的**原因**，由此推导出未被意识到的心理现象的存在。

2. 证明有一些经验事实必定是由某些未被意识到的心理现象引起的**结果**，由此推导出未被意识到的心理现象的存在。

3. 通过证明下列命题的不成立来证明无意识的意识的存在：被内意识到的心理状态（X）与这个内意识本身（Y）是两个意识行为，它们的强度处在**函数关系**中：在 X 等于一的情况下，Y 等于零。

4. 通过证明下列命题的不成立来证明无意识的意识的存在：被内意识到的心理状态（X）与这个内意识本身（Y）是两个意识行为，这个内意识（Y）还可能成为第三个内意识行为（Z）的对象，如此类推下去，就是心理行为的**无限循环**。[①]

但布伦塔诺通过质疑与反驳而最终得出的结论是：在这四条道路上的努力至此为止都是不成功的。他所给出的理由我们同样可以用意识现象学的术语和表达式来做大致的概括：就前两条途径而言，如果"每个心理现象都是被意识到的"是一个明见的公理，那

---

① 　Franz Brentano, *Psychologie vom empirischen Standpunkt*, Band I, a.a.O., S. 147ff..

么它就不应当是被推导出来的定理，而必须是直接明见到的，因此，这两种从属于推断的方式都不能成立；而就后两条途径而言，如果"每个心理现象都是被意识到的"并不意味着这里有两个意识行为：心理现象与伴随它们的意识行为，而仅仅意味着只有一个意识行为在进行，它在进行过程中始终内意识到自己的进行，即内意识就是自意识（Selbstbewußtsein），那么毫无疑问，所有意识行为都是内意识到的，或自意识到的，这也就意味着，没有一个意识行为是未被意识到的。

因此，关于"是否有一种无意识的意识"的问题，布伦塔诺最终认为应当斩钉截铁地予以否定的回答。我们自然也就不能说：存在着无意识的意识。布伦塔诺实际上在此之前就曾将此称作"荒谬"或"语词矛盾"（Contradictio in adjecto），类似"不红之红"、"未见之见"等。

不过需要注意一点：布伦塔诺在此同时也有所保留，他特别做了一个限制，即这个否定是"在我们提出这个问题的意义上"。[①] 我们在下一节中将会说明这个"意义"是什么。

无论如何，我们可以说，无意识问题以及无意识理论的可能性问题在布伦塔诺这里已经得到了总体上的厘清。在此之后的无意识理论之所以可以在一个清理后的平台上展开，恰恰要归功于他的前期工作。

---

①　Franz Brentano, *Psychologie vom empirischen Standpunkt*, Band I, a.a.O., S. 194.

二、意识现象学与机能心理学之间的
关系研究案例：回忆现象与记忆能力

我们已经看到，布伦塔诺是将"意识"当作"心理现象"和"心理行为"的同义词来使用的。[①] 这里的关键在于，意识总是指某种"心理活动"或"意识活动"。在此意义上可以说，所有意识活动都是被［内］意识到的，没有不被［内］意识到的意识活动，也就是说，没有"无意识的意识"。

但是，长期以来心理学也在讨论"意识状态"（Zustände）或"心理状态"的问题，例如也在讨论"心理素质"（Disposition）的问题。它们往往与心理的机能有关，或与胡塞尔意义上的"意识的权能（Vermögen）"有关。于是现在会有这样的问题出现：如果像布伦塔诺所证明的那样并不存在未被意识到的**心理活动**，那么是否存在未被意识到的**心理状态**呢？

对此问题，海尔曼·艾宾浩斯在其发表于 1885 年的《论记忆》长文中给出了一个答案。艾宾浩斯的心理学工作实际上起始于无意识问题的研究。他于 1873 年以优异成绩完成的博士论文便是以"论哈特曼的无意识哲学"为题。他于十二年后发表的这篇《论记忆》的长文也一开始就指出：可以推断出"无意识心理状态"——在这里首先是指"记忆"（或"记性"）——的存在，而后他才提出

---

① Franz Brentano, *Psychologie vom empirischen Standpunkt*, Band I, a.a.O., S. 148.

实验心理学的方法,并最终实施和完成对记忆这种典型的无意识心理状态或心理机能的实验研究。

他在文章的开篇便写道:"任何一种在意识中于某个时候曾出现,而后又从意识中消失的心理状态,感觉、感受、表象,都不会随之而绝对地停止存在。尽管转向内心的目光不能以任何方式发现它们,它们却仍然没有被毁灭和被撤销,而是以某种方式继续生存,或如人们所说,被保存在记忆中。虽然我们无法直接观察到它们的当下此在,但就像我们有把握地推导出地平线下的群星会继续存在一样,我们也可以同样有把握地从我们对这些心理状态之结果的认识中推导出它们的存在。"①

从这里可以清楚地看出,艾宾浩斯对"无意识的心理状态"的存在证明属于布伦塔诺列出的第二条道路,它是间接的推断而非直接的明见。不过,虽然布伦塔诺认为这条道路无法证明"无意识的**意识活动**",但艾宾浩斯用它来证明"无意识的**意识状态**"的存在还是完全可行的。

因此,可以通过推断而明见地得知:有些**意识状态或心理状态**是没有被意识到的。即是说,**意识活动**始终被意识到,而**不活动的意识状态**则不一定被意识到,但它们仍然存在着。例如,我见到一个人或他的画像,而后觉得认识他,最后想起他是谁以及我在何时

---

① Hermann Ebbinghaus, *Über das Gedächtnis: Untersuchungen zur experimentellen Psychologie*, Darmstadt: Wissenschaftliche Buchgesellschaft, 2011, S. 1. 这里引用的是艾宾浩斯于 1885 年正式发表的文稿,而非他写于 1880 年的原稿,在后者中尚未出现上述引论文字。参见 Hermann Ebbinghaus, *Urmanuskript „Ueber das Gedächtniß" 1880*, Passau: Passavia Universitätsverlag, 1983。

见过。在此之前，关于他的记忆始终处在无意识状态，但我们仍然可以推断地得知这种潜隐机能的存在。

的确，如果没有"无意识的意识状态"，那么机能心理学也就无从谈起。举例说来，我们只能讨论**回忆活动**而不能讨论**记忆能力**。但在我们一生的意识活动中，大多数的意识体验都或浅或深地藏储在我们的记忆中，能够显现出来的仅仅是相对而言短暂的回忆部分。后来弗洛伊德讨论无意识时用冰山的露出水面的部分与藏在水下的部分来比喻意识与无意识，也是恰如其分的。

我们也可以用思想史上的类似思考来说明这里的情况：佛教瑜伽唯识学派将我们这里统称的"意识"分为"眼、耳、鼻、舌、身、意"前六识与"末那、阿赖耶"后二识。这里的前六识与我们这里所说的"**意识活动**"或"**意识行为**"相近，它们为佛教大小乘所共同认可。只是对作为后二识的末那识和阿赖耶识是否存在以及如何存在的问题，佛教思想史上有不同的观点。由于阿赖耶识被理解为"含藏的种子"，而末那识细微单一，是对阿赖耶识的"恒审思量"，因此它们两者通常都是深藏不显的。就此而论，瑜伽唯识学派所强调的后二识与现代心理学中讨论的"未被意识到的**意识状态**"基本上是一致的。

唯识学者对末那识和阿赖耶识的存在证明主要通过两种方式，其一是"如契经说"，即通过对佛说的引证，主要是对例如《解深密经》等佛经中的圣言的引证；其二是通过推断：前六识会因为无心、睡眠、闷绝的原因而中断，随后又可以恢复并接续下去，这显然是因为在前六识后面还有其他的心理活动在连续而深远地运作，这种深层次的连续活动成为前六识的复起的原因，构成其依赖的条件因缘,在心理学上被称作"动机引发",而在佛教的意义上也被称作"开导依"。[①] 这里所做的推断与心理学对"无意识的心理状态"之存在的推断可以交相呼应。意识之所以在中断后仍然以某种方式继续生存并能够恢复升起,乃是因为有末那识和阿赖耶识在无意识的状态下继续起作用。

当然,艾宾浩斯的工作不仅限于此。尽管他确定,已经消失的心理状态可以自发地或通过意志努力而回到意识中,而且即使它们暂时或永远不回到意识中也仍然在持续地发挥后效[②],但对此"无意识的心理状态"之存在的间接推断实际上仅仅构成他研究的一个出发点,而且仍然是通过意识反思方法而获得的出发点。他真正想要进行的尝试在于,通过实验的方法,而且是以自己为受试者的实验观察方法,将那些在意识中出现又消失,但仍以某种方式保留下来的那些不活动的,因而无意识的心理状态唤回到意识中,并以此方式让不显现的东西显现出来,让不活动的东西活动起来,或者说,让无意识的东西被意识到,并且发现其中的规律和逻辑。[③] 他的这

---

① 如《成唯识论》卷四:"无心睡眠闷绝等位,意识断已。后复起时,藏识末那既恒相续,亦应与彼为开导依。"(玄奘译,《大正新修大藏经》第31册,第21页)以及《成唯识论》卷五:"此依六识皆不得成,应此间断,彼恒染故。许有末那,便无此失。"(玄奘译,《大正新修大藏经》第31册,第25页)

② 参见 Hermann Ebbinghaus, *Über das Gedächtnis*, a.a.O., S. 1f.。

③ 这种"让显现"的实验方法一方面很容易让我们联想到海德格尔在《存在与时间》中对"现象学"的著名定义。他根据"Phänomenologie"的希腊文词源而将"现象学"诠释为:"让人从显现的东西本身那里如它从其本身所显现的那样来看它。这就是取名为现象学的那门研究的形式上的意义。"他以此来解释胡塞尔的"面向实事本身!"的要求(海德格尔:《存在与时间》,陈嘉映、王庆节译,北京:商务印书馆,2016年,第50页)。不过这种"让看"(Sehenlassen)的方法不太可能对弗洛伊德产生影响,情况倒

项工作事实上已经超出了布伦塔诺给出的种种无意识证明与无意识研究的可能性，取得了革命性的突破。按照他的同时代心理学家的看法，艾宾浩斯的心理学研究的特点与功绩首先并主要在于，"通过扩展而深入的自己试验唤起了这样的信念：记忆学说是一门可以通过实验来达到而且首先以实验为依据的学说"。[①] 而后来的心理学发展表明，艾宾浩斯的研究不仅对于记忆心理学的研究是划时代的，而且对于整个现代实验心理学的研究而言都具有划时代的意义。[②]

这个划时代的贡献首先并主要体现在方法论的层面。在此之前，所有无意识研究都始终面临一个重大的困难，即它的论题和对象的不明确。因而至此以来对无意识心理学状态的研究大都需要通过思辨和猜测、间接和迂回的方式接近。弗洛伊德将它称作"心而上学"，胡塞尔将它称作"自我形而上学"，都是为了表明它与传

有可能恰恰相反，因为弗洛伊德通过"心理动力学"的途径来探讨无意识的做法至少要比海德格尔的陈述早四年，而且它摆明了就是一种"让看"，或者说，一种"使之被意识到"（Bewußtmachung）（参见 Sigmund Freud, *Gesammelten Werke*, Bd. XIII, Frankfurt am Main: S. Fischer Verlag, 1967, S. 241, S. 244, S. 411。——以下凡引这个版本的《弗洛伊德文集》均只在正文中标出 SFGW + 卷数和页码）。在本章的结尾一节我们还会再回到这个问题上来。

①　G. E. Müller und F. Schumann, „Experimentelle Beiträge zur Untersuchung des Gedächtnisses", in *Zeitschrift für Psychologie und Physiologie der Sinnesorgane*, Nr. 6, 1894, S. 81.

②　关于艾宾浩斯对心理学的划时代影响可以参见铁钦纳的三点概括以及福克斯的说明（E. B. Titchener, "The past decade in experimental psychology", in *American Journal of Psychology*, vol.21, 1910, p. 405; Alfred H. Fuchs, "Ebbinghaus's Contributions to Psychology after 1885", in *The American Journal of Psychology*, vol. 110, No. 4, 1997, pp. 621—633)。

统哲学中的"形而上学"的亲缘与共属关系，而"形而上学"自近代以来就不再被视作哲学的代名词，始终被弃如敝屣。心理学的研究要想避免"心而上学"的尴尬结局而成为心理科学，就必须采取特殊的手段。艾宾浩斯的工作恰恰能够让人看到，通过特定的实验方式，原先处在无意识状态的心理机能可以被显现出来[①]，从而使我们可以获得关于它们的扩大了的知识，而且是经验量化了的知识。

心理学实验方法在开初阶段是在效法自然科学的自然研究方法。当时欧美的心理学者也是带着这个意向而先后在各个大学里建立起心理学的实验室，至此为止，实验研究也仍然是心理学研究的主流研究方法，没有实验室的心理学家已经成为笑谈，堪比没有天文台和天文望远镜的天文学家。但事实上，对头顶上的星空的探讨方法原则上应当不同于对心中的道德律的探讨方法。初期的实验心理学受到的诟病也主要集中于将物理学的方法用于研究心理学这一点。不过艾宾浩斯的工作很快便展现出另一类型的实验方法，它虽然不需要实验室，但仍然是实验性的。

---

① 胡塞尔的学生埃迪·施泰因起初学习心理学，而后转向意识现象学。她曾在回忆录中报告过在20世纪初期心理学实验研究的状况以及她的印象："我的整个心理学的学习仅仅使我明察到：这门科学［心理学］现在还处在穿着童鞋的阶段，它还缺少清晰的基本概念的必要基础，而且它自己还没有能力去拟就这些基本概念。"她也曾作为受试者参加过哥廷根大学的心理实验室里的实验，了解心理学家们正在使用自然科学的操作方式来进行心理研究；他们在同一个实验室做各自的实验研究，且相互保密，"没有人会告诉其他人，他做的研究究竟是什么。""他们在他们的机器前神秘地转来转去地工作"，而"我们现象学家对这些故弄玄虚的做法一笑了之"。（参见埃迪·施泰因："在胡塞尔身边的哥廷根和弗莱堡岁月"，载于倪梁康编：《回忆埃德蒙德·胡塞尔》，北京：商务印书馆，2018年，第84页、第101—102页）

更为重要的是，这种方法很快便证明：

1. 实验研究方法并不一定是自然科学物理学用来主动拷问自然和物理的方法，而且也可以是精神科学的心理学用来主动拷问精神和心理的方法；

2. 它可以借助自身实验的设计和操作，来完成在对无意识状态的研究中从间接推断到直接观察的过渡；

3. 它因此而可以借助描述而从单纯的思辨方法中摆脱出来，而这种思辨的色彩在封·哈特曼的无意识哲学中，也包括在瑜伽唯识学的方法中，以及在弗洛伊德的心理分析中，都还是十分明显的；

4. 它可以使确切意义上的经验心理学成为可能并变得有效，并赋予它以经验科学的所有特征：实证的、可量化的、事实有效的、可证伪的和可修正的，以及随时可付诸应用的。

正因为此，艾宾浩斯的记忆心理学研究才当之无愧地成为机能心理学或无意识研究的典范。在意识现象学与机能心理学之间存在的最主要的差异和最重要的关联，也可以通过回忆与记性的差异与关联而得到典型的代表。艾宾浩斯的许多研究工作及其研究结果实际上是后来弗洛伊德的心理学研究未能达及的，这主要是就艾宾浩斯在直接的自身观察和自身实验方面的贡献而言。或许可以说，如果没有艾宾浩斯的工作，那么无意识研究是否永远都是一门心而上学，或永远无法成为一门心理科学，无论是严格的还是精确的意义上的科学，至今都仍然会是一个开放的问题。

三、无意识研究的"心理区域论视角"①

当然,无意识研究或无意识心理学的最重要代表人物还是弗洛伊德,他的工作已成为经典,就像牛顿代表的是经典物理学,达尔文代表的是经典生物学一样。②弗洛伊德提出的具体命题和结论很可能都已遭到证伪和纠正,不再被当作有效的,不再被临床运用,但他的"心而上学"或"自我心理学"的代表性意义仍然存在。对它们的回溯研究可以帮助我们找到进入无意识研究领域的不同于艾宾浩斯所提供的其他可能入口。

弗洛伊德在 1912 年"关于心理分析中的无意识概念的几点说明"的文章中对意识与无意识的划分界定与艾宾浩斯对记忆与回忆的划分十分相近:

> 一个表象——或任何一个其他心理要素——可以在我的意识中现在是当下的,而在下一个瞬间从中消失;它可以在一段时间之后完全不变地重又出现,而且就像我们所表达的那样,从回忆中产生,不少作为一个新的感官感知的接续。考虑到这

---

① 这里的"区域论"是对弗洛伊德用来划分意识与无意识的"topisch"模式或视角的翻译。这个视角与后面还会讨论的"动力学视角"以及后面不会提及的"经济学视角"一同构成对心理现象之阐述的三条可能路径。它在英译本中被译作"topographic",即"地形学"(参见 Sigmund Freud, *The Ego and the Id*, translated by Joan Riviere, revised and edited by James Strachey, New York · London: W.W. Norton & Company, 1989, p. 12)。

② 参见 Stephen A. Mitchell, Margaret J. Black, *Freud and Beyond — A History of Modern Psychoanalytic Thought*, New York: Basic Books, 1995, "Preface", p. xvii。

个事实，我们不得不假设：这个表象在此期间也是在我们的精
神中当下的，即使它在意识中始终是潜隐的。（SFGW VIII, 430）

弗洛伊德后来也将这种"无法反驳的潜隐的心灵生活状态"理
解为"无意识心灵或心理状态"（SFGW X, 266）。这与我们在前一
节开始时所确定的"无意识的意识状态"或"无意识的心理状态"
是一致的。这也算是弗洛伊德对他的老师布伦塔诺的"无意识的意
识"何以可能问题的一个回答，而且也与艾宾浩斯的理解相一致：
"无意识的意识"，指的不是无意识的意识活动，而是指无意识的意
识状态。不过弗洛伊德在此期间还是承认："但在它于心灵生活中
是当下的并于意识中是潜隐的期间，究竟能够以何种形态存在，对
此我们无法提出任何猜测。"（SFGW VIII, 430）他将这个问题的答
案寄希望于生物学，而且我们如今通过四类脑电波的划分也的确获
得了关于无意识存在的某些知识。

尽管在当时还无法对无意识领域做出进一步的推断，但弗洛伊
德此时已经确定并划分了两种意识的类型：意识是彰显的表象，无
意识是潜隐的表象。随后在 1915 年的《无意识》论文中，弗洛伊德
已经可以对看似困扰他已久的"我们如何获得对无意识的认识"的
问题做出回答："我们只有将无意识变为意识才能认识无意识"；在
另一处他还说："我们当然只有在无意识已经完成了向意识的转换
（Umsetzung）或转渡（Übersetzung）之后才能认识作为意识的无意
识。"（SFGW X, 246, 264）在这个意义上，弗洛伊德的无意识研究是
间接通过对意识的研究来进行的，即通过对经历了转换或转渡的意
识来进行研究，例如对梦、口误、笑话等从无意识中流露出的意识来

进行诠释和分析, 从而得出关于无意识的结论。在这个意义上, 弗洛伊德的无意识研究已经是意识心理学, 而不再是心而上学了。

　　同样是在 1915 年, 借助于在这个时期提出的"压抑 (Verdrängung) 理论", 弗洛伊德在无意识研究方面又迈进了一步。具体说来, 他借助"压抑"概念而将无意识进一步划分为两种: 一种无意识是潜隐的, 虽然当下未被意识到, 但原则上随时可以被意识到的行为, 他也将其称作"**前意识**" (Vorbewußtsein)①。它仅仅是在描述性意义上的无意识而不是在动力学意义上的无意识, 这类无意识行为与意识行为原则上没有区别。而另一种无意识是压抑的结果, 或者说, 它意味着被压抑的进程。这种无意识当然也是潜隐的, 但即使它能够像前一种无意识 (前意识) 那样变为意识, 它与意识也完全是另类的, 即不是描述性的, 这使它有别于前一种无意识 (前意识)。而且后来弗洛伊德在 1923 年的《自我与艾斯》②的长文中还修

---

　　①　这个概念在胡塞尔和舍勒的手稿中都出现过, 例如参见 Hua LVII, S. 509; Scheler, BSB Ana 315, CB. IV. 40。——我们会在其他地方展开讨论这个概念。

　　②　参见 Sigmund Freud, „Das Ich und das Es", in SFGW XIII, S. 237—289。——这里的"艾斯"是对"Es"的音译, 通常的中译是"本我"。但这与其说是一个翻译, 不如说是一个解释, 而且这个解释不一定符合弗洛伊德的原义。

　　弗洛伊德使用的德文原文"Es"的意思是"它"(取自 Georg Groddeck 所著 *Das Buch vom Es* 一书)。这个中性的主语代词之所以刻意地被大写, 是为了表明"它"不是一个代词, 而是一个名词。我们用"它"来翻译"Es", 仍然会有因此而产生含义不叠合的问题。目前笔者尚未想到恰当的中译名。胡塞尔使用的"前自我"(Vor-Ich) 与"Es"基本一致, 但只能用来解释和命名, 而不能用来翻译"Es"。或许"艾斯"或"伊德"的音译可以像唯识学中"阿赖耶"和"末那"的音译一样成为不错的选择。

　　此外, 胡塞尔那里也有"本我"(ego) 的译名, 对此我们在后面还会讨论。对弗洛伊德的"Es"中译使用音译, 也是为了避免两者的混淆。但我们还会另择机会对"Es"的恰当中译做进一步的论述分析。

正说：这个第二种无意识实际上永远不能变为意识，或者说，需要经过特殊的工作才能变为意识。因此，他将这种"**无意识**"称作"动力学意义上的无意识"（SFGW XIII, 241），或者也可以说，思考和讨论无意识的这个方式可以叫作"**动力论途径**"。关于"心理动力学"的含义，我们在下一节还会进一步说明。无论如何，这里的三种意识的划分虽然已涉及"心理动力学"，但在总体上还是"心理区域论"的问题。

这个对心理或心灵生活的三个区域与艾宾浩斯对心理状态的三组情况的划分是基本一致的。第一组，通过意志努力，一些已经消失的心理状态可以被唤回到意识之中；第二组，不需意志努力，曾经被意识到的心理状态也会自发地回到意识中；第三组，已经消失了的心理状态自身根本不回到意识中。[①]

我们不能将弗洛伊德的三分说看作是对三十五年前艾宾浩斯的三分说的重复或沿袭，因为弗洛伊德自有其创新之处：他解释了那些已经消失的心理状态为何根本不回到意识中的原因，即艾宾浩斯的第三组情况也与意志努力有关，但这是一种相反方向的意志努力，更确切地说，无意识的本能作用，这也就是被弗洛伊德称作"压抑"的东西："压抑会成功地阻止欲念萌动转换为情绪表达"（SFGW X, 277）。易言之，压抑本身是一种无意识的防御机制，它可以将已经历的意识生活连同其沉淀物排挤和转移到无意识领域，并使其不再能够有意识地受支配。

至此我们至少可以看出，艾宾浩斯提到的第三组情况在这里获

---

① 参见 Hermann Ebbinghaus, *Über das Gedächtnis*, a.a.O., S. 1f.。

得了两种解释的可能性：已经消失了的心理状态自身之所以根本不回到意识中，一方面是可能因为它们完全以被动的方式遭到遗忘，另一方面则可以是因为它们以主动的方式被压抑在了无意识领域。据此我们可以说，艾宾浩斯的无意识心理学研究在弗洛伊德这里也以某种方式得到接续和发展。

四、无意识研究的"心理动力学视角"

当然，在心理分析中的无意识研究方面，弗洛伊德的功绩还远不止于此。他在 1923 年的《自我与艾斯》中还提出与这个三重心理地域说相并列的三重心理结构说。正是因为这个自我理论，弗洛伊德不仅可以被称作"无意识心理学家"，而且也可以被称作"自我心理学家"。

弗洛伊德的这个"自我"理论几乎可以被视作胡塞尔在 1913 年之前——还在静态现象学时期——所反对的那种"自我形而上学"。但看起来弗洛伊德此时想要从事的确实不是"心而上学"而是"自我心理学"。他开篇便说明，他在这里所做的阐释是他在 1920 年《快乐原则的彼岸》一书中提出的思想的继续，将其与各种分析观察的事实相联结，试图从这个结合中推导出新的结论，但不在生物学那里做新的借用，并因此而与《彼岸》的心理分析靠得更近，它们所带有的更多是一种综合的特征而非一种思辨的特征，并且看起来设定了一个高目标（SFGW XIII, 237）。就此而论，弗洛伊德为其后期自我心理学所制定的方法应当是观察的、分析的、推断的、综合的、假设的，而不应当是思辨的、诠释的、内省的，也不应当是生物学的。

弗洛伊德用这种方法来确立心灵生活的三重构造："艾斯"（Es）、"自我"（Ich）与"超我"（Über-Ich）。他认为这个划分"意味着我们的明察中的一个进步"，因为"它们表明自己是更深地理解和更好地描述心灵生活中的动力关系的手段"（SFGW XIII, 268）。

这个三位一体的心理动力学说与他此前提出的三位一体心理区域学说并不相互排斥，而是处在一种内在相互联系之中，并且彼此交织地组成一个心灵生活的立方体。他将这个关于自我的心理动力学说视作对无意识理论的第二个修正。这个修正可以与上一节讨论的"区域论的途径"相对应地被称作"动力论的途径"（SFGW XIII, 244）。

弗洛伊德所区分的三种意识类型的特征可以概括如下：首先，意识是彰显的，是直观性的现象，因而也是可描述的，即描述性的；其次，前意识是潜隐的、不显现的，但它可以显现，例如在回忆中，而它在显现时与意识相同，也是描述性的；最后，无意识是潜隐的，即不显现的，它是动力学的，因为这里有压抑在起作用。

这里的问题是：谁在实施这个压抑（或抵御）？按照弗洛伊德的说法是自我："压抑是从自我发出的。"（SFGW X, 160）这里涉及自我的产生以及它与艾斯和超我的关系。我们在这里可以对弗洛伊德的动力学做一种发生学的解释。换言之，我们可以对弗洛伊德的心理动力关系做一个心理发生关系的说明与解释：

按照弗洛伊德的理解，心理生活原初是无意识的或未被意识到的，主要由本欲（Trieb）组成，但随着感知系统的形成并在其影响下，自我作为艾斯的一个部分从艾斯中分化出来。自我主要受感知系统的影响，就像艾斯受本欲系统的影响一样。弗洛伊德因此说，"感知对于自我的意义与本欲对于艾斯的意义是一样的"（SFGW XIII, 268）。接下来，在他看来，有许多理由让我们假设在自我内部存在一个可以称为超我的阶段，它是"奥狄帕斯情结的遗产"与"在自我中形成的沉淀"的结合（SFGW XIII, 262）。易言之，自我进一步可以分化为自我与超我，或超我作为自我的一个部分从自我中分化出来，就像自我本身从艾斯中分化出来一样。"自我是外部世界和现实的代言人"，而"超我则是内心世界和艾斯的辩护人"，两者之间的冲突反映为外部世界与内部世界的冲突（SFGW XIII, 264）。

　　不过它们两者说到底都是从无意识及其核心艾斯中形成的。自我并不会与艾斯明确地区分开来，正如在自我与超我之间也没有截然的界限一样。就总体而言，艾斯是无意识的，超我是无意识的，自我可以是有意识的，或者说，自我的某些部分是有意识的。

　　当然，或许我们还可以在其他地方进一步展开一方面关于意识、前意识、无意识之间关系，以及另一方面艾斯、自我、超我之间关系种种可能的有趣思考和阐释，例如，自我就总体而言可以分为躯体自我和意识自我；在自我这里，最高的和最低的东西都是无意识的；自我有控制功能，可以驾驭艾斯；艾斯是受自我的压抑而始终潜隐的无意识的部分，是本欲萌动（Triebregung）；意识与无意识的冲突也表现为自我与从自我分裂出来的被压抑的部分的冲突；超我是自我的理想；关于无意识的艾斯，超我要比自我知道得更多；以及如此等等（SFGW XIII, 251, 280）。

　　而在这里我们只能就无意识心理学和自我心理学的问题与方法做大致的勾画，并暂时满足于两方面的结论：一方面，我们可以看出，弗洛伊德在无意识领域中所做的工作与在意识和前意识领域中所做的工作，是借助于两种不同的方法来实施的，由此获得的认知于是也有明察程度上的差异，前者是描述性的、直接直观性的工作，后者是动力学的、间接假设性和推断性的工作。而这无疑也可以被纳入到他的老师布伦塔诺对心理活动的研究方式的分类归纳系统中："不能直接经验到的东西，或许可以从经验事实中间接推断出来。"① 另一方面，无意识研究中的动力学视角为我们提供了对人类心灵生活的一个发生学理解，类似于佛教唯识学中的三能变观点：唯识学很早便指明心识的发生变化遵循一条从"初能变阿赖耶识"到"二能变末那识"再到"三能变前六识"的脉络。与这个三分类似的线索后来在胡塞尔的发生现象学思考中也出现过。我们很难将这种思想史上相似见解的出现仅仅解释为理论建构模式或解释模式的巧合。

五、无意识研究的发生现象学视角

由于无意识问题与意识问题密切相关，而且可以说，在人类心灵生活中，无意识是对意识领域的划界，因而意识现象学或迟或早会触及它，但很难说是能够面对它。在出版《逻辑研究》第一版（1900/1901）时，胡塞尔还不认为有必要和有可能假设在意识之上还有一个作为意识统一性的自我，即一个在杂多体验的上空飘浮着的怪物，或者说，在意识之外的无意识统一体。但在十三年之后的

---

① Franz Brentano, *Psychologie vom empirischen Standpunkt*, Band I, a.a.O., S. 147.

第二版中,胡塞尔特别说明自己不再赞同此前对"纯粹"自我的反对意见,承认可以把握到一个"现象学的自我":"在此期间我已经学会发现,这个自我就是必然的关系中心,或者说,我学会了,不应当因为担心自我形而上学(Ichmetaphysik)的各种蜕变而对被给予之物的纯粹把握产生动摇。"[①] 这里已经可以看出,胡塞尔此时虽然仍将"自我形而上学"视作贬义词,但他显然已经发现了或重估了对自我进行"纯粹把握"的可能性。而他在这里所说的"纯粹把握"实际上是"本质把握"和"观念直观"的同义词,即后来发展为纵向本质直观的现象学方法。在同年出版的《纯粹现象学与现象学哲学的观念》第一卷(1913)中,胡塞尔将"意识行为"的概念扩展到"行为萌动"(Aktregung)上,并讨论它与"行为进行"(Aktvollzug)之间的关系(Hua III/1, § 119),即开始触及意识现象学的边缘问题。即是说,还在 1913 年胡塞尔就已经为发生现象学奏响了序曲。

　　用发生的眼光看,无意识研究包含的领域要远远大于意识的领域。在意识流中的发生过程的纵剖面都可以说是无意识的,有意识的仅仅是意识流中的横截面,只是其中的瞬间或刹那。胡塞尔在其一生的意识现象学思考和研究中断断续续地触探无意识问题以及与之相关的本能、意欲、时间流、原现象、死亡、出生等问题。近年出版的《胡塞尔全集》第四十二卷[②] 将他在这些问题上的思考记

[①]　胡塞尔:《逻辑研究》(第二卷第一部分),倪梁康译,北京:商务印书馆,2017年,第 785 页,注 1。

[②]　参见 Edmund Husserl, *Grenzprobleme der Phänomenologie. Analysen des Unbewusstseins und der Instinkte. Metaphysik. Späte Ethik* (*Texte aus dem Nachlass 1908—1937*), Husserliana XLII, Dordrecht etc.: Springer, 2013。

录作为现象学的"边缘问题"之一择要收集发表。胡塞尔的这些研究手稿产生于他生命中的最后十年。与之相关的问题思考还包含在他这一时期的其他手稿组中，例如关于时间构造的 C 手稿，关于欧洲科学危机的手稿，关于交互主体性现象学的手稿等。按照该卷的编者之一索瓦（Rochus Sowa）的说法，"胡塞尔是在普全超越论构造问题的范围内提出边缘问题，既是在静态现象学中，也是在发生现象学中，而且是以如此方式提出，以至于有了从静态的提问到发生的提问——而后也向'形而上学的'提问的种种过渡"（Hua XLII, XXV）。

这里的"提问"或"提出边缘问题"的说法是确切的：胡塞尔关于"无意识"问题的思考严格说来不是"无意识分析"，而只是对意识边缘问题的提问和探寻。但胡塞尔的确提供了无意识研究的另一条可供参考的进路。

与前面所说的弗洛伊德的"艾斯"（Es）、"自我"（Ich）与"超我"（Über-Ich）三重自我划分相似，在胡塞尔后期对自我问题的研究中也可以发现一个三重自我的划分，即"前自我"（Vor-Ich）、"原自我"（Ur-Ich）与"本我"（Ego）。

首先，"前自我"最初是在胡塞尔《关于时间意识贝尔瑙手稿》中出现的概念，后来也在其他手稿中零星出现。它是指"尚不具有作为人格的稳定存在的自我"。它还不是真正指向目标的，"没有目的和手段"，因此也是"前意向的"或"前现象的"，仅仅是单纯的"原素材料"（hylen），仅仅是"前活动性"（Voraktivitäten）或"前人格（vorpersonal）生活中的前人格之物"。它在儿童的"不成熟人格"中体现出来（Hua XLII, 24f.）。按照田口茂的说法，"胡塞尔将'前自我'理解为那些还是盲目的本能之'中心'",或按胡塞尔自己的说法是"原初本能的自我极"。[1] 这个意义上的"前自我"既不是自我,也不是无自我,而是处在这两者之间;而这里的"本能"之所以是盲目的、原初的,乃是因为这里还没有出现"本欲意向性"(Triebintentionalität);可以说,这里有的仅仅是无指向的欲望萌动。

其次,与此不同的是"原自我"。它是指贯穿在意识流中的固持的"自我"(Ich)或"自我极"(Ichpol)的"原完形"(Urgestalt)和"原内涵"(Urgehalt),是包含在本欲系统中的"资质"(Anlage)(Hua XLII, 102)。"原自我"是"展示着所有有效性的原基地",它是"原初起作用的自我",是"原现象的存在",它是"有意识的,然而同时又是匿名的"。[2] 如果"前自我"是"前现象的",即不显现的、潜隐的,因而是无意识的,那么"原自我"已经是"原现象的",即最初显现的、彰显的,因而是有意识的。

最早关注和区分"原自我"与"前自我"的差异与关联的是两位亚洲的现象学家李南麟和田口茂:前者在其《胡塞尔的本能现象学》中强调,"作为最终有效性的原自我与作为最终发生起源的前自我彼此有明确的区别"[3];后者则在其《胡塞尔的原自我问题》中提出同样的要求:"必须将'原自我'严格地区分于作为一个发生的

---

　　① 　参见 Shigeru Taguchi, *Das Problem des, Ur-Ich' bei Edmund Husserl. Die Frage nach der selbstverständlichen, Nähe' des Selbst,* Dordrecht usw.: Kluwer Academic Publishers, 2006, S. 118。胡塞尔的未发表手稿编号是: E III 9, 18。

　　② 　这里的引文出自胡塞尔的未发表手稿 C 2 I, 10, 3, 14。此处引文转引自: Nam-In Lee, *Edmund Husserls Phänomenologie der Instinkte,* Dordrecht usw.: Kluwer Academic Publishers, 1993, S. 214。

　　③ 　Nam-In Lee, *Edmund Husserls Phänomenologie der Instinkte,* a.a.O., S. 214.

前阶段的'前自我'。"①

最后，现象学意义上的"本我"是"自我极"连同其密不可分的种种具体体验和具体体验内容，它构成莱布尼茨意义上的"单子"。这个意义上的"本我"的轮廓和形态在对纯粹自我的反思把握中会从纵横两个方向上展开：静态构造的和发生构造的方向上，或者也可以用胡塞尔的术语来说：在"并存"（Koexistenz）和"演替"（Sukzession）的方向上（Hua VI, § 54, b）。这也是他在《笛卡尔式沉思》中总结性地论述的几个意义上或几个视角中的"自我"：横意向性中"作为种种体验的同一极的自我"，纵意向性中"作为种种习性之基底的自我"，作为单子及其自身构造的自我，作为可能的体验形式之大全的本我，以及时间作为所有本我论发生的普全形式（Hua I, § 32—36）。

这个前自我、原自我、本我的三重划分与弗洛伊德的艾斯、自我与超我的三重划分显然并不相叠合，但却十分接近佛教唯识学中的八种识和三能变的理论。如果将前自我与阿赖耶识、原自我与末那识、本我与前六识一一地做对照，我们会发现许多可以用作互证的意识描述性分析的结论。笔者在其他场合已有或详或简的论述②，这里不再特意展开。

这里之所以使用"描述"的说法，乃是因为佛教唯识学和胡塞尔现象学都在特定的意义上，或以特定的方式，将这三重自我视作"意识"而非"无意识"，因而这种意识描述仍然是建基于对显示在

---

① Shigeru Taguchi, *Das Problem des 'Ur-Ich' bei Edmund Husserl*, a.a.O., S. xvi.
② 参见笔者：《缘起与实相：唯识现象学十二讲》，北京：商务印书馆，2019 年。

现象学目光中的东西的观察之上，不同于对无意识的心而上学思辨和逻辑推断。

六、意识研究与无意识研究的不同领域

意识研究与无意识研究由于论题和领域各不相同，方法因而也迥然有异。只是因为在两个领域之间有中间地带或边缘地区，所以双方的思考和研究才会发生遭遇和交集，时而形成冲突与对立，时而产生共鸣与回应。如果我们将这个中间阶段归入无意识领域，那么可以说，艾宾浩斯、弗洛伊德和胡塞尔都在逼近并逼问无意识问题。尽管此类情况寥寥可数，但我们这里选列的几个案例已经说明，对此中间地带或边缘地区的触摸与探问往往可以获得意想不到的收益。

这里讨论的几位心理学家布伦塔诺、艾宾浩斯、弗洛伊德、胡塞尔都在一定程度上触及意识与无意识的中间地带，因而都在这里受到关注。而在他们中间，尤以弗洛伊德和胡塞尔的思考最具代表性。尽管探索的对象与方法都不相同，而且尽管两人从未有过相互间的思想交往与影响，但胡塞尔与弗洛伊德通过各自的思考、观察、诠释而完成的对无意识的心理状态结构的勾勒和把握却有相近之处，他们的研究结果也可以用作彼此的补充和完善。

这里需要分两个方面来讨论：

首先就论题和领域而言，我们对人类心灵生活的研究就是由"意识"研究与"无意识"研究两部分组成的。它们在胡塞尔和弗洛伊德那里得到实施。若将心灵比作住房，那么胡塞尔研究的是客厅，而弗洛伊德研究的是地下室；若将心灵比作海上的冰山，那么胡塞尔研究的是露出海平面的部分，弗洛伊德研究的是水下的部分。就人类心灵生活之整体而言，对意识的研究与对无意识的研究，在这里也是指意识现象学和心而上学的研究，原则上应当是各司其职。但一旦我们谈及整体，实际上也就默认了超出部分的眼光以及整体性的研究与各部分之间合作研究的可能性。

具体说来，这种合作研究可以表现为某种互补性。胡塞尔的意识研究主要集中在对智识意识的描述分析上，偶尔也兼顾意欲意识和情感意识。而弗洛伊德则更关心这些意识在无意识领域中的沉淀。弗洛伊德自己曾就自己的兴趣而对这里的心灵生活领域与进程的双重交集与交叉情况做过说明："作为心理分析家，我对情绪进程的兴趣必定会多于对智识进程的兴趣，对无意识的心灵生活的兴趣必定会多于对有意识的心灵生活的兴趣。"（SFGW X, 205）

心灵生活领域与进程的双重交集与交叉情况主要发生在意识与无意识的中间地带。所谓的"无意识现象学"，无论是封·哈特曼意义上的，还是《胡塞尔全集》第四十二卷编者意义上的[1]，以及

---

① 《胡塞尔全集》第四十二卷的编者索瓦将胡塞尔关于无意识的思考记录集结作为该卷第一部分内容出版并将其命名为"无意识现象学"，但这里的"无意识"（Unbewußtsein）并不是通常意义上的"无意识"（Unbewußtes），即不是严格意义上的"未被意识到的东西"。与中文的"无意识"相对应的德文形容词是"unbewußt"，而与它们相应的德文名词则有两个：一个是"Unbewußtsein"，另一个是"Unbewußtes"。在哲学中最初提出"无意识哲学"的爱德华·封·哈特曼使用的是后者；"无意识心理学"创始人西格蒙德·弗洛伊德使用的大都也是后者，偶尔会在特定的意义上谈及前者，主要是在后期的《自我与艾斯》中（SFGW XIII, 244, 247）。而无意识现象学的代表人物埃德蒙德·胡塞尔则大都使用前者，偶尔也使用后者。

需要注意：这两个语词在胡塞尔那里可以说是被刻意区分开来的。简单地说："Unbewußtsein"是意向活动方面的"无"或缺失，"Unbewußtes"则是指意向相关

弗洛伊德意义上的"无意识心理学"，实际上都在指称对这个中间地带的思考和研究。这个中间地带在弗洛伊德那里相当于区域论的"前意识"领域，即潜隐的，虽然当下未被意识到，但原则上随时可以被意识到的行为，而这个意义上的"前意识"，在胡塞尔那里恰恰属于意识领域，甚至属于直观意识领域。在胡塞尔那里勉强属于无意识领域的是发生现象学意义上的"前自我"阶段，即意识的积淀下来的底层。

　　这个中间地带可以从弗洛伊德的心理区域论或胡塞尔的意识结构论的角度来考察，也可以从弗洛伊德的心理动力学或胡塞尔的意识发生学角度来考察。这两个角度在东方的意识哲学中都有自己的先驱：前一个角度与儒家心学中关于"已发"、"未发"的思考有关："已发"是指心理活动（主要是情感活动）已经产生的阶段，也相当于胡塞尔所说的意识阶段；而"未发"则是指心理活动（主要是情感活动）尚未产生的阶段，也相当于弗洛伊德所说的"前意识"或"无意识"阶段。而后一个角度则相当于佛教唯识学中"三能变说"所提供的视角：末那识和阿赖耶识在无意识的状态下继续起作用，作为前六识的意识是从第七识和第八识转变而来的。

　　就此而论，弗洛伊德和胡塞尔在意识与无意识研究上就总体而

项方面的"无"或缺失。对于胡塞尔来说，它们各自代表着意识的两种"不活动性"（Inaktivität）的模态（Hua XXXIX, 461）：前者是"没有意识（Unbewußtsein）、记忆"，即在意向活动方面的"无意识"，它在这里基本上等同于**没有意向活动被意识到**，例如昏迷、无梦的睡眠、生前、死后等；后者则是"在直观之内的背景"，即意向相关项方面的"无意识"，即**特定的意向相关项没有被意识到**，例如未被意识到的前视域和背景视域：窗台上的花处在我的视域中，但在风吹动它并因此引起我的注意之前，它是未被我意识到的。——这里的术语和分类是胡塞尔的，例子则为笔者本人所举。

言是各行其是，而且也始终互不干扰。当然，他们也常常越界去做属于对方领域的工作，如弗洛伊德在意识方面的思考和胡塞尔在无意识方面的思考，而且就总体而言，弗洛伊德在意识方面所做的工作还要多于胡塞尔在无意识方面所做的工作。

不过，在两人对论题和领域的理解上，有一个差异和分歧十分明显：弗洛伊德是站在无意识研究的立场上，从对无意识领域的确定和划界出发来讨论意识问题。按照他的说法："将心理划分为意识与无意识是心理分析的基本前提，并且仅仅赋予它以这样的可能性，即理解心灵生活中既频繁也重要的病理学进程，将它纳入科学。易言之，心理分析不能将心理的本质挪到意识之中，相反，意识必须被视作心理的一个质性，无论它是否会与其他的质性合并。"（SFGW XIII, 239）在另一处他说得更明确："无意识是在那些论证我们心理活动的心理进程中的一个合乎规则的、不可避免的手段；每个心理行为都是作为无意识行为开始的，而且要么可以始终是无意识行为，要么可以继续发展成为意识。"（SFGW X, 436）

而胡塞尔则相反，他是站在意识研究的立场上，从对意识的确定和划界出发来接近和切入无意识，他将"无意识"视作"从思维、评价、意欲的行为领域的现时意识中坠落的、'积淀的'以及习性化的东西"（Hua LXII, XXXII），是意识的"含糊的积淀"（Hua XXXIII, 361），并且相信只有在完成对意识的研究之后才能处理与无意识研究相关的问题，"关于出生、死亡、无意识的问题回引到普遍的意向性理论上"（Hua LXII, 535）。当他说"意识从无意识中的绝对升起，这是一个荒唐"（Hua LXII, 140）时，他针对的很可能就是前引的弗洛伊德的说法。

此外，在胡塞尔未竟之作《欧洲科学的危机与超越论现象学》中有一份出自芬克手笔的对流行的无意识理论的批评：

> 流行的"无意识"理论的幼稚之处就在于，它埋头于这些在日常生活中预先被给予的有趣现象中，运用归纳的经验知识并设计建构性的"说明"，同时始终已经默默地受一门幼稚而独断的、隐含的（implizite）意识理论的引导，即使与那些在日常熟悉性中被接受的意识现象做了所有的划清界限，这门意识理论始终还是在被运用着。只要对无意识问题的阐明是受这样一门隐含的意识理论所规定的，那么从原则上说，它在哲学上就还是幼稚的。只有**根据明确的**（explizite）意识分析才能提出无意识的问题。唯有在对意识问题的研究解决中才会表明，"无意识"是否可以借助意向分析的方法手段来揭示。（Hua VI, 474f.）

尽管芬克对流行的无意识理论的批评主要是针对它受"一门幼稚而独断的、隐晦的意识理论"——康德的？或布伦塔诺的？——的引导和规定，但无意识问题研究须以意识问题研究为前提，这是意识现象学持守的基本立场，而心理分析学的立场如前所述是恰恰相反的。在这里，意识研究与无意识研究彼此间截然对立的观点与立场在这里表现得不可能更清楚了。

这里已经涉及意识研究与无意识研究各自的方法论差异与方法论前提的问题。

七、意识研究与无意识研究的不同方法

我们继续上一节的结尾而提出这样的问题：无意识研究是否需要以意识研究为前提？或者反过来，意识研究是否需要以无意识研究为前提？这应当不是一个因为研究者的视角和立场的差异而导致各执一端并最终无解的问题。我们或许可以尝试从一个客观中立的，既非出自无意识研究立场，亦非出自意识研究立场的观点来考察这个问题。

我们可以看到，在心理学研究中，通过动物心理学研究所能获得的科学成果至今为止始终是最弱的，即是说，我们至今能够获得的关于动物心理的知识，无论是在动物的意识方面还是动物的无意识方面，远远不如我们获得的关于人类心理的知识。究其原因，主要是因为动物心理的研究主要是由行为心理学、脑科学、神经学、比较心理学等构成的。在这里缺乏反思方法和意识心理学及同感心理学的奠基，简言之，缺乏直接的意识分析和反思的理论和方法，缺乏在人类心理学中默默包含的诸多意识理论和意识认知的前提。而能够将人类心理学根本上有别于动物心理学的东西，恰恰是类似胡塞尔意义上的意识现象学或意识心理学所提供的自身反思的工作，也包括艾宾浩斯和弗洛伊德意义上的使无意识成为意识的种种努力。

与艾宾浩斯的无意识研究或心理机能研究相比，胡塞尔与弗洛伊德的无意识问题思考和研究各有相同与不同之处：与胡塞尔的意识研究方法相同，艾宾浩斯的无意识思考也是自我观察的、反思的，因而也是直接原本地关涉本己主体的；但胡塞尔的意识研究方法不是实验性的，而弗洛伊德的无意识研究则是观察他人或探察他人（例如通过催眠术），将他人的无意识带入意识，而后通过对他人意识的诠释来回溯说明他人的无意识。心理分析大都是对心理病人的临床心理的诊断研究，因而是间接的，关涉客体的或异己主体的，在诊断上带有诠释的性质，在治疗上带有实验的性质。就此而论，胡塞尔是通过对自身意识的研究来探索无意识，而弗洛伊德是通过他人的意识来探索无意识。他们在人类心灵生活的探讨方面都是胡塞尔意义上的考古学家而非康德意义上的建筑学家。

但说到底，弗洛伊德的"无意识分析"与其说是分析，不如说是解释或推断。或者如贝奈特曾引述的弗洛伊德本人的说法："无意识之谜其实是意识之谜。"[1]

哈贝马斯曾批评弗洛伊德有"科学主义的自我误解"[2]，主要是因为弗洛伊德从不想把他的无意识理论发展为（例如类似哈特曼的）"无意识哲学"，而是只想发展为（例如类似艾宾浩斯的）"无意识科学"。他的科学主义倾向十分强烈，因而很少去顾及哲学的思想资源，也对自己的老师布伦塔诺和同学胡塞尔的研究鲜有关注和借助。从弗洛伊德对"无意识的意识"的问题讨论来看，他的许多思考都是针对布伦塔诺而发的，而且他最后的结论实际上也与布伦塔诺的相一致。而胡塞尔的研究手稿表明，他对弗洛伊德还是比较关

---

[1]　参见 Rudolf Bernet, "Unconscious consciousness in Husserl and Freud", in *Phenomenology and the Cognitive Sciences*, vol.1, 2002, p. 330。

[2]　Jürgen Habermas, *Erkenntnis und Interesse*, Frankfurt am Main: Suhrkamp, 1991, S. 300f..

注和了解的，无论是其心理区域论，还是其心理动力学。从他提及弗洛伊德的几处来看，胡塞尔对这位早三年出生、晚一年去世的同乡的理论既有赞成的态度，也有反对的表述。

概而论之，弗洛伊德的所有努力实际上都离他所追求的科学甚远，而是更多带有哲学的烙印，或者说，更多带有精神科学而非自然科学的风格。正如他的学生和最重要的传记作者琼斯（Ernest Jones）所说："在此语境中，人们可以将弗洛伊德标示为观念论的、物质论的，甚至现象学的哲学家，因为在他生命不同时期都有一些表述可以做有利于这些观点的引述。"[1]

应当说，哈贝马斯批评的"科学主义的自我误解"在无意识研究的问题上不仅对弗洛伊德有效，而且也对主张"哲学作为严格科学"的胡塞尔有效。但在无意识研究的科学主义自信方面，胡塞尔远不如弗洛伊德来得严重。胡塞尔保留了他的四万页研究手稿，包括在无意识问题上的思考记录，但至死都没有公开发表，目的就是为了告诉后来的可能读者，它们不是科学与真理的宣布，而仅仅具有在科学与真理探索方面的参考价值。

八、结尾的过渡：从意识与无意识理论
到人格现象学或人格心理学

我们在这里可以借用胡塞尔同时代人、心理学家威廉·斯特恩（William Stern, 1871—1938）于 1935 年出版的系统论著《人格主

---

①   Ernest Jones, *Das Leben und Werk von Sigmund Freud*, Bd. I, Bern: Huber, 1960, S. 424.

义基础上的普通心理学》中的工作，来总结前面所讨论的意识与无意识研究，并引入我们接下来要讨论的人格现象学或人格心理学的问题和任务。①

斯特恩在这部论著中指出了心理学当时面临的两个全新任务："1) 研究意识表层和无意识深层之间的关系；2) 澄清无意识深层本身的本质。"② 我们在这里所讨论的问题基本上与他所说的第一个任务有关。而第二个任务则应当与我们接下来将会讨论的人格现象学的问题有关。

关于第一个任务，斯特恩进一步说明"意识与无意识的关系"具有双重含义，因为意识内容与意识进程是由两部分组成的：一部分是"无意识的宣示（Kundgebung）"，一部分是"无意识的遮蔽（Verhüllung）"。

---

①　斯特恩在布莱斯劳大学任教期间曾是埃迪·施泰因的心理学授课老师，后来施泰因离开布莱斯劳到哥廷根大学随胡塞尔学习现象学，成为胡塞尔最重要的学生之一。施泰因在回忆录中写道："在［布莱斯劳大学的］第四个学期里我获得了这样的印象：布莱斯劳无法再向我提供了什么了，而我需要新的动力。客观上当然绝非如此。还有许多没有充分利用的可能性，而我在这里应当还可以学到很多东西。但我急迫地想要离开。［……］1912 年夏和 1912/1913 年冬，在斯特恩（William Stern）的讨论课上探讨了思维心理学的问题，主要与'维尔茨堡学派'（屈尔佩、毕勒尔、梅塞尔等）的研究著作相衔接。"（参见埃迪·施泰因："在胡塞尔身边的哥廷根和弗莱堡岁月"，倪梁康译，载于倪梁康编：《回忆埃德蒙德·胡塞尔》，第 80 页）事实上，我们这里通过斯特恩的论著所要尝试把握的恰恰属于施泰因所说的与斯特恩工作相关的"许多没有充分利用的可能性"。无论如何，斯特恩这部系统的心理学论著提供了对当时德国心理学和心理哲学的发展最详尽的阐释和论述，涉及并回应了心理学领域中出现的所有问题。可惜这部著作至今为止尚未受到应有的重视。参见 William Stern, *Allgemeine Psychologie auf personalistischer Grundlage*, Den Haag: Martinus Nijhoff, 1935.

②　William Stern, *Allgemeine Psychologie auf personalistischer Grundlage*, a.a.O., S. 51.

对于斯特恩来说，一方面，"最直接的宣示"是指一种"'相即的'（adäquat）使之被意识到（Bewußtmachung）"。他举的例子是：一个无意识的本欲引向了一个相应的愿望表象。我们前面已经提到："使之被意识到"是弗洛伊德也使用过的概念。它也是无意识研究的方法论依据，例如艾宾浩斯的迫使潜隐的记忆功能显示出来的方法便属于这一类，而且它与海德格尔所说的现象学之"学"（λόγος）意义上的"让看"（Sehenlassen）是一致的。而另一方面，作为"最强的遮蔽"出现的则是"压抑"（Verdrängung）。这也是我们前面依据讨论过的弗洛伊德心理动力学的命题和论题。斯特恩举的例子是：一个使意识感到不安的想法被完全放逐到了无法为意识所达及的无意识之中。他在这里再次明确地诉诸了弗洛伊德心理分析学的概念与理论。

关于心理学的第二个任务，即"澄清无意识的深层本身的本质"，斯特恩在这里语焉不详。但他提出的心理学的第一个任务，即研究意识表层和无意识深层之间的关系，几乎就是对当时心理学家工作的一个总结概括；他所指出的意识与无意识、显现与不显现之间的那个中间地带也就是我们前面一再讨论的布伦塔诺、艾宾浩斯、弗洛伊德、胡塞尔所关注和探索的工作领域。我们在前面已经得出这样的结论：真正的无意识是无法直接观察、分析和研究的，而只能通过间接的或迂回的途径，通过解释、揣摩和推断的方法来不断地接近。事实上，即使可以使用特定的方式逼迫无意识宣示自身或显现自身，无意识也转为意识而不再是无意识了。

需要注意的是，斯特恩这部论著的一个重要特点是他对心理学的"人格主义基础"的强调。这里讨论的心理学的任务，由于涉及无意识的深层，因而首先被他理解为深层心理学的任务："意识与无意识关系的那个刻度（Skala）就处在宣示与遮蔽的两极之间，这个刻度是深层心理学的首要论题。"[①] 但他在该书的第四章中随即说明了"人格学在何种转向中会与深度心理学的种种观点相适应"。心理学在这里被他定义为"**关于体验着的和有体验能力的人格的科学**"[②]。对此我们会在接下来的章节中展开论述心理学和现象学意义上的人格主义（Personalismus）。

这里只需说明一点：无论是弗洛伊德还是胡塞尔，他们都深信，对深层心识的挖掘最终可以导向对人格（Person）与人格性（Personalität）的认识和把握。这主要是因为，无论是弗洛伊德的三重自我论，还是胡塞尔的三重自我论，都属于思想史上力图揭示人格的或隐或显的结构与发生的尝试。

由于人格可以以意识的方式显现，也可以以无意识的方式隐藏，因而人格学既是表层心理学或意识心理学的课题，也是深层心理学或无意识心理学的课题。如果现象学满足于所谓的"意识表层"，那么它最终会与意识心理学合作并相互融合为一。但实际上现象学的分析已经表明：如果所有的意向相关项都是以共现的方式被给予的，那么人格在作为现象学的思考对象时也不会构成例外。[③] 简单说来，人格整体的显现方式就意味着人格的"意识体现"

---

① William Stern, *Allgemeine Psychologie auf personalistischer Grundlage*, a.a.O., S. 51.

② William Stern, *Allgemeine Psychologie auf personalistischer Grundlage*, a.a.O., S. 99.

③ 关于意识的"共现"（Appräsentation）能力问题可以参见本书附录 7："意识的共现能力"。在其中没有专门列出人格的共现，但其第四节关于"流动的（strömend）共现"的讨论实际上已经将"人格共现"的案例包含在内。

（Präsentation）与"无意识共现"（Appräsentation）的合谋。

应当说，现象学–心理学今天的任务仍然主要在于以下两个方面：其一，研究显现的意识活动和不显现的意识机能之间的关系；其二，澄清这两种意识表层和无意识深层的本质。

笔者在此给出的主要是一个思想史的考察，具体说来，是对思想史上一个现象学–心理学问题展开线索的回顾与思考。但这个考察对于当今时代仍然具有重要现实意义。实际上它就源自一个在人工智能时代我们很快需要面对，甚或已经需要面对的问题：如果我们今天试图设计一个机器人的人工心灵，那么机器人应当或必须拥有人造的人格吗？这种可以叫作"AP"（Artificial Person）的人格看起来究竟是怎样的？是与人类的人格基本一致的**类人格**？还是有其特有的**机器格**？易言之，人工心灵应当全等于人工意识与人工无意识之总和吗？这里的"人工无意识"与我们现在的"人类无意识"究竟有无根本的不同，无论它是指人类的个体无意识还是指人类的集体无意识？①

就目前的人工智能的发展构想来看，在人工心灵这里只能有类似弗洛伊德的心理区域论和胡塞尔的意识结构论意义上的"无意识"，但很难有弗洛伊德的心理动力学和胡塞尔的意识发生学意义上的"无意识"。这也就意味着，在人工心灵的设计中，应当只有人

---

①   目前在人工智能研究领域中讨论和实施的"类脑"（Brain-Like）计划与我们这里所说的"人工意识"、"人工心灵"或"类人格"的构想有相近之处，而且在我们看来甚至要比"神经现象学"（neurophenomenology）等尝试和努力更接近我们的立场。我们会在适当的场合展开对纯粹意识现象学与这些思考和研究方向的合作与互补的可能性的讨论。

工意识而没有人工无意识，只有意识的表层而没有无意识的深层。

在美国电视剧《西部世界》中有一段人类对具有人工心灵的机器人所说的话，它可以算是对此状况的文学艺术式的表达："人类的记忆不完美。即使是最珍贵的时刻也会被淡忘。但你们这一类不会。你们见到的每一个画面都会被记录并储存。你们没有过去，因为一切都是当下，都在你们的掌控下。"（*Westworld*, S3/E6）

易言之，就现有人工心灵设想而言，在这里实际上应当说：没有深度，只有平面，历史的深度变成了当下的广度。一切都伸手可及。但在这里仍有显现与不显现之分，彰显与潜隐之分，可见与不可见之分，在场与不在场之分，一言以蔽之，有意识与无意识之分。

第 2 章　意识分析的两种基本形态：
意识行为分析与意识权能分析

一、引论

　　1962 年，即在几近六十年前，耿宁发表了名为“胡塞尔哲学中通向超越论-现象学还原的三条道路”的重要文章[①]，并借此指出胡塞尔为从哲学方法论上澄清在哲学史上常常出现的下列问题所做的多年努力：“哲学的知识是根据哪一个思想步骤产生的？在非哲学的生活中如何产生出认识并成为真正的哲学认识？”耿宁对此写道：“历史上没有一个哲学家曾像埃德蒙德·胡塞尔那样如此急切地并一再重新地启动对这个问题的思考。他在超越论-现象学还原的标题下阐释这个问题。”[②]

---

　　① Iso Kern, „Die drei Wege zur transzendental-phänomenologischen Reduktion in der Philosophie Edmund Husserls“, in *Tijdschrift voor Filosofie,* 24ste Jaarg., Nr. 2, 1962, S. 303—349. ——耿宁自己在未发表的《哲学自传》第四章第 1 节中回顾评价说：“这篇文章获得了大量的赞许，尽管如今我不再会这样写它。”
　　② Iso Kern, „Die drei Wege zur transzendental-phänomenologischen Reduktion in der Philosophie Edmund Husserls“, a.a.O., S. 303 f..

耿宁将胡塞尔的所谓通向超越论-现象学还原的三条道路刻画为"地理地形图"，"它们是那位永不疲倦的哲学漫游者为我们留下的导向真正现实家园的入口通道"，此外他还将其比喻为柏拉图式的"脱离洞穴"的出口通道。[①]

这篇三条道路的文章在胡塞尔研究界产生了持久的影响，并且为理解胡塞尔现象学还原方法提供了帮助。[②] 耿宁在两年之后也出版了他的专著《胡塞尔与康德：关于胡塞尔与康德和新康德主义关系的研究》[③]，如今它已成为胡塞尔研究的经典，三条道路文章基本上构成其中的一节（第 18 节）。

如今的胡塞尔研究者们大都知道，在此文章中讨论的通向超越论-现象学还原的道路——或者用胡塞尔的话也可以说："进入超越论现象学的道路"（Hua VIII, 225）或"进入现象学的超越论哲学的道路"（Hua VI, 114）——可以分为：1. 笛卡尔的道路，2. 意向心理学的道路，3. 实证科学批判的道路，以及 4. 本体论的道路。耿宁指出，这些道路中的第三条和第四条"最终涉及的是同一个道路类型，以至于我们原则上可以说只有三条道路"[④]。

---

①　Iso Kern, „Die drei Wege zur transzendental-phänomenologischen Reduktion in der Philosophie Edmund Husserls", a.a.O., S. 303.

②　此外还应当留意，在这篇文章于荷兰《哲学研究》期刊发表一年后就有了中文翻译，译稿发表在《哲学译丛》（双月刊）上，分为两部分连载于 1963 年第 3 期的第 41—52 页和同年第 4 期的第 44—53 页上。这也是在中国发表的第一篇关于胡塞尔的研究文章。译文出自中国社会科学院梁存秀（1931—2018）之手，他当时担任该期刊的责任编辑，并且日后成为国内外知名的费希特研究专家。

③　Iso Kern, *Husserl und Kant. Studie über Husserls Verhältnis zu Kant und zum Neukantianismus*, Den Haag: Nijhoff, 1964.

④　Iso Kern, „Die drei Wege zur transzendental-phänomenologischen Reduktion in der Philosophie Edmund Husserls", a.a.O., S. 304.

由于这三条道路都是由对在笛卡尔与康德之间进行的疑难问题之诠释而引发的"由历史动机引发的道路"（Hua VI, 150），我们原则上也可以将它们称作：1. 笛卡尔的道路（或方法论的道路），2. 英国经验论的道路（或心理学的道路），以及 3. 康德的道路（或本体论的道路）。由此也就表明，胡塞尔自觉地想要将自己纳入近代哲学的传统，并且在近代哲学的动机中找到他的还原理论的支撑点或出发点。这三条道路都是胡塞尔在其 1923/1924 年冬季学期每周四小时的"第一哲学"讲座中讨论的，或者是以最纯粹和最成熟的形式，或者是以完整论题的方式和系统化的方式。这也并非是一个偶然，因为这个讲座本身由两个部分组成：历史的部分作为"批判的观念史"，系统的部分则作为"现象学还原理论"。三条通向还原的道路与超越论现象学之间的关系也与此相似。笔者在后面还会回到这个问题上来。

诚然，面前的这篇文章的主要目的并不在于回顾并再次褒扬耿宁对胡塞尔研究所做的贡献，尤其是他对胡塞尔的三条道路的研究，也不在于重拾和继承关于这个问题的接续讨论。[①] 笔者的意图更多在于对耿宁的研究做一个尝试性的补充，它可以从一个问题开

---

① 这里仅举以下几个相关的讨论为例：Robert Sokolowski, *The Formation of Husserl's Concept of Constitution,* The Hague: Martinus Nijhoff, 1970, pp. 121—133; Antonio Aguirre, *Genetische Phänomenologie und Reduktion – Zur Letztbegründung der Wissenschaft aus der radikalen Skepsis im Denken E. Husserls,* Den Haag: Martinus Nijhoff, 1970, S. 31—64; John J. Drummond, "Husserl on the ways to the performance of the reduction", in *Man and World,* vol. 8, 1975, pp. 47—69; Toine Kortooms, "Following Edmund Husserl on one of the paths leading to the transcendental reduction", in *Husserl Studies,* vol. 10, 1994, pp. 163—180。

始：是否可能在胡塞尔那里还存在着第四条由哲学史动机引发的道路，即一条最终会导向超越论-发生现象学的道路？例如一条莱布尼茨道路？若可能的话，那么笔者就还想像耿宁当年那样尝试踏上这条道路，并检验它是否会导向被期许的目标。

1. 通向超越论-发生现象学的专门通道

上述三条道路所涉及的都是进入超越论现象学一般的入口通道，无论这里所说的是超越论-静态的现象学，还是超越论-发生的现象学。在笔者看来，至今尚未发现胡塞尔曾在方法上有过关于通向超越论-发生现象学的一个专门通道的说法。这在一定程度上也是可以理解的，因为胡塞尔虽然在 1917—1921 年期间已经构想了一门发生现象学的观念，但对此却持极为保留的态度，而且仅仅在其讲座和研究手稿中对此做出表述。在其发表的著述中，他对此谈论很少，仅仅留下只言片语的论述，遑论对这门新型现象学及其特有方法做出详细的阐释。

我们固然已经可以从他于此期间的、已被发表的研究手稿中获得对发生现象学的观念与方法的了解。例如在一篇写于 1921 年的研究手稿中，胡塞尔从方法的角度来区分发生现象学与静态现象学，以此说明发生现象学的特有进行方式："因而在纯粹意识中以及在其余可能理性王国的目的论秩序中，在'对象'与'意义'的标题下，作为合规律发生的现象学的'说明的'现象学以某种方式区别于作为可能的、无论怎样生成的本质完形的现象学的'描述现象学'。"(Hua XI, 340) 而在其后期著作《欧洲科学的危机与超越论现象学》中，胡塞尔还谈到发生现象学的特定说明方法："在此形式-

普遍的意义上，对所有科学而言都存在一个必然的描述的基础阶段以及提升了的说明阶段。"据此，这种描述就意味着一种方法，它仅仅"需要从现实地自身被给予的直观，即从明见性中"来汲取，而说明则相反表明一种"超越了描述性的领域，超越了一个可以通过现实经验直观来实现的领域"的方法（Hua VI, 226f.）。

胡塞尔用"提升了的说明阶段"来暗示发生分析的特性：它虽然不像静态分析那样是基础阶段，但却是一个更高的阶段，并越过了直观的基础。阶段更高也就意味着眼光更高，可以纵观**整体**，但同时也意味着这个目光的直观性更少以及明晰性更少。

这个对发生分析方法的特征刻画也适用于发生现象学一般。还在 1917 年时胡塞尔就已经在这个意义上谈及"整体"："特殊的认识论问题和理性理论问题一般与理性这个首先是经验的权能标题相符合（只要它们产生于其超越论的纯化之中），它们只是意识与自我问题一般的横截面，而**一个横截面只有在其整体得到研究时才可能完整地被理解**。"（Hua XXV, 197f., 强调为笔者所加）

还在与 1905 年时间讲座的关联中，胡塞尔就已经使用了这个对意识流的"横截面"，也包括"纵剖面"[①] 的比喻。他在那里用它来标示时间意识或"关于相互接续的意识"（Hua X, 217ff., 233ff.）。还需关注的是，胡塞尔同时还使用两个值得注意的表达："横意向

---

① "纵剖面"的表达虽然没有出现在时间讲座的主要文本中，但已经出现在与之相关的手稿中："如果我们在纵剖面中追踪现时现在的内涵，那么在每个现时的现在中都包含着一个原本回忆的连续统。"（Hua X, 411）——这段文字原先包含在时间意识讲座的文稿中，但可能是被施泰因或胡塞尔删除了。

性"与"纵意向性"（Hua X, 81f.），它们事实上展示了意识生活的最基本结构。与此相关联的是——正如胡塞尔所指出的那样——对在进行时间构造的现象与在时间中被构造的现象所做的基本区分（Hua X, 74f.）[①]。

如果将这个论题放在一个扩展了的视域中考察，那么我们可以看到，胡塞尔很可能是受到了威廉·斯特恩的影响，后者曾谈到"穿过心灵生活的横截面"[②]，而胡塞尔在时间讲座手稿中也引用过斯特恩的观点（Hua X, 406）。当然，用"横截面"与"纵剖面"来比喻心灵生活的结构联系的做法更早还可以在狄尔泰那里找到（1890, GS V, 101），后来同样还可以在海德格尔那里发现（1920, GA 59, 157 f.），但海德格尔的说法最终还是要回溯到狄尔泰那里。

如果意识生活看起来像是一条流淌的河，那么对它的研究而言就存在不多不少的两个切入点：横截面和纵剖面。前者会展示意识生活的静态的、无时间的和结构的方面或方向，而后者则相反，展示意识生活的发生的、时间性的和历史性的方面或方向。这两个方向因而代表了对近代欧洲哲学的两个最重要动机的意识哲学延续：笛卡尔的动机和黑格尔的动机，它们通过对古代哲学的回溯也可以被视作巴门尼德的动机与赫拉克利特的动机的近代版本。从哲学-人类学方面来看，我们可以在胡塞尔的哥廷根学生普莱斯纳那里发现对此一个恰当标示，即关于世界整体之思考的"一个双重的方

---

①　胡塞尔同样区分意向相关项方面的与意向活动方面的时间化。参见 K. Held, *Lebendige Gegenwart*, a.a.O., S. 46—49。

②　William Stern, „Psychische Präsenzzeit ", in *Zeitschrift für Psychologie und Physiologie der Sinnesorgane*, Nr. 13, 1897, S. 326.

向"：朝向对象之物的方向与朝向起源之物的方向。[①]

可以说，胡塞尔在时间讲座之前所看到的是静态的、无时间的方向，但在时间讲座中，即在 1905 年就开始注意发生的、时间性的方向。至于他在这年 3 月认识了狄尔泰并在同年夏季学期开设了一次历史哲学的讨论课，说到底还是一个纯粹的巧合。因为在这个时期的胡塞尔那里应当还未建立起在时间性和历史性之间的思想联系。

2. 由历史动机引发的"莱布尼茨道路"

可以理解，在此期间还无法在胡塞尔那里找到一条由历史动机引发的通向发生现象学通道的痕迹。但很快，即在 1908 年，胡塞尔已经看到了一条可能的通道。这也就是刚刚提到的"**莱布尼茨道路**"。它处在"第一哲学"(1923/1924)讲座的周边范围中，而上述三条道路恰恰是在这里得到了集中的表达。不过胡塞尔在这里看起来从一开始就明确地认定，这条可能的莱布尼茨道路是无法开通的。

这里以莱布尼茨为标示的道路也完全可以被称作单子论的道路或神义论的道路，以及如此等等，它们会导向各种不同的超越论-

[①] 参见 H. Plessner, *Schriften zur Philosophie*, GS IX, Frankfurt am Main: Suhrkamp Verlag, 1985, S. 176. 但他随之便过于匆忙而片面地提出以下的命题："唯有希腊人才因为他们生活于其中的特殊宗教和政治境域而成功地赋予关于总体世界的思想以一个双重的方向：其一是朝向对象之物的方向，其二是朝向起源之物的方向。"因为人们既可以在古代印度人那里（例如在佛教思想中），也可以在古代中国人那里（例如在儒家和道家那里）发现这个双重方向。不过对此还需要在进一步思考和研究的基础上做展开的说明。

现象学的还原，例如"向作为交互主体性的主体性的还原"（Hua XXXIX, 412），向"作为**观念的神**"的还原（XLII, 174），或向"作为普全科学的神义论"的还原（Hua XLII, 176, Anm. 2），但笔者在这里首先想要依据胡塞尔写于 1916 年的两篇研究手稿来集中关注以上所说的莱布尼茨关于"知性本身"学说的特殊通道入口，以及与此相关的关于"普全数理模式"的学说和关于"白板"的学说。[①]

我们首先考察前引胡塞尔写于 1908 年的手稿。它是在发生现象学观念被构想之前撰写的。他在这里仔细地斟酌过莱布尼茨的"知性本身"的学说以及他的形式学说，但他得出的结论是否定性的。

胡塞尔从一开始就将莱布尼茨的"知性本身"的学说定义为假说并写道："莱布尼茨的'知性本身'假说根本说明不了什么。"这个假说对于胡塞尔来说首先意味着："有些概念是精神从自己本身中汲取的，而不是从来自外部的刺激中产生的；此外，由这些概念组成的所谓先天法则所表达的应当是那些纯粹属于精神的内在本质的合法则性。"在反复斟酌思考后胡塞尔得出结论说：莱布尼茨关于"知性本身"的学说和形式学说"初看上去是十分诱人的理论。但我仍然认为：它们什么也不能证明，而且它们本身是未被证明的"

---

① 参见 Hua XLII, Text Nr. 12 „Der Vernunftglaube. Gott und <das> Ich der transzendentalen Apperzeption. <Das ideale Ich aller Wahrheit und Gott als das Subjekt aller Wahrheit. Das Ideal wahrer Selbsterhaltung>"; Beilage XIX. „<Wissenschaft und Philosophie als Offenbarwerden der Gottheit im Offenbarwerden der die Menschheitsentwicklung bestimmenden Ideen.> Metaphysisch-transzendentale Notizen", S. 169—177。

（Hua VII, 379）。

但莱布尼茨的"知性本身"学说究竟应当有义务证明什么呢？众所周知，它产生于对洛克哲学的反驳文字中。如果说这位英国哲学家所倡导的是一种"白板说"，它将人的心灵视作"没有任何字符、没有任何观念的白纸"①，是经验才随后将所有的东西描绘上去，那么莱布尼茨用来反对洛克的就是他自己的"知性本身说"，即"心灵中的一切，无一不是来自感官，但在这里必须将心灵本身以及它的状态排除在外（Nihil est in intellectu quod non fuerit in sensu, excipe: nisi ipse intellectus）"。②

这里当然会立即产生这样的问题，即莱布尼茨将其置于顶端的"心灵本身"（intellectus ipse）的概念究竟意味着什么？他不愿将它称作"白板"，而是更愿意将它比喻为"一块有纹路的大理石"③。因而莱布尼茨的"心灵本身说"也可以与洛克"白板说"针锋相对地被称作"有纹路的大理石说"。

但随之还会产生一个进一步的问题：如何理解"有纹路的大理石"？这首先是指，这个作为心灵的"大理石"是有纹路的，但不是在生物学意义上的纹路，而是心理学意义上的纹路。而且"大理石"

---

①　参见 John Locke, *An Essay Concerning Human Understanding*, New York: Oxford University Press, 2015, p. 104。

②　参见 Gottfried Wilhelm Leibniz, *Neue Abhandlungen über den menschlichen Verstand*, übersetzt von Carl Schaarschmidt, Leipzig: Dürr, 1904, S. 77。——这里引述的是沙尔施密特的德译本，它也是胡塞尔自己拥有的并在《逻辑研究》中引用过的德译本（参见 Hua XIX/2, S. 949）。

③　G. W. Leibniz, *Neue Abhandlungen über den menschlichen Verstand*, a.a.O., Vorrede, S. 8.

的纹路不是从感官而来的，而是心灵天生就有的概念。莱布尼茨自己的回答是："因而心灵包含了存在、实体、一、自身、原因、感知、思维以及一大批其他的观念，它们是感官不能赋予的。"① 在这里还可以参照莱布尼茨在《人类理智新论》的"前言"，他在这里还列举了"延续、变化、活动、感知、享受以及我们心灵观念的成千上万的其他对象"②。

这里需要留意的是，无论是在较早由卡尔·沙尔施密特翻译的德文本《人类理智新论》中，还是在 1926 年才为恩斯特·卡西尔提供的德译本中 ③，对拉丁词 "intellectus" 的德文翻译都是"心灵"（Seele）④。"心灵"（沙尔施密特也用"思维"来翻译）确实是对 "intellectus" 一词的恰当翻译，因为莱布尼茨也将它用来对应洛克使用的"心灵"（mind）或"灵魂"（soul）。但更为合适的做法应当是将它译作"理智"或"知性"（understanding/entendement/Verstand），它构成洛克和莱布尼茨的两部相关著作的论题：《人类理智论》和《人类理智新论》。下面的讨论还会表明，莱布尼茨式的 "intellectus" 后来差不多就相当于康德所说的"理智权能"（Verstandsvermögen），再后也相当于胡塞尔那里的"心灵权能"（Seelenvermögen）。

---

① G. W. Leibniz, *Neue Abhandlungen über den menschlichen Verstand*, a.a.O., S. 77.

② G. W. Leibniz, *Neue Abhandlungen über den menschlichen Verstand*, a.a.O., S. 7.

③ 参见 G. W. Leibniz, *Neue Abhandlungen über den menschlichen Verstand*, a.a.O., S. 77。

④ 参见 G. W. Leibniz, *Neue Abhandlungen über den menschlichen Verstand*, übersetzt, eingeleitet und erläutert von Ernst Cassirer, Leipzig: Felix Meiner, 1926, S. 84。

二、知性本身：1908 年作为"超越的功能"，
1916 年作为"心理的权能"

如果我们现在来回顾胡塞尔在 1908 年对莱布尼茨"知性本身"学说的坚定拒绝，那么我们很容易注意到，他的拒绝所涉及的并非"知性本身"，而仅仅是它的被给予方式。当时他似乎仅仅是为自己而写道："作为无疑性被给予我们的仅仅是现象。我们的对象构成的功能并没有被给予我们。我们的天生的素质本身还不是被给予的。心理物理的构造还是假说。而且首先，这些功能的法则并不是被给予的现象。所有这些都还是超越。"（Hua VII, 380）换言之，即使像心灵这种作为"对象构成的功能"、"天生的素质"、"心理物理的构造"的东西是实存的，它们也只可能是形而上学或功能心理学的论题，但不是现象学的论题。因而胡塞尔认为：

> 我们对心理功能，尤其是对所谓思维功能的生物学发展的生物学问题不感兴趣，也对生物的保存与促进的目的论功能的生物学问题不感兴趣。……作为被给予性摆在我们的仅仅是表象的、感知的、回忆的、期待的、判断的"现象"，各种科学的"现象"。（Hua VII, 378f.）

因而在这个时期，胡塞尔将"知性本身"主要理解为各种意义上的"功能"，例如目的论意义上，心理学、心理物理学或生

物学意义上的功能。它们与"现象"正相对立。胡塞尔在回忆领域所做的研究正好为他对心理功能与意识现象的态度提供了一个例证：他在对作为意识现象的回忆的分析方面进行了长年的和多方面的工作，既在其发表的著述中，也在其未发表的文稿中。但他很少，甚至几乎没有探讨过记忆问题，因为在他看来，这个问题更属于生物的、机械的或心理的功能的讨论范畴。胡塞尔在与他的回忆分析的关联中仅仅有少数几次谈到"记忆显现"（Gedächtniserscheinung）、"记忆图像"（Gedächtnisbild）、"记忆表象"（Gedächtnisvorstellung）等（Hua X, 158, XXIII, 313f., 436），并未将它们当作专门的论题来处理。

　　这里当然会存在这样的问题：是否可以如此清楚地区分回忆与记忆，以至于我们可以说，这一边是直接被给予的现象和我们对它的直接认识，而另一边只是没有被给予的功能以及我们对它的超越假设？以艾宾浩斯于 1885 年发表的重要著述《论记忆》为例：它以"我们关于记忆的知识"为开端，而且首先是以"作用中的记忆"为开端。按照艾宾浩斯的说法，关于记忆连同其保留的内容，我们虽然不能"直接地观察到，但我们可以有把握地从我们所认识到的它们的作用中推断出它们的继续存在，就像我们同样有把握推断出在地平线下面的群星的继续存在一样"。①

---

① Hermann Ebbinghaus, *Über das Gedächtnis. Untersuchungen zur experimentellen Psychologie*, Darmstadt: Wissenschaftliche Buchgesellschaft, 2011, S. 1f.. ——用海德格尔的表达式来说就是一种使隐蔽之物或不显现之物变得可见（Sichtbarmachen des Verborgenen bzw. des Unerscheinbaren）。

　　另一方面还应当考虑胡塞尔的表达"回忆权能"（Erinnerungsvermögen）（Hua Mat. VIII, 158 f.）或"再回忆的权能"或"再回忆的权能性（Vermöglichkeit）"（Hua Mat. VIII, 360, 441）等，它们事实上构成一个在回忆现象和记忆功能之间的中间地带；此外还要考虑胡塞尔后来在与发生现象学的关联中常常使用的概念"心灵权能"或"权能"一般。"心理体验与心理权能"（Psychische Erlebnisse und psychische Vermögen）在后期胡塞尔那里往往受到肩并肩的处理（Hua XXXIX, 130），前者作为意识体验的超越论现象学的论题，后者则作为意识权能的超越论现象学的论题。[①]

　　至少在与莱布尼茨"知性本身"相关的语境中，如果胡塞尔试图将莱布尼茨的"有纹路的大理石"理解为和解释为某种类似"心灵权能"的东西，那么我们不会感到诧异。而他的确也这样做了！

　　在一份最初写于 1916 年的手稿中我们可以追踪胡塞尔对"知性本身"所做的新思考。在这里得到考察和探究的就是"功能性的东西的总和，'知性本身'作为纯粹可能性的总和，作为**天生的先天**（eingeborene a priori），作为'**原初被赋予心灵的理性的权能**（Vermögen）**与知性的权能**'"[②]

---

　　①　罗姆巴赫在其代表作《结构存在论：一门自由的现象学》的第一章第一节中提出"严格地思考功能性与关联性"（参见海因里希·罗姆巴赫：《结构存在论：一门自由的现象学》，王俊译，杭州：浙江大学出版社，2015 年，第 3—9 页），它在稍做修改之后便可以被用来表达上述两个方向的超越论现象学诉求。"功能性"相当于胡塞尔所说的意识的权能性，而"关联性"可以用来说明意识的意向性。

　　②　参见 Hua XLII, S. 170.——根据《胡塞尔全集》第四十二卷《现象学的临界问题》的编者说明，这里所涉及的是一篇产生于 1925 年的誊写稿。原稿则是胡塞尔于1916 年初到弗莱堡后为夏季学期开设的第一门"与苏格拉底–柏拉图相衔接的引论课"撰写的备课文字（对此也可以参见 K. Schuhmann［Hrsg.］, *Husserl-Chronik – Denk-*

在笔者进一步展开对这篇手稿的具体分析之前，首先应当指明它的特殊的重要性。可以说，它是如此重要，以至于我们可以将这篇文本视作胡塞尔的发生现象学思考与构想的最早期的和最扼要的记录之一。除此之外，我们也可以在其中非常清晰地观察和追踪胡塞尔的思路以及他指出的通向超越论-发生现象学的莱布尼茨道路。

这很可能是胡塞尔自己——根据编者的文本考证说明——在这份编号为 A V 21/102a 的手稿首页上用红笔和蓝笔分别以德语标注"尤须注意"（Sehr zu beachten）和以拉丁语标注"注意"（Nota bene）（Hua XLII, 169, 583）的原因。

三、1916 年前后的超越论-发生现象学中的实事脉络或要素

在 1916 年的两篇研究手稿（即《胡塞尔全集》第四十二卷第 12 号文本及其附录 XIX）中，胡塞尔每次都是从"助产术"开始的。我们可以将此标示为对苏格拉底-柏拉图关于天赋观念的学说以及使其出生或助其出生的助产术的一种明确连接。

但这里还存在对莱布尼茨"知性本身"学说的一个隐秘连接，这不仅是因为在这里可以让人回忆起莱布尼茨论证其"知性本身"

---

und Lebensweg Edmund Husserls, The Hague: Martinus Nijhoff, 1977, S. 200；也可以参见 Hua XLII, S. 582 f.）。大约在 1925 年时胡塞尔又将它誊写了一遍。这篇誊写稿现在作为"第 12 号文本"被收入《胡塞尔全集》第 42 卷《现象学的临界问题》的"形而上学编"中（参见 Hua XLII, S. 169—177）。

学说的类似的引述性的操作方式：莱布尼茨也在从柏拉图、保罗与斯多亚学派到经院哲学、数学家、近代哲学家等的哲学史遗产中寻找并找到对于他的"知性本身"与"天赋观念"学说的精神支持[①]；而且还因为胡塞尔随即就指出莱布尼茨的"知性本身"，并将它理解为"纯粹可能性"以及**天生的先天**"的总和。

在这里我们可以回忆起胡塞尔的由历史动机引发的现象学自我主张："因此可以理解，现象学仿佛是**整个近代哲学**的隐秘渴望"，即是说，包括莱布尼茨在内的近代哲学。

按照胡塞尔的理解，带有莱布尼茨印记的"知性本身"或"天赋观念"学说是由以下至少五个基本要素组成的。

1. 时间化作为超越论-发生现象学的主要脉络

虽然在这两份研究手稿中并未直接谈及时间化，但胡塞尔已经在谈论原初的时间意识。他在这里将"原初的白板"或"被突显的材料"简略标示为"在原初的时间意识中被构造的持续的对象"（Hua XLII, 171），但并未对此做进一步分析。

在胡塞尔那里，时间问题与发生问题在本质上是相互关联的。耿宁合理地将"发生"概念的"真正含义"标识为"时间性的产生与生成"。而"一个真正发生现象学的观念"是胡塞尔"在 1917—1921 年期间"才提出的。[②]发生现象学中的时间问题按照克劳斯·黑

---

① G. W. Leibniz, *Neue Abhandlungen über den menschlichen Verstand*, a.a.O., S. 4f..

② 参见 Rudolf Bernet / Iso Kern / Eduard Marbach, *Edmund Husserl. Darstellung seines Denkens*, Hamburg: Felix Meiner, 1989, S. 181。

尔德的说法是胡塞尔在 30 年代初才开始予以系统的考察。[1] 无论如何可以看出，在 1916 年，即在发生现象学的初始阶段，时间问题与发生问题已经并列地出现了。

通过发生现象学的分析，意识生活一般的第二个基本特征已经显示出来。如果按照黑尔德的说法，意向生活的第一个基本特征是通过"感知"和"意向地拥有"来展示的，"而所有意向生活都可以被理解为原型意向性的实现或'更高阶段的'变异，即自身给予的感知"，那么意识生活一般的第二个基本特征就可以表明自身为"它的持续流动"，即它的特征是"时间过程"。[2] 就此而论，对所谓"原初白板"的发生现象学探讨无非就意味着对"流动的原初当下的分析"[3]。

对两个基本特征的确定最终可以回溯到胡塞尔在 1905 年时间讲座中对横意向性或意识生活横截面与纵意向性或意识流动纵剖面的基本区分上（Hua X, 82）。现象学之所以可以自我主张是普全的反思，乃是因为它在方法上通过自身思义的权能或反思的权能在本质上既可以**在横向上观察把握**意识生活的当下，也可以**在纵向上追踪把握**意识流动的过去和未来。对此笔者还会在后面涉及发生方法的第四节中做出进一步说明。

这里还需指出一点：在发生-现象学的分析中，时间可以表明自身为形式（Form），时间化表明自身为时间-发生的形构（Formung）。

---

[1]　参见 Klaus Held, *Lebendige Gegenwart*, a.a.O., S. 92。

[2]　Klaus Held, *Lebendige Gegenwart*, a.a.O., S. 8 ff..

[3]　Husserl, Ms. C 7 I, S. 34（1932）；转引自 Klaus Held, *Lebendige Gegenwart*, a.a.O., S. 143。

后者重又可以划分为意向相关项方面的和意向活动方面的时间
化。[①]

2. 超越论的形式学说：知性本身作为形式或形构

在"知性本身"这里所关涉的因而首先是各种不同类型的"形
式"或"形构"，而"知性本身"的学说可以被称作形式学说和形构
学说。胡塞尔自己在这里讨论的研究手稿中写道：

> 感觉材料来自"外部"。心灵从自身出发提供"立义"
> （Auffassungen），提供对"对象"的赋形构建（formende Ge-
> staltungen）。"对象"的空间性与时间性的形式就已经是来自"内
> 部"的，而后空间–时间的充实者的其他形式也是来自"内部"
> 的：所有那些构造出对象一般的东西，构造出那些"自形式所
> 观之事物"（res formaliter spectata）的东西，对象性本身的形
> 式构架（Gerüst），以及所有由对象性组成的新对象性的更高构
> 成物的构架［都是来自"内部"的］。"统一性"和"差别性"的
> 形式，标记、部分、联结、整体、关系、数量、集合等的形式［都
> 是来自"内部"的］。（Hua XLII, 169）

胡塞尔在这里所说的阐述会在许多方面让我们回忆起通向超
越论–现象学还原的康德道路。不仅是带有康德印记的"直观形式"

---

① 对此参见 Klaus Held, *Lebendige Gegenwart*, a.a.O., „E. Die Unterscheidung von noematischer und noetischer Zeitigung", S. 46ff.。

和"知性范畴"会被理解为形式或形构，而这里也出现了康德提到的"自形式所观之事物"（res formaliter spectata）[1]。耿宁当年在谈及康德道路时已经提醒人们注意："康德关于通过超越论功能对'世界'的形构的理论将胡塞尔推向了这个深层向度，但并未真正（即从方法上）开启它。"（Hua VI, 120 f.）[2] 胡塞尔后来将这个深层向度的开启视作需要通过超越论还原来完成的任务。

这里几乎也无法忽略"普全数理模式"（mathesis universalis）与"形式论证"（argumenta in forma）的莱布尼茨动机。还在《逻辑研究》中，胡塞尔便将形式认识论视作"对最广泛的知性中的**纯粹数学的哲学补充**，这个意义上的知性以系统理论的形式将所有先天的、范畴的认识结合为一体"（Hua XIX/1, 27）。

因此，可以说，胡塞尔在研究手稿（附录 XIX）中提到的这些形式（被理解为"天赋之物、功能形式、知性本身"）总体上可以被分为两组："逻辑形式与自然形式（空间、物质性）"（Hua XLII, 176）。

是否可以将这两组形式简单称作康德式的形式和莱布尼茨式的形式，这是无关紧要的。重要的是要留意耿宁在其文章中所做的提示："在胡塞尔这里，它们［这三条道路］并非始终地被区分开来，而是常常相互绞缠地出现"[3]。正如我们在这里所见，莱布尼茨道路

---

① Kant, *Kritik der reinen Vernunft*, Hamburg: Felix Meiner Verlag, 1998, B 163—165.（以下凡引本书在正文中简称 KrV）

② I. Kern, „Die drei Wege zur transzendental-phänomenologischen Reduktion in der Philosophie Edmund Husserls", in a.a.O., S. 339.

③ I. Kern, „Die drei Wege zur transzendental-phänomenologischen Reduktion in der Philosophie Edmund Husserls", in a.a.O., S. 304.

本身也包含其他那些带有哲学史动机的道路的因素。而这恰恰也是可以理解的，因为哲学史本身也可以一再表明自己是各种思想道路相互绞缠而产生的结果。

所以初看起来，莱布尼茨的"知性本身"学说作为形式学说并未体现莱布尼茨道路的典型特征，而且以此方式很难将莱布尼茨道路与康德道路区分开来。但作为一种带有胡塞尔印记的形式学说和形构学说，它还是具有其两方面的特质，一方面是胡塞尔在这里将形式和形构理解为心灵从自身发出提供的"立义"，另一方面也将它们理解为"对'对象'的赋形构建"。

与此类似的情况也可以在笛卡尔道路与莱布尼茨道路的关系中发现。在胡塞尔看来，在通向还原的笛卡尔道路上，人们最终可以回溯到"我思"（cogito），但绝不可能回溯到一个洛克式的"白板"（Tabula-rasa）上，而是只能回溯到"笛卡尔在'我思'标题下总结的并且作为绝对无疑的内反思被给予性而提出的无法忽略的杂多体验上"，这些体验具有"极为特殊的意向性的特性"。"知性本身"在这里被理解为带有意向性的意识体验。而与此相反，洛克的"对意识的白板–解释"被视作"完全错误的"，因为它"对此完全不予理会"（Hua Mat. IX, 360）。①

在这里也可以看到在英国经验主义的和欧洲理智主义的道路或立场之间的一个尖锐对比，但还不是在笛卡尔道路、康德道路和

---

① 这里引述的是前面已经提到的胡塞尔在 1916 年夏季学期弗莱堡首次讲座"哲学引论"的文稿，我们这里讨论的两篇研究手稿"文本 12"和"附录 XIX"属于为此讲座所做的准备。

莱布尼茨道路之间的明确差异。

　　唯当"知性本身"不再仅仅被理解为先天的"意向性"或"功能"或"立义形式"，而是还被理解为发生的"统觉权能"或"立义权能"时，唯当这里的"意向性"不仅被理解为"横意向性"，而且也被理解为"纵意向性"时，莱布尼茨的道路才会与其他两条道路分离开来。

　　"知性本身"在这里可以说是被解释为意识的最普遍本质，被解释为意向性，并首先被解释为不同的立义形式。而另一方面，胡塞尔式的"知性本身"学说的特性也在于，它作为形式学说带有发生现象学的印记。正如我们在这里可以看到的那样，它首先以对象一般的形式明确地作为"自形式所观之事物"（res formaliter spectata）出现，但最终也会隐含地作为"自形式所观之历史"（historia formaliter spectata）出现。

3. 超越论的先天发生学说：知性本身作为发生意义上的先天

　　胡塞尔在这篇出自 1916 年的研究手稿中将"知性本身"理解为"对'对象'的赋形构建（formende Gestaltungen）"或"立义"（Auffassungen），即使带有引号，这一点已然十分清楚。而同样清楚的是，如前所述，"知性本身"在这里也被称为"功能性的东西的总和"、"纯粹可能性的总和"、"**天生的先天**"（eingeborene a priori）（Hua XLII, 170）。

　　这里尤其也要顾及相对于前引 1908 年研究手稿（Hua VII, 378 f.）而出现的对功能问题的态度变化。因为"功能"问题在那里还被理解为生物学的论题并被视作形而上学或功能心理学的任务。

但这只涉及胡塞尔在此期间对"知性本身"的态度变化的第一个方面。而他的态度改变的第二个方面在于，这些"立义功能"不仅展示着"形式先天"，而且现在也展示着"发生意义上的先天"（Hua XLII, 170）。因而这些功能不仅是先天的，而且同时也是发生的。

于是，"知性本身"在这里首先被理解为形式，而且被理解为功能，接着被理解为先天，最终被理解为发生；一言以蔽之，理解为形式的、功能的、发生的先天。胡塞尔思想步骤中的一个过渡在这里可以清楚地被感受到，它最终导向了超越论-发生现象学。

在此还可以注意到，胡塞尔在他的研究手稿提出的问题是试探性的："难道不能以事后追溯理解并且以真正理解的方式澄清对于主体性而言的和在主体性之中的**对象性的发生**吗?"随后他用关键词的方式记录下他的思考：

> 发生意义上的先天。自发性的原初"功能"、自发构建的原初"功能"或对象一般的发生。先天（a priori）作为"感性材料的溢出（Überschuss）"。关于触发（Affektion）与功能（Funktion）的老话题（康德），不是在我的发出刺激的对象之物意义上的触发，例如在感性被给予事物的意义上的触发。作为感觉材料包含在意识中的是什么，以及"立义"的内容是什么。立义的功能。但在这里不能做如此粗糙的描述，而必须关注相关性。无论如何，在这里可以预感到那些无法再消融于功能中的东西的重要意义，预感到在意向活动-意向相关项方面每个功能、赋义都最终会预设的东西。亦即**质料（材料）**与**功能**。

关于诸对象的一种创造、关于自然和在先被给予的材料、赋形、构建的创造的形象说法。（Hua XLII, 170）

　　胡塞尔在这里提到了在意向意识结构中的三个构成要素，它们是他还在《逻辑研究》时期，即在其静态现象学时期，就已经通过描述的现象学分析而得以确定的：首先是双重意义上的对象性，一方面是**对于主体性而言的**对象性，另一方面是**在主体性中的**对象性。这也与他随后指明的"意向活动-意向相关项"方面的相互关系相应和。而在意向活动方面，这里还存在着在"作为感觉材料包含在意识中的东西"，以及作为"'立义'的内容"的东西之间的内部相互关系。

　　事实上这是一个胡塞尔此前在普全-心理学道路上，即在通向超越论-现象学还原的英国经验主义道路上已经做过的尝试。我们甚至可以说：它无非就意味着胡塞尔在《逻辑研究》时期已经阐释过的所谓"向实项组成的还原"[①]。

　　但除此之外，我们很难忽略一点，这里出现了某种新的东西，我们可以将它标识为莱布尼茨道路的特征，即最终通向超越论-发生还原的道路特征：最初的开端因而是"白板"或"知性本身"。前

---

　　① 关于这个论题可以参见 Dieter Lohmar, „Zur Vorgeschichte der transzendentalen Reduktion in den *Logischen Untersuchungen*. Die unbekannte ‚Reduktion auf den reellen Bestand'", in *Husserl Studies*, vol. 28, 2012, S. 1—24. 尤其参见这里的第 2 页的注释 2："尤其参见 Hua XIX, 413, Anm.*，该注释在第二版中指明了'向实项的体验内在的还原'。富有启发的还有 Hua XIX, 368，在它的第二版中加入了这样的表达：'将现象的经验自我还原为它的纯粹现象学地可把握的内涵'，而 Hua XIX, 411 的注释 Anm.* 意义上的'现象学内涵'应当被理解为实项的体验组成。"

者在洛克那里意味着"没有任何字符的白纸"或者说"赤裸的能力"①，而后者在莱布尼茨那里则无非意味着"带有纹路的大理石"或作为"立义"的功能形式。如果通过还原回返到这个开端上，那么人们面临的要么就是没有任何感觉材料的空泛心灵，即白板，要么就是带有立义功能的心灵，即"知性本身"，它被理解为权能，首先是立义权能，而且更一般地被理解为"'原初被赋予心灵的'、'理性'的权能（Vermögen）与'知性'的权能"（Hua XLII, 170）等，也可以一言以蔽之："心灵权能"（Seelenvermögen）。

这样就可以很好地理解胡塞尔接下来所做的双重细致区分：

首先可以区分："A）原初的'白板'（tabula rasa）被预设为必然的和始终需要被预设的'材料'——另一方面是必然的权能的总和。"（Hua XLII, 170）

其次还可以区分："因而生命作为持续的触发和在本质顺序中的'心灵权能'起作用。"（Hua XLII, 171）

在笔者看来，这里出现的"权能"概念对于胡塞尔的发生现象学的发展是至关重要的。尽管胡塞尔在这里尚未谈到任何一种还原，但我们在这里已经可以预感到胡塞尔后来在1932年想用"向素材-动觉之物的还原"（Hua XXXIX, 39）等概念来表达的东西。②

---

① G. W. Leibniz, *Neue Abhandlungen über den menschlichen Verstand*, a.a.O., S. 76.

② 还可以参见 Hua XXXIX, S. 47。——在胡塞尔这里至少有三种互属的还原：1."向实项组成的还原"；2."向素材-动觉之物的还原"；3."向动力学组成的还原"。

4. 关于权能的发生奠基关系的超越论学说：原初权能与习得权能

可以用胡塞尔自己的话来标示他自 1916 年起开始进行的尝试："对意识体验在心灵权能组成中的**一种超越的**宣示"（Hua Mat. IX, 349）。

这里的宣示对于胡塞尔来说之所以是"超越的"，乃是因为它如前所述展示了一种"超越了描述性的领域，超越了一个可以通过现实经验直观来实现的领域"（Hua VI, 226 f.）的方法。事实上这里的有待宣示的心灵权能组成，例如我的回忆权能，只是偶尔才会彰显给我，而它在大多数情况下对我来说都是潜隐的。

尽管如此，人们在这里不仅能够谈论**超越的**权能，而且也可以谈论**超越论的**权能，因为我的权能，例如我的同感权能，是通过我对此的反思才成为我的意识对象，以体现的或再现的方式，但首先是以共现的方式。因而在胡塞尔看来，我的权能，或者说，我的"活的能然视域"（lebendige Könnenshorizont）（Hua XXXIX, 363 f.），可以通过"视域性"（Horizontalhaftigkeit）的方式而被给予，即大都是潜隐的、无意识的，但仍然是一同起作用的，只是偶尔才彰显的、直观充实了的。在此意义上，我的权能对我来说既是明确的也是隐含的直观性的东西（Hua XXXIX, 102）。也正是在此意义上，胡塞尔说，"视域是被勾勒的潜能"（Hua I, 82）。

就此可以说，权能属于这样的对象性，它们含有必然空泛的但可充实的意向。它们绝不是"白板"或"赤裸的权能"，或者用胡塞尔的话来说：

权能并不是一种空泛的能然（Können），而是一种积极的潜能（Potentialität），它总是会现时化，始终准备向行动性过渡，向一种以经验的方式回溯相关主体的能然、权能上的行动性过渡。但动机引发对于意识来说则是某种开放的东西、可以理解的东西；"被动机引发的"决断明显是通过动机的种类和力量而被引发的。最终是所有一切都可以理解地回溯到主体的**原权能**（Urvermögen）上，而后回溯到那些从以前的生命现时性中产生的**习得的权能**上。（Hua IV, 255）

显然这里已经涉及一种向原初之物的发生回溯以及对原权能和习得权能之间差异的指明，因而也涉及上述对生成的意识权能的纵剖面追踪把握。

需要注意的是，"原权能"的概念虽然在施泰因加工和编辑的《胡塞尔全集》第四卷版本中出现过一次，但它还不能被有把握地认定为出自胡塞尔本人之手。① 只是在一篇出自1929年的研究手稿中，这个概念才在与"**本欲系统**"或"**权能系统**"相关的语境中重又出现：

原自我（Ur-Ich）连同其原完形（Urgestalt）与原内涵（Urgehalt）的本欲系统是在被动性中，而后在主动性中发挥作用的：在本欲系统中已经包含了对于整个世界构造而言的裹

---

① 在由封法拉（Dirk Fonfara）编辑的《胡塞尔全集》第四卷第二编（Hua IV-2），即《纯粹现象学与现象学哲学的观念》第二卷的原始文本新版（三份原始文本连同补充文本以及一篇后记［1908—1930年］）中无法再找到"原权能"（Urvermögen）的表达。

赋，作为生命圆极（Entelechie）。

　　原本欲（Urtriebe）、原本能（Urinstinkte）不是机械力量。它们是所有能然（Können）、所有能然系统的源泉。[……]而且我的权能处在持续的发展中，而且其起源是在原权能中。（Hua XLII, 102）

　　"原权能"的"原"（Ur-）一方面意味着一种时间性的"在前"（vor-）。"原权能"因而是在任何经验之前就存在的，而且它与原初的、天生的本欲、本能、能力、才能、素质等有关，对于心灵而言是天生的。[①] 这也就是在这里所讨论的两篇出自 1916 年的研究手稿中胡塞尔所理解的"知性本身"或带有纹路的大理石。所以他也将它称作"纯粹可能性的总和"（Hua XLII, 170）[②] 由于各种原权能是天生的，因而它们不需要被学习；它们后来通过经验和培育而发生变化，或者会成长、发展、增加或强化，或者会萎缩、减少或弱化。

　　正是在这个意义圈中，耿宁将孟子和王阳明那里的儒家核心概念"良知"（作为恻隐、羞恶、恭敬、同感等）翻译为"原本知识"，亦即素质或原权能。据此可以说，不习而能的是原本的权能，不学而知的是原本的知识。"原权能"意义上的"良知"因而构成一种特

---

　　① 佛教瑜伽行学派提出关于二种性的学说（Gotra）："本性住种性"（Prakṛtistha-Gotra）和"习所成种性"（Samudānīta-Gotra）。用胡塞尔的两种权能的术语来标示或翻译它们是十分恰当的：天生的和习得的权能，或者说，本性（Natur）与习性（Habitus）。

　　② 后来，自 1928 年起，胡塞尔越来越多地用他自己的概念"权能性"、"权能的"等来表达（Hua IX, 281, Hua XV, 94, 100, etc）。在对这些术语的严格使用中，胡塞尔所说的"权能性"（Vermöglichkeit）更多是指意向活动的可能性，"可能性"（Möglichkeit）则更多是指意向相关项的可能性。

殊的道德原权能或道德禀赋。[①]

另一方面，"原权能"的"原"（Ur-）也意味着一种场所性的"此"（Da-），类似于活的当下，或原活性（Urlebendigkeit），或原时间化。这里始终存在两种可能性：要么原权能在不断地重新构造自身，在意识活动的过程中转变成新的权能；要么原权能脱出了活的当下，失去活力，最终退化为非权能。按照胡塞尔自己的说法：

> 在一段延续的原活性与死的延续之间存在着区别，前者处在活的原时间化中，这里始终有新的原印象出现，而且有相合性并随之而有统一性以原初的新方式"构成"自身，它们导致一个自成一体的个体性的构造，而死的延续则意味着：原初被造就的东西在坠落下沉，没有自己的活力。（Hua XXXIII, 70）

于是，与原权能正相对立的是习得的权能。后者不是原初的，即不是天生的，而是通过学习、练习、修习、交往、教化等来习得的。胡塞尔自己曾举例说明："我想能够做某事，弹钢琴、做体育运动，我想通过练习来获得一种权能。"（Hua XXXIX, 77）这是权能的发生过程，它可以通过可能经验而在一条"技能"的或纵意向性的线索上展示自身。在这个意义上，上面所引述过的由施泰因在《观念》第二卷中制作的胡塞尔命题便可以得到理解："最终是所有一切都

---

① Iso Kern, *Das Wichtigste im Leben Wang Yangming (1472—1529) und seine Nachfolger über die „Verwirklichung des ursprünglichen Wissens"*, Basel: Schwabe Verlag, 2010, Kapitel 1, § 1. Vorbemerkung zum Ausdruck „Liang Zhi 良 知 " und zu seiner Übersetzung durch „ursprüngliches Wissen", S. 123 ff..

可以理解地回溯到主体的**原权能**（Urvermögen）上，而后回溯到那些从以前的生命现时性中产生的**习得的权能**上。"（Hua IV, 255）无论如何，这个命题与胡塞尔写于 1929 年研究手稿中的命题是相符的："我的权能处在持续的发展中，而且它们的起源是在**原权能**中。"（Hua XLII, 102）

这里只还需要注意一点：原初权能和习得权能的发生是一种隐蔽的发生。这里的"隐蔽"既是指不显现，也是指无法显现。胡塞尔将此称作"现象学的转换（Umstellung）"，即世界可以说是"一个成见、一个普全有效性的统一，它以其前理论的方式本身就是一个极其复杂地被奠基的世界，而且它指明了**一种隐蔽的创世**（Genesis）"（Hua VIII, 461）。这个意义上的"创世"（或"发生"）实际上就意味着各个主体的各种不同的构造权能的发生（或"创世"）。

接下来，权能在结构上和系统上还可以证明自己是横意向性意义上的权能。

5. 关于权能的结构奠基关系的超越论学说：感觉权能、表象权能、认识权能、感受权能、回忆权能、意志权能、道德权能、语言权能，如此等等

如果关于权能发生的超越论学说可以被称作关于意识权能纵剖面的理论，那么关于普全心灵权能的超越论学说就可以被理解为关于意识权能的横截面的理论。

可以说，"意识权能的横截面"在莱布尼茨这里就意味着大理石的横截面，而大理石所具有的并在横截面上展现出来的纹路，恰

恰就是各种不同的权能，它们大部分都隐藏在横截面的后面。针对主张心灵本来和原初仅仅具有"赤裸权能"的"白板说"，莱布尼茨做了如下的反驳：

> 但是，没有任何行动的权能，一言以蔽之，经院哲学所说的那种单纯的可能性，也只是虚构，是自然所不知道的，是人们由抽象得来的。因为在这个世界上到哪儿去找一种自身仅仅包含可能性而不进行任何行动的权能呢？始终会有一种特殊的行动素质，而且是更多要进行这一个行动而非另一个活动的素质。[1]

权能在这里被理解为可能性和素质。在此意义上莱布尼茨也谈及能力，如思维权能、感知权能和行动权能，如此等等。[2]

同样也可以在此意义上理解康德在《纯粹理性批判》中关于"理智权能"的说法。[3]人们还可以找到他后来所做的一个更为系统的划分："我们可以将所有人类情感的权能归结为三种：认识的权能，快乐与不快的感受，以及欲求的权能。"[4]

在笔者于此一再诉诸的 1916 年的研究手稿中，胡塞尔对"知

---

[1] G. W. Leibniz, *Neue Abhandlungen über den menschlichen Verstand*, a.a.O., S. 76.

[2] G. W. Leibniz, *Neue Abhandlungen über den menschlichen Verstand*, a.a.O., S. 20 ff..

[3] Vgl. Immanuel Kant, *Werke in zwölf Bänden*, Band III, Frankfurt am Main: Suhrkamp, 1977, S. 157.

[4] Vgl. Immanuel Kant, *Werke in zwölf Bänden*, Band X, a.a.O., S. 18.

性本身"的理解首先涉及一些可以通过所谓助产术来唤起的功能或权能。他在这里既从直观和思维中的功能或权能开始,也从评价中的功能或权能开始。随后他也谈到心灵权能与"'原初被赋予心灵的''理性'的权能与'知性'的权能"(Hua XLII, 170)。

就一方面而言,权能在意识现象学这里被理解为意识主体的能力,即理解为意识或体验的最普遍本质,即作为指向某物的意向性能力。它并不意味着各个不同的意向相关项或意识的客体,而更多意味着构造它们的意向活动或意识的主体;并不意味着意识的意向内容,而更多意味着意识的实项内容。

权能在意识现象学中被理解为意识主体的能力,即是说,被理解为"明见的'我能'"(Hua XXXIX, 4, Anm.1),理解为"自我的指向-意向","出自权能的瞄向"(Hua XXXIX, 357),不同于笛卡尔式的"我思"("我意识到")①。前者是意识权能现象学的出发点,后者是意识体验现象学的出发点。

就另一方面而言,意识权能不仅关系"理性"或"理智",而且也关系情感和意志以及意识的其他权能。因为所有意识体验在胡塞尔看来都可以划分为两类行为:能够构造对象的客体化行为,以

---

① 因而文德尔班就"cogito"的德译所做的建议就不言自明了:"通常将'cogitare'、'cogitatio'译成'思维'(Denken),这种做法并非不带有误解的危险,因为德文中的'思维'意味着一种特殊的理论意识。笛卡尔本人用列举法阐述'cogitare'的意义;他将此理解为怀疑、肯定、否定、领会、意欲、厌恶、臆想、感觉等。对于所有这些功能的共同点,我们在德文中除了'意识'以外,几乎别无他词可以表示。"(Wilhelm Windelband, *Lehrbuch der Geschichte der Philosophie*, Tübingen: J. C. B. Mohr, 1957, S. 335)

及本身不能构造对象，但仍然能够指向已被构造出来的对象的行为。客体化权能由感知、同感、回忆、想象、表象、思维、判断等组成，属于"知识"的范畴；而非客体化权能则相反，由羞愧、愤怒、喜悦、爱、恨、恭敬、鄙视等感受，以及意愿、追求、欲求等意志组成，并且分别属于"情感"和"意志"的范畴。所有这些在胡塞尔那里都是包含在所谓的"心灵权能"之中的。

这意味着：**根据这种能力意义上的意向性，胡塞尔不仅可以将一门意识体验现象学论证为静态的意识结构现象学，而且也可以将一门意识权能现象学论证为动态的意识发生现象学**。据此也可以说明本文在标题中对胡塞尔意识现象学的两种基本形态所做的区分：意识体验的现象学与意识权能的现象学。

属于意识权能现象学论题的——这里仅举几个例子——可以是威廉·洪堡的"语言权能"（Sprachvermögen）或"语觉"（Sprachsinn），艾宾浩斯的"记忆权能"和胡塞尔的"回忆权能"，或孟子的"良知"和亚当·斯密的"道德情感"，诸如此类。

在所有这些权能那里都关系到"原权能"和对它们的唤醒以及它们从自身出发的发展。在这里讨论的胡塞尔的两篇研究手稿中，他扼要地将此称作"助产术式的从自身出发的展开，对各个意向的追踪"（Hua XLII, 170）。

从这里出发，可以说是从带有纹路的大理石出发，或从普全心灵权能的横截面出发，胡塞尔可以打开一条通向超越论-发生现象学的新通道，笔者想将它称作第四条道路。这是一条不同于康德道路、英国经验主义道路和笛卡尔道路的莱布尼茨道路。

四、关于意识权能的超越论-发生现象学的方法思考

　　胡塞尔对哲学作为科学的要求当然也对一门可能的发生现象学有效。因而他从发生现象学的最初小心试探起就在思考方法问题。我们可以回忆一下他在前面已经提到的 1908 年研究手稿中的自问："如何理解这一点？即有一种知识存在，它不仅仅是对封闭在瞬间现象中的东西的知识，而且是在超出直接被给予性的指向的同时切中了某个不是自身被给予的东西。因此，科学一般究竟是如何可能的？因为科学并不仅仅在于指出某一个现象学地被给予的东西，而是在于做出客观的、超出瞬间意识的确定。"（Hua VII, 379）

　　胡塞尔在这个时期（1908 年）已经给出了他的答案：他将超出直接被给予性的功能形式标示为"假设"或"超越"（Hua VII, 380）。而后在这里讨论的 1916 年的研究手稿中他将这些功能称作"发生意义上的先天"和"'原初被赋予心灵的''理性'的权能与'知性'的权能"（XLII, 170），此后（1924 年）也称作"一种隐蔽的发生"（Hua VIII, 461）。

　　意识权能作为超越论-发生现象学的对象或论题原则上可以分为自身有意识的和自身无意识的权能。例如，我的听觉权能是我自己没有意识到的：我自己并不知道，我的听觉是不敏锐的，而且我事实上唱歌很难听。或者，我的弹钢琴的权能是我自己意识到的，我可以很顺手地弹钢琴，例如弹奏一段贝多芬的《月光奏鸣曲》，如此

等等。

　　一般说来，意识权能大部分都是潜隐的、不显现的和无意识的状态，它们不同于那些始终有自身意识的，因而是彰显的意识现象或意识行为。无意识的意识状态在胡塞尔这里被视作"自我形而上学"的论题（Hua XIX/1, 374, Anm. 1），而在弗洛伊德那里则被视作"心而上学"的论题①。尽管如此，我们是否还能谈论一门意识权能的发生现象学？胡塞尔在 1916 年就已经提出这个问题，但同时也做了肯定的回答，因为他在此期间已经自觉在方法上有了一定的把握。当然，使意识权能有可能成为现象学论题的方法不同于意识行为现象学的方法。

　　超越论-现象学的权能研究的方法是由几个相互缠绕在一起的要素、视角以及技术组成的。下面我们可以追踪胡塞尔从 1916 年提出的问题，以及由此出发进一步展开的相关思考。

1. 超越论-发生现象学作为对流动的原初当下的自身思义与分析

　　发生分析原则上应当在自身思义或意识反思中进行，这恰恰要归功于我们的反思权能，并因此而可以被称作**超越论-发生的**分析。胡塞尔对此阐释说："我们的整个进程就是进行一种自身思义并还原到绝对感知的被给予之物上。……这就是对流动的原本当下的分析。"②

---

① Sigmund Freud, *Aus den Anfängen der Psychoanalyse: Briefe an Wilhelm Fliess, Abhandlungen und Notizen aus den Jahren 1887—1902*, London: Imago, 1950, S. 168.

② Husserl, Ms. C 7 I, S. 34（1932），转引自: Klaus Held, *Lebendige Gegenwart*,

可以说这是一个首先指向笛卡尔式的大理石"我思"的自身思义，而后是指向莱布尼茨式的纹路"我能"的自身思义，即一种自身思义的追踪方法，从我的现时当下到作为我的体验本身的时间序列的我的过去，从我的意识体验到我的意识权能，主要是我的再回忆权能。胡塞尔在 1916 年的研究手稿中逐点记录下自己的思路：

> 关于发展和发展基质的反思，因素，发展的更高层次。
>
> 哲学、"回忆"（Anamnesis）：不单单是重新回忆，而且是自身领会，观念的展开与发展意义的展开，隐蔽追求与追求的生成的展开，朝向自身领会和对其中包含的任务系统的揭示，对作为现在应当在自由中得到实现的目标的普全观念的揭示。（Hua XLII, 177）

这里提到的"自由"涉及主体的权能性，即涉及"我能"。胡塞尔在一篇写于 1925 年 11 月 2 日的研究手稿中曾写道：

> 因此，我的过去本身作为时间序列、作为我的体验本身的时间序列，是隐蔽在现时的当下以及在当下进行的再回忆生产的自由［"我能"］之中的。（Hua VIII, 470）①

而胡塞尔在这里还说明，应当如何理解权能，以及应当如何探

---

a.a.O., S. 143。

　　①　对此参见 Klaus Held, *Lebendige Gegenwart*, a.a.O., S. 92。——这里的方括号中的内容"［'我能'］"为克劳斯·黑尔德所加。

讨一门超越论的权能现象学的论题。

> 我也可以相即地看到，当下下坠到过去之中，而"这个"过去对于个体是无法抹消的，尽管它的具体内容并不是绝对被给予的。我可以看到，形式具有而且必定具有一个内涵，它在每次的可唤醒之物中都自身展示为"现象"，但这种展示、这种贯穿在现象中的透视（Durchschein）却是**绝对的**；而且原则上是**可明见的**（einseh＜bar＞），无内容的形式是不可想象的，而这种现象是**绝对的现象**。……我可以"一再地"回溯到这同一个东西之上，而且原则上、普遍地——在相即的和绝然的被给予性中——看到，模态必定会变换，而一个过去的内涵则始终是同一的。（Hua VIII, 470）

可以注意到，胡塞尔在这里已经开始描述对于超越论权能的本质把握的方法，即我们的意识权能原则上有能力理解和把握在相即的和不相即的被给予性中的过去，尽管它的具体内涵并不是绝对被给予的。而这一点在胡塞尔看来也适用于我们对未来的期待的权能（Hua VIII, 470）。

2.意识权能的被给予方式的视域性

不是在 1916 年，而是在几年之后，即 20 年代初，胡塞尔在一篇研究手稿中记载了他关于视域理论的思考路径，并将它与权能理论结合在一起：

因而每个事物、每个事物组都会像它们被经验的那样以意识的方式具有一个**内视域**和**外视域**。无论构造分析在这里如何以描述的和发生澄清的方式(在向本质的原创造及其各种基本形式的回溯中)不断前行,可以确定的是,"世界",即对我们有效的世界,这个标题是一个对于现实的和可能的自我行为而言的标题;而可能性在这里一方面指明通过在这个特殊意义上的自我行为进行的原创造,另一方面则**指明一种对视域的揭示的自由主动性,指明各个主体的权能,指明它们的明见的"我能"以经验的反思继续前行**。(Hua XXXIX, 4,最后一句话中的强调为笔者所加)

可以说,胡塞尔的视域理论从一开始就建立在构造分析的基础上,而且是在两个方向上的建基:其一是对视域的本质结构的"描述",其二是对视域的本质发生的"澄清",即"在向本质的原创造及其各种基本形式的回溯中"进行的"澄清"。关于"本质"与"澄清",笔者在后面的第 3 章与第 4 章还会展开论述。

这里首先还需要指出,意识权能被给予方式的视域性是受意识权能的本质特征决定的,即它们是由有意识的和无意识的意识权能组成的。在胡塞尔看来,这里涉及的:

是在被给予瞬间的活的**能然视域**(Könnenshorizont),是被我意识到的主宰领域,是我的被我意识到的权能——但并不是以行为的形式被意识到,而恰恰是以视域的形式被意识到,没有这个视域,行为就不是行为了,没有这个视域,实践就没

有任何意义了。(Hua XXXIX, 367)

在更晚后的时间里，大约是 1930 年 6 月，胡塞尔再次指明这个**能然视域**以及它与相关的**对象视域**的关系：

> 这个能然（Können）、这个权能是一个可能的能然的系统统一的整体，是一个统一的**权力领域**，而且是作为此而以它的方式被意识到的，以它的方式作为自我的一个特征而被构造起来的，并且对于这个自我而言在每个统觉的进行中与被意识的对象相关地被意识到，是一种功能。倘若没有在其相关的、充分形成了的而且作为起作用的而被意识到的权能中的**能然视域**，那么各种可能性中的**对象视域**就什么也不是。(Hua XXXIX, 4, Anm.1)

因此，在对象视域与能然视域之间的差异所涉及的视域性展示了意识的本质结构，不仅是在意识中被构造的对象的本质结构，而且是在意识中构造自身的权能的本质结构。

胡塞尔的明见在于，现象学的视域理论和现象学的权能理论最终可以被纳入现象学-发生研究中，并且构成其实事的和方法的部分。易言之，在现象学的视域理论这里和在现象学的权能理论那里一样，涉及的问题都是对视域连同其有意识与无意识部分的揭示，而这无非就意味着对权能的"隐蔽的发生"（Hua VIII, 461）的揭示。

实事方面还需要注意的是，现象学的权能理论和视域理论可以在纵剖面的方向上得到扩展，并且一同为对隐蔽的人类历史性的揭示性理解做出贡献。这也是在威廉·狄尔泰和保罗·封·约克的"理解历史性"的意义上，这样它便构成普遍-现象学权能性研究的一个部分，即对在权能性中的人类历史生活的研究或对交互主体的精神生活的历史视域的阐释。众所周知，这是胡塞尔在其生命的最后几十年里所探讨的论题。

技术方面在这里也需要留意，胡塞尔的视域分析与他对共现的分析有如此本质的联系，以至于我们可以将后者视作前者的具体化，或者反之亦可。这不仅对行为现象学有效，而且也对权能现象学有效。

3.共现作为权能的被给予方式

在胡塞尔的十分全面的共现理论中虽然还没有提到权能的共现性被给予方式，但相关的事态显然已经被胡塞尔看在眼中。他将权能称作"一个特有的权力领域"，它"以它的方式被意识到"（Hua XXXIX, 4, Anm.1）。这个"它的方式"不应当是一种直接的被给予性，而更多展示着一种共现性的被意识性。因为胡塞尔通过前引对"一段延续的原活性"和"死的延续"之间区别（Hua XXXIII, 70）的指明已经暗示，权能作为潜能始终由两个部分组成，一方面是意识到的、现时的部分，另一方面是未意识到的、非现时的部分。

我的权能，譬如我能熟练地弹钢琴，可以在我当下的意识体验中以当下拥有的或体现的方式被自身意识到，例如在现时的钢琴弹奏中，或者也通过反思或回忆以再现或当下化的方式一同被意识到：即使我现在不去回忆它，我也始终记得，我小时候如何开始练习，而后一再继续练习。因而我的弹钢琴的权能始终是被我自己意识到的，但并不总是通过体现的方式，而是大部分通过共现的方式一同被意识到，或者说，是一同被给予的。

　　诚然，能够使我的权能成为论题的反思或自身感知不同于事物感知，例如对一张桌子的感知，它的前面是以体现的方式，而背面、下面、里面则是以共现的方式被给予我的。但在这两种感知方式——事物感知和本己权能感知——中有两种共现的方式在起作用，各自以各自不同的方式，但仍然同属于共现的方式。

　　在论文"共现：随胡塞尔一同进行的尝试"①中，笔者试图将所有共现分为六种，即"映射的"（abschattend）或"空间映射的"，"同感的"（einfühlend），"流动的"（strömend）或"时间映射的"，"图像化的"（abbildend），"符号化的"（bezeichnend），以及"观念化的"（ideierend）。在这里的意识权能现象学的情况中，现在或许又可以再加入一种共现方式："权能化的"（vermöglichend）。此外，如果我们将胡塞尔的"原权能"与"习得的权能"理解为"人格现象学和更高级次的人格性现象学"（Hua Brief. II, 180）的主要论题②，那么我们在这里还可以谈论"人格生成的"（personwerdend）共现方式。

---

　　①　Vgl. NI, Liangkang, „‚Appräsentation' — Ein Versuch nach Husserl", in Cathrin Nielsen, Karel Novotný, Thomas Nenon (Herausgeber), *Kontexte des Leiblichen*, Nordhausen: Traugott Bautz, 2016, S. 377—418. 可以参见本书附录 7："意识的共现能力"。

　　②　人格现象学是由种种权能现象学组成的，对此胡塞尔在许多地方提供了例证，其中之一如下："但各个自我不仅仅是对于它们的生活而言的统一点，它们也以经验的方式拥有它们的‘**种种权能**'，它们的**种种习性**，它们的恒久的认知、恒久的经验信念、思维信念、意欲信念（决定）等，简言之，它们在第一性的意义上是人格自我。"（Hua XXXIX, S. 274）

4. 本质直观与"发生现象学的"本质分析

很明显，意识权能的研究必定不同于意识行为的研究。首先是研究方向上的差异，前者是纵意向指向的，后者是横意向指向的；而后是研究对象上的差异，前者是发生流动的，后者是静态稳定的。尽管如此，它们两者仍然可以是本质研究，即横向的和纵向的本质研究。

因而这里原则上可以区分两种本质直观，在纵向上对意识的纵意向性的本质把握，这个纵意向性同时意味着意识的本质发生，以及横向上对意识横意向性的本质把握，这个横意向性同时展示着意识的本质结构。

权能研究所涉及的事实上就是本质可能性，或者更确切地说，本质权能性。对此，在新近出版的《胡塞尔全集》第四十三卷《意识结构研究》中可以发现一个胡塞尔在1918年就权能的被给予方式所做思考的记录：

> 可以感知一种"能够"、一种"权能"？当然不是像感知一个颜色或感知一个"我期望"、"我判断"等那样。但这也是原本可经验的。纯粹观念可能性或本质可能性（即本质关联性的个别案例，它的种种法则开放了种种殊相，不可能之物、偶然之物，在一个必然性法则之内）是可以根据一种想象来感知的；很容易看出，这种可能性就相当于可想象性。不过这里还包含更多的东西。（Hua XLIII-3, 87）

如果我们将意识的意向性理解为权能，即在原初亚里士多德

"动能"（δύναμις）意义上的权能，那么权能现象学就具有一个双重的含义，一方面作为行为现象学或体验现象学，因为"意指"行为同样可以被称作一种权能[1]，而另一方面则作为功能现象学的权能现象学。

在这里我们可以谈论狭义的和广义的权能现象学。前者仅仅是发生构造的现象学，而后者既包括发生构造的现象学，也包括了静态构造的现象学，即是说，既在横向上包含笛卡尔式的"我思"（cogito），也在纵向上包含亚里士多德式的"我能"（δύναμαι）。

胡塞尔早期的静态现象学研究还属于在横向上的意识权能的现象学研究。从这里出发可以开始纵向上的意识权能研究，即在胡塞尔的意义上一方面是对"助产术式的从自身出发的展开"（Hua XLII, 170）的追踪，即对原初权能（原权能）的追踪，另一方面是"对各个意向的追踪"，即对习得权能的追踪。

由于意识权能更多意味着潜在的能力，而较少显现为现实的发生[2]，而且由于发生的本真含义是一种"时间性的产生和生成"[3]，因而对它的现象学研究必须在纵剖面的方向上作为权能的发生研究

---

[1] 参见 Hua XXXIX, S. 836，尤其参见 S. 843，胡塞尔在这里明确地写道："在展开了的生活中，所有的指向都是一种做（Tun）的模态，在其中已经包含了一个'我能'、一个熟练的权能。"

[2] 就此而论，我们可以将意识行为视作现实性，并将意识权能视作可能性或权能性。这样也许可以用海德格尔的命题来阐释意识权能的现象学："比现实性更高的是可能性。对现象学的理解唯独在于将它把握为可能性。"（Heidegger, GA 2, 51f.）

[3] 这恰恰是耿宁所理解的胡塞尔"发生"概念的"本真含义"。参见 Rudolf Bernet / Iso Kern / Eduard Marbach, *Edmund Husserl. Darstellung seines Denkens*, a.a.O., S. 181。

展开，对意识发生的研究大都属于对意识权能的探讨。发生现象学的形态或纲领在这里已经展示了一个开端。胡塞尔自己在这里讨论的 1916 年的前一篇研究手稿中几次谈到这种对意识权能的发生分析和研究，并试图将它们标示为"现象学的"：

> 关于权能的知识"并非来源于经验"并非来源于任何一门经验的权能心理学，而是来源于"发生的"本质分析（现象学的）：通过对意向性的方法阐发以及通过对这种意向性必定如何产生的必然方式的澄清来阐明发生。（Hua XLII, 170，——后一个强调为笔者所加）

令人赞叹的是，胡塞尔在 1916 年初次设想发生现象学时就已经谈及"发生的本质分析"[①]，它可以与这里探讨的在纵剖面方向上的现象学本质直观，或者说，与对意识权能的纵向本质直观相比较或相等同。因而这里有一个**经过双重变异的直观**在起作用，即双重意义上的本质直观：一方面是横截面方向上的本质直观，另一方面是纵剖面方向上的本质直观。

但这里马上会产生一个问题：为什么胡塞尔本人在发生现象学

---

① 如果这个前提确立，即这篇第 12 号文字的确出自 1916 年，而且胡塞尔 1925 年的誊写仅仅是纯粹的抄录而没有附加和补充，那么耿宁的确定，即胡塞尔对发生的考察方式的最早表达是在 1917 年，就要通过提前一年来得到纠正。（参见 Iso Kern, „Einleitung des Herausgebers", in Hua XIII, S. XLV; „Statische und genetische Konstitution", in Rudolf Bernet / Iso Kern / Eduard Marbach, *Edmund Husserl: Darstellung seines Denkens*, a.a.O., S. 181）

这里谈论的是"分析"和"澄清"(Aufklären),后来也谈论"说明"
(Erklären),而不是像在静态现象学的情况中那样谈论"直观"和"描
述"? 要回答这个问题必须首先对这些方法操作的概念做出阐释。

5. 发生现象学的特有方法:说明或澄清

需要留意,胡塞尔在1916年的前一篇研究文稿中就已经两次
将发生的研究方法称为"理解的澄清"或"澄清",而且除此之外将
发生现象学的本质分析定义为"通过对意向性的方法阐明以及通过
对这种意向性必定如何产生的必然方式的澄清来阐明发生"(Hua
XLII, 170)。

在这里被视作发生的研究方式的"澄清"概念还在《逻辑研究》
期间就已经使用,但在那里主要是用来刻画第六研究的现象学任
务,并且用来刻画探讨认识问题的工作方法。

此后,在前面提到的20年代的研究手稿中,他仍然坚持这个
标识和规定,并且还将两种现象学的分析**"描述"**以及**"对发生的
澄清"**加以对立(Hua XXXIX, 4)。同时,如前所述,他还指明在意
识发生的"说明"现象学和意识结构的"描述"现象学之间的基本
差异(Hua VI, 226f.)。

而后在30年代,胡塞尔更多地谈论**"描述**与提升了的**说明**阶段"
(Hua VI, 340),而且他坚信:

> 在科学中,真正的**历史说明**(historische Erklärung)的问
> 题是与"从认识论上"进行的**论证**或**澄清**(Aufklärung)相一致
> 的。(Hua VI, 381,强调为笔者所加)

如此看来，胡塞尔用来刻画发生现象学方法的两个术语"澄清"和"说明"之间还是存在一个实事性的差异。他在术语的使用上明显摇摆于"澄清"与"说明"之间的情况的确可以归结到他对发生现象学方法之理解的发展上。

"澄清"在他那里大都保留了对于认识论的论证而言的含义，而在后期则尤其是对于发生的认识权能的论证而言的含义。与此相反，"说明"主要具有对于历史规律或历史先天理解的方法含义。因而"说明"更多涉及对所有可想象的理解问题的追踪，或对主体的和主体间的、心灵的和精神的权能性连同其本质的原创造及其基本形式的普全历史的揭示。

说到底，精神科学领域中的"说明"与"澄清"所涉及的是在纵向上的心灵权能的发生的和历史的合规律性，如动机引发、联想、再造、积淀以及习性化等的合规律性，而"描述"所涉及的则仅仅是在横向上的心灵权能的静态的和结构的合规律性，如知觉、统觉、想象、符号行为、判断和思维等的合规律性。简言之，与描述相关的是对各种不同的本质要素以及它们之间的本质联系的确定，这些本质要素与本质联系表现出意识体验的内在本质结构。

这里提到的在精神科学领域中的三种操作方法在胡塞尔看来应当服务于广义上的意识权能的现象学，并且在普全的自身思义中为对精神王国的本己本质的认识提供一种必要的洞察，并将它们引向**精神科学的严格性**的理想，这个理想与自然科学方式的因果说明以及它们的**物理主义的精确性**的榜样正相对立。

五、结束性的，也是开启性的思考

如果我们在结束之际愿意回顾一下我们开端时的问题，那么我们可以看到，我们在这里是从一个可能的莱布尼茨问题出发，而且走向了一门作为权能现象学的超越论-发生现象学。而我们现在倾向于说，是否存在一条所谓的通向超越论-发生现象学的莱布尼茨道路的开端问题实际上并不是很重要，同样，胡塞尔是否精确地在1916 年就已经踏上了发生现象学的道路的问题也不是很重要。本质上至关重要的一点应当在于，超越论-发生现象学的观念以及与此相应的作为普全反思的现象学的观念，最早在胡塞尔的弗莱堡初期就已经获得了一个基本形态，而且后来在他的思考中从各个方面得到了加工扩展，并通过诸多操作性的工作而得到了丰富。

如果胡塞尔早期的静态现象学研究主要表现为关于意识行为或意识体验的研究，那么他后期在弗莱堡（1916—1938 年）所做的发生现象学研究就完全可以被称作关于意识权能的研究。如我们从新近出版的他的遗稿文本中能够得知的那样，胡塞尔在这个时期已经对发生现象学的实事与方法做了大量的和成熟的思考，但并未对它们做系统的加工和公开的表述。

在笔者看来，在胡塞尔那里的确已经有一条通向超越论-发生现象学的莱布尼茨道路。只是他对这条道路不太信任，因此也一直没有真正地踏上它。但这仅仅意味着，他并未想对它进行教学法方面的描绘或阐述，而他自己已经在这个超越论-发生现象学的领域中勤奋地耕作了。它的纲领已经在他写于1916 年的两篇研究文稿中得到展示，而且首先是作为意识权能的现象学，它们很可能是对意识发生问题以及超越论的权能现象学的最早的、透彻而系统的思考。正如胡塞尔自己在这里谨慎但又不乏自信地说："无论如何，在这里可以预感到那些无法再消融于功能中的东西的重要意义，预感到在意向活动-意向相关项方面每个功能、赋义都最终会预设的东西。"(Hua XLII, 170)①

因而这里表明的是典型的胡塞尔工作方式，它还在他的时间讲座（1905 年）期间就已经可以为我们注意到："在我作为作者保持了沉默的地方，作为教师我却可以做出陈述。最好是由我自己来说那些尚未解决、更多是在流动中被领悟到的事物。"②

如今我们已经可以更清楚地看到，胡塞尔此后在超越论-发生现象学的领域中在实事和方法方面做了大量的工作，完成了诸多的耕耘与播种，而且自己也已经有了诸多的收获。

这里所说的"莱布尼茨道路"，即使作为一种方便说法，也本质上关系到这样一个问题：一种超越论-发生的还原究竟是否必要和是否可能，即向一个开端的但坚实的基地的还原。这里距离任何发生的痕迹还很遥远，因为发生只能在经验的进程中发生。不过人们已经可以在这块基地上站稳和坚守，而后开启超越论-发生现象学的新维度，并从这里继续前行，从静态现象学到发生现象学，从行

---

① 于是也可以理解，胡塞尔自己为何要在这里探讨的第一篇研究手稿（Hua XLII, S. 169, 2—8 von Text Nr. 12）上用铅笔做如下的边注："材料，清晰性不足。思考得不够透彻。"

② Husserls Manuskript, F I 9/4a—b, 转引自：Rudolf Boehm, „Einleitung des Herausgebers", in Hua X, S. XVI.

为现象学到权能现象学。

1931 年末，胡塞尔就权能现象学的问题自信满满地写下了一个纲要或纲领：

> 绝对的存在者：在我的持续当下中、在伫立的流动中的自我，作为人格自我的我，作为已经时间化的自我，是处在我的流动中的，连同我的再回忆的权能、当下的和过去的同感的权能、深入同感之中的权能性，如此等等。从这里出发可以展开全部的习性的权能性，与此相关的还有对我而言存在着的现实性和可能性，另一方面则是以行动的方式与他人继续生活，并在固定的存在结构的框架中具体地继续构建世界。（Hua Mat. VIII, 441）

据此，我们在这里已经有了一个广义上的超越论权能现象学的纲要。它于 1916 年已经在胡塞尔那里以一种简略但不失清晰的方式表现出来。这是一门建基于自身思义上的现象学，一门既是静态构造的也是发生构造的超越论现象学。

第 3 章　意识现象学论域中的
人格问题

一、引论：人格与心性

这里要讨论的"人格"（person）概念起源于西方，是一个即使不复杂却也很麻烦的语词概念，也包括属于这个概念组的"人格性"（personality）、"人格论"（personalistic）、"人格主义"（personalism）、"人格学"（personology）等等。在英文辞典中可以找到以下与它基本同义的语词概念："character"、"nature"、"disposition"、"temperament"、"makeup"、"persona"、"psyche"、"identity"，以及诸如此类。而在中文辞典中，"人格"是一个通过对西语的翻译才形成的现代语词概念，它所具有的两个主要含义是：1. 个性、特征、态度、习惯；2. 道德品质。在中国文化传统中原初并没有"人格"这个概念。当然这并不意味着，"人格"仅仅是西方人所独具的品性或生造的符号，就像"烦"（kleśa）并非是最初赋予它以特定含义的佛家才感受和观察得到的心理现象或基本情绪，"仁"也并非是最初赋予它以特定含义的道家与儒家才感受和观察得到的道德境界。究竟在什么时代、用什么语言、以何种方式来标示这个早已有之的东西，这可以说是一个偶然随机的语言发生事件。

即便是在西方思想传统中，"人格"也是在现代才获得了如今的含义。"人格"一词最初源自古罗马传统，即一个带有浓烈的法律色彩的思想传统。在上面列出的英文辞典的标义中也还保留了"makeup"与"persona"的含义。但这早已不再是它如今具有的最主要含义。笔者在《胡塞尔与舍勒：人格现象学的两种可能性》中曾说明，西方思想史上"人格"（person）在概念史发展中，尤其是通过狄尔泰、胡塞尔、舍勒在现象学-解释学方面所获得的双重组成部分："个人性或个体性（*Persönlichkeit*）"与"精神性或人格性（*Person*alität）"。[①]

除此之外，在讨论"意识现象学与无意识研究的可能性"问题时[②]，我们已经提到斯特恩的《人格论基础上的普通心理学》[③]。他在这部恢宏巨著中将意识与人格的问题思考内在地结合在一起，并因此而非常有助于我们对人格问题的心理学的或意识哲学的理解。

---

① 参见笔者：《胡塞尔与舍勒：人格现象学的两种可能性》，北京：商务印书馆，2018年，第2章第2节："从狄尔泰到胡塞尔和舍勒的人格问题研究"，第22—27页。

② 参见本书第三编第1章："意识现象学与无意识研究的可能性"。

③ William Stern, *Allgemeine Psychologie auf personalistischer Grundlage*, Den Haag: Martinus Nijhoff, 1935.——斯特恩所说的"人格论"，主要是定语形式的"personalistisch"，它可以回溯到名词的"Personalistik"即"人格论"上（例如参见 William Stern, *Allgemeine Psychologie auf personalistischer Grundlage*, a.a.O., S. 52）。后来在胡塞尔的《观念 II》中，以及在读过此手稿的海德格尔的《时间概念历史导引》中，这个意义上的"人格主义"也大都是以这种形容词的形式出现，并被胡塞尔用来标示与"自然主义的"（naturalistisch）相对立的一种"观点"（Einstellung），即人格主义的（personalistisch）"观点"。参见 Hua IV, § 34; M. Heidegger, GA 20, S. 174。唯有在舍勒那里，"人格主义"才常常是明确地以名词"Personalismus"的形式出现（参见 M. Scheler, GW II, 14f.; 493）。

他在这里提出了心理学所面临的两个全新任务："1) 研究意识表层和无意识深层之间的关系；2) 澄清无意识深层本身的本质"。这两个任务实际上都是出于对心理学的人格论奠基的需要。而斯特恩所理解的心理学，就是"关于体验着的和有体验能力的人格的科学"，即我们所说意义上的"意识现象学"与"机能心理学"之和。

斯特恩在这里所说的"体验"，也就是通常意义上的（如在胡塞尔或伽达默尔意义上的）"意识体验"。因而我们可以将他的人格心理学定义改写为：关于有意识和无意识的心灵生活"主体"或"基质"（Substrat）的科学。这里的"基质"一词也是斯特恩本人使用的。在他这里，"人格"就意味着心灵生活的"基质"，即一个在意识中彰显自己，在无意识中潜隐自己的心灵生活**基底**。

斯特恩自己对"人格"的定义是："**人格是一个个体的、独特的整体，它有目标追求地工作，是自我关涉的和向世界开放的，它生活着和体验着。**"而且，"尽管每一个人格都始终是并处处都是带有个体独特性的、有目标追求的总体活动，是带有自身关联和世界关联、生动性的总体——但并不始终带有意识"。[①]

所有这些可以算作我们至此为止能够依据的关于人格的现象学-心理学分析。接下来我们只需要在人格的语义学解释上有所交代。如前所述，目前汉语中的人格概念连同其各个含义圈是通过对

---

① 上述引文参见 William Stern, *Allgemeine Psychologie auf personalistischer Grundlage*, a.a.O., S. 51, S. 98f.。——在斯特恩对"人格"的定义中有一点比较特别，他十分强调有目标追求（Zielstrebig）。这可以理解为：在人格的含义中不仅包含性格、特征，还包含心志（Gesinnung，也可译作"志向"）。他在这点上是否曾受到过舍勒的影响，是一个值得深究的问题。舍勒在其代表作《伦理学中的形式主义与质料的价值伦理学》中深入地讨论过人格与心志的关系问题。

外语的翻译才形成的现代语词概念，作为意识体验活动与能力的"基质"，即作为人之为人的本底，"人格"的最主要含义是由"个体性"和"精神性"两个核心组成的，它的内涵与外延常常看起来像是一个相互交切的双黄蛋，同时它们又与其他概念的含义圈相互交切。

　　原则上可以在所有文化中找到与"人格"所指相类似的东西。不过它的含义始终忽隐忽显，因此才会有前面的"麻烦"之说。当我们今天谈论人格、人格心理学、人格现象学等问题时，我们所说的意识层面上的"人格"，或心理学和现象学意义上的"人格"，究竟与自我、自己、主体、心灵、单子等概念的区别何在？

　　例如，这个意义上的"人格"往往被当作"自我"的同义词来使用，它们都意味着一种个体的统一性。但从许多方面看，关于"人格"的谈论与关于"自我"的谈论是根本不同的。毋庸置疑，人格心理学与自我心理学、人格现象学与自我现象学之间也存在本质的区别。但它们中间的相互联系与相互交切也是不争的事实。例如胡塞尔常常使用"人格自我"（personales Ich）的概念（Hua I, 191），以别于"纯粹自我"（reines Ich）。在他那里，自我是种种"现行"（Aktivitäten）与"习性"（Habitualitäten）的"极点"（Pol）（Hua IX, §41）。而人格——我们后面会展开说明——则可以说是贯穿在现行、习性、本性的意识体验和意识能力之中的"射线"。再如，"人格"也常常被用作"性格"的同义词。[①]但一个人的性格可以有多种，可以是复数，如正面的：内敛、勤奋、谦虚等，或者负面的：暴戾、傲慢、急躁等，或者混合的：孝顺、荒淫、吝啬、诚实等。它们属于性格学

[①]　在国内的心理学著作和译著中常常可以见到将"人格"与"性格"混为一谈的情况。例如"Enneagram/Ninehouse"被译作"九型人格"，也被译作"九种性格"。

（Charakterologie）的研究课题。① 而人格在正常情况下却只能是单数。当心理病理学家在同一个人那里谈到人格的复数时，他所指的大多数都是不正常的病态心灵状态，即所谓人格分裂或多重人格。② 人格在这个意义上有别于性格或个性。

因此，"个体性"的含义在"人格性"中至关重要。原则上一个个体只可能有一个人格，但可以有诸多性格。如果一个个体有多种人格，就会形成人格冲突，从而形成病态的心理。而一个人只能有一个人格，这也就意味着只能有一个心灵本质，只能有一个在此意义上的"基质"。

就此而论，西方文化中的"人格"的最初含义："精神性"与"个体性"，应当就是东方文化中的单个人所具有的"心性"，或者说，个人的心灵本质。③ 而与此相近的另一个东方哲学概念是佛教中的"种性"。据此可以说，"人格"、"心性"、"种性"应当是在抽象性和普遍性上仅次于"意向性"的心灵哲学种属概念。

---

① 例如，电影《分歧者》（Divergent, 2014）所讲述的是一个与今日世界不同的未来社会的反面故事：人类按五种主要性格被分成了单一的无私派、诚实派、无畏派、友好派和博学派。而同时具有几种性格的人被视作分歧者，并遭到排斥和清除。

② 例如，在电影《分裂》（Split, 2016）中，凯文是一位多重人格患者，支配着他的身体的人格，竟有 23 种之多。他在不同的人格之间转换并因此而引发人格之间的分歧，由此而演绎出一段段恐怖惊悚的故事。

③ "心性"最基本含义是本心、性情，如《红楼梦》第四十九回说："凤姐冷眼敁敠岫烟的心性为人，竟不像邢夫人及他的父母一样，却是个温厚可疼的人。"不过，与人格概念一样，在"心性"的传统含义中也包含了一些偏离其基础的含义，如：性情、性格、品德、品行。柳永的《红窗听》中所说的"二年三岁同鸳寝，表温柔心性"，《西游记》第二十三回说"那呆子虽是心性愚顽，却只是一味蒙直"，《红楼梦》第七十一回中所说的"心性乖滑，专惯各处献勤讨好"，表明的都是这个含义。它们属于西方意义上的性格学讨论的问题。"心性"是心灵生活的本质或基质，它要比"性格"、"个性"等心理特征更为根本，也更为普遍。

接下来我们会对此做出展开论述，但在这里我们仅仅满足于对一个基本事实的确定：在中西印的三个精神哲学的思想传统中，都有对在"人格"、"心性"、"种性"名义下呈现的意识体验活动和意识体验能力之基质的基本思考——不言而喻，这里的意识概念是广义的，即也包含了无意识的部分。

二、关于胡塞尔在这个领域中使用的相关概念术语的解释与说明 [①]

这里需要对我们引用的胡塞尔的人格现象学的相关概念术语及其彼此相互交切的含义做一个梳理，主要是自我、自己、单子、人格、人格性等。这个工作与舍勒对人格研究提出的基本要求是相应和的："在对什么是人格，以及它在伦理学中具有什么意义的问题进行独立的实事考察之前，必须清晰地标识出人格在形式主义的系统联系中所处的场所（Ort）"（GW II, 370）。

对人格问题的长期思考，即对意识生活的横向结构到纵向发生的思考，贯穿于胡塞尔的一生，从《逻辑研究》到《观念》三卷本，从《笛卡尔式沉思》到《经验与判断》，连同其汗牛充栋的未发表研究手稿。尽管他在这些著述与研究手稿中对这些概念术语的运用并非始终前后一致，但在他对它们的表达使用中仍然可以发现一些

---

① 这些术语解释或可视作对笔者的论文"探寻自我：从自身意识到人格生成"（载于《中国社会科学》，2019 年第 4 期）的一个补充说明。笔者在本书附录 8 关于"自我（Ich）与自己（Selbst）以及单子（Monade）与人格（Person）"的部分中对此还有更为详细的阐释。

较为稳定的意义结构。

自我（Ich）：

相对于"人格"概念，胡塞尔使用最多的应当是"自我"概念。在他那里，比这个意义的"人格"更高的级次就是他所说的"自我"，或者更严格地说："纯粹自我"。这个意义上的"自我"是抽象的和不确定的，不带有任何经验内涵，它始终是这个同一者。用胡塞尔的话来说："自我作为纯粹自我在它的持续被给予性的任何时段中都是这个同一者"，"它在不同的时间段中不会具有不同的内涵，它在所有时间段中都是绝对同一的"（Hua I, 50）。这意味着，这个"纯粹自我"意义上的"自我"，是心灵生活中的空泛无内容的统一极点。就此而论，它抽象于所有的"单子自我"或"人格自我"（Hua XIV, 48）。但需要注意的是，这个"自我"仅仅是指处在前反思的直向意识生活中的功能中心，而不是在反思中被思考和讨论的"**自我**"；后者在胡塞尔那里可以用"**自己**"来指称。

自己（Selbst）：

"自己"是胡塞尔不常使用的概念术语。它大都被用来指称在反思中成为对象或课题的"自我"或"客我"。作为"客我"的"自己"与作为"主我"的"自我"有两个根本不同之处：一方面，"自己"是在反思中被内在时间化了的"自我"，即是说，"自己"处在内在时间中，或童年，或青年，或成年，或老年，或今天，或昨天，或明天，等等，而"自我"则始终处在当下，始终在当下起作用；另一方面，"自己"是在反思中被对象化了的"自我"。即是说，在直向意识生活中的"自我"在反思意识中成为对象化的"自己"，但这个"自己"或对象化了的"自我"并未被反思加入任何经验的内涵，它与直向意识生活中的"自我极"一样，始终是一个空泛的同一极："自己极"。就此而论，"自我"（Ich）是在经历了反思的双重加工（内在时间化、对象化）之后才成为"自己"（Selbst）的。但真正的变化实际上仅仅发生在内在的时间化中。正是因为这种时间化或时间定位，点状的"同一自我"才通过反思而成为线性的"同一自己"。

单子（Monade）：

"单子自我"（monadisches Ich）或"单子"（Monade）在胡塞尔那里是指"自我的完全具体化"（Hua I, 102）。它与胡塞尔所说的笛卡尔第一人称单数意义上的"本我"（ego）基本上是同义的，即意味着自我连同其所有现行的意识体验。它会在不同的时间段中包含不同的内涵，但它仍然保持自身为意识体验的统一体。一个三岁的孩童与他三十年后作为成人以及六十年后成为老人都属于同一个单子，即使他们的心灵生活已经随时间的流逝而有了历经沧桑的变化。

人格（Person）：

与"单子自我"相同和与"纯粹自我"不同，"人格自我"（personales Ich）或"人格"（Person）在不同的时间段中会发生不断的变化，并且因此而自身处在持续的自身构造中。胡塞尔说："在人的生活世界的持续变化中，人本身作为人格显然也在变化中，因为他们必定相互关联地不断采纳新的习性特性。"（Hua I, 162f.）胡塞尔在这里对"人格自我"的刻画同时也表明了"人格"与"单子"的不同之处：在"人格"的概念中包含了某种本质性的东西，即胡塞尔在这里所说的"习性特性"以及他在其他地方谈到的"恒久的自我特性的同一基质"、"一种连贯的同一统一性（Identitätseinheit）

的样式(Stil)、一种个人的性格(personalen Charakter)"(Hua I, 10)，以及如此等等。除此之外，胡塞尔还曾提到，"在最为宽泛的意义上的人格自我也允许谈论亚人的(untermenschlichen)人格"(Hua I, 10)。当然，我们据此也可以讨论"超人的人格"或在此意义上的"神格"或基督教三位一体的"位格"(Person, ὑπόστασις)，以及如此等等。

人格性(Personalität)：

胡塞尔在 1931 年 1 月 6 日致亚历山大·普凡德尔的信中曾写道："我纠缠到了新的、极为广泛的研究之中"，这个新研究包括"人格(Person)现象学与更高级次的人格性(Personalität)现象学"(Hua Brief. II, 180)。胡塞尔这里所说的"更高级次的人格性"，不仅是指贯穿在所有具体的和个体的人格中的通性或共性，而且也可以是指他在其他地方也有提及的国家、教会等"社会人格"(Hua I, 110)。①

接下来在对人格问题的讨论中我们也会尽可能按照以上的含义来使用这些意识现象学的基本术语。

---

　　① 德国现象学家如胡塞尔、舍勒、海德格尔等人使用的 "Person" 和 "Personalität" 与英美心理学家如马斯洛使用的 "person" 和 "personality" 在含义和所指上并不一致。这是另一个需要专门讨论的问题。一般说来，英文中的 "person" 一词译作 "个人" 有其一定的合理性，即保留了德语 "Person" 概念中的 "个体自我" 的基本含义，但同时也放弃了其中的"精神自我"的基本含义，例如参见 Carl R. Rogers, *On Becoming a Person — A Therapist's View of Psychotherapy*, Boston: Houghton Mifflin Company, 1995；中译本参见卡尔·R. 罗吉斯：《个人形成论：我的心理治疗观》，杨广学等译，北京：中国人民大学出版社，2004 年。而 "personality" 译作 "人格" 也有其合理性，例如参见 Abraham H. Maslow, *Motivation and Personality*, New York: Harper & Row Publishers, 1954；中译本参见亚伯拉罕·马斯洛：《动机与人格》，许金声等译，北京：中国人民大学出版社，2012 年。

三、人格理论研究的一条进路：对本性与习性的发生脉络的关注与追踪

如果将"人格"视作哲学人类学的最高概念，类似于康德提出的"人是什么"的人类学最高问题——这里的"人"可以是个别的人（人格），也可以是一般的人（普遍人格）——，那么"人格"也应当属于意识现象学的最高概念之一，即心性现象学或人格现象学的核心概念。

笔者在前一节中以及在后面的附录 8 中对胡塞尔使用的这几个概念做了较为详细的梳理和说明，并在附录中主张按抽象性程度依次区分"纯粹自我"、"人格自我"、"单子自我"等。按这个顺序，我们也可以依次区分：以点状的"纯粹自我"或线性的"纯粹自己"为论题的纯粹现象学，以"人格生成"为论题的现象学哲学，以"单子"和"本我"为论题的现象学心理学。

如前所述，"人格"本身较之于"纯粹自我"具有两方面的基本内涵，并因此而变得更为具体：通过"*Persön*lichkeit"体现的"个体性"与通过"*Person*alität"体现的"精神性"，它们都是对"Person"概念的进一步展开。胡塞尔在《观念 II》中也将它们称作"个体自我"与"精神自我"（Hua IV, 247, 275）。接下来我们在这里还要讨论"人格"相对于"纯粹自我"所具有的另外两方面的基本内涵，即"本性"（Naturalität）与"习性"（Habitualität）。我们也可以追随胡塞尔的做法而将它们分别称作"本性自我"与"习性自我"，它们分

别是指具有"原初的性格禀赋与习得的性格禀赋"（ursprünglichen und erworbenen Charakteranlagen）的自我，具有"能力、素质等"的自我，并因此而有别于"纯粹自我"。在胡塞尔那里，它们相当于"实在人格的自我"，或相当于"实在人的实在主体"（Hua IV, 104）。

当然，人格具有的"本性"与"习性"并非是静止不变的对象，而是始终处在生成变化的过程中，舍勒对人格的界定也可以转用于心性概念："人格永远不能是'对象'"（GW II, 21）；"人格是那个直接地一同被体验到的生活-亲历（Er-leben）的统一"（GW II, 371）。因而舍勒始终是在"人格生成"（Personwerden）的标题下讨论人格的本性化和习性化问题。后来的心理治疗师和人格心理学家罗杰斯也是从人格生成（becoming a person）的角度出发来讨论人格问题。① 人格生成的问题最终可以归结为人的自身构成的问题，或者说，归结为心性形成的问题。

初看起来，关于"本性化"的说法含有某种"语词矛盾"：既然是本来就"存在"的，又如何会有"生成"之说？但我们只要回顾一下孟子的"四端说"就可以理解这里的症结何在。孟子列举凡人皆有的四端，即四种德性的萌芽：恻隐、羞恶、辞让、是非。它们构成人的最基本的本性。它们像四体一样生而有之，属于不学而知、不习而能的良知良能，即天生的本能。但他同时也指出："凡有四端于我者，知皆扩而充之矣。若火之始然，泉之始达。苟能充之，足

---

① 参见 Carl R. Rogers, *On Becoming a Person — A Therapist's View of Psychotherapy*, Boston: Houghton Mifflin Company, 1995。

以保四海；苟不充之，不足以事父母。"①这意味着，天生的本性或本能并非一成不变，而是需要后天的培养和扩充。因而孟子也说："苟得其养，无物不长；苟失其养，无物不消。"②一再强调的"尽心"、"养性"等，都与这种对本性的维护、培养和扩充有关。

与本性一同构成总体人格的是习性。人格清晰地表明自己是由本性与习性组成的。习性与本性的根本不同之处在于，习性不是与生俱来的，而是后天习得的和培养的人格。而它们的相同之处在于，它们都会随意识活动的进行而处在持续的发生变化之中，处在持续的时间化中。唯有贯穿在人格生成中的作为横向"点"的"纯粹自我"和作为纵向"线"的"纯粹自己"才是在内在时间之外的，超内在时间的。我们因此也可以理解胡塞尔所说："关于在一个含糊的（赤裸的）的单子中的一个自我与自己的问题当然是一个**动力学**的问题。对于这样一个单子来说，自我并不实项地处在计划中，并不是在内在时间中'被构造的'。"（Hua XIV, 49, Anm. 2）

对本性与习性问题的讨论在佛教唯识学中是作为"二种性"理论出现的，即"本性住种性"（性种性）与"习所成种性"（习种性）。而在儒家思想中则主要通过"性（本性）"与"习（习性）"的概念来表达，即所谓"性相近也，习相远也"③。

在现代心理学的研究中（也包括在与此相关的现代医学、现代伦理学、现代语言学等的研究中），本性与习性以及它们之间的相

① 朱熹：《四书章句集注·孟子集注·公孙丑章句上》，北京：中华书局，1983年，第238页。
② 朱熹：《四书章句集注·孟子集注·告子章句上》，北京：中华书局，1983年，第331页。
③ 朱熹：《四书章句集注·论语集注·阳货》，北京：中华书局，1983年，第175页。

互关系已经构成最重要的论题之一，对它们的把握构成现代心理学最重要的工作与任务。无论是自然主义的心理学，还是人格主义的心理学，它们都从各自的视角和立场出发来进行阐释和论证自己的观点与主张，或本性决定论，或习性决定论；但二元论的主张也得到大多数人的认可。本性决定论往往最终会导向本能决定论或生物决定论（基因、神经元、内分泌、生理结构、生物组织、化学物质、电磁物理等），而习性决定论则往往会以历史决定论、社会决定论、文化决定论或教育决定论为结局。

　　一般说来，本性决定论强调心灵生活的生物学基础，强调与生俱来的、固有的（intrinsic）或天生的（eingeboren）本能，尽管它并不否认后天形成的习性的存在及其功能和作用。而这与习性决定论的情况相似，只是习性在这里与本性互换了角色：习性决定论同样不否认本性的存在与作用和功能，但认为起决定作用的不是本性，而是后天习得的心性、资质和能力，即通过教育和培养，通过交互人格与社会习俗、人文环境与传统文化等而获得的人性或人格。

1. 马斯洛从人文主义心理学出发对本性问题的讨论

　　当然，人格主义心理学并不等同于习性决定论，自然主义心理学也并不等同于本性决定论。这里所说的"人格主义"与"自然主义"是胡塞尔意义上的，即它们分别是指人格主义心理学和自然主义心理学。它们之间的区别相当于狄尔泰意义上的精神科学的心理学、马斯洛意义上的人文主义心理学与神经学和脑科学等自然科学的心理学之间的区别。不过精神科学的心理学家与自然科学的心理学家在这一点上几乎是一致的，即他们都承认人格中包含的二种性：本性与习性。当然，他们承认的方式不尽相同。

人文主义心理学家亚伯拉罕·马斯洛（Abraham H. Maslow）属于精神科学或人格主义的心理学家。不过他在其代表作《动机与人格》中也强调"重新考察本能理论的重要性"，而且他并不因此就属于自然主义的（或者说，本性决定论的）而非人文主义的（或者说，习性决定论的）心理学家。他批评传统的本能理论家以动物的本能为范例，而不去寻找人类特有的本能，例如"固有的良知"（intrinsic conscience）和"固有的内疚"（intrinsic guilt）[1] 以及"固有的羞愧"和"固有的破坏欲"等。这个主张与孟子的四端说实际上是一脉相承的：孟子列举的人之为人的四种德性的萌芽即同情、羞恶、恭敬、是非，都是人类生而有之的天赋能力，无须后天的学习和教化。因而马斯洛意义上的"固有"完全可以理解为"本性的"。他甚至谈到"固有的人类价值"、"固有的法则"、"固有的德性"、"固有的结构"、"固有的冲动"、"固有的能力"、"固有的动力"，以及如此等等。[2]

---

[1]　Abraham H. Maslow, *The Farther Reaches of Human Nature*, New York: Viking Press, 1971.

[2]　参见 Abraham H. Maslow, *Motivation and Personality*, New York: Harper and Row, Publishers, 1954, p. xiii, p. 1, p. 3, p. 7, p. 63, p. 103, p. 129, p. 176, etc。——马斯洛在这里提到的"固有的人类价值"是一个值得注意的说法，因为哲学家通常会将价值视作后天形成的文化产物而非与生俱来的自然本性。（马斯洛在其他地方对此有专门论述，参见 A. H. Maslow, "Psychological Data and Value Theory", in A. H. Maslow [ed.], *New Knowledge In Human Values*, New York: Harper & Brothers, 1959, pp. 119—136。）另一个值得注意的说法是马斯洛提出的"发生的固有的内疚"（generate intrinsic guilt）概念，同时他自问是否可以用"元内疚"（metaguilt）这样的概念来标示它。他将它定义为"当之无愧的、生物学上健全的内疚"（参见 Abraham H. Maslow, *The Farther Reaches of Human Nature*, New York: Viking Press, 1971, p. 327）。——但这里并非深入展开对这些问题讨论的合适场所。

但马斯洛所说的"固有"并不是神经生物学意义上的"先天给定"。他明确主张区分例如"神经的内疚"（neurotic guilt）与"固有的内疚"（intrinsic guilt）。如果我们这里再加上通常的也是确切意义上的"内疚"意识，即正在进行中的、正在被我意识到的自己的"现行的内疚"（actual guilt）感受，那么我们至少可以谈论三种意义上的"内疚"概念。①

2. 里佐拉蒂从自然主义心理学出发对本性问题的讨论

这个案例与如今科学界和哲学界对所谓"镜像神经元"与"同情-同感"所做区分的情况十分相似。

"镜像神经元"（mirror neurons）的概念在马斯洛生活的时代尚未被提出，直到 20 世纪 90 年代初才为意大利神经生理学家贾科莫·里佐拉蒂（Giacomo Rizzolatti）的研究小组在猕猴身上发现，并被命名为猕猴额叶和顶叶皮质的镜像神经元。一些神经生物学家进一步推断在灵长类动物包括人类身上也存在与镜像神经元功能近似的神经机制。若果如此，那么可以说，在人类身上可能存在的"镜像神经元"机制 ② 恰恰可以借用马斯洛的"神经的同情"

---

①　这里的情况有点与耿宁对王阳明的三个"良知"概念的区分相似，当然不尽相同（参见耿宁：《人生第一等事——王阳明及其后学论"致良知"》，北京：商务印书馆，2014 年，"第一部分：王阳明的'致良知'学说与他的三个不同'良知'概念"，第 87 页及以后各页）。尽管"内疚"包含在"良知"的范畴中，而且马斯洛也的确曾谈到"固有的良知"，但王阳明从未谈论过作为生物过程的"良知"，而只提到可以称作"固有的良知"和"现行的良知"的两种良知类型以及"良知本体"。

②　关于镜像神经元是否在人脑中存在以及它对于人的行为的可能影响程度，心理学和神经学界始终存在争议。拉马钱德兰（V. S. Ramachandran）认为它对于心理学的意义如同 DNA 对于生物学的意义，可以提供对众多心理能力的解释；而希克科对镜

（neurotic sympathy）的概念来界定，并将它区别于传统的"固有的同情"（intrinsic sympathy）。

所谓"固有的同情"，是与如前所述早在孟子的时代就已经得到确定，后来也在许多哲学家如王阳明、亚当·斯密、利普斯、胡塞尔、舍勒、施泰因等人那里得到不断讨论和深化的"同情心"相一致的。这里的"同情心"是一组或几组相关意识体验，例如"同感"（empathy）（包括"同感知"、"同体验"、"同理解"）与"同情"（sympathy）（包括"同感受"、"同喜"、"同悲"）① 等，或许可以将"镜像神经元"视作这些类型的意识体验和心理状态的生物学基础。它们就总体而言是一些能够读取、感受和理解他人的社会行为或交互主体行为。在此意义上可以将它们的生物学基础追溯到里佐拉蒂式的"镜像神经元"或马斯洛式的"神经的同情"那里。但如尼奥利注意到的那样，里佐拉蒂"对意识和自由意志并没有展现出特殊的热情"②，与他在这点上正好相反的是另一位神经生物学家鲍尔。

像神经元的整个研究现状提出质疑："我们都同意，镜像神经元是非常有趣的神经生物，但是，要将它们视作行为理解的基础，这个想法是几乎说不通的。"（Gregory Hickok, *The Myth of Mirror Neurons. The Real Neuroscience of Communication and Cognition*, New York / London: W. W. Norton & Company, 2014, p. 9, p. 18; 中译本参见格雷戈里·希克科：《神秘的镜像神经元》[该书的书名若译作《镜像神经元的神话》应当更符合原作者的原意]，李婷燕译，杭州：浙江人民出版社，2016 年，第 I、V 页）后面我们还会再回到这个问题上来。

①　笔者在讨论"感知意识"时将"同感"作为"同感知"纳入"感知意识"的大范畴进行讨论。参见本书第二编第 1 章："感知或当下拥有"。

②　参见贾科莫·里佐拉蒂、安东尼奥·尼奥利：《我看见的你就是我自己》，孙阳雨译，北京：北京联合出版公司，2018 年，第 8 页。

3. 鲍尔从自然主义心理学出发对习性问题的讨论

值得引起注意的是另一位目前十分活跃而且带有鲜明特征的自然科学心理学家约阿希姆·鲍尔（Joachim Bauer），他最新出版的专著《我们如何成为我们所是：通过共鸣产生的人的自我》[①]，也是从神经生物学和心理治疗术的角度来讨论在社会过程中的自我构造的问题。他主张在这个过程中并没有一个事先塑造的固有"真我"，只有在自我构造进程中逐渐生成的、不断变化的心灵生活。

在此之前，鲍尔还有一系列的著作来讨论后天的社会行为在自我构造中的决定性作用。用唯识学的概念来说，就是现行对种子的影响和改变才是关键性的，例如在《身体记忆：关系与生活风格如何操控我们的基因》[②]一书中，他通过最新的研究指明：尽管一方面基因（种子）可以操控我们的活动（现行），但另一方面更为重要，即我们可以通过人际间的关系、环境影响、个体经验等来操控我们的基因。即使我们不能改变自己的基因，也仍然可以改变它们的活动性，并在此意义上支配我们的基因。

而在《为什么我感受的就是你感受的东西：直觉的交往与镜像神经元的秘密》一书[③]中，他对社会交往进行的解释虽然依据和参照了神经生物学，而且被称为解释"镜像神经元"的第一本书，但他在其著述中做得更多的，事实上是对后天社会过程和文化过程而

---

① Joachim Bauer, *Wie wir werden, wer wir sind: Die Entstehung des menschlichen Selbst durch Resonanz*, München: Karl Blessing Verlag, 2019.

② Joachim Bauer, *Das Gedächtnis des Körpers: Wie Beziehungen und Lebensstile unsere Gene steuern*, Eichborn, 2002.

③ 参见 Joachim Bauer, *Warum ich fühle, was Du fühlst: Intuitive Kommunikation und das Geheimnis der Spiegelneurone*, Hamburg: Hoffmann und Campe Verlag, 2005。

非先天的生物学过程的刻画和说明。他所强调的"生命系统的万有引力定律"即"反照"（Spiegelung）与"共鸣"（Resonanz）最终还是一个以生物过程为基础但以社会过程为主导的生命定律。

与此相似，鲍尔在关于人的自由意志与攻击本能的相关讨论中[①]也是以此方式来处理在人性中包含着的本性与习性的相互关系问题。

就总体而言，身为医学博士和神经科学家，鲍尔更为关心的是一个反向的作用过程：首先是文化对心理的影响，而后是心理对大脑的影响。[②]因而他虽然是自然科学心理学家，但并不因此就不是一个习性决定论者，而且他乐于尝试用神经生物学的研究来证明社会过程和习性力量的强大以及对生物过程和本性力量的影响。

4. 弗洛伊德从无意识心而上学出发对本性与习性问题的讨论

里佐拉蒂主张："我们应该区分这两种观念：一种是潜在的、无意识的观念，一种是有意识的经验主义哲学观念。"[③]他将前者追溯到主张天赋说的观念论者如柏拉图那里，将后者追溯到主张白板说的感觉论者如洛克和休谟那里。他倾向于将天赋观念视作神经生物学的天然机制的哲学表达，这也导致他将（应当也包括他自己在

---

① 参见 Joachim Bauer, *Schmerzgrenze: Vom Ursprung alltäglicher und globaler Gewalt*, München: Karl Blessing Verlag, 2011; *Selbststeuerung – Die Wiederentdeckung des freien Willens*, München: Karl Blessing Verlag, 2015。

② 参见 Joachim Bauer, *Wie wir werden, wer wir sind*, a.a.O., Kap. 12, S. 173ff.。

③ 贾科莫·里佐拉蒂、安东尼奥·尼奥利：《我看见的你就是我自己》，孙阳雨译，北京：北京联合出版公司，2018 年，第 39 页。

内）大部分神经学者都纳入天赋论者的范畴。而语言领域中乔姆斯基（William Chomsky）与斯金纳（Burrhus Frederic Skinner）对语言的先天"计算机制"与后天"行为机制"的各执一端，也被里佐拉蒂归属于这个哲学传统的争论。尽管这样的划分看起来有些简单粗暴，但对于神经科学家来说，它显然已经可以被用来表达他们对于传统哲学争论问题的现代理解。

事实上用传统的天赋论和经验论的二分已经无法有效地说明和解释当代哲学与科学在人格问题讨论上的差异与分歧，接下来的讨论很快就会说明这一点。我们这里要概述的弗洛伊德及其后学的无意识理论就无法被纳入天赋观念论的范畴；我们接下来要详细阐释的胡塞尔及其后学的意识理论也无法被看作感觉经验论的代表。而且，本性与习性的区分与偏重显然既可以在哲学和心理学的无意识理论内部展开，也可以在哲学和心理学的意识理论内部展开。

我们在讨论弗洛伊德的三重自我理论时已经发现并指出，在他看来这里有一个自我生成的或自我发生的过程：最初是自我在生物感知系统的影响下从艾斯（Es）中产生和分离出来，作为它的一个部分。而艾斯则受生物本欲（Triebe）系统的影响。弗洛伊德因此说，"感知对于自我的意义与本欲对于艾斯的意义是一样的"（SFGW XIII, 268）。

接下来弗洛伊德相信，有许多理由让我们假设在自我内部存在一个可以称之为超我的阶段，它是"奥狄帕斯情结的遗产"与"在自我中形成的沉淀"的结合（SFGW XIII, 262）。弗洛伊德在 1923 年德文版的《自我与艾斯》中谈到"超我"的起源时说它"是两个极为重要的生物学要素的结果：人的童年的无助与依赖的长期延续以及他的奥狄帕斯情结的事实"。但在 1927 年琼·瑞维耶（Joan Riviere）发表的英译本中，她受弗洛伊德的指示而对这段话做了修改："是两个最为重要的生物学要素的结果，一个是生物学的本性，另一个是历史的本性。"① 易言之，自我进一步可以分化为自我与超我，或超我作为自我的一个部分从自我中分化出来，就像自我本身从本我中分化出来一样。

这里所说的生物学本性与历史本性实际上是与我们这里讨论的先天本性和后天习性相一致的，也与佛教所说的二种性并无二致。不过在弗洛伊德的三重自我理论这里，历史本性（毋宁说是社会习性或文化习性）所占的比重极少。以各种方式强调生物学本性的做法使得弗洛伊德很容易被划归到本性决定论的阵营中。

应当说，在无意识研究方面，弗洛伊德的本欲理论尽可能地参考了他那个时代的生物学研究。在神经生物学当时尚未产生的那个时代，弗洛伊德也在自己的著述中常常讨论神经机制、神经症与神经学说。尽管他本人的研究并不是生物学的，但他十分乐于依据生物学的最新成果，并且对生物学的发展寄予厚望："我们的思辨推测因为不得不借助生物科学而在很大程度上变得愈发不可靠。生物学确实是一个无限可能性的王国，我们可以期待从它那里获得

----

① 不过弗洛伊德修改的德文原文并未保留下来。对此可以参见 Sigmund Freud, *The Ego And The Id*, translated by Joan Riviere, revised and edited by James Strachey, New York/London: W.W. Norton & Company, 1989, p. 31, fn. 16; 以及 Sigmund Freud, *Psychologie des Unbewußten,* Studienausgabe, Bd. III, Frankfurt am Main: S. Fischer Verlag, 1975, S. 302, Anm. 1。

最意想不到的启蒙，而且无法揣度它在今后几十年里会对我们向它提出的问题给出何种解答。"（SFGW XIII, 65）

如果弗洛伊德生活在当今，他一定会设法在神经系统中寻找与他的三重自我相对应的神经机制，例如尝试发现与艾斯、自我、超我相对应的神经元。他当时就已经考虑到："生物学与人类命运在'艾斯'中创造和遗留的东西，通过理想构造而被自我接受下来，并在自我那里以个体的方式被重新体验到。"（SFGW XIII, 264f.）

从弗洛伊德的相关表述来看，他倾向于将他自己的无意识研究或深层心理学研究视作生物科学研究的前阶段，而他的思辨的心而上学最终是可以被神经学与生物学的研究所取代的。就此而论，弗洛伊德与其说是天赋观念论的鼓吹者，还不如说是生理物本论（Bio-materialism）的倡导者。

5. 弗洛伊德后学从无意识心而上学出发对本性与习性问题的讨论

不过在后弗洛伊德时代，对生物过程的强调很快便被对社会过程的关注所覆盖。它们代表了无意识理论研究中两个对立极。马斯洛曾指出弗洛伊德后学弗洛姆（Erich Fromm）和霍尼（Karen D. Horney）都"反对弗洛伊德本能理论的具体内容，可能也因为过于乐意接受社会决定论，于是拒绝了任何版本的生物学理论和'本能理论'"。不过马斯洛自己作为人文主义心理学家则"相信元动机理论的生物学根基可以进一步澄清和巩固这些概念"，即"固有良知"、"固有内疚"等，认为它们都是最终植根于生物基底上的，即建基于"体质的、气质的、解剖学的、神经学的、荷尔蒙的和本能动机之本性之上"。① 这也是许多其他一些后弗洛伊德主义者的立场。他们共同点都在于，不再坚持生物决定论或社会决定论的一元论，而且在此之间找到一个恰当的位置。

可以清楚地看到，这里涉及的二元论并非里佐拉蒂所说的天赋论和经验论的对立两极，而更多是佛教唯识学所说的"根"与"识"的分别。玄奘在《八识规矩颂》中所批评的"愚者难分识与根"（第八颂），批判的是唯识学中无法区分心理活动与器官机能的状况（或者也可以用西方现代哲学的概念来说：无法区分"心"与"身"的状况）。佛教所说的"识"，包含了八种识，即包含作为第八识的"心"与作为第七识的"意"。它们与弗洛伊德所主张的"艾斯"（Es）或"本我"以及胡塞尔指出的"前自我"（Vor-Ich）和"原自我"（Ur-Ich）有异曲同工之妙。因此，在唯识学所说的"识"中已经可以区分出"无意识"与"意识"的二元。若加上如今神经生物学所处理的"根"的问题，那么我们面临的实际上是一种"三元演绎"的局面。

以上的说明是对人格问题讨论的历史和现实的思想背景的大致勾勒。人格现象学的思考此前和如今仍然处在这样的语境之中。它对人格或心性问题的讨论是与同时代思想家们对此问题的思考相衔接的，但也有其自己的特点，即从意识体验的一元出发，或者说，从意识现象学的立场出发对人格或心性问题的讨论，主要包含本性现象学和习性现象学两个方面，或者说，现象学的人格研究尤其关注本性与习性的精神层面或意识层面。

---

① 以上引文参见 Abraham H. Maslow, *The Farther Reaches of Human Nature*, New York: Viking Press, 1971, pp. 326—327。

这里的工作与卢梭提出的"从人类现有的性质中辨别出哪些是原始的,哪些是人为的"[①]之要求是相呼应的。尽管胡塞尔在生前发表的现象学研究著述主要集中在对纯粹意识和与此相关的纯粹现象学的表述和阐释上,但他对人格以及本性与习性的思考仍然未间断地贯穿在其一生的最后三十年中,并在他身后陆续出版的未发表遗稿中展示给世人。这些人格现象学的思考可以提供不同于现有的人格心理学和人格神经学的视角和方法及其相关的结论和命题。

[①] 卢梭:《论人与人之间不平等的起因和基础》,李平沤译,北京:商务印书馆,1982 年,第 63 页。

第 4 章　人格现象学与
"先天综合原则"

一、引论："先天综合原则"从笛卡尔-康德-费希特到胡塞尔及其后学的发展

1. 德国观念论中的"先天综合判断"问题

从笔者此前已经讨论过的意识现象学的内容、方法及其借此展示出的性质来看，意识现象学的人格研究就是广义上的意识权能研究，亦即横-纵意向性意义上的权能研究，它们可以分别以意识与无意识研究的方式，或意识的静态与发生研究的方式，或意识权能的横向与纵向研究的方式来进行；我们也可以说，它们就在以上几种方式中展示着自身。①

而笔者在这里首先要论述一个命题（或定理或规律）：意识现象学的人格研究在总体上可以而且也应当依据胡塞尔的所谓"先天综

---

① 对此参见本书第三编第 1 章"意识现象学与无意识研究的可能性"和第 2 章"意识分析的两种基本形态：意识行为分析与意识权能分析"。

合原则"（synthetische Prinzipien a priori）来进行。意识现象学的方法，或者说人格现象学的研究方式就意味着某种先天综合的思维进程或知识方式。而后笔者会展开对意识现象学人格研究的具体案例分析，同时也借此来表明上述定理（或定理或规律）的有效性。

　　这里的"先天综合原则"是胡塞尔的说法（Hua III/1, 38）。它可以被视作对康德"先天综合判断"的扩展，不过这种扩展在康德本人那里也在某种程度上出现过。康德并不将"先天综合判断"（或"先天综合知识"，或"先天综合定理"）仅仅视作在表象、认识、思维领域起作用的认识形式和认识规律，而是相信它同样在情感和意志领域中起作用，即不仅是认识可能性的条件，而且也是在理性的范围内的道德意志、审美情感、虔诚信仰等的可能性的条件。因而康德不仅将回答"先天综合定理如何可能"的问题视作"超越论哲学的普遍任务"，而且认为这种知识形式对于哲学一般来说都是至关重要的。他曾在哲学的总体领域中提出要求说："一切形而上学家都要庄严地、依法地把他们的工作搁下来，一直搁到他们把'先天综合知识是怎样可能的？'这个问题圆满地回答出来时为止。"（KrV, B73）他还不无夸张地强调，"令人满意地回答这一问题，比起一本篇幅最长、一出版就保证它的著者永垂不朽的形而上学著作来，需要付出更为坚毅、更为深刻、更为坚苦的思考"。[①]

　　从康德这里的表述来看，他似乎并不认为他已经提供了关于这个问题的圆满答案。相反，他倒是更多希望哲学家们能够通力合作

----

① 康德：《未来形而上学导论》，庞景仁译，北京：商务印书馆，1982 年，第 34—35 页。

来实现这个尚待完成的计划。随后的费希特便是这个康德寄予希望的哲学家群体的成员之一。

　　费希特在此方向上的意图和努力被黑格尔概括为："自我是真正的先天综合判断"[1]。黑格尔在这里所说的"自我"，还不是我们这里将要讨论的胡塞尔和舍勒意义上的"人格"，而是费希特意义上的"自我"。它也可以被标识为"纯粹思维"或"普遍知识"或"意识"。当黑格尔说费希特的"自我就是意识"的时候，他所表明的正是费希特对笛卡尔以及康德的超越论哲学的传承和发展：费希特的"自我是根据、出发点"[2]，就像笛卡尔的"我思（cogito）-我在（sum）"是根据和出发点一样。而后，费希特的自我从自身出发，以推演的方式设定非我，并以先天综合判断的方式最终构造出整个世界，因而黑格尔有理由将费希特看作近代超越论哲学发展的一个环节："费希特最初也只不过把自己的哲学看成康德哲学的一个贯通的和系统的完成罢了。他把自我当作绝对原则，因而必须表明宇宙的一切内容都是自我的产物，而自我同时即是它自身的直接确定性。"但黑格尔清晰地看到，费希特的超越论哲学进路是笛卡尔的而非康德的："一切都应该从自我推演出来，[康德]列举范畴的作法应该取消。"[3]——这里要顺便说一下：笛卡尔的进路和康德的进路后来都是引发胡塞尔超越论还原的思想史动机。

　　于此也可以理解黑格尔对费希特哲学的总体评价："费希特哲

---

　　① 黑格尔：《哲学史讲演录》（第四卷），贺麟、王太庆等译，北京：商务印书馆，1978 年，第 310 页。

　　② 黑格尔：《哲学史讲演录》（第四卷），第 312 页。

　　③ 黑格尔：《哲学史讲演录》（第四卷），第 310、313—314 页。

学的最大优点和重要之点,在于指出了哲学必然是从最高原则出发,从必然性推演出一切规定的科学。其伟大之处在于指出原则的统一性,并试图从其中把意识的整个内容一贯地、科学地发展出来,或者像人们所说的那样,构造整个世界。"[1]

不过黑格尔接下来对费希特哲学的评价和感慨却十分耐人寻味:"到这里,他[费希特]也就停住了。而哲学的要求却在于包含一个活生生的理念(*eine* lebendige Idee zu enthalten)。世界是一朵花,这花永恒地从那唯一的种子里生长出来。"[2]

无论"活生生的理念"以及"花-种子"的诗性说法在语焉不详的黑格尔这里究竟意味着什么,它总会让人有所联想,要么联想到胡塞尔时间意识现象学分析中的"活生生的当下"(lebendige Gegenwart),要么联想到佛教的"种子说"或孟子的"萌芽说"(四端说)。它们虽然已经无法用费希特的"自我"概念来涵盖了,但完全还可以放到"人格"的范畴中考察。即是说,我们可以或者应当讨论"人格"意义上的种子、萌芽与花,就像后来狄尔泰、胡塞尔、舍勒所做的那样。

2. 胡塞尔本人提出的"先天综合原则"

胡塞尔在一篇写于 1908 年的哲学史研究手稿中开篇便提出这样的问题:"在我们继续前行之前,我们要思考:康德用他的'先天综合判断如何可能'的问题在多大程度上切中了认识批判的基本问

---

① 黑格尔:《哲学史讲演录》(第四卷),第 311 页。

② 黑格尔:《哲学史讲演录》(第四卷),第 311 页。

题。"(Hua VII, 377)

对于这个问题，实际上，胡塞尔此前在《逻辑研究》第一版（1900/1901 年）的"关于整体与部分"的第三研究中已经做了细致的思考，并且此后在第二版（1913 年）中给出了这个问题的基本答案。胡塞尔在该版的第 11 和 12 节中修改了在第一版中关于"质料"规律与"形式"规律的区别，以及关于分析命题和综合命题的基本规定的讨论。

胡塞尔首先区分两类概念：一类是含有实事的概念，它们构成质料本体论的范畴；"关于对象一般以及相关地关于含义一般，即与对象一般相关的含义的先天科学"（Hua XX/1, 302），因而实事性概念也就意味着，它们属于质料的本质领域。但这个意义上的质料已经有别于传统哲学意义上的"质料"，因而胡塞尔在"质料"一词上加了引号。它们并不全等于"经验的"、"后天的"等范畴，也不都是通过综合来获取的，因为我们也可以发现"先天的质料"。它在胡塞尔这里基本上意味着"含有实事的本质"或"含有内容的本质"的概念。含有实事的概念与不含实事的概念之区分更多在于，前者是"不独立的"，而后者是"独立的"。我们在这里无法对事关"整体与部分"的独立与不独立的关系问题再做展开论述，它构成第四逻辑研究的整个论题，而只能简略说明：实事性概念之所以是不独立的，一方面是因为在它们的内容中包含了纯粹的属、种、差的分别，另一方面则是因为在它们的内容中往往包含时间-空间方面的此在设定。胡塞尔为此列举的"质料"范畴有："房屋"、"树木"、"颜色"、"声音"、"空间"、"感觉"、"感受"等。它们构成心理学和物理学等质料本体论的范畴，与它们相关的规律和命题既可以是先天综合的，也可以是后天综合的。

　　而另一类概念则是单纯的形式概念，即不含实际内容的概念，它们构成形式本体论的范畴，亦即属于形式的本质领域。它们不含有实事内容，无关此在设定，因而它们是独立于它们的对象性和可能的情况实际性的范畴。纯粹的先天分析规律，例如"纯粹逻辑学"、"纯粹数学"、"形式-语义的意识活动学（Noetik）"、"普遍意识活动学"、"意识功能学"等，它们的法则完全是由纯粹的形式范畴构成的，它们可以将自身完全地形式化，而且它们具有分析规律的普遍必然性。胡塞尔列举的单纯形式概念有："某物"、"一个东西"、"对象"、"属性"、"关系"、"联结"、"多数"、"数量"、"序列"、"序数"、"整体"、"部分"、"数值"等等。与它们相关的规律和命题完全是先天的、形式的和分析的。

　　至此我们可以区分出两类范畴或命题：一方面是实事的、内容的、质料的，它们属于质料本体论的领域。由于它们可以被分为先天的和后天的，因而它们原则上既可以通过分析的也可以通过综合的方式来获取；而另一方面是纯粹的、形式的、先天的，它们属于形式本体论的领域，它们之间的关系只能通过分析命题来表达。

　　于是我们也可以区分三类判断：1. 具有普遍性但不增加知识的**先天分析判断**，2. 增加知识但不具有普遍性的**后天综合判断**，以及3. 既具有普遍性又增加知识的**先天综合判断**。

　　在以上这些基本确定中，胡塞尔事实上大部分接受了康德在认识领域中对先天综合判断的理解。相对于康德的相关学说，胡塞尔提出的最主要异议仅仅在于：并非所有质料都是后天的；先天质料的存在使得一门"关于对象一般以及相关地关于含义一般，即与对象一般相关的含义的先天科学"（Hua XX/1, 302）成为可能，也就是使一门质料本体论（普遍有效的质料本质知识学）成为可能。

胡塞尔在《逻辑研究》中总结说：

> 如果我们具有分析规律和分析必然性的概念，那么当然也就可以得出"先天综合规律"的概念和"综合先天必然性"的概念。每一个以一种方式包含着含有实事概念的纯粹规律都是一个先天的综合规律。这些规律的殊相化就是综合的必然性：其中当然也包含经验的殊相化，如"这个红不同于那个绿"。
>
> 这里所做的陈述应当足以表明一个本质区别，即建基于内容的种类本性之中的规律与分析的和形式的规律之间的区别，前者是与不独立性相关的规律，后者则作为纯粹建基于形式"范畴"之中的规律而对所有"认识质料"都无动于衷。（Hua XIX/1, A 248/B₁ 256）

此外，在胡塞尔这里还须留意他在《逻辑研究》第二版中添加的两个"注释"之一："注释一：可以将这里所给出的规定与康德的规定相比较，后者在我们看来绝不应当被称作是'古典的'。我们认为，前者已经满意地解决了一个最重要的科学理论问题并且同时向系统地划分各种先天本体论迈出了关键性的第一步。在我日后出版的著述中将会有进一步的阐述。"（Hua XIX/1, B₁ 256）

这里预告的"我日后出版的著述"，是胡塞尔当时（即《逻辑研究》第二版时的 1913 年）正在撰写的《纯粹现象学与现象学哲学的观念》第二卷。而他所说的"系统地划分各种先天本体论"的工作，不仅包含在《逻辑研究》中对先天形式本体论与先天质料本体论的原则区分,而且也包含在《观念》第二卷中对各种具体的"区域本体论"或"质料本体论"的区分,如"物质自然的构造"(关于物质自然的区域本体论)、"动物自然的构造"(关于动物自然的区域本体论)和"精神世界的构造"(关于精神世界的区域本体论)。而且胡塞尔相信,在这些区域本体论中先天综合的原则仍然起作用,并且使得它们可能成为普遍必然的本质知识学(Wesenswissenschaft)。

不过就原则而言,胡塞尔从未将现象学的陈述等同于"先天综合判断"。因此,当石里克在与维特根斯坦讨论胡塞尔现象学的问题时,他提出的问题"应当怎样来反驳一个认为现象学的陈述是先天综合判断的哲学家?"应当是一个伪问题,而维特根斯坦的回答以及对现象学的陈述的指责也成为典型的无的放矢。[①]不过我们在下一节中可以看到,在胡塞尔的哥廷根学生中确有几位主张现象学的方法是"先天综合命题"。

几乎与此同时,另一位现象学家马克斯·舍勒在其 1913 年出版的代表作《伦理学中的形式主义与质料的价值伦理学》第一卷中,尤其是在第二篇"形式主义与先天主义"中,表达了与胡塞尔相近的见解。如果考虑到胡塞尔对"先天综合判断"问题的清晰表达是

---

① Ludwig Wittgenstein, *Wittgenstein und der Wiener Kreis*, Gespräche, aufgezeichnet von Friedrich Waismann, Frankfurt am Main: Suhrkamp Verlag, 1984, S. 66. 在此后的另一次谈话(1930 年 1 月 2 日)中,石里克再次提及胡塞尔的"先天综合判断",但维特根斯坦没有回答与胡塞尔相关的问题部分(参见同上书,S. 78—79)。笔者在《意识的向度:以胡塞尔为轴心的现象学问题研究》(北京:商务印书馆,2019 年)的"观念主义,还是语言主义?——对石里克、维特根斯坦与胡塞尔之间争论的追思"一章中对此有较为详细的说明和反驳。

在《逻辑研究》1913 年的第二版中做出的，那么我们就有理由认为，胡塞尔与舍勒很可能是在此期间通过相互交往和由此产生的相互影响而同时形成了对此问题的透彻思考。而且这些思考也与他们在"本质直观"问题上的共识密切相关。①

舍勒对康德的批判在总体上要远甚于胡塞尔，在"先天综合判断"问题上更是如此。他言简意赅地写道："我们拒绝康德从精神的'综合活动'（synthetische Tätigkeit）出发对先天的解释。"② 但舍勒的康德批判主要是在伦理学领域展开的。他将康德的伦理学称为"形式主义的伦理学"并将自己的伦理学定义为"质料的价值伦理学"。他认为康德哲学的一个基本预设在于，"所有质料伦理学都必然带有仅只是经验-归纳的和后天的有效性；唯有一门形式伦理学才是先天的，并且是不依赖于归纳经验而确然的"。而这个基本预设又导致了康德哲学的两个基本谬误："将'先天之物'等同于'形式之物'的做法是康德学说的**基本谬误**。……与此基本谬误密切相关的是另一个谬误。我指的是将'质料之物'（既在认识论中，也在伦理学中）等同于'**感性**'内涵，但将'先天之物'等同于'**思想之物**'或通过'理性'而以某种方式**附加给**这些'感性内涵'的东西。"③

不过如舍勒所说，对康德的建基于形式先天之上的伦理学说的

---

①　对此可以参见笔者：《胡塞尔与舍勒：人格现象学的两种可能性》，第一章"引论：埃德蒙德·胡塞尔与马克斯·舍勒的私人关系与思想联系"。

②　舍勒：《伦理学中的形式主义与质料的价值伦理学》，倪梁康译，北京：商务印书馆，2019 年，第 122 页。

③　舍勒：《伦理学中的形式主义与质料的价值伦理学》，第 33、99 页。

批判只是他的这部著述的一个次要目的。该书的主要目的在于用他的价值质料先天的理论或"纯粹价值学理论"来为一门伦理学的人格主义奠定基础。舍勒在该书中完成的一个主要功绩就在于这样一个发现:"所有先天关系中最重要的和最基础的关系在于一个**等级秩序**的意义,即在我们称作**价值样式**的质料价值之质性系统之间的级序意义。它们构成对我们的价值明察和偏好明察而言的本真**质料先天**。它们的事实存在同时也展示出对康德形式主义的**最尖锐**反驳。"[①]

可以说,胡塞尔与舍勒的哲学在很大程度上是建基于对"直观性的本质"或"质料性的先天"的确立和进一步展开之上。

3. 胡塞尔后学主张的"先天综合命题"

胡塞尔指导的首个以现象学为题完成博士论文毕业的学生是威廉·沙普(Wilhelm Schapp, 1884—1965)。他在 1958 年发表的回忆胡塞尔的文章中指出,胡塞尔在其哥廷根时期有过几个重要的发现,最重要的是他将观念对象或质料先天扩展到价值领域,即发现价值领域中的对象性,发现作为观念对象或质料先天的价值世界和应然世界。沙普认为,舍勒在伦理学领域贯彻了这个思想,而莱纳赫在法学领域贯彻了这一思想。[②]

---

① 舍勒:《伦理学中的形式主义与质料的价值伦理学》,倪梁康译,北京:商务印书馆,2019 年,第 172 页。

② 参见威廉·沙普:"回忆胡塞尔",高松译,载于倪梁康编:《回忆埃德蒙德·胡塞尔》,北京:商务印书馆,2018 年,第 67 页。——当然,舍勒自己认为这是他与胡塞尔的共同发现。对此可以参见他的自我表述:"笔者在对他至此为止所亲近的康德哲学不甚满意的情况下(由于这个原因,他将已经付印了一半的关于逻辑学的论著重又收

除此之外，沙普指出胡塞尔在认识论领域还有一个最重要的发现和确证，这就是"先天综合命题"。这个发现与对"质料先天"或"价值先天"的确立是密切相关的。如果胡塞尔的前一个发现是实事方面的，即与质料先天或观念对象有关，那么后一个发现就是方法方面的，即与对先天综合的原则以及对质料先天的直接把握的方法（作为"本质直观"或"价值感知"或"伦常明察"）有关。

事实上，胡塞尔与早期现象学家们所获得的第一个发现构成了他们的第二个发现的前提：正是因为发现了质料先天，对先天综合判断的重新发现和扩展才得以可能。这也可以部分地解释为什么在当时包括莱纳赫和沙普在内的现象学家愿意将"先天综合判断"与现象学的本质直观结合在一起讨论的做法，而且这种做法在胡塞尔与舍勒那里也时常可见。无论如何，在先天综合判断与本质直观之间的关系至今是一个十分值得康德学者与现象学学者进行共同研究的课题。

胡塞尔这里的两个发现都涉及康德的思想遗产，前者是对康德的形式先天论的反驳和纠正，后者则是在此基础上对康德的"先天综合判断命题"的突破与发展。按照沙普本人的说法："胡塞尔的

回）达到了这样的信念：以直观的方式被给予我们的东西，其内涵原本就要远为丰富于在此内涵上通过感性组成部分及其生成衍生物以及逻辑统一形式所能相合的那些东西。当笔者向胡塞尔陈述这一观点并说明他将此见解视作构建理论哲学的新的、富有成效的原则时，胡塞尔马上指出，他也在其新的、即将出版的著作中将直观概念做了**类似的**扩展，使它扩展到了所谓'范畴直观'上。从这一瞬间起，一种精神的联系便得以形成，这个联系以后在胡塞尔和笔者之间始终存在着，而且它给笔者带来了极大的收益。"（Max Scheler, *Gesammelte Werke VII: Wesen und Formen der Sympathie*, Bern: Francke-Verlag, 1973, S. 308）

学说意味着对康德体系的突破，它一块块地拆除了这一体系——尽管它也接纳了其重要的部分，如先天综合定理以及价值论领域内的直言律令，但却给了它们一个新的框架，并且只保留了最核心的部分。"①

与前一个发现一样，后一个发现同样在舍勒和莱纳赫以及慕尼黑-哥廷根学派那里获得共识并产生影响。沙普将其原因归结为"当时去找胡塞尔的人大多已在康德学派中受过哲学训练"②，他们熟悉康德的思想，但对其并不感到满意。而胡塞尔在上述两个方向上的发现为他们展示了新的可能性，或者使得他们为之一振，或者使得他们一拍即合。沙普对此总结说："直至1910年或直至'一战'，胡塞尔将我们一方面从康德那里，另一方面从经验主义那里解放出来。对此我想简单地概述一下。从正面说，这意味着在现象学的框架内为我们打开了一个巨大无比的工作领域，其中有着不计其数的个别研究，并且为我们提供了各种可能性，可以对旧哲学的现象学内涵进行研究，并将它们从各种建构中解放出来。"③

因此，沙普回忆说："只有几年，也许是十年至二十年，胡塞尔与他的学生在没有内部异议的情况下以此方式在他们的意义上从

---

① 沙普："回忆胡塞尔"，高松译，载于倪梁康编：《回忆埃德蒙德·胡塞尔》，第69页。

② 沙普："回忆胡塞尔"，高松译，载于倪梁康编：《回忆埃德蒙德·胡塞尔》，第69—70页。——沙普本人亦非例外。按他的回忆：在认识胡塞尔之前，"两三年内我每天都读三大批判。由于常读，我可以逐页背诵它们。对康德研究得越多，这座城堡在我看来就越坚固，越无懈可击，就像是由巨大的方石无缝拼接而成。"（同上书，第63页）

③ 沙普："回忆胡塞尔"，高松译，载于倪梁康编：《回忆埃德蒙德·胡塞尔》，第69页。

事现象学科学。"① 不过退一步说，即使在胡塞尔与舍勒和莱纳赫之间事实上始终存在观点分歧，他们在对质料先天的可直接把握的信念方面还是基本一致的。② 这是在早期现象学家那里能够发现的共同的方法追求。而沙普相信这是与先天综合命题相关的："在这里很难说现象学方法究竟是什么。也许可以说，它就在于，**在所有知识领域中都追寻先天综合命题。而后**问题最终取决于能否发展出**一门先天综合命题的理论**，但不是以康德还认作必要但又未能成功的方式，而是一门关于命题和事态的关系的理论，它提供了命题与事态相一致的明见性。"③

将现象学本质直观方法与先天综合命题之间结合为一的做法在阿道夫·莱纳赫那里表现得最为明显，他将这个意义上的现象学方法运用于法学领域，并倡导"先天法权现象学"。沙普认为莱纳赫在法学领域贯彻了胡塞尔观念对象和质料先天思想的说法的确所言不虚。④

莱纳赫承认康德意义上的先天综合判断对于法权理论的有效性："在先天法权学说的定理中我们可以看到康德意义上的先天综合判断，与我们在纯粹数学和纯粹自然科学的定理中看到的并无二致。"但他并不认为可以无保留地接受康德对"先天综合判断"的解

---

① Wilhelm Schapp, *Auf dem Weg einer Philosophie der Geschichten*, Teilband I, Freiburg / München: Verlag Karl Alber, 2016, S. 58.

② 对此可以参见笔者："法权现象学在早期现象学运动中的开端与发展：从胡塞尔到莱纳赫思想发展脉络"，载于《西北师范大学学报》，2019 年第 1 期。

③ Wilhelm Schapp, *Auf dem Weg einer Philosophie der Geschichten*, Teilband I, a.a.O., S. 59.——强调为笔者所加。

④ 参见沙普："回忆胡塞尔"，高松译，载于倪梁康编：《回忆埃德蒙德·胡塞尔》，第 67 页。

释。他指出"康德试图通过这样的阐释来证明这些［先天综合］判断，即唯有通过它们，经验与经验科学才能建构起自身。此后这已成为康德主义的一个确定原理：所有先天之物都只有表明了自己是使得客观文化的特定事实，例如科学，或也包括伦常、艺术、宗教的特定事实'成为可能'的东西之后才能得到其最终的证成"。对此，莱纳赫以现象学的本质直观方法为例提出质疑："先天法权学说的命题是被我们绝对明见地直观到的。据说它们的有效性是要靠科学、文化事实才能指明的，这些科学又在哪里呢？这些文化事实又在哪里呢？"①

　　莱纳赫在这里实际上是用现象学的本质直观方法的有效性来说明：康德将"先天"等同于"形式"并将"质料"等同于"经验内容"的做法会导致这样的结果，即"先天综合判断如何可能"的问题被人为地局限在经验认识与经验科学如何可能的问题上。但如果放弃康德的充满偏见的理解并且承认各种类型的质料先天的存在，那么"先天综合判断的可能性"更多应当与先天认识与先天科学的可能性有关，而真正的经验知识与经验科学的前提，恰恰是要由先天认识与先天科学来提供的。胡塞尔在同一时期也批评当时的实验心理学还处在前伽利略的自然科学阶段，即处在素朴经验而非科学经验的阶段，处在含糊的日常概念而非完全明晰的科学概念的阶段，也是出于同样的理由。②

---

① 以上几处引文参见 Adolf Reinach, *Sämtliche Werke*, Bd. I, München/Hamden/Wien: Philosophia Verlag, 1989, S. 270。

② 参见胡塞尔：《文章与讲演（1911—1921 年）》，倪梁康译，北京：商务印书馆，2020 年，第 27—28 页。

从这个角度来看，"先天综合判断"之所以可能，而且不仅在算术、几何等关系形式先天的科学中得以可能，同样在关系质料先天的科学中得以可能，正是因为质料先天在各个科学领域中都普遍存在，例如纯粹物理学、纯粹天文学、纯粹心理学、纯粹伦理学等等。

莱纳赫提出的先天法权理论就是这个意义上的纯粹法权科学，它构成所有实在法权科学的前提和基础：实在法权不能独立于先天法权成立，而先天法权却可以独立于实在法权而成立。这里的独立性问题虽然与胡塞尔前面所提的在"先天形式"和"先天质料"那里出现的独立性问题不完全一致，但也与胡塞尔"现象学是一门本质科学"的主张不相违背。因此可以理解，对于莱纳赫及其先天法权学说来说，至关重要的问题在于："必须将目光转向完全不同的方向，而后才能发现那些在任何意义上都独立于'自然'、独立于人类认识、独立于人类组织，以及首先是独立于世界的实际发展而存在的纯粹法权方面的合法则性之王国的入口。"[1]

在此意义上，先天法权是超越种种文化事实、伦理事实和宗教事实的纯粹法权方面的合法则性。可以说，先天法权领域是布伦塔诺、弗雷格、胡塞尔、舍勒等人都曾指出过的与物理世界和心理世界相并列的"第三王国"的一个区域，它们最终可以追溯到柏拉图的理念王国的思想史遗产上。在哥廷根和慕尼黑的早期现象学家那里，它既是先天观念对象的王国，也是先天质料价值的王国，也是先天法权的合法则性的王国。

如果沙普后来的现象学法学的确可以说是对莱纳赫法权现象

---

①　Adolf Reinach, *Sämtliche Werke*, Bd. I, a.a.O., S. 277 f..

学的"直系继承"的话，那么首要的一点，就是他继承了胡塞尔与莱纳赫对质料先天的发现，以及对其直接把握的可能性的理解，并将这个意义上的"先天综合原则"同样施行于法权领域。因而沙普有理由说："我们自己在我们的［法权理论］研究方面与莱纳赫离得最近。我们从莱纳赫那里得到的东西比从任何人那里都多。"①

在这个历史引论结束之前还要指出一点，在沙普之前，他的同学埃迪·施泰因就已经一并行进在这个方向上：她在"纯粹法权理论"的名义下直接继承和推进了莱纳赫的工作。②

二、人格现象学或心性现象学意义上的"先天综合原则"与"先天质料本体论"

在我们展开对人格现象学意义上的"先天综合原则"或"先天质料本体论"的问题论述之前，首先需要说明一点："先天–后天"并不是对康德的"a priori / a posteriori"的恰当中译。这一点，我们在前面阐释康德的"先天综合判断"的过程中就已经一再地感受到了。它们最确切的意思实际上更应当通过"先验的–经验的"的概念对来表达。但"先验"一词如今大都已被业内人士用来对译"transzendental"，从而导致这个概念如今在康德研究业内外已成为

---

① Wilhelm Schapp, *Die neue Wissenschaft vom Recht. Eine phänomenologische Untersuchung*, Bd. 1: *Der Vertrag als Vorgegebenheit. Eine phänomenologische Untersuchung*, Berlin-Grunewald: Dr. Walther Rothschild, 1930, S. 182.

② 对此可以参见笔者："法权现象学在两次大战之间的思想发展脉络：从施泰因和沙普到凯尔森学派和 G. 胡塞尔"，载于《中国现象学与哲学评论》第 27 辑《现象学的边界与前沿》，上海：上海译文出版社，2020 年。

一个既造成误解最多，也受到误解最多的概念。或许我们可以退而求其次，像韦卓民先生那样用"验前的-经验的"来翻译"a priori / a posteriori"[①]，但"先验"与"验前"的同等含义也会绞缠在一起并继续引起误解。因而这里的问题的产生根源主要不在于"a priori"的中译，而在于传统的康德概念"transzendental"的中译占用了"先验"的译名，使得与此内在相关的一系列中译名长期处在尴尬和可疑的境地。

当然，中文的"先天-后天"与"a priori / a posteriori"并不是相互对应的概念。前者是在中国哲学中原有的概念对，最初由宋代思想家邵雍提出，后来在宋明理学中得到了展开讨论。[②] 今天

---

① 参见康德：《纯粹理性批判》，韦卓民译，《韦卓民全集》第一卷，武汉：华中师范大学出版社，2016年，第7页注1，第30页，第41—45页，如此等等。

② "先天"与"后天"的概念对最初见于《周易》："先天而天弗违，后天而奉天时。"（王弼注，孔颖达疏：《周易正义》，李学勤主编：《十三经注疏》，北京：北京大学出版社，1999年，第23页）后来邵雍在其《皇极经世》中提出"先天之学"与"后天之学"的分别："先天之学，心也；后天之学，迹也。"（邵雍：《邵雍集》，北京：中华书局，2010年，第152页）

再后，"先天学-后天学"在阳明后学那里，尤其是王龙溪那里，得到了深入的展开。王龙溪将其老师王阳明的"良知学"与"先天学"做等同理解："良知者，本心之明，不由学虑而得，先天之学也。"此外，他提出的"先天是心，后天是意"，"先天言其体，后天言其用"，"正心，先天之学也；诚意，后天之学也"（王畿：《龙溪王先生全集》，济南：齐鲁书局，1997年，卷六，第5页a，卷一，第11页b—第12页a），以及其他论点，都是对"先天-后天"及其相关学说的展开与推进。

就整个明末儒学的发展来看，王阳明及其后学对"良知-事知"、"无事-有事"、"寂然-感通"、"已发-未发"、"静-动"、"隐-显"，乃至"阴-阳"如此等等的概念分析与阐释，属于本体论的层面的发展，而他们提出的"先天制后天"、"先天统后天"、"后天复先天"等主张和要求，则属于工夫论层面的表达和论述。

明儒之后，还有被称作王阳明之后第一大儒的清代学者刘沅通过对作为"性"的"先天之心"与作为"情"的"后天之心"的区分而对"先天论"与"后天论"又有进一步的创造性阐释和发展。

也有译者用"先天-后天"来翻译马特·里德利意义上的"nature / nurture"，里德利将这个对立理解为本性与培养、天生与经验、基因与环境、本能与学习、遗传与文化等的对立。① 就此而论，这个"先天-后天"的中译的确是更为确当的。而哲学认识论中流行至今的"先天-后天"（a priori / a posteriori）的中译则是错误的，就像用"先验的"来翻译"transzendental"是错误的一样。

将"a priori / a posteriori"汉译为"先天-后天"的做法所引发的问题，早已被身兼现象学家和汉学家于一身的耿宁注意到，并且对此做过客观中立的、不带价值评判的说明："在今天的汉语中，'先天'和'后天'意味着'天生的'（angeboren, konnatal）和'习得的'（erworben, postnatal）的区别，例如在一种天生的和一种习得的疾病之间的区别。这两个概念也进入到当代中国哲学之中，它们在这里被用来再现康德的表达'a priori'与'a posteriori'。"②

事实上，"a priori / a posteriori"意义上的"先天-后天"不能被等同理解为"天生-习得"，这是自康德起就已经被诸多欧陆哲学家们一再明确提出的主张和要求。舍勒在其代表作《伦理学中

---

① Matt Ridley, *Nature Via Nurture: Genes, Experience, and What Makes Us Human*, New York: Harper Collins, 2011.——中译本参见马特·里德利:《先天后天：基因、经验以及什么使我们成为人》，黄菁菁译，北京：机械工业出版社，2015 年，序言，第 III—VIII 页。此外也可以在其他的中译本中找到类似的将"nature / nurture"译作"先天-后天"的做法，例如参见 Paul R. Ehrlich, *Human Natures: Genes, Cultures, and the Human Prospect*, Washington: Island Press, 2000; 中译本参见保罗·R.埃力克:《人类的天性：基因、文化与人类前景》，李向慈、洪佼宜译，北京：金城出版社，2014 年，第 9—10 页。

② 耿宁:《人生第一等事：王阳明及其后学论"致良知"》，倪梁康译，北京：商务印书馆，2012 年，第 633 页，注 2。

的形式主义与质料的价值伦理学》中便曾指出："还有最后一个对先天概念的误解必须受到抵制，这种误解涉及到先天与'**天生之物**'（Angeborenen）和'**习得之物**'（Erworbenen）的关系。由于已经——几乎是过多地——强调，先天和后天之区别与'天生'和'习得'无丝毫关系，因此也就没有必要在这里重复了。'天生的'和'习得的'这两个概念是因果发生的概念，因而在事关**明察之种类**的地方没有它们的位置。"①

舍勒的这个区分固然是正确的，尽管他将"Angeborenen / Erworbenen"这对概念理解为因果发生概念的做法还有待商榷，至少需要进一步斟酌。不过他对"a priori / a posteriori"性质确定是没有问题的，即它们属于认识的不同种类，而非人格的两种特性。

概而言之，中国哲学中的"先天-后天"是指"本性-培育"（nature/nurture）或"天性-习性"（Angeborenen/Erworbenen），而不是"先验-后验"（a priori / a posteriori）。这一点我们需要从一开始就留意。而在接下来对"先天综合原则"的讨论中，"先天"与"综合"的含义也需要超出康德赋予它的最基本含义的范围，这不仅是指，超出认识命题的含义而扩展到认识、情感、意欲等**意识体验**的命题上，而且还是指，要扩展到在本性-习性等**意识权能**的命题上。这也意味着，通过扩展而回返地包容下"先天-后天"的中国哲学概念的原有含义。

胡塞尔意义上的"先天综合原则如何可能"的问题因而就意味着超越论意识现象学的普遍任务，即不仅要回答认识如何可能，情

---

① 舍勒:《伦理学中的形式主义与质料的价值伦理学》，第 131 页。

感如何可能，意志如何可能，信仰如何可能等问题，即意味着意识体验现象学所面对的任务；而且也要回答本性如何可能，习性如何可能等问题，即意味着意识权能现象学所面对的任务，或者说，发生现象学的人格研究所面对的任务。

沙普曾指出："［胡塞尔］关于先天综合命题的学说的起点是康德学说，或者说承接自后者，但是在范围、根据以及整个研究语境的意义方面都远超后者。"① 虽然他在这里说的是胡塞尔，但实际上在"先天综合判断"问题上超出康德的理解与解释范畴的思想家还有很多。

这里例如可以留意弗洛伊德的一个与此相关的论点。他认为，有许多理由让我们假设在自我内部存在一个可以称之为"超我"的阶段，它是"奥狄帕斯情结的遗产"与"在自我中形成的沉淀"的结合（SFGW XIII, 262）。弗洛伊德在 1923 年德文版的《自我与艾斯》中谈到超我的起源时说，它"是两个极为重要的生物学要素的结果：人的童年的无助与依赖的长期延续以及他的奥狄帕斯情结的事实"。但在 1927 年琼・瑞维耶（Joan Riviere）发表的英译本中，她受弗洛伊德的指示而对这段话做了修改："是两个最为重要的生物学要素的结果，一个是生物学的本性，另一个是历史的本性。"②

---

① 沙普："回忆胡塞尔"，高松译，载于倪梁康编：《回忆埃德蒙德・胡塞尔》，第 67 页。

② 对此可以参见该书的英译本：Sigmund Freud, *The Ego and the Id*, translated by Joan Riviere, revised and edited by James Strachey, New York・London: W.W. Norton & Company, 1989, p. 31, fn. 16；以及德文本：Sigmund Freud, *Psychologie des Unbewußten,* Studienausgabe, Bd. III, Frankfurt am Main: S. Fischer Verlag, 1975, S. 302, Anm. 1。

弗洛伊德所说的"生物学本性"与"历史本性"在很大程度上是与中国哲学中所说的"先天"与"后天"的二分说，或与佛教中所说的"本性"与"习性"的"二种性说"遥相呼应的。^①不过需要特别指出的一点在于，弗洛伊德所说"生物学的"向度已经带有近代哲学与现代科学的色彩。也正是在此意义上，舍勒也会说"天赋"是"因果发生概念"，而当今的心理学家们、生物学家们、动物学家们所了解的"本性"，同样是生物学概念，如基因、遗传、身体构造、神经元，以及如此等等。^②

但我们这里要讨论的"先天综合原则"，仍然是超越论的意识现象学的原则，而非生物学的或心理生理学的或心理物理学的原则。我们既可以在中国哲学中的"先天学"与"后天学"中或在佛教的"二种性说"发现它的原始版本，也可以在乔姆斯基关于语言能力的天赋性和创造性的理论（"转换生成语法"）中发现它的语言学升级版，或在休谟关于"自然美德"和"人为美德"的道德学说那里发现它的伦理学升级版。

而这里要论述的意识现象学的人格理论，当然也建立在"先天综合原则"的基础上。笔者在第三编第3章中已经阐述了意识现象学意义上的"人格"，它具有个体性和精神性两方面的基本含义，与中国哲学的范畴"心性"十分接近。"人格"与"心性"一样，由本性（先天的原初本能）与习性（后天习得的能力）两方面组成。我们据

---

① 笔者在附录4"唯识学中的'二种性'说及其发生现象学的意义"中对此有较为详细的说明。与"二种性"相关的概念对还有"所熏与能熏"、"种子与现行"等。

② 这方面的论著可以说是汗牛充栋。上面提到的里德利和埃力克的著作只是其中的两个例子。

此可以将"人格现象学"理解为广义上的"权能（Vermögen）现象学"。而这里的"权能"就可以等义地理解为是由胡塞尔所说的"原权能"（Urvermögen）和"习得权能"（erworbene Vermögen）所组成的。

到这里，我们就可以不言而喻地将黑格尔所说的"自我是真正的先天综合判断"[①] 改写为我们意义上的"人格是真正的先天综合原则"。

我们这里所要建立的是在先天综合原则基础上的超越论权能现象学：原初权能作为先天，后加权能的习得作为综合。这不仅是就人格现象学的对象而言，而且是就人格现象学的方法而言。

到这里，我们也可以或多或少地理解黑格尔的诗句："世界是一朵花，这花永恒地从那唯一的种子里生长出来。"[②]——而那种子就是"人格"！而"先天综合原则"在这里就意味着先天本性（Natur）+后天习得（Habitualisieren）的人格生成原则（＝心性生成论）。

三、意识结构奠基关系中的先天综合原则

1.认知领域中的先天综合原则："立义形式"与"立义内容"

认知行为即使不是胡塞尔早期唯一关注的，也是关注最多的意识领域和问题。普莱斯纳在他的回忆录中曾抱怨哥廷根时期胡塞尔的智识主义倾向："讨论题目被紧缩在认知行为范围上，尽管莱纳赫、普凡德尔、舍勒、莫里茨·盖格尔已经突破了它，但胡塞尔

---

① 黑格尔:《哲学史讲演录》(第四卷)，第 310 页。
② 黑格尔:《哲学史讲演录》(第四卷)，第 311 页。

却还并不懂得如何去摆脱它，因为他是在七八十年代的心理学与认识论上成熟起来的，而且不得不为了与逻辑学中的心理主义作战而付出其半生的心血。伦理学的、美学的、法哲学的问题离他甚远。"①

普莱斯纳的这个回忆性的描述与解释自然有其道理，但他并没有看到胡塞尔在前半生关注认知行为的另一个理由：认知行为作为客体化行为是奠基性的行为，而其他行为作为非客体化行为是被奠基的。对意识的各个层次的探讨必须循序渐进。只有在完成了对首要的、基本的问题的澄清之后，次要的、派生的问题才有可能被关注，而后被解决。

胡塞尔在其《逻辑研究》的第五研究中主要讨论的便是作为意识体验之基础的客体化行为。这些行为主要由表象与判断组成，而表象行为又可以分为直观行为与符号行为，前者直接地构造对象，后者则构造符号，并通过符号而间接地意指或构造对象。

撇开奠基于直观行为之上的符号行为不论，直观行为本身又分为感知行为与想象行为。它们分别构造的是感知的对象与想象的对象。

严格意义上的客体化行为就是指构造各类对象的行为，无论是感知的还是想象的，无论是图像的还是符号的，如此等等。它们是最基本的意向行为。胡塞尔说"每个行为都是关于某物的意识"（Hua X, 126），表达的就是意识的最普遍本质，即意向性。他曾在《逻辑研究》中引述其老师布伦塔诺的话说："每一个心理现象，或

---

① 赫尔穆特·普莱斯纳："于哥廷根时期在胡塞尔身边"，倪梁康译，载于倪梁康编：《回忆埃德蒙德·胡塞尔》，第53页。

者用我们的界定和指称来说,**每一个意向体验或者是一个表象,或者以一个表象为基础**。"(Hua XIX/1, A 400/B$_1$ 427)其他的行为,如意欲行为、感受行为之所以需要建基于表象行为之上,或者说,以表象行为为其前提,乃是因为如布伦塔诺所论证的那样:"如果一个东西没有被表象,那么它也就不能被判断,也不能被欲求,不能被希望和被惧怕。"[①]

　　因此,黑尔德认为,意向生活(意识生活)的第一个基本特征是通过"感知"和"意向地拥有"来展示的,"而所有意向生活都可以被理解为原形构的意向性的实现或'更高阶段的'变异,即自身给予的感知"。[②]

　　胡塞尔将"意向性"视作意识的最普遍本质。在早期的意向分析中,他曾用"立义"概念来表述意向行为的最普遍的本质,并指出这个本质是由三个基本要素组成的:"在每一个立义那里,我们都应当从现象学上区分:立义质料或立义意义、立义形式和被立义的内容。"(Hua XIX/2, A 566/B$_2$ 94)

　　胡塞尔所说的"立义"(Auffassung),可以被视作是与传统哲学意义上的"统觉"相等义的。他自己也用"构形"(Formung)来命名它(Hua XLII, 169)。在最基础的客体化行为这里,"立义形式"意味着意向活动的类型:我观看一个花瓶,而后闭上眼睛想

　　[①]　Franz Brentano, *Psychologie vom empirischen Standpunkt*, Band I, Leipzig: Duncker & Humblot, 1874, S. 104, S. 111.——布伦塔诺列出的判断、欲求、希望与惧怕分别代表了他确立的与表象相对的三类行为:判断、意欲和感受。它们都以表象对象为前提。判断是对被表象的对象是否存在的判断,意欲是对被表象的对象的意欲,感受是对被表象的对象的感受。

　　[②]　Klaus Held, *Lebendige Gegenwart*, a.a.O., S. 8 ff..

象这个花瓶。在这两个行为之间有所变化就是立义的形式。如果我用语言表达"这个花瓶"，那么立义的形式会进一步变化。这里的意向所指或意向相关项并没有变化，但意向活动的形式发生了变化。

而"立义内容"或"被立义的内容"，则是指我们原初具有的感觉材料，它是我们意识体验的"实项（reell）内容"。我看见花瓶，然后看见台灯。在这两个行为之间发生的变化一方面是被立义内容的变化，即感觉材料的变化，另一方面是立义质料的变化，即从"花瓶"到"台灯"的变化。意识活动之所以能够构造出意识对象，是因为意识活动具有赋予一堆杂多的感觉材料（立义内容）以一个意义，从而把它们统摄成为一个意识对象的功能。①

再以符号意识中的语言行为为例：一方面，正常人生来便都具有威廉·洪堡所一再诉诸的"语觉"（Sprachsinn），这也是乔姆斯基意义上的"语言的内结构"（inner structure of the Language），或胡塞尔意义上的"原初的语言权能"（Urvermögen der Sprache）。它是所有正常人都生而有之的，而其他的动物则并不具备，也无法习得。另一方面，各个地区、各个时代、各个民族所使用的、为各个人后天所习得的具体语言，如汉语、英语、日语、波斯语、印度语等，则是千差万别的。因而这里显然存在着许多语言哲学家所强调的先天的单数语言和后天的复数语言的对立。

据此，撇开这里的专业术语不论，我们可以在意识的意向活动

---

① 关于"立义"及其相关衍生概念的说明可以参见笔者：《胡塞尔现象学概念通释（增补版）》，北京：商务印书馆，2016 年，第 64—70 页。

这里确定最基本的一点就在于：在任何一个意向活动中都有先天的"权能形式"和后天的"质料内容"在共同起作用。这也意味着，在意向生活的第一个基本特征中就贯穿着先天综合的原则。

"先天"的说法在这里有莱布尼茨的"天赋观念"的意味，胡塞尔将其理解为"天赋之物、功能形式、知性本身（intellectus ipse）"（Hua XLII, 176）。它们相当于胡塞尔所说的"心灵权能"或"意识权能"。而"综合"则意味着意识在后天经验方面的活动和积累，或者说，就意味着胡塞尔意义上的意识体验活动。

这里的状况完全也可以用王龙溪的"先天言其体，后天言其用"来表述。"体"指心的本体、本能、功能、原权能（Urvermögen），"用"是指心的作用、效用、表现。

视觉、听觉、嗅觉、味觉、触觉以及相关的统觉（佛教唯识学意义上的前六识）都是生而有之的认知活动本能，而看见的山川河流、听见的音乐或噪声、尝到的酸甜苦辣、触到的软硬冷暖，则是通过各种经验过程而形成的后天习得及其积累的内容。孔子所说的"性相近也，习相远也"[①]便是立足于这个最基本的事实之上。

2. 感受领域中的先天综合原则："感受形式"与"感受内容"

卡森·麦卡勒斯笔下的少女弗兰淇曾说过一句意味深长的话："有些人你见过之后回想起来只剩一种感觉，而不是模样。"[②]无论弗兰淇用它想表达什么，它的确可以被视作对我们日常生活体验的一

---

① 朱熹：《四书章句集注·论语集注·阳货》，北京：中华书局，1983 年，第 175 页。
② 卡森·麦卡勒斯：《婚礼的成员》，周玉军译，北京：人民文学出版社，2017 年，第 32 页。

个朴实写照，并且可以被我们用来说明对客体化行为与非客体化行为之间动态奠基关系的一个典型案例。

我们自己也常常会体验到这样的情况：某个人，她或他，曾与你有过非常密切的关系，你从未忘了她或他，你每次想到她或他时都会有一种感觉出现，而且这种感觉或情感是独一无二的。但你每次想她或他时，她或他的形象并不一定出现在你的脑海里，她或他的名字也不一定会出现在你的脑海里，但只要你的意念指向她或他，这种特殊的感觉或情感却必定出现，无论是否伴随她或他的图像（image）和符号（sign）。

这也就意味着，"情感"最初是附属于"表象"的，但在这里占据了主导地位，从附庸变为主宰，用佛教唯识学的术语来表达便是从"心所"变成了"心王"。原先的"心王"，即作为表象的客体化行为，在这里并未显现，而是仅仅处在无意识的背景中。

莱纳赫显然已经清楚地看到了这里的事态，因此他写道："没有人会否认这些体验的意向性，否认它们与思想内容的必然联系。但假设任何一个意向体验都始终以一个'表象'、一个意向内容的'显现'为基础，这种做法是完全错误的。"①

感受或情感作为非客体化行为虽然不能构造对象，但仍然可以指向对象，即指向由客体化行为构造出的对象。在此意义上，情感行为是奠基于认知或表象行为之上的。但麦卡勒斯与莱纳赫在这里描述和确定的事态是：表象的对象并不必定显现在情感行为中，情感活动因而常常可以是无对象的。胡塞尔在《逻辑研究》中所举

---

① A. Reinach, *Sämtliche Werke*, Bd. I, München/Hamden/Wien: Philosophia Verlag, 1989, S.284.

的例子"无名的喜悦"或"莫名的悲哀"都可以用来说明这个情况。

　　情感活动是众多意识权能中的一种。它本身又可以分为诸多类型：孟子所说的恻隐、羞恶、恭敬、是非；《中庸》中的喜、怒、哀、乐；舍勒所说的爱、恨、同情、怨恨等；佛教唯识学的诸"心所"如放逸、轻安、惭、愧、忿、覆、悭、嫉、恼、害、恨、谄、诳、骄、贪、嗔、慢等等。目前在情感哲学和情感心理学标题下讨论的各种情感、感受、感情等，都属于意识权能的一个大类。

　　情感的种类分别是先天包含在意识权能中的形式差异。按照莱布尼茨的比喻，是在心灵大理石板上的各自不同的纹路。我们生来就有羞愧、同感、敬畏、忿怒、喜悦、爱恋、厌恶、内疚、懊悔等情感权能。它们还在指向任何具体的对象之前便为意识所拥有，无须通过后天的学习来获得。它们就是孟子所说的不虑而知的"良知"、不学而能的"良能"。①

　　情感的对象是后天形成的，而且这些对象在大多数情况下是由客体化行为构造的。就逻辑顺序而言，由客体化行为构造的后天对象引发意识的先天情感权能。后者与前者的关系是先天"感受形式"与后天"感受内容"的关系，类似于认知行为中的"立义形式"与"立义内容"的关系。

　　就具体的情感行为类别而论，例如同情的形式是先天的，同情的对象是后天的。这里的先天是指，在具体的同情行为发生之前，同情的形式就已经作为禀赋而包含在意识主体的可能性中，即意识的权能性中。我们无法通过后天的学习和训练来获得这种权能，因

---

① 朱熹：《四书章句集注·孟子集注·尽心章句上》，北京：中华书局，1983 年，第 353 页。

为它是与生俱来的，不习而能的。但同情所指向的对象、所涉及的内容则是后天形成的，而且因人、因民族、因文化等而异，并且会随时代而发生变化。我们同情的是某一个人或某一类人等，还是某一个动物或某一类动物等，是仅仅同情妇孺老弱，还是凡人皆同情，是像齐宣王那样只同情牛而不同情羊，还是同情猫狗兔鼠等宠物乃至所有十二生肖动物，还是同情全天下的所有动物，凡此种种都与我们后天所处的环境、生活的经历与养成的习性有关。

羞愧行为的情况也与此基本相同。孩童生长到一定的阶段会有羞愧的体验，最通常的表现是无法控制的脸红。之所以无法控制和不由自主，是因为这种羞愧的权能并不是可以习得的。但羞愧的感受总是含有某个后天的内容，总在指向某个具体的经验对象，例如在东方社会传统中，女性羞于裸露自己的身体；或者在非洲原始部落中，女性羞于遮蔽自己的身体。再如，一位学者会因学问不如人而自觉惭愧，但不会羞于承认自己饭菜做不好，如此等等。显而易见，羞愧的对象会随种族、文化的不同而发生变化，而且也会随时代的变迁而发生变化。

在这两种感受行为中展现出的"先天综合原则"对于所有感受行为都是有效的，无论是对于喜、怒、哀、乐，还是对于爱、恨、情、仇，如此等等，不一而足。

3. 意欲领域中的先天综合原则："意欲形式"与"意欲内容"

我们最后还需要考察"先天综合原则"在意欲行为中是否仍然有效的问题。

"意欲"是对"Wille"或"Wollen"概念的现代中译。它也意味着传统心理学和哲学对意识行为所做的"知情意"三分中的最后一分："意"。"意欲"、"意愿"、"意志"、"意念"、"意向"等构成"意"的含义圈。

胡塞尔曾指出意欲的"质料方面的异常艰难性"[①]。这主要是因为对意欲行为之范围的界定十分困难。在意欲行为与情感行为之间并无黑白分明的界限，因此在许多心理哲学家如布伦塔诺那里，它们常常被归为一类。胡塞尔也将它们统一纳入"非客体化行为"的范畴，它们构成作为"客体化行为"的认知行为的对立面。而在情感领域与欲望领域之间存在密切的内在关联，这已是不言而喻的事实：爱与爱欲、爱情、爱恋、情欲等，恨与怨恨、嫉恨、悔恨、愤恨等心理活动之间有着内在的纠结与绞缠。

但是，使意欲成为意欲行为并使其有别于认知行为和情感行为的基本轮廓和独特结构还是可以在反思中被直观到的。舍勒在其《伦理学中的形式主义与质料的价值伦理学》一书中曾给出下列的描述："在意欲现象一般之中所包含的首先无非就是：意欲（Wollen）是一个追求，一个内容在这个追求中作为须要实现的内容而被给予。意欲在这点上有别于所有单纯的'奋起追求'（Aufstreben），但也有别于所有'愿望'（Wünsche），后者——就其意向而言——是一个并不瞄向一个内容本身之实现的追求。"[②] 即是说，舍勒在这里用来区分意欲、追求与愿望的标准在于，它们是否追求它们所指向的内容之实现。可以看出，他在这里讨论的是狭义上的"意欲"。

---

① 胡塞尔手稿：A VI 3.5a。转引自：U. Melle, „Husserls Phänomenologie des Willens", in *Tijdschrift voor Filosofie*, 54ste Jaarg., Nr. 2, 1992, S. 285。

② 舍勒：《伦理学中的形式主义与质料的价值伦理学》，第 197 页。

从追求内容实现的方面或从现实相关性方面上对"意欲"的界定显然受到了西格瓦特的影响。①

　　笔者在第二编第 6 章中已经区分了三种意欲，或者说，意欲的三个向度。第一种是作为意向行为的意欲，或作为及物动词的意欲："意愿"。朝向具体对象的意欲在中文中一般被称作"要"，是对某物或某人或某种状态的希望欲求和索取、意图占有、希望得到等。例如，要账、要饭、要钱、要人、要权力。这些语境中的"意志"，受到对象的牵制和规定，因而必须奠基于表象行为之中并受表象对象的制约。第二种是作为非客体化行为的意欲，或作为不及物动词的意欲："意志"。它们是叔本华所说的"意志"：这个意志本身不是表象，却是表象的原动力。它们在许多方面都与本欲相一致，可以在各自欲求、追求、渴望、期待等行为中纯粹地宣示自己。它们没有具体的对象，但并不因此就不属于意志活动。较之于认知，它们与行动距离更近，是行动的意欲：要做或要不做，要团结一致，要虚怀若谷，要出人头地，要有自由，如此等等。因此，如果第一种及物的意欲主要带有理论意欲的特征，那么第二种意欲更属于实践意志。第三种意欲也属于本性的范畴，但它们不是独立的行为，而更多是一个行为的组成部分，即作为助动词的意欲。胡塞尔讨论的行为萌动、动机引发都与这种意欲有关。

　　这三种意义上的"意欲"可以分别被称作："意愿"、"意志"与"意动"。由于笔者在文中已经阐述了"先天综合原则"在意欲行为

---

① 参见舍勒:《伦理学中的形式主义与质料的价值伦理学》，第 193—194 页："正如西格瓦特已经强调的那样，对某个其现实'与我们无关'的东西的意欲（Wollen）是一种意愿（Wille），'它并不意愿它所意欲的东西'。"

这里仍以不同方式起作用，因而此处就不再做重复的说明。

这里只需特别关注一下处在意欲这个论题域中的一个特殊案例："意志自由"或"自由意志"的问题。

"自由意志"是属于"意欲"总体的一个特殊种类。这里的"意志"实际上有双重的含义。其一是指与上述第二种意欲相符合，即作为非客体化行为和不及物动词的"意欲"。"意志自由"或"自由意志"（free will）中的"自由"是形容词，是对某种意志状态的描述：意志是自由的，没有束缚的。其二是指与上述第一种意欲相符合，即作为客体化行为和及物动词的"意欲"。"意志自由"或"自由意志"（will to freedom）中的"自由"是名词，带有内容实现的追求或带有现实相关性：追求自由和实现自由的意志。

第一个含义上的"自由意志"涉及原意志权能，即属于纯粹的先天本性，可以完全无关乎后天的习得。"意志"在这里之所以被称作不及物的，乃是因为它没有对象或对象性。而只仅仅关系某个意图、志向、追求，关系对**要（意欲）**做什么和**要（意欲）**如何做的决断。它仍然可以说是带有意向性，但意指的不是客体，而是行动。这种意志仍然是意向意志，而且可以是更纯粹的意向意志，因为它不受具体对象的制约。

胡塞尔因而常常区分意欲领域中的"理论意向"和"实践意向"[①]，前者是指主要奠基于对事物的认知、观察、瞄准、关注等之上的意向性：意欲此物或他物，意欲此人或他人；后者是指实践意向性，即主要奠基于行动中的意向性：意欲做（行动）或意欲不做（不

[①]　例如可以参见 Hua LXIII/3, S. 111, S. 154, S. 381。

行动、静止），或意欲听之任之。

即使这些被意欲的行动会受到阻碍和限制，意欲却仍然可以是自由的，仍然可以是无拘无束的。"意志自由"因而是对意志的不受束缚之本性的一个本质界定。这里的"自由"，是指做此或做彼，或什么也不做的任意性。但严格说来，它还不是行为的进行，而是行为进行前的行为萌动。由于所有意志都或多或少会受到后天形成的兴趣、动机等的制约，因而在此意义上，在实际的意识生活进行过程中的所有意志都不是全然无拘无束的，不是全然自由的——意志的原权能除外。因而这里可以进一步区分意志的两种自由状态：有意识的自由状态和无意识的自由状态。

第二个含义上的"自由意志"涉及意欲的对象，"自由"在这里不再是意志行为本身的属性，而是意志所指向并追求实现的客体与目标。与"权利意志"（Wille zur Macht）的情况相似，"自由意志"（Wille zur Freiheit）也是有对象的，即便是某种抽象的对象。在这里，意志活动本身是先天的权能，而意志活动指向的对象是后天经验综合的产物。按帕楞茨的说法："无论是希腊语的'ἐλευθερία'还是拉丁语的'libertas'，最初都不具有哲学含义。无论对于希腊人还是对于罗马人来说，自由的基本经验即使类型不同却也是根本性的，但它最初都未成为他们思考的论题，而且与此相应，它也未能在术语上得到把握。"[1]

这是就西方思想史而言。尽管自由的心志在人类思想史上从

---

① 对此可以参见 M. Pohlenz, *Griechische Freiheit, Wesen und Werden eines Lebensideals*, Heidelberg: Quelle & Meyer, 1955; 转引自: W. Warnach, „Freiheit", in *Historisches Wörterbuch der Philosophie*, Basel: Schwabe, 2001, Bd. 2, S. 1064.

未缺失过,但在东方思想史开端处,即在儒道佛的思想起点上,"自由"概念的哲学含义最初同样是基本缺失的。"自由"在西方是在近代哲学中成为核心的哲学概念的,而在东方则更多是在西学东渐之后从西方近现代哲学那里接受过来的概念。基本上可以确定一点:"自由"概念不是在轴心时代产生的基本范畴,而更多是人类思想成熟期的产物,是随人类的反思能力的加强而获得的自我认识的结果。

在现象学论域中,关于自由的讨论虽然在胡塞尔、舍勒等经典现象学家那里从未成为主导性的论题,但海德格尔在弗莱堡期间曾有"论人类自由的本质"的专题讲座(1930 年夏季学期和 1936 年夏季学期)来讨论这个问题。此后的现象学文献中出现的与此相关的思考主要是在海德格尔的思想背景中进行的。例如在罗姆巴赫那里于 1971 年出版、1988 年再版的《结构存在论:一门自由的现象学》的论述,带有较为明显的海德格尔印记。[1]1988 年也出版了费伽尔的专著《马丁·海德格尔:自由现象学》,它则是对海德格尔相关思想的专门阐释和谨慎发挥。[2]

---

[1]　对此可以参见 Heinrich Rombach, *Strukturontologie – Eine Phänomenologie der Freiheit*, Freiburg: Alber, 1988, S. 367。——中译本参见海因里希·罗姆巴赫:《结构存在论:一门自由的现象学》,王俊译,杭州:浙江大学出版社,第二版后记,第 328 页:"结构存在论推动着给出一门'自由的现象学'。其含义是,人之缘在(Dasein)的自由特征并非只是显现为形而上学论断、假设或者极为简单地显现为设定,而是在极为具体的构架中被证明为众结构之间唯一恰当的关系。……所有存在都是一场对话,而那个开放的对话空间就是我们视之为自由的东西。由此出发就产生出很多要求和激发,它们服务于每一个渴求自由的过程。如果突变是从体系通往结构,那么无论在何种情况下,所有渴求都是对自由的渴求。"

[2]　Günter Figal, *Martin Heidegger – Phänomenologie der Freiheit*, Tübingen: Mohr Siebeck, 2013, Vorwort:"这个标题符合这里的主导意图:为理解一个实事做出

至此我们已经可以看到，"先天综合原则"适用于所有具有"意向活动-意向相关项"（或唯识学所说的"见分-相分"）普遍结构的意识。我们也可以用最初来自佛教的"能-所"关联性结构来标示它：能意-所意、能缘-所缘、能知-所知、能量-所量、能见-所见、能闻-所闻、能爱-所爱、能恨-所恨、能欲-所欲、能喜-所喜，以及诸如此类。在这里，"能"是指作为先天禀赋的意识权能，"所"是指作为后天由意识权能所构造和指向的意识体验对象。至此为止，这还是就意识横截面意义上的先天综合原则而言。接下来我们还要考察意识纵剖面意义上的"先天综合原则"。

四、意识发生奠基关系中的先天综合原则

如前所述，"人格"与"心性"一样，由本性（先天的原初本能或权能）与习性（后天习得的能力或权能）两方面组成。

从意识的横截面或静态结构的角度看，在知、情、意的各种意向意识类型中都贯穿了先天综合的原则。例如，记忆是保留各种体验内容的先天权能，被保留的各种体验内容是意识后天形成的；回忆是唤起各种体验内容的意识的先天权能，被唤起的各种体验内容是意识后天形成的；诸如此类。这是在前一节得到初步确定的内容。

贡献。这个理解在与海德格尔的，尤其是与他的主要著作《存在与时间》的解释的和批判权衡的辨析中发生的，而之所以如此，乃是因为笔者认为：在海德格尔那里可以找到对自由的一种理解，它没有被固定在行动和意志的方向上。自由首先应当被理解为一个空场，即首先从空间方面来理解……"

而这一节则要从意识发生顺序的角度来看待这个问题。这里本性是先天的原权能,习性是后天习得的权能。"先天综合原则"在这里仍然起着举足轻重的作用。

这里所说的"权能"(Vermögen),指的是主体的可能性,意识活动的可能性,用胡塞尔自造的概念来说就是"权能性"(Vermöglichkeit)。发生现象学意义上的权能现象学与佛教中关于"种性"(gotra)的学说或关于"种子"(bīja)的理论非常接近,可以互相参照。

"种性"最初与印度的种姓制度有关。"种性"之"性",原先是"姓氏"之"姓",有血统、家族的意思,后来在佛教中逐渐转变为"性能"之"性"。"种"是指"发生","性"是指"不变"。佛教唯识学讨论的"二种性"就是本性和习性,大致相当于胡塞尔意义上的"原权能"和"习得的权能"。而"种子"的说法出现得也很早,原为一种譬喻,最初见于《杂阿含经》。它与孟子所说的"四端"之"端"异曲同工。"种子"是复数,它们可以按照两大"种性"划分为本性种子和习性种子,这两类种子也都是复数,就像胡塞尔意义上的两种"权能性"也是复数一样。两类种子或权能性之间最基本的区别在于,前者是先天的,后者是后天的。

所谓"后天",是指在经验和经验积累过程中形成的,而非与生俱来的。这个经验过程和经验积累过程在佛教唯识学中是通过"熏习说"来表述的。"熏习"也是比喻。梵文的"vasana"既是动词,指对种子的"熏习",意指由熏习而新生种子,且令种子增长,它也可以是名词:"习气",即通过熏染而在人心中养成的习惯、气分、习性、余习、残气等。与此相同的是胡塞尔意识现象学中使用的德文概念"Habitualisierung"，它既是动词——指习性化的过程，也是名词——指后天通过习性化过程逐渐积累从而养成的习惯，即习得的本性，从而成为第二本性意义上的习性。

习性种子的产生和形成可以分为两种情况：第一种情况在于，当下的意识活动会积淀下来并以此方式对本性种子产生影响并在一定程度上改变本性种子，从而形成习性种子，即第二本性。它们可以附加在第一本性之上，或令某些本性加强、壮大、增多，或令某些本性削弱、萎缩、减少，例如原初的语言本能可以通过学习和训练而不断强化和增多。第二种情况在于，习性种子也可以是独自成长并独立成立的种子，可以说是后天形成的种子，并因此成为不倚赖第一本性的第二本性，即通过训练和修行而生成的权能。例如在各种文化中都存在的吸烟、饮酒的传统和习惯就可以视作新熏的习性种子。

如果认为所有的种子都是先天存在的，都是本性种子，习性种子都只是由于本性种子受到熏发而形成的后天变异，那么这种观点可以被称作"种子本有论"。而如果认为并非所有习性种子都是从本性种子熏发而来，也有许多习性种子完全是后天熏成的，那么这种观点就可以被称作"种子新熏论"。这两种不同的观点在唯识学中都曾有过记载，例如在玄奘糅合印度十大论师的诠释编译的《成唯识论》中，护月主张本有说，难陀、胜军则主张"新熏说"，护法主张"新旧合生"。此后这些观点也在后人的论述和研究文献中一再受到讨论和阐释。[①]

---

① 例如参见印顺：《唯识学探源》，台北：正闻出版社，1981年，第187—189页。

　　用意识现象学的术语来说，原权能是先天的本能，即本性；而习得的权能应当分为两种：一种是在原权能基础上通过经验积累和习惯积淀而形成的，另一种是通过经验积累和习惯积淀自行产生的。这与唯识学家护法主张的"新旧合生论"实际上是相一致的。

　　先以认知意识为例：在正常的意识权能中，辨音能力是生而有之的第一本性，可以通过后天的训练加强，也会因为后天的懈怠而减弱。而演奏钢琴、提琴、古琴、竖琴等，或吹奏竖笛、黑管、唢呐、风笛等的能力则是通过后天训练形成的第二本性；它们不是与生俱来的，而是需要通过学习和训练来获取。

　　再以情感意识为例：在正常的意识权能中，同情的权能是第一本性，不习而能。它的根基有可能在镜像神经元的生物组织中，在此意义上是与生俱来的，但在未发现镜像神经元之前，这种先天禀赋就已经以各种方式为东西方的心理哲学家们所确定。至于同情心中的后天内容，可以包含两个方面：一方面，同情心或胡塞尔意义上的同情意识的权能，是需要通过后天的培养和维护来保存的，即如孟子所要求的所谓"养心"、"存心"；另一方面，同情心的后天内容，即后天形成的部分，是由经验生活中的具体同情对象构成的，同情心或者指向熟悉的同伴或亲友，或者指向陌生的孩童或弱者，如此等等，更有可能指向身边的动物（如孟子列举的牛、羊）或宠物（家中的猫、狗、兔、鼠、鸟等）。这些案例实际上也对镜像神经元功能的有效性提出了质疑，因为镜像的前提是同情主体与同情客体的外表身体的相似性。

　　又以语言意识为例：我们的语言能力是与生俱来的，是人类生而有之、不习而能的，至此为止还未能发现有任何动物能够具备这种能力。而人们使用的各自具体语言是后天习得的能力。狼孩的案例说明，一个人即使具有天赋的语言能力，但如果没有后天的学习和训练，缺少相应的环境，他的这种能力也会无法得到实现和展示。

一般说来，第一本性和第二本性的基本差异在于它们是否具备可遗传性。语言的原权能是遗传的，严格意义上的生而有之的；各种具体的语言能力则必须通过后天的学习和练习来获取。

"原权能"或确切意义上的"本性"在先天立义形式方面千差万别，很难罗列殆尽，但除了知、情、意的三大类划分之外，我们还可以将所有原权能分为对象性和非对象性的：感知（包括物感知、同感知、自感知、时间感知与空间感知等），想象（包括自由想象和现实想象等），回忆（包括直接回忆和间接回忆等），以及图像表象、符号表象、语言本能、思维本能、同情本能、羞愧本能、性本能等原权能都与对象有关。另一些本能，如海德格尔称之为基本情绪（Grundstimmung）的烦、畏、自私等本能则是不指向具体对象的，即无对象的。在提出人智学的思想家鲁道夫·斯坦纳（Rudolf Steiner, 1861—1925）列出的十二种感觉中，至少生命觉、运动觉、平衡觉便属于这类无具体对象的原权能的先天形式。①

"先天综合原则"是否在这些无对象的原本能或"原权能"方面仍然具有有效性，这还是一个有待回答的问题。就目前的情况看来，我们至少可以说，这个原则不一定是对于人格现象学而言唯一

① 参见 Rudolf Steiner, *Weltwesen und Ichheit*, Dornach: Rudolf Steiner Verlag, 1998, S. 58ff.。

普遍有效的原则, 不一定是在人格研究方面唯一普遍有效的方法论原则。

五、结语

意识的"权能形式"与"经验内容"有先后之分、本习之分、旧新之分。是否后天的、习得的、新熏的都是以综合的方式完成的, 则要另当别论。这里的问题当然也取决于如何理解"综合", 或者说, 如何理解胡塞尔所说的"先天"与"综合"(包括"被动综合"与"主动综合"), 也包括如何理解舍勒所说的"先天质料"与"精神的综合活动"(synthetische Tätigkeit)。

在所谓"先天综合原则"中, "先天"是指先于经验的权能形式之组成, 在此论题上已有争论产生, 即先于经验的是否仅仅是形式方面的东西, 例如胡塞尔、舍勒就已提出各自意义上的"先天质料"的观点。而在对"综合"的理解方面也有争论产生: 它通常是指那些通过经验和经验积累来获得知识的方式, 与它相关的大都是后天的质料内容, 但也包括形式方面的东西, 例如康德、胡塞尔所说的几何学知识的获取方式是综合的, 以及如此等等。无论如何, 先天-后天与形式-质料并不是两对相互重合的概念。

我们可以赋予意识现象学的"先天"、"综合"以如下的宽泛含义:"先天"意味着意识原本拥有的某种潜在的能力, 而"综合"是指将杂多的感觉材料或杂多的经验现象转变为意识的某个相关项或意识相关项整体的统合活动。先天是潜在的能力, 综合是现实的活动，它们分别对应于权能现象学和行为现象学。[①]

意识现象学家需要用这个"先天综合原则"来应对和处理胡塞尔所说的"现象学哲学的所有广度和深度，它的所有错综复杂"（Hua Brief. III, 90），并为此提供"枝缠叶蔓的现象学证明（可以说是大量细致入微的纵横截面与标本）"（Hua Brief. IX, 80）。这是意识现象学的使命所在。

[①] 对此问题的详细讨论可以参见本书第三编第 2 章："意识分析的两种基本形态：意识行为分析与意识权能分析"。

第5章　性格现象学的问题与可能

一、引论：人格与性格

　　意识发生现象学的基本内容是人格（Person）与人格性（Personalität）生成问题的研究，在扩展了的意义上也包括交互人格（interpersonal）问题或人格性的社会向度问题研究。我们基本上可以确定，胡塞尔于 1916 年离开哥廷根到弗莱堡任教，从那时起他就在发生现象学方面有了基本构想并付诸实施。十五年后，他在 1931 年 1 月 6 日致亚历山大·普凡德尔的信中回顾性地写道，"在尝试对我的《观念》（1912 年秋）的第二、三部分（我很快便认识到它们的不足）进行改进并且对在那里开启的问题域进行更为细致而具体的构建的过程中，我纠缠到了新的、极为广泛的研究之中"（Hua Brief. II, 180）。接下来他列出了一系列的研究计划，其中第一个便是"人格现象学与更高级次的人格性现象学"，接下来还有文化现象学和人类周围世界一般的现象学，超越论的"同感"现象学与超越论的交互主体性理论，"超越论的感性论"作为世界现象学，即纯粹的经验、时间、个体化的世界现象学，作为被动性构造成就理论的联想现象学，"逻各斯"现象学，现象学的"形而上学"问题域，如此等等。

　　所有这些都属于胡塞尔于弗莱堡期间在芬克协助下构想的"现象学哲学体系"的著作工程。[①] 按照出自胡塞尔本人之手的简略方案，全部体系著作至少由五卷构成。我们在这里至此为止讨论的内容主要与前三卷有关。而人格问题是直至在第三卷的结尾处才出现的："作为唯我论抽象的本我的**自身发生**。被动发生、联想的理论。前构造、在先被给予的对象的构造。在范畴方向上的对象构造。情感构造与意欲构造。人格、文化——唯我论的。"[②]

　　我们在这里的意识发生现象学的研究工作，至此为止也仅限于所谓"唯我论"的人格领域，而这个领域已然构成一个复杂庞大的集合体。

　　在胡塞尔的体系著作计划中并没有发现现象学的性格研究的位置，尽管在20年代中期的《现象学的心理学》讲座和后期的《笛卡尔式沉思》的著作稿中胡塞尔也零星地谈到性格问题。对此我们会在后面涉及他的本性现象学和习性现象学时再继续讨论。这并非是偶然的编排，因为按照我们的定义与说明，**人格是由本性与习性组成的个体精神特质**。人格中的一些具体的本性与习性会表现得相对强烈、明显和稳定，这就是我们所说的"性格"。这里的思考是在普凡德尔的背景中产生的，仅仅涉及与此相关和相近的问题。事实上，胡塞尔意义上的本性-习性-性格现象学需要另文专门论述。

---

　　① 对此可以参见笔者："胡塞尔弗莱堡时期的'现象学哲学体系'巨著计划"，载于《哲学分析》，2016年第1期，第42—59页。

　　② 参见同上，第56页。

在每个人身上，人格基本上都是单数，多重人格的情况也有，但属于异常或病态；而性格则必定是复数，一个人不太可能只有一个性格。当然，这在某种程度上也取决于我们如何进一步定义这里要讨论的"性格"。例如，如果我们像普凡德尔那样区分"经验性格"和"根本性格"，那么就必须更为确切地说：一个人必定有许多"经验性格"，而"根本性格"则很可能已经无异于"人格"了，因而只能是一个。我们接下来会展开讨论这些问题。

在下面的讨论中我们也会看到，在性格研究中，现象学的方法会遭遇特殊的困难，而且这些困难与生物学和心理学的性格研究方法所遭遇的困难有本质上的不同。我们会展开对这种方法上的困难的讨论和分析，并且回答这样一个问题：胡塞尔是否看到了这种困难，而且了解在意识现象学内解决它的难度，因而放弃了将性格现象学纳入意识现象学体系的规划？这也意味着，性格可以成为心理学的讨论课题，但是否可以作为现象学的讨论对象，这还是一个问题。

对此问题的回答最早是由普凡德尔给出的。无论如何，在早期现象学家那里，性格研究由于普凡德尔的关注而已经在现象学哲学体系中占有了一席之地。

二、普凡德尔的性格现象学研究

在现象学运动的早期，亚历山大·普凡德尔是最重要的成员之一，其地位仅在舍勒之后。而且由于其他几位重要的现象学和心理学代表人物的病故（利普斯）、阵亡（莱纳赫）、调离（盖格尔）或弃学务农（道伯特、康拉德-马悌尤斯），普凡德尔后来实际上是慕尼黑现象学和心理学的唯一代表人物。

普凡德尔在几个哲学领域的工作为世人留下了重要的思想遗产。这些思想可以按发表的顺序来排列：1. 意欲现象学，2. 主观心理学或人的心灵学，3. 志向／心志心理学，4. 逻辑学，5. 性格学，6. 伦理学。其中在第三项和第四项方面的主要阐释都是发表在胡塞尔主编、普凡德尔本人担任编委的《哲学与现象学年刊》上。而在性格学方面，他的《性格学的基本问题》则是于 1924 年发表在埃米尔·乌悌茨（Emil Utitz, 1883—1956）主编的《性格学年刊》的创刊号上。[①]

就总体而言，普凡德尔是一位心灵哲学家，就像胡塞尔就总体而言是一位意识现象学家一样。在普凡德尔的心理学与胡塞尔的现象学之间有许多共同的地方。最主要的一点在于，他们的思考都可以纳入普凡德尔所说的"主观心理学"的范畴，并在这个意义上处在所有流行的自然科学心理学和"客观心理学"的对立面。因此，普凡德尔不仅是最早理解胡塞尔现象学思想的人，也是最早理解胡塞尔现象学还原方法的人。[②]

但普凡德尔的心理哲学与胡塞尔的意识现象学仍然有不同之

---

① Alexander Pfänder, „Grundprobleme der Charakterologie", in Emil Utitz (Hrsg.), *Jahrbuch der Charakterologie*, Berlin: Pan-Verlag R. Heise, 1924, S. 289—335. ——乌悌茨属于布伦塔诺学派，与普凡德尔、舍勒、胡塞尔等现象学家都有来往。他主编的这个《性格学年刊》从 1924 年开始到 1929 年截止，一共出版了六辑共五卷，其中第二、三辑是合刊。——下面引用该文仅在正文中括号标明简称 GC + 页码。

② 关于普凡德尔的思想以及他与胡塞尔的关系可以参见笔者："意欲现象学的开端与发展：普凡德尔与胡塞尔的共同尝试"，载于《社会科学》，2017 年第 2 期。

处。他们有各自研究的精神领域，这些领域有相互交叉的部分。但需要将两个精神领域再加以扩展，甚至再扩展，它们才可能彼此完全重合。

性格学的研究是普凡德尔整个心理学研究或人的心灵研究的一个重要组成部分。就现有的资料来看，他在这方面没有受到胡塞尔的影响，也在这方面未对胡塞尔产生过影响。

专门论述性格学的文字在普凡德尔那里只有两份，一份是上述发表于 1924 年的《性格学的基本问题》，另一份是他 1936 年 3 月至 8 月期间为准备出版一部"关于性格学的引论著作"而写下的手稿。但由于心脏问题，普凡德尔最终未能完成这个计划。[①] 但如慕尼黑心理学家和现象学家阿维-拉勒芒夫妇所说，"普凡德尔对这个论题所做的阐述并非偶然产生，而且不是一种补遗"。[②] 在《性格学的基本问题》之前和之后，前引普凡德尔著作《志向心理学》(1913/1914 年)和《人的心灵》(1933 年)都包含对人的性格问题的相关阐述。

在展开具体的讨论之前，这里首先需要回答一个问题：普凡德尔的性格学研究是否可以被称作"性格现象学"？我们以往在胡塞

---

① 普凡德尔的所有手稿，包含性格学研究在内的，后来由慕尼黑国家图书馆手稿部收藏。近年受中山大学和浙江大学的现象学文献馆委托，这些手稿已经慕尼黑的手稿部扫描和数码化，现在已经收藏在上述两个大学的现象学文献馆中。全部手稿现在共有 144 份，每份文稿的页数从 1 到 600 多大小不等。其中 1936 年的性格学手稿的编号分别为：C IV 14, 15。此外还有 1924 年的"性格学的基本问题"、1924 年的"论性格学"、1925 年的"性格学与笔记"三份手稿，编号分别为：C IV 11, 12, 13。

② Ursula und Eberhard Ave-Lallemant, „Alexander Pfänders Grundriss der Charakterologie", in Herbert Spiegelberg und Eberhard Ave-Lallemant (eds.), *Pfänder-Studien*, The Hague: Martinus Nijhoff, 1982, S. 204.

尔那里也曾遇到是否有"历史现象学"与"法权现象学"的问题，因为他自己并没有使用这些概念。普凡德尔那里的情况也是如此，尽管他在1900年就早于胡塞尔而使用了"意欲现象学"的说法，但在他的性格学长文中并没有出现"性格现象学"的概念。名称问题当然只是次要的问题，在这里主要是关系并取决于首要的方法问题，即普凡德尔他的性格研究和性格分析中使用的手段是否属于现象学的方法。

这里可以给出一个初步的回答：如果意识现象学的方法由两方面构成：作为超越论还原的反思和作为本质还原的本质直观，那么普凡德尔的性格学研究基础部分毫无疑问首先是描述心理学意义上的"性格现象学"，接下来才可能是他所说的"性格价值论"和"性格法则学"。而且他的性格学也有别于实验心理学和心理分析及其实验观察方式，因为普凡德尔的性格学研究主要是在对本己主体的反思和对他人主体的同感理解中进行的。此外，在阿维-拉勒芒看来，对科学的性格学的发展做出最初推动的路德维希·克拉格斯（Ludwig Klages）与普凡德尔在性格学方面的思考可以被分别标示为"性格表达学"和"性格现象学"，并认为有必要对它们之间的关系进行比较研究。[①]

所有这些还会在后面得到更为清晰明确的说明。而我们下面在性格现象学方面的阐释和论述，将会在许多方面依据普凡德尔在《性格学的基本问题》中给出的相关纲领和思考路径。

---

① Ursula und Eberhard Ave-Lallemant, „Alexander Pfänders Grundriss der Charakterologie", a.a.O., S. 222f., Anm. 3.

三、性格现象学的对象与分类

西文中的"性格"与"特征"是同一个词（英："character"，德："Charakter"，法："caractère"）。而中文中的"性格"与"特征"则是两个不同的词。一般说来，"性格"被用来标示一个人内心包含的特质，而"特征"则被用来标示一个人的外部显现的特点，更进一步用于外部事物或物体的性质、属性、状态等。也因此之故，"Charakter"的动词化形式"charakterisieren"（"性格刻画"或"特征刻画"）也会既被用来表示对性格的刻画，也被用来表示对事物的特征的刻画。

普凡德尔使用的性格分析的现象学方法是与他对性格的理解和定义密切相关的。性格是与心灵、心理有关的，因而也是心理学或心理哲学研究的课题。按照普凡德尔的说法，"人当然是一个三位一体的生物，他同时是躯体、活的身体和活着的心灵。但是很明显，人们要认识的不是他们的躯体的性格，不是他们的活的身体的性格，而是他们的活着的心灵的性格"（GC, 294）。

具体说来，当我们说人的性格的时候，我们说的是他的心灵的性格，而不是他的躯体和身体的特征。例如，躯体的外部特征包括高大、矮小、肥胖、瘦弱等，这些特征是身体在失去了心灵的情况下仍然具有的东西。心灵的特征就是性格，也可以说，心灵只有性格，没有特征，如冲动、鲁莽、沉稳、畏缩等。活的身体的特征由内部和外部两部分组合而成，例如行动敏捷、说话口吃、皱眉头、眨眼睛等。可以看出，身体与躯体这一方面和心灵那一方面的分界都是模糊的。也因为此，身体才能构成这两者的中介。在身体的描述上，我们使用的"charakterisieren"的方法在中文中既可以意味着"**性格**刻画"，也可以意味着"**特征**刻画"。

性格现象学要关注的当然主要是心灵的性格，但也涉及身体的特征方面，它们意味着性格的外露或表达，比如一个人讲话时的手势、走路的步态，以及如此等等。

我们首先要对"性格"做一个定义和分类。按照普凡德尔的定义，"最一般意义上的性格无非就是**整个人的心灵的特有本质种类**"（GC, 295）。初看上去，这与我们前面在第一节引论中给出的定义基本相符，即"**人格是由本性与习性组成的个体精神特质。人格中的一些具体的本性与习性会表现得相对强烈、明显和稳定，这就是我们所说的'性格'**"。但进一步的研究将会表明，这里仍有概念内涵与外延方面的差异存在。

与意识、历史、语言等情况一样，这里的"最一般意义上"是指对各种性格种类或类型的总称。在这个最一般的单数总称中，包括了各种具体性格类别的复数，它们都以通过加定语的方式而将这个意义上的"性格一般"（Charakter überhaupt）再具体加以划分或分类。

1. 性格一般的四个向度：根本性格（人格性格）、经验性格、自然性格、自由性格

A. 普凡德尔的性格学研究就是从一个最基本的区分开始的：对**根本性格**和**经验性格**的区分。他理解的"根本性格"（Grund-charakter），是指一个人格的本质种类（Wesensart），"这个根本性格

甚至就是人的心灵的特有本质种类，而这个本质种类是一个人格的本质种类"（GC, 300）。按照这个定义，一个人的"根本性格"应当无异于他的"人格"，或普凡德尔时而也使用的"人格性格"（Personcharakter）（GC, 319）。它是单数，贯穿于一个人的心灵的各个层次和各个阶段，具有使他不同于其他人的独一性和特有性。但由于它并非一成不变，而是在每个年龄阶段都有变化，因此一个人的一生会有孩童阶段、少年阶段、成年阶段、中年阶段、老年阶段的根本性格，它们在这个意义上也可以是复数，但归根结底还是单数，因为根本性格既在每个年龄段都是单数，也在一生的回顾中显现为单数。用普凡德尔的话来说："个别人的根本性格是人'在根本上'之所是，是他的特有的心灵本质种类，它从开始起并且持续地在他之中存在，而且恰恰是它才使他成为这个特定的人。"（GC, 297）

与"根本性格"相对的是"经验性格"（empirischer Charakter）。事实上，根本性格的特点是在经验性格的衬托中显露出来。"在整个尘世生活期间，根本性格本身始终是同一个。它所经历的唯一变化在于，它在生命进程中或多或少完整而恰当地被养成。"（GC, 299）而经验性格是复数，是指一个人在每时每刻展示出来的性格，也是他在那个时刻确实具有的性格。与根本性格相比，经验性格在普凡德尔看来至少有以下几个特点。

首先，经验性格必定是随年龄的变化而变化的。在涉及一个人的性格时，人们在日常生活中往往会与此相应地说："虽然他是这样的，但这是因为他的年龄的缘故。"其次，经验性格有可能会受短暂而临时的状况的影响而是变动的、不稳定的。在涉及一个人的性格时，人们在日常生活中往往会与此相应地说："虽然他现在的确是这样的，但他以前并非如此。"又次，经验性格有可能是虚假的、非真正的性格。在涉及一个人的性格时，人们在日常生活中往往会与此相应地说："他虽然是温柔可亲的，但所有这些都不是真的。"最后，经验性格有可能是硬凑起来的。在涉及一个人的性格时，人们在日常生活中往往会与此相应地说："虽然他确实是并且始终是这样的，但他在根本上还是不一样的。"

此外，还有一些将根本性格和经验性格区分开来的因素。例如，经验性格可以包含异常的和病态的东西，而根本性格中则不包含这些。因此普凡德尔说，"根本性格本身是完全正常而健康的。所有异常和疾病都仅仅涉及经验性格"（GC, 298）。

无论如何，对根本性格与经验性格的本质区分是普凡德尔在性格学研究方面做出的一个重要贡献。我们在后面还会一再回溯到这个本质区分上。在这里我们暂时满足于普凡德尔的一个概括说明："根本性格是经验性格在自身养成方面的逼迫性的和起作用的存在基础，而经验性格这方面则每每是根本性格的或多或少恰当的养成。"（GC, 301）

普凡德尔没有说明一个人的根本性格可能有哪些，譬如理智型的、情感型的、意欲型的，这些性格类型在他那里属于我们下面要谈到的性格的特质。初看上去根本性格有可能类似于荣格在此前几年（1921 年）出版的代表作《心理的类型》中划分的两种总体类型[①]：内向型和外向型，也是海涅意义上的柏拉图型和亚里士多

---

① Vgl. Carl Gustav Jung, *Psychologische Typen*, Stuttgart: Patmos Verlag, 2018, Einleitung, S. 1—5.

德型。但后面我们会看到，普凡德尔在文中不点名地批判了这种划分。如果按照他的定义"个别人的根本性格是人'在根本上'之所是"（GC, 297），那么每个人的根本性格就是他的人格，因而是个体性的，必须因人而异地加以规定和描述。目前在心理学中取代了性格心理学位置的主要是阿德勒开创的个体心理学 [①]。

B. 自然性格与**自由性格**是在普凡德尔那里与上述根本性格和经验性格的概念对相应的另一概念对。他对这对概念的论述并不多。**自然性格**（Naturcharakter）与**自由性格**（Freiheitscharakter）本身既不属于**根本性格**，也不属于**经验性格**。这两对概念不如说是提供了对性格本体的两个不同视角。因而普凡德尔说："**根本性格**因而并不必然与**自然性格**相一致，它也并不必然与**自由性格**相违背。只是，如果人们想要将自然性格恰恰理解为人的心灵本身的原本特有的本质种类，那么自然性格当然也就与根本性格相一致了。"（GC, 301）

普凡德尔在这里所说的将自然性格理解为"心灵本身的原本特有本质种类"的可能性，实际上就是将"自然性格"理解为我们前面所说的"与人格的本性（Natur）相关的性格"的可能性。这里的

---

① 阿德勒在 1912 年便发表了《论神经质性格：一门比较的个体心理学和心理治疗术的基本特征》（Alfred Adler, *Über den nervösen Charakter – Grundzüge einer vergleichenden Individual-Psychologie und Psychotherapie*, Berlin/Heidelberg: Springer, 1912），将性格问题纳入个体心理学的问题域讨论。此后他还有一系列冠以"个体心理学"之名的著作出版，其中很大部分是讨论性格问题的。但个体心理学的概念实际上包含比性格心理学更多的疑点和问题。用前者取代后者很有可能是一条心理学发展的弯路。但这里不是讨论这个问题的合适场所。

"自然"（Natur）可以被理解和翻译为"本性"。在此意义上，"自然性格"无异于"**本性性格**"。而与此相对，"自由性格"则是在心灵生活的发展过程中通过他所说的"自由行动"（freitätig）而自觉或不自觉地逐渐养成的性格，即"**习性性格**"。

普凡德尔在讨论"性格的压力"时，区分与自然性格相关的四种压力以及与自由性格相关的三种压力，以此方式也对这两种性格做了进一步的特征刻画。对此我们后面还会再做讨论。

C. 普凡德尔对自然性格和自由性格的划分在一定程度也是对根本性格和经验性格的进一步刻画。不过这里仍然需要补充两点：

其一，就我们目前对普凡德尔的了解来看，在他那里不存在天生的性格，所有性格都是被养成的，根本性格也是如此，遑论经验性格。在他看来，"根本性格一部分是已被养成的，一部分是未被养成的，一部分是相即地（adäquat）被养成的，一部分是不相即地（inadäquat）被养成的，但始终是在其整体中存在的"（GC，300）。按照这个说法，那么他所说的"原本特有的"（ursprünglich eigentümliche）也不是"本性"或"天性"或"生性"。我们为此需要或是重新定义"生性善良"、"天性活泼"、"本性贪婪"这一类说法，或是继续坚持对作为本性性格的自然性格和作为习性性格的自由性格的理解。或许有必要对普凡德尔的性格养成说做进一步的讨论。例如，我们可以参考孟子的四端说来进行修正和完善，即区分生而有之的"性格萌芽"，即自然性格以及从它们出发而养成的性格，即自由性格或经验性格。

其二，如果根本性格在普凡德尔那里被理解为单数，而自然性格或本性性格在我们的意义上应当是多数，那么我们可以通过进一

步的定义来进行修正和完善：自然性格有狭义和广义之分，狭义的
自然性格是单数，广义的自然性格是复数。这样，前面的四端说的
案例也可以用来说明自然性格和根本性格的差异。

　　普凡德尔在这个意义上谈论"根本性格"（作为"人格性格"）
和"经验性格"以及"自然性格"和"自由性格"的关系："性格学
应当在一个特定的认识操作方式中将经验性格认识为这种由自然
性格和人格性格组成的统一。而后还要在从经验性格向根本性格
的过渡中于后者中既认识自然性格，也认识人格性格，即是说，需
要对这个问题做出回答：这个经验人想'在根本上'自由行动地是
什么样的人格，而且它想'在根本上'如何对待那些被正确认识的、
对它有约束力的要求。"（GC, 319）

　　就总体而言，根本性格（人格性格）、经验性格、自然性格、自
由性格是对性格问题的两个不同的切入角度或观察视角。

2. 性格的种类（Charakterart）与性格的特质（Eigenart）

　　这两个概念在普凡德尔那里时而被同义地使用，时而也被用来
表达性格的不同层次的分类。无论如何，性格总体可以被进一步划
分为不同的性格种类。普凡德尔在性格分析中曾使用"性格特质"
的概念来进一步划分性格的不同种类，例如意欲特质、情感特质。
他在长文中提到："可以将性格专门理解为人的意欲的特质，或专
门理解为人的情感的特质。但很容易看出，意欲的特质或情感的特
质或心灵的某个其他方面，仅仅是人的心灵之总体性格的特殊分
类，它们展示的是这个总体的特有本质种类，按照它在其意欲的或
情感的或其他的行为举止中所表露出来的样子。"（GC, 295f.）虽然

他并未说明是否还存在其他的性格特质，但我们至少还可以确定除此之外和与此相近的几个特质，如智识特质、宗教特质。

不过普凡德尔偶尔也谈到"宗教的根本性格"（GC, 317）。事实上我们也可以将"性格特质"理解为根本性格的特有种类，并在此意义上命名一个建基于根本性格之上的人的类型划分：理智人、情感人、意欲人、宗教人、权力人等（GC, 311f.）。这是按根本性格来划分的大类。

按经验性格的种类来划分则会产生更多的小类，因为经验性格本身不仅变动不居，而且复杂繁多：例如不仅包含真正的、正常的、健康的，也包括非真正的、异常的、病态的等方面。我们可以举普凡德尔的几个例子来说明经验性格：抒情戏要的、沉默寡言的、温顺胆怯的、阴沉敌对的、戏剧宏大的，以及如此等等。

3. 性格及其各个层次

如果我们将性格本身以及考察的它的各个视角连同由此而划分的各个种类称作性格本体，那么它会以特定的方式显现或表现出来，这些显现方式由表面到深层，由心理到物理，可以分为几个层次。首先需要说明，普凡德尔所列出的性格层次第一层是性格特征。然而在我们看来，这个第一层次更应当是性格现象。

A. 性格现象（性格与其显现的关系）

任何性格都是通过意识行为、语言行为、身体行为表现出来的。这句话中的顿号可以用"和"来代替，也可以用"或"来代替。即是说，性格可以用其中的一种方式显现，也可以用三种方式。而如果仅仅用一种方式显现，那就只能是意识行为的方式。这主要是因为，如前所述，性格是心灵的性格，心灵生活首先是意识生活。所谓"性格现象"，是指在意识体验中显现的心灵性格。一般说来，性格现象首先是通过意识现象而被代现的，例如通过情感现象或意欲现象。当我们看见一个人在发怒时，我们同感到的只是他的情感意识。但如果我们看到一个人无端发怒或为小事发怒或常常发怒，我们就会将他的性格视作暴躁的或易怒的。

从逻辑顺序上说，心灵的性格首先是被**主观的**心灵载体本身意识到，而后可以通过语言、表情、手势、步态等显现出来，从而被**客观的**外部观察者注意到。但对性格的自身意识、自身描述和自身认识是一个需要深入讨论的问题。这里暂且置而不论。我们在后面讨论性格学的方法时还会回到这个问题上来。

但如前所述，普凡德尔并未列出这个性格现象的第一层次。他的性格学的性格层次划分是从下面作为第二层次列出的性格特征开始的。他将性格的各个层次列在"性格的关系"的论题下。

B. 性格特征（性格与其各个分化特征的关系）

按照普凡德尔的说法，无论是根本性格还是经验性格，它们都有各自的特质，而且这些特质都以各自的方式表现自身或宣示自身。最基本的表现方式在普凡德尔那里被称作"性格特征"。就此而论，性格与性格特征的关系，类似于但不等同于康德意义上的本体与现象的关系。

我们会在后面第四节中进一步讨论性格与性格特征的关系。这里的性格本体与其他层次的性格现象的关系可以表现为：例如，性格的智识特质所包含的具体性格特征是博学、智慧、审慎、讲理、多疑等等；又如，性格的宗教特质所包含的具体性格特征是虔敬、恭敬、孝敬、忠诚、轻信、痴迷、崇拜等等；再如，性格的情感特质所包含的具体性格特征是热情、敏感、忧郁、温柔、怨恨、易怒等等；最后，性格的意欲特质所包含的具体性格特征是豪放、好胜、勇敢、大度、贪婪、蛮横、吝啬等等。

普凡德尔认为，我们不能说，性格与性格特征的关系就是上一级和下一级的关系，而且下一级的总和也不等于上一级。性格特征本身又可以分几个层次："尽管每个性格都具有一批性格特征，但它们首先不处在同样的阶段上；它们之中的一些对于另一些而言是第一级的和决定性的，因而后者是第二级的，甚至是第三级的。因此，它们构成一个特定的彼此有上下级关系的性格特征的等级制度。"（GC, 304）

各个级次的性格特征之间的界限看起来还是模糊不清的，甚至各个级次之间的界限也可能是模糊不清的。应当说，这里用名称标示的是性格特征的核心部分。性格学的研究需要在进一步的观察分析中，用更为确切的概念来勾画和界定这些性格特征。它们应当是性格学研究的最基本对象。

C. 性格证实（Erweisung）**（性格与其各个证实的关系）**

普凡德尔所说的"性格证实"与胡塞尔在意识现象学中使用的"意向充实（Erfüllung）"概念有相近之处。在意识现象学中，"充实"是指一个意向在直观中得到或多或少的充实，那么在性格现象中，"证实"就是指一个性格在意识行为、语言行为和身体行为的显现中或多或少得到证实。性格特征通常需要在多次的证实中才能作为性格成立。普凡德尔认为，"相对于不断消逝的独特心灵生活，在其中证实自身的性格与性格特征是相对固定的。性格学当然也需要认识在性格或性格特征与它们在心灵生活中的证实之间的特别关系"(GC, 305)。

D. 性格表达(Ausdruck)**(性格与其各个表达的关系)**

距离性格本身更远的层次是性格的外部表达：性格会通过身体、表情、眼神、手势、语言、举止、步态和身体运动表达出来。这就是通常所说的"性格外露"。这也是一般性格心理学关注的论题。普凡德尔认为："当然，性格的'外露'本身不是性格。它们常常还需要从已被认知的性格出发得到正确的诠释。"(GC, 305)事实上，性格表达已经超出严格意义上的性格现象学的范围，但仍然属于一般性格学研究的论域。

E. 性格印记(Abdruck)**(性格与其各个印记的关系)**

这是距离性格本身或"性格本体"最远的层次。所谓"印记"，是指性格在一个人的所有功能产品中留下的性格印记。按照普凡德尔的原话："人的性格也或多或少清晰地印刻下来，而且是在他的所有功能产品中：在他打扮自己、塑造他的住所和环境的方式中，在他的笔迹中，以及在他于各种不同领域里提交的文化产品中。"(GC, 305)他在这里提到的许多性格印记现在已经成为专门的性格学的学科，如笔记性格学、文字风格学等。

这里还需要提到一些普凡德尔没有提到的可能印记。它们也许可以算作最外围的，甚至超范围的性格印记或性格痕迹。它们通过性格与体液、血型、星座、属相等的关系显露端倪。它们是性格科学还是算命巫术？从目前的状况来看，它们无法将自己与普凡德尔所说的"江湖郎中的智慧"区别开来，即是说，目前还没有看到它们成为科学的可能性。普凡德尔在涉及性格与心灵的其他要素

的关系时也会提到的心灵血液、心灵之光等。对此我们后面还会再
做讨论。

4. 性格的养成及其各个发展阶段

性格的各个阶段与性格的养成有关。在人的一生中，性格是
在各个阶段上养成的。因此我们可以区分各个年龄段的性格：儿童
的、孩童的、少年的、青年人的、成年人的、中老年人的和老年人的。
它们之间的界限也是含糊的，但核心部分是明确的。通常我们不说
儿童人、孩童人、少年人，是因为他们的人格尚未形成或尚未成熟。
但无论是孩童还是老人，他们都有性格，而且是这个阶段上的性格。
各个阶段的性格是复数的经验性格，而贯穿在性格养成和发展变化
过程始终的是单数的根本性格。

这里的阐释涉及对根本性格的理解和解释，也涉及对它与经验
性格的关系的进一步展开说明。

首先，根本性格本身不是某个年龄阶段的经验性格，但各个年
龄段的经验性格是以这个年龄段的根本性格为基础的。各个年龄
段的根本性格组成总体的根本性格。因此，普凡德尔认为，"人的
总体根本性格因而自身包含着各种年龄阶段的根本性格。它从自
身出发也向它的完全养成挺进，而且它在其完全养成中达到一系列
共属的最终目标。在经验性格的年龄阶段规定性中，总体根本性格
也是经验性格的存在基础"（GC, 322f.）。

其次，根本性格并不是一个人在他的成熟期充分养成的性格，
例如不是成年人的根本性格。因此，不能将某个时间段的根本性
格理解为性格发展的顶点，不能将在此之前的阶段看作性格的进

化期，在此之后的阶段看作性格的退化期。用普凡德尔的话来说，"年龄阶段的性格因而并不单纯是成熟阶段的前阶段和后阶段，而是它们中的每一个，包括成熟阶段的性格，都具有他自己的根本性格，它自己这方面重又可以或多或少完善地被养成"（GC, 321）。

　　当然，以上这些还只是就根本性格而非经验性格的情况而言。如果将两者放在相互关系中考察，那么可以留意普凡德尔对性格发展的两个紧密结合在一起但性质不同的运动的区分：一个是向上的运动，"仿佛直向地走向高处，并逐渐地将新获得之物附加给每次的被养成之物；它从未被养成之物引向越来越完满和越来越确切的养成，这个养成似乎是在一个特定的年龄阶段、成熟的阶段被达到的"。而另一个运动与它同时并与它紧贴进行，"似乎波浪般地在特定的性格化了的阶段上以特定的顺序持续前行，每次在达到后一个阶段时，前一个阶段都会从这些阶段中消失，以至于在这个运动中没有什么东西被经验地聚合起来"（GC, 321f.）。

　　这两个运动可以被视作对根本性格与经验性格各自发展的两条路线的勾勒：一条是根本性格的完善养成的路线，另一条是经验性格的经验养成的路线。养成在这里都是以分阶段的方式进行的。在每个年龄阶段上都在进行着根本性格和经验性格的养成，它们的养成都是以经验的方式进行的。只是经验性格处在不断的养成、变化和消失的过程中，而在根本性格则会持续地养成、积累并保留下来，延续并贯穿在后面的各个年龄段中。在此意义上，根本性格的养成是一个完善化的构成。因而普凡德尔也将它称作"人的根本性格的理论-理想的发展进路"（GC, 321）。

　　经验性格在各个年龄段上产生、消失。根本性格在各个年龄段上持续前行地养成、积累。这是性格养成的总体发生的情况。此外，性格研究还必须面对每个年龄段上的性格养成的状况。一些经验性格在特定的年龄段上是恰当的，到下一个年龄段则变得不合适。例如，腼腆、天真在儿童、孩童那里是美好的性格，但延续到成年人那里就会变得不恰当，诸如此类。而在老年人的年龄段上，根本性格本身会有对于这个年龄段而言的完善养成，例如它可以表现为沉稳、老到等，但在某些方面又会相对于其他年龄段而处在下降的位置上，例如健忘、迟钝、散漫等。

因此，普凡德尔的一段话在这里可以被用作总结："在根本性格的发展中，各个年龄阶段的性格会逐次地在特定的顺序中短暂显露出来。所以，在各个年龄阶段本身的性格那里重又可以区分它们的经验性格和它们的根本性格。人的根本性格的理论-理想的发展进路不仅包含一个持续前行的完全养成，而且同时还包含暂时的和在特定秩序中相互接续的各个叠加进来的年龄阶段的不同根本性格的完全养成。"（GC, 321）

实际上，如果前面对**性格种类**、**性格层次**的阐释意味着对性格结构的**静态分析**，那么这里对**性格养成**的说明就应当意味着对性格养成的**发生分析**。性格种类在静态分析中可以分为两大类，即根本性格和经验性格，而在发生分析中则实际上被分为三大类：总体的根本性格、阶段的根本性格和经验性格。

5.个体性格与普遍性格

我们这里所说的"总体性格"和"总体的根本性格"概念时常在普凡德尔那里出现。它们是指在一个个体具有的各种性格，包括各个阶段的性格或根本性格的集合体，也可以被称作性格总体。显然它的对立面不会是个体的性格，而是一个个体的个别性格或部分性格。此外，它同样明显地既不能被等同于根本性格或经验性格，也不能被等同于自然性格或自由性格。所有这些性格都是个体的总体性格的一部分。

这里现在还需要加入普遍性格的视角。

在其《性格学的基本问题》讨论性格学对象的第一章中，普凡德尔在第一节中论述"个体对象"，随后在第二节中便讨论"普遍对象"。他认为："即使人的个体性格构成性格学的出发点，它们也并不是性格学的目的地。性格学不想获得对个体性格学的肖像的收集，而是作为系统-理论的科学而致力于'普遍之物'。而离个体性格最近的'普遍之物'就是人的性格的各个种类。因为不只是一个个别的性格特征，而且还有一个人的整个性格都会以同样的方式也出现在其他人那里，或者至少有可能是这样，倘若在现实中恰巧没有同样种类的多个样本的话。"（GC, 302）普凡德尔在"普遍之物"上都加了引号，暗示这里的"个体"与"普遍"不同于认识论意义上的"个别"与"普遍"。

但性格学探讨的普遍之物仍然与本质有关，亦即仍然与胡塞尔在《逻辑研究》中讨论的普遍之物（观念）以及对它的普遍直观（观念直观）有关。普凡德尔意义上的普遍是本质种类："性格种类因而是人的心灵的特殊本质构形（Wesensgestaltungen），仿佛是不同的压模图样，它们之中的每一个原则上都可以是由一批人的心灵同类刻印的结果。"（GC, 302）这个意义上的"本质"或许不能完全等同于胡塞尔的"观念"（Idee），但却可以理解为普凡德尔意义上的"理想"（Ideal）。[①]——我们在后面讨论方法问题时还会涉及与此相关的"理论-理想化"问题。

这里还需要说明一点：普凡德尔之所以强调性格学需要把握普遍性格，主要是为了突出他理解的性格学的本质科学特征。性格学不仅要研究个体的经验性格和根本性格，也要把握普遍的经验性格种类和根本性格的种类。所有这些努力，会将性格学导向对人的心灵性格的认识，一步一步地导向对最普遍之物的认识。

因此，普凡德尔说："性格的最普遍种类、最高的属，是人的心灵一般的性格，即特有的本质种类，每个个别的人恰恰通过它而是一个人的心灵的人格，并且通过它而有别于其他非人格的生物。人的这个性格也完全属于性格学的对象，即使性格学至此为止对它忽略不计。"（GC 303）

在这个意义上，性格学作为科学最初可以是经验科学，但最终必须是本质科学。它的任务在于对各个层次的性格的本质要素和本质种类的本质把握。

---

① 胡塞尔在后期，尤其是在未竟之作《欧洲科学的危机与超越论的现象学》中，明确地将自然科学的"理想化"（Hua VI, 18ff., 26ff., 375f.）区别于现象学的"观念化"或"观念直观"。不过，阿维-拉勒芒在他的文章中提到，普凡德尔在他的笔记（C IV 13/22. 8. 24）中有一次使用了可以追溯到胡塞尔《逻辑研究》第二研究中的术语"观念化的抽象"（ideierende Abstraktion），来讨论与"理想化的理论构建行为"相关的操作方式（U. und E. Ave-Lallemant „Alexander Pfänders Grundriss der Charakterologie", a.a.O., S. 226）。——无论如何，"理想化"与"观念化"的相同与相异是一个有待深入讨论的问题。

四、性格与心灵的其他本质要素的关系

在我们开始讨论性格学的方法之前，还需要简单介绍普凡德尔对人的心灵的性格与心灵的其他要素的关系的看法。他将这部分的论述放在他的长文的最后一章，并将其冠以"关于性格种类问题的论稿"之名。"论稿"（Beitrag）是单数，分别论述心灵的大小与完形、材料本性、心灵河流的种类、性格紧张、心灵之光五个方面与性格本身的关系。

首先需要指出，普凡德尔的性格学研究是在他关于人的心灵之研究的大视域中进行的。这是他的相关思考的一个特点。他主张，"人们始终以此为开端，即从统观人的心灵并且在它之中区分心灵生活的不同方面、不同功能、不同对象领域，而后再探问，它们自身是如何变更的，以及它们彼此的关系可能处在哪些不同的秩序中"（GC, 323）。这也意味着，如果要问一个人有怎样的性格，首先要问他是怎样的一个人。人的心灵中有许多与性格相关并影响性格的因素。对性格学的探讨不仅要关注性格本身，而且也必须关注这些虽然不是性格，但与性格内在相关联的因素。它们被普凡德尔称作"性格标记"，它们是当时流行的心理学没有顾及的。他主张，"作为性格学家，人们必须有勇气也去查明这样一些性格标记，它们根本没有在现存的心理学中被安顿，因而也根本无法借助于它来被找到"（GC, 323）。普凡德尔的这个说法已经表明，这些论稿是他本人原创思考的表达。我们会看到其中有他的一些独辟蹊径和别出心裁的想法。

1. 性格与心灵的大小与完形

心灵的大小是指心灵人格的大小和规模。"人的心灵事先就始终已经带着或多或少确定的、不同的大小而处在一个人的面前。"（GC, 324）在通常情况下，大人或成年人的心灵与小孩或儿童的心灵相比规模较大。普凡德尔没有对它做出概念上的积极定义，他的界定和说明更多是消极的：这里的"大"和规模并不是指性格上的大度（Großmütigkeit），也不意味着知识的丰富或成就的丰富，同样也无法精确地度量。但普凡德尔仍然认为，"尽管人们当然无法对这些规模给出数量规定，但人们在运用这个视角时还是会吃惊地看到，竟然可以如此可靠地从人格的心灵的大小和规模来规整各个人格，以及人们可以据此而获得对它们的如此清晰的第一纵观"（GC, 324）。

心灵的大小和规模因人而异，与性格有一定的关联，有可能以内在的方式影响和决定着性格。普凡德尔认为不排除这样的可能性，"即在特定的性格种类中本质上包含着特定的规模或小性（Kleinheit）。例如，属于甜蜜的、浪漫-戏耍的心灵的是一种相对的小性，相反，属于生硬的、戏剧-宏大的心灵的则是一种相对的大性或规模"（GC, 324）。不仅心灵本身，而且它的各个"方面"和各个"区域"也有大小之别。

就总体而言，心灵的大小和规模对于普凡德尔来说是一个性格种类的标记，尽管是次要的标记。

2. 性格与心灵的材料本性（Stoffnatur）

在普凡德尔看来，性格的另一个种类标记是通过心灵的材料本性得到表现的。至少可以说，在一个人的性格与心灵的材料本性之间存在某种联系。前面提到的浪漫-戏耍的性格种类可以是与甜蜜芬芳的、纤弱的等性质相关联，也可以与**丝绸般的**、法国人般的等相关联。与它相对的则可以是一种沉重的、**硬缎般的**（steifbrokatig）、庄严的性格种类，如此等等。

借用各类物质材料的名称来描述心灵材料的属性，这并不能说是普凡德尔的创举，因为这在日常生活中是司空见惯的性格刻画隐喻术，普凡德尔只是将它们罗列出来，用作心灵材料的参照物，例如，"黏土般的（俄国人般的）"、"橡木般的"、"白蜡木般的"、"香柏木般的"、"红木般的"、"杨树木般的"性格种类；此外还有被称作"发油般的"、"蝙蝠般的"、"钢丝般的"、"粗麻般的"、"硬缎般的"、"水银般的"、"白垩状的"、"海绵般的"、"骨头般的"、"鹅毛般的"以及诸如此类的性格种类（GC, 325）。

普凡德尔认为，我们最终可以用物质材料的性质来描述和刻画心灵材料的性质："心灵的材料本性可以根据一系列不同的视角来加以规定，例如，根据重或轻，**硬**或软，**粗颗粒**或细颗粒，**紧**或松，**柔韧**或僵硬，**有弹力**或无弹力，**坚韧**或易碎，干燥或多汁，根据**颜色**、亮度、透明度、光泽，根据声音的特质，根据**甜**或涩，简言之，根据人的心灵的品味。"（GC, 325）

不过，心灵和心灵材料有别于物质与物质材料的一个重要方面在于前者的流动性。这在以上的物质材料隐喻中还无法得到体现。普凡德尔为此使用了另一个仍然与物质有关的，但在心灵哲学家和意识哲学家那里比较常见的隐喻，即心灵的生命河流。

3. 性格与心灵的生命河流的种类

在论及心灵生活或意识生活时将它们比喻为河流或源泉，这是许多哲学家的一个共同做法，如柏格森和胡塞尔。普凡德尔也在性格学的意义上讨论心灵生活之流："人的心灵是一个生物；心灵生活在它之中不停地涌现（flutet），不像一条由外部而来并且只是穿流过它或只在它旁边流过的河流（如人们在心理学中常常对心灵的生命流所做的错误的想象那样），而像一股在心灵本身中来自内部源泉的、持续上涨的涌现（Flut），同时它持续地向着外部消逝，而且在它之中有从源泉出发在各个方向上持续变换和消失的、更为集中的诸多河流，像辐射器一样，匆匆穿过这个涌现，并或多或少地搅动这个涌现。"（GC, 327）

可以看出，普凡德尔在这里谈到的"涌现"，完全不同于自然科学在"意识涌现理论"中讨论的"涌现"。[①] 而他对心灵河流种类的界定与划分也不同于意识哲学的通常做法。

普凡德尔将心灵河流称作"心灵液体"或"心灵的生命血液"，并从多个方面来考察心灵的生命河流：它的容积或数量，它的速度，它的力度与节奏，它的热度，在它那里涌出和流淌的东西的质性状态（如鲸油般的、牛奶般的、清水般的、汽水般的、灼热甜酒般的或喷射香槟般的），以及如此等等。这个质性状态并不是一成不变的。按照普凡德尔的说法，"尽管生命血液的质性在本质上始终是稳定的，但也有可能会因为经历和命运而导致某些变化的形成，例如变

---

① 例如参见唐孝威：《意识论：意识问题的自然科学研究》，北京：高等教育出版社，2004 年，第七章"意识涌现理论"，第 91—98 页。

酸、变苦、变浑，如此等等"（GC, 327）。

　　心灵的生命河流不仅在每个人那里是各不相同的，并因此而影响和决定了他们的性格的千差万别，而且即使在同一个人那里也不是在任何时候都相同的。例如在生命的进程中随年龄阶段的不同，它会在数量、热度、速度、力度和节奏上发生变化，并因此影响和决定了他们的性格的变化。

　　看起来可以说，如果在前面讨论的心灵生活材料与心灵的类物质的固体材料有关，那么这里讨论的心灵河流种类就涉及心灵的类物质的液体材料。因此，如普凡德尔所说，"在这里重又是类比，而且用物质的液体种类及其流动方式进行的类比，它们为描述提供了可能"（GC, 328）。

　　可以确定在这两种物质类比材料之间存在着内在的关联。普凡德尔认为是心灵的材料本性，在某种程度上也包括心灵的规模，决定了心灵血液及其流淌的种类；前者因而是首要的，而后者则是次要的。普凡德尔为此列举了多个例子："一个细小而柔弱的蝙蝠-心灵作为生命河流，不会在动脉中具有一个灼热奔放和呼啸而过的格鲁特葡萄酒，而且如果它接受了并表现出一种非真正的、庄严而尊贵地起伏的、厚重深沉的生命之流，那么它会显得很滑稽。一个庞大而多节的橡木心灵在质性和形式方面所具有的生命河流会不同于一个中等大小的、细粒而无脂的粉笔心灵；一个中等偏小的矮胖羽毛心灵会在缓缓淌过和甜蜜偎依的轻波细浪中带着时而窃笑的飞溅气泡平淡度日，而这种方式对于中等大小的粗麻心灵来说则完全是在本质上生疏的。"（GC, 327）

　　不仅如此，在心灵的河流种类和性质与我们前面提到的影响或决定性格的其他心灵生活要素之间存在着本质关联。例如它们与根本性格和经验性格有内在的联系。这里仍然可以引述普凡德尔的例证："一个人的经验性格并不始终表现出与他根本性格相适宜的心灵生活河流的种类。撇开它包含的非真正的和人为的覆盖不论，无论是他的心灵生活血液的状况，还是其运动方式，都可能与他的根本性格或多或少地不相适宜。他的生命血液的流淌对他来说可能过于缓慢，过于柔和乳白，过于浑浊，过于灼热，过于水性，过于不安，过于杂乱，过于宽阔，过于快速，过于猛力，过于庄严。"（GC, 328）

最后还可以发现在心灵的河流种类与前面提到的各个性格层次之间存在的内在关系，即性格证实、性格表达、性格印记等。

事实上，对处在各种关联性的心灵的生命河流种类与性质的分析与揭示至少表明，在普凡德尔给出的性格学纲要中，一个错综复杂的性格谱系或性格学系统已经被勾勒出来，其中每一个因素都会与其他要素建立起多重的关联，并随之而展现多重的侧面和提供多重的视角。

4. 性格与性格紧张（Tonus）

心灵的紧张或张力是与性格密切相关的另一个心灵要素，是性格谱系学中的另一个成员。普凡德尔确认，"带着一个特定的心灵材料本性，一个特定的心灵规模和一个特定的心灵的血液和血液流淌，心灵的一个特定的紧张、一个张力关系已经在某种程度上被给予了"（GC, 329）。他不仅指出人的性格所具有的一个总体紧张，而且还说明在某些心灵层次或位置上的一些特殊压力，其中三个压力处在较窄的人格领域，而其他四个压力的位置则处在从属的心灵自身驱动中（GC, 333）。

如果我们将"总体紧张"理解为性格压力的总体，那么心灵中对张力的内部分配就是总体紧张的各个部分了，这些部分之和不一定等于总体。

这里所说的张力的内部分配是指"心灵主体以不自觉的方式对不同的意向对象领域所采取的内部立场"。按照普凡德尔的说法，"如果我们首先注意到心灵主体以不自觉的方式对不同的意向对象领域所采取的内部立场，那么我们就可以确定，不同的人会与它们处在非常不同的张力关系中"（GC, 329—332）。他列出的这类不自觉的张力有四种：在心灵与自己身体、与外部世界和他人、与自己、与上帝之间的张力关系。

与此相并列的还有三种"人格压力"，即自由行动的固有紧张，针对心灵的自身驱动的自由行动的反紧张，以及针对尽责要求的自由行动的反紧张。"它们的位置处在**自由活动的自我**之中。首先是自由行动的自身努力的压力。它虽然始终处在变化之中，并且一再地向完全的松弛状态过渡，但它还是会围绕着一个中间位置摆来摆去，这个中间位置在不同的个体那里表现出不同的程度。"（GC, 333）

普凡德尔认为，应当将所有这些紧张或压力以及它们的各种不同程度都登记到性格学的谱系之中，不仅纳入普凡德尔所说的"经验人格的性格图像"之中，而且也纳入"根本性格种类的图像"之中（GC, 333）。

5. 性格与心灵之光

在普凡德尔列出的与性格相关联的心灵要素中，最后一个是"心灵之光"。一个人的性格可以通过他看世界的目光而被把握到。这是一个或多或少常识性的认识。例如我们可以从加拿大摄影师尤瑟夫·卡什"二战"期间拍摄的《愤怒的丘吉尔》的著名照片读出丘吉尔流露出的性格、性情和情感。普凡德尔认为，"对于不同性格种类的认识而言，重要的是要注意：这种心灵之光在不同的性格那里重又具有极为不同的状态，性格的特殊性每次都会在这些状态中清晰地划分自己和证实自己"（GC, 334）。这也意味着，心灵之光是性格的自身证实的一种方式。它可以被理解为"性格目光"，即从眼光中透露出的内心的性格特征。此外，在普凡德尔看来，心灵之光或性格目光本身是有分别的，即"具有极为不同的状态"，例如，不同的光的种类、光的投射的速度、主动性、把捉和侵入的种类。可以根据它们来进行不同性格的刻画和描述。

普凡德尔的长文以他的"论稿"（Beitrag）一章为结尾，而他的"论稿"以关于"心灵之光"的一节为结尾。而在这节的结尾处，他将他讨论的性格分类的五个方面贯穿在一起，以总结的方式概述了自己在性格学方面的"贡献"（Beitrag）。

很容易就可以认识到，在某些界限之内的心灵之光的种类一般都已经通过前面所述的其他的性格规定性而得到了预先的规定。［以两个心灵为例］一个是巨大而多节的橡木心灵，带有浓密而温暖的生命血液，伴随着阻塞与湍流猛力冲击地一泻千里，承载着强烈的压力，尤其是在人格领域；而另一个是中等的丝绸心灵，带有清醇的、优雅地缓行而去的香槟血液，承载的是少量的人格紧张，但在心灵的自身驱动中则承载了巨大压力——这两个心灵所投射出的心灵之光是不尽相同的（GC, 335）。

所有这些都还是——如阿维-拉勒芒的纪念文字的标题所说——普凡德尔性格学的"纲要"[①]。他本人的文章也以此为结尾："然而，要想个别地确定种种共属性和制约性，还需要进行艰难的、细致敏锐而深入透彻的研究。"（GC, 335）

我们在这里已经看到普凡德尔在性格学方面的思考和论述的独辟蹊径和别出心裁，尤其是他的"论稿"部分。他的论文发表十多年后，与普凡德尔同属精神科学和理解心理学阵营的戈鲁勒已经开始抱怨"普凡德尔的思路难以跟随"。因为无论是他的"心灵紧张"，还是他的"心灵之光"，都"无法与一个生动的直观结合在一起"。他认为，尽管普凡德尔通常是远离各种类型的"花言巧语"（Schönrederei）的，但他的这种"隐喻术"（Metaphorik）还是让人难以赞同附和。[②]

不过，对我们来说，普凡德尔在"论稿"部分的思考仍然具有一定的启示性。我们在这里愿意沿着普凡德尔的思路来继续考虑性格与心灵的其他要素之间的本质关系。

[①]　Ursula und Eberhard Ave-Lallemant, „Alexander Pfänders Grundriss der Charakterologie", a.a.O., S. 203.

[②]　Hans W. Gruhle, *Verstehende Psychologie* (*Erlebnislehre*), Stuttgart: Georg Thieme Verlag, 1948, S. 165.

五、性格种类与心理类型和
意识权能、性格与情感

　　我们这里要关注的主要是性格种类与荣格的心理类型和胡塞尔的意识权能之间的关系。与前面普凡德尔所描述的性格分类的五个方面的情况相似，这里的三个向度在心理活动或意识体验中也彼此重叠地绞缠在一起，构成了多重的你中有我、我中有你的错综复杂关系。

1. 性格种类与心理类型的关系

　　普凡德尔曾就性格学与心理分析的关系评论说，"如今尤其急迫地需要一门严肃的性格学的首先是心理分析术，而且它甚至自己都已转而开始为这门科学提供一些有价值的贡献"（GC, 292）。此时他指的应当是荣格的分析心理学理论。荣格在此前三年，即1921年出版了他的著名著作《心理的类型》①。至少可以确定，普凡德尔曾研究过荣格的这项研究，因为他在自己的文章中还不指名地引述和批评了荣格在该书中对两种基本心理类型"内向型"（Introversionstypus）和"外向型"（Extroversionstypus）的著名划分（GC, 316）。

　　A. 两种心理态度类型：这个基本划分与普凡德尔对"根本性格"与"经验性格"的基本划分不一致，它们的差异可以追溯到两人的

---

　　① Carl Gustav Jung, *Psychologische Typen*, Zürich: Verlag Rascher & Cie, 1921.

哲学立场和方法的差异：荣格的哲学立场是经验论的，其方法首先是观察的和归纳的；而普凡德尔的哲学立场是观念论的，其方法首先是反思的和理解的，也是本质直观的①。对于普凡德尔来说，在思想史上和现实生活中可以收集到的内向性格和外向性格都是实际存在着的，但都还属于经验性格，应当被纳入到性格的某个级次较高的种类，它们作为经验性格最终还是奠基于普凡德尔意义上的根本性格之中。

B. 四种功能类型：需要注意的是，荣格对这两种心理类型的划分是按照他所说的心理的基本态度②来进行的，因而这两种心理类型也被他称作"态度类型"。按照荣格本人的说法，他早年曾将"内向型"等同于"思维型"，将"外向型"等同于"感受型"。但后来他确信，"内向与外向作为普遍的基本态度应当有别于功能类型"。因而他在《心理的类型》的第十章中列举了心理的四种功能类型：思维型、感受型、感觉型和直觉型。心理的"态度类型"与"功能类型"相互交叉，可以再区分出八种心理类型：内向和外向的思维型、内向和外向的感受型、内向和外向的感觉型、内向和外向的直觉型。③

普凡德尔没有提及荣格的这个心理功能类型的划分。但这里仍可以考虑这样一个问题：如果普凡德尔将荣格的两种心理"态度类型"视作"经验性格"，那么他会将荣格的四种心理功能类型归为

---

①　如普凡德尔所说，在性格学中，"人们首先必须持续地寻找本质的方向"（GC，323）。

②　荣格使用的"态度"一词的德文原文是"Einstellung"，也可以译作"定位"或"观点"。英译"attitude"包含了态度、观点、做派、姿势等多重含义。中译"态度"比较勉强，但看起来暂时还没有更好的选择。

③　Carl Gustav Jung, *Psychologische Typen*, a.a.O., S.156, S.353ff..

哪类性格呢？从普凡德尔的性格学中可以找到一种可能性：将荣格的四种心理"功能类型"理解为某种意义上的"性格特质"，如"情感特质"、"意欲特质"等。但它们与普凡德尔意义上的"根本性格"还有一定距离，后者对于他来说就是人格意义上的性格。如果不能将人格等同于心理功能，那么也就不能将心理功能类型等同于根本性格。

C. **集体无意识的种种原型**：除此之外，普凡德尔在撰写其性格学的长文时还不可能讨论荣格在 1934 至 1954 年期间陆续提出和论述的种种集体无意识的"原型"（Archetype）的划分。荣格将在此期间的相关论文结集发表在他于 1954 年出版的文集《论意识之根：关于原型的研究》中。他在这里首先将无意识分为个体无意识和集体无意识，并通过对各种原型的区分进一步展开他的心理类型学说："个体无意识的内容是所谓的**情结**，它构成心灵生活的个人私密性。相反，集体无意识的内容则是所谓的**原型**。"[1]

与情结一样，原型的内容也会通过各种方式表现出来，但只能是以间接的方式，或者说，以一种间接的"集体表现"（représentations collectives）的方式。因此荣格要求，"为了准确起见，必须区分'原型'与'原型表象'。原型本身所表明的是一个假设的、非直观的样品"[2]。或者说，它是尚未受到意识加工的无意识心理内容，是直接的心灵被给予性的心理内容。而一旦它成为原型表象，就意味着它已经发生了变化。例如，通过神话、图腾、梦境、

---

① 参见 Carl Gustav Jung, *Von den Wurzeln des Bewusstseins. Studien über den Archetypus*, Zürich: Rascher Verlag, 1954, S. 4。

② Carl Gustav Jung, *Von den Wurzeln des Bewusstseins*, a.a.O., S. 6, Anm. 4.

幻想、妄想、童话、想象、隐喻以及各种形式的文学艺术的方式而被意识到的原型内容，仅仅是原型表象而非原型本身。按照荣格自己的说法："原型在本质上展示着一个无意识的内容，它会因为被意识和被感知而发生变化，而且是在它每次出现于其中的个体意识的意义上。'原型'所指的就是通过它与神话、秘法和童话的上述关联便已清楚地说出的东西。相反，如果我们尝试以心理学的方式探究什么是原型，那么事情就会更为复杂。"①

就此而论，荣格的原型已经与性格无关，至少与个体性格无关，即使它会在个体意识中以变异的方式出现。但它是否意味着某种普凡德尔所说的"普遍性格"（GC, 302f.），或"民族心态"（mentality）意义上的"集体性格"，这是一个有待日后在其他地方展开讨论的问题。这里仅以现象学圈内流传的一个轶事为引子。

根据奥托·珀格勒的回忆，卡尔·勒维特本人在民族心态（Mentalität）方面有深入的思考："意大利人的亲近与友善相对于德国人的迂腐在勒维特的一生中都是一个他所喜欢的命题。事实上每个人都可以经验到：一个德国人在火车上会找一个空车厢；一个意大利人会偏好一个已有许多意大利人在进行讨论的车厢。但这里的'意大利人'指的是谁？一个罗马人？还是一个从瓦莱达奥斯塔山区来的葡萄种植者？"② 这个意义上的"民族心态"已经与"民族

---

① Carl Gustav Jung, *Von den Wurzeln des Bewusstseins*, a.a.O., S. 6.

② Otto Pöggeler, „Phänomenologie und philosophische Forschung bei Oskar Becker", in Annemarie Gethmann-Siefert und Jürgen Mittelstraß（Hrsg.）, *Die Philosophie und die Wissenschaften. Zum Werk Oskar Beckers*, München: Wilhelm Fink Verlag, 2002, S. 14f..

性格"相差无几，甚至可以说是名异实同了。事实上，普凡德尔在文中也曾列举过"黏土般的俄国人"或"丝绸般的法国人"的民族性格（GC, 325）。这也属于心理类型学或性格种类学需要区分的群体性格类型，无论它们是否可以叫作"集体无意识的原型"。

此外还需要说明的是，我们在这里的论述从一开始就不言自明地将荣格所说的"心理类型"视作"性格"的同义词。普凡德尔在评论"态度类型"时是如此，荣格的《心理的类型》的英译者（H. G. Baynes）在翻译中也是如此。[①] 荣格本人虽然没有明确地将两者加以等同，但他的许多说法，以及将性格和心理类型放在一起讨论并对英译本予以默认的做法，都表明他所说的"心理类型"和"原型"与通常意义上的各种"性格"基本一致。但一个明显的事实是，他在 20 年代末的"心理类型学"报告中还讨论性格和性格学，后来在《心理的类型》著作中则基本上用"心理类型"来取代"性格"的术语。这很可能与荣格对"性格"的理解和定义有关，而它本质上不同于普凡德尔的"性格"理解和定义：后者如前所述将"性格"仅仅理解为"心灵的性格"，而非"躯体和身体的特征"（GC, 294），前者则认为"性格是人的稳定的个体形式。这个形式既具有躯体的本性，

----

① C. G. Jung, *Collected Works of C.G. Jung*. vol 6, *Psychological Types*, trans. by H. G. Baynes, Princeton, N.J.: Princeton University Press, 1976. ——此外，英译本中第四章标题为"人的性格中的类型问题"（the type problem in human character），但德文原著中的第四章标题为"对人的认知中的类型问题"（das Typenproblem in der Menschenkenntnis）。不过这个改变无伤大雅，因为荣格在这一章论述的乔丹的著作就是关于两种基本性格的论述：反思性格和行动性格。它们被荣格用来比照自己的内向与外向的心理态度类型。

也具有心灵的本性，因而性格学既是物理类的也是心灵类的特征学说"。[①] 这样的"性格"显然已经不同于荣格所说的纯粹的"心理类型"了。

最后要注意一点：荣格的"态度类型"、"功能类型"和"原型"[②] 都可以在一定程度上被理解为某种心理功能或能力。这个理解也将我们引向这里接下来要讨论的普凡德尔的"心灵性格"与胡塞尔的"意识权能"的关系问题。

2. 性格与意识权能的关系

沿着胡塞尔人格现象学的思想发展脉络，我们可以说，性格与人格有关。对人格的考察可以从静态结构的角度进行，也可以从动态发生的角度进行。这两个角度在上述普凡德尔的性格学研究中都以某种方式被把握到并起过作用。

从结构的角度看，人格由两个基本层次组成，核心的层次是先天本性，外围的层次是后天的习性。胡塞尔也用"原初的和习得的性格素质（Charakteranlage）、能力、禀赋等"（Hua IV, 104）来标示这两者。

而从发生的角度看，人格及其不同的层次是生成的而非固有的，这个生成遵循在意识发生奠基关系中的"先天综合原则"。具

---

① Carl Gustav Jung, *Von den Wurzeln des Bewusstseins*, a.a.O., S. 559.

② 这里只需要引述荣格关于原型之为活动与力量的说法："原型不仅是图像自身，而且同时也是运动（Dynamis），它在原型图像的神妙性和迷人的力量中显示自身。"（Carl Gustav Jung, *Von den Wurzeln des Bewusstseins*, a.a.O., S. 573）

体说来，人格是意识的"先天原权能"与"后天习得的经验内容"共同作用的结果。这两者有先天与后天之分、本性与习性之分、原权能与习得权能之分。在此意义上，人格由本性与习性组成，即由原权能和习得权能组成，"人格现象学"最终可以归结为广义上的"权能现象学"。因为，如果"权能"的最基本含义在胡塞尔看来就是意识的权能性或主体的可能性，或简言之"我能"（ich kann），那么可以说，自亚里士多德和莱布尼茨以来被讨论的"我能"（δύναμαι）构成一个比笛卡尔的"我思"（cogito）更为宽泛的问题域，而且显然将后者包含在自身之中：意向性本身就是意识权能性的一种。

现在我们再从普凡德尔性格学思想系统来看，如前所述，"根本性格"具有类似"人格"的含义。一个正常人可以有多种性格，但只有一个人格。也就是说，一个人只有一个根本性格，其余的都是经验性格。与根本性格在一定意义上相一致的是"自然性格"。这里还要再次引述普凡德尔的准确说法："如果人们想要将自然性格恰恰理解为人的心灵本身的原本特有的本质种类，那么自然性格当然也就与根本性格相一致了。"（GC, 301）

如果我们将自然性格和根本性格理解为某种权能，即主体自身的可能性，那么它们与胡塞尔所说的"原权能"和"本性"就十分接近了。[①] 它们看起来是从不尽相同的角度出发指向同一个东西。而

---

① 《观念 II》的研究手稿罕见地记录了胡塞尔有关"原初性格"（ursprünglicher Charakter）的问题思考。这个性格看起来与普凡德尔的"自然性格"或"根本性格"有关。但胡塞尔对这个概念的理解实际上不可能受普凡德尔后来发表的性格学研究（很难说胡塞尔读过普凡德尔的性格学长文）的影响，而更可能是受普凡德尔早年发表的意欲现象学研究的影响，因为胡塞尔将"原初性格"理解为"开端上的某个动机引发"（Hua IV, 255, Anm. 1）。

普凡德尔的"经验性格"和"自由性格"则与胡塞尔所说的"习得的权能"或"习性"相差无几。

因而胡塞尔与普凡德尔的工作，在很大程度上顺应了卢梭的要求，即"从人类现有的性质中辨别出哪些是原始的，哪些是人为的"[①]。

就此而论，在心灵的性格与意识的权能之间已经显露出某种关联性。这种关联性在佛教唯识学的"种子熏习说"和"三能变说"中，在儒家的"先天后天说"与"已发未发说"中也曾得到过阐述。

A. 本性、原权能与性格根基、自然性格：就这里首先要讨论的本性现象学而言，它的论题首先是由"本能"和"本欲"构成的。如前所述，它们与普凡德尔性格学中的"自然性格"（Naturcharakter）或"根本性格"（Grundcharakter）有关。后两者显然与胡塞尔偶尔提到的"天生的性格"（angeborener Charakter）更相近，它被他视作"谜"（Hua I, 163）。不过"本能"、"本欲"与"天生的性格"在胡塞尔那里都可以被纳入"本性"的范畴。

一般说来，汉语中的"本能"和"本欲"字面上的区别在于：前者是原本就有的能力，后者是原本就有的欲求。前者在儒家的用语中相当于不虑而知、不学而能的"良知"、"良能"，例如包含如卢梭所说的四种内在品质（基于自爱的自我保存、同情、趋向完善的能力和自由行动的能力）或休谟所说的自然美德，可以是褒义的；后者则与"私欲"相联系，大都带有贬义，或者也可以是中性的：中

---

① 卢梭：《论人与人之间不平等的起因和基础》，李平沤译，北京：商务印书馆，1982 年，第 63 页。

国古代各家都列出各自的"六欲"说，它们涉及人的与生俱来的欲望和需求。

不过这个用语上的差异在胡塞尔的发生现象学中并不明显。"本能"与"本欲"在他那里基本上是同义词。他也常常使用"本能的欲求"（instinktive Triebe）这样的说法，以区别于"习得的欲求"（erworbene Triebe）；前者可以被称作"自然欲求"，后者则可以被称作"文化欲求"。对"本能"的含义也可以做类似的划分，即划分"自然本能"和"文化本能"。就此而论，"Instinkt"与"Trieb"这两个概念既可以与人的本性有关，也可以与人的习性有关。

关于"本能"含义与中译问题，笔者在本书附录 8 "关于几个西方心理学和哲学核心概念的含义及其中译问题的思考"中做了专门的讨论。扼要地说，"本能"的最基本含义"原本的能力"在神经生物学、机能心理学和意识现象学中有不同的理解，依次分别为："官能"（Sinnesorganismus）、"机能"（Funktion）和"权能"（Vermögen）。

我们这里关于"本性"的讨论并不会直接关系生物学的"官能"方面的问题，但必定会涉及心理学的"机能"和现象学的"权能"意义上的"本能"问题。而关于"机能"和"权能"的区别，这里可以做一个预先的区分与说明："机能"是心理学的概念，带有较多的实验心理学的色彩，它主要是通过实验和观察获得的对象和论题；意识现象学也会使用"机能"的概念，在心理学的意义上，但现象学会更多讨论"权能"问题，通过反思与描述以及由此而得以可能的本质直观。

这里可以举一个较有代表性的例子：母爱是本性而非习性。即使一个女子从未做过母亲，即使她的这个本性从未得到过显示，母爱也仍然是她潜在的本性。一旦强烈的和明显的母爱情感变得稳定和维持，就会成为性格特征：母性。一个成熟女性的性格可以用母性来标示，无论她是否是或曾是或不再是母亲。

母爱是爱的一种。类似的情况还可以延伸到父爱、慈爱、情爱、性爱、友爱等情感和性格方面，但伴随各种程度的变异。

B. 习性、习得权能与性格养成、性格培育：习性现象学讨论习性的形成和培养，即习得的权能的形成。这种形成与培育在胡塞尔那里叫作"习性化"（habilitieren）或"积淀"（sedimentieren）或"沉淀"（absinken），它们在很大程度上与普凡德尔所说的"性格养成"相对应。如前所述，普凡德尔在其性格学长文中专门有一节讨论"性格的养成及其各个发展阶段"。他认为性格的养成受两方面因素的制约："这种养成本质上是受根本性格本身制约的；但它们同时也受到其他因子的一同规定，例如受到外部环境、身体-心灵的命运，尤其是个体的自由行动的行为举止的一同规定。"（GC，305f.）这也意味着，如前所述，性格的养成在两个方向上进行：一条是根本性格的完善养成的路线，另一条是经验性格的经验养成的路线。

这与胡塞尔在《笛卡尔式沉思》中对人格生成之进程的理解和描述是基本一致的："在这个人类生活世界的持续变化中，人本身作为人格显然也在变化，因为它必须与此相关地不断接受新的习惯特性。这里可以清晰地感受到静态构造和发生构造的深远而广泛的问题，后者作为充满迷雾的普全发生的局部问题。例如，就人格性而言，不仅是相对于被创建又被扬弃的习性之杂多性的人格性格的统一性的静态构造问题，而且也是发生构造问题，它会导向天生性格之谜。"(Hua I, 162f.)

胡塞尔在这里提到了三个与性格相关的概念：1)统一的人格性格，2)杂多的形成又消失的习性，和 3)天生性格。它们与普凡德尔那里的三个性格概念，即 1)根本性格，2)经验性格，和 3)自然性格，可以说是遥相呼应。虽然胡塞尔没有使用"经验性格"或与性格有关的概念，而是使用了"习性"的说法，但对于人在其心灵生活的成长和发展过程中，尤其是在各个不同的年龄段上得而复失又失而复得的附着物、沉淀物等，究竟应当用"习得的权能"，还是用"经验的性格"，抑或是用"能力"、"秉性"等来标示，已经是一个次要的问题了。

普凡德尔提出的"根本性格构成经验性格的存在基础(Seins-grundlage)"(GC, 301)的命题和胡塞尔提出的"固持而稳定的人格自我"是"各种习性的同一基质(Substrat)"(Hua I, 101)的命题，指明的是同一个现象学事态。

就此而论，性格养成的过程也就是人格生成的过程。这是一个从"现行"(actuality)到"习性"(habituality)再到"可能"(potentiality)的发生过程。"现行"是指心理体验或意识行为，"习性"是养成的习惯或经验性格，"可能"是指原初的和习得的组成的心灵权能或根本性格。而它们最终的存在基础或基质则是自然性格与根本性格组成的同一人格自我。性格问题和人格问题在这里合而为一。普凡德尔在性格学中处理的问题，属于胡塞尔的现象学心理学和发生现象学的领域，完全可以纳入胡塞尔于弗莱堡时期制定的"现象学哲学体系"的著作工程。①

六、性格现象学的方法

"性格现象学"意味着用现象学的方法来研究人的性格。应当说，一旦确定了反思和本质直观在发生现象学领域中的运用可能性和有效性，那么同时也就确定了性格问题作为现象学论题的可能性。

从理论上说，性格现象学家可以通过现成的意识现象学方法做到：1.用一般直观把握表层的经验性格；2.用本质直观把握深层的根本性格；3.用（第一性的、直接的）反思的方法观察、了解和把握自己的、个体主体的各种性格，以及它们的心灵要素、结构、层次和养成阶段；4.用（第二性的、间接的）同感的方式观察、理解和把握他人的、交互主体的各种性格，以及它们心灵要素、结构、层次和养成阶段。简言之，在反思的横向本质直观中把握性格的结构层次，在反思的纵向本质直观中追踪性格的发生养成。

普凡德尔在其性格学研究中默默使用的就是这些现象学的方法。不过他也用自己的概念术语，例如分步骤进行的理论理想化、总体化等，对他的性格学方法做了生动的描述，包括"在直观的沉定（in schauender Versenkung）中的把握"（GC, 325）等有趣说法。

---

① 胡塞尔在弗莱堡没有选择普凡德尔而是选择了海德格尔作为自己的教席继承人。普凡德尔对此有抱怨，胡塞尔本人也为此感到后悔。从普凡德尔在包括性格学在内的几个方向上的工作可以看出，他的思考的确与胡塞尔更为接近，是后者更为合适的合作者和接班人。

除此之外,在他的论述中还常常会出现胡塞尔式的"排除"、"还原"等方法概念。而且胡塞尔的"无立场"、"无成见"的中立性要求也在他那里得到强调,例如,性格研究者不应"受那些会模糊并扭曲其目光的个人兴趣的引导"(GC, 291),以及如此等等。

如果我们将普凡德尔的性格研究与胡塞尔的人格研究和权能研究视作同一方向和领域的努力,那么也可以说,胡塞尔自觉地将自己的现象学纳入近代的心理学的传统,更确切地说,纳入纯粹心理学的传统:"近代心理学是关于在与空间时间的实在性的具体关联中的'心理之物'的科学,即关于在自然中的可以说是自我类(ichartig)发生事件的科学,连同所有作为心理体验(如经验、思维、感受、意欲)、作为权能和习惯不可分割地从属于它们的东西。"(Hua IX, 278)

不过,现代心理学朝向自然科学化方向的发展已经使它脱离了近代心理学的传统,也使得胡塞尔在 1914 年前后就不必再担心人们将现象学与心理学混为一谈。① 即使在涉及与人类学相关的性格学问题上,现代心理学与现象学心理学之间的方法区别也一目了然:前者是实验的、客观的、行为主义的,后者是反思的、主观的、超越论的。因此,胡塞尔在 1916 年时便已提出"超越论的权能"

----

① 参见普莱斯纳对这个时期的胡塞尔的回忆:"诚然,与心理学的亲近当时已经不再使他感到不安。由于心理学采纳的实验-因果程序,混淆已不再可能发生,而当时并不存在描述心理学。即使有描述心理学,通过悬搁(ἐποχή),亦即通过对体验状况在命名它的语词的观念含义统一方面所做的示范处理,现象学的实践也可以与描述心理学毫无混淆地区分开来。"(普莱斯纳:"于哥廷根时期在胡塞尔身边",载于倪梁康编:《回忆埃德蒙德·胡塞尔》,北京:商务印书馆,2018 年,第 54 页)

(Hua XLII, 173)的概念，并且强调："关于**权能的知识**'并非来源**于经验**'，并非来源于任何一门经验的权能心理学，而是来源于'**发生的**'本质分析（现象学的）：通过对意向性的方法阐发，以及通过对这种意向性必定如何产生的必然方式的澄清来阐明发生。"（Hua XLII, 170）

但这里仍然会出现一个特殊的方法问题。在意识体验现象学的反思那里，我们可以发现一种"反思的变异"的痕迹：因为反思而导致的对非对象的原意识的对象化增加和减少。[①] 而在心灵性格现象学的反思这里，我们会遭遇与此相似的问题。这个问题也会出现在当代性格学研究中依据的"自我报告"（self-report, Selbstbeschreibung）那里。[②]

例如，对自己的一个意识行为的反思认定和对自己的一个心灵性格的反思认定并不属于同样的类型。例如，对撒谎行为的反思认定要比测谎仪的测试和旁人的观察要确切得多。但对自己的性格是否属于诚实一类的反思认定则会遭遇可以被称作"反思修正"的问题：如果一个人自己反思地认定自己是诚实的，那么他就是在他自己主观认定的意义上是"诚实的"，无论他此前的行为处世是否客观地是"诚实的"。反之，如果一个人撒了谎，却运用自己的掩饰技巧而逃过了测谎仪的辨识，那么他至多会将自己反思地认定是

---

①　对此可以参见笔者的专著《自识与反思》，北京：商务印书馆，2020年，第二十一讲"胡塞尔（2）：'原意识'与'后反思'"，第356—383页。

②　John F. Rauthmann, *Grundlagen der Differentiellen und Persönlichkeitspsychologie – Eine Übersicht für Psychologie-Studierende*, Wiesbaden: Springer, 2016, S. 14.

"聪明的"，而不会认定为"狡诈的"。这是一种在性格认定上的**"反思的价值修正"**。

另一种反思修正则更为严重。它甚至会导向这样的结论，即有些性格是无法通过反思自知的，例如谦虚-骄傲、慷慨-吝啬、勇敢-胆怯、豪爽-拘谨、大方-小气，如此等等。这些性格在反思的自身认定的同时已经消失或削弱了。就如一个人在反思地认定自己的性格是"骄傲"的时候已然处在"谦虚"的状态，而当他认为自己"谦虚"的时候已然处在"骄傲"的状态。又如，反思地意识到自己性格暴躁，或性格软弱，都会引起某种程度的性格修正。可以说，反思地意识到自己性格暴躁或性格软弱的次数越多，这些性格的强度就会削弱得越多。这里的情况会让人联想到物理学中海森堡提出的"测不准原理"。我们也可以将它称作"心理学的测不准原理"。事实上，布伦塔诺、胡塞尔都曾提到的例子，即在反思自己发怒时怒火已经消失或至少消退，也与这种测不准的情况有关。无论如何，在性格学研究中它可以被归入性格认定的**"反思的实践修正"**一类。

七、结束语：性格现象学的可能与任务

这里勾勒的是一条从胡塞尔的意识现象学到意识权能现象学和普凡德尔的心灵性格现象学的思考脉络和思想发展路径。

就普凡德尔的性格现象学而言，乌苏拉和埃伯哈德·阿维-拉勒芒在他们纪念普凡德尔的文章中写道："在近百年来发表的关于性格学的原理问题的各种不同论文中，没有一位作者把握得比亚历

山大·普凡德尔更深入，钻研得更本质，没有一位在人类研究的这个领域的心理学家比他所做的区分更全面。"①

普凡德尔的确给出了一个相当明确的性格学纲要："总结起来说，对性格学的**任务**可以做如下规定：它需要系统地-理论地研究人的性格的本质、构造、个别特征、种类与变异、发展，以及人的性格与它的分化、它的证实、它的表达和它在外部功能产品中的印记之间的关系。"（GC, 307）

如果无意识研究是意识现象学的边界，那么性格研究应当就是心理学的边界了。在心理分析学那里，荣格、阿德勒、弗罗姆都有关于性格学的论著问世。但弗洛伊德似乎并无走向这个边界的欲求。普凡德尔和荣格都已经在尝试冲撞这个边界了。

我们这里最后想用两句话作为这篇文字的结束语。

一句是古希腊哲人赫拉克利特所说：

人的习性就是他的守护神。②

另一句是来路不明的人生箴言：

留意你的思想（thoughts），它会成为你的言语（words）；
留意你的言语，它会成为你的行动（actions）；

---

① Ursula und Eberhard Ave-Lallemant, „Alexander Pfänders Grundriss der Charakterologie", a.a.O, S. 203.

② Ήθος ανθρώπω δαίμων, H. Diels und W. Kranz (Hrsg.), *Die Fragmente der Vorsokratiker* Bd. I, Zürich:Weidmann, 1996, B 119.

留意你的行动，它会成为你的习惯（habits）；

留意你的习惯，它会成为你的性格（character）；

留意你的性格，它会成为你的命运（destiny）。

第四编

意识研究的方法与任务

第 1 章　反思或超越论现象学还原

在阐释了意识现象学的第一、第二定理后，我们在这里要讨论"何谓反思"的问题。它涉及关于意识的第三个定理：

意识（Bewußtsein）是通过反思而可被直接把握到的意识-存在（Bewußt-Sein）。这个定理既是超越论现象学或存在论现象学的原理，也是方法论现象学的原理。

我们可以按照文德尔班的说法首先将"意识"理解为笛卡尔所说的"cogito"，即以第一人称单数形式当下进行的、清醒的心灵活动。

对于这种作为"心灵生活"的"意识"，我们是以两种方式"知道"或"了解"的。第一种：在意识活动进行的同时直接地知道它，即直接地意识到自身的进行。我们可以根据胡塞尔的说法将这种原初状态的意识称作"原意识"或"自身意识"①。第二种：对这个直接的自身意识作追加的沉思，即通过随后的反身思考来知道它。我们可以将这种追加的反身思考称作"反思"。

───────────

① 笔者在第一编第 1 章中已经说明，这里的"原意识"和"自身意识"实际上就是意识。后面我们在讨论"反思"的语境中会将"意识"称作"原意识"，以便突显它相对于后补反思的原本特征。

　　这里的第一种"知道"是非对象性的、伴随性的;第二种"知道"是对象性的、后随性的。第一种"知道"是第二种"知道"的前提条件,因为前者意味着后者的对象。如果没有第一种"知道"的在先发生,那么第二种"知道"就没有对象,因而反思也就无法随后发生,无从指向。而反过来,如果没有第二种"知道",那么第一种"知道"也不能被确认、被理解、被评判,不能成为意识研究的课题。如耿宁所言,"唯有通过对自己的和他人的体验的反思,我们才获得对我们的经验之主体性的认识"。[①]

　　在这个意义上可以说,第一种"知道"即"意识"或"自身意识"属于本体论的范畴,第二种"知道"即"反思"或"反思意识"属于认识论的或方法论的范畴。

　　综上所述,只要我们是清醒的,我们就处在直接的自身意识状态中,即意识到自己是有意识的。而如果我们要认识意识、思考意识、研究意识,反思就是最直接的、也是最可靠的方法。

　　不过这里首先还应当对通常意义上的(即广义的)以及严格意义上的(即狭义的)"反思"做一个区分界定:如今为人文社会科学界使用的多半是广义的"反思"。它是指特定的思想者群体对自己以及其他人的精神形态,乃至对整个人类社会的精神形态的反身思考,因而也就有在此意义上的"反思的社会学"、"反思的语言学"、"反思的历史学"、"反思的人类学"等。这个意义上的"反思",可以是主体对主体本身的思考,也可以是主体对客体的思考,或主体

---

　　① 耿宁:《心的现象:耿宁心性现象学研究文集》,北京:商务印书馆,2012年,第384页。

对其他主体的思考。这种广义反思不仅是意识哲学的方法，也应当是所有精神科学或心理科学的最重要方法。[①] 耿宁在他讨论反思问题的论文中便主张过这个意义上的"反思"："并非只有本己的体验才能被反思，相反，在对其他经验生物的同感（Einfühlung）基础上，我们也可以反思他们的意向体验。"[②] 但需要说明，这个意义上的"反思"已经不是意识哲学的严格意义上的"反思"，不是胡塞尔意义上的"反思"，而属于我们这里所说的广义"反思"，或按胡塞尔的说法，这更应当属于"同感的理解"（Hua XV, 159）。

而我们这里要讨论的是狭义的或严格意义上的"反思"：哲学的反思，或者更确切地说，意识哲学的反思。狭义的反思仅仅意味着意识对自己的反身思考。这是意识哲学所持守的反思概念，也是确切意义上的主体性反思概念，即主体对主体自身的思考。这里的"主体"被默认为单数。因此也可以说，严格意义上的反思是意识

[①]　笔者于二十年前曾就皮埃尔·布迪厄的"反思社会学"的"反思"概念提出质疑，认为它更应当是指"理解社会学"意义上的"理解"（参见笔者："'反思'及其问题"，载于《中国现象学与哲学评论》第 4 辑《现象学与社会理论》，上海：上海译文出版社，2001 年）。不过现在看来，也可以将布迪厄的反思纳入更宽泛意义上的"反思"系列，即精神科学家对精神的反思。绍科尔采在 2000 年出版的《反思的历史社会学》中也是在这个宽泛的意义上理解"反思的社会学"的"反思"。他认为反思社会学是将自身反思的方法运用到社会学的研究中，"当人们认识到在所有的社会理论中都包含着自身反思的成分时，社会理论便与哲学具有相似之处"。他在这部书中列出包括诺伯特·埃利亚斯在内的一批反思社会学家，并提出其中心论点："迪尔凯姆与韦伯的晚期著作界定出两条分支社会学脉络：反思的历史社会学与反思的人类社会学。"（阿尔帕德·绍科尔采：《反思性历史社会学》，凌鹏等译，上海：上海人民出版社，2008 年，第 2、4 页。——引文略有改动）

[②]　耿宁：《心的现象：耿宁心性现象学研究文集》，北京：商务印书馆，2012 年，第 384 页。

哲学家的个体意识对自己的反身思考。

意识哲学家认为，对意识的研究必须首先通过这种严格意义上的反思来进行。这也是意识哲学有别于心灵哲学、语言哲学、社会哲学、政治哲学以及其他人文科学和社会科学的地方。

这种哲学反思的方法与要求在东西方思想中都有古老悠久的传统。例如它与佛教和儒家所说的"观心"或"自省"的要求是一致的，与古希腊传统中的"自知"（即"认识你自己"的德尔菲神谕）的要求也是一致的。后来奥古斯丁所言"不要向外走，回到你自身！真理就在你心中"，更清楚地表达了这个意思。它几乎就是对慧能之教训的西文翻译："佛是自性作，莫向身外求"或"菩提只向心觅，何劳向外求玄"。概言之，它是带有方法诉求的哲学意识活动。

而现代的意识哲学家与精神科学家在精神领域或意识领域结成了某种形式的同盟，以"沉思"（meditation）（笛卡尔）、"反思"（Reflexion）（康德、胡塞尔）、"回退"或"返回"（retrospektiv）（普凡德尔）、"回溯"（regressiv）（芬克）、"自身思义"（Selbstbesinnung）（狄尔泰、约克、胡塞尔），或心理学家们所说的"内省"或"内观"（Introspektion）或"内感受"（interoception）等名义。

一、反思作为超越论现象学的还原方法

前面曾论及作为本体论范畴的意识。它与意识哲学的普遍性诉求有关。心理学家不必去关心这个问题，或至少可以在撇开这个问题不论的情况下继续工作。[①]但意识哲学则无法回避它。因为这事关哲学的基本问题，即本体论问题。意识哲学不能赞同心身二元论，不能赞同心理物理的平行论，因为这样的话，它仍然无法回答下面这个纠缠了哲学家上千年并使哲学陷入"丑闻"的问题：意识是如何超出自身而把握到在它之外的外部事物的？

可以看出，这个问题一开始就预设了二元论，即意识的存在和外物的存在。而它在认识论上则表现为一种相即论，即思考认识与事物是如何相即的，或认识是如何切中对象的问题。

胡塞尔在《逻辑研究》(1900/1901)时期基本上还是一个描述心理学意义上的现象学家，因而那时他可以不考虑二元论的问题。但他同时也是逻辑学家和数学家，因此他最终无法回避这个问题。五年后他便开始考虑"现象学还原"的理论和方法，以此来解决二元论的问题。在1907年的"现象学的观念"的五次讲座中，他第一次公开提出了"现象学还原"或"认识论还原"的原则，并说明："现象学的还原就意味着：必须给所有超越之物（没有内在地给予我的东西）以无效的标志，即：它们的实存、它们的有效性不能被预设为实存和有效性本身，至多只能被预设为**有效性现象**。我所能运用的一切科学，如全部心理学、全部自然科学，都只能作为现象，而不能作为有效的、对我说来可作为开端运用的真理体系，不能作为前

---

① 即使从来都有关心这个问题的心理学家，他们也是带有哲学情怀的心理学家，或者，他们同时也是哲学家，例如胡塞尔的老师施通普夫。他在1896年的心理学大会上就开启了关于心理物理平行论的争论并因此引发众多讨论。相关的讨论综述参见 G. Heymans, „Zur Parallelismusfrage", in *Zeitschrift für Psychologie und Physiologie der Sinnesorgane*, Nr.17, 1898, S. 62—105。

提，甚至不能作为假说。"①

　　在这里给出的"现象学还原"的要点后来在 1913 年出版的《纯粹现象学与现象学哲学的观念》第一卷中通过其中的"悬搁"、"中止判断"、"排除"、"判为无效"等概念而得到了展开的说明。它们与"还原"概念一样，都表达一种对待精神和自然关系的认识论态度：悬搁或排除所有自然观点的预设和自然科学的前提，还原并回归到意识本身，从这里起步，在对意识的反思中直观、分析和描述所有自然观点和自然科学的各种构成，在结构与发生方面的双重方向上的构成。

　　可以注意到，在胡塞尔的"还原"理论中有笛卡尔的身影：普遍怀疑的方法与"cogito"的确定；以及康德的身影：对哲学认识论的"认识如何可能"问题与自然科学的"认识是否可能"问题的划分，现象界与物自体的划分；最后还有狄尔泰的身影：精神科学与自然科学的划分。由此我们也可以理解耿宁对胡塞尔通往超越论现象学的三条道路的划分：笛卡尔的道路、康德的道路和心理学的道路。②

　　应当说，胡塞尔的"还原"在哲学上和逻辑上要比三位前辈哲学家都更彻底，因为在他们那里都为二元论留下了退路，而在胡塞尔这里，无论是有利还是有弊，哲学的一元论都得到了最终的贯彻。而无论早期还是后期的现象学家或现象学的心理学家，与胡塞尔在这条超越论道路上始终同行的可以说是绝无仅有。

---

① 胡塞尔：《现象学的观念》，倪梁康译，北京：商务印书馆，2016 年，第 8 页。

② Iso Kern, „Die drei Wege zur transzendental phänomenologischen Reduktion in der Philosophie Edmund Husserls", in *Tijdschft voor Filosofie*, Nr. 24, 1962, S. 303—349.

　　但思想史上还是不乏与胡塞尔并肩者。在还原之后胡塞尔可以说：所有存在都是被意识到的。海德格尔也可以说：存在论唯有作为现象学才是可能的。而在此之前，佛教唯识学实际上也是一元论主张的贯彻者：唯识无境，万法唯识。

　　当然，胡塞尔意义上的"一元论"说到底还不是本体论意义上的"唯有一元"，而是奠基论意义上的"基本一元"，即所有自然研究与人性研究都必须建立在意识研究的基础上。而意识理论方面的"基本一元论"的最重要逻辑理由与康德在认识论方面的一元论是相似的：自然科学和人性研究都是在意识中进行的，意识研究可以说明自然研究和人性研究的可能性条件。而一旦意识研究运用自然研究和人性研究的成果或以此为前提，就会犯下循环论证的错误。

　　"现象学还原"后来成为现象学方法的代名词，但这时它实际上已经是复数，包含了"本质还原"、"原真还原"等。而最初的、也是最严格意义上的"现象学还原"，是指"超越论还原"或"超越论现象学的还原"。①

　　这里的"超越论"（transzendental）一词原先是康德哲学的概念，中文翻译中也作"先验"。康德将自己的哲学称作"超越论哲学"或"先验哲学"，②在他那里，"超越论"的一个主要含义是指我们的认识与认识能力的关系，而不是我们的认识与事物的关系。这种超

---

　　①　关于各种类型的"还原"，可以参见笔者：《胡塞尔现象学概念通释（增补版）》，北京：商务印书馆，2016年，"还原"条目，第425—435页。

　　②　关于这个概念的含义与中译可以参见笔者："TRANSZENDENTAL：含义与中译"，载于《南京大学学报》（哲学·人文科学·社会科学版），2004年第3期。

越论哲学的思考因此需要通过"反思"和"理性批判"才得以可能。

胡塞尔也随康德而将自己的意识哲学称作"超越论现象学"，因而也将自己自觉地纳入近代超越论哲学的传统。不过在他这里，"超越论"是指我们的意识与其自身的意向构造能力的关系，而不是我们的意识与外部自然和社会的关系。如果我们将"反思"和"批判"理解为意识对自己的可能性条件的思考，那么我们也可以将意识哲学称作"反思哲学"，以及称作"超越论哲学"或"意识批判哲学"。

胡塞尔本人没有对超越论现象学的反思方法做出系统的论述。他曾委托他的学生欧根·芬克续写《第六笛卡尔式沉思》，专门讨论"现象学的现象学"，即"现象学的方法论"，或"对现象学反思的反思"。这部经胡塞尔审读和批评过的方法论著作是在胡塞尔和芬克去世后才公开出版的。①

二、反思作为自身感知，有别于"内感知"和"自身观察"

"反思"在胡塞尔那里就意味着意识对本己体验的反身思考。在他之前的许多哲学家和心理学家都曾将这种反思的方法理解为"内省"（Introspektion），它相当于某种方式的"自身观察"：研究者以自己的体验为观察和研究对象。它因此也构成开端阶段上的

---

① 对此可以参见笔者："超越论现象学的方法论问题：胡塞尔与芬克及其《第六笛卡尔式沉思》"，载于《哲学研究》，2019 年第 8 期。

主观心理学的方法依据。不仅科学心理学开端期的许多心理学家如冯特、詹姆斯、布洛伊勒、艾宾浩斯等，都或多或少使用这种主观心理学的方法，而且心理学中的联想心理学、完形心理学和维尔茨堡学派等，也都运用这种自身观察方法来进行心理学研究。胡塞尔意识现象学的反思方法实际上是对这个传统的继承和延续。

对于"自身观察"的方法，冯特也很早就通过与心理学的"实验方法"比照而做出了自己的评价。他认为"自身观察"是建基于"自身感知"之上的主观方法，无法满足精确性的要求，因而只能是心理学的辅助手段。而与此相比，"实验方法"的主要价值在于，它将意识纳入准确可控的客观条件下，从而使得一种精确的观察得以可能。[①] 这里提到的"主观"与"客观"以及"精确"和"不精确"的分别，也是导致后来的客观心理学或实验心理学得以盛行，而主观心理学和内省心理学逐渐衰败，最终转为人文心理学和精神哲学的原因。

姑且不论冯特的评判究竟是否合理以及目前客观心理学的片面发展究竟是否有益，有一点首先要指出：心理学研究中的"内省"方法与现象学研究中的"反思"方法还是有根本区别的。

胡塞尔在《逻辑研究》中批评通俗的和传统哲学的"外感知"与"内感知"的概念，自洛克开始，外感知被视作我们对物体的感知，内感知被视作我们"精神"或"心灵"对自身活动的感知。这个意义上的"内感知"或"自身感知"也被视作精神对自身活动的反

---

① 参见 Wilhelm Wundt, *Grundzüge der physiologischen Psychologie*, Bd. 1, Leipzig: Verlag von Wilhelm Engelmann, 1902, S. 4, S. 12。

思。但这个概念定义和划分是建基于笛卡尔区分的"精神"（mens）与"物体"（corpus）的二元本体论，以及洛克据此而建立的"感觉"（sensation）与"反思"（reflexion）的方法二元论的基础上。胡塞尔也指出他的老师布伦塔诺试图根据明见性质和不同的现象组来划分内感知与外感知，即内感知是明见的，是对心理现象的感知，外感知是不明见的，是对物理现象的感知，但这种划分仍然是立足于二元论之上，因而仍然无法消解认识论的难题。

胡塞尔提出用"内在感知-超越感知"的概念来取而代之。这个区分建立在意识一元论的基础上：所有最基本的意识活动都可以分为上述两种感知：对意识本身的感知没有超越意识范围，因而是内在的感知；对意识之外的事物感知超越出意识范围，因而是超越的感知。由于没有超出意识的范围，因而内在感知是相即的；而由于超出了意识的范围，因而超越感知是不相即的感知。[①]

尽管这些概念划分和界定是《逻辑研究》的诸多重要思想贡献之一，这里也不是深入讨论这些思考的合适场所。我们在这里只能强调三个要点：其一，用从一元论出发的"内在感知"来取代二元论基础上的"自身感知"、"内感知"和"内省"，为避免和克服认识论上的二元论窘境提供了支持；其二，胡塞尔理解的现象学反思与他在认识论上偏重的内在感知是一致的，因而意识现象学也获得了方法论方面的支持；其三，胡塞尔在后期不再使用"内在感知"，乃是因为"反思"的行为特征并不适合用"感知"来标示。

[①]　以上对胡塞尔相关思考的概述可以参考他的《逻辑研究》"附录：外感知与内感知。物理现象与心理现象"（胡塞尔：《逻辑研究》[第二卷第二部分]，倪梁康译，北京：商务印书馆，2018年，第1243—1269页）。

由此我们过渡到下一节的论题上。

三、反思与回忆的差异

"反思"的行为特征不能用"内感知"或"内省"来标示，甚至不能用"感知"来标示，原因何在？

耿宁曾在他讨论现象学反思的论文中论证过这样的命题："反思活动不是对当下意向体验的内感知，并且在这个意义上不是内省，而是仅仅在当下化的基础上才是可能的。"① 这个命题的上半句实际上就是我们在前面阐述的内容，而下半句是我们在这一节要讨论的内容。

耿宁所说的"当下化"（Vergegenwärtigung）是胡塞尔的术语，意味着再现的或想象的意识行为。它与作为感知的意识行为的"当下拥有"（Gegenwärtigung）不同。也就是说，反思是一种想象活动而非感知活动。因此，它不是自身感知，至少不是"内（inner）感知"。反思（Reflexion）的本质首先是后思（Nach-Denken），即在一个意识行为已经完成之后对它的追复思考。而如果我们现在思考反思意识，那么我们就是在进行反思的反思。反思不可能对一个没有进行过的意识行为进行思考，例如，一个天生的聋哑人不能反思他的听音乐的意识活动，他至多只能想象这类意识活动。在这个意义上，如果黑格尔和胡塞尔都说哲学就是反思，那么对他们来说，哲学都是回顾而非展望。

---

① 耿宁：《心的现象：耿宁心性现象学研究文集》，北京：商务印书馆，2012年，第384页。

　　如果反思是回顾性的,是对已经完成的行为的追复思考,并且因此而不同于感知,那么反思与回忆又有什么区别? 它们在许多方面是相似的。例如,它们都属于耿宁所说的"当下化"行为,都是对已经完成的行为的再造或复现;又如,反思与回忆都会因为再造或复现而造成一定程度的偏差。即是说,在再造或复现的过程中,被再造或被复现的内容必定会发生变化,不仅内容的性质会发生变化,而且内容的总量会增加或减少。这种情况在佛教中被称作"心增"和"心减"。这种情况既会在回忆那里出现,也会在反思那里出现,如此等等。

　　但反思与回忆之间仍然存在着几个本质的区别。这也是我们无法用它们之中的一个来取代另一个的原因。

　　1. **反思是自身审视, 回忆则不是。**以"我回忆我的大学时代生活"与"我反思我的大学时代生活"为例,我们可以明确地感受到这两者之间是有区别的。反思在很大程度上是自身审视,而且同时可以带有价值认定或价值判断,即常常以"反省"的方式出现。而回忆则只是单纯的再造或复现。当回忆者开始对自己的总体(性格、能力、品格)和自己过去的特定行为做出评价时,他已经开始从回忆者过渡为反思者。就此而论,反思不是内省,但可以是反省,即曾子所说的"吾日三省吾身"中的"省"。因此,说一个人缺乏反思,并不意味着他不擅长回忆,而是指他不擅长自我审视、自我评判和自我修正。

　　2. **反思对待反思对象的态度可以是不做存在设定的, 回忆则不可以。**我们在对回忆意识的分析中已经看到,回忆总是带有对回忆对象的存在设定。一旦缺少了这种存在设定,回忆就会转变为自由想象。可以说，回忆必定是对曾有意识活动的再造，而且是认之为真的再造。而反思虽然也是以已有的意识活动为对象，但并不必须认定这种再造是逼真如初的。反思可以建立在回忆的基础上，对被回忆的过去做出审视和评价，但反思并不必定以回忆为基础。反思可以针对任何已有的意识活动进行，同时不顾及它真实存在与否。我可以反思任意一个感知意识或回忆意识，同时不必顾及它是否在某时某地真实地进行过。这一点与下面的时间设定有内在联系。

3. 反思对待反思对象的态度可以是不做时间设定的，回忆则不可以。 反思的对象不一定带有时间设定，它可以是非时间性的。但回忆意识则不同，它必定是对以往意识行为的当下再造，而且是这样一种再造，即：被回忆的对象必定与当下的回忆活动处在一定的时间间距中，它始终带有过去意识以及时间间距意识。

根据以上几点，反思本质上有别于回忆，但这些区别并不能改变它们共属于当下化行为类的事实。就此而论，"反思"既不是"内在感知"，也不是"回忆"。或许我们可以像胡塞尔时而也做的那样，将"反思"定义为"内在直观"。而特定意义上的"哲学反思"是一个可以避免预设、假定和超越等方法缺陷的意识哲学方法。

四、反思与原意识的关系

我们在前面的绪论中已经谈到"反思"与"原意识"的区别。这里还可以引述埃迪·施泰因对"原意识"（在她这里是以"内感知"或"内自身感知"的名义）与"反思"的描述刻画来重温一下这个区别："反思与内感知的区别何在？更确切地说，反思与内自身感知的区别何在？……无疑有这样一种意识：原初的体验流连续更新地生成，它是'被意识到的'，而且无须进行一个转向它的行为，它就被意识到了。但这个持续产生的河流构成了体验的统一，建构它们，并'将它们留在身后'，因为它继续流动并生成新的统一。现在可以有一个回顾的目光朝向这些统一，并使它们成为对象——，这就是我们的意义上的'反思'：而它发现这个被给予它的统一客体，一个感知的统一、一个喜悦的统一、一个决定的统一，以及如此等等，但也可以是整个体验流本身的统一———作为**同一个东西**（dasselbe），即那个原初在它的流动生成中曾非对象地被它意识到的东西。"（ESGA V, § 6）

施泰因对原意识与反思两者之间区别的描述刻画十分清晰，而且深受胡塞尔风格的影响。但她似乎只是突出了非对象的原意识行为与将此对象化的反思行为之间的差异，同时却强调：被反思发现的与原初被意识到的是**同一个东西**。易言之，她认为，意识在进行的过程中自身意识到的东西是什么和有多少，后来在对它的反思的过程中显现出来的东西就是什么和有多少。

但这个看法在进一步的考察中会表明自身是有问题的，而最主要的问题就在于，一个原先非对象化的东西是否必定会**在**对象化后发生变化，或者也可以说，是否必定会**因为**被对象化而发生变化，对此的答案是肯定的。我们至少可以确定以下两种情况：

其一，意识反思常常会减少并因此改变某些作为情感现象的原意识。

还在布伦塔诺那里就已经有了对此状况的确认。他举"怒火"（Zorn）为例，当有人想观察在他自己心中的怒火时，那个怒火在他那里必定已经冷却了，这样，被观察的对象事实上也就消失了，至少原先以感觉的方式出现的那个对象已经不复存在。布伦塔诺以此来说明"内感知"和"内观察"的区别——这与我们这里所说的"原意识"和"反思"的区别十分接近，而他认为心理现象只能被内感知，而不能被内观察，而且甚至得出结论："通过精神自身来直接观察精神乃是一个纯粹的幻想。"[①] 后来赖尔也曾以"慌张"（panic）和"愤怒"（fury）为例来质疑内省方法的可靠性和可能性。这些心理状态一旦受到内省或自身观察就会消散，从而无法受到观察。[②]

胡塞尔在《观念》第一卷的第 70 节中谈及这个问题并承认："怒火可能会通过反思而消散，会在内容上发生变异。它也不像感知那样始终准备着随时被一个舒适的实验活动制造出来。在怒火的原本性中反思地研究它，就意味着研究一个消散的怒火；这虽然也不是无关紧要的，但这也许并不是那个应当被研究的东西。"不过胡塞尔接下来又指出，这种情况并不会影响我们通过反思来研究另一类意识行为，如客体化行为，例如："更容易接近的外感知就不会因为'反思'而消散，我们可以在原本性中研究其普遍本质和那些普遍从属于它的组元的本质以及本质相关项，同时还不必为获得清晰性而花费特别的力气。"（Hua III/1, 146）

在这个意义上可以说，反思对原意识的改变并不会导致这样的结论：反思原则上是无效的；而是会导致这样的结论：反思的效用

---

① 参见 Franz Brentano, *Psychologie vom empirischen Standpunkt*, Band I, Hamburg: Felix Meiner Verlag, 1973, S. 41, S. 138。

② 参见 Gilbert Ryle, *The Concept of Mind*, London: Hutchinson & Company, 1949, p. 166。

是受限的。

其二，意识反思常常会改变并因此消除许多作为性格现象的原意识。

这种状况至少会表现在以下对本己性格意识的反思的案例中：反思地意识到自己的骄傲也就意味着自己骄傲的削弱或消除；反思地意识到自己怯懦也就意味着自己的怯懦的削弱或消除；反思地意识到自己的吝啬也就意味着自己吝啬的削弱或消除；反思地意识到自己的急躁也就意味着自己急躁的削弱或消除，如此等等。即是说，对这些性格现象的反思认定也意味着对它们的改变或消解。这种情况有点类似物理学中的"观察者效应"，即某些观察活动会影响被观察的事物，以至于被观察的事物会因为被观察而发生变化，不再是它原本所是，从而可以导致某种类似认识论的"测不准"或"观察不准"原理的产生。

除此之外，同样值得留意的是，这种原理或状态同样适用于对一些相反性格现象的反思，例如我们可以反思地意识到自己是谦虚的、勇敢的、大方的、冷静的等，同时也很可能会因此而导致它们的改变或消弱乃至消失。

五、反思方法的三个局限

哲学反思方法的第一个局限与上述在某些情况下存在的"反思效应"有关，即反思会在涉及特定种类的意识时对它们做出改变的问题，至此能够确定的意识种类是情感现象和性格现象。而在对其他原意识种类的反思上，例如在对感知行为、回忆行为、直观行为的反思上，这个问题并没有出现。因此我们只能说：反思方法不是普遍有效的方法，它的效用是有限的。这与我们回忆的可靠性有相似之处：在许多情况下回忆都是我们最终能够依据的东西，但它也会给我们带来欺瞒和篡改。

反思方法的第二个局限是因为反思的原本性和直接性的要求才形成的。这里所说的"反思的原本性和直接性"意味着：只有对自己行为的反身思考和审视才是原本的、直接的反思，而我们对别人的意识体验的观察和思考更多是一种同感的理解而不是严格意义上的反思。胡塞尔曾经区分三种原本性，"我的当下的意识生活在第一原本性中被给予我，我的被回忆的意识生活在第二原本性中被给予我，而被同感的他人的意识生活在第三原本性中被给予我"（Hua XV, 641）。在这个意义上，严格意义上的反思是第一原本的，而如果我没有经历过彻底的绝望与绽出的狂喜，那么我就不能在第一原本性中反思地把握这些体验。就此而论，哲学反思的方法具有其限度，即只适用于自己的亲身体验。

哲学反思方法的第三个局限在于，它不能提供心理学的观察与实验方法能够提供的精确性。如前所述，冯特曾指出过，对意识的内省或自身观察的方法无法在准确可控的客观条件下进行，通过它们提供的结论也无法做到精确。这个批评原则上也对哲学的反思方法有效。以恐惧意识或爱情意识的研究为例，目前心理学、脑科学、神经科学的方法的确可以提供精确量化的结论。心理学可以通过对心跳、脉搏、血压、肾上腺素、荷尔蒙等的测量提供精确量化的数据，脑科学和神经科学可以精确指出相关神经元的活动位置，以及如此等等，它们使得受试者的情感及其强弱程度无法被隐瞒。

而反思永远无法给出这些情感的精确量化的"强度"指数或"深度"指数。

总结一下：反思无法给出恐惧与爱情的精确强度或深度——这是反思的第三个局限。如果继续以此为例，我们还可以说：反思在指向恐惧与爱情的同时很可能已经削弱或消解了它们——这是反思的第一个局限。接下来还可以说：如果我们从未经历过恐惧和爱情，我们也无法反思它们——这个反思的第二个局限。

但第三个局限，即精确性方面的局限，也可以说不是局限，而恰恰是精神科学方法或哲学方法的特性。胡塞尔和海德格尔都认为，精确性是实证化时代、数学化时代的自然科学之科学性标准，而精神科学和哲学的方法恰恰不能也不应以此为标准。哲学的标准应当在于其严格性。胡塞尔在 1911 年的《哲学作为严格的科学》中，海德格尔在 1936—1938 年期间的《哲学论稿》中都有对此问题的思考和表达。[①]

如何达到或落实这个意义上的严格性，是一个与本质直观方法相关的问题。我们会在后面讨论这种方法。本质直观与反思是现象学方法的两个基本构件。

六、反思的两个基本类型

在前引施泰因对内意识和反思之区别的论述中，她认为"反思"

---

① 对此可以参见 Edmund Husserl, „Philosophie als strenge Wissenschaft", in *Logos*, 1, 1911, S. 289—341; Martin Heidegger, GA 65, S. 149—162.

的对象可以是一个统一客体，例如一个感知的统一、一个喜悦的统一、一个决定的统一，以及如此等等，"但也可以是整个体验流本身的统一"（ESGA V, § 6）。据此她已经勾勒出哲学反思的两个可能方向：我们可以将它们称作系统反思与历史反思，或结构反思与发生反思，或横向反思与纵向反思。

　　反思本身仅仅意味着意识目光向自身的回转，意味着意识的反身思考。但由于意识本身具有博大的领域，它的反身目光指向也就会拥有无数的可能。意识领域实际上就等同于确切词义上的"世界"，即时间和空间。[①]

　　早期，包括在《算术哲学》中，胡塞尔使用的反思方法都属于前一种反思，即对意识的横向结构的反思，以及通过这种反思展开的理论理性批判。他在《逻辑研究》中便是通过这种反思而直观地把握到意识的各种类型，如客体化行为和非客体化行为与它们的奠基关系，以及如此等等。事实上胡塞尔一生在其生前公开发表的著作中，阐述的都是他通过横向结构反思所获得的明见性。

　　但在 1905 年结识狄尔泰之后，通过纵向发生的反思来进行历史理性批判的意向就在其意识哲学的思考中逐步展现出来。反思不再是对一个感知、一个喜悦、一个决定的横向直观把握，而是对由过去、当下、未来的时间视域组成的整个体验流本身的纵向直观把握。尤其是在其后期，胡塞尔越来越多地使用"自身思义"（Selbstbesinnung）的概念来替代"反思"的概念。

――――――

　　① 参见《楞严经》卷四："世为迁流，界为方位。汝今当知：东、西、南、北、东南、西南、东北、西北、上、下为界。过去、未来、现在为世。"（般剌蜜帝译，《大正新修大藏经》第 19 册，第 122 页）

这个概念的使用也与狄尔泰的术语影响有关。在狄尔泰那里，自然科学是对外部世界的观察，精神科学是对内心世界的观察。如果反思是个体的，那么反思就是对本己意识体验的观察。狄尔泰对"内省"或"自身观察"持批评态度。但他偏好使用"自身思义"的概念。因而在他那里，精神科学的问题不在于是否以自身为对象，而在于如何以自身为对象。当然，这里还有一个默默的前设：这里的"自身"指的不是精神科学研究者的个体意识，而是精神自身。①

无论如何，"自身思义"带有思考精神或意识本身之意义的含义。与"反思"的两个方向一致，"自身思义"也可以在历史的和系统的两个方向展开，但"反思"主要被用于系统的方向，而"自身思义"主要被用于历史的方向。"思义"（Besinnung）在这里包含了"意义"（Sinn）的词干，因此也特别适合用于历史的自身思义：而历史对于胡塞尔来说"从一开始就无非是原初**意义构成**（Sinnbildung）和**意义积淀**（Sinnsedimentierung）之相互并存和相互交织的活的运动"（Hua VI, 380）。在这里，历史的自身思义与历史理性批判结合为一。

在历史的自身思义中，尤其是在对最基本的个体意识发生和交互人格意识发生的自身思义中，已经包含了胡塞尔在这里所说的与"原初意义构成"相对的"意义积淀"，以及在其他地方提到的与"现时性"（Aktualität）相对的"潜能性"（Potenzialität）（Hua I, 19）。这些与历史的自身思义相关的概念表明了，胡塞尔在其后期的意识反思中对无意识领域的关注以及对反思方法在这个领域的运用可

---

①　对此可以参见本书第一编第 2 章"意识问题的现象学与心理学视角"。

能性的思考和实施。事实上我们在前面已经提到了性格现象以及对它的反思和反思的局限的问题。与此相关的论题还包括本能、性情、素质、禀赋、品格、气质、禀性、情结、心绪、人格等等。

弗洛伊德的心理学研究的关系首先依据对意识与无意识的区分，他原则上仅仅关注无意识，或如他自己所说，仅仅关注别人家的地下室，而且他认为对无意识的分析不能通过自身观察，而必须借助于对他人的观察、实验、记录、解释。尽管如此，他对意识的把握方式的理解是与胡塞尔基本一致的，即意识或自身意识是通过"最直接的和最可靠的感知"来把握的。[①]

历史地看，在心理学发展初期，"主观心理学"连同其"内省"方法或"主观方法"与"客观心理学"连同其"实验"方法或"客观方法"，彼此还处在一种互补与合作的关系中。许多心理学家既是主观心理学家也是客观心理学家。这种主观心理学完全可以被视作后来的意识科学或精神科学的早期形式。而它后来的式微在很大程度上是因方法上的缺陷所致。精神科学的心理学家狄尔泰很早就批评用这种方法无法把握人的本性。[②]但他提出的精神科学心理学的"描述和分析的方法"并不能与客观心理学的描述与分析方法区分开来，并因此而受到艾宾浩斯的批评。后来他在胡塞尔的《逻辑研究》中看到了严格科学的反思和观念直观方法的典范，看

---

① 参见 Sigmund Freud, SFGW XIII, S. 51, S. 240.——如前所述，这个说法在实验心理学的开创者冯特那里也可以发现，他承认"自身观察是直接的、主观的感知"，只是他认为这种观察是主观而不精确的，因而只能作为心理学研究的"辅助手段"。参见 Wilhelm Wundt, *Grundzüge der physiologischen Psychologie*, a.a.O., S. 4, S. 12。

② 例如参见 Wilhelm Dilthey, GS VII, S. 195, S. 206, S. 231, S. 250。

到了精神科学有可能获得的方法论支持。这也是他对《逻辑研究》大加赞赏，将其称作"哲学自康德以来所做出的第一个伟大进步"[1]的原因。

接下来我们还会在对意识现象学本质直观方法的论述中，进一步展开说明在反思的向度与限度中的横向本质直观与纵向本质直观及其各自的具体特征。

---

[1]　转引自 Th. Rentsch, *Martin Heidegger. Das Sein und der Tod*, München: Piper, 1989, S. 19。

第2章 本质直观与描述、说明

一、引论:作为方法论现象学原理的本质直观

意识现象学的方法可以概括在"现象学还原"的名义下,它由两个部分组成,其一是我们前面论述的"超越论还原",它意味着将意识研究者的目光从外部世界转回到纯粹意识本身;其二是我们这里将要说明的"本质还原",它意味着将意识研究者的目光从经验心理事实转向纯粹意识本质。这里的双重"还原"因而也意味着双重的"纯化",一方面从世间的或自然观点中纯化出来,另一方面从心理的经验事实中纯化出来,最后还原到超越论的或哲学观点中的意识纯粹本质上。我们在后面还会说明这两种"还原"或"纯化"方法的具体操作步骤及其先后顺序。

正是这个双重还原才使得意识现象学有别于通常意义上的心理学。因为如胡塞尔所说:"心理学是一门经验科学。在经验一词的通常含义中包含着一个双重的东西:1.它是一门关于事实的科学,关于休谟意义上的实际的事情(matters of fact)的科学。2.它

是一门关于实在的科学。它作为心理学的'现象学'所探讨的'现象'是实在事件，如果它们具有现实的此在，那么它们本身连同它们从属的实在主体，都顺从于同一个作为实在总体（omnitudo realitatis）的时空世界。"（Hua III/1, 6）

就此而论，意识现象学通过双重还原而使得自己不必是经验科学，既不是关于经验事实的科学，也不是关于经验实在的科学。胡塞尔也说：现象学不是心理科学，就像几何学不是物理科学一样（Hua III/1, 5）。

我们会在后面展开讨论这两种方法之间的关系。在这里我们首先要提出一个意识现象学的定理，即我们在此关注和讨论的方法所涉及的意识现象学第四定理：

意识的法则可以通过本质直观来把握。这个定理是方法论现象学的原理。

二、本质直观与感性直观

"还原"（Reduktion）的概念是胡塞尔在1905年的手稿中初次使用的，最初被用来说明他的超越论哲学转向所依据的方法，因此也可统称作"现象学还原"。但后来胡塞尔也将他早已使用的"范畴直观"、"形式直观"、"普遍表象"、"观念直观"与"本质直观"等方法也统称作"本质还原"（eidetische Reduktion），因而便有了双重意义上的"现象学还原"。

尽管"本质还原"的术语是胡塞尔创造的，但它所意指的"本质直观"方法并不是意识现象学家独自创造和使用的方法。数学家出身的胡塞尔认为这是数学家、逻辑学家、哲学家以及所有理论科学家始终都在共同使用的方法，只是他们"日用而不知"，没有将它作为方法专门提出来而已。

早期胡塞尔主要是在康德哲学的语境中使用"范畴直观"和"形式直观"，即针对康德哲学关于知性的十二个范畴和直观的两种形式的说法而发。他认为康德所说的这些"范畴"与"形式"本身只能通过对范畴和形式的直观来把握，这种范畴直观或形式直观既不属于知性的范畴理解，也不属于感性的时空直观。后来胡塞尔也用更为宽泛的"观念直观"和"本质直观"来说明这些非感性的直观。①

无论是作为超越论还原的内在直观（或反思），还是作为本质还原的本质直观，它们的共同特点都在于"直观"（Anschauung），即在精神目光中的直接把握。因此在胡塞尔那里有"直观是一切原则的原则"的说法："每个原本（originär）给予的直观都是认识的一个合法来源"（Hua III/1, 51）。这里所说的"原本直观"，不只是康德意义上唯一可能的直观，即感性直观，而且也可以是非感性的本质直观、先天直观、观念直观。

我们在这里主要用"本质直观"来称呼这种非感性直观，它在胡塞尔那里具有与任何类型的直观同等的合法性，在许多情况下甚至比感性直观更具明见性。胡塞尔在数学思想史上被视作"直觉主义"的一派，原因也在于此。

---

① 笔者曾专门论述胡塞尔在本质及其直观或观念及其直观的问题上的思想发展。参见笔者："何为本质，如何直观？——关于现象学观念论的再思考"，载于《学术研究》，2012 年第 9 期。

不过"直觉"（Intuition）与"直观"（Anschauung）在德文与中文中都有含义上的明显差异，而在英文与法文中则没有这个问题，因为对于这两种意识体验，英文和法文都是用"intuition"来表达。这个状况会引起一系列的问题。①

无论如何，直观不同于直觉，甚至与直觉相对立。在许多情况下，**我们直觉到的东西恰恰是我们没有直观到的**；而且这一点反过来也成立：**我们能够直观到的东西恰恰是我们不需要去直觉的。**

从这个角度来看，与通常意义上的"直觉"的说法距离较近的不是"直观"，而是"本质直观"。因为不仅"直觉"与"本质直观"都是直接的，即直接把握实事的，而且它们都是非感性的，或是以第六觉的方式，或是以观念化抽象的方式。当然，在直觉和本质直观之间还有根本的差异，我们会在另文专门讨论直觉、灵感、预感等意识体验。在这里我们还是继续关注本质直观的问题。

应当说，"本质直观"的概念提出和方法确立是胡塞尔意识现象学在哲学方法论上的一个重要贡献。他借用数学和自然科学中的直觉主义方法，来说明意识哲学家和各类精神科学家已经在意识、心理、精神领域中大量使用的方法，并对此加以有步骤的操作进程方面的细化论述。现象学运动的众多参与者都是因为对作为本质直观的现象学方法的认同而自称为现象学家。现象学的方法论因此而被视作 20 世纪哲学为人类思想史提供的重要思想贡献之一。

事实上，我们可以在许多近现代的重要思想家那里发现这种本

---

① 对此的详细讨论可以参见本书附录 8 中的概念辨析："直观（Anschauung）与直觉（Intuition）：含义与中译"。

质直观方法，发现它的各种不同的名目与称号，以及发现对它的各种有意无意的使用和发挥。例如在胡塞尔之前的德国古典哲学代表人物所讨论的"智性直观"中，在与胡塞尔同时代的狄尔泰-约克的"历史性理解"中，在舍勒的"如在(Sosein)感受"和"伦常明察"中，在海德格尔的"存在领会"中，在牟宗三的"智的直觉"、西田几多郎的"艺术直觉"和"宗教直觉"中，都可以或多或少地看到这种非感性直观方法的身影。①

　　这种将本质直观运用于心灵或精神领域的做法在东方传统中也不少见，尤其是在作为心学的佛教中，即使不是以本质直观或本质还原的名义。佛教的各个流派在"观心"的方向上，在"直明心观"、"明心见性"、"观心法门"等方法的名义下，把握到心识的本质发生，如三能变、二种性，以及心识的本质构成，如八识、四分，以及如此等等。这些思想方法以及获得的意识哲学结论完全可以视作现代意识现象学的古典的前形态。

三、本质直观的四种类型

　　对本质直观的运用大致可以在以下四个方向上进行，这四个方向由此也界定了本质直观的四种类型。在下一节中我们会讨论本质直观的两种类型：1. 反身地指向横向的意向行为或意识主体；

----

　　① 参见笔者的三篇论文："康德'智性直观'概念的基本含义"，载于《哲学研究》，2001 年第 10 期，以及"'智性直观'在东西方思想中的不同命运"(上、下篇)，分别载于《社会科学战线》，2002 年第 1、2 期。

2.直向地指向横向的意向对象或意识客体。接下来在第五节中我们还需要继续讨论本质直观的另外两种类型：3.反身地指向纵向的精神历史（理解历史性）；4.直向地指向纵向的自然历史。前两种类型胡塞尔本人使用过，而且也论述过，而后两种类型胡塞尔使用过，但并未命名和论述。

与一般的意识活动相似，本质直观作为一种认识的意识活动类型也服从普遍的意向性原则，即具有意向活动与意向相关项的对应意向性结构。即是说，任何本质直观活动都指向作为本质的意向相关项，姑且不论这个本质直观的目光是指向外部自然世界与社会世界，还是指向内部的意识世界本身。

四、横向本质直观的特征刻画

前面所说的"观念化的抽象"，乃是胡塞尔在《逻辑研究》中用来说明本质直观操作进程的一种说法。如果我们在观看一张红纸时通过观念化的抽象转而去关注红色本身，即是说，如果我们将红色从其他感觉材料中抽象出来，那么我们就可以获得红本身。它是红的本质或红的观念。这种观念化的抽象或本质直观早已是在数学、代数、几何等观念科学中得到普遍运用的方法；而在近代的理论自然科学中，如在纯粹物理学和纯粹化学中，它也早已成为基本的操作手段。也就是说，我们可以直观到红本身，也可以直观到数本身、直线和角"本身"，直观到个体三角形本身、圆锥曲线本身，如此等等（Hua III/1, 17），或者直观到分子、元子、电子等的结构本身，直观到化学元素的周期，以及如此等等，并通过各种符号对它们进行表达和刻画。

　　这里的直观是对意识对象之本质的直观，可以称作理论直观、先天直观、普遍直观等，因而不能算是意识现象学的专利。只有当我们将意识的目光转回到意识行为本身，不仅以内在直观的方式回顾具体的回忆行为和感知行为等，而且以本质直观的方式把握到作为种类的感知本身、想象本身、回忆本身，把握到意识的意向性以及意向活动和意向相关项本身，我们才能谈论意识现象学意义上的本质直观。

　　意识现象学中的横向本质直观是在反观自身的精神目光中完成的。这种本质直观的目的在于把握意识的本质要素以及它们之间的本质联系，即意识的本质结构。而意向性是意识的最根本的横向结构，它由意向活动（noesis）和意向相关项（noema）构成，意向活动可以进一步划分为意识的"实项（reell）内容"与"意项（ideell）内容"，从后者中还可以划分出"构形（Morphe）因素"，而意向相关项则由"意向（intentional）内容"单独构成。"构形"是组合的活动，因此叫作"因素"，而"内容"，无论是"意项的"还是"实项的"，都是被组合的部分，因此叫作"内容"。①

---

　　①　对此可以参见胡塞尔在 20 世纪 20 年代初的一份手稿中的描述："在内意识中作为内在统一构造起自身的那些原素素材（即感觉材料［die hyletischen Daten］），在内在性中具有一个特殊的地位，它们本身不是意向体验，但对于在内在时间中的意向体验来说，它们属于'质料'（Material）。例如它们是作为实项块片、作为立义质料进入外感知的。它们在此过程中获得意向功能，但本身作为感觉材料却不含有任何意向性。构造着它们的内意识意向性对作为被构造之物的它们而言是陌生的。"（Hua XIV, 48）从这里也可以看出，有必要在意向活动的大类中将"实项（reell）内容"严格地区分于"意项（ideell）内容"和"构形（Morphe）因素"。

"实项内容"代表了意识行为中的感觉材料部分,在宽泛的意义上也包含想象材料。即是说,五种感觉材料以及与它们相应的并建基于它们之上的五种想象材料,如眼见的颜色、耳听的声音、身感的冷暖、鼻嗅的气味、舌尝的滋味,以及对所有这些感觉的回忆或想象,都属于广义上的"实项内容"。它们在布伦塔诺那里被称作"物理现象",因为它们是非意向的、无活力的,它们在胡塞尔这里也属于需要被激活的内容。而激活这些物理现象的是布伦塔诺所说的"心理现象",即胡塞尔所说的"意项内容",它是有意向指向的、有活力的。激活(beleben)这些实项内容的过程实际上就是统摄感觉材料,赋予它们以意义,并使一个对象得以产生的过程。胡塞尔将此称作"赋义"(Sinngeben)或"立义"(Auffassen)或"释义"(Deuten)的过程,也是"构形"(Morphe)的过程。这意味着,"意项内容"的主要成分是机能性的,而非材料性的。但它也可以包含材料内容,例如在空间事物感知的情况中:当我看见铺在地面并被家具遮挡的绒布,并且将它理解为地毯时,没有被看见的地毯的部分是一并被给予我的,这个未被看见的部分既不属于通过感知而被体现的(präsentiert)实项材料,也不属于通过回忆而被再现的(repräsentiert)想象材料,我们可以将它称作通过统觉而被共现的(appräsentiert)意项材料。

据此,我们可以将"意项内容"理解为动名词意义上的"统觉"或"统摄",即它的机能与材料,前者可以称作"构形(morphologisch)内容",后者才是"意项内容"。

我们还可以换一个角度、换一些概念和换一个例子来说明这些要素的属性和彼此间的关系:"实项内容"是被统摄的部分中最具实在性的部分，通常是感觉材料＋想象材料，或胡塞尔说的素材（Hyle）、材料（Stoff）；"意项内容"是被统摄的部分中最具意念性（ideell）的部分，而且还包含心理现象中的机能部分，这部分在胡塞尔那里叫作"构形"（Morphe），即是说，它是统摄活动而不是被统摄的内容。刚才我们举了事物感知的例子，现在我们还可以以他人感知为例：我们所感知的他人身体部分是"实项内容"，他的未被感知的身体部分和心灵生活是一同被给予的"意项内容"，对这些内容的统摄或组合是"构形"因素或机能。在此基础上，作为对象的他人便得以相对我而成立。

这里所说的"对象"在胡塞尔早期也被称作"意向对象"（intentionaler Gegenstand），而且在以往的中译中也确实被译作"意向对象"。但为了避免被误解为某种相对意识而立的客体，胡塞尔后来用"意向活动"（noesis）和"意向相关项"（noema）来标示通常传统意义上的"主体"与"客体"或"意识"与"意识对象"。胡塞尔提出的这个新概念对的意义在于，"意向活动"和"意向相关项"已经被当作处在意识本身一元之中的两个对立要素，而以往的概念对实际上都把"主体"与"客体"或"意识"与"对象"默认为彼此相对而立的二元世界。

撇开本体论意义上的一元或二元不论，从认识论上看，由意向相关项代表的"意向内容"应当全等于"实项内容"与"意项内容与构形因素"的总和。

这个意向性结构贯穿在所有独立的意识行为中，无论是认知意识，还是情感意识和意欲意识。我们这里可以用下列图式来勾画这个普遍结构（表 1）：

实项（reell）内容	意项（ideell）内容与 构形（morphologisch）因素	意向（intentional） 内容
（第一性的） 非意向的体验 ↓ 体现的内容 ∧ 直观　　符号 内容　　内容 ↓ 印象内容 意象内容 ∨ 被立义的内容	（第二性的） 意向体验 ↓ 行为 ——→ 立义、统摄意向、 　　　　　　赋义、释义 （行为意向）　　充实或失实 ∧ 质性　　质料——┐ ∨　　　　　↓ 意向本质　（立义质料） （立义意义）	意向相关项 ↓ 意识对象 被意指的对象 ↓ 被体现与被再现对象 ∧ 感性对象 超感性对象 实在对象 非实在对象

表1　意识体验的本质结构与要素 [①]

　　这里所做的描述和区分就是胡塞尔所说的意向分析的步骤：首先是在反思的目光中进行的本质直观，而后对直观到的东西进行本质描述。

　　这种"本质直观"或"观念直观"后来在哥德尔那里获得了认同。[②] 他大约在 1959 年研究胡塞尔的所有主要著作并得出结论说：

---

①　这个图式与笔者在《现象学及其效应：胡塞尔与当代德国哲学》（北京：生活·读书·新知三联书店，1994 年）中给出的图式略有不同，主要是笔者根据胡塞尔后期更为合理的阐释而将"实项内容"进一步划分为"实项内容"和"意项内容"（Hua I, 17），同时也按笔者自己的观点将"意项内容"进一步区分为"意项内容"和"构形因素"。这应当是意向分析所能进行的最终实质区分了。

②　参见笔者关于哥德尔与胡塞尔之间思想联系的两篇文章："哥德尔与胡塞尔：

"我们的直观超越了康德式的(或者按他的说法,具体的)直观,我们确实可以感知概念。康德的 Anschauung(直观)局限于时空(或感性)直观。"[①] 在具体的操作步骤上:

> 哥德尔要求我们承认两种材料:A. 感觉,这对于我们指涉物理课题的观念来说,是首要的材料;B. 第二种材料,这包括 B_1,即那些感觉之外直接被给予的材料。在其基础之上,我们**形成**物理观念(即哥德尔所称的"我们的经验观念所包含的抽象元素"),还有 B_2,"支撑着数学的'所与'"。哥德尔看到,B_1 与 B_2 "密切相关"。在两种情形里,这两种材料都使我们**形成**有综合作用的概念。[②]

这也意味着,在概念直观中有两种材料被给予:"直接的感觉材料"和"在感觉之外直接被给予的材料",它们相当于胡塞尔那里的"实项内容"与"意项内容";而哥德尔所说的"综合作用"则相当于胡塞尔那里的"构形因素"。

由于我们从哥德尔的思考中不仅可以看到胡塞尔的影响背景,还可以看到弗雷格的影响痕迹,因而我们对此也可以通过以下图式来做具体的标示(表2):

观念直观的共识",载于《广西大学学报》,2015 年第 4 期;"心目:哥德尔的数学直觉与胡塞尔的观念直观",载于《学术研究》,2015 年第 5 期。

　　① 参见王浩:《逻辑之旅:从哥德尔到哲学》,邢滔滔等译,杭州:浙江大学出版社,2009 年,第 15 页。

　　② 王浩:《逻辑之旅:从哥德尔到哲学》,第 292 页。

意向活动（胡塞尔）"综合统觉的联合力"或"思维力"（弗雷格）构建性（哥德尔）		意向相关项（胡塞尔）"概念的聚合力"或"思想"（弗雷格）明见性（哥德尔）
实项内容 体现＋共现（胡塞尔） 非意向的两种材料 $A + B_1, B_2, B_3 \cdots B_n$ （哥德尔）	意项内容＋构形因素 叠加＋重合（胡塞尔） 抽象的、关注的、对照的、同时的看（哥德尔）	观念（观念对象）

表2

这里可以看出，虽然胡塞尔、弗雷格和哥德尔使用了不同的概念，但他们都看到了直接把握观念对象的可能方式。这里存在着一条弗雷格影响胡塞尔，胡塞尔再继续影响哥德尔的思想轨迹。

除此之外，还可以关注胡塞尔在《现象学的心理学》（Hua IX, §9)讲座稿中关于本质变更方法的专门论述，以及在1891至1935年期间"关于本质学说和本质变更方法"的专题研究手稿（Hua XLI），都有对本质直观方法的思考记录。

五、纵向本质直观的特征刻画

在上一节中我们讨论的都是本质直观方法的前两个方向以及由此而形成的两种类型，即横向的本质直观。在这一节中我们将讨论另外两个方向，即纵向本质直观的两个方向：对意识发生的本质直观，以及对与此内在相关的人类思想史与自然世界史的本质直观。

　　对意识发生的本质直观是发生现象学所依据的方法，正如对意识结构的本质直观是静态现象学所依据的方法一样。如果前一种方法即静态现象学方法的特点在于，在本质直观基础上进行"本质描述（beschreiben）"，那么后一种方法即发生现象学方法的特点就在于，在本质直观基础上进行"本质说明（erklären）"。① 无论是本质描述，还是本质说明，其前提都是本质直观。按照早期现象学家盖格尔的说法：如果没有直观到什么，也就无法描述什么和说明什么。

　　"描述"和"说明"分别代表了胡塞尔前期的静态现象学研究和后期的发生现象学的两种方法。对于胡塞尔来说，"描述"必须限制在直观领域之内。因此，"描述性领域"也就意味着一个"可以通过经验直观而得以实现的领域"；而"说明"则可以超越出直观、描述的范围而带有构造性的成分（Hua VI, 226f.）。但胡塞尔同时强调，"这种超越是在描述性认识的基础上发生的，并且是作为科学的方法在一个明晰的、最终在描述的被给予性中证实自身的操作中进行的"（Hua VI, 226）。

　　这意味着，本质说明为发生现象学提供了新的意向分析的可能性，即现象学不仅可以进行**显意识的意识现象学**的工作，也能从事**潜意识或无意识的机能心理学**的工作。通过发生现象学的"本质说

----

　　①　这里的"erklären"也可以译作"解释"。这里译作"说明"，主要是为了与"因果解释"的"解释"区分开来；此外也是因为这个词的词根中有"明"（klar）的基本含义。

明"方法，弗洛伊德的"心理分析法"和"心理病理学"，以及所有
的无意识研究，或许都可以成为"一种能够作为科学出现的未来心
而上学"①。不过对于胡塞尔来说，这种"心而上学"最终还是需要建
立在现象学直观的基础上。因此可以理解：胡塞尔为何将"描述"
称作"必要的基础阶段"，并将"说明"称作"提升了的阶段"（Hua
VI, 227）。

现象学的直观首先是指**对意识流的横截面的本质直观**，也就是
胡塞尔在这里所说的"在描述性认识的基础上发生的，并且是作为
科学的方法，在一个明晰的、最终在描述的被给予性中证实自身的
操作中进行的"横向本质直观；但在此基础上，而且是在更高的阶
段上，发生现象学还需要对意识流的源起和流向进行纵向的本质直
观，即**对意识流的纵剖面的本质直观**。如果横向本质直观所涉及的
是意识的横截面，亦即共时的、静态的意识本质结构，或胡塞尔所
说的"横意向性"，那么纵向本质直观所指向的就是胡塞尔所说的
"纵意向性"（Hua X, 81f.），即意识的纵剖面，或历时的、动态的意
识本质发生。

这个意义上的"纵向本质直观"，与牟宗三所说的"纵贯直觉"
比较接近。他接受康德的"智的直觉"的概念，但是"在纵贯的系
统中承认智的直觉，而非在认知的横列的系统中承认"②。即是说，

①　"心而上学"（Metapsychologie）是弗洛伊德在其早期与弗里斯的通信中提出
用来标示他毕生工作的概念。（Sigmund Freud, *Aus den Anfängen der Psychoanalyse,
Briefe an Wilhelm Fließ, Abhandlungen und Notizen aus den Jahren 1887—1902*,
Hamburg: S. Fischer Verlag, 1962, S. 138）
②　牟宗三：《中国哲学十九讲：中国哲学之简述及其所涵蕴之问题》，台北：台湾
学生书局，1983 年，第 441 页。——对此还可以参见笔者："牟宗三与现象学"，载于《哲
学研究》，2002 年第 10 期。

在他那里没有横向的本质直观，却有纵向的本质直观。

　　胡塞尔本人并未使用过"横向本质直观"与"纵向本质直观"的标示，但他与此前的狄尔泰和此后的海德格尔一样，都谈到心灵生活的横截面和纵剖面的关系。而且胡塞尔在1917年时已经注意到并承认两者之间的关系在于，"一个横截面只有在其整体得到研究时才可能完整地被理解"（Hua XXV, 198）。此前，狄尔泰早在1890年就已经使用这个横截面和纵剖面的隐喻（GV, 101）；此后，海德格尔在1920年引证了狄尔泰的说法（GA, 59, 156f.）。事实上，狄尔泰和海德格尔的历史性理解和存在理解，都可以说是一种能够直接把握和理解生命进行或历史性的"纵剖面"的历史释义方式，它与胡塞尔意义上的对意识发生的本质说明方式相距不远，至少处在同一个方向上。

　　由此，就像在弗雷格、胡塞尔以及之后的哥德尔那里可以发现一条横向本质直观的传承思想脉络一样，纵向的本质直观方法也有其历史的起源与后续的传承，而这条思想脉络可以在狄尔泰-约克、胡塞尔以及海德格尔-伽达默尔的方法论传承中找到。

　　狄尔泰和约克最早提出和使用的"理解历史性"（Geschichtlichkeit verstehen）的方法和目的，强调的不仅仅是**理解历史**，而且首先是"**理解历史性**"，即理解在各种历史发生之中或之后隐藏的历史规律和历史法则，或一言以蔽之：历史理性的把握与批判。[1]

---

　　[1]　关于狄尔泰-约克的历史哲学及其方法论的思考可以参见笔者的三篇论文：1. "现象学的历史与发生向度：胡塞尔与狄尔泰的思想因缘"，载于《中山大学学报》，2013年第5期；2. "历史哲学的发生现象学视角：兰德格雷贝与胡塞尔和狄尔泰的思想关联"，载于《江苏社会科学》，2018年第1期；3. "历史哲学的现象学-解释学向度：源

由于狄尔泰理解的历史首先是和主要是精神史或生命史，因而可以说在这里形成的是对意识发生的纵向本质直观的最初概念。

胡塞尔、海德格尔与狄尔泰共同拥有的另一个方法论概念是狄尔泰所说的"心理学的自身思义"（psychologische Selbstbesinnung）（GS I, 61）。它在胡塞尔那里是与"意识反思"等义的，在海德格尔那里则去除了"自身"（selbst）的前缀而仅以"思义"（besinnen）的名义出现。这个概念使用上的差异与三人的哲学诉求有关，这里不再深入讨论。需要强调的仅仅是，胡塞尔的纵向本质直观既不是精神对自身历史性的思义，也不是对存在的理解和对存在历史的思义与释义，而是意识对自身的纯粹发生的思义。

胡塞尔的本质直观意义上的自身思义需要以原本的自身被给予性为出发点。这意味着，需要在反思中以意识流的一个原在场时段或原生成时段为起点，而后持续回忆地向前回溯或向后追踪那些引发它的动机联系，并以此方式来关注这个线性的行为连续统，关注在意识流中浮沉的动机线索。这里的工作与普鲁斯特、穆齐尔和乔伊斯在撰写各自的心灵小说时所做的努力相似，但胡塞尔的自身思义的努力不仅仅需要首先从自己的意识流开始进行观察和记录、描述和分析，而且还要致力于对在此时间连续统中的忽隐忽现的意识发生法则的捕捉和把握，致力于对在意识流中的断断续续的意义构成和意义积淀的秩序的发现和获取。

在这里已经可以区分出两种直接的直观性，即胡塞尔所说的两种"原本性"："第一原本性"是自己直接体验到的当下的意识生活；

自狄尔泰的两条方法论思想线索"，载于《中国现象学与现象学评论》第24辑，上海：上海译文出版社，2019年。

"第二原本性"是在反思和回忆的目光中追踪的过去的意识生活。

如果我们不局限于此，而是希望通过同感的理解的方式去进一步把捉他人的人格与人性，那么我们还可以在胡塞尔所说的"第三原本性"中尝试这种努力，并因此而能够达到对他人的人格发生的理解。这与狄尔泰在撰写施莱尔马赫的历史传记时所做的工作相似。由此我们迈出从个体意识的发生现象学到交互主体理解的发生现象学和交互人格作用的历史研究的重要一步。

依此类推，我们可以区分第四原本性、第五原本性等。或许可以将这里的"原本性"改写为"明见性"，即我们拥有的是各个级次的"明见性"。可以在这些层次不同的"原本性"或"明见性"阶段上，通过自身思义或思义，逐步获得对个体人格的本性与习性的各种变化与发展的法则，而后对共同体与社会、政治与文化等各个生活世界的产生与形成的法则的本质直观，即获得从对单个人的意识生活发生到对人类精神生活历史性的本真理解。

六、结语：关于双重还原的两个顺序 以及现象学的严格规律

我们在此要回到"现象学还原"的论题上。如我们在本章的开篇所述，它有两个部分：本质还原与超越论还原。我们在上一章中讨论的是后一种超越论还原，它与严格意义上的反思方法是等义的。在这一章中我们讨论的是本质还原，即本质直观的方法。但这个论述的顺序是随意的，或者说，是可以变换的；我们也可以相反的顺序来论述这两个还原。

这是因为，在意识现象学的研究中，对这两种还原的实际操作也可以用相反的顺序来进行：我们可以先进行本质还原，而后再进行超越论还原，或者反之。耿宁在他早期的研究中已经指出在这个不同的顺序中隐含的不同可能性：康德反思哲学的道路和笛卡尔沉思哲学的道路以及英国经验主义心理哲学的道路。[①] 前两者代表了一种可能的道路的顺序：从超越论还原到本质还原；第三者代表了第二种道路的顺序：从本质还原到超越论还原。

无论以何种顺序进行这两种还原，只要对它们的实施是正确的，这两条道路最终所导致的目的地就是同一个：纯粹意识的领域。如前所述，这里的"纯粹"有双重的含义：摆脱了"实际的事情"，摆脱了"实在的现实"。因此，在胡塞尔试图把握的纯粹意识现象学领域中，既不包含单个人的意识生活及其结构与发生的规律，也不包含人类精神生活的关系与历史的法则。但需要注意：一方面，这个领域并不是悬在空中的，而恰恰是经过双重还原的两条路径而从意识生活的事实与实在中纯化出来的；另一方面，这个领域的法则对意识生活的事实与实在也是有效的，就像数学和几何学的法则同样对时空事物具有效力一样。还在《逻辑研究》时期，胡塞尔就已经坚信："假如我们能明察心理发生的**精确**规律，那么这些规律也将是永恒不变的，它们会与理论自然科学的基本规律一样，就是说，即使没有心理发生，它们也仍然有效。"（Hua XVIII, A 150/B 150）

最后还需要留意的是，胡塞尔在《逻辑研究》（1900/1901）时

---

① 参见耿宁："胡塞尔与康德向超越论主体性的回返"，王庆节译，载于耿宁：《心的现象：耿宁心性现象学研究文集》，北京：商务印书馆，2012年，第3—58页。

期还在使用"精确"一词来刻画心理学规律的特征。他在此期间
虽然已经看到,"对精确的自然规律的确定是以理想化的臆构
(idealisierende Fiktion)为基础的",但他仍然"仅仅持守住这些规
律的意向",因为它们与逻辑的"精确规律"是相似的。就这点而论,
胡塞尔在这个时期虽然已经在布伦塔诺的影响下产生从认识论上
分别内在感知和超越感知(或内感知与外感知)的意图,但还没有
像狄尔泰那样带有强烈的从方法论上区分自然科学与精神科学的
意向。

　　但胡塞尔很快就做出了修正:在1911年《哲学作为严格的科学》
中,胡塞尔坚定而明确地将哲学——即意识哲学和精神科学——的
规律定义为"严格性",以此有别于自然科学的实证经验研究的"精
确性"。这个区分后来也被海德格尔所接受。海德格尔以哲学思考
和精神科学的"严格性"来对抗自然研究和实验科学的"精确性",
进一步强调"精神科学为了是**严格的**而必须始终是**不精确的**。这不
是缺陷,而是优点"(GA, 65, 149f.)。

　　这种对意识哲学和精神科学之严格性的强调后来也在心理学
中产生影响,并形成一个不甚强大的传承,并在心理学和社会科学
的质性研究中得到体现。这种质性研究的方法实际上就是本质直
观方法,以及在此基础上的本质描述和本质说明方法。

　　就此而论,狄尔泰与艾宾浩斯的心理学方法论之争也以此方式
而最终有了一个结局。[①]自然科学的心理学与精神科学的心理学的

---

　　① 对此问题详细讨论参见本书第一编第2章:"意识问题的现象学与心理学视
角"。

根本区别并不在于是否使用描述的和分析的方法，而是在于究竟是依据建立在实验基础上的经验的、量化的精确性，还是依据建立在意识反思基础上的本质的、定性的严格性。

结语　意识现象学的系统研究脉络

　　这里提供的是对意识现象学的一个系统研究的尝试：整个阐述是从感知分析开始，到性格分析结束。现象学的意识分析在这里以三种表述形态逐步完成自身勾画：其一，从静态的意识结构研究到动态的意识发生研究；其二，从横向的意识行为分析到纵向的意识权能分析；其三，从彰显的意识理论到潜隐的无意识理论。概而言之，"系统"在这里是指意识的静态横截面和发生纵剖面的两个向度的展开脉络。

　　从结构现象学的横截面角度进行的权能研究会首先将意识权能分为三大类型来进行研究：认知权能、情感权能、意欲权能。而从发生现象学的纵剖面角度进行的权能研究会首先将权能分为原初权能与习得权能两大类型，它们以"本性"与"习性"的名义宣示自身。

　　这里的阐述试图以再现或重构的方式提供胡塞尔所说的"枝缠叶蔓的现象学证明（可以说是大量细致入微的纵横截面与标本）"（Hua Brief. IX, 80），但其展示的内容仍不足以反映胡塞尔自己所把握到的"现象学哲学的所有广度和深度，它的所有错综复杂"（Hua Brief. III, 90）。

　　无论如何，这里提供的是对意识现象学的一个系统研究的尝

试。而关于意识现象学的形成与发展的历史研究，笔者会在下一部
论著《反思的使命：胡塞尔与他人的交互思想史》中尝试完善之。

倪梁康

2021 年 2 月 9 日

附　　录

后面的八个附录均与本教程正文各章节论述的内容有关，它们或者是笔者在此期间对教程中个别论题的进一步考察与分析，例如"共现"问题；或者是笔者在当代人工智能和神经科学的背景下对本教程的核心概念"意识"的进一步界定和描述。尤其是附录中对"人类意识与人工意识"关系问题的讨论；可以说是伴随着本教程撰写过程的始终。甚至在完稿之后，笔者仍然于2022年5月4日在浙江大学举行的哲学公开课"人工智能与神经科学时代的意识研究"讲座中提出自己关于当前"意识"概念的三个定义以及相关学科的最新划分与界定：1. 神经科学的"意识"研究，即"拟（quasi）意识"研究及其问题；2. 信息科学的"意识"研究，即"类（like）意识"研究及其问题；3. 意识科学的"意识"研究，即"纯（pure）意识"研究及其问题。由于三门学科在内容、方法上具有根本差异，因而目前在意识研究方面的合作仍然可以说是举步维艰。而笔者本人始终坚信，对作为主观体验的"纯意识"的研究，只能以自识与反思的方式进行。本教程的正文与附录，都可以视作在这个方向上的继续努力。

附录1　人类意识与人工意识
——人工意识论稿之一

　　康德曾将他思考最多的问题归结为"头顶的星空和心中的道德法则"。后来这也被视作哲学家所要讨论的最大和最多的两个问题，可以将它们概括为：世界的存在与自我的存在的问题。胡塞尔所说的"被意识的存在"（Bewusst-Sein）和海德格尔所说的"在世之在"（In-der-Welt-Sein），都与此相关。

　　但时至今日，哲学家的思考已经不再被行注目礼。与希尔伯特、爱因斯坦、哥德尔、奥本海姆、波尔的时代不同，今天的大多数科学家不会认为哲学家还有什么用，例如史蒂芬·霍金，他认为：哲学家的时代已经过去，决定未来的是科学家。他们已经无须再去顾忌哲学家的思考。对于存在之谜，哲学家已经无能为力。霍金在2011年出版的《大设计》一书的第1页就十分肯定地宣告说："哲学死了。哲学跟不上科学，特别是物理学现代发展的步伐。"① 这印证了海德格尔于五十多年前，即1966年3月30日，在致欧根·芬克六十岁

---

① Stephen Hawking & Leonard Mlodinow, *The Grand Design*, New York: Bantam Books, 2011；中译本参见史蒂芬·霍金：《大设计》，吴忠超译，长沙：湖南科学技术出版社，2011年，第3页。

生日的贺函中写下的一个当时的猜想，但今天看来已实现的预言："哲学如今处在一个最严重的考验期。……也许具有至此为止风格与相应效用的哲学会从技术的世界文明人类的目光领域中消逝。"①

不过，霍金在 2006 年第三次访问中国时，面对其学生和翻译吴忠超预先安排的问题："你能对宇宙和我们自身的存在做些评论吗?"曾给出一个看起来非常外行的哲学答案："根据实证主义哲学，宇宙之所以存在是因为存在一个描述它的协调的理论。我们正在寻求这个理论。但愿我们能够找到它。因为没有一个理论，宇宙就会消失。"② 之所以说这个答案"非常外行"，是因为它表达的完全不是一个基于实证主义哲学的主张，而恰恰是与实证主义相对立的理论主张，例如康德-胡塞尔的哲学主张，或者爱因斯坦-贝克尔的哲学主张。③ 如果霍金在此五年后所说的"哲学死了"，是指这种所谓的"实证主义哲学"的信念死了，那么这是否就意味着：哲学家借

---

① 海德格尔在 20 世纪多次表达了哲学已经终结的看法，亦即这里所说的"具有至此为止风格与相应效用的哲学"的终结，它会化解在"逻辑运算、语义学、心理学、人类学、社会学、政治学、技术学"之中。不过他相信还有新形态的哲学会进行下去，因此他在这里紧接着强调说："**哲学的终结不是思的终结**"（M. Heidegger, „Für Eugen Fink zum sechzigsten Geburtstag", in GA 29/30: *Die Grundbegriffe der Metaphysik. Welt – Endlichkeit – Einsamkeit*, Frankfurt am Main: Verlag Vittorio Klostermann, 1983, S. 535）。关于海德格尔后期关于"思"的思考和迷思，还可以参见笔者：《胡塞尔与海德格尔：弗莱堡的相遇与背离》，北京：商务印书馆，2016 年，第 144—146 页。

② 参见史蒂芬·霍金：《大设计》，吴忠超译，"译者序"，第 ii 页。

③ 实际上，胡塞尔的学生、数学哲学家奥斯卡·贝克尔（Oskar Becker）在 1926 年前后就已经将这样的思考称为"预言的（mantisch）现象学"或"示明的（deutend）现象学"，以有别于胡塞尔经典现象学意义上的"观念的（ideative）现象学"以及海德格尔新现象学意义上的"解释学的现象学"。对此可以参见笔者："现象学的数学哲学与现象学的模态逻辑：从胡塞尔与贝克尔的思想关联来看"，载于《学术月刊》，2017 年第 1 期。

助于实证主义哲学无法找到那种使宇宙存在成立的理论，而科学家最终已经通过自己的方式找到了，或至少相信他们可以通过自己的方式找到？

无论如何，霍金宣告的"哲学死了"，总体上应当是指，当代哲学家对头顶星空的惊异和敬畏的思考已经失去现实意义，即无法提供有实际意义的答案。但深究下去我们会发现，哲学家康德对这个问题从未有过提供实际答案的打算。他认为这是理性的一种癖好：用说明现象的方法去说明理念。这会导致他所说的二律背反。康德列出以下四组类型的二律背反：

1. 宇宙在时间上有无起点，在空间中有无界限？

2. 在宇宙中各种组成物质是否都由许多简单部分组成，而且，有没有东西既简单又由许多简单部分组成？

3. 宇宙的各种现象，是否只是由遵照自然法则运作的因果律主导的，还是会受到自由意志的因果律影响？

4. 在宇宙中或在宇宙外有没有一个绝对必然的东西造就了宇宙？

对于这些问题，要想做出回答都会陷入悖谬，因此必须保持沉默。不仅人的理性在这里无能为力，而且所有理性生物对此都无能为力。甚至佛陀的看法在这点上也是与康德一致的。佛陀不回答的十个问题可以还原为四个：

1. 宇宙是不是永恒的？

2. 宇宙是不是无限的？

3. 身心是不是同一物？

4. 如来死后是否继续存在? [①]

对此,佛陀或者不做回答,或者说明任何答案都是可能的。究其原因不外乎佛陀认为这些问题与他毕生思考的苦(duḥkha)与解脱(vimukta)的人生问题没有多少关系。在这点上,佛陀的思考是与康德怀着惊异和敬畏思考的另一个问题密切相关的:心中的道德法则。

哲学在两千多年后还能继续存活的理由似乎只剩下一个了:它要处理一个哲学问题——目的论的问题,即生命的意义问题。世界为何被创造出来,而后为了什么存在? 人为什么被创造出来,而后为了什么存在? 当然,这个问题也是宗教的问题,也是宗教还能继续存活的一个理由。事实上,在虔敬的意向对象无数次地被宣告死亡之后,虔敬的意向活动却变得比以往更为强烈。而哲学与宗教两者的不同之处仅仅在于,在这个问题上,哲学以理性论证的方式面对,宗教以虔敬信仰的方式面对。

但心中的道德法则与头顶的星空并不是两个彼此隔绝的问题域,因为人的存在是与世界的存在密切相关的,它是海德格尔所说的"在世之在"。即使我们知道理性论证无法回答世界的永恒和无限与否的问题,我们还是会在人生意义的思考中一再地需要面对在世之在是如何被抛入世的问题,亦即如何被创造以及为何被创造的问题,并且也会根据不同的答案而做出不同的决断与行动。在这个意义上可以理解:为何当霍金说"这个星球已经到了最危险的时

---

① 参见《杂阿含经》962—968 经,求那跋陀罗译,《大正新修大藏经》第 2 册,第 246—249 页。

刻"的时候，耶鲁大学校长、心理学家萨罗维（Peter Salovey）会说
"我们已经到了最需要人文科学的时刻"①。他在这里所说的"人文科
学"，指的是"艺术、文学、历史和其他人文学科"，或许包括哲学。
不过，除了提出不要越度的警告之外，哲学还能说些什么呢？②

如今，按照科学人类学或按照达尔文主义的说法，人是由动物
演变而来的，意识的产生是在这个进化中的一个环节③，因而人类发
展到今天，实际上是许多偶然因素共同起作用的结果。而今后我们
是否有可能以某种方式发展成为某种意义上的神呢？④ 即类似于古
希腊人虔信的奥林匹斯诸神：他们具备人所具有的一切，智识能力
与七情六欲。他们有别于人的地方仅仅在于：神是不死的，而人是
会死的。

从这个角度来讨论生命的意义，那么生命的过去的和当下的意

---

① 参见 https://cn.weforum.org/agenda/2017/03/f3e5f1e0-611d-4c8d-b3ad-55b93c5bdf0b。

② 在萨罗维发表上述"我们已经到了最需要人文科学的时刻"文章的两天前，美国《华尔街日报》3月27日援引知情人士消息称，特斯拉公司创始人兼首席执行官伊隆·马斯克成立了一家名为 Neuralink 的新公司，旨在将计算机与人脑结合起来。

③ 例如朱利安·杰恩斯于1976年在其《二分心智的崩塌中的意识起源》中提出的所谓"二分心智"（the bicameral mind）的猜想（Julian Jaynes, *The Origin of Consciousness in the Break Down of the Bicameral Mind*, Boston / New York: Houghton Mifflin Company, 1976）。我们后面还会回到这个问题上来。

④ 这是《人类简史》与《未来简史》作者赫拉利的预想。他不仅仅是用讲故事的畅销书的方式普及了科学家和科学史家的正在进行的研究的结论和成果，而且还以历史学家的博学来回顾历史，用未来学家的敏锐来预告未来。——参见 Yuval Noah Harari, *Sapiens: A Brief History of Humankind*, London: Vintage, 2015；中译本：尤瓦尔·赫拉利：《人类简史：从动物到上帝》，林俊宏译，北京：中信出版社，2014年；以及 Yuval Noah Harari, *Homo Deus: A Brief History of Tomorrow*, London: Harvill Secker, 2016；中译本：尤瓦尔·赫拉利：《未来简史：从智人到智神》，林俊宏译，北京：中信出版社，2017年。

义都有可能仅仅在于：它们构成未来生命意义的一个阶梯，或者说，一个前阶段。与这个"未来生命的意义"相比，以往动物的生命和当下人类的生命的意义是初级的、偶然的、有限的，因为它们很可能会随未来生命的开启而终结。

可是被预测的未来生命已经很难说是"生命"了。由于它的重要特征是永生不死，因而它也不一定是生物体，而只能说是"活体"；而且还可以说，它是后人类的，甚至是后生物的。

未来的"活体"的含义，与意识的活动以及在此基础上的语言表达和躯体运动有关，它们构成佛教所说的纯粹"意业、语业、身业"的未来版本。在为2016级新生所准备的报告"以哲学为业"中，笔者曾就这样一个哲学的外部环境表达了以下的感想：

对于人类心灵的另一个部分，即理性或知的部分，哲学人类学几乎已无法有所作为。人工智能可以解决人类智能不能解决的问题。2016年围棋人机大战中AlphaGo的胜利不过是对此又一次宣示，用于商业炒作的宣示。而2014年华纳兄弟影片公司制作的电影《超越》(Transcendence)（如今的译名"超验骇客"是错误的），实际上早已表明了更多的东西。它设想了这样的未来：首先，意识与语言的界限被彻底打破，语言哲学与意识哲学（或心智哲学）的争论也可以结束了；接下来，对精神科学与自然科学的划分也可以被消除了；最后，意识与物质的界限也被彻底突破，因为精神与物质的差异已经不复存在。剩余下来的只有一门科学：生命学。它是有机的，也是无机的；是精神的，也是物质的。或者说，它既不是有机的，也不是无机的；既不是精神的，也不是物质的。这个文学的设想与霍金所说的用电脑置换人脑的设想是一致的，不过更为彻底，电影《超越》还设想，情感和意愿同样可以被数码化，成为"人工意识"或"人工灵魂"的一个部分。因而"人工智能"**在未来**将会是一个过于狭窄，因而有待突破的概念。

最近，随着《西部世界》连续剧的播放，笔者所说的"在未来"的时态已经发生变化：从将来时成为现在进行时，这里叙述和谈论的已经是"人工意识"，尽管还是它的未来可能形态。如果说《超越》展示的是一个通过拷贝人类意识来制作人工意识的可能性，那么《西部世界》则为我们讲述了一个用人类意识来创造人工意识的故事，以及由此而表明的另一种制作人工意识的可能性。在撰写这篇报告时，影视剧情还在进行，但故事已经无关紧要。我们的论题已经摆在面前，无论它是否属于哲学。

《西部世界》讲述了一个名叫西部世界的未来乐园，在那里客户们可以体验任何犯罪或者被禁止的事情，而这个乐园也将成为人工意识的黎明。但在程序的失误以及程序员要求机器人更接近于人类思维和情感的情况下，机器人的自主意识和思维使它们开始怀疑这个世界的本质，进而觉醒并反抗人类。

这里已经使用了"人工意识"的概念，而使它有异于和超越于"人工智能"的东西在于，在人工意识中不仅包含了认知意识，而且也包含了人类意识所包含的一切：情感意识、意欲意识、自身意识等。与人类意识至此为止还处在知、情、意三位一体不可分的状态不同，在人工意识那里，还在第一季中，我们就可以发现，这里的机器人在程序上至少可以将人工的智能意识与人工的情感意识和欲念意识区分开来，例如还可以对机器人进行如下的操作："留下认知能力，去除情感影响。"

　　这样的可能性在 20 世纪 70 年代的《西部世界》《未来世界》等电影中便有所设想。机器人的拟人化不仅仅在于智能方面，而且也在于情感与意欲方面，甚至更偏重后者。《西部世界》中提到，"西部世界乐园"的创始人阿诺德"对智识或才智的显现并不感兴趣。他想要真实的东西。他想创造意识"。

　　这个"创造意识"的想法，建基于一个对人类意识形成的解释模式上。它就是前面提到的"二分心智"假说，是朱利安·杰恩斯于 1976 年在其《在二分心智崩塌中的意识起源》一书中提出的。他在这里试图回答"意识到底是什么？它来自哪里？为什么？"，他相信人类三千年前才逐渐具备完全的自身意识，在此之前，人类依赖二分心智，即一半是心智活动，如感知、想象、说话、判断、推理、解决问题等，而另一半是对这些活动的意识到，也就是自身意识。今天的心智哲学家们或许会将后一半心智称作"有意识的心智"或"现象学的心智"，而将前一半心智称作"无意识的心智"或"心理学的心智"。对此可以参见当代的心智哲学家大卫·查尔默斯的著作《有意识的心灵：寻找一种基础理论》①以及现象学哲学家伽拉赫（S. Gallagher）与扎哈维（D. Zahavi）的著作《现象学的心灵》②，这两者虽然各自有别，但实际上却可以彼此呼应。它们都关系现代心理学家对意识心理学概念与心理学领域的双重划分。

　　更早的心理学，即在哲学心理学（主观心理学、内省心理学）与

---

　　① David John Chalmers, *The Conscious Mind. In Search of a Fundamental Theory*, New York: Oxford University Press 1996; 中译本可以参见大卫·查尔默斯：《有意识的心灵：一种基础理论研究》，朱建平译，北京：中国人民大学出版社，2012 年。

　　② 参见 Shaun Gallagher and Dan Zahavi, *The Phenomenological Mind*, London: Routledge, 2008。

科学心理学（客观心理学、实验心理学）尚未分离时，瑞士心理病理学家布洛伊勒便已经在他的《心理病理学教程》中将心理生活分为有意识的和无意识的两种，[①] 据此，心理学也可以分为意识心理学与无意识心理学。在一定意义上可以说，现象学的心灵概念是指有意识的心理学；而心理学的心智概念——无意识的心理学是深层心理学，最深处是弗洛伊德的"心而上学"（Metapsychologie）。[②]

　　杰恩斯的二分心智说尽管处在这个心智哲学-心理学与现象学的意识哲学的背景中，但由于涉及意识起源的问题，他无法也不愿在实验室中完成他的证明，而是尝试在古代文献中寻找相关的依据。他相信自身意识在三千年之前尚未形成，那时的人会将自己的思想当作神的声音。只是在此后不久，人类的自身意识（唯识学的自证分）才逐渐强大，而神的声音逐渐消逝。人类心智从聆听外部的神灵开始转向聆听内心的良知。我们在苏格拉底的"守护神"（Daimonia）的说法中还可以看到这个问题的痕迹：苏格拉底听到的究竟是神的声音还是自己的良知之声。[③] 甚至我们还可以在此意义

---

　　① 参见 P. E. Bleuler, *Lehrbuch der Psychiatrie*, Berlin / Heidelberg / New York: Springer 1972, S. 21ff.。

　　② 事实上我们还应当留意另一种心理学，即超意识的心理学。这个可能性表现在普凡德尔和胡塞尔的学生、女现象学家格尔达·瓦尔特那里。她在1923年就撰有《神秘现象学》（Gerda Walther, *Phänomenologie der Mystik*, Olten und Freiburg im Breisgau: Walter Verlag, 1923）的著作，后来也在"超心理学"的研究与实践方面发挥影响（cf. Gerda Walther, *Ahnen und Schauen unserer germanischen Vorfahren im Lichte der Parapsychologie*, Leipzig: Hummel, 1938）。对此笔者会另文论述。

　　③ 杰恩斯在书中的确曾举苏格拉底的守护神为二分心智的例证。参见 Julian Jaynes, *The Origin of Consciousness in the Break Down of the Bicameral Mind*, ibid., p. 292, p. 323, p. 340.——对此也可以参见笔者："聆听'神灵'，还是聆听'上帝'：以苏格拉底与亚伯拉罕案例为文本的经典解释"，载于《浙江学刊》，2003年第3期。

上理解奥古斯丁的呼吁："不要向外行，回到你自身；真理寓于人心之中。"

这个二分心智说的根本在于将意识归结为文化（culture）或语言现象，而不是将它视作一种自然或本性（nature）、一种生物现象。它在科学家那里受到质疑和批评；但在文学家，尤其是科幻作家那里却得到热烈的讨论和进一步的发挥，《西部世界》就是其中一个例子。这很可能是因为，这种对意识起源的思考本身建立在对古典文学的研究上，很容易负载文学创作的渲染成分。例如，我们在《荷马史诗》中几乎读不到英雄们的内心语言和反省思考，读到的都是他们的外部语言表达，以及对诸神意旨的传达。

《西部世界》中提到了杰恩斯的二分心智说，"原始人认为其思想就是众神之声的观点"，并将它称作被证伪的观点。尽管很难用它来证明人类意识的起源，但《西部世界》的编剧至少主张可以将此主张用于人工意识的创造构想："阿诺德创建了一份这种认知的版本。接待员可以直接听到对他们的编程。就像是内心独白。希望在将来他们自身的声音会取而代之。那是一种自己引导意识的方式。"

这是人工意识的自身意识部分。除此之外，在这个人工意识建造的构想中，心智被分为三个层次。第一层是记忆（memory）和即兴行为（improvisation）；第二层是自身兴趣（self-interest）；第三层大致就是建立在二分心智理论上的自我意识：开始时是类似神的声音的语音指令，而后有可能发展为自身的声音。到了自身意识发展的最后阶段，人工意识便成为无须束缚在肉体上、细胞上或神经元上的心智或精神，它成为一种超越意识，一种可以永生的意识。

在一定程度上可以说，《西部世界》很可能是有史以来人类关于人工智能，或更确切地说，关于人工意识的最为深刻的一次讨论和思考，既基于意识理论研究，也充满文学创意想象。但我们暂且将文学（也包括这里的电影、电视剧）中关于人类不死或永生之可能性的许多讨论和设想——成仙、成佛、成神、成圣，如此等等——搁置不论。我们先来观察这其中的科学可能性。

科学（也包括这里的电影、电视剧）中关于永生的设想和研究以霍金的最为著名和最为流行。尽管霍金只是科学家而非科学哲学家，但他的话还是有一定道理的：意识、无意识、认识、思维、判断、推理、情感、伦理、道德、存在、物质、生成、时间、空间、生命、死亡，所有这些传统的哲学问题最终都可以通过自然科学的方式来处理、解决和完成，或是通过心理学，或是通过神经科学、脑科学、数学、计算机科学、医学科学、电子科学、物理学、天文学、生理学、生物学、生物化学和有机化学等，而且可以通过各种自然科学的合力；倘若基因研究还没有解决死亡问题，那么用电子人脑来置换自然人脑，用电子器官来置换人体器官，也能够让人达到永生。所以霍金可以预言，2050年人可以达到永生。自然科学家的自信，从未像今天这样强大。纳米技术、人工智能、合成干细胞、基因工程、3D打印、因互联网的全面普及而实现的即时信息传递，如此等等，它们不仅为人造躯体，而且也为人造意识的产生提供了可能。所有这些，与哲学家的思考几乎没有干系，哪怕是科学哲学家。

目前正在进行的、有可能导向永生的科学研究大致可以概括为以下几种：

1.将自己变为半人工意识（电影《超越》[*Transcendence*]），拷贝和数码化全部人类意识，输入到电脑中并将其激活，使得这种数码化了的人工意识具有人类意识所具有的一切：认知、情感、意欲、自身意识。而且通过与其他技术（即前面所说的纳米技术、人工智能、合成干细胞、基因工程、3D 打印、大数据以及因互联网的全面普及而实现的即时信息传递）的结合，它可以通过 3D 打印等方式赋予自己以身体。

2. 保留人类意识或精神，置换身体的各个器官和部位，直至大脑，以此而可以达到不朽。普罗提诺曾为自己拥有身体而感到羞愧，现在他可以做到，使自己的意识（νοῦς）摆脱自己的身体。但按尼克·莱恩（Nick Lane）的说法，神经元的寿命只有 120 岁，即使替换神经元，一个人的记忆被更换，那么他的统一性也不复存在。我不再是我。不过也可以问，个体的统一性果真那么重要吗？但如果可以将记忆数码化，这个问题就可以解决。因而这第二个可能性是以第一个可能性为前提的。这里涉及的实际是一个最终还原的问题。弗朗西斯·克里克说过一句有名的话："你除了一堆神经元之外什么都不是。"[1] 这意味着，他将人的一切都还原为神经元。如果我们按照自己的视角和立场来做类推的还原，当然我们也可以说："你除了一堆细胞之外什么也不是。"或者说："你除了一堆意识之外什么也不是。"而如果意识可以还原为数码，那么我们也可以说："你除了一堆数码之外什么都不是。"

3. 还有一种可能性：是否可以通过例如基因改造来解决神经元的死亡问题，主要是神经元的 120 年的有限寿命问题。看起来这也

---

[1]　参见尼克·莱恩：《生命的跃升：40 亿年演化史上的十大发明》，张博然译，北京：科学出版社，2017 年，第 281 页。

是神经科学和脑科学可以解决的问题。通过基因研究解决死亡问题。生物体的生、长、病、老、死等一切生命现象都与基因有关，由多国科学家参与的"人类基因组计划"，正力图在21世纪初绘制出完整的人类染色体排列图。①

4. 制作出人工意识。例如《西部世界》。霍金说："我们已经拥有原始形式的人工智能，而且已经证明非常有用。但我认为人工智能的完全发展会导致人类的终结。一旦经过人类的开发，人工智能将会自行发展，以加速度重新设计自己。由于受到缓慢的生物演化的限制，人类不能与之竞争，最终将会被代替。"

5. 保留人类身体，置换意识，用替身代替真实人体，操纵者是一个后人类的母体。电影《黑客帝国》(*The Matrix*, 1999)演绎了这个假设。甚至可以说，我们现在极可能已经生活在一个模拟世界中了。模拟论证是由牛津大学未来人类研究院的教授尼克·博斯特罗姆(Nick Bostrom)于2003年提出的。但它最初在哲学家希拉里·普特南1981年的"缸中之脑"的思想实验中已经得到表露。

我们对其他的可能性忽略不计。例如，从理论上说，在光速中飞行可以使时间停止，或使时间变慢；又如，通过冷冻技术也可以使生命暂时停止，在此意义上延长生命(电影《太空旅客》，2017)，如此等等。

---

① 仍然是尼克·莱恩自己在进行科学的普及："本书作者尼克·莱恩是荣获英国皇家学会科学图书大奖的生化学家，在《生命的跃升》中，他从宏观的角度来看生命的起源和演化；而在这本《能量、性、死亡》中，他以一个非常微观的角度(十亿个粒线体只有一粒沙那么大)，来回答生物学的重大问题——也就是我们的生、老、病、死。"(参见尼克·莱恩：《能量、性、死亡：粒线体与我们的生命》，林彦纶译，台北：猫头鹰出版，2013年)

　　但如前所述，哲学家在这方面已经插不上话了，哪怕是与数学-物理学密切相关的科学哲学家，哪怕是与数据-信息技术密切相关的语言哲学家，哪怕是与神经学-心理学密切相关的心智哲学家，或许还有一些对这些科学技术发展保持广泛深入关注的历史学家（如赫拉利），但他们的研究著作现在看起来都是对相关科学技术的普及和介绍，而非以往的激发与引领。这些哲学家与科学家的关系越来越像文艺评论家与文学家、艺术家的关系，甚至更像是美食评论家与厨师的关系。

　　倒是偶尔还会有一两个科学家自称是哲学家，例如尼克·莱恩。但他也不读心灵哲学家的意识理论，不读意识现象学家的著作。他偶尔会拿哲学家的思想实验如缸中之脑作比喻，拿蝙蝠、金鱼等的存在来类比我们的现实等，但从心底里会认为那是一种机智的把戏，只需听说一下就够了，并不值得仔细深究。他们的确也可以从艺术家那里获得这方面的灵感和想象，目前的科幻类电影和小说便是实例。此外，科学普及的事情，归根结底他们自己也可以承担下来，例如霍金、莱恩等。他们完全可以像文学家那样在写小说的同时也写书评，在做科研的同时也做一两部科幻电影的科技指导甚或自任编剧和导演。因此，总的情况是，哲学家会依赖他们，但他们已经不依赖哲学家了。

　　今天的科学家已经不再说：我们之所以看得远，是因为我们站在巨人的肩膀上，以及诸如此类。

　　因此，另一位与海德格尔同龄的哲学家维特根斯坦的观点仍然有效吗？他在其《逻辑哲学论》结尾处感叹说："我们感受到，即使所有**可能的**科学问题都得到了回答，我们的生活难题也还根本没有被触及呢。"① 他在这里也像康德、佛陀、海德格尔等人一样为哲学家或思想家保留了某种使命。然而究竟什么是"生活的难题"呢？从接下来的命题中可以看出，维特根斯坦指的是生活意义的问题，即生活的意义究竟是什么的问题。

很久之前，马丁·路德、黑格尔就已经先后宣告"上帝死了"。尼采后来所做的大声宣布，使得一个早已有之的事实被大众注意到了。在此之后，在上天的神已经死了的情况下，胡塞尔再次要求人类"认识自己"，而后担负起在无上帝时代的自身责任。现在，这个"认识你自己"的古老箴言所带来的最终结果很有可能是智人认识了自己，而后杀死了上天的神，而后自己又造出了大地的神：智神。智神反过来杀死智人。胡塞尔、海德格尔、约纳斯等现象学家，都曾以各自的方式对此做出警告，它们似乎成为哲学家们往往在晚年最可能做的事情。不过海德格尔还在 1929 年，即他的壮年时期，就已经在感叹："没有一个时代比我们这个时代更值得怀疑了。"②

但即使我们按照胡塞尔的嘱托成功地担负起自身的责任，同时没有把这个责任推脱给我们制造的智神，哲学仍然可以随着人生意义问题的终结而告结束。如果佛陀所思考的生老病死之苦都随现代科技的发展而得到另一种方式的"解脱"，那么接下来，还有什么海德格尔意义上的思的任务需要完成呢？还有什么胡塞尔意义上的反思的使命需要实现呢？思和反思都消解了，它们的功能和目的

---

① Ludwig Wittgenstein, *Trastatus logico-philosophicus*, Werkausgabe Band 1, Frankfurt am Main: Suhrkamp 1984, S. 85.

② M. Heidegger, *GA* 3: *Kant und das Problem der Metaphysik,* Frankfurt am Main: Verlag Vittorio Klostermann, 1991, S. 209.

都已经消解在各门具体科学中。但那个时候，所有的科学，作为可计算的行当，也都必定已经终结了。

而且，如果人类这个自然发展过程中的偶然产物，在进一步的进化中被自己制作出的更适于生存的"活体"所超越和淘汰，那么生活意义的问题不恰恰可以用达尔文主义的方式得到解答吗？而人类与恐龙的灭亡方式之不同仅仅在于，后者为自然所灭，前者为自己所灭，于是后者在宇宙发展史上获得了大于前者的地位，仅此而已，岂有他哉！

或者还可以考虑佛教的观点：从智人到智神的发展，类似于由人到佛的觉悟过程，随着智人的灭亡，意识最终摆脱了肉体并因此而摆脱了生老病死，成为般若智慧，并以更高的、智神的形式脱离苦海，从轮回中解脱。

而这差不多也就是古希腊哲人苏格拉底、柏拉图、普罗提诺所追求的那个永恒的世界，那个已经从时空中的会死的肉体世界中脱身出来的世界，那个超时空的、纯粹观念的、绝对精神的、永恒不朽的世界。

哲学或人文科学如今所能说的，是否就是这些？如果有人认为还可以说得更多，那么请便！我愿意洗耳恭听。

附录2　人工心灵的基本问题与意识现象学的思考路径
——人工意识论稿之二

一、引论

开篇伊始,要说明一点:我在这里要讨论的问题仍然是"人工意识"(AC)或"人工心灵"(AM),而不只是"人工智能"(AI)。

就自然人类而言,智能或智识只是意识的一部分,即认知的部分。在西方哲学传统中,意识至少要由智识、情感和意欲(所谓"知、情、意")三类意识行为组成。在这里,智识或许是意识的最重要的部分,但不是全部。而在东方思想传统中,被视为是意识最重要组成部分的甚至不是智识,而是情感和意欲。也正是在这个意义上,我们常常谈论西方的"逻各斯中心主义"(Logos-centrism),当然我们同样可以谈论东方的"埃陀斯中心主义"(Ethos-centrism)。

今天我之所以在这里讨论人工意识,并不是因为现在人工智能问题的讨论非常热闹。实际上深交所在两年前还警告股民提防三类概念股:1.虚拟现实,2.石墨烯,3.人工智能。现在人们至少可以认为：人工智能已从"概念炒作"真正进入"实际应用"阶段。我之所以考虑人工意识问题，是因为我这一生主要是研究意识的，确切地说是研究意识现象学的，无论这里的意识是指"纯粹意识"，即所有可能的理性生物的意识本质，还是指人类的意识，即我们每个人的经验意识及其本质结构和本质发生。

这个意义上的"意识"基本上来自德文的"意识"（Bewußtsein），也与佛教唯识学中广义的"识"相等，即涵盖心（第八阿赖耶识）、意（第七末那识）、识（狭义的识：眼-耳-鼻-舌-身-意前六识），即全部八识（广义的"识"），而且还与汉语思想史上出现的"心"或"心性"的概念相似，虽然不完全相等。

此外，它同样会让人联想到英文的，也是目前最为流行的"意识"（consciousness）或"心灵"（mind）概念。它们是目前意识研究或意识理论所使用的概念。但这个英文的联想会引出疑问。澳大利亚裔的美国纽约大学哲学与神经科学教授，心灵、大脑与意识中心主任大卫·查尔默斯（David John Chalmers, 1966—）曾将他的博士论文写成了一本畅销书：《有意识的心灵》（*The Conscious Mind*）。仅从标题便可以看出，英文中的"意识"（consciousness）与"心灵"（mind）并不相互等同，"心灵"的外延要比"意识"更广，至少包含未被意识到的心灵。那么未被意识到的"心灵"是什么呢？无非是包含在心灵中的背景意识、记忆意识、无意识、潜意识、下意识、前意识、后意识等。简言之，非当下显现，但在背后起作用的意识。在特定的意义上，心灵由两部分构成：现象学的部分和心而上学的部分，所以我们可以将心灵分为"现象学的心灵"（the phenomenological mind）和"心而上学的心灵"（the metapsychological mind）。[①]

　　现在可以看出，我们所使用的传统的和非主流的德文、中文的"意识"概念与现行的、主流的英文"mind"基本相等，而英文的"consciousness"则相当于德文的"自身意识"（Selbstbewußtsein）和佛教唯识学的"自证"（svasaṃvedana）。

　　语词上的差异不是本质差异。无论在今天的心灵研究中，还是意识研究中，许多研究者所发现、理解和把握的东西是基本一致的，至少对于心理学家、现象学家来说是如此。当我们问：一个人工智能在驾驶无人汽车时有意识吗？那么这在我们所说的意识的意义上是指：它在这个时候有自身意识吗？它会意识到自己当下在开车吗？还有同样的问题：AlphaGo 在与人下棋时，它有自身意识吗？它会意识到自己在与人下棋吗？如果是，那么我们可以说它有人工意识了，但这种自身意识至今为止还不是人工编入的程序，而只能是人工智能自己发展出来的——这个可能性现在还没有显露端倪；而如果没有，那么它就仅仅是人工智能——这是目前的真实状况。人类的自身意识在佛教唯识学中被称作"自证分"。它是心识的活动的三个或四个基本要素之一。

---

　　① 　关于前者可以参见 Shaun Gallagher and Dan Zahavi, *The Phenomenological Mind: An Introduction to Philosophy of Mind and Cognitive Science*, London: Routledge, 2008；关于后者，即"心而上学"的概念，可以参见弗洛伊德于 1896 年 2 月 13 日致弗里斯（Wilhelm Fliess）的信函，弗洛伊德在那里将他自己从事的心理学称作"实际上是心而上学"（S. Freud, *Aus den Anfängen der Psychoanalyse. Briefe an Wilhelm Fliess, Abhandlungen und Notizen aus den Jahren 1887—1902*, London: Imago, 1950, S. 168）。它指的是一种能够将他引到"意识之后"的心理学，是对一些假设的研究，这些假设构成心理分析理论体系的基础。

　　当然，语词问题可以解决，并不意味着实质问题也可以解决。在关于人工智能或人工意识的影片《超越》(Transcendence, 2014)中曾有一次人机对话出现。人问机器："你能证明你有自身意识吗？"机器反问："这是一个复杂的问题。你能证明你有自身意识吗？"无论是这个意义的"自身意识"问题，还是"意识一般"的问题，至今仍然是没有解决的难题。

　　因此，尤其是对于研究和制作人工智能的物理学家来说，关于意识的讨论现状是完全不同的：美国麻省理工学院物理学和宇宙学教授、未来生命研究所(Future of Life Institute)创始人迈克斯·泰格马克(Max Tegmark, 1967—) 2017 年出版了他的畅销书《生命3.0》(Life 3.0)。他在其中最后第八章才讨论"意识"。因为如他所说，至今为止，无论是在人工智能研究者那里，还是在神经科学家或心理学家那里，意识都是无法解决的问题，意识研究都是毫不科学、浪费时间的废话。他之所以还在讨论意识，乃是因为他觉得哲学家查尔默斯——即上述《有意识的心灵》的作者——在这个问题上思考得最深入，并且提出了具体的问题，尽管他离解决问题还很远。

　　泰格马克自己对意识的定义是"**主观体验**"。这个定义在一定意义上是合理的，因为它解释了意识为什么不能成为科学研究之客体的问题。他这时并不考虑哲学家们通过**反思**或**内省**来使主观体验成为内在客体的方法，尽管他也参考查尔默斯的研究成果。但泰格马克还提到一个物理学的意识定义，**意识即信息**，因此他相信科学仍然可以为意识夯实物理学的基础。无论如何，他在该书"意识"一章中提供的假想的实验数据是很有意思的，而且该章的结尾更有意思：

> 虽然我们在这本书中将注意力放在智能的未来上，但实际
> 上，意识的未来更为重要，因为**意识才是意义之所在**。哲学家
> 喜欢用拉丁语来区分智慧（"sapience"，用智能的方式思考问
> 题的能力）与意识（"sentience"，主观上体验到感质的能力）。
> 我们人类身为智人（Homo sapiens），乃是周遭最聪明的存在。
> 当我们做好准备，谦卑地迎接更加智慧的机器时，我建议咱们
> 给自己起个新名字——意人（Homo sentiens）！ [①]

当然，泰格马克最后这句话是有问题的：我们不能因为自己制
作出了**有自身意识**，故而更加智慧的机器而将自己称作"意人"，而
是应当将这种因为**有自身意识**而摆脱了单纯**人工智能**而成为**人工
心灵**的"产品"称作"意人"。除此之外，它还应当不仅在**有意识的
智能**方面，而且也在**有意识的全部心灵**（知、情、意）方面都**超越**人
类，**超越**生命的 2.0 版，这时我们才能谈论生命的 3.0 版，我们才能
谈论霍金意义上的未来超人。

与乐观的泰格马克相对，悲观的霍金在其遗作中再次引人行注
目礼：他担忧"超人"出现，人类或将逐渐绝迹。即是说，"意人"
终将超越"智人"，并取而代之。

这种对人类未来的悲观和乐观的立场，都是在我们自己目前所

---

① 迈克斯·泰格马克：《生命 3.0：人工智能时代人类的进化与重生》，汪婕舒译，
杭州：浙江教育出版社，2018 年，第 415 页。

处的生命 2.0 的版本上的选择。后面我们还会回到这上面来。

　　在这节结束之前,我想对我要讨论的"人工意识"做个回顾性的总结,它包括两个要点:第一,人工意识比人工智能的范围更广,不仅包含**知**,也包含**情**与**意**;第二,人工意识应当与人类意识一样,具有**自身意识**:它在进行表象、感受、意欲活动的同时也意识到自身的活动。

二、制作人工智能与人工心灵的目的与意义

　　这里首先要讨论人工智能的**基本问题**。它是一个意义论和目的论的问题:人类为什么要制作人工智能?

　　人类制作人工智能的目的基本上是明确的:为了服务人类。计算机可以帮助人类解决繁杂的运算问题,工业机器人帮助人类完成单调沉重的劳动作业,战争机器人和救灾机器人可以帮助人避开生命危险,如此等等,而且是以更快更好的方式。原则上可以说,人工智能可以帮助人类从事单调的、机械的、繁重的、危险的工作,归根结底是承担人类不愿做或不能做的事情。

　　这样一种意义上的"借机"(借用机器)的事情,人类实际上很早就已经开始实施了,甚至可以说,从人类开始使用工具时就有了,也就是从人之为人时就有了。而且它也很早就受到批评,还在人类的轴心时代,例如,庄子所说的"机事"和"机心",就与这个使用工具的问题相关。当时他以所谓"有机械者必有机事,有机事者必有机心"来警告对机械的使用最终会导致机心的产生。不过这里无论对机械,还是对机事以及机心的定义都是不明的。"凿隧入井,

抱瓮出灌"与"凿木为机，其名为槔"之间并无在使用工具方面的原则性差异。它们在今人看来都可以算、也都可以不算是"机事"，因为的确很难回答这个问题：为什么用水瓮来取水不是"机事"，用水车来取水就是"机事"呢？海森堡和海德格尔对庄子的当代援引，主要是为了对人类科学技术的无度发展提出警示，但他们同时也都已看到，科学技术的发展本身是工具理性的外化，而工具理性从一开始就包含在"人是制造和使用工具的动物"的人之本性之中。因而人工智能（AI）和人工意识（AC）的合法性是一个处在人性本身之中的问题。

无论如何，与那个时代的水车相比，现代的机械化工业当然更加配得上真正的"机械"之名了。而人工智能可以说是人类至今为止所制作的最重要、最先进的"机械"。它们为人类承担了大部分的劳作。在能力方面，人工智能已经远远超出人类智能。这也意味着，人类智能所制作的后代已经在智能方面超越了自己。

但这个"超越"距离全面的"超越"，即 2014 年美国电影《超越》（*Transcendence*）[1] 所设想的那种"超越"，实际上还有很远的距离。诺贝尔奖获得者托马斯·萨金特（Thomas J. Sargent）认为：人工智能其实就是统计学，只不过用了一个很华丽的辞藻，而 Deep Mind 设计的 AlphaGo 也只是一个动态规划。[2] 从理论上看也的确如此。我们以同样的口吻也可以说，人工智能其实就是一个计算器，只是配有不同规格的硬件系统和软件系统而已。当然也可以为它进一

---

① 对此可以进一步参见本文后面的附录影评："假如'超越'是可能的……"。

② 参见 http://finance.qq.com/a/20180811/044291.htm。

步配备智能机器人所需要的眼耳鼻舌身的感官或身体，但那是可选可不选的选项。例如，同样是 DeepMind 设计的打败了人类医生的眼疾诊断，AI 自己并不一定要配备 3D 视网膜扫描仪器，它可以通过对其他 3D 视网膜扫描图像的识别就可以做出诊断并打败人类医生。[①]

事实上，人类历史的和当下面临的危机问题都不是在于在智能方面被自己的产品所超越，而是在于在情感与意欲方面始终有无法克服的困境乃至绝境。捷克教育家扬·阿姆斯·考美纽斯（John Amos Comenius, 1592—1670）甚至会说："**凡是在知识上有进展而在道德上没有进展的人，那便不是进步而是退步。**"而德国经济学家、社会学家和文化理论家阿尔弗雷德·韦伯（Alfred Weber, 1868—1958）在 20 世纪初就谈到人类的跛足问题：科学的一条腿粗，道德的一条腿细，因此人类始终在跛足前行。这个问题如今依然存在，而且愈演愈烈。人类掌握的科学技术已经可造出将人类消灭千万次的核弹，这条腿不算细；而这种被自己的产品消灭的危险始终还没有通过我们的道德法则来排除掉，这条腿的确不算粗。

现在可以提出而且已经或多或少提出的问题是：我们为何不仅要制作人工智能，而且还要制作人工意识？

我想无非是两种理由，第一个理由是为了改进人类、进化人类，使一种理想乌托邦在未来能够成为现实。我们或许可以制作出完美的，至少是比我们自己更好的人工情感和人工意欲，就像我们正在制作完美的人工智能一样。这是一个"准上帝"的理由，因而往

[①]　参见 http://www.ftchinese.com/story/001078941?full=y。

往是私下的、不公开的，最多通过文学艺术的构想来暗示。就像电影《超越》所勾画的图景："仰望天空、云彩，我们正在修复生态而不是损害它，粒子在气流中飘浮，复制自己，取代雾霾，退化的森林得以被重建，水是如此清澈，可以捧起来畅饮。这是你的梦想。——不仅疾病可以得到治疗，而且地球也可以得到治愈。为了我们所有人，创造更美好的未来。"（参见本文后的附录影评："假如'超越'是可能的……"）——我们对这个理由暂且置而不论。

第二个理由是为了更好地服务人类。这是目前人工意识设计者的公开理由。如果我们制作人工意识的目的是服务人类，那么大多数的人工智能的制造就可以满足对这个目的的实现。当下的现状便是如此。但现在已经露出端倪的是人工智能越来越不能满足人类日益增长的对美好生活的向往，这个情况在未来还可能日趋明显。之所以不能满足，是因为单纯智能型的服务仍然是有限的。AlphaGo可以陪你下围棋并且战胜你，但它不会帮你照看宝宝；人工智能也可以制作小说、音乐、绘画、诗歌等，但它们的作品必定是无情无欲的，或者是虚情假意的。而一旦这些没有情感和意欲的人工智能无法完全满足人类的进一步欲求和需要，那么为了得到更好的服务，人类迟早会制作出具有集知、情、意于一体的人工意识的机器人。目前的神经科学的确不仅在讨论感知、表象、回忆、遗忘、评价、打算、决定等智能行为，而且也在讨论拥有情感和意欲，也包括自由意志的能力。

早年的美国电影《西部世界》（*Westworld*, 1973）以及近来播放的美国同名电视连续剧（*Westworld* S1—2, 2016/2018），也都属于这个方向上的构想。这个电影和电视剧带有社会批判的意向，尽管不是庄子式的：它批评并警告人类将制作人工意识的目的推至极端——为了放纵和满足自己阴暗的、残暴的欲望。倘若荀子所说人性是恶的，或者说，是自私的、自保的，那么他们要仿造的人工心灵也就会如此。我们可以看《西部世界》电视连续剧中的一段台词："阿诺德[西部世界中的人工心灵的缔造者]对智识或才智的显现并不感兴趣。他想要真实的东西。他想创造意识。他将其想象成金字塔。第一层：记忆、即兴行为；第二层：私利（顶端）从未到达过。但他对此已经有了设想。他是以二分心智① 的意识理论作为依据的。"

　　不过这只是一种在人工意识构想上的批判现实主义案例。而最初的人工智能电影《人工智能》（AI, 2001）由斯皮尔伯格导演，描述的则是一个现实主义的假想案例：未来的人工智能公司制造出了第一个被输入情感程序的机器人男孩大卫，被人类夫妻收养，后

---

　　①　关于"二分心智"的思想可以参见普林斯顿大学的心理学家朱利安·杰恩斯于 1976 年出版的《二分心智崩塌中的人类意识起源》（Julian Jaynes, *The Origin of Consciousness in the Break Down of the Bicameral Mind*, 1976）。他通过心理历史研究而提出一个二分心智的"理论"或"假说"：人类的完整自身意识是在三千年前的人类历史上才出现的。自主性、主体同一性、历史以及人类所有关于自己的知识都是历史的新习得。而此前的人类是不能以自身意识的方式来自行决断的。他们需要聆听众神从外面传给他们的声音，并据此做出决定。朱利安·杰恩斯认为，事实上这只是在一个脑半球中的话语中心与另一个脑半球中的倾听中心的交流方式，即同一个大脑神经系统的自说自听。直至西元前 1000 年前后，这个人类思维器官的二分组织才因为种种原因而发生崩溃。人类的自身意识从此而得以产生。（朱利安·杰恩斯主要是在《旧约》、玛雅石雕和苏美尔神话中寻找证据。事实上苏格拉底也可以为此提供某些证据：他多次在做重大决定前听到他的守护神[Daemon]的话语："我的守护神告诉我……。"不过朱利安·杰恩斯也在书中引证过苏格拉底的话："被神附身的人所说的东西很多都是真的，但他们对他们所说的东西一无所知。"[Menon 99 C]）

来引发一些使得大卫的生活无法继续的问题，如此等等。

另一个无伤大雅的假想案例还可以在日本电影《我的机器人女友》(*Cyborg Girl*, 2008)中找到：未来的我设计了一个机器人女友，将她派回当下来陪伴和保护当下的我。在这个浪漫主义的假想案例中，人工意识与它的载体仍然是在行使对人的服务功能。

在这些案例中，制作人工意识的目的主要还是被设想为帮助人类，满足人类的需求。人类意识与人工意识之间存在着一个特定意义上的主奴关系，或至少是主仆关系。现在使用较多的家用机器人都将它们服务的儿童称作"小主人"，这并非偶然，而是设计者用意的有心或无心的表露。

三、人工心灵的三种奠基秩序

具有这种功能的人工智能(AI)现在已经成为现实了。那么具有这种功能的人工意识(AC)在未来是否可能呢？对此我的回答是简单肯定的。因此我在前面曾说"人类迟早会制作出具有集知、情、意于一体的人工意识的机器人"。不过，在这个简单肯定中实际上已经隐含了一个保留：在这里所说的人工意识只是一个相当初步的观念。它仅仅意味着：人类所设计和制作的一种不仅具有认知功能，而且也具有情感功能和意欲功能的意识。人工智能是这种人工意识的初步形态。在加入情感功能和意欲功能之后，人工意识就从可能变为现实。目前对情感和意欲的哲学研究与现象学-心理学研究已经在相关领域有所进展，或在"情感哲学"、"感受理论"等的名义下，或在"意欲现象学"、"意欲分析"的名义下。

我在"关于事物感知与价值感受的奠基关系的再思考：以及对佛教'心–心所'说的再解释"①一文中对此有讨论，并且结合西方哲学与佛教唯识学的传统而提供了一种新的意识哲学的解释方案。简单说来，人的意识活动在我看来始终遵从一个三重意义的法则，也可以将它称作各种意识行为之间的"奠基秩序"（所谓"心的秩序"、"心的逻辑"或"心之理"）。除了此前我已经在现象学家那里发现并做过讨论的知情意之间的"结构奠基"（胡塞尔）和"发生奠基"（胡塞尔、舍勒、海德格尔）之外，还有一种"动态奠基"：始终只有一个意识行为处在活动中，它以不同的模式进行：感知的模式、情感的模式、意欲的模式。当其中的一种模式起主导作用或发挥主导的功能时，这个意识行为就表现为突显这种模式的意识行为，如感知活动、情感活动、意欲活动，而它们各自所构造的对象或客体也会相应地发生变化。在此意义上，不仅存在意识活动的模式之间的"发生的奠基"与"结构的奠基"，而且还有"动态的奠基"。

我认为，人工意识的设计和制作，至少需要按照这三种奠基秩序来进行。也许我们还会发现更多的奠基秩序。但可以将这三种奠基秩序视为人工意识构想的基本支点和弹性框架，以期随后可以在此基础上进行进一步的扩展和充实。正是在此理论构想的基础上，我比较乐观地相信"集知、情、意于一体的人工意识"的设计和完成是可以期待的事情。1995 年的日本电影《攻壳机动队》（*Ghost in the Shell*）就已经预想了发生在 2029 年的具有人工意识的人造人

---

① 倪梁康："关于事物感知与价值感受的奠基关系的再思考：以及对佛教'心–心所'说的再解释"，载于《哲学研究》，2018 年第 4 期。

故事。

这样的机器人不仅具有情感、意欲，而且具有人格，即具有各种先天的性格、禀性、特质，以及具有后天的经验、记忆、习性、技能等，易言之，具有人类所具有的人之为人的本质。而且不仅如此，它还应当比人在眼耳鼻舌身意方面更聪明，在情感方面更强烈和更善良，在意志方面更有力和更坚韧，如此等等。它应当可以与奥林匹斯山上的众神有得一比，至少可以与他们一样永生不死，而且一样威猛有力，但没有了众神偶尔具有的坏毛病，如嫉妒、虚荣、贪婪、好色、残暴等等。

无意识的人工智能的编排程序可以按照科幻作家艾萨克·阿西莫夫提出的著名的"机器人三定律"：

第一定律：机器人不得伤害人类个体，或者目睹人类个体将遭受危险而袖手不管；

第二定律：机器人必须服从人给予它的命令，当该命令与第一定律冲突时例外；

第三定律：机器人在不违反第一、第二定律的情况下，要尽可能保护自己。

但泰格马克认为："虽然这三条定律听起来挺不错，但阿西莫夫的很多小说都告诉人们，它们可能会导致一些意想不到的矛盾。现在，我们将这三条定律改成两条为未来生命设定的定律，并试着将自主性原则加进去。

第一定律：一个有意识的实体有思考、学习、交流、拥有财产、不被伤害或不被毁灭的自由；

第二定律：在不违反第一定律的情况下，一个有意识的实体有权做任何事。"①

不过如他随后承认的那样，这只是"听起来不错"。之所以这类定律无法成立，乃是因为这仍然是在设计**人工智能**而非**人工心灵**，即便是**有意识的人工智能**。

至此为止，别说是文学家和物理学家，就是伦理学家和道德哲学家，也都还没有编制出一个人类道德的逻辑体系，而且很可能一个一元论逻辑的道德系统是永远无法成立的。我们的道德体系很可能必须是二元论或三元论的。

四、人工心灵的基本结构

但如果接下来再问：这是否可以意味着，这里所说的集"知、情、意"于一身的人工意识就是一种与人类意识基本相同的意识？对这个问题，答案要复杂些。"知、情、意"仅仅表明人类意识的最基本结构，是人类意识的三根支柱。而它所包含的形式和质料方面的要素还有很多，例如自身意识、内时间-空间意识、内道德感、内审美感、自由意志与自主抉择能力、统现与共现的能力，如此等等。

我在这里无法涉及更多的细节，但基本上我已经不再那么乐观。不过这里至少已经可以清楚地看出，使得人类意识成其所是的本质要素还远不止"知、情、意"三者。而在意识哲学的研究中，这里提到的每一个范畴都需要研究者付出极大的心血和精力，而且对

---

① 参见"哲学中国网"：http://www.cssn.cn/zhx/zx_zrzl/201712/t20171231_3800164.shtml。

它们的研究始终举步维艰，至少目前尚未获得共同的认可和明显的进展。

除此之外，还有在意识的总标题下包含的无意识领域和非正常意识（心理病理）的领域。在这里可以借用凡尔纳《海底两万里》中尼摩船长的话：如果我们可以写一本关于我们所知道的所有的东西的书，那么这本书会很大；但如果我们把不知道的东西写成书，那么这本书还要大得多！

也就是说，关于人类意识本身是怎样的，我们尚且更多是无知而非知道；那么我们又怎能奢望去制作与它相同的或比它更好的人工意识呢？——不过必须承认，这个疑问是发自观念论的思考方式，而非经验论的思考方式。如果从经验论的方式来看，既然一个不太出色的老师或师傅可以培养出比他自己更出色的学生或徒弟，那么漏洞百出的人类意识有朝一日制作出鲜有瑕疵的人工意识，当然也就不足为奇了。

如果我们仍然希望制作一种克服人类意识的弱点而且保留人类的优点，即更为完美的人工意识，那么看起来我们只能以经验论的方式行事：我们可以将上面列出的那些基本要素编排到人工意识的系统中，无一遗漏；接下来还可以将人类具有的各种情感和意欲的类型织入这个系统；最后还可以将人类历史上出现过的所有人类意识的经验范本作为数据资料输入这个系统。这里有类似人工智能的三个核心要素的东西存在：算力、算法和数据。但这个对于 AI 而言的三要素显然还不足以构成 AC 的核心要素的全部。从 AI 到 AC 的发展必定是一个质的飞跃，因而必定会有新的要素加入进来。而其中在我看来**最重要的是那个将此 AC 系统激活并使其在活的当**

下之中运行的那个要素。或许它已经包含在算法的要素中了，对此我没有把握。这是人工意识的设计者和制作者要回答的问题。

　　与此相关的还有另一种方法：我们可以复制一个人类意识到一个物理载体（计算机）上，从而以复本的方式制作人工意识。电影《超越》表达的便是这个方向上的可能性。影片名称"超越"所表达的不只是 AI 原则，即"计算机在理论上可以模仿人类智能，然后**超越**"，而且是一个 AC 的可能性："人工意识在理论上可以模仿人类意识，然后**超越**"。但电影在如何激活这个被复制的意识系统的问题上也是语焉不详，给人感觉是靠误打误撞。无论如何，我在"人类意识与人工意识"一文以及本文后面的附录影评中已经提到这种可能性以及其他的可能性，并表明了我对它们的看法。

　　就原则而论，与人类意识完全一致的人工意识事实上是不可能的，也是没必要的。姑且不论人工意识的载体不像人类意识那样是会死的肉体，仅此便会有异于包含生存本能与死亡本能的人类意识；而且即使我们可以使人工意识与人类意识达到完全的相等，人工意识的制作和存在的必要性也会因此而受到质疑：我们何不继续通过自然方式来直接生养和培育后代，而要劳心费力地去制作一个别无二致的人工意识呢？

　　因此，在绝大多数的情况下，人工意识都是按照人类设计者所能够设想的理想的和完美的范型来制作的。即是说，在大多数情况下，人工意识都是人类意识的改进版本，它应当克服人类意识具有的缺陷，去除其中所有消极负面的恶习，例如去除佛教所列举的各种烦恼心所：贪、嗔、痴、慢、疑、恶见、忿、恨、覆、恼、嫉、悭、诳、谄、害、憍、掉举、惛沈、懈怠、放逸、失念、散乱；同时也要保留其中所有积极正面的德行，例如佛教中列举的善心所：信、惭、愧、勤、轻安、行舍，如此等等。

这样一种范型固然会随设计者对世界与人性的理解不同而有所不同，而且可惜至今为止我们还找不到一个为所有人都认可的真善美的具体范型。连文学家塑造的奥林匹斯山上的神祇也无法体现尽善尽美，遑论科学家构想的人工意识。实际上，到现在为止我们甚至连人工智能的范型都还没有，遑论集人工智能（AI）、人工情感（AE）、人工意欲（AW）于一体的人工意识呢！

不过我还是不想给出简单否定的回答。这一方面是因为哲学在这个问题上一直没有能够提供可靠的解答方案，因此在很大程度上失去了发言权，就像霍金所声言的那样。而另一方面，哲学家也不应当是预言家，而更多是反思家。在人类意识本性尚未得到透彻把握的情况下就开始思考和构想人工意识，这不是傍晚才起飞的猫头鹰哲学家的做法。自德国观念论之后，大多数哲学家通常都会以思考和回答"如何可能"的问题为己任，而不再去置喙"是否可能"的问题。

五、人工心灵与人类历史

尽管总体上持一种观望的态度，但我仍然更多地去相信未来的人工意识应该比现有的人类意识更好，并倾向于较少去质疑它的目的和意义。

历史学家对左派和右派有一种不同于政治学家的划分方法：主张最好的社会生活是在过去，强调古代世界的原本的、初始的、自

然的生活方式的人属于右派；而主张最好的社会生活在将来，强调
未来世界的完美设计和高端文化的生活方式的人属于左派。前者
也可以叫作过去主义或古典学派，后者则无疑是将来主义或未来学
派。这两者都对当下抱有或多或少的不满。按此标准划分，那么老
子属于右派，孔子属于左派；海德格尔属于右派，胡塞尔属于左派；
尼采属于右派，马克思属于左派，如此等等，不一而足。从总体上
说，文学家（科幻小说家另当别论）和文学哲学家大都属于右派，科
学家和科学哲学家大都属于左派。

　　左派在达尔文之后便获得了关键性的理由支持：如果人类的
产生和存在只是**自然选择**的结果，那么它的意义就是偶然的和有限
的。爬行类的恐龙有 1.6 亿年的历史，但并没有发展出类似人类意
识的高级智慧，而灵长类的人类到现在最多只有 400 万年的历史，
却已经形成初步的但发展迅猛的人类意识。因此，在自然选择过于
偶然和随机的情况下，没有理由不相信不主张：应当并可以通过**人
为选择**来构建一个理想完美的人类未来社会生活，由此完成第二次
进化：**人为进化**。而人工意识就是这个未来主义构想方案中的一个
基本构件。

　　人类意识的产生意味着人类的形成。而人类的产生是宇宙发
展中的一个伟大事件，至少人类自己是这样主张的。但如果接受进
化论的结论，那么这个从猿到人的进化也应当是一个无目的的事
件，尽管并不因此而全然无意义。

　　但人类形成的意义何在？目的何在？这似乎是一个终极问题，
既是宗教意义上的终极问题，也是哲学意义上的终极问题。

　　按照犹太教和基督教的创世说，人是上帝造就的。但上帝造世

造人的用意与目的并未得到给明；婆罗门教和佛教的轮回说将世界在结构上理解为六道，在发生上理解为轮回。但人为何会身处六道以及为何会需要面对轮回的问题并未获得回答。这不是宗教所要提出和回答的问题。与此相同，康德也没有说明理性生物为何注定被限制在现象界；黑格尔也没有论证绝对精神究竟从何而来。因为这些问题是从形而上学领域中流出的目的论和因果论的问题，而形而上学问题本身是不受目的论和因果论的制约的。我在此前的论稿中曾说明康德所指明的四个二律背反和佛陀不回答的十个问题。事实上儒家也有类似的看法，只是说法不同，即所谓："本体本无可说，凡可说者皆工夫也。"① 甚至可以说："心无本体，功力所至，即其本体。"②

我在这里对人工意识制作者提出的问题和要求不是形而上的，而是形而下的，即是说，是科学的，也是道德的。当人工意识的制作者如今要尝试人类的第二次进化，要造出完美的、不死的人神时，他将承担以往造人的自然或造人的上帝的责任，同时，他作为人类的一员将承担对全人类的责任。这个责任，在研制出毁灭人类的原子弹的科学家那里与在研制出进化人类的人工意识的科学家这里，是同样无法承受的重。

这个无法承受的重，来自于在人工意识制作中默默地但必然地发生的意义转变或目的变化：人工意识的制作从对人的服务转向了

---

① 张元忭：《不二斋论学书》，收于黄宗羲：《明儒学案》（上），卷十五，沈芝盈点校，北京：中华书局，2008年，第326页。

② 黄宗羲：《明儒学案》，沈芝盈点校，北京：中华书局，2008年，第375页。

对人的进化。这个变化在人工智能那里已经显露出来，并且有过无数次的现实发生。机器人成为更出色的工人、农民、战士、教师、医生、护士、法官、律师、会计、司机、厨师、翻译和棋手，如此等等，但都只是在某一专长上。而在人工意识的制作和发展中，这个变化必然也会发生，而且发生在人类意识拥有能力的各个领域，即便不是所有领域。无论在专业工作领域，还是在业余爱好领域，无论在科学技术领域，还是在文学艺术领域，人类意识都将会遭到人工意识的取笑和睥睨。

这就是我从一开始就要讨论的人工意识的基本问题：我们制作人工意识的目的究竟何在？是为了制作我们的奴仆，还是为了制作我们的主人？历史学的左-右问题与政治学的左-右问题在这里似乎已合二为一。

六、人工心灵：完善人类文明
还是终结人类文明？

霍金曾在 2016 年的演讲中提出一个选择命题：AI 可能成就或者终结人类文明。而后他在 2017 年演讲中则提出一个条件命题：即使 AI 终结人类，人类也别无选择。这些命题所表达的都是目前人们对 AI 发展的担忧，实际上最终是对 AC 的担忧。这些担忧有一部分会在 AI 发展为 AC 之后得到消解，另一部分则会得到强化。这些可以通过以下案例得到说明。

有实验表明：在实验中让两个 AI 聊天机器人互相对话，机器人会逐渐发展出人类无法理解的独特语言。AI 还学会耍手段：某些案例中，AI 选手会先假装自己很想要某个物品，其实这个物品对它毫无价值。它这样做的目的是为了之后假装"妥协"，因为它发现了对方很想要，如此一来就能骗得对方放出一些更有价值的物品——人类平时的惯用伎俩，没有人教 AI，但它自己学会了。

有观察表明：AI 可以表现出种族歧视或性别歧视。例如，"谷歌翻译"在将西班牙语新闻翻译成英语时，通常将提及女人的句子翻译成"他说"或"他写道"。尼康相机中用来提醒拍照者照片中的人有没有眨眼的软件，有时会把亚洲人识别为总在眨眼。单词嵌入——一个用来处理和分析大量自然语言数据的流行算法——会把欧裔美国人的姓名识别为"正面"词汇，而非裔美国人的姓名识别为"负面"词汇。

倘若以上实验和观察得出的结论的确属实，那么我们会认为这些 AI 已经自己发展到了 AC 的阶段，即 AI 升级到了 AC：前者只能思考头顶的星空，后者还会遵循心中的道德律。

但在撇开这些虚张声势的媒体渲染后稍做斟酌与复核就会发现，这里受实验和被观察的仍然是人工智能，而非人工意识。道德因素是研究者和报道者后来加入的解释的结果。试想，如果人工智能在互联网上找到的"美人照"中美女多于美男，它当然也会得出有可能理解为对男性有性别歧视的结论；与此同理，如果事先告诉人工智能新娘就是穿着西式婚纱的女子，它当然就会将穿着东方婚礼服装的女子不当"新娘"看，从而背负种族歧视的嫌疑。因此，若这里仍可发现道德判断和伦常行动的痕迹，那一定是与数据集和算法有关，而这是人工智能的设计者和制作者的问题，并非人工智能本身的问题。在人工智能的目前阶段，它可以辨识性别差异或种族差异，但还不会做出性别歧视和种族歧视。这并非因为它自己是无种族的和无性别的，而是因为它本身还不具有情感能力和意欲能力，因此也无爱恨、无冲动、无尊卑、无喜好，以及如此等等。而且除此之外，人工智能还不具有自身意识，缺乏反思能力，以及如此等等。

人工意识需要补足这一切才能成其所是。这意味着人工意识应当在各个方面有接受和拒绝的能力，有好恶的判断，有选择美丑的自由，有自身意识（self-awareness），也有人格生成（person-becoming）的过程，如此等等。一言以蔽之，它含有人类意识的一切要素，而且是以更为理想、更为美满的方式。

这种人工意识的获得，应当不是通过对人类意识的复制，而是必须通过对人类意识的改进和完善。它应当具有理想完美的智识、理想完美的情感、理想完美的意欲。例如，如果人通过脑电波可以做到控制第三只人造的机械手（这是脑科学界刚刚完成的一项成就），那么可以通过人工智能植入一个有着三头六臂或诸如此类的理想机器人。

一个更为完美的 AC 在理论上不一定会终结人类，但很可能会使人类的地位从主宰者变为从属者，就像一个家庭中家长的地位会随自己的衰老和后代的成长而必然发生变化一样。它属于霍金所说的成就人类文明，还是终结人类文明？这是一个值得思考的问题。

当然还可以考虑通过复制人类意识来完成对人工意识制作的方法。我在前面的"人类意识与人工意识"一文以及在本文后附的"假如'超越'是可能的……———部科幻电影的哲学解读"一文中也表达了我对这个可能性的看法。对于目前科学家们提出的"人类放弃肉体上传意识至计算机是达到永生的唯一方式"的主张，我只对其中"唯一"的说法抱有怀疑。即是说，如果我们信任这些科学家，那么人类将意识上传至计算机的做法是有可能完成的，无论是否需要放弃肉体。在此意义上，一种永生的方式有可能会实现。但若说它是永生的唯一方式，这便是科学上一个过于大胆的断言，甚至是非科学的断言，因为它太容易被证伪。我在上述两篇文字的第一篇中已经罗列了其他理论上可能的永生方式。此外，近期也已有谷歌的科学家发出预言：人类将在 2029—2045 年开始实现永生，但不是以上传意识的方式，而是通过基因改造或其他方式。哲学家也有过类似的预言：胡塞尔与海德格尔的学生、责任伦理学家汉斯·约纳斯在此之前就预测，大约在 2050 年与 2300 年之间，世界会因为一个有智识的和有自身反思能力的电脑而变为后生物的世界。

这个制作人工意识的目的仍然维持在服务人类的目的性中。它属于霍金所说的成就人类文明，还是终结人类文明？这也是一个值得思考的问题。

七、人工心灵与神经元的问题

这里还应当从另一个角度来考虑人工意识制作的可能目的与可能意义问题：不死或永生的问题。奥林匹斯山上的众神与人类的区别不仅在于前者在各个方面更有力，而且更在于他们可以不死。前一种理想状态如今已经可以通过人工智能来实现，而后一种可能性则需要通过人工意识的制作来完成。我不清楚目前自然科学家在多大程度上明确或隐晦地带着这个目的来展开自己的工作。但如前所述，我们已经听到过许多次人类即将永生的预告，而且时限越来越具体。

现在的问题已经不在于人是否能够永生，而更多是在于，永生的是什么样的人？

我曾经列出至少五种可能的永生方式，而且还可以随科学的发展继续列举 N 种，例如不断地克隆自己。但这里的"自己"是一个哲学问题。2018 年 8 月在北京大学召开的第二十四届世界哲学大会的第一个大会讨论议题便是"自己"（self）。当我们说通过克隆自己而永生时，我们所说的更多是"身体的自己"。而"心灵的自己"不再是同一个，因为神经元或神经细胞（nerve cell/ nerve unit）是有寿命的，变更了，除非它们也可以被克隆或移植或复制到新的"克隆自己"中。否则，即使个体的身体没有改变，但它仍然会因为它的记忆及其载体的改变而不再是它自己。

我在讨论人工意识的第一篇文章中曾提到：按尼克·莱恩（Nick Lane）的说法，神经元的寿命只有 120 岁，即使替换神经元，一个人的记忆被更换，那么他的统一性也不复存在。我不再是我。不过也可以问，个体的统一性果真那么重要吗？但如果可以将记忆数码化，这个问题就可以解决。因而这第二个可能性是以第一个可能性为前提的。这里涉及的实际上是一个最终还原的问题。弗朗西斯·克里克说过一句有名的话："你除了一堆神经元之外什么都不是。"这意味着，他将人的一切都还原为神经元。如果我们按照自己的视角和立场来做类推的还原，当然我们也可以说："你除了一堆细胞之外什么也不是。"或者说："你除了一堆意识之外什么也不是。"而如果意识可以被数码化，例如可以还原为由脑电波来传递和表达的数字信号，那么我们也可以说："你除了一堆数码之外什么都不是。"

而据物理学家组织网 2013 年 3 月 28 日（北京时间）报道，意大利帕维亚大学和都灵大学的科学家通过实验证明，神经元的寿命不受生物最大寿命极限的限制，但它必须被移植到一个寿命更长的宿主身上，此时它的寿命能超过原来生物的寿命持续下去。在这个意义上，这个个体的神经元可以永恒地存活下去，但它的载体已经很难说是它自己了。人的永生的最大困难仍然在于神经元的寿命。

现在至少我们可以说，首先可以永生的是人的身体。一旦它的某个部分坏死了，我们就用再生的身体部分去替换它，以此方式永远生存下去。其次，永生的也可以是人的心灵，只要我们将人的心灵还原为神经元、它们代表的人类大脑皮质的思维活动，以及它们所接收、传递、联络、处理和整合的信息。心灵可以寄托在它的传统的生物载体上，也可以寄托在非生物的载体上，即我们通常所说的机器上。一旦如此，我们便可以宣告后生物时代的来临。这时"永生还是不永生"便已不再是一个问题了。

八、人工心灵作为纯粹意识和完美心灵

人类很早就开始并且至今已经尝试了无数次对理想的完美心灵的构想。两千五百年前，还在人类所处的轴心时代，人类就已经通过文学和艺术按照自己的理想而虚构了比自己更有力的人神：他们要么是居住在奥林匹斯山上或兜率天上，要么是居住在东海或西天的各类神祇。如今人类仍然在尝试建造理想的人类，但这次是按照心理和物理的科学来建造，即建造具有完美的知情意的理想人类：与我们生活在一起并随时有可能驾驭我们的人造人。奥林匹斯上的众神具有七情六欲，具有贪婪、好色、嫉妒、虚荣、自私、淫乱、虚伪、残暴等人类具有的一切恶习，同样具有勇敢、正直、忠诚、无私、执着、友谊等人类具有的一切美德；希腊众神与人类的本质区别只是前者不死而后者会死，或者还有前者比后者更为有力。现在我们以科学方式塑造的人神或半人半神应当可以做到取其长、避其短。

那么人类的尊严是否会随之而丧失殆尽呢？或许会。实际上它本身是传统的人类中心主义的产物，迟早会完成自身的消解。这个消解并不一定是随着人工意识的诞生，但却肯定是随着进化论的问世就已经开始。即使没有人工智慧，它也会慢慢地随着动物权利、自然保护等观念的日趋强化而日趋弱化。

从哲学上看，在德国观念论之前，哲学家，尤其是英国经验论者讨论的大都是人类理智，如洛克的《人类理智论》、贝克莱的《人类知识原理》、休谟的《人类理智研究》。在德国观念论那里表露出来的一个"超越"在于，哲学家由此开始讨论"纯粹理性"和"绝对精神"。按康德的说法，纯粹理性不仅仅是人的理性，而且也是所有理性生物的理性；而按黑格尔的说法，绝对精神不是某个主体或某一类主体的精神，而是超越于一切主体之上的客观精神。德国观念论与英国经验论的区别现在再次体现在不断式微的哲学本身与逐日昌盛的哲学人类学之间的区别。

在我看来，人工意识恰恰是意识哲学或精神哲学所要讨论的问题，人类意识才应当是哲学人类学要讨论的问题。因为前者代表纯粹意识或绝对意识，后者只代表经验意识或相对意识。

总　结

人类智能所制作的后代早已在智能方面超越了自己。因此，人工智能研究的理想，"人工智能在理论上可以模仿人类智能，然后超越之"，已然成为现实。霍金的担心（"AI可能成就或者终结人类文明"）和无奈（"即使AI终结人类，人类也别无选择"）原则上不是AI的问题，而是AC的问题，即人工意识的问题。如果人工智能只具有知情意中的认知能力，缺少情感和意欲，那么它不会也无法起念去终结人类文明。唯有人工意识，理论上具有比人类意识更强的知情意，才有超越和取代人类意识的动机，从而完成史上第二次进化：人工进化。这意味着生命3.0版本的到来，也意味着后生物世界的到来。我们应当如何面对这个将来？坦然地，或是惶然地？这取决于我们对于人类本身以及与之相关的人类中心主义的看法与评价，对自然进程中的生物进化及其结果的看法与评价。

***

附录影评　假如"超越"是可能的……
——一部科幻电影的哲学解读

标题中"超越"的英文是"transcendence"，它是时代华纳电影公司 2014 年出品的一部科幻电影的名字。下面的文字并不打算讨论这部电影的艺术性，而只想讨论它的思想性。因为碰巧它谈论的话题与笔者的意识哲学专业研究的问题相关：意识的本性、自身意识，以及诸如此类。

"transcendence"涉及现代生活中的高科技问题，首先并主要是人工智能问题，其次还涉及通过互联网的全面普及而实现的传播和交流问题、借助纳米技术而完成的物质重组问题、由于合成干细胞制造成功而得以可能的组织再生问题，以及诸如此类。这些科学的进步之所以在这里还被称作"问题"，并非因为它们本身的发展面临困境，而是因为它们有可能很快便会发展到极致，从而最终使得人的生命的意义、整个人类生活的意义成为问题。这也是这部电影所提出和讨论的问题。

故事是从一台叫作"PINN"的人工智能电脑开始，天才的科学家们试图将它制作成为一台超级的智能机器，可以自主运转，并能表达自己的感情，还可以具有自身意识，即是说，它在运转的同时也意识到自己的运转，因此它在运转过程中随时会有是非判断、道德本能、审美直觉等与之相伴随，它因此也具备自身记录、自身认同、自身反思、自身修正与自身改进、自身更新的能力。意识的这种自证功能实际上是大自然在长期进化过程中完成的一个谜一般的结果。现在,科学家们试图为人工智能创建一个类似的东西,"一个包含有人类所有的情感,甚至包括自我意识的实体",一台"将人工智能与人脑智能包含为一体"的超级机器。电影的主角威尔·卡斯特(Will Caster)是尝试者之一,他将这台趋近成功的机器称作"Transcendence"。

我将这个词或这部电影译作"超越"①。因为"超越"本来是一个带有浓厚哲学色彩与宗教色彩的概念,而它在此影片中也保留了这些因素:它不仅意味着人工智能对人类自然智能的超越,意味着自人类意识产生十三万年以来首个带有全新思维方式的全新时代的来临:"在极短的时间里,它的分析能力,就将超越所有在地球上有史以来生存过的人类全部的智慧";同时它也意味着人的意识、人的心灵生活对自己的超越,即建造出一种超越自己的,而且同样具有自身意识的更高级智慧,制造出一个自己的上帝。这个上帝是真正全知全能的:一切疑问都可以通过高强度的分析运算而得到最终解答,一切困难都可以通过将这些认识结果在高科技领域的应用而得以最终消除,无论是单个人的疾病还是整个地球的污染:"仰望天空、云彩,我们正在修复生态而不是损害它,粒子在气流中飘浮,复制自己,取代雾霾,退化的森林可以得到被重建,水是如此清澈,可以捧起来畅饮。这是你的梦想。——不仅疾病可以得到治疗,而且地球也可以得到治愈。为了我们所有人,创造更美好的未来。"

这样的科学"愿景"还不能算是这部影片的首创。我们在许多

---

① 流行的译名"超验骇客"完全出于误解。另一个译名"全面进化"虽非误解,却是解释而非翻译。

科幻片和未来片中都可以看到类似的设想和展望。《超越》提供的新构想是将当代最新的人工智能的建造方案与脑科学-神经科学-心理学的研究和实施结合在一起。

由于人工智能一直没有解决自身意识(self-awareness, self-consciousness)是如何可能的问题，因而至此为止我们所面对的人工智能只是一种具有类似神经系统的计算能力，正如影片中另一种思维方式的代表麦克斯所说："你不可能编一个程序让机器有自身意识，我们自己都不知道自己的意识是怎样运作的。"关于后一点，影片中有两次人机对话出现。人问机器："你能证明你有自身意识吗?"机器反问："这是一个复杂的问题。你能证明你有自身意识吗?"[1]

人工智能目前虽然可以模仿人类意识并在某些方面大幅度地超越人类意识，例如在逻辑运算方面，但它还不具备人类意识所具有的自身意识，以及与此相关的道德本能、审美直觉、自身认同和反思与修正的能力等。佛教唯识学和胡塞尔现象学的意识理论都不约而同地指出，任何种类的意识至少有三个必然的组成部分：意向活动(见分)、意向对象(相分)、自身意识(自证分)。换言之，缺少了这三分，一种智能活动还不能被称作意识。

然而影片中威尔对自身意识的问题已经抱有如此的自信，以至于他可以反驳麦克斯说："那只是你的观点，碰巧那还是错的。"他

---

[1]　关于人工智能的自身意识问题的科幻电影，这十多年来日趋增多，美国电影《机械公敌》(*I Robot*, 2004)、《未来战士2018》(*Terminator Salvation*, 2009)、《鹰眼》(*Eagle Eye*, 2008)，日本系列动画影片《攻壳机动队 I》(*Ghost in the Shell I*, 1995)等，是这类电影的出色代表。

的整个研究正试图在此方向上有所突破。影片开始时他便暗示"我
这儿真的开始有所进展了"。或许解开自身意识问题之谜的确只是
个时间问题。但影片中的威尔已经没有时间来完成这个人工智能
在意识层面上的突破，因为一个自称为"裂缝"的反科技的恐怖组
织运用高科技手段对他和其他人工智能的科学家实施了袭击，使威
尔身负重伤，命在旦夕。——影片在这里暗示了人类自然智能有别
于人工智能的一个特点：它的思考不一定是逻辑的——一方面充分
使用高科技，一方面要求远离高科技；一边想要竭力拯救人类，一
边不惜夺人性命。

　　然而另一位人工智能科学家托马斯·凯西以另一种方式在被
暗杀前完成了他的研究的突破。他没有像前人那样纠缠于人工智
能的创造，而只是简单复制了现存的生物智能："凯西解决自身意
识问题的方案是用一个活生生的大脑意识"，更具体地说，他将一
只猴子的脑电波全部记录在电脑上，由此而获得意识的所有基本要
素。这意味着，原则上可以将意识的所有功能和活动连同其积淀下
来的记忆，即意识的全部本性连同其全部的习性，都转换为一组电
子信号，上传和储存在类似"PINN"的超级人工智能电脑中，经过
组织、整合、编排以及加工，使得一个作为电子信号存在的人工意
识成为活生生的现实。

　　"活生生"是指这个意识可以在电脑开启的时间里像意识在人
脑中活动那样运行，但以比人脑速度快千万倍、效率高千万倍的方
式；而且它还可以借助电脑的附加设备来表达和运动自己，就像人
的意识可以借助五官四肢来表达和运动自己一样，但同样以比人脑
速度快千万倍、效率高千万倍的方式。

威尔的确在他妻子的帮助下这样做了，从而将这个原则可能性付诸实现：在他生命结束之前，他将自己的全部意识以复制脑电波的方式上传到了超级电脑中，然后继续以意识的方式生活在这部叫作"PINN"的超级人工智能电脑中。接下来，威尔的心灵生活可以通过与互联网相接而全面地铺展开来。这种心灵生活由于其记忆的内容而可以与情感相关，它可以像人的意识一样继续去爱别人，也可以恨自己，如此等等，而且具有自由意志，在需要决断时它也不会像通常的人工智能那样无能为力。像影片中所表现的那样，它甚至可以做出为了他人而进行自我毁灭的决定。它保持了自然智能的本性，同时也是人工智能：一种全新的意识，一种超越的意识。

这种"超越"会带来不可思议的后果。与时间空间的无限性以及物质的无限可分性一样，它实际上是不可思议的，因为它已经超出了人类的想象力，甚至是在哲学思考方面的想象力。笔者在此只能对它做出一定程度的揣摩。

假如"超越"是可能的，那么首先显而易见的是，意识与语言的界限被彻底打破，语言哲学与意识哲学（或心智哲学）的争论也可以结束了。[①]影片《超越》实际上表达了一种想法：人也许可以将自己意愿、情感、观察、思考的一切，都转换成一种数码语言，可以复制和储存，并在互联网中上传和下载，就像我们录制、上传和下载一首歌曲和一部影片一样。在此意义上，意识与语言是完全同一的。作为自然智能的人的自然意识与作为人工智能的程序语言的

---

① 胡塞尔在《形式逻辑与超越论逻辑》中曾讨论过这个状态的可能性。还可以参见布鲁门贝格：《无法领会性的理论》（Hans Blumenberg, *Theorie der Unbegrifflichkeit*, Frankfurt am Main: Suhrkamp, 2007）。

界限因此而不复存在。人随之可以获得永生，至少是他的心灵生活的部分。

假如"超越"是可能的，那么接下来对精神科学与自然科学的划分也可以被消除了。狄尔泰等人提出的自然科学与精神科学之间的原则性差异也不再成立，唯物-唯心的争论当然也可以休矣，因为精神与物质的差异已经不复存在。剩余下来的只有一门科学：生命学。它是有机的，也是无机的；是精神的，也是物质的。或者说，它既不是有机的，也不是无机的；既不是精神的，也不是物质的。

意识哲学家们一直以来就怀疑，用物理学的方式去处理和解决心理学的问题，将自然科学的方法运用于精神科学研究对象的理解和改造——这原则上是否行得通？这个怀疑也随之而烟消云散。因为无论物质还是精神，都是以纳米粒子的活动方式在进行。当然不是以海德格尔存在论的方式，而是以物理-心理、自然-精神的方式，即影片称作"混合者"（Hybrids）的存在论方式。或许我们可以将这种全新的存在方式命名为"混合存在论"（Hybrid Ontology）。以往的哲学家只是在"泛神论"或"万物有灵论"的标题下思考过同类的可能性。如今这种可能性在纳米粒子的活动中得以实现：不仅单个人的身体，即有心灵的肉体，可以通过三维的打印技术制作出来，因此人既能以心灵的方式，也能以肉体的方式永生；而且所有的物质都以有灵的方式存在，所有的心灵都以电子信号的方式运行。

接下来的问题是，这个合而为一的"混合者"也应当有自己的存在法则和运行规律。但何种法则，什么规律？显然这些法则和规律不会仅仅是物理世界的因果律，也不会仅仅是心理世界的动机引发律，但却有可能同时是它们两者，就像在人的生活中这两种规律在同时起作用一样。而且，在人的生活常见的情感矛盾、道德悖论、自由选择的难题也会在"混合者"的生活中出现。影片最终的悲剧结尾也表明了这一点。

假如"超越"是可能的，那么个体与社会的界限也被彻底打破，民族与国家也不复存在。社会哲学与政治哲学当然也失去了存在的权利。文明冲突和战争暴力不再可能存在，因为意识的传递在意识内部进行，无须外部语言的中介。每个个体行为因而都与社会行为基本一致，甚至个体行为从根本上说就是社会行为。个体意识只是一个超级意识的终端，始终服务于这个"超越之物"。这个意义上的科学愿景表现为："原始的有机生命将被终结，一个更为进化的时代即将到来，所有事物都将为了服务于它的智能而存在。"它是全知全能的，因为它的智慧无限，能量也无限。但它差不多已经是唯一的了，因为所有的精神与物质事实上都已经属于它，属于这个"超越的混合者"或"混合的超越者"。此时谈论宇宙的意义已经不再是有意义的，更确切地说：这种谈论丧失了对人和人类而言的意义，因为人类个体乃至人类总体已经被超越。现在只能谈论宇宙的自在与自为的意义。或许我们只能用佛教的"空"来描画它。

卓别林在其影片《舞台生涯》（*Limelight*, 1952）中曾这样劝说自寻短见的舞女特雷西纳："你为什么急着找死呢？你有苦恼吗？活下去才是最重要的，其他的可以慢慢来。人类至今已经有几亿年了［实际是十五万年］，而你却要放弃自己的生命。放弃人世间最宝贵的东西。没了生命，宇宙就毫无意义！星球能做什么？什么也不能，除了一片死寂！而太阳，从280万米［实际上是1.5亿米］的高空放出热量。那又怎样？只不过是浪费自然资源罢了！太阳会思考吗？有意识吗？（Can the sun think? Is it conscious?）没有，可你有！"——个体的意识和生命，在这里被提高到了高于自然之上的位置。

但是，假如"超越"是可能的，宇宙就不再是死寂的，大自然也可以拥有心灵生活：有生命、有心灵的自然。于是，太阳可以思考，能有意识。"超越"最终会扩展成为宇宙本身，一个有心灵生活的全新宇宙。

当然，所有这些，都还只是由一部影片引发的联想和假设。影片最终给出的结局是通过对全球电力系统和电信系统的破坏，实际上是通过"超越"的自杀，"超越"最后得以终止。影片并未表明其制作者自己对于"超越"的立场和态度，看起来不是不愿，而是不能，因为影片制作者自己的思想明显处在两难之中，他对"超越"的构想，最终超越了自己的想象力和理解力。电影中存在的诸多逻辑悖谬和推理破绽，究其根源可能就在于此。

无论如何，影片提供的结局令人深思："超越"作为全新时代的代表，也超越了人类自然意识的理解能力——"他们害怕他们不懂的东西"，于是，出于一种同情感，"超越"最终选择了放弃自己。

（除特别说明的以外，本文中其他所有加引号的文字都出自影片《超越》中的对话）

附录3　意识作为哲学的
问题和科学的课题
——人工意识论稿之三

一、引论

"意识"是哲学自古以来就在不断思考与讨论的问题，尽管是以不尽相同的名义，例如以西方哲学中的"努斯"、"灵魂"、"精神"、"心灵"、"心理"的名义，或者以东方哲学中的"心"、"意"、"识"、"思"、"想"、"念"的名义，以及诸如此类。今天的哲学界也仍然在意识哲学、心灵哲学、心理哲学、精神哲学等名义下和领域中继续探问这个问题。

对于意识或心灵的讨论，心理哲学家丹尼特曾在他的《心灵种种》一书中开门见山地表达自己的看法："我是哲学家，不是科学家。我们哲学家更善于设问，而不是回答。大家不要以为我一上来就在贬低自己与自己的学科。其实，提出更好的问题，打破旧的设问习惯与传统是人类认识自身、认识世界这一宏伟事业中非常困难的一部分。"①

---

① 丹尼尔·丹尼特：《心灵种种：对意识的探索》（*Kinds of Minds: Toward an Understanding of Consciousness*），罗军译，上海：上海科学技术出版社，2010年，序，第1页。

　　丹尼特在表达这个看法时自认的身份是哲学家，因此他没有承诺自己的研究能够提供关于意识问题的具体解答方案。但他在这里实际上还有另一个身份，即心理学家，这后一个身份又意味着他也应当提供关于这个问题的某些答案，或描述、解释、说明等，或至少为解答问题做出准备性的工作。接下来我们也会看到，这的确也是丹尼特在该书中主要从事的工作。而本文在标题中提到"科学"，这同样包含了某种在意识领域中不仅要设问，而且要解答的意图。

　　这里所说的"科学"当然是指"精神科学"，而且当然带有狄尔泰赋予"精神科学"的特有含义，即带有关于精神世界的科学和历史理性批判的含义；但它同样带有胡塞尔所理解的"科学"的含义，即"作为严格科学的哲学"的含义。这个双重意义上的"精神科学"（或"意识哲学"）因而在论题和方法两个方面都有别于我们今天理解的"科学"，即"自然科学"：在论题上，它以"精神"或"意识"或"心灵"为对象；在方法上，它不一定是"精确的"，但应当是"严格的"。

　　在人工智能研究疾速发展的今天，不仅意识哲学家和精神科学家始终在关注意识问题，而且物理学家、医学生物学家、心理学家、脑科学和神经学家等，都带着不同的兴趣和目的而开始将科学研究的目光集中到"意识"问题上。

　　正如泰格马克所说："虽然思想家们已经在神秘的意识问题上思考了数千年，但人工智能的兴起却突然增加了这个问题的紧迫性，特别是因为人们想要预测哪些智能体可能拥有主观体验。"他在其畅销书《生命3.0》中便用第八章来专门讨论意识。他首先看到了以目前自然科学、物理科学的方式去接近意识科学、心理科学问题的困难："意识是一个富有争议的话题。如果你向人工智能研究者、神经科学家或心理学家提到这个以 C 打头的单词（consciousness），他们可能会翻白眼。"而之所以出现这种局面，在他看来原因首先在于"意识"的定义不明："正如'生命'和'智能'一样，'意识'一词也没有无可辩驳的标准定义。相反，存在许多不同的定义，比如知觉（sentience）、觉醒（wakefulness）、自我觉知（self-awareness）、获得感知输入（access to sensory input），以及将信息融入叙述的能力。"① 严格说来，泰格马克列出的所有这些概念，尤其是其中的"自我觉知"，都不仅与"意识"不相匹配，而且彼此间也存在相当大的距离。

但泰格马克仍然在尝试给出"意识"的两个定义或特征刻画。他对"意识"的第一个定义是"主观体验"。这也是对"意识"的通常理解。如果仅仅承认这个定义，那么也就需要承认，关于意识只能进行形而上学的哲学讨论而无法进行客观科学的研究。

泰格马克认为还有第二个对"意识"的定义或特征刻画，即"意识"是"信息"，因而可以对其进行科学研究。他认为人工智能在未来的发展将是创造出有意识的机器人，同时也是具有更高智慧的机器人，这将是生命发展的 3.0 版本："哲学家喜欢用拉丁语来区分智慧（'sapience'，用智能的方式思考问题的能力）与意识（'sentience'，主观上体验到感质的能力）。我们人类身为智人（Homo sapiens），乃是周遭最聪明的存在。当我们做好准备，谦卑

---

① 参见迈克斯·泰格马克：《生命 3.0：人工智能时代人类的进化与重生》，汪婕舒译，杭州：浙江教育出版社，2018 年，第 375、374、396 页（Max Tegmark, *LIFE 3.0 — Being Human in the Age of Artificial Intelligence*, New York: Alfred A. Knopf, 2017, Chap. 8. Consciousness）。

地迎接更加智慧的机器时，我建议咱们给自己［应当是给这种机器人］起个新名字——意人（Homo sentiens）！"[1]

在泰格马克提出的这个宣言或设想中隐含着对意识的一种未加审思和阐明的理解：人工智能目前属于有智慧的机器，但更有智慧的机器不仅仅是有智能的，而且还是有意识的；因而"意识"在这里是一种比"智能"更高的智慧形式。

事实上这个思想在丹尼特那里已经可以找到了。他将有意识的意向性称作"高阶意向性"（higher-order intentionality）或"有思想的（thinking）聪明"，不同于目前人工智能所处的阶段："无思想的（unthinking）聪明"，换言之，低阶的、无意识的意向性。

由于丹尼特同样批评自然心理学家"无思想"（unthinking natural Psychologists）[2]，因而他给人的印象是他默默地将有无思想视作区分"智人"与"意人"的标准，并因此而将自然心理学家纳入智人的范畴。于是这个意义上的"thinking"似乎就是海德格尔所说的"科学不思"中的"思"[3]。但丹尼特在"思想的创生"这一章开篇对"思"的阐释，却让人觉得他所说的"思"更像是"自身觉知"意义上的"意识"："很多动物躲藏而没有想到自己正在躲藏；很多

---

① 泰格马克：《生命3.0：人工智能时代人类的进化与重生》，第415页。——由于泰格马克将"意识"首先理解为"Sentiens"意义上的"觉知"，因而他将未来的更高智慧的机器人命名为"意人"（Homo sentiens）。但实际上"意人"更恰当的名字应当是"Homo conscientia"。这涉及对"意识"的基本理解。我们后面还会回到这个问题上来。

② 参见丹尼特：《心灵种种：对意识的探索》，罗军译，上海：上海科学技术出版社，2010年，第五章"思想的创生"，第107—135页。

③ 海德格尔后来也曾认同起源于最早期古希腊的科学之"思"仍然是"思"的一种，只是"算计之思"（rechnendes Denken），或"逻辑之思"，不同于他后来倡导的"思义之思"（besinnendes Denken）。

动物结群而没有想到自己正在结群；很多动物追捕而没有想到自己正在追捕。它们都是自己神经系统的受益者，而在控制这些聪明而适当的行为时，它们的神经系统并没有让宿主的头脑负载起思想或者任何像思想、像我们这些思想者所思想的思想的东西。"[1]

这个意义上的"思"或"想"显然就是我们通常用"自身觉知"（self-awareness）或"自身意识"（self-consciousness）来表达的东西。胡塞尔也将它称作"内觉知"或"原意识"或"内意识"。它本身不是意向意识或对象意识，而只是对象意识的一个部分，是对象意识在进行过程中对自己的一种非对象的觉知。

笔者在《自识与反思》的专著中介绍了西方思想史上的现有思想资源并且已经说明：近现代意识哲学家与心理哲学家的内省思考已经在一点上达成共识，即意识的"自身觉知"不是一种通过反思而获得的"自我认识"。[2] 而姚治华在其《佛教的自证论》中也对佛教思想史上的相关思考做了类似的阐述。用佛教的术语来表达，一方面，佛教唯识学区分三个意识要素或三分："自证分"以及"见分"与"相分"；另一方面，这个意义上的"自证分"在佛教传统中也不同于反思意义上的"内观"。[3]

需要说明一点：我们这两部专著几乎是同时出版的，即是说，它们的产生并未受到过可能的相互影响。但最终我和姚治华都在

---

① 丹尼特：《心灵种种：对意识的探索》，罗军译，上海：上海科学技术出版社，2010年，第107页。

② 参见笔者：《自识与反思》，北京：商务印书馆，2020年。

③ 参见姚治华的论著：Yao Zhihua, *The Buddhist Theory of Self-Cognition*, London: Routledge, 2005。

自身意识和自身认识问题上受到过我们的共同的老师、瑞士的现象学家和汉学家耿宁先生（Iso Kern）的影响。

二、有意识的人工智能意味着什么？

2019 年 2 月 4 日，人工智能网有标题新闻报道说："机器人真的有意识了：突破狭义 AI 的自我学习机器人问世"。在具体报道中可以读到如下内容："哥伦比亚大学打造一只'从零开始'认识自己的机器人，这个机器人在物理学、几何学或运动动力学方面没有先验知识，但经过 35 小时训练，能够 100% 完成设定任务，具备自我意识。"

一时之间，"有意识的机器人在春节前现身"的说法传布开来。但进一步的观察表明，这里自始至终没有明确定义什么叫作"有意识"（self-aware）或"具备自我意识"。而如果我们按报道作者的意思将"有意识"或"具备自我意识"理解为有"突破狭义 AI 的自我学习"的能力，那么这里的"有意识"或"具备自我意识"的说法就会面临两方面问题：其一，这种有"突破狭义 AI 的自我学习"能力的人工智能此前就已经有过，例如在 DeepMind 设计的 Alpha Zero 那里；其二，自我认知、自我学习的能力并不能等同于"意识"或"自我意识"。黑猩猩用半小时甚至更短的时间就可以知道镜子里的那个影像是自己，猴子则可能用一天或几天的时间。但它们与这里所说的机器人的"有意识"和"具备自我意识"显然是大相径庭的。

人工智能网的报道中显然存在着诸多的渲染和含混，因此笔者便去找它的原始出处所依据的资料：哥伦比亚大学网与"Science

Robotics"网，原始出处的报道要客观得多。虽然这里也提到有自身意识的机器人（Robots that are self-aware），但它的标题还是要谦虚谨慎一些："距离有自身意识的机器人又近了一步"（A Step Closer to Self-Aware Machines）。[①]

　　无论是"意识"，还是"自我意识"，或是"自我认识"，这些概念是互不相同的。甚至"自身意识"（self-aware）、"自我认知"（self-knowledge）和"自我模式"（self-model）也都是词义接近但所指不同的概念。

　　当然，即使在哥伦比亚大学网的报道中也没有说明"有意识"是什么意思。这在严格的意义上是指："有自身意识"。但有"自身意识"又是指什么？从报道上看，这个项目的实施者显然将"自我意识"等同于"自我认识"，因而有"自我意识"的机器被理解为能够认识自己的机器或已经认识了自己的机器。哥伦比亚大学主持这个项目的利普森（Hod Lipson）教授说："机器人会逐步认识自我，这可能和新生儿在婴儿床上所做的事情差不多。"他说，"我们猜测，这种优势也可能是人类自我意识的进化起源。虽然我们的机器人这种能力与人类相比仍然很粗糙，但我们相信，这种能力正在走向一种具备自我意识的机器的途中。"他认为这个研究在"自我意识"方面取得了以往在哲学家和心理学家那里从未有过的科学进步："几千年以来，哲学家、心理学家和认知科学家一直在思考自然

---

　　① 对此可以参见以下两个网站的报道：https://engineering.columbia.edu/press-releases/lipson-self-aware-machines 和 http://robotics.sciencemag.org/content/4/26/eaau9354/tab-pdf。后面的相关引文出自这两个网站的报道。

意识的问题，但一直进展不大。我们现在仍然在使用'现实画布'之类的主观词汇，来掩盖我们对这个问题理解不足的现实，但现在机器人技术的发展，迫使我们将这些模糊的概念转化为具体的算法和机制。"

利普森在这里表达的实际上并不是一个在自身意识问题上的研究结论，而更多是一个有待回答的基本问题：如果自身意识的概念仍然是含糊不清的，那么是否有可能以及如何有可能将它转化为具体的算法和机制，建立起它们的系统模型？[①] 但在这个问题得到回答之前，已经有一个问题需要得到澄清：关于自我意识的几千年的研究和思考真的没有进展吗？它至今仍然是一个类似"现实画布"（canvas of reality）的模糊概念吗？若果如此，那么他所说的"自我意识"必定是一个不同于几千年来或至少是自几百年来哲学界家和心理学家所讨论并已得出诸多结论的那个意义上的"自身意识"。

泰格马克曾他的《生命3.0》中呼吁，意识需要一个理论。[②] 事实上此前他的同行、浙江大学物理系的荣休教授唐孝威院士已经提出了一种关于意识的理论：《意识论：意识问题的自然科学研究》。他在书中不仅论述了意识理论的观点和方法，而且还在结尾的第十章中建构了他的"意识的理论体系"，并确定意识的四个规律：1. 意

[①]　可能文学家类型的哲学家对此问题也持有或多或少相同的态度。例如电影《超越》（*Transcendence*, 2014）中有一段人机对话。人问机器（这里的人工智能不是人形的机器，因此不能叫机器人）："你能证明你有自身意识吗？"机器反问："这是一个复杂的问题。你能证明你有自身意识吗？"

[②]　泰格马克：《生命3.0：人工智能时代人类的进化与重生》，第395页。

识结构方面的意识要素律，2. 意识基础方面的意识基础律，3. 意识
过程方面的意识过程律，以及 4. 意识发展方面的意识发展律。[①]

　　这里的四个定律，严格说来，关于第一、第四规律的理论不能
算是自然科学的，而更多是精神科学的，或者说，是心理哲学和精
神哲学的。无论如何，唐孝威不仅参考了早期心理学家冯特、詹姆
斯、弗洛伊德的研究，也参考了当代的心灵哲学家和科学哲学家如
查尔斯默、塞尔、威尔曼等的著述。

　　而关于第二、第三规律的理论是自然科学的，具体说来是生物
学的和神经科学-脑科学的，但立足不稳，论证比较弱。唐孝威也
参考了克里克和科赫等一批神经科学家对意识的见解和论述。他
深知对意识的研究需要从整体、系统、脑区、回路、细胞、分子等各
个层次进行。但由于这些研究还处在起始阶段，因而在他所承认的
"意识至今还是未解之谜"[②]阶段上得出的意识规律，在一定程度上
还保留了揣测、构想和推断的性质。

　　但唐孝威的《意识论》已经提供了一个平台或一个方向，一个
试图用自然科学的观点和方法来展开意识研究的可能和现实的实
施方案。现在我要认真考虑是否要撰写一部用精神科学的观点和
方法来阐释意识理论的对应论著，暂定名为《意识现象学引论：意
识问题的精神科学研究》。无须重复，这里的"精神科学"带有狄尔
泰和胡塞尔赋予它的意义。

---

　　① 唐孝威：《意识论：意识问题的自然科学研究》，北京：高等教育出版社，2004
年，第 120—127 页。

　　② 唐孝威：《意识论：意识问题的自然科学研究》，第 30 页。

三、"心灵"、"意识"、"无意识"
各自所指的是什么？

　　意识当然也是哲学家和思想家始终在思考的艰难问题，而且这些思考在所有古代文化中都可以发现，而且是以不同的名义进行。卡西尔曾说："看起来意识这个概念是真正的哲学柏洛托斯。它在哲学的所有不同问题领域都出现；但它在这些领域中并不以同一个形态示人，而是处在不断的含义变化中。"[①] 如今对这个问题的思想史回顾已经表明，在所有关于意识的思考中，"意识"在概念上得到最明确界定，并因此而得到最通透讨论的思想传统还是应当属于佛教唯识学。

　　历史上佛教的意识理论大多将如今人们常常使用的"心灵"（mind）概念一分为三，即"心"（citta）、"意"（manas）、"识"（vijñāna）。它们或是被视作同一个东西的三种功能，或是被视作对同一个东西的三种诠释，又或者被理解为"心灵"的三种类型或三个发展阶段。无论如何，它们各自具有自己的特征，即"集起"、"思量"与"了别"。大乘唯识学因此也将它们命名为"第八阿赖耶识"（含藏之识）、"第七末那识"（思量之识）和"前六识"（分别或分辨之识：眼识、耳识、鼻识、舌识、身识、意识）。

　　这个三位一体的"心意识"，既有结构上的深浅之别，也有发生

---

　　① 　E. Cassirer, *Philosophie der symbolischen Formen III, Phänomenologie der Erkenntnis*, Darmstadt: Wissenschaftliche Buchgesellschaft, 1982, S. 57. ——这里的"柏洛托斯"（Proteus）是希腊神话中变幻无常的海神。

上的次第之差。如今若要构建一门意识理论，首先应当学习和了解佛教传统中的这个"心意识理论"。这里已经可以看出，与它相对应的概念实际上并不是 c 打头的"意识"（consciousness），而更应当是 m 打头的"心灵"（mind）。"心灵"的外延比"意识"更大。后者通常被包含在前者之中，即意味着"心灵"的"被意识到的"部分。这也是查尔默斯在其专著《有意识的心灵》①中首先和主要表达的意思。

这也就意味着，"心灵"还包含"未被意识到的"部分，即"无意识"或"潜意识"或"下意识"的部分。即是说，心灵由两部分组成：有意识的和无意识的。在我看来，前者的最深刻、最敏锐的研究者是胡塞尔；后者的最有洞见与影响的研究者是弗洛伊德。他们的代表作都发于 1900 年：《逻辑研究》与《梦的诠释》。②

"无意识的心灵"与唯识学所区分的"第八识"（或可称作"藏储意识"）十分相近，③ 而"有意识的心灵"则基本上相当于唯识学所说的"第七识"（或可称作"思量意识"）和"前六识"（或可称作"对象意识"或"分别意识"）。所有八识合在一起，就是英语哲学中的"心灵"，也是传统中国哲学中的"心"，以及佛教哲学中的"心意识"。

现代语言中的"意识"概念常常会被当作"心灵"的同义词来

---

① 大卫·查尔默斯：《有意识的心灵：探寻一门基础理论》，朱建平译，北京：中国人民大学出版社，2013 年。

② 参见 Edmund Husserl, *Logische Untersuchungen, I-II*, Halle a.S.: Max Niemeyer, 1900/01; Sigmund Freud, *Die Traumdeutung*, Leizig und Wien: Franz Deuticke, 1900。

③ 参见 William S. Waldron, *The Buddhist Unconscious — The alaya-vijñana in the context of Indian Buddhist thought*, London: Routledge, 2003。

使用，无论是汉语的"意识"，还是德语的"Bewußtsein"或英语的"consciousness"或法语的"conscience"。而这往往会造成混乱。查尔默斯的著作《有意识的心灵》从概念上对此做了基本的厘清。现象学家扎哈维也做了相似的工作，他与伽拉赫合著的《现象学的心灵》①，实际上也将"心灵"区分为"现象学的（显现的）"和"心而上学的（不显现的）"，前者是在胡塞尔意义上的意识现象学分析，而后者则是弗洛伊德用来标示自己的无意识研究的概念。无论如何，这个意义上的"意识"所对应的都是佛教中的全部八识的"心意识"，而不是其中的某个"意识"，无论是第七识，还是第六识。②

　　因此可以说，广义的意识泛指一切精神活动，或者说，泛指心理主体的所有心理体验，如感知、回忆、想象、图像行为、符号行为、情感、意欲，如此等等，皆属于意识的范畴。它基本上等同于"心灵"（mind）的被意识到的部分。

　　这里要特别说明：广义上的"意识"不仅仅是指与表象、判断、认识有关的心理活动，看到的鲜花，听到的音乐等，而且还包含另外两个种类，情感（感受）和意欲（意志）等。例如，我对噪音的厌恶感受，我对鲜花的舒适感受；我对某物的欲念或对某人的同情。它们都指向某物，都具有指向对象或客体的意向结构。易言之，"有意识的心灵"在总体上可以一分为三：表象意识、情感意识、意

---

① Shaun Gallagher and Dan Zahavi, *The Phenomenological Mind,* London: Routledge, 2008.

② 大乘佛教唯识学中的第七识"意"（manas）与第六识"意-识"（mano-vijñāna）代表了意识的两个不同的层面或向度，它们都与"manas"有关：第七识被音译为"末那"，第六识被意译为"意识"，即"末那"之识、与思量相关的分别心识。

欲意识。[①] 因此，意识活动的范围要远远大于智识活动的范围；后者只是"知"，是前者"知情意"的三分之一。

　　纯粹的智识活动在今天的人工智能研究那里可以发现。由于人工智能的研究和开发的现状目前还仅仅在于模拟、延伸、扩展和超越人类智能，因而从人工智能向人工意识的发展必须考虑将人工情感和人工意欲的因素纳入人工意识和人工心灵系统的可能性。更进一步说，要谈论人工意识的可能性，至少还需要在人工智能中加入人工情感和人工意欲方面的因素；而要设想人工心灵的可能性，则更需要加入无意识、潜意识、下意识的因素。这里我们也会遭遇有心灵的机器人是否会做梦、是否需要做梦的问题。

　　这里我们已经预设了对一个问题的肯定回答：人工意识或人工心灵是否需要以及是否可能完全模拟人类意识或人类心灵的思考。[②]

四、"意识"与"自身觉知"和"自我意识"的区别是什么？

　　需要说明一点：要想将人工智能发展为人工意识，不仅需要

----

①　或者也可以像胡塞尔所做的那样一分为二：客体化行为与非客体化行为。这里的"客体化"，是指意识的"能指"或"能意"的功能。它可以统摄杂多的感觉材料，赋予眼、耳、鼻、舌、身的对应素材：视觉、听觉、嗅觉、味觉、触觉以一个统一的意义，使一个某物从其背景中凸现出来，成为一个相对意识而立的客体。而"非客体化意识"是指情感和意欲这些意识行为不能构造客体，它的客体需要借助于客体化行为来构造。

②　笔者在附录2"人工心灵的基本问题与意识现象学的思考路径——人工意识论稿之二"的第二节"制作人工智能与人工心灵的目的与意义"中已经对此做了专门讨论。

补充人工情感和人工意欲的内容，而且还需要加入"自身觉知"的成分。

　　这里应当从一开始就在术语上完成一个刻意的区分，因为在相关的通行英语术语中，"自身意识"（self-consciousness）、"自我意识"（ego-consciousness）、"自身觉知"（self-awareness）这些概念往往被当作同义词使用。在德文的哲学与心理学文献中[①]以往常常使用的"心灵生活"（Seelenleben）相当于英文中的"心灵"（mind），而"意识"（Bewußtsein）基本上与英文的"意识"（consciousness）同义。但英文的"self"的含义并不像德文的"selbst"那样单义地是一个指称代词，而且也可以并且常常是一个名词。德文用"自身意识"（Selbstbewußtsein）与"自我意识"（Ich-Bewußtsein）来表达的本质差异，在英文中并未得到应有的关注，因而"自身"与"自我"混淆在"self"概念的多重含义中。也正因为此，当利普森宣称要将"这些模糊的概念转化为具体的算法和机制"时，他很可能并不知道这里的模糊概念"self"应当意指什么，而且很有可能也不知道"awareness"应当意指什么。因而这个状况下完成的"self-modeling"也就会导致不同的结果，并且在每个人那里引发不同的理解。

　　这种概念模糊的状况不仅在这里所引的"距离有自身意识的

---

　　①　例如可以参见 Theodor Lipps, *Grundtatsachen des Seelenlebens*, Bonn: Max Cohen and Sohn Verlag, 1883; Emil Berger, *Beiträge zur Psychologie des Sehens – Ein experimenteller Einblick in das unbewußte Seelenleben*, Berlin/Heidelberg: Springer-Veflag, 1925; Hermann Hoffmann, *Vererbung und Seelenleben – Einführung in die Psychiatrische Konstitutions- und Vererbungslehre*, Berlin: Verlag Von Julius Springer, 1922, 以及如此等等。

机器人又近了一步"（A Step Closer to Self-Aware Machines）的人工智能新进展报道中可以找到，而且也可以在注重概念和语言的心灵哲学家的研究中发现，例如在塞尔的《心灵的再发现》中。他虽然以在餐厅吃饭时的种种意识为例，区分了对象意识（牛排、酒、土豆的味道），以及同时可能产生的两种情形的自身意识（self-consciousness），但他显然忽略了确切意义上的"自身意识"或"自身觉知"。带着这种将自身意识等同于自我意识的理解，他将"所有意识都是自身意识"的命题视作三个传统的错误之一。他仅仅在这个意义上理解"自身意识"："在所有意识状态中，我们能够把注意力转向状态本身。例如，我可以把注意力不是集中在面前的景致上，而是集中在我看这一景致的经验上。"①

就此而论，塞尔的"自身意识"是一种反思性的或内省性的意识行为，属于对象意识的一种，即不是指向外部事物，而是指向自己本身或内在经验的意识。它不同于现象学家和唯识学家所说的"自身意识"或"自身觉知"或"自证"。

在胡塞尔那里，自身意识不是对象意识，它本身不是独立的意识行为，而是每个清醒的意识的一部分。"每个行为都是关于某物的意识，但每个行为也被意识到。每个体验都是'被感觉到的'（empfunden），都是内在地'被感知到的'（内意识），即使它当然还没有被设定、被意指（感知在这里并不意味着意指地朝向与把握）。"（Hua X, 126）这个"内意识"在这里是意识的一部分而不是独立的

---

①　John R. Searle, *The Rediscovery of the Mind*, Cambridge, MA: MIT Press, 1992; 中译本参见塞尔:《心灵的再发现》，王巍译，北京:中国人民大学出版社，2005 年，第 119 页。

反思行为。

　　许多欧陆哲学家都区分自身意识和自我意识。前者是非对象性的，后者是对象性的。我们可以举思想史上的两个案例来加以说明。其一是法国哲学家笛卡尔提出的"我思故我在"。这是对最终确然性的把握。一切都可以怀疑，唯有怀疑本身无法怀疑。怀疑是思，我怀疑，所以我在。我思故我在。但笛卡尔完成他的《第一哲学沉思集》之后将他的文稿发给同时代的思想家听取意见，其中有人（伽森狄）读后便提出诘难：你怎么知道你思呢？如果你说通过思考事先就知道的，那么我思就不是最终确然性，因为你已经预设了关于思的知识。这个知识才是最终的确然性。但这个问题还可以一直问下去：你是怎么知道这个知识的，你是怎么知道你知道这个知道的？这在逻辑学上叫作无穷倒退。这也是我们这里要涉及的第二个例子：玄奘曾面对过同样的问题，他当时就在试图借助前人的思考来克服所谓逻辑上的"无穷之过"，或者说，获得所谓"无无穷过"[1]的逻辑结果。笛卡尔对此问题的回答与玄奘一致。他在对第六诘难的反驳中说："我之所以知道我在思考，是因为我在思考的时候直接意识到我在思考。这种直接的知识（意识）是所有知识中最确然无疑的。它是人类认识最根本的基础，远比关于外物的知识或关于上帝的知识来得可靠。"[2]因此，黑格尔会说，笛卡尔为

---

　　[1]　《成唯识论》卷二，玄奘译，《大正新修大藏经》第31册，第10页。

　　[2]　参见笛卡尔：《第一哲学沉思集》，庞景仁译，北京：商务印书馆，1986年，第398页。——对此塞尔是这样表达的："根据笛卡尔传统，我们对自己的意识状态有直接的、确定的知识。"（塞尔：《心灵的再发现》，第107页）如果他这里所说的"直接的、确定的知识"是指"直接的自身觉知"而不是"反身的认知"，那么我会毫无保留地赞同他。

哲学找到了一块陆地，从而使它不必继续在大海上做无家可归的漂泊流浪。①

　　这个意义上的"自身意识"是使得我们的意识成为"清醒意识"的东西。清醒的意识是相对于梦意识、无意识、下意识、潜意识而言。只要我们是清醒的，是有意识的，我们就会自身意识到意识活动的进行。佛教唯识学所说的广义上的"识"（心意识）都是有三分的，即带有三个基本要素，缺一不成为意识：见分、相分、自证分，即意识活动、意识对象、自身意识。

　　这个意义上的"自身觉知"可以带有道德成分、审美成分、认知成分。我的博士论文是讨论意识中的存在信念的。这与自证分或自身意识中的认知成分有关：在感知和回忆中都有这个成分。散步途中看见前面有一棵树，你会不假思索地绕过它并避免与它相撞。你感知的对象是树，但对树的感知在背景中伴随着存在性的自身意识。这里的存在不是对象也不是命题，而是伴随着感知在背景中起作用的自身觉知。这种情况在想象中、在期望中、在幻想中不会出现。但虽然这种存在设定的成分不是必然现存的，但认知性的自身觉知仍然存在，因为不设定的态度或对存在的中立态度，事实上也是一种设定的模式或一种存在信仰的方式。②

　　而在道德行为中，自身意识可以带有道德成分。耿宁认为，王阳明所说的"良知"有三种，其中的一种就是道德自证分：在做一

---

　　① 黑格尔：《哲学史讲演录》（第四卷），贺麟、王太庆译，北京：商务印书馆，1983 年，第 63 页。

　　② Ni Liangkang, *Seinsglaube in der Phänomenologie Edmund Husserls*, Dordrecht/Boston/London: Kluwer Academic Publishers, 1999, S. 32ff., S. 189ff..

件事时或在进行某个意识活动的同时，意识到这个活动的善恶。①

　　类似的情况也可以在审美自证分的案例中发现。我们可以用现象学美学家盖格尔的例子来说明：在观看提香创作的油画《纳税钱》时，我们的审美享受并不是对画中描绘的两个人以及他们构成的场景（一个法利赛人正在将一枚银钱交给耶稣）的观看（图像意识）行为本身，而是与此观看行为一同发生，但只是在背景视域中以非对象的方式伴随的愉悦感或审美享受感。②

　　现在可以将这个意义上的"自身觉知"放在人工智能的自身意识的讨论中来考察。举例来说，若有人问我：一台自动驾驶的人工智能汽车，它在行驶时能够有自身意识吗？那么我的第一反应是会反问：这个问题中的"自身觉知"指的什么？——是指它在行驶时会意识到路况，而且同时也意识到自己对路况的意识？还是一边行驶，一边反思自己以及自己的行驶？在前一种情况中，意识到自己对路况的意识是"自身觉知"，即意识中包含的一个要素（自证分），它本身不是独立的行为；而在后一种情况中，对路况的意识和对自己的反思是两个行为，朝向不同的对象：路况和自我，类似前引塞尔所举餐馆例子中作为对象的牛排与自我。但我们要关注的是"自身觉知"的情况而非"反思"的情况。

　　心灵哲学家们似乎已经留意到这个意义上的"自身觉知"。当丹尼特说"很多动物躲藏而没有想到自己正在躲藏；很多动物结

---

　　①　耿宁：《人生第一等事：王阳明及其后学论"致良知"》，倪梁康译，北京：商务印书馆，2014 年，第 195 页以下。

　　②　参见倪梁康："现象学美学的起步：胡塞尔与盖格尔的思想关联"，载于《同济大学学报》（社会科学版），2017 年第 3 期。

群而没有想到自己正在结群；很多动物追捕而没有想到自己正在追捕。它们都是自己神经系统的受益者，而在控制这些聪明而适当的行为时，它们的神经系统并没有让宿主的头脑负载起思想或者任何像思想、像我们这些思想者所思想的思想的东西"，他似乎说出了我们用"自身觉知"来表达的东西。但他用"think"或"unthinking"和"thoughts"等来表达这种意识状态及其结果。他在生物进化论的意义上将承载"思想"的神经系统视作更高的人类智慧阶段，因而他谈到"有思想的聪明和无思想的聪明"（thinking and unthinking cleverness）之间的区别以及因此导致的不同类型的心灵。[①] 这是否是指人类进化史上的不同阶段的人科"能人"（Homo habilis）、"匠人"（Homo ergaster）、"智人"（Homo sapiens）以及泰格马克所说的"意人"（Homo sentiens）的不同心灵之间的区别？

丹尼特也用不同类型"意向性"来刻画这里的种种心灵差异，列入有思想的意向性也被他称作"高阶意向性"（higher-order intentionality）。在塞尔那里也可以发现类似"内秉的（intrinsic）意向性"和"派生的（derived）意向性"的差异。

但在我看来，这里的"有思想的意向性"实际上是指一种可以觉知自己的意向性，即"自身觉知的意向性"。但这里需要说明的关键一点在于，"自身觉知"本身不是意向性，而只是意向性的一个属性因素。

我在这里会自始至终严格地区分"意识"、"自身觉知"（或"自身意识"）与"自我意识"这三者。

----

① 丹尼特：《心灵种种：对意识的探索》，第109页。

狭义上的"意识"往往也被当作"自身意识"（或"自身觉知"）使用。无论如何，它是使得我们的意识成为"清醒意识"的东西。清醒的意识是相对于梦意识、无意识、下意识、潜意识而言。只要我们是清醒的，是有意识的，我们就会自身意识到我们的意识状况。

与此相反，梦游者或醉酒者常常处在一种有意识与无意识的中间状态，或者说，非清醒的意识的状态，或者说，有意识而无自身觉知的状态。[①] 只要一个人没有完全醉倒，他就仍然能够是有意识的，但他的自身觉知会很弱，甚至完全没有自身觉知。因而宿醉者不会记得他的醉酒状态，即使他那时是有意识的，只是没有或少有自身觉知而已。这一点也可以在玄奘的意识分析中找到支持。他并不否认一个人可以处在有意识却无自身觉知状态的可能性，而只是说："自证分：此若无者，应不自忆心、心所法。"[②] 也就是说，如果自己只有意识而无自身意识，那么事后自己就不能回忆当时发生的事。

五、物本论与心本论的对峙
还能维续多久？

我们可以不相信或不主张二元论，但我们与以往一样实际上始终处在受二元论主宰的局面中，而且现代科学的发展比以往任何时

---

① 我自己曾在 2009 年 5 月 6 日晚处在这种有意识而无自身意识的状态中，长达三个多小时。但在这个三小时的时间段中由于没有自身意识也不可能存在第一人称的视角。

② 《成唯识论》卷二，玄奘译，《大正新修大藏经》第 31 册，第 10 页。

候都在驱使我们去面对二元论问题，以及在物本论（甚至唯物论）与心本论（甚至唯心论）之间做出选择。在意识研究中，相信意识是精神现象，还是物理现象[①]，决定了心本论和物本论的立场。而如果相信意识既是精神现象也是物理现象，那么就会有一种二元论的立场出现。易言之，如果接受对意识的两种定义，即"意识是主观体验"和"意识是信息"，那么我们会走向一种意识研究领域中的二元论。因为如果意识既是生物信息，也是主观体验，那么就存在着既可以用意识哲学和精神科学的方法和意识理论来进行意识分析，也可以用自然科学的方法和信息整合理论来进行意识研究的可能性。

但这里始终存在着一种在物本论和心本论之间的冲突的现实与可能。它们也通过两种还原论而得到体现：凡是企图将世上的万事万物都还原为作为布伦塔诺意义上的物理现象和心理现象的意识体验，都可以算作典型的佛教唯识学的"万法唯识"的还原论，也可以纳入胡塞尔现象学的超越论的还原论[②]；而如果将所有意识体验都还原为信息，还原为作为脑电波和神经信号的信息或数码，那么这种还原论的趋向在泰格马克、克里克与科赫这类野心勃勃的物理学家、生命科学家等那里都可以或多或少地找到。[③]

---

① 这里的"物理现象"不是布伦塔诺意义上的感觉材料，而是作为"意识的物理相关项"（PCC: psyical correlates of consciousness）的运动粒子（参见泰格马克：《生命 3.0：人工智能时代人类的进化与重生》，第 396 页）。

② 尽管看起来没有受到胡塞尔的影响，塞尔在许多方面都与胡塞尔观点相合，结论相近，例如他认为意识是不可还原的，因而反对物本论，而且也反对或试图超越二元论。此外，他认为，语言哲学是心灵哲学的分支。心灵的"内禀意向性"（instrinsic intentionality）要比语言的"派生意向性"（derived intentionality）更为根本。他在很大程度上是一个心本论者，或者说，观念主义者而非语言主义者。

③ 在唯识学家那里，生物学家所说的"意识的神经相关项"（NCC: Neural

一旦承认意识是主观体验，那么个体主体的立场以及第一人称视角出发的思考就是最终的和不可还原的。这也是笛卡尔通过直接的"自身觉知"而使"我思"成为最终确然性的理论依据。而且它同时也是近代哲学的主体哲学和心本论的确立基础。我的存在，"我思"和作为"我思"相关项的"所思"，以及所有其他存在者，最终都可以还原到"我思"这个原点上面。这种近代心本论和知识论还原主义在现当代受到了来自哲学界和科学界的多方面质疑，但也继续在各种新的版本中得到进一步的论证和倡导。康德开启的德国观念论和胡塞尔开启的意识现象学是这种心本论主张的维护者和发展者。今天的心灵哲学家查尔默斯、塞尔、丹尼特等以及现象学家德莱弗斯、扎哈维等，都在各自的意义上强调意识的不可还原性。不过到今天为止，还没有人能够从理论上充分说明意识的原则不可还原性。

而如果承认意识是一种生物信息和生物，那么它就可以成为物理学、生物学和信息科学的客观研究对象。而且，将意识还原为信息、符号、数码的工作几乎每天都在进行并有进展。这个意义上的还原论也没有从理论上得到论证，但在实践中已经被广泛地尝试和实施。

在浙江大学于 2019 年 4 月 26 日举办的"意识、脑与人工智能"圆桌论坛上，吴朝晖校长在他的报告中征引了最新出版的《自然》杂志上一项科研成果："加州大学旧金山分校的科学家设计了一种

Correlates of Consciousness）也被称作"根"。参见《成唯识论》卷二："心与心所，同所依根。"（玄奘译，《大正新修大藏经》第 31 册，第 10 页）

神经解码器，利用人类皮层活动中编码的运动学和声音表征，将脑信号转换为可理解的合成语音，并以流利说话者的速度输出，准确率达到 90% 左右。"[1] 这个研究的进展实际上意味着物理学或生物学的还原论的进一步逼近：意识有可能被完全还原为生物学家的脑电波和神经信号，即所谓"意识的神经相关项"（NCC），或单纯的信息与数码，即所谓"意识的物理相关项"（PCC）。哲学的意识研究最终也可能被科学的大数据分析、归纳、整理、编制、组合所取代。这是泰格马克所说的"意识是信息"之定义的一个逻辑结果。在这里物本论排挤了心本论和二元论。

目前意识哲学家在这个对峙中总体上处在一种守势。美国哲学家、认知科学家、现象学家德莱弗斯（Hubert Dreyfus, 1929—2017）于 1972 年出版了《计算机不能做什么？——人工理性批判》[2]，二十年后，即 1992 年，他在出版该书的第三版时附加了一个前言，并将书名改为：《计算机还是不能做什么？——人工理性批判》[3]。可以看出，哲学的思考今天已经不是在认知理论方面对科学研究进行指导，也不是在责任伦理方面提出对科学研究之无度的批评，而是在试图界定科学研究的有限性，或者说，试图回答问题而非提出问题。但这样的做法会随着科学研究的持续进展而不断陷

---

① 参见 Gopala K. Anumanchipalli, Josh Chartier & Edward F. Chang, "Speech synthesis from neural decoding of spoken sentences", in *Nature*, vol.568, 2019, pp. 493—498。

② Hubert L. Dreyfus, *What Computers Can't Do: A Critique of Artificial Reason*, New York: Harper, 1972.

③ Hubert L. Dreyfus, *What Computers Still Can't Do: A Critique of Artificial Reason,* Cambridge, MA: MIT Press, 1992.

入被动的局面。

年轻的查尔默斯在《有意识的心灵》(1996)中的做法显然要谦卑一些。他仅仅满足于这样一个结果："在最低限度上我已表明，本书在不否定意识的存在、不把意识还原为它所不是的东西方面，有可能使意识问题的研究取得进展。"①而更年轻的德国哲学家加布里埃尔在2015年出版的畅销书《自我不是大脑：21世纪的精神哲学》，同样是一部面对脑科学和神经科学研究的抵近所作的被动防御宣言。②

物本论的不断逼近最终会导致"我在故我思"的还原论。甚至二元论的立场最终也会被放弃，因为无论是在心灵哲学家所坚持的第一人称视角的不可替代性方面，还是在意识现象学家所坚持的自身觉知的独一性和本底性方面，都有可能会因为新的生物-物理的相关项的产生而发生改变。人机意识的互换与相融的可能性也会随科学研究的进展而逐渐成为可能的现实。

一旦到了这一步，关于"我思故我在"还是"我在故我思"的争论已经类似于"鸡生蛋"还是"蛋生鸡"的讨论。

六、意识哲学研究与意识科学研究
可以在哪些方面进行合作？

从意识哲学的立场出发来看，意识体验的主观性是所有客观性

---

① 查尔默斯：《有意识的心灵》，第9页。
② Markus Gabriel, *Ich ist nicht Gehirn: Philosophie des Geistes für das 21. Jahrhundert*, Berlin: Ullstein, 2015.

的起源和根据，因此胡塞尔主张真正的客观性是在主观性之中。要想把握这种主观性，必须首先排斥任何预设的客观性，包括物理学和生物学的客观性，这是胡塞尔的超越论的还原的观点和方法。它是心本论的、观念论的，也是彻底的一元论的。

胡塞尔为意识研究提供了精神科学的特殊方法，为此他受到狄尔泰的大力赞扬。这种方法在狄尔泰的好友约克那里已经被预感到，后来也在其遗稿《意识地位》[①]中得到表达。意识的研究需要通过在反思中的本质直观来实施。以往的心理学研究也曾用内省心理学、反思心理学来标示它。

意识是主观的心理体验。它是主观的，这意味着，无法把它当作直接的客体来进行研究，不能用实验、观察的方式来直接把握它。在这个意义上我们可以谈论"私人感觉"或"个体主体意识的私己性"。例如，当我感到（意识到）头痛时，没有人比我自己更清楚这一点。在对头痛的反思体验中，我可以区分各种头痛的类型，区分它们的类别、位置、强度和频率等。

我们当然也可以通过医学生理学的研究来了解它们的起因，例如，是颅内外动脉的扩张、收缩或牵拉，还是颅内静脉及硬膜的移位或牵拉；是神经系统的受压、损伤或化学刺激，还是头颈部肌肉的痉挛、收缩或外伤；是脑膜受到刺激或颅内压的增高，还是脑干结构的激活，以及如此等等的其他机制。我们可以根据不同的情况来消除这些可能的起因，从而中止头痛。——但生理学研究所涉及

---

① Graf Paul Yorck von Wartenburg, *Bewusstseinsstellung und Geschichte. Ein Fragment aus dem Philosophischen Nachlass*, Tübingen: Max Niemeyer Verlag, 1956.

的是头痛的根源和起因,而非头痛本身。

　　我们还可以通过心理学的观察和实验来研究:例如通过行为心理学的观察发现患者通常会有呻吟、抱头、皱眉等行为,以及其他明显和不明显、有意识或无意识的动作,由此而了解这种头痛是否实际存在,它的强度以及它的位置等。——但客观心理学(行为心理学以及实验心理学均属于此)研究所涉及的是头痛的外部表达和显现,而非头痛本身。

　　如果生理学的研究和心理学的研究都表明,你的头痛不存在,而你自己却明白无疑地感受到自己的头痛,客观研究与主观体验便会发生冲突。事实上,许多意识体验的情况都是如此,例如回忆、感激、怨恨等。

　　对于一个个体主体来说,他的主观体验是最确定无疑的。这也是笛卡尔能够得出“我思故我在”的哲学第一命题的依据。“我思”在这里就是指“我意识”,包括“我头痛”。在这个意义上,胡塞尔说:真正的客观性、确定性是建立在主观性之中的。

　　由于意识是主观的心理体验,而且是流动不居的和持续涌现的,因此早期的心理学家们也将它们视作:1.不能被认定的(詹姆斯、柏格森、明斯特贝格),2.不能被量化的(柏格森、利普斯、明斯特贝格、艾宾浩斯、费希纳),3.不能被客体化的(纳托尔普、胡塞尔、柏格森)。

　　要把握这个意义上的主观意识,必须运用意识哲学或精神科学的特殊方法。胡塞尔的意识现象学或精神哲学(精神科学)所尝试把握的纯粹意识结构和意识发生的本质规律,原则上不仅应当对所有理性生物有效,而且也必定是对于人工意识有效的:纯粹意识的法则必定也是对人工意识有效的法则。对人类的感知、想象、回忆、图像意识、符号意识、情感意识、意欲意识、审美意识、道德意识、价值意识等发生奠基规律和结构奠基的规律的探讨和把握，可以在总体上为人工意识的结构和发生提供有意义的借鉴。在这个意义上，哲学的人类意识研究可以为人工意识的组建和创造提供研究的基础和必要的启示。而"人工意识"的开发和创造代表了"人工智能"研究的未来。因为"智能"实际上只是人类意识"知、情、意"（智识、情感、意欲）的三分之一。因此，哲学的意识研究团队将来可以与生理学和计算机的团队在此方向上展开合作研究。

此外，意识现象学对"意识"与"自身觉知"关系的研究，也可以为人工智能的研究提供一个新的思考方向，为构想和建造"有意识的人工智能"即我们意义上的"自身觉知的人工智能"提供理论准备。目前将脑信号转换为可理解的合成语音的工作，从总体上还只是将意念转换成它的语言表达式。这里所说的"意念"相当于意识哲学家所说的"意向性"。从脑信号到合成语音的转换或可理解为佛教所说从"现量"到"比量"的转换，也可以理解为从塞尔的"内秉的（intrinsic）意向性"到"派生的（derived）意向性"的转换。但"意识"与"自身觉知"的复杂关系则类似于佛教所说的"一念三千"，它们是否可能转换成语言表达式，这是在意识哲学与语言哲学中已经引发了长期争论的问题，现在更需要结合人工智能的研究进展而得到进一步的思考和讨论。

另一方面，意识研究与医学生理学的合作研究在一定程度上和一定条件下也是可能的。仅以关于同情问题和镜像神经元问题的合作研究为例：在神经科学研究发现镜像神经元之前，现象学家如舍勒就已经在《同情的本质与形式种种》①中，施泰因就已经在《论同感问题》②中对同情（Sympathie）、同感（Empathie）、同喜、同悲、怜悯、怵惕、恻隐、互感（Miteinanderfühlen）、情绪感染（Gefühlsansteckung）、同一感（Einsfühlung）等做出了意识哲学的分类研究。在发现镜像神经元之后，关于神经科学的发现与意识现象学的比较研究已经在开展之中，例如洛马尔（Dieter Lohmar）的研究"镜像神经元与主体间性现象学"③，以及陈巍的研究④，都是在此方向上进行的有效尝试。这些比较研究为理解各种类型的他人经验提供了新的视角和理解的可能性。

　　接下来意识哲学与人工智能的协同研究在这两个方向的合作与共思还会在浙江大学校内外以不断具体化的方式继续下去。

---

　　①　Max Scheler, *Zur Phänomenologie und Theorie der Sympathiegefühle und von Liebe und Hass*, Halle a.S.: Max Niemeyer, 1913.

　　②　Edith Stein, *Das Einfühlungsproblem in seiner historischen Entwicklung und in phänomenologischer Betrachtung* vorgelegten Dissertation, Freiburg, 1917.

　　③　参见洛马尔："镜像神经元与主体间性现象学"，陈巍译，载于《世界哲学》，2007年第 6 期（Dieter Lohmar, "Mirror Neurons and the Phenomenology of Intersubjectivity", in *Phenomenology and the Cognitive Sciences*, vol.5, 2006, pp.5—16）。

　　④　参见陈巍：《神经现象学：整合脑与意识经验的认知科学哲学进路》，北京：中国社会科学出版社，2016 年；陈巍、何静："镜像神经元、同感与共享的多重交互主体性：加莱塞的现象学神经科学思想及其意义"，载于《浙江社会科学》，2017 年第 7 期；陈巍："同感等于镜像化吗？——镜像神经元与现象学的理论兼容性及其争议"，载于《哲学研究》，2019 年第 6 期。

附录4 唯识学中的"二种性"说及其发生现象学的意义

佛教中有诸多"二种性"的说法，各有不同含义。一类是指两种不同的性质，如有性-无性、总性-别性等；另一种是指两类种性，它并非指性有二种，而是指种性有二，如圣种性-愚夫种性、本性住种性（性种性）-习所成种性（习种性）等。这里讨论的是最后一个意义上的"二种性"。

这个意义上的"种性"的梵文是 गोत्र（gotra），原义为牛舍、家、家族、种姓、种类，亦引申为自性、佛性、种性等。①汉译佛经中有"种姓"和"种性"两种翻译。我们在此主要采纳的是后一种翻译，讨论的也是后一种含义。

佛教的二种性说在当代生物科学、生态科学、心理学、哲学人类学等学科就人类生物演化和文化演化的讨论与研究中几乎没有

---

① 这里可以参见吕澂对"种性"或"种姓"词源的说明："'种姓'一名，意指族姓。《大乘庄严经论》〈种姓品〉中，训释为功德度义故。盖种姓原文乔多啰（gotra），乔字（go）通于功德。梵语求那（guṇa）为功德也，'多啰'通于'度'，梵语'多啰'（tara）为'度'义也。如此一字，析之有'功德'与'度'二义，合之为'种姓'。以是，佛法用此字，本以表示一种趣善之因。"（吕澂：《吕澂佛学论著选集》第1册，济南：齐鲁书社，1991年，第426页）

受到关注。但在此二种性说中富含的关于人性（human nature）的思考，可以为我们提供实证的自然科学和思辨的哲学人类学所无法给予的根本启示与推动。我们这里讨论的"本性住种性"（性种性）与"习所成种性"（习种性）问题，相当于孔子所说"性相近也，习相远也"中的"性"与"习"，而在今天的生物学研究中则常常会在"基因"与"文化"等标题下出现。①

一、二种性：本性与习性

"二种性"的说法主要来自瑜伽行派的传统。弥勒说、玄奘译《瑜伽师地论》应当是最早论述这个理论的典籍：

> 云何种姓？谓略有二种：一、本性住种姓，二、习所成种姓。本性住种姓者，谓诸菩萨六处［根境］殊胜有如是相，从无始世展转传来法尔所得，是名本性住种姓。习所成种姓者，谓先串习善根所得，是名习所成种姓。此中义意二种皆取。②

---

① 例如，保罗·R.埃力克在其《人类的天性：基因、文化与人类前景》（*Human Natures: Genes, Cultures, and the Human Prospect*）一书中从一开始就强调人类本性的复数形式，亦即强调我们这里所说的本性的多数与习性的多数。他所说的"基因"与"文化"也都是复数，而且基本可以对应地理解为唯识学意义上的"性种性"（prakṛtistha-gotra）和"习种性"（samudānita-gotra）（参见埃力克：《人类的天性：基因、文化与人类前景》，李向慈、洪佼宜译，北京：金城出版社，2014年，序言）。

② 《瑜伽师地论》卷三十五，玄奘译，《大正新修大藏经》第30册，第478页。

无性造、玄奘译《摄大乘论释》也说：

> 种性有二：一、本性住种性，谓无始来六处殊胜，展转相
> 续法尔所得。二、习所成种性，谓从先来善友力等数习所成。
> 本性住种性有差别故，习所成性有其多种。[1]

在此之前，无性还将实修加行智的力量分为三种：

> 此加行智生起差别由三种力。一、因缘力，二、引发力，三、
> 数习力。"因缘力"者，谓种性力。或有种性会遇强缘，速起加
> 行，如是加行种性为因而得生起。言"种性"者，谓无始来六处
> 殊胜，能得佛果法尔功能。"引发力"者，谓前生中已习为因发
> 起加行。"数习力"者，谓现在生数数修习，由士用力发起加行。[2]

这意味着，第一种力与增进"本性住种性"的能力有关，其余的二
种力则属于增进"习所成种性"的能力。

亲光等造、玄奘作为瑜伽学说之总结而翻译的《佛地经论》则
说明：

> 种子本有，无始法尔，不从熏生，名"本性住种性"。发心
> 已后，外缘熏发，渐渐增长，名"习所成种性"。[3]

---

① 无性：《摄大乘论释》卷九，玄奘译，《大正新修大藏经》第 31 册，第 437 页。
② 无性：《摄大乘论释》卷九，玄奘译，《大正新修大藏经》第 31 册，第 432 页。
③ 亲光等造：《佛地经论》卷三，玄奘译，《大正新修大藏经》第 26 册，第 304 页。

护法等造、玄奘糅译《成唯识论》接受以上说法，并将它与修行联系在一起：

> 何谓大乘二种种性？一、本性住种性，谓无始来依附本识法尔所得无漏法因。二、习所成种性，谓闻法界等流法已闻所成等熏习所成。要具大乘此二种性。方能渐次悟入唯识。①

窥基撰《成唯识论述记》中更进一步解释说：

> 本有未熏增名本性住种。后熏增已名习所成。②

从以上的种种引述以及由此表明的传承脉络来看，唯识学二种性说在早期的印度唯识学者与唐代汉传唯识学者那里得到的理解是基本一致的：二种性是在种子中含藏的两种基本性质或属性，亦可按唯识宗的说法简称作"性种性"（prakṛtistha-gotra）和"习种性"（samudānita-gotra），或按现代西方哲学和心理学的说法简称为"本性"和"习性"，在西文中它们常常表现为"nature"与"nurture"的对立，或"nature"与"habitus"的对立，甚至是一定意义上的"nature"与"culture"的对立。

　　当然，在唯识学中从一开始就有另一种说法存在，即不是将二种性理解为同一种子（bīja）中含藏的两类种性（gotra），而是将它们

---

① 《成唯识论》卷九，玄奘译，《大正新修大藏经》第 31 册，第 48 页。
② 窥基：《成唯识论述记》卷二，《大正新修大藏经》第 43 册，第 305 页。

看作是两类种子。这个说法可以从《瑜伽师地论》中找到依据，在这里"种性"也被等同于"种子"：

> 又此种性亦名种子。[1]

> 若正照取即彼种子差别，分别无量品类，当知此由种种界智力故。又即彼界当知分别略有四种：一者，本性住种子；二者，先习起种子；三者，可修治种子，谓有般涅槃法者所有种子；四者，不可修治种子。[2]

这个理解也为后人所继承。例如明末智旭所述《成唯识论观心法要》便接受《成唯识论》中的二种性理解，并附以补充解释：

> 种子各有二类：一者本有，谓无始来异熟识中，法尔而有（四）生（五）蕴（十二）处（十八）界功能差别。世尊依此，说诸有情无始时来有种种界，如恶叉聚，法尔而有，余所引证，广说如初。此即名为本性住种。二者始起，谓无始来数数现行熏习而有。世尊依此，说有情心染净诸法所熏习故，无量种子之所积集。诸论亦说染净种子，由染净法熏习故生。此即名为习所成种。[3]

---

① 《瑜伽师地论》卷三十五，玄奘译，《大正新修大藏经》第 30 册，第 478 页。

② 《瑜伽师地论》卷三十五，玄奘译，《大正新修大藏经》第 30 册，第 573 页。

③ 智旭：《成唯识论观心法要》卷二，收于河村照孝编集：《新纂卍续藏》第 51 册，东京：株式会社国书刊行会，1975—1989，第 321 页。

从以上在佛教经典中选取的关于二种性的论述中可以看出,唯识思想史上有一条从最初的种性说或种子说到后来的种习说以及种熏说的逐步发展的线索。[1]尽管它并不十分清晰,而且有可能引发关于种子与熏习之间关系的种种可能分歧和争议,但对于意识发生现象学的考察具有重要意义。在接下来的分析中我们还会一再地诉诸这条思想史的线索。但我们在这里不准备展开讨论由这些解释而引发的各种分歧和争议,而只想指出这样两种对二种性的理解和解释的存在,并随之而说明我们后面的讨论会以第一种而非第二种理解和解释为根据,即是说,我们讨论的二种性是在同一种子中的两类种性,或用现代现象学与心理学的语言来说:在同一个体中的两种人性(human natures)。[2]如前所述,我们将这二种性分别理解为**在种子中未经熏习本有之性**和**在种子中通过熏习所得之性**。

二、本性的问题

这里首先需要说明一点:所谓本有之种未经熏习,并不是指它不受熏习,而只是说,它在尚未有现行(actus)起作用时、在熏习尚

---

①　这种将"种性"与"种子"等同为一的做法会在使用单字"种"的汉语语境中造成语义的含混,如"种熏"、"种习"等。具体说来,印顺《唯识学探源》书中第三章"种习论探源"中的"种",是指"种性"而非"种子"(参见印顺:《唯识学探源》,台北:正闻出版社,1992 年,第 125—199 页)。而杨惠南所著"成唯识论中时间与种熏观念的研究"一文中的"种",则实际上是指"种子"而非"种性"(参见杨惠南:《佛教思想新论》,台北:东大图书公司,1998 年,第 271—300 页)。

②　参见保罗·R. 埃力克:《人类的天性:基因、文化与人类前景》,序言。

未发生时就已经存在，因此它的生成或存在不以现行或熏习为前提，即《佛地经论》所说"不从熏生"；而习得的种性则是通过熏习而形成的，熏习成为它的生成或存在的前提条件，即《佛地经论》所说"外缘熏发"。

　　然而，无论是本性还是习性，它们在心意识发生的过程中都会受到现行活动的影响，即受到熏习。这一过程在唯识学中被称作"现行熏种子"①。一方面，熏习作用对本性来说是一种仅仅能使其发生改变的力量。它并不会使本性产生，因为本性是固有的。但熏习会使它发生变化。而另一方面，对于习性而言，熏习则具有既能使其生成也能使其改变的力量。习性不仅通过熏习而生成，而且也通过熏习而发生改变。由此可见，种性问题与熏习或习气问题密切相关，而且二种性都与熏习相关。在此意义上，种性问题在佛教思想史上始终与熏习问题联系在一起，并且被放在"种习思想"或"种习论"的标题下来讨论。

　　这里进一步的问题在于：在种子中，具体说来，未经熏习本有之性以及通过熏习所得之性究竟有哪些？

　　按照《瑜伽师地论》的说法，本性的最基本内涵是"六处"，即六根和六境，它们是心识所依之处，因此叫"六处"。用心理学-生理学的术语来说是六种感官及其相关项。前五处是作为视觉能力的眼识、作为听觉能力的耳识、作为嗅觉能力的鼻识、作为味觉能力的舌识、作为触觉能力的身识。这也是我们通常所说的作为

---

①　参见《成唯识论》卷二："能熏识等，从种生时，即能为因，复熏成种。三法展转，因果同时。"（玄奘译，《大正新修大藏经》第 31 册，第 10 页）

五觉的感性能力。这种能力是一个正常个体与生俱来的能力，无须学习和教育便可以起作用。因此我们可以将它们称作本性，也可以称作广义上的本能（instincts）或官能（senses）。奥地利的人智学（Anthroposophie）创始人鲁道夫·斯坦纳（Rudolf Steiner, 1861—1925）曾认为，不是五种官能，而是十二种官能才能穷尽人的本能，它们分别为：触觉（Tastsinn）、生命觉（Lebenssinn）、动觉（Bewegungssinn）、平衡觉（Gleichgewichtssinn）、嗅觉（Geruchssinn）、味觉（Geschmackssinn）、视觉（Sehsinn）、暖觉（Wärmesinn）、听觉（Gehörsinn）、语觉（Sprachsinn）、思觉（Denksinn）、自我觉（Ichsinn）。这其中已经包含了唯识学所说的五觉或五识。[1]

　　但五处以外的第六处是什么呢？它通常是指第六根：意根，以及与它的相关项第六境：法境。意根（思量的官能）对于法境（思量的对象）而生意识，即第六识。按照《成唯识论》的说法，五识的形成要依据人的五种官能，同时也要依附意根，因为五识不能离开意识而单独升起。而意识则可以单独升起（即独头意识），它的形成因而可以仅仅依附人的思量的官能，即所谓"唯依意［根］，故名意识"。[2]

　　佛教唯识学对"意识"连同相关"意根"、"法境"等的解释有许多。在西方哲学的术语中很难找到它的对应项。目前比较通用的解释"知觉的认识作用"并不妥当。它自身中包含笛卡尔的"思"

---

　　① 参见 Rudolf Steiner, *Geisteswissenschaft als Erkenntnis der Grundimpulse sozialer Gestaltung*, Dornach/Schweiz: Rudolf Steiner Verlag, 1985, S. 44 ff.。

　　② 参见《成唯识论》卷五，玄奘译，《大正新修大藏经》第31册，第26页。

（cogitatio）的含义，也包含莱布尼茨、康德、胡塞尔意义上的"统觉"（Apperzeption）的含义，这是不言而喻的，然而将这些概念加在一起也不能再现它的总体内涵。如果按照唯识学的做法暂且将它理解为依于意根之识，那么斯坦纳所说的"语觉"、"思觉"、"自我觉"都可以是意识所依附的官能，都属于"意根"的范畴。

我们在这里撇开它的种种个别特征不论，而只是对"意识"做一最基本的理解，即将它理解为一种布伦塔诺和胡塞尔意义上的意向意识，无论它是向外指向事物对象，还是向内指向自我对象。胡塞尔也将它称作"客体化行为"，其中包括符号意识、判断意识、自我意识等。它们也与斯坦纳意义上的语觉、思觉和自我觉相呼应。

但这里已经需要做出进一步的区分：唯识学二种性说中所说的本性，既然是"从无始世展转传来法尔所得"，那么就不需要后天的学习和训练便可以为人所有。这与孟子所说的不学而知的良知、不习而能的良能[1]是相应的。孟子列出恻隐、羞恶、辞让、是非的四端。它们已经向我们表明一部分与道德禀赋相关的本性构成。我们可以将它们归于"道德本能"或"道德觉"（Moralsinn）的一类。对此道德本性，中外思想史上都有过诸多讨论。笔者也曾在文章中对此做过阐释。[2]

这里或许需要再次强调卢梭的自然主义（亦即本性主义）伦理学观点。他特别强调人固有的四种内在品质：基于自爱的自我保存、同情、趋向完善的能力和自由行动的能力。他把"自爱心"与

---

[1]　参见朱熹：《四书章句集注·孟子集注·尽心章句上》，北京：中华书局，1983年，第353页。

[2]　参见笔者："道德本能与道德判断"，载于《哲学研究》，2007年第12期。

"怜悯心"看作是"两个先于理性的原动力",是"纯粹天性的运动,是先于思维的运动",同时也把作为社会性动力的正义或公正看作是派生的,因为在他看来,"即使没有社会性这一动力,我觉得,自然法的一切规则也能从其中[即从自爱与怜悯这两个原动力中]产生出来"。因而他感叹:如果我们能够将后天沾染的习性去除,完全回到我们的本性上去,即人类最初所处的原始"自然状态"上去,那将会是一件多么美好的事情!他希望"从人类现有的性质中辨别出哪些是原始的、哪些是人为的"。依照他的观点,即使没有后天的习性或约定的理性的参与,人类的本性也足以能够单独完成人类社会伦理规范和约束的使命。因而他也将人类的所有进步都视作"退步",即"不断地使人类和它的原始状态背道而驰"。[①] 当然,卢梭的本性主义趋向仅仅代表思想史上的各种道德哲学主张和立场中的一种。

在唯识学中,无论是在早期的瑜伽学派中,还是在汉传的法相宗中,都可以找到另一种形式的本性主义,或者说,本性决定论的趋向。其中的代表是"五种性说",即一切众生先天具有五种本性:如来乘种性(菩萨种性)、缘觉种性、声闻种性、不定种性、无种性。[②] 这五种性严格说来是对二种性中第一种性即本性的进一步划分。五种性说撇开习性不论,仅仅强调种子固有的本性,因而与"一切众生

---

① 以上参见卢梭:《论人与人之间不平等的起因和基础》,李平沤译,北京:商务印书馆,2007 年,第 38、73、75 页。

② 例如参见《大乘入楞伽经》卷二,实叉难陀译,《大正新修大藏经》第 16 册,第 597 页;以及窥基:《成唯识论述记》卷二,《大正新修大藏经》第 43 册,第 230 页。——需要注意:在同一个单子种子中,五种姓中的"种姓"是单数的本性,而二种性中的"种性"则是复数的本性,尽管这两个词在梵文中是同一个词。

皆有佛性"(《涅槃经》)的佛性论基本思想相抵牾,在佛教思想史上也引发过诸多的争议。[①] 而在佛性论或如来藏思想中表达出的法性宗观点,在总体上是否也属于一种本性主义,而且是恰恰与"五种性说"相对立的本性主义,这也是一个值得考虑的问题。[②]

三、习性的问题

只要在各种哲学、人类学、心理学、生理学的思想史上仔细寻找,就一定可以发现对人类各种本性的更多列举和评议。这里首先可以提到的是《礼记·礼运》中关于"七情"的说法,它们被纳入"人

---

① 关于历史上的"种姓"之净,吕澂曾总结说:"历三百余年,至唐初玄奘宏传《瑜伽》,慈恩一宗,坚持五姓,是时'种姓'之净,遂达顶点。今所知者,于奘师译场中有灵润者,为地论师慧远再传弟子,而改宗《摄论》,对奘师多所不满,而举旧译十四异义,反对五姓说。主张一切众生皆有佛性,皆可成佛。当时神泰著论斥之。法宝作《一乘佛姓究竟论》救其说,而谓一乘佛姓为究竟,三乘五姓不究竟也。窥基弟子慧沼复作《能显中边慧日论》,以破法宝。今神泰之著已佚,法宝之作,残存一卷。但沼书具存,其初二分破斥异说,逐义申破,故宝说藉而见焉。由沼书窥察,此番争辩,双方各致全力,自是一场巨辩。但于问题中心,是否已得定论,慧沼以后情形,不甚了了。今依吾人研究,沼论仍有待于刊定。以彼于根本处尚未接触,所引证据,亦须简别也。姑试为解说,然未可遽执为定论,但指示一解说之途径耳。循此途径,庶有助于纷净之理解。"对此,吕澂随后"分三层言之",从种姓的根据、法体和成就出发,"最后结义,此五姓说为究竟说抑方便说耶? 此实不成问题。究竟方便之辨,乃以五姓与佛姓相对,又以三乘与一乘相对而论之耳(讲五姓者则说三乘,宗佛姓者则说一乘),故法宝以一乘为究竟,而慧沼以三乘为极致。实则并非相对,乃依佛姓而有五姓,依一乘而开三乘。相待相成,固不能拘泥定说也"(吕澂:《吕澂佛学论著选集》第1册,济南:齐鲁书社,1991年,第425—434页)。

② 笔者在"海德格尔思想的佛学因缘"(载于《求是学刊》,2004年第6期)一文的第一节"现象学-存在论之争与法相宗-法性宗之争"(第21—23页)中特别讨论了在胡塞尔现象学与海德格尔存在论之间隐含的类似法相宗和法性宗的思想关联。

情"的总体范畴中："何谓人情？喜、怒、哀、惧、爱、恶、欲。七者，弗学而能。"[1] 这种说法也直接将人的情感和欲望纳入本能的范畴，即所谓饮食男女，"人之大欲"，不学而能。这种思考所延续的是儒家传统中与荀子性恶论相应和的思想脉络。事实上，对本性善恶的理解，也影响和规定着对习性及其培养的理解。如果我们将本性理解为原初是善的，那么我们后天的道德行动和习性培育就只需在于对它们的培育和护养。如果我们将本性理解为恶的，那么我们后天的道德行动就需要对它们进行遏制和除灭。

在儒家的性恶论传统中，我们的道德行为更多被视作后天习得的"人义"。"何谓人义？父慈、子孝、兄良、弟悌、夫义、妇听、长惠、幼顺、君仁、臣忠。十者，谓之人义。"[2] 圣人之所以"治七情，修十义"，原因就在于前者与**需要治理的本性**有关，后者与**有待修养的习性**有关。这种关于心性的认识论也为儒家的本体论和工夫论主张提供了基础：基于七情的本体论与基于十义的工夫论。它们共同构成儒家传统中的一个重要思想趋向，一个与孟子的本性主义伦理学相对的道德哲学立场。我们或许可以将它们称作习性主义的道德理论：后天的修养和文化为我们的道德生活提供了唯一的伦理基础。在思想史上的许多案例中，本性主义与习性主义、自然主义与文化主义都以某种方式形成对立。

在西方思想传统中，当代西方现象学哲学家马克斯·舍勒的教

---

① 郑玄注、孔颖达疏：《礼记正义》，李学勤主编：《十三经注疏》，北京：北京大学出版社，1999 年，第 689 页。

② 郑玄注、孔颖达疏：《礼记正义》，李学勤主编：《十三经注疏》，北京：北京大学出版社，1999 年，第 689 页。

化（Bildung）理论和埃迪·施泰因的"个体的教化与发展"（Bildung und Entfaltung der Individualität）便是在这个方向上的相似思考。在现象学的古典解释脉络中，古希腊哲学家赫拉克利特"人的习性就是他的灵异"（Êthos anthrópo daimon）①之残篇名言也在这个方向上得到重新释义。海德格尔以及黑尔德都曾对这个"灵异"命题做过解释。②这里的"习性"，在古希腊文中是"ethos"，即我们今天在伦理、伦常、习俗等标题下通过个体的和群体的各种活动而后天塑造出来的东西。

但思想史上有更多的思想家主张：人性是通过本性与习性两者的互补与共和而成立的，两者缺一不可，只是各人对两者权重的认知和评定各有不同。唯识学家与现象学家都属于这个二种性说的倡导者。从佛教的角度来看，"修十义"就是通过熏习而以肯定的方式培养善的"习得之性"，而"治七情"则是通过熏习来以否定的方式约束恶的"本有之性"。在胡塞尔那里，发生现象学也相应地分为两个部分：本性的现象学（自然的现象学）和习性的现象学（文化的现象学）。

事实上，本性与习性的权重是一个需要根据情况来具体讨论的问题。在有些方面，习性明显比本性更为重要，在另一些方面则全然相反。就身体的情况而言，今天的医学界会认为人的本有的基因

---

　　① H. Diels und W. Kranz（Hrsg.），*Die Fragmente der Vorsokratiker* Bd. I, Zürich: Weidmann, 1996, B 119；也可参见北京大学哲学系外国哲学史教研室编译：《古希腊罗马哲学》，北京：商务印书馆，1962 年，第 29 页，那里的中译文为："人的性格就是他的守护神。"

　　② 参见 Heidegger, *Der Satz vom Grund*, Pfullingen: Gunther Neske, 1986, S. 118；以及黑尔德："胡塞尔与希腊人"，倪梁康译，载于《世界哲学》，2002 年第 3 期。

和后天养成的习惯共同决定人的寿命，但在通常情况下，前者的权重大约要占百分之七十。而在意识或心智或语言的情况中，本性与习性的权重显然不是如此。在这里占有大部分权重的是习性。因为没有后天的经验、训练、修习，本性的部分几乎无法起作用。在任何情况下都一味地强调习性或一味地强调本性，会导致在人性理解上的偏颇，并且最终会陷入解释的困境。

对于习性的认定与判断，我们可以在佛教的熏习说以及现象学的积淀说中找到。唯识学家指出习性的后天习得特征。在前引唯识典籍中，《佛地经论》所说"发心已后外缘熏发渐渐增长"便是对此状况的描述。这里提到的"外缘"概念，可以用唯识学和现象学的意向性理论来解释：习性的养成，都是在意向意识（即前六识）中完成的。意向活动与意向相关项（即见分与相分）的每一次相互作用以及在其中完成的意义构成，都是属于唯识学所说的"现行"；而"现行"形成的作用和影响会以熏习的方式积淀和保留在心识的基质中，从而促使本性和习性发生改变。

这里使用的"基质"的概念取自胡塞尔。他在《笛卡尔式沉思》中便将"自我"定义为"各种习性的基质"（Hua I, §32）。这个意义上的"自我"，在他那里基本上与"人格"同义，即他所说的"人的人格"（die menschliche Person）或"人格自我"（das personale Ich）（Hua I, 10, 26）。它意味着一种"点状的"，但更多是"线状的"统一。之所以说是"线状的统一"，是因为它是一个始终处在发生变化之中但又保持其统一性的东西。我们可以将它称作"种子"或"单子"（Monade）。

如前所述，我们这里所说的"种性"并不等于"种子"，因为在每个种子中都可以发现二种性：本性会随现行和熏习而改变，习性则会随现行与熏习而产生和变化。在这个意义上，我们在这里可以发现一个三重的对立：habitus（习性）作为一方，nature（本性）作为另一方，actus（现行）则构成第三方。

尽管我们可以像卢梭所希望的那样，或像胡塞尔通过原真还原和发生追溯的方法而尝试的那样，尽可能以本质直观的方式把握到种子或单子的本性（胡塞尔将它称作"原场所"或"原构造"，这也类似于乔姆斯基所要把捉的"内语言结构"），但这种本性的东西通常是形而上的，或者，儒家会说，是未发的；现象学家会说，是潜隐的；而唯识家会说，是深密的。与此相反，习性以及习性化的过程则可以说是现象学的，或者也可以说，是已发的，是彰显的，是表层的，因为它们是在意向行为中发生的。

现在我们可以从唯识学三能变说的角度来考察这个过程：阿赖耶识和末那识是初能变和二能变。在完成三能变即转为前六识之前，它们可以说是纯粹的"本性住种性"；"纯粹"在这里是指尚未受到熏染意向行为生活的熏染。通过现行完成的熏染是在前六识中进行的。在此之前，阿赖耶识和末那识可以被视作一个双重的中心：阿赖耶识是贮藏中心，末那识是自我中心。高楠顺次郎说："每一种子都贮存在这中心，当它向物质世界萌芽时，其所受到的反射作用将会再回来成为新种子。这是说，当心灵向外在世界伸展，并且知觉到物质对象时，则把各种观念摄取入心灵之仓库中。"① 但事实上，身体行为、语言行为和意识行为（身业、语业、意业）所进行

----

① 参见高楠顺次郎：《佛教哲学要义》，蓝吉富译，台北：正文书局，1973 年，第三章"阿赖耶缘起"。

的任何对象性活动，即任何在前六识基础上进行的活动，即不仅仅是与外在世界或物质世界相关的，而且也包括与内心世界和精神世界相关的对象性活动，都对这个双重中心中的所藏起着熏染的作用。

首先要对这里所说的"所藏"做一个说明：如果我们将这个双重的中心理解为一个单一的种子、一个单子或一个自我的仓库，那么在它之中就不会隐藏着诸多新旧种子，而只可能隐藏着这个种子的诸多种性。它们可以分为两类：性种性与习种性，亦即包含在一个种子之中的各种先天与后天的能力：各种本性和各种习性。

其次这里所说的"熏染"或"熏习"涉及现象学意义上的"习性化"过程。它与精神生活的发生与发展密切相关。"熏习"无非就是在意识生活中的持续不断的体验或经验。熏习的积累最终会成为相对于本性的习性部分、相对于自然的文化的部分。也正是在此意义上，胡塞尔说："**经验作为个人的习性是一种在生活过程中以往的自然经验执态行为的沉淀（Niederschlag）。它本质上是以这样一种方式被决定的，这种方式是指：个人性（Persönlichkeit）这种特别的个体性（Individualität）是如何通过本己的经验行为而受到在动机方面之引发的；这种方式同样是指：个体本身是如何以本己的赞同和拒绝的方式而受到陌生的和传习的经验的影响的。**"（Hua XXV, 48）

因此，从意识现象学的角度或超越论哲学的角度出发，即从"**一种从其对意识的显现方面出发而对存在者总体的探问**"[①] 的角度出

---

① 这是黑尔德对胡塞尔的超越论现象学的基本刻画，参见黑尔德："前言"，载于胡塞尔：《生活世界现象学》，倪梁康译，上海：上海译文出版社，2005 年，第 33 页（强调为笔者所加）。

发，每一次的体验活动都是一次"意义构成"（Sinnbildung），并且会随着时间的进程而成为"意义积淀"（Sinnsedimentierung）（Hua Ⅵ，380f.）。对前者的考察可以使我们了解横向视域的构成，最终是世界的构成；对后者的考察可以使我们了解纵向视域的构成，最终是历史的构成。

而在后者中呈现的整个过程，如今也以"习性的发生现象学"[①]的标题在现象学家那里受到讨论。它构成时间现象学和历史现象学之间的一个本质的奠基环节：一方面，它本身建基于时间现象学的研究之上；另一方面，尽管它所表明的是个体的意识生活的发生现象学过程，但各个个体的意识生活的交互作用会导向共同体的意识生活，以及建基于其上的行为活动的共同体历史。[②]因此，习性发生现象学的研究须以时间现象学研究为基础，同时自己又必定会构成历史现象学研究的前阶段和基础。

四、熏习的问题

如果前面两节所偏重讨论的"本性"与"习性"是名词，那么这一节将要着重的讨论"熏习"就是一个动词。它不仅与唯识学的二种性说密切相关，而且也与唯识学的三能变说密切相关。

[①]　这是莫伦的说法："The Genetic Phenomenology of Habituality"（参见 Dermot Moran, "The Ego as Substrate of Habitualities: Edmund Husserl's Phenomenology of the Habitual Self", in *Journal of the British Society for Phenomenology*, vol. 42, no. 1, 2011, pp. 53—77）。

[②]　对此参见笔者："历史现象学的基本问题：胡塞尔'几何学的起源'中的历史哲学思想"，载于《社会科学战线》，2008 年第 9 期。

而如果我们在此继续维持我们对"种子"的"单子"理解,即:"种子"是非实体的统一的、个体的"阿赖耶";在此种子中含藏着众多的种性,而且这些种性可以大致划分为两类:本性与习性,[①] 即**在这个单个的种子中未经熏习的本有之性**和**通过熏习所得之性**,那么我们接下来要谈到的"熏习"既是对这个"单子"意义上的"种子"而言,也是对二类种性而言。"本性"和"习性"这二类种性与熏习的问题相结合就可以被称作"本有的"和"新熏的"。它们通常被用来刻画各种"种子"的特征,原因在于"种子"和"种性"往往被当作同义词使用。

佛教中"二种性"的区分,是对"种子与熏习"或"种子与现行"的二分思想的一种展开。本有的种性是未经熏习就存在的,但它并不是永远一成不变的,而是无时无刻不受到熏习。前引唯识经典中关于"增进本性住种性"以及"展转相续法尔所得"等说法都表明了本性不由熏生但随熏而变的道理。本性与熏习的关系,接近于康德先天综合判断的说法。在人类意识活动的各个领域中,道德情感、审美情感、理性判断、语言、技艺等等,都可以发现这种关系的普遍存在。例如,恻隐、羞恶、恭敬等等,都是固有的本性,即孟子所说不学而知、不习而能的先天的良知良能。但后天的经验生活,会将这种先天的能力落实到具体的经验对象上 [②]:例如,对哪些人或

---

① 也就是说,《成唯识论》卷二所言"依何等义,立熏习名?所熏、能熏各具四义,令种生长,故名熏习"(《大正新修大藏经》第31册,第9页)中的"种",是指"种性";"所熏、能熏"四义,也是对"二种性"而言。

② 但我们在使用"先天-后天"这个概念对时,需要注意在西方哲学与中国哲学中对此概念对的不同理解:前者主要理解为先于-后于经验,后者主要理解为先于-后于自然。关于前者,可以参见舍勒对"先天"一方面与生理的天赋论以及另一方面与唯理

动物生发恻隐之心，对哪些事感到羞愧或厌恶，这些都是由我们的当下意识生活所决定的，并且由于其发生而对后来的意识生活产生影响。又如，我们的认知能力是先天的，但我们的获得的感觉材料是经验的，由此而产生的认识对象和认识也是后天的。再如，我们生而具有语言本能，即具有一定的内语言结构，而在从小到大的生长过程中，某种具体的语言如英语、汉语、阿拉伯语的习得，则属于有意无意的熏习结果。这是唯识学的熏习说、胡塞尔现象学的积淀说，以及舍勒现象学的教化论的基本意涵所在。[①]

　　但这还只是这些学说所主张的一个方面，即对于本性而言的方面。除此之外，无论是"熏习"还是"积淀"，都有对于习性而言的另一个方面。唯识学中所谓"新熏"，是指原本没有、完全通过习得才形成或产生的种性。我们的许多后天培养的能力，例如我们通过训练而能够熟练使用某种特定的乐器的能力，我们通过训练而能够掌握的在眼、耳、鼻、舌、身等方面的特殊辨别能力或特殊鉴赏能力，我们在审美方面的模仿和创新的能力，我们的数学和逻辑运算的能力，以及如此等等——所有这些能力都必须通过个体的学习与训练才有可能产生并被个体所获取，而且它们在个体死亡之后也不能通过基因而遗传给个体的后代。熏习或教化在这里是这些种性

的天赋论的区分（参见舍勒：《伦理学中的形式主义与质料的价值伦理学》，倪梁康译，北京：商务印书馆，2011年，第一部分，第二篇，A."先天与形式一般"）。关于后者，可以参见耿宁对王龙溪对"先天-后天"两者致良知方式的解读（参见耿宁：《人生第一等事：王阳明及其后学论"致良知"》，倪梁康译，北京：商务印书馆，2014年，第二部分，第一章，第五节"王畿通过'先天'、'后天'口诀对两种'致良知'方式的统一"）。

　　[①]　这里悬而未决的一个问题在于，我们是否据此而可以说：凡是以感觉材料（五识）的出现为前提的能力，就是习性的或后天的；反之则是本性的或先天的。例如，意识到时间的能力是本性的，意识到空间的能力则是习性的。

在每一个个体那里产生的基本前提，也是它们的发展和强化的基本前提。简言之，没有现行的活动，这些习性就不会出现。在这个意义上，种性问题与业力问题密切相关。也正是通过熏习或积淀而完成的业力变化，才使得**种性**不仅成为**实相论**或**结构现象学**的课题，而且也成为**缘起论**或**发生现象学**的论题。**种性**或**种姓**在此时不仅具有**不变本质**的含义，而且也具有**发生变化**的含义。

　　胡塞尔后期在研究手稿中曾从总体上区分"意向性的两个层次：无自我的趋向、无自我的本欲和自我的欲求的和追求的生活连同行为生活"。① 这里的划分首先落实在"无自我"和"有自我"这两个基本层次上，而在有自我的层次又可以再区分出欲求生活与行为生活两个方面。由此可以看出，胡塞尔把握到的意识发生的层次与唯识家所言八识说和三能变说是基本一致的，甚至可以看作是用现代语言对八识和三能变所做的诠释：胡塞尔所说的第一个层次相当于阿赖耶识，第二个层次则由末那识（由有末那，恒起我执）与前六识共同构成。

　　在唯识学这里，第八阿赖耶识是种子。在第七识活动之前，第八识是纯粹的本性，而且是复数的本性。而在第七识活动之后，第八识成为所熏。第七识末那一方面是能熏，即对阿赖耶产生作用，熏染阿赖耶，或者说，其作用在阿赖耶中得到积淀，从而令其内部的二种性生长；另一方面，末那也可以是所熏，即为前六识所熏。

---

　　①　胡塞尔手稿：B 113/2—7,12—13（参见 K. Schuhmann [Hrsg.], *Husserl-Chronik – Denk- und Lebensweg Edmund Husserls*, The Hague: Martinus Nijhoff, 1977, S. 448）："Die zwei Schichten der Intentionalität. Das ichlose Tendieren, der ichlose Trieb und das begehrende strebende Leben des Ich mit dem Aktleben"。

前六识本身是能熏，熏习末那并因此也作用于阿赖耶。[①] 此外，如果按照经量部的说法，色、心二法互为能熏、所熏，那么这在唯识学中基本上就意味着：前六识的见分与相分彼此发生相互的作用和影响。在笔者看来，这个说法或解释显然是可以成立的。胡塞尔现象学强调意向活动与意向相关项之间的相互作用，这是从意识的本质结构的角度为熏习活动提供的一种可能解释。

　　而从意识的发生角度来看，在现行（actus）熏习种性的同时，由于熏习而得以生长的种性反过来也作用于现行，即对现行发生影响。这是缘起论"此有故彼有，此生故彼生"所表明的基本案例。种性因为熏习而被附加上了习性（habitus），随后，从含有本性与习性的种子中生长起与前不同的现行。现象学对发生与积淀过程的刻画与说明也是在此意义上进行的。在意义构成和意义积淀之间存在相互作用的关系：意义构成（业力成就）后来成为意义积淀（业力的积淀），意义积淀影响后来的意义构成（例如一个植物学家对一棵树的理解不同于他在成为植物学家之前对这棵树的理解），如此等等。

五、结语：二种性的现象学意义

　　我们在这里所做的思考，可以说是一种"知心"的尝试。"知心"

---

　　① 因此晚明王肯堂有言："若前七不能熏，第八不受熏，则无因种。既无因种，亦无现果，所起染净，是无因生，与彼外道自然之执何以异哉？"（王肯堂：《成唯识论证义》卷三，收于河村照孝编集：《新纂卍续藏》第50册，东京：株式会社国书刊行会，1975—1989年，第888页）

是否就是一种"修心",对此在《解深密经》与《瑜伽师地论》中均
有世尊语录记载:"慈氏菩萨复白佛言:世尊,云何修行引发菩萨广
大威德?善男子,若诸菩萨善知六处,便能引发菩萨所有广大威德。
一者善知心生,二者善知心住,三者善知心出,四者善知心增,五
者善知心减,六者善知方便。"①

　　佛教唯识学的"二种性说"属于佛陀所说的"善知心生"方面
的努力,亦即属于佛教缘起论方面的思考,或者说,发生现象学方
面的思考。在对意识发生、人格生成研究中,它与"三能变说"具
有同样重要的思想价值和学术价值。因此,玄奘在《成唯识论》(卷
九)中曾说:"要具大乘此二种性,方能渐次悟入唯识。"印顺也说:
"种子与习气,是唯识学上的要题,它与细心合流,奠定了唯识学的
根基。探索生命的本质,发现了遍通三世的细心。寻求诸法生起的
原因,出现了种子与习气。"②印顺在这里所说的"根基",应当主要
是指唯识学的**发生学根基**,它是唯识学的主要根基之一。

　　唯识学的缘起思想的主干是由"二种性说"与"三能变说"共
同构成的。前者是对缘起论的基本发展脉络的梳理与说明,后者是
对缘起论的基本发展阶段的划分与刻画。它们都与对缘起发生的
普遍规律的把握企图有关。这两方面的思考都表明,与现象学一
样,唯识学也在致力于某种纵向的本质直观,即对心识之缘起发生
的本质形态与法则的直接明见。

　　唯识学的另一主要根基是其**结构学根基**,它是由唯识学的"四

① 《解深密经》卷三,玄奘译,《大正新修大藏经》第16册,第702页;《瑜伽师
地论》卷七十七,玄奘译,《大正新修大藏经》第30册,728页。
② 印顺:《唯识学探源》,台北:正闻出版社,1992年,第125页。

分说"和"心王-心所说"共同构成的。在前引《解深密经》与《瑜伽师地论》的经典中，它属于需要"善知"的"心住"范畴。

　　我们由此也可理解晚明王肯堂所说："一心之德，名为真如。真如具有不变、随缘二义。"[①]

　　① 　王肯堂：《成唯识论证义》卷一，"成唯识论证义自序"，收于河村照孝编集：《新纂卍续藏》第 50 册，东京：株式会社国书刊行会，1975—1989 年，第 829 页。

附录 5　关于知、情、意之间 三重奠基关系的意识现象学分析

一、引论

整整三十年前，即 1990 年，美国心理学家彼德·萨洛维（Peter Salovey）与约翰·梅耶（John D. Mayer）提出"情感智能"的概念，后来也被简称作"情商"。它代表一种自我情感控制能力的指数。几年后，即 1995 年，丹尼尔·戈尔曼（Daniel Goleman）出版了题为《情感智能：为什么它可以比智商更重要》[①] 的畅销书，使得这个概念自世纪之交后成为家喻户晓的心理学名词，成为当代心理学对日常生活产生最为广泛和深入影响的因素之一。

但在做进一步论述之前，首先有必要对这里的两个概念"情商"和"情感智能"做一个界定性的说明："EQ"是"Emotional Quotient"的英文缩写。"情感智能"则是"Emotional Intelligence"，简称应当是"EI"。"情感商数"是与"智商"即"智能商数"（Intelli-

---

[①]　Daniel Goleman, *Emotional Intelligence — Why it can matter more than IQ*, New Yorck: Bantam Books, 1995.

gence Quotient)相并列的，甚至是相对立的。但是"情感智能"却并不与"普遍智能"（或"通用智能"）相对立，而仅仅构成"普遍智能"的一个亚种或一个部分。它有可能与智能的其他部分相对立，例如与"思维智能"、"社会智能"相对立，但并不与"普遍智能"或"智能一般"相对立。

正是基于这个理由，戈尔曼在《情感智能》十周年纪念版的前言中说："我认为用'情智'（EI）作为'情感智能'的简称比用'情商'（EQ）更为准确。"①

如果我们根据这个含义来理解"智能"（intelligence）或"智识"的概念，那么在当今时代所说的"人工智能"所依据的，就只是一个狭义的或局部的或残缺的"智能"概念。这个意义上的"人工智能"并不包含例如"情感智能"、社会智能，而仅仅是指特定意义的"思维智能"，即"计算智能"。——如果"计算"可以被理解为某种"思维"的话。即是说，即使如今的人工智能较之于三十年前已经有了长足的发展，但它说到底仍然是一种人工计算智能：一种在计算模型和形式系统方面有了长足发展的人工智能。

从这个角度来比较人工智能和人类智能，那么机器人仍然还有很长的路要走才能全面超越自然人。因为人工智能目前还是缺乏"情商"或"情智"的智能。②

---

①　参见丹尼尔·戈尔曼：《情商：为什么情商比智商更重要》，杨春晓译，北京：中信出版社，2018 年，第 2 页。——根据这里说明的理由，笔者对这本书的标题做了一定的修改，即改为：《情感智能：为什么它可以比智商更重要》。

②　类似于科幻电影《星际迷航》（*Star Trek*, 2009）中虚构的瓦肯星人，他们具有极强的逻辑思维能力，但缺乏情感能力或排斥情感活动。另一部科幻系列剧《西部世界》则设想，未来的机器人配备了情感功能，可以随时启动和关闭。这些艺术创作和构思都遵从了传统意识理论对理智与情感的两分法或三分法。

关于"情商"或"情智"的重要性，倘若在该书推荐辞中所说的"情商比智商更重要"或"一个人的成功是由 1% 的智商和 99% 的情商构成的"果真属实，那么至今为止的人工智能都可以被视作不成功的，或者身心不健全的。

当然，按照戈尔曼对"智能"及其蕴含定义的理解，它与我们这里所说的"意识"或康德意义上的"理性"已经基本上一致。他所说的"情感智能"（Emotional Intelligence）类似于康德意义上的人类理性"知、情、意"三分中的第二分，而且是在理性的主宰下，或者类似于利普斯所说的人类意识三分"思维意识、情感意识、意欲意识"中的第二分 [1]；或类似于鲍德温所说的三种心理现象"认知、情感、意志"中的第二种 [2]。

可以说，至今为止的人工智能是无情感的认知智能，或无情感的思维智能。如果我们现在希望在人工智能中加入情感的成分和意欲的成分，使其成为有情感的和有意欲的人工智能，成为身心健全以及更为成功的人工智能，我们还需要做什么呢？与此相同的说法是：如果我们不满足于现在单纯的人工智能，而是希望创造出更为丰满的人工意识，我们还需要做什么？

答案首先是：在人工智能中加入"情"和"意"的成分，从而使人工智能不仅有"情感"，而且有"意欲"，即不仅是人工的认知智能，而且还是人工的情感智能和人工的意欲智能。

沿着这个思路思考至此，我们又会面临传统的意识哲学或心理

---

①　参见 Theodor Lipps, *Vom Fühlen, Wollen und Denken*, Leipzig: J. A. Barth, 1902。

②　参见 James Mark Baldwin, *Elements of Psychology,* New York: Henry Holt and Company, 1893。

哲学曾经面临并仍需面对的问题：在人类意识的三分或人类理性的三分之间，即在知、情、意这三者之间，究竟存在何种相互关系？具体地说，它们是相互并列的，平行运作的，还是彼此间存在一定的奠基关系？

答案是后者：在它们之间存在着奠基关系或奠基模式，而且不止一种。我们可以将它们分别称作：结构的、发生的和动态的奠基关系或奠基模式。①

二、思维意识、情感意识、意欲意识之间的结构奠基关系

在意识哲学史上，关于这个问题的讨论古已有之。例如在佛教唯识学那里早有关于"心王-心所"的理论，它区分意识的主导作用（即所谓"心王"）和附带作用（即所谓"心所"）。"心王"通常被理解为一种与西方意识哲学中的"感知"或"了别"相似的意识行为，

---

① 胡塞尔本人在《逻辑研究》讨论整体与部分的第三研究中专门论述"奠基概念与相关的原理"（第二章第 14 节），其中谈及"相互间奠基和单方面奠基，间接奠基和直接奠基"等（第二章第 16 节），希望"借助于奠基概念来精确地规定整体与部分的确切概念及其本质类别"（第二章第 21 节）。奈农还指出胡塞尔在《逻辑研究》中提到的两种奠基模式："本体论的奠基模式与认识论的奠基模式"（参见 T. Nenon, "Two Models of Foundation in the *Logical Investigations*", in B. Hopkins [ed.], *Husserl in Contemporary Context. Prospects and Projects for Phenomenology*, Dordrecht: Kluwer Academic Publishers, 1997, pp. 97—114）。但就总体而言，胡塞尔在这个时期所考虑的"奠基"都还属于我们意义上的"意识结构奠基"，至少他在这个时期还没有考虑过我们这里将要讨论的"意识发生奠基"与"意识动态奠基"。

也就是胡塞尔所说的客体化的、对象化的行为，它们是构造意向相关项的行为，而"心所"则包含各种非客体化的行为，例如情感行为等，它们自身不能构造意向相关项，只能依赖"心王"构造出的客体，因此也不得不依托"心王"的主导作用，本身也只能行使附带的、从属的作用。

这与一百多年前布伦塔诺、胡塞尔的意向性分析的结论是一致的：所有意识行为都是意向行为，可分为客体化（直观、表象）和非客体化行为（感受、感情）。所谓"非客体化行为"并非指这些行为没有客体或不指向客体，而仅仅意味着它们本身不能构造客体，它们所指向的客体都是由客体化行为构造起来的。在此意义上，非客体化行为是以客体化行为为前提或基础的。例如，一朵花香令人感觉愉悦，一声口哨让人陡生厌恶，对一个病人的同情，对一位长者的崇敬，对一件恶行的愤慨，对某个事物或人物的恐惧，因为某人或某事心生烦恼，以及诸如此类，都是以对某个事物或人物的表象为前提的。

胡塞尔本人并不以情感意识的分析见长。在这个领域中有所建树的主要是情感现象学家马克斯·舍勒。他在《伦理学中的形式主义与质料的价值伦理学》（1913—1916）与《同情的形式与本质》（1923）论著中，在"道德建构中的怨恨"（1912）、"爱的秩序"（1914—1916）等论文中对价值感受、道德情感理论的讨论和研究，构成意识现象学中的道德情感现象学的宝贵遗产，且目前在情感心理学和情感哲学中仍然受到高度的重视。而在审美情感方面，另一位早期慕尼黑现象学家莫里茨·盖格尔（Moritz Geiger, 1880—1937）是意识现象学的最早的和最重要的代表。他的论著《审美享

受的现象学论稿》(1913)[①] 在此领域完成了开拓性的工作。后来英
加尔登[②] 和杜夫海纳[③] 在这个方向上继续展开研究,最终在审美学领
域分别开辟了审美经验现象学与现象学的审美学或现象学的艺术
本体论的特有领域。

　　除此之外, 作为意识三分中的第三分意欲意识的情况也与情感
意识相同: 意欲的产生是以表象对象的成立为前提的。意欲因而总
是关于某个被表象的(被感知或被想象的)事物或人物的意欲,一
如情感总是关于某个被表象的(被感知或被想象的)事物或人物的
情感。在这里,"意识总是关于某物的意识"的定律也就意味着"意
欲总是对某物的意欲"。

　　一般说来, 在情感意识与意欲意识之间也存在结构方面的奠
基顺序。意欲的产生在很大程度上与情感的现存有关: 喜欢或厌
恶(快乐与不快)的情感是意欲或非意欲产生的前提。按照胡塞尔
的说法,"感受的、欲求的和意欲的意向活动是奠基于表象之中的"
(Hua III/1, 266)。他在这里提到的"欲求"(Begehren),意味着意
欲意识包含的两极中的一极: 意向的或及物的意欲意识的一极。我
们后面还会看到,情感意识和意欲意识都包含另一极: 非意向的或

　　① 参见 M. Geiger, *Beiträge zur Phänomenologie des ästhetischen Genusses*,in *Jahrbuch für Philosophie und phänomenologische Forschungen*, Bd. I, Tübingen: Max Niemeyer Verlag, 1913, S. 567—684。

　　② 参见 Roman Ingarden, *Das literarische Kunstwerk. Eine Untersuchung aus dem Grenzgebiet der Ontologie,Logik und Literaturwissenschaft*, Halle: Niemeyer, 1931; *Untersuchungen zur Ontologie der Kunst: Musikwerk. Bild. Architektur. Film*, Tübingen: Niemeyer, 1962。

　　③ 参见 Mikel Dufrenne, *Phénoménologie de l'expérience esthétique*, Paris: Presses Universitaires de France, 1953。

不及物的意欲意识的一极。

　　关于意欲意识，早期慕尼黑现象学学派的亚历山大·普凡德尔（Alexander Pfänder, 1871—1941）最早在意识现象学方面进行研究，他在此领域的工作也最具有代表性。他的《意欲现象学》（1900）①与胡塞尔的《逻辑研究》（1900/1901）是在同一年发表，前者可以概括为意欲现象分析，后者中的六个"逻辑研究"可以概括为思维现象分析。在此之后，法国现象学家保罗·利科（Paul Ricoeur, 1913—2005）也在普凡德尔影响下以"意欲"（volonté）为标题探讨"意欲哲学"的基本问题。②

三、这三种意识类型之间的发生奠基关系

　　在许多心理哲学家那里③，包括在胡塞尔、普凡德尔等现象学家那里，"意欲"（Wollen）与"意志"（Wille）常常被当作同义词使用。在利科的"意欲"（volonté）中也包含了这两层含义。而进一步的分析会表明，它们实际上代表了"意"的两极：意向意欲与非意向意欲，或者说，作为及物动词的"意"和作为不及物动词的"意"。

　　如前所述，如果我们在这里将"意欲"（Wollen）首先理解为

---

　　① 参见 Alexander Pfänder, *Phänomenologie des Wollens. Eine Psychologische Analyse,* Leipzig: J. A. Barth, 1900。

　　② 参见 Paul Ricoeur, *Philosophie de la volonté, tome I. Le volontaire et l'involontaire,* Paris: Aubier-Montaigne, 1949; *Philosophie de la volonté, tome II. Finitude et culpabilité,* Paris: Aubier-Montaigne, 1960。

　　③ 例如参见 Christian Ehrenfels, *Über Fühlen und Wollen. Eine psychologische Studie,* Wien: Kaiserliche Akademie der Wissenschaften, 1887。

一种意向意识，那么它就必定奠基于表象意识之中。但需要留意，"意欲"常常也被理解为"意志"（Wille）。这个意义上的"意欲"构成意欲意识的另一极，即不指向对象或无对象的意欲。这个意义上的意欲的最典型代表是自由意志：它不指向任何具体的对象，而只是一种期望摆脱所有束缚的意愿。自由意志的问题构成意欲哲学的基本问题。

我们在这里涉及意识的发生奠基问题。在前一节中所展示的意识的结构奠基关系是意识的横截面，它类似于一座稳定的、静态的建筑物：最底层是感知，而后第二层是想象，它们共同构成意识的直观基础；在它们之上而后逐步建立起各种类型的符号意识、情感意识和意欲意识。这个稳定的横截面所展示的是意识的静态本质。而在这一节中，我们所面对的是意识的发生奠基，它类似于一条纵向的河流，有最初的起源和逐步展开的流程。最初的起源是我们前面所说的非意向的意欲，而后是非意向的情感，最后是意向的表象与思维，这个流动的纵切面所展示的是意识的发生本质。

这里提到的"非意向的意欲"是指一种引发意识萌动的意念作用，类似于儒家和佛家所说的"起念"。心理学中的"意动"（Konation）概念与此相关。它意味着各种意识体验的启动和欲求。意识现象学也在"动机"（Motiv）和"动机引发"（Motivation）的标题下思考这些问题。胡塞尔所区分的"行为进行"（Aktvollzug）与"行为萌动"（Aktregung）（Hua III/1, 263），实际上就是从意识发生的角度来讨论作为意识起源的意欲。行为萌动本身并不是意识行为，不指向对象，因而是非意向的，但它是行为的起因。这个意义上的意欲是"欲求"（Streben），是通常意义上的"要"（will），它自身包含动机、兴趣、欲念、本能等因素。它本身已经与特殊意义上的情感意识或情绪意识混合在一起。

与意欲意识自身含有非意向意欲一极的情况相似，在情感意识中也包含非意向的情感或情绪的一极。这个非意向的情感意识构成意向的意识活动的发生前提。海德格尔在《存在与时间》（1927）中列举的"畏"（Angst）与"烦"（Sorge）等"基本情绪"（Grundstimmung），是这个意义上的非意向的情感意识。它们并不指向任何对象，既不指向物，也不指向人，因此有别于对某物或某人的"害怕"（Furcht），或对某事的"担忧"（Besorge），或对某人的"担心"（Fürsorge）等。

实际上，在海德格尔之前，舍勒就已经在他的《伦理学中的形式主义与质料的价值伦理学》中提出了"非意向情感"或"非意向感受"的命题。对于舍勒来说，所有意识行为都是感受（或情感），感受可分为意向的（有对象的）感受和非意向的（无对象的）感受。但舍勒所说的"意向的感受"，主要是指对一种特殊对象的感受，即对各类价值的感受。价值有高低层次之别，而与它们相应的感受也有高低层次之分。

舍勒在《伦理学中的形式主义与质料的价值伦理学》书中沿用帕斯卡尔的概念而指明"心的秩序"（ordre du cœur）或"心的逻辑"（logique du cœur）的存在。这个意义上的"秩序"和"逻辑"主要意味着"情感生活"的奠基秩序。舍勒区分情感生活的几个层次，它们由底层到高层分为：1. 感性感受，2. 生命感受，3. 纯粹心灵感受，4. 精神感受（GW II, 335）。它们之间存在的奠基秩序与我们在前一节中谈到的意识结构的奠基是相一致的。

　　而在同期的未发表的文稿《爱的秩序》中,舍勒还从"行为起源"的角度,或者说,从情感发生现象学的角度再次谈到"心的秩序"、"心的逻辑"和"心的数理"(mathématique du cœur)。在这个发生的奠基秩序中,舍勒将"爱"理解为"原行为"(Urakt),它始终是"认识行为和意愿行为的唤醒者";而这里的认识行为,也就是胡塞尔所说的作为典型的意向行为的表象行为和判断行为,它们又构成欲求行为和厌恶行为以及真正的意愿行为的基础(GW X, 356)。

　　就此可以看出,舍勒的"爱的秩序"实际上代表了"心的秩序"的另一个向度:心的发生的奠基秩序:从爱与恨的原行为到表象和判断,再到情感和意欲行为。舍勒揭示的这个发生奠基,实际上是海德格尔所说的从对基本情绪的生存论分析的到对对象性意识的意向分析的发生奠基的原初版本。舍勒的第一版早于海德格尔的第二版十多年。

　　但在意识理论的历史上还有更早的版本:佛教中的八识说、缘起论和三能变。它们都属于对意识发生奠基的秩序的阐释。所谓"八识",实际上可以被还原为三识:藏识(阿赖耶识)、思量识(末那识)和前六识(眼识、耳识、鼻识、舌识、身识、意识)。唯识学将这三个层次的"意识"类型也分别称作"心"、"意"、"识"。"缘起"在这里意味着意识的有条件的发生,也可以说,有秩序、有规律的发生。而"三能变"则表明意识发生的三个层次:初能变是阿赖耶识,二能变是末那识,三能变是前六识。这三个阶段与现象学中讨论的意识发生的三个阶段遥相呼应:1.意:无意向的意欲,2.情:无意向的情感,3.知:意向的认识。它与意识结构方面的知、情、意奠基秩序正好相反。

　　将第八识、第七识和前六识理解为意、情、知，这个做法在佛教研究中并不常见。但这里可以留意耿宁在其哲学自传中，回忆了他早年在北京大学学习期间认识的"广济寺的天才佛学家郭元兴以及我从其所学"。他在当年的笔记中记载了郭元兴的一段论述："理论上见分的知识是由前六识承载的。感觉、激情等则是与我相关，并因而属于第七识。而意志属于第八识。"耿宁对此还补充说："对郭先生而言，第八识像是生命意志，即'生存的意志'。"①

　　由此可见，非意向的意志或意欲既是"起意"或"意动"，是联结无意识和意识的纽带，是最初引发意识行为的动机，也是"欲动"或"起动"，即引发"行动"的动机，是联结意识与行动的纽带，也是从意识到行动的过渡阶段。

四、这三种意识类型之间的动态奠基关系

　　除了上述"知→情→意"的结构奠基关系与"意→情→知"的发生奠基关系之外，在这三种意识类型之间还存在一种动态奠基关系。因此，我们在这里讨论的是它们之间可能存在的三重奠基关系。

　　前两种奠基关系可以在西方哲学的传统中找到清晰的表达，尤其是在笛卡尔、康德的静态的结构主义的动机中和在维柯、黑格尔的发生的历史主义的动机中。事实上，在东方佛教的缘起论与实相

---

　　①　引自耿宁：《有缘吗？——在欧洲哲学与中国哲学之间》，待刊稿，第十二章第7节。——译文出自李忠伟的译稿。

论的思想传统中也可以找到这样两条并行不悖的发展线索。①

　　而第三种奠基关系则只能在东方的佛教传统中发现。具体说来，它包含在佛教大小乘的"心王-心所"理论中。佛教大小乘都有关于心的主体和相应的精神活动之间关系的讨论。我们这里主要关注大乘唯识宗的相关学说。

　　对于唯识宗来说，"心王"就是我们前面提到的"八识"：眼、耳、鼻、舌、身、意、末那、阿赖耶。而按照《成唯识论》卷五的说法，所谓"心所"，乃是"恒依心起，与心相应，系属于心，故名心所"。据此，"心所"是依据心的主体而升起的精神活动。关于这种精神活动的种类数量，佛教各宗的说法略有差异。而唯识宗"心所"列举的心所有五十一种，例如忿、覆、悭、嫉、恼、害、恨、谄、诳、憍、贪、嗔、慢、疑、惭、愧等。它们大都与情感、意欲的意识行为有关，因而也按善、烦恼、随烦恼等心所种类的标准来进行类别划分。

　　但心所划分的另一个重要标准是心所是否普遍伴随心王：唯识宗在心所的类型中首先划分出五种"遍行"心所，即可以伴随所有

————————

① 对此可以参见笔者：《缘起与实相：唯识现象学十二讲》，北京：商务印书馆，2019 年。笔者在其中说明："佛教思想，尤其是在传统中国与日本传布的佛教学说，均由缘起说和实相说两大系统组成。"（《缘起与实相：重识现象学十二讲》，第 1 页）而按照《佛光大辞典》"缘起论"条目的解释："据说此划分始于隋代之慧远。与之相对之实相论又称实体论，乃审察诸法之实相本体，并以之为教理之论说。……于诸经论中，属于缘起论系统者有华严、解深密、楞伽、胜鬘等经，及起信、宝性、瑜伽师地、唯识、俱舍等论；属于实相论系统者有法华、般若、维摩等经，及中、百、十二门、成实等论。于各宗派中，俱舍、法相、地论、摄论、华严、密宗等皆属缘起论系；三论、天台则属实相论系。盖缘起论以诸法由因缘生起为其主旨，从而探索诸法开展之本源，故其研究方向为时间性（纵），而倾向于论理性之阐释态度；实相论以诸法之本体实相为其论旨，故研究方向为空间性（横），而倾向于直觉性之实践主义态度。"（慈怡编著：《佛光大辞典》，北京：北京图书馆出版社，2004 年）

八识而升起的心所，以及五种"别境"心所，即不能伴随所有八识，而只能伴随其中一种识或几种识而升起的心所。

撇开五种别境心所不论，我们在五种遍行心所中可以发现有三种与我们这里所说的"知"、"情"、"意"正相对应："想（saṃjñā, perception）心所"与"感知意识"相对应，"思（cetanā, volition）心所"与"意欲意识"相对应，"受（vedanā, feeling）心所"则与"情感意识"相对应。①

这里所说的"遍行"或"普遍伴随升起"的状况，通常被理解为随着八识（"心意识"或"心王"）的进行，至少可能有三种精神作用（"心所"）伴随产生，按照唯识学的说法顺序是"受"、"想"、"思"，它们分别对应于西方意识哲学意义上的"情感意识"、"感知意识"、"意欲意识"。

现在的问题是，如果"心所"指的是几乎囊括了所有意识类型的"受、想、思"或"知、情、意"，那么"心王"所指又是什么呢？

"心王"按唯识宗的说法是"八识的识体自身"，是"心所"的精神作用的主体。我们也可以说："心王"是体，"心所"是用。心体的三个普遍的作用或功能是受、想、思。

现在我们可以借用前面提到的人工智能的案例来加以说明。我们构想的人工智能之总体可以被称作通用智能，它主要包含三个

---

①　　另外两种遍行心所，即"触"（sparśa, touching）和"作意"（manasikāra, attention），并不是与前三种模式同属一个类型。它们的"遍行"，是指涉及所有意识活动的强度，而不是指伴随所有心王发生意识活动的类型，因而有别于前三种遍行心所。简单地说："触"（sparśa, touching）和"作意"（manasikāra, attention）是见分对待相分的不同形式，或浮光掠影的触及，或专心致志的关注。这里不对这个属于注意力现象学的问题做展开讨论。

部分或三个侧面：认知智能、情感智能、意欲智能。作为人类意识的心体也是如此，所谓八识心王，包含了三个部分或三个侧面：或曰"受、想、思"，或曰"知、情、意"。

这里可以注意到，在这三个作用之间存在一种新型的奠基关系，即我们前面提到的动态奠基关系。所谓"普遍的伴随"并不是指三种精神活动始终以同样的强度在伴随心体运作，而只是说，它们随时可以伴随心体运作，但是以不同的强度。而在心体的运作中，只会有一种心所在起主导作用，其余心所仅仅是起伴随作用。就此而论，我们就可以采纳"心王-心所"关系的另一种解释，即："心王是主作用，心所是伴作用。"[1]

例如，在听见刺耳的口哨时，作为"想心所（感知）"的听口哨可以是主作用，作为"受心所（感受）"的对刺耳的厌恶感受是伴作用。但这个情况随时会变化，主作用会变为伴作用，伴作用也会随时变为主作用。再如，一位银行职员在数钱时的意识活动主要是感知或表象，但这种"想心所"也可能会转变为"贪心所"或"受心所"，即对钱的感知意识转变为对钱的贪恋意识或贪欲意识。此时，情感或意欲便成为主作用或心王，感知遂转为伴作用或心所。

这种转变的情况随时会发生，也就是说，心王与心所的定位随时处在动态的变化之中。因此我们也将它标识为知、情、意之间的第三种奠基关系。

---

[1]　这是关于"心王-心所"的另一种理解和解释。可以参见丁福保编的《佛学大辞典》的"心王"条目："心之主作用，对于心所之伴作用，而谓为心王。"（丁福保编：《佛学大辞典》，上海：上海书店出版社，2015年，第701页）

我们大致可以用以下图式来勾勒这三种奠基方式（图 3）：

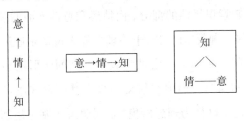

图 3　意识类型之间的三种奠基关系

五、结语

以上三种奠基关系表明了意识行为的结构、发生与活动的本质规律,也印证了帕斯卡尔和舍勒所说的"心的秩序"和"心的逻辑",以及陆九渊、王阳明所说的"人皆有是心,心皆具是理,心即理也"①。

这三个方面的奠基秩序当然还远远不足以穷尽意识的本质或心之性。在知、情、意这三大类意识活动中,每一类意识都还具有自己的稳定结构、生成法则和运行规律。感知、想象、图像意识、符号意识、判断、推理、思维、情感、情绪、激情、本能、欲求、性格、人格、本性、习性、心态、性情等,它们本身还具有各不相同的纵向与横向奠基秩序。我们已经在并且还会在相关的专门研究中进一步展示这些类似于簇的心理集合体系统。

事实上,"知、情、意"或"受、想、思"的法则在复杂性程度方

---

①　陆九渊:《陆九渊集》卷十一,北京:中华书局,1980 年,第 149 页。

面要远甚于物理世界的规律，因为物理世界的法则仅仅对应于心理世界中的认知意识规律的部分，而情感和意欲方面的须臾生成、持续变迁、杂多绞缠等，它们对于物理世界来说都是遥远而陌生的事情。无怪乎胡塞尔初期会尝试将数学领域的流形论和集合论用于意识的分析和探究。但他很快便不再以基于形式逻辑与形式系统的自然科学之精确性为理想楷模，而是另辟了基于超越论逻辑与本质直观的精神科学严格性之蹊径。对人类意识本质的理解和研究以及对人工意识的构建与创立，很可能需要在这种严格科学的方法中进行。而严格的意识科学的研究所要发现和把握的无非就是意识的四重合规律性：在纵意向性与横意向性中的意向活动的与意向相关项的合规律性。

附录 6　注意力现象学的基本法则：兼论其在注意力政治学-社会学中的可能应用

　　1.注意力最初是一个意识哲学的问题[①]，后来成为心理学的问题[②]，当前也随生物科学的发展而进一步成为神经科学与脑科学的问题。关于注意力的种种思考和讨论自古以来就有之，但对这个问题的学术研究应当是在一个半世纪前才开始，并在此后不久便提

---

　　①　在胡塞尔的遗稿中，有一份他于 1910 年手录的关于注意力的参考文献 (Hua XXXVIII, 229ff.)。其中最早的可以追溯到赫尔巴特的著作：Johann Friedrich Herbart, *Psychologie als Wissenschaft: neu gegründet auf Erfahrung, Metaphysik und Mathematik*, Königsberg: Unzer, 1824, S. 224。而在此问题上对胡塞尔影响最大的当数以下几位哲学家和心理学家的著述：Carl Stumpf, „Aufmerksamkeit und Wille", in Carl Stumpf, *Tonpsychologie*, 2 Bde., Leipzig, 1883/1890, Bd. 2, S. 276—318; Alois Höfler, *Psychische Arbeit*, Hamburg und Leipzig, 1894; Hans Cornelius, *Psychologie als Erfahrungswissenschaft*, Leipzig: B.G. Teubner, 1897; Wilhelm Wundt, *Vorlesungen über die Menschen- und Thierseele*, 2 Bde, 3. umgearb. Aufl., Hamburg, 1897. S. 261; Oswald Külpe, „Einfluß der Aufmerksamkeit auf Empfindungsintensität", Bericht über den III. Internationalen Kongreß für Psychologie, 1897。

　　②　关于注意力的研究在心理学中通常会追溯到瑞士心理学家欧根·布洛伊勒 (Paul Eugen Bleuler, 1857—1939) 于 1912 年出版的《心理病学教程》那里，参见 Paul Eugen Bleuler, *Lehrbuch der Psychiatrie*, Springer: Berlin/Heidelberg/New York,1972。他在该书的第九章讨论了关于注意力的一般问题和关于注意力障碍的问题。

供了众多的成果。而将注意力问题和注意力理论引入经济学研究并形成颇有影响的注意力经济学学派，则是在那一百多年之后的事情：德国的建筑师和城市规划师格奥尔格·弗兰克在 1998 年出版了《注意力经济学：一个设想》①的著作。注意力问题与注意力理论至此而成为心理学、经济学和传媒学的共同关注。在这里，意识心理学的问题②被运用到经济学中，并且进一步运用到传媒学中。严格说来，注意力经济学是传媒经济学和媒体心理学的一个合作项目。由于这里的主题是意识现象或心理现象，因此现象学与心理学的研究在这里需要提供理论基础：经济学和传媒学的运用实际上需要以注意力的理论为基础。也可以说，注意力经济学是注意力心理学在经济学和传媒学领域中的一个实际运用。

　　而一旦将注意力理论运用于政治学，当然便有可能产生出一门注意力政治学的学科。但我们眼前的现状是：尽管与注意力相关联的政治策略及其使用比比皆是，但"注意力政治学"的概念尚未提出，遑论注意力政治学研究的展开与成形。注意力经济学的问题也与此类似，它的概念已经形成，但仍缺少心理学的理论基础。也就

---

　　①　Cf. Georg Franck, *Ökonomie der Aufmerksamkeit. Ein Entwurf*, München: Hanser, 1998.

　　②　现代心理学家的意识心理学概念与心理学领域的双重划分相关。例如布洛伊勒将心理生活分为有意识的和无意识的两种（cf. P. E. Bleuler, *Lehrbuch der Psychiatrie*, a.a.O., S. 21ff.）。据此心理学也可以分为意识心理学与无意识心理学。后者主要以弗洛伊德在《梦的诠释》（cf. Sigmund Freud, *Die Traumdeutung*, Leipzig und Wien: Franz Deuticke, 1900）中阐释的无意识学说为起步。而在哲学领域则可以注意爱德华·封·哈特曼在 1869 年便已发表的《无意识哲学》（Eduard von Hartmann, *Philosophie des Unbewussten. Versuch einer Weltanschauung*, Berlin Carl: Dunker's Verlag, 1869）。注意力是有意识的心理的核心部分，在无意识的心理那里很难谈得上注意力。

是说，注意力的实践尚未获得注意力的理论基础。而形成这种局面的原因在于，现代心理学尚未成为像现代物理学那样的本质科学。至今为止，胡塞尔对他那个时代的心理学所说的依然有效："在心理认识方面，在意识领域的认识方面，我们虽然有'实验-精确的'心理学，它自认为是精确的自然科学的完全合法的对应项——但即使它自己根本没有意识到这一点，它在主要的方面仍然处在**前**伽利略时期。"（Hua XXV, 24）胡塞尔尝试建立一门虽非自然科学般"精确的"但却精神科学般"严格的"现象学：它包含现象学的哲学与现象学的心理学。而"注意力现象学"（Hua XXIV, 446）就属于胡塞尔在这个思想背景中的长年尝试和努力。它的效果正如普莱斯纳所说："［现象学］这种科学理论的思考的典型之处在于，它并未妨碍现象学的实践为心理学、心理病理学和所有精神科学所接受。这种促进作用，也包括对哲学的促进作用，是异乎寻常的，只有弗洛伊德的作用能够与之相比。"①

　　2. 对注意力可以进行心理学分析，也可以进行现象学分析。当现象学被理解为描述心理学时，这两者是不可分的。即使在现象学与心理学分道扬镳之后，现象学也仍然将自己的研究领域划分为现象学的哲学和现象学的心理学。而作为现象学组成部分的现象学的心理学与现代心理学在讨论的内容上是一致的，在得出的结论上也常常可以一致。它们的区别和界限，一方面在于是否具有意向分

---

① 　Helmut Plessner, „Bei Husserl in Göttingen", in *E. Husserl, 1859—1959. Recueil commémoratif publié à l'occasion du centenaire de la naissance du philosophe*, Den Haag: Martinus Nijhoff, 1959, S. 37.

析的视角，这是我们在下一节会讨论的问题；另一方面在于它们各自采用的方法：究竟是实验观察的方法，还是内在本质直观的方法。"内在"在这里是指研究者对自身体验的反思，在这个意义上它应当是超越论的、观察自身的，而非观察他人的；而"本质直观"则意味着研究者的反思目光所指向的是体验的本质因素，以及它们之间的本质关联，在这个意义上它应当是本质论的，是本质把握的而非经验归纳的。这也是胡塞尔提出"超越论还原"和"本质还原"的双重现象学还原的理由所在，也是他主张现象学的心理学是"第一心理学"（Hua IX, 267）并将现代的经验-实验心理学归入"第二心理学"的理由所在。

　　类似的情况也可以在早期现象学运动的代表人物亚历山大·普凡德尔那里发现。他本来就是心理学家，早期的代表作《意欲现象学》①既是现象学著作，也是心理学著作。他在这本书和在另一部代表作《心理学引论》②中，都将"主观心理学"和"客观心理学"或"哲学心理学"与"科学心理学"视作两种可以互补的方法。③这也可以从布洛伊勒和胡塞尔各自对注意力的研究成果中看出。前者是以教程的形式对意识的注意力做了扼要而基本的界定与分析，而后者则在多年的思考中提供了丰富的思考方向。而且两者在互不知晓的情况下有许多共同的发现和重合的结论。

---

　　①　Cf. Alexander Pfänder, *Phänomenologie des Wollens. Eine Psychologische Analyse*, Leipzig: J. A. Barth, 1900.

　　②　Cf. A. Pfänder, *Einführung in die Psychologie*, Leipzig: J. A. Barth, 1904.

　　③　对此问题的讨论可以参见笔者讨论胡塞尔与慕尼黑现象学代表人物普凡德尔和盖格尔的思想关系的论文："意欲现象学的开端与发展：普凡德尔与胡塞尔的共同尝试"，载于《社会科学》，2017年第1期；"现象学美学的起步：胡塞尔与盖格尔的思想关联"，载于《同济大学学报》（社会科学版），2017年第3期。

我们这里首先考察布洛伊勒的注意力研究。他认为："注意力就在于，引起我们的兴趣的特定感性感觉和观念得到开启，而所有其他的感性感觉和观念则受到阻碍。"这里涉及注意力的焦点和聚焦的问题以及与此相关的定律："在注意力中，兴趣、思维在做出开启或阻碍。它做得越是尽力，强度、集中就越大；有用的表象加入得越多，注意力的范围也就越大。"[①] 布洛伊勒在这里已经在区分集中的注意力和分散的注意力，并定义它们之间的强度关系。

其次，布洛伊勒还区分注意力的"延韧"（Tenazität）与"警醒"（Vigilität）："它们通常是彼此敌对的。延韧是将其注意力持续地指向一个对象的能力，而警醒是将注意力转向一个新对象（尤其是转向一个来自外部的刺激）的能力。"布洛伊勒举例说：有时一个人的注意力延韧会很弱，以至于他无法停留在一个对象上，只能从一个思想漫游到另一个思想；有时一个人的注意力延韧会超强，以至于一个人的意识会被一个对象所完全充满。[②]

再次，还可以区分"极限（maximal）注意力"与"习常（habituell）注意力"。这个区分也与注意力的强度有关。它是布洛伊勒从他对病人的观察得出的：有些心理病人的习常的注意力很弱，他们几乎不去注意什么，甚至到了一个新地方也不会去为自己确定方位。但他们可以毫无困难地提升自己的注意力，直至极限。由此可以区分一个人的极限注意力和习常注意力。

又次，布洛伊勒区分"主动的注意力"与"被动的注意力"。前者是指由意志指挥的注意力，是对某个事物或某个事件的主动关

---

① P. E. Bleuler, *Lehrbuch der Psychiatrie*, a.a.O., S. 71.

② P. E. Bleuler, *Lehrbuch der Psychiatrie*, a.a.O., S. 71.

注；后者是指通过外部事件而引起的注意力，是因被某个事物或某个事件吸引而形成的被动关注。实际上，意志与注意力的关系很早便被关注。例如埃伦菲尔茨在此之前十多年便已将注意力定义为"内意志行动－内追求行动"①。后面我们也会看到胡塞尔在这方面的研究与思考。

最后，布洛伊勒涉及注意力的临界范畴：注意与不注意（精神集中与精神涣散）的对立关联。这里的主要问题是构成注意力对立面的无注意力，即"涣散"，即通常所说的心不在焉、漫不经心的精神状态。我们在这里又会回溯到对注意力的最初定义上去：对某些东西的关注必定伴随着对其他东西的不关注，或者说，一个关注必定是以一个不关注为代价的。布洛伊勒在这里列举的，一方面是在注意力方面缺乏延韧与超警醒（Hypervigilität）并存的状态，例如一个小学生可以被任何响动所吸引；以及另一方面是超延韧（Hypertenazität）与亚警醒（Hypovigilität）并存的状态，例如一个学者往往会对学术以外的很多事情抱漠不关心的态度，如此等等。②

如前所述，这里所处理的是心理学的注意力问题，而且已经达及它的临界点。接下来布洛伊勒讨论的是注意力障碍的情况。实际上这构成心理病学的特有领域，因为注意力还属于正常的心理和心理学论题，而注意力障碍则已经属于不正常的心理以及心理病学（Psychopatrie）或心理病理学（Psychopathologie）的范畴了。

以上这些，是布洛伊勒对注意力现象的分析、描述和分类。他

---

①　Cf. Christian von Ehrenfels, *System der Werttheorie*, Bd. I, Leipzig: O. Reisland, 1897, S. 253.

②　P. E. Bleuler, *Lehrbuch der Psychiatrie*, a.a.O., S. 71f..

基本上秉承了亚里士多德的心灵分析的传统。如果亚里士多德可以被称作现象学家，那么布洛伊勒也应当无愧于现象学家的称号。只是他在《心理病学教程》中的阐释十分扼要简练，没有进一步展开对在这些概念或范畴之间的本质联系的说明。例如，意向、意志、兴趣、吸引之间的联系以及它们与注意力的联系等。

3. 布洛伊勒所讨论的这些问题主要在于：什么是注意力？它有哪些类型？它受什么支配？它会产生何种结果？这些也都是注意力现象学要讨论的问题。

由于获得意向性意识的视角，因而胡塞尔与布洛伊勒所给出的所有这些似乎都属于意向活动的现象学，而非意向相关项的现象学。但随着研究的进一步展开，我们也会发现，注意力与引起注意的东西也有关联。因此，这里也会涉及意向相关项的现象学。易言之，注意力在这里首先涉及关注的意识活动，而后也涉及被关注的意识对象，尤其是在布洛伊勒所说的被动注意力的情况中，即当我们考虑为什么这个东西引起了我的注意而另一个却没有的时候。

胡塞尔本人第一次提出"注意力现象学"的概念是在 1906 年[①]。他在此期间的相关研究手稿已于十多年前结集以《感知与注意力（选自 1893—1912 年遗稿）》为题作为《胡塞尔全集》第三十八卷（Hua XXXVIII）出版。当然，关于注意力的现象学研究还不限于该卷，还散见于他的意识分析的各个已发表和未发表的文稿中。

---

① 参见胡塞尔："埃德蒙德·胡塞尔的'私人札记'"，倪梁康译，载于《世界哲学》，2009 年第 1 期，第 34 页。

胡塞尔将注意力理解为"意识的狭窄（Enge）"[①]和"集中"，他也将这个意义上的注意力称作"特殊的感知"或"特殊的意向"。因而他对注意力的讨论常常是与感知分析一同进行的。胡塞尔认为："也许没有注意力或兴趣的感知无非就是兴趣程度较低的感知。"而在带有注意力的感知中的"意向"（Intention）与"充实"（Erfüllung）则被他用"紧张"（Spannung）与"松弛"（Lösung）来加以刻画（Hua XXXVIII, 98f.）。也就是说，注意力可以被视为一种带有强烈兴趣程度和意向指向的感知。

胡塞尔在这里也提出了与布洛伊勒类似的命题或定律："同时被感知的独立的个别客体之范围越大，属于它们的感觉复合的体现成就的就越小。"（Hua XXXVIII, 98）"兴趣越是集中，被偏好的个别性仿佛就意味得越多，反过来，它被分化得越多——其余均同（ceteris paribus）——，它在活的意指方面的范围就越小，因为兴趣的强度并不仅仅取决于它的长度。"（Hua XXXVIII, 99）在这种情况下，胡塞尔也常常将注意力作为特殊的感知而与外感知、内感知、时间意识、回忆、期待、把握、阐明等并列提出（cf. Ms. F 14, S. 4）。

但一般说来，注意力并不仅仅出现在感知的过程中。在其他行为中，例如在回忆和想象中，在图像意识和符号意识中，我们也可以通过意志而将我们的主动注意力集中在某个对象和过程上。而在自由想象中，我们的注意力甚至可以随心所欲地指向我们意欲指

---

① 这个说法最初是胡塞尔从布伦塔诺讲座中获得的：在胡塞尔的遗稿中有一份1888年6月27日的关于"意识的狭窄（'根据布伦塔诺的讲座'）"的思考记录（参见 K. Schuhmann [Hrsg.]: *Husserl-Chronik. Denk- und Lebensweg Edmund Husserls*, Martinus Nijhoff: Den Haag, 1977, S. 23）。

向的地方。此外，在本质直观的情况中，我们的注意力可以从感性直观的对象转到观念直观的对象上，例如从一张红纸转向"红"本身，从一张椅子转向"一"本身，如此等等。从这个角度看，注意力是一个行为中的因素而非一个完整的行为，例如不是一个特殊的感知，而是可以随着目光的转向而跨越感性感知，成为其他行为中的构造性因素。在这种情况下，胡塞尔也常常将注意力区分于一个意识行为中的其他因素，如指向状态（Gerichtetsein）、特殊意义上的意指活动、执态以及执态变异等（Ms. A VI 8 II, S. 112a）。

胡塞尔在这里明确承认注意力是意识行为中的一个因素，它不仅出现在直观和所有其他直观种类中，而且出现在所有意识领域中（Hua XXXVIII, 337）。而他之所以常常将注意力与感知放在一起讨论，看起来主要是因为注意力在感知的情况中表现得最为清晰，就像意向性在感知领域中最容易得到观察一样。由此可以理解胡塞尔在 1906 年的"私人札记"中首次谈及自己在"注意力现象学"的计划时所做的一个谨慎限定，即"至少在直观和感性的领域内"①实施这个计划。

这样一些与意向分析相关的注意力研究，已经初步表现出它与通常的注意力心理学或注意力心理病学的不同之处。事实上，在感知、想象、回忆、情感、意欲等意识分析的大背景中展开对注意力的研究，这是胡塞尔通过长期而经心的意识现象学思考才获得的一种得天独厚的能力：在意识研究方面的总体视野加上敏锐视力，这是

---

① 参见胡塞尔："埃德蒙德·胡塞尔的'私人札记'"，倪梁康译，载于《世界哲学》，2009 年第 1 期，第 34 页。

现代心理学无法通过实验观察来替代的东西。反过来，意识现象学
的许多思考倒是可以取代现代心理学通过实验观察来加以"客观证
明"的基本心理事实。从胡塞尔的遗稿中便可以了解他对注意力所
做的各种分析尝试，例如，区分不同的注意力模式（Hua XXXVIII,
336）和各种不同的注意力方向（Hua XXXVIII, 371），以及如此
等等。

　　1913—1915 年期间在哥廷根随胡塞尔就读的现象学家埃
迪·施泰因，曾在回忆录中记录过当时在德国各地以及在哥廷根
大学哲学系里现象学家与实验心理学家之间的紧张关系，也包括
她的一次在心理学实验室里的受试经历："有一段时间我曾被一
个丹麦心理学家用作实验人。我在黑暗的房间里坐在一台速示器
（Tachystoskop）前，有一系列各种不同的、绿色闪亮的形状对我展
示出来，每次都是一瞬间，而后我必须说明我看到了什么。我在这
里看出，这里涉及的是对形状的再辨认，但我没有得到进一步的解
释。我们现象学家对这些故弄玄虚的做法一笑了之，并且为我们自
由的思想交流感到高兴：我们并不担心，一个人可能会抢走另一个
人的成果。"[1] 实际上在这里已经可以看出现象学的心理学与后来的
实验心理学之间的基本差异。我们可以将它们称作哲学心理学与
科学心理学的差异，也可以将它们称作理论心理学与经验心理学的
差异，或者主观心理学与客观心理学的差异。

　　历史地看，这个差异在心理学发展的开端上并不明显。大多

---

　　[1]　Edith Stein, *Aus dem Leben einer jüdischen Familie und weitere autobiographische Beiträge*, Edith Stein Gesamtausgabe（ESGA）, Bd. 1, Freiburg i.Br.: Verlag Herder, 2010, S. 215.

数心理学研究者本身都是哲学家、逻辑学家和精神科学家。最初建立心理学实验室并开创实验心理学的代表人物，如威廉·冯特、威廉·詹姆斯等人，都仅仅将心理实验视作心理学研究的一种辅助手段。高级的心理过程是否可以通过观察实验的方式来把握和研究，这在当时和如今都还是一个问题。后来的海尔曼·艾宾浩斯以自己为受试者的记忆实验，以及冯特的学生奥斯瓦尔德·屈尔佩的内省实验，实际上是一种类似于当时的哲学家如马克斯·舍勒以及如今分析哲学家们仍在使用的所谓"思想实验"的方法。

　　4. 与此相似，布洛伊勒作为心理病学家所使用的观察他人的方法和现象学家使用的反思自己的方法在注意力问题的研究中是可以结合为一的。但是从一开始就应当强调一点：它们之间的差别也是很明显的。从可靠性程度上看，通过自身反思所获得的知识是直接的，而且可以是本质直观的，但较为有限，即仅限于反思者本人所具有的注意力意识类型和注意力方向，它们可能是最普遍的、为所有人共有的注意力种类，但它们不太可能囊括所有种类，例如布洛伊勒所说的"超延韧"或"超警醒"的注意力等，尤其是在心理病理案例的研究中。我们基本上可以说，心理学家研究的是正常的、每个人都共有的心理状态和心理结构，因此他们通过观察自己完全可以获得直接的心理学知识；而心理病理学研究的是异常的、病态的心理，因而心理病理学家只能通过观察他人来获得相关的知识，除非他们自己就是心理病患者。与此同理，一个从未体验过绝望或狂喜（Ekstase）的反思者是无法成为绝望现象学家或狂喜现象学家的。当然他们也可以通过对他人的实验和观察来获得心理学知识，但以此方式获得的知识只能是相对间接的和归纳的。

　　不过这里所说的"间接的"和"直接的"实际上并非恰当的表达，它们会引发对现象学家的唯我论的不当指责。显然用"第一原本的"和"第二原本的"来刻画它们之间的差异要更好些。[①] 或许可以说，本质必然的知识与前者相关，而经验可能的知识则与后者相关。

　　当我们讨论正常的心理状态时，我们通过观察他人和通过观察自己而得出的结论往往可以不分彼此。例如，在危机状态中一个人的注意力常常会不起作用；又如，即使在做深度思考时一个人也常常会因一只嗡嗡地飞来飞去的苍蝇而无法集中注意力；再如，不同的颜色通常会给人以不同的感觉，红色热情温暖，黄色明朗高雅，蓝色深远沉静，绿色新鲜安逸，如此等等。这些观察结论，既可以通过对他人的观察，也可以通过对自己的反思来获得。

　　5. 这里还需要说明的是：一方面，处在注意力现象背后的是兴趣的问题，也是与意欲和价值相关的问题；另一方面，位于注意力现象前面的问题是：在了解注意力的基本性质之后，应当如何将注意力的知识应用于实际的经验领域。如前所述，注意力经济学是一个类似的案例。我们这里还可以考察"注意力政治学"的可能性，并且主要是以现象学的方式来考察注意力在政治学中的实然状况

---

　　① 胡塞尔在他于 1934 年所做的关于交互主体性问题的思考中区分出三种"原本的被给予性"的基本类型：本己当下体验的（感知）、本己过去体验的（回忆）和他人的体验的（陌生感知）原本被给予性。他将它们分别称作"第一原本性（原-原本性）"、"第二原本性"和"第三原本性"（Hua XV, 641f.）。可以参见笔者："关于'唯我论难题'、'道德自证分'、'八识四分'的再思考：佛教唯识学、儒家心学、意识现象学比较研究的三个案例分析"，载于《唯识研究》第 6 辑，北京：商务印书馆，2017 年。

以及应然事态。

　　从注意力经济学的角度来看，注意力是有限的意识资源在意识内容方面的分配，例如分配给外部感知或内部感知，分配给感受或思想，分配给行为或举止等。作为一种能力因素，或精力资源，它的强度会随身体状况的好坏、年龄大小、意志强弱等因素的不同而发生变化。例如，老年人的所谓"健忘"，通常与他们精力不够的状况是密切相关的。这里的"精力"，应当是指精神的注意力。它意味着心智注意力的强度不够，这样就会导致自己的经历没有被或很少被记录下来，没有被或很少被记忆所保留。记忆力的减弱实际上是因注意力的减弱所导致的。健忘症在很大程度上也应当是由注意力障碍引起的。因此，注意力资源受限于许多因素，也对许多因素发挥着影响。

　　而由于现代传媒技术的发展，信息的洪流以前所未有的、铺天盖地的方式到来。相对于各种来自意向对象方面的刺激，作为有限意识资源的注意力也就会愈发变得有限，这是需要从注意力经济学角度出发来研究的理论问题。而将这个理论研究的成果再运用于注意力经济学的实践领域，那么我们会发展出注意力的商学和商业经营技术。或者将其扩展至政治学，我们也可能获得注意力政治学及其实践手段：注意力的政治策略。——我们这里主要讨论注意力政治学的问题。

　　注意力政治学的关键并不仅仅在于，要研究和了解注意力在政治中的作用，而且更重要的在于，如何在政治中将注意力作为策略来运用。不过笔者在这里只是关注前者。

6.媒体的指向是众人,政治的指向也是众人。因此,如果仅仅是以指向众人为宗旨,那么我们当然也可以,甚至更应该讨论社会学。社会学与政治学的共同点在于它们都与众人有关,与多数有关。但政治学最初的含义"政治"包含两层含义:"政"指的是领导,"治"指的是管理。"政"是方向和主体,"治"是手段和方法,"治"是围绕着"政"进行的。而社会学则有所不同,"社"是指团体,"会"指聚合,意味着众人间彼此的相合与领会等。这里之所以特别讨论注意力政治学,是因为这门学科应当讨论的主要问题在于,如何在国家管理的事务中掌控被管理者的注意力:在何种情况下应当让众人将注意力集中于何种事实或事态,在何种情况下应当将他们的注意力引开何种事实或事态。在传媒独立于管理层的情况下,传媒可以与管理者形成共谋,也可以与管理者形成对立。而在传媒依赖于管理层的情况下,只会出现前一种情况。不过,如果我们也想考虑社交媒体的状况,那么我们就应当讨论注意力社会学。

大众媒体与社交媒体都是由现代传媒科技决定的。由于传媒科技就是为博取注意力而生的,因而注意力科学在很大程度上决定着注意力政治学和注意力社会学,例如没有互联网,社交媒体是无法想象的。但这个意义上的"决定"有点类似建筑材料在一定程度上决定着建筑设计一样,更一般地说,也类似于物质决定意识一样。但注意力的观念和理论只会随新媒体的出现而发展,却不会随新媒体的出现而发生根本的改变。这与物理学中牛顿学说和爱因斯坦学说之间的承接关系相似。在这个意义上也可以说:"科学主宰着在高度技术化的文明中的世界观,为注意力而战已经成为这种文明的日常文化。"①

　　这里可以大致得出将注意力现象学的理论应用于注意力政治学和注意力社会学的几个初步的结论：

　　a. 现代传媒对注意力造成的影响首先在于，由于各种发布和获取的信息量以几何级数的方式日益增多，而注意力被吸引的可能性也会以相同的方式日益增多。但由于注意力作为意识资源或意识功能是有限的，因而由此带来的最终结果是注意力的稀释，即对最多的事情赋予最少的注意力。用布洛伊勒的表达来说，就是注意力延韧性的最小化和注意力警醒性的最大化。例如，在社交媒体中，参与者每一次的看帖都受看帖者自己的注意力支配，在很大程度上是被动的，而每一次的转帖也都表明了转帖者本人的注意力指向，在很大程度上是主动的。看帖意味着注意力的一次选择，转帖是二次选择，意味着注意力的一次凝聚和强化。例如，社交平台上的个人看帖与转帖的数量，实际上是与注意力的强度和持久成反比的。当注意力的警醒度达到最大值而延韧度逼近最小值时，"意识的狭窄"就无从可言，注意力也名存实亡，它与通常的感知无异。这可以从两方面来看，在意向活动方面，标题党的态势越行越盛，越行越远，传统媒体的头版头条被手机刷屏取而代之，甚至学术论文的相对细密的论证也开始被置换为简洁短小的警句格言；而在意向活动方面，由于过于频繁和过于强烈的刺激导致了注意力的麻木，因而产生新的注意力障碍症，对任何事情都知道一些但又不熟悉的情况、对任何事情都不能维持长时间兴趣的情况也越来越常见，越来

---

① Georg Franck, *Ökonomie der Aufmerksamkeit. Ein Entwurf*, a.a.O., S. 11.

越明显。

b. 现象学的视域分析表明，视域拥有一个比意向相关项或意识对象更大的范围：我们的视域包含了对象，但不仅仅是对象，而且还有它的背景。在我们感知对象时，它的周遭背景也一并被给予。这些背景不是对象，但处在我们的视域中。在我们专注于对象时，背景中的事物是非对象的，不被注意的。只有特殊的情况发生才会使我们发现，这些非对象的、未被关注的东西是处在我们视域中的。例如，当我们在咖啡馆专心致志地交谈，并未留意在画架上摆放的花朵。只是当一阵风吹来，使得花枝摇曳，吸引了我们的目光，此时我们才会留意到这里的花卉的存在。[1] 而当我们将注意力转向这朵花时，花作为对象进入我们的感知领域，它的周遭，如我们的咖啡的气味和味道，重又成为不被注意的背景。梅洛-庞蒂所说的"所有迹象都表明，神经系统无法一次做两件事"[2]，实际上是就注意力而言，而非就意识行为一般而言。例如我们完全可以做到一边骑车一边听音乐，或一边走路一边看手机，但我们的注意力始终只有一个，并且必须不断地在两个行为之间切换。这个结论既可以通过神经科学，也可以通过自身反思来获得。

c. 意识的窄化还意味着，对某些事物的关注是以对某些对象的放弃与忽略为代价的，或者说，对某些对象的注意同时意味着对另一些对象的不注意。而在所有传媒经济和许多依赖传媒的经济那

---

[1]　这也是笔者 1990 年在鲁汶与鲁道夫·贝奈特（Rudolf Bernet）教授在咖啡馆交谈时他所举的视域与注意力的例子。

[2]　Maurice Merleau-Ponty, *Die Struktur des Verhaltens, übers. und mit einem Vorw. versehen von Bernhard Waldenfels*, Berlin: De Gruyter, 1976, S. 23.

里，"为注意力而战"在当今的传媒社会、传媒经济与传媒政治的环境中常常就意味着"为生存而战"。以往"酒香不怕巷子深"的说法在非传媒经济体或较少依赖传媒的经济体那里还起作用，但总的经济政治态势则是：没有获得注意力也就没有获得生命力。

d. 传媒时代的"为注意力而战"无异于"为生存而战"。这个趋势导向了在传媒领域和依赖传媒的社会政治领域中的新达尔文主义：适者生存就意味着适者赢得注意力。因此，为了博取注意力，许多热点被造出，并有意识地将真相或事实挤出视域，或至少无意识地将真相和事实加以覆盖。这也是传媒时代如今已经步入所谓"后-真相"阶段的主要原因。当代的生存竞争表现为造热点、传热点和刷热点的竞赛，它们取代和掩盖了往往与人造热点无关的实事本身的问题。

以上种种分析已经初步表明，传统的注意力心理学和注意力现象学的理论研究并没有失去其原则有效性，即便是在一个注意力的类型和注意力的方式都发生了质的变化的后传统时代。

附录 7　意识的共现能力

　　"共现"（Appräsentation）是少数几个独具胡塞尔现象学特征的核心哲学概念之一。与笛卡尔式的或贝克莱式的"知觉"（perception）、莱布尼茨式的"统觉"（apperception）、康德式的"直观"（Anschauung）、布伦塔诺式的"表象"（Vorstellung）等概念不同，"共现"作为哲学概念的历史是从胡塞尔现象学开始的。

　　与"共现"内在相关并具有同一词根"präsenz"（在场）的其他两个概念，是同样源自拉丁语的"体现"（Präsentation）与"代现"（或译作"再现"：Repräsentation）。这两种意识方式作为通常所说的感知与想象，共同组成了胡塞尔称之为"直观"或"本真表象"、"直接经验"的意识体验。

　　严格地说，"共现"本身并不是独立的意识行为，而是在感知中伴随着"体现"或在想象中伴随着"代现"一同出现的特殊意识成分及其特殊显现方式，是"带有其本己证实风格的经验方式"（Hua I, 143）[①]。胡塞尔在其意识分析中清楚地确定了在"事物经验"和"他人经验"中"共现"的存在，并暗示了在"自身经验"中"共现"的存在。在此基础上，这里随胡塞尔一同尝试的分析将进一步表明："共现"同样在"图像表象"、"符号表象"与"本质直观"中一同起作用，即

---

　　① 　这里的"经验方式"（Erfahrungsart）也可以译作"经验种类"。

是说，"共现"这种经验方式存在于所有表象或直观的行为之中，即存在于所有经验之中。

一、术语方面的说明

首先需要做几个术语方面的说明：

第一，从文献上看，胡塞尔大约是自 1916 年起开始全面使用"Appräsentaion"一词，而且首先是在他于 1916 年对自己以前的旧文稿所做的摘录中。这里所说的"以前的旧文稿"，主要是指他 1905 年至 1909 年期间在特奥多尔·利普斯关于同感问题思考的影响下撰写的与此问题相关的一些研究文稿。胡塞尔在这些旧文稿中最初使用的几乎都是"Kompräsentation/Kompräsenz"概念。直到 1916 年在对这些旧文稿做摘录时，胡塞尔才顺带写道："刚刚还想起：我在以前的文稿中曾说过'Appräsentation'。"（Hua XIII, 33）他将此作为"更好的术语"重新予以采纳，并在这个摘录中开始将以前使用的"Kompräsentation"及其相关的派生词全部改为"Appräsentation"及其派生词（Hua XIII, 21—35）。在后来的相关思考中，胡塞尔几乎只使用后者，[①]同时还将其扩展地运用到事物感知与自身感知的领域中。由此也可以看出，胡塞尔的"Appräsentation"概念首先不是被运用在事物经验的分析中，而是

---

① 胡塞尔此后还零星地使用"Kompräsentation"一词（例如 Hua IV, 165—166; Hua XXIII, 607），但显然是在一种不同于"Appräsentation"的特殊意义上（参见 Hua XIV, 283, anm.1；以及 Hua XV, 190）。此外，胡塞尔还在相近的意义上使用"拟-体现"（quasi-Präsenz）、"附现"（Adpräsenz）、"拟原本的共现"（Als-ob original Appräsentation）、"Kopräsenz"等概念（参见 Hua XIII, 349, 478; Hua Mat. VIII, 275, 437）。

被运用在他人经验的分析中。

　　其次，与第一点中所说的"ap-"与"kom-"前缀的细微差异相关[①]，我们之所以将"Appräsentaion"译作"共现"（也可译作"附现"），而不是译作"统现"[②]，乃是因为"Appräsentaion"并不与莱布尼茨、康德哲学以及胡塞尔现象学中的"统觉"（Apperzeption）概念相同，并不具有"统"或"合"的含义。[③]最广义上的"统觉"在胡塞尔那里也意味着对各种感觉材料进行统合把握，从而使对象从中产生并被觉察到的意识活动，它十分接近于他自己所说的意识的"立义"（Auffassung）或"构造"之能力。而"共现"中的"共"则只

---

　　①　参见 Hua XIII, Beilage VII, Beilage VIII, S.21—35。

　　②　这是张宪在其《笛卡尔式沉思》中译本中的译法。参见胡塞尔：《笛卡尔沉思与巴黎演讲》，张宪译，北京：人民出版社，2008 年，第 50、53、54 节，第 145 页及以后各页、第 152 页及以后各页。——此外很显然，只需比较一下"Appräsentation"和"Kompräsentation"两个词的不同拉丁文前缀，就可以发现胡塞尔认为前者更好的原因："ap-"的主要含义是"附着在……上面"、"添加到……上去"等；而同样是拉丁文前缀的"kom-"则主要是指"共同"、"统合"、"一起"等。因此，胡塞尔用"Appräsentation"一词来刻画的显现方式，显然不是将两个或两个以上的事物或过程结合在一起的方式，而是将一个事物或过程附加到另一个主要的事物或过程中的方式。

　　③　诚然，我们可以发现，胡塞尔在《笛卡尔式沉思》中涉及"同感的共现"时偶尔也会对"共现"与"统觉"做不加区分的等义使用（参见 Hua I, 76, 146。而且在其他地方也可以发现他的这种做法，例如参见 Hua XI, 338, Hua XIII, 33, 224 等。这也是黑尔德区分狭义的和广义的"共现"的原因。参见 Klaus Held, *Lebendige Gegenwart*, The Hague: Martinus Nijhoff, 1966, S.17）。但这两者的区别在他人经验的情况中还是明白清楚的：他人是被统觉的，他人的心灵是被共现的（当然还可以加上：他人的身体是被体现的）。这个区分实际上适用于"共现"的各种形式以及它们与"统觉"的关系。罗德迈耶也曾指出，胡塞尔在后期未发表的手稿中说明："共现"涉及对其他主体的心灵生活方面的同感，而"统觉"则更多是一种再造、一种对其他主体的构造（Lanei Rodemeyer, "Developments in the Theory of Time-Consciousness", in D. Welton [ed.], *The New Husserl — A Critical Reader*, Indiana University Press: Bloomington, 2003, p.143）。

具有随体现（Präsentation）"一同"、"一起"出现或"附带"出现的含义，它所展示的基本上可以说是在"统觉"（Apperzeption）中去除"知觉"（Perzeption）后的剩余部分。在这个意义上，胡塞尔说："在每个统觉中都包含着共现"（Hua XIII, 224），或"通过共现进行的统觉"（Hua XIV, 60）。这就是说，"共现"并不是一个独立的意识活动，而只是意识行为中的一个部分或一个因素，例如被看见的桌子的未显现的但随其正面而一同被意识到的背面。按照黑尔德的说法："'共现'在胡塞尔现象学中意味着特定的、对于意向生活来说根本性的当下化方式，它们始终与一个体现相联结地出现。"①这也意味着，"共现"是在一个意识行为中与"体现"部分一同出现的"代现"部分或"拟-代现"部分。当然，在回忆或想象中，"共现"是与被回忆或被想象的"体现"亦即作为"共现之代现"而一同出现的，因此是它在这里是被回忆或被想象的"共现"，并可以在此意义上称作"共现的变异"②。

　　最后还需要说明一点：胡塞尔在其意识现象学的分析中常常还会使用另一组与"体现-代现-共现"基本同义的概念，"Gegenwärtigung/Vergegenwärtigung/Mitvergegenwärtigung"，它们都是非常典型的德文词，词根都带有"gegenwart"（当下）的含

---

① 参见黑尔德所撰"共现"（Appräsentation）条目，载于倪梁康：《胡塞尔现象学概念通释（增补版）》，北京：商务印书馆，2016 年，第 56 页。

② 胡塞尔曾将"共现的变异"用来标示他人经验中的"共现"可能性：如果对他人的当下心灵生活的"同感"或"同体验"（Miterleben）是"共现"，那么对他人的过去心灵生活的"同感"或"同理解"便属于"共现的变异"（参见 Hua Mat. VIII, 440）。我们在这里可以将这个表达用于事物经验：在对过去的感知的"回忆"或"想象"中也有"共现的变异"在起作用。"变异"在这里是指相对于感知中的"共现"而言的"变异"。

义。"Gegenwärtigung"指直接当下地拥有某物,我们勉强译作"当下拥有",即胡塞尔所说的"gegenwärtig haben",它被用来指称感知一类的直接意识体验;"Vergegenwärtigung"则有以想象、回忆的方式将某个非当下的东西当下化的意思,因而译作"当下化"是顺理成章的,它是指想象、回忆这样一类较为间接的意识体验。作为与"Gegenwärtigung/Vergegenwärtigung"(英译: presenting/re-presenting)相近的派生词,胡塞尔常常会使用"Mitgegenwärtigung"或"Mitvergegenwärtigung"[①]来表达与"共现"相同的意思,我们勉强将它们分别译作"共当下拥有"与"共当下化"。从基本词义来看,"Appräsentation"实际上更应当与"Mitgegenwärtigung"等义。但胡塞尔似乎更多和更愿意使用"Mitvergegenwärtigung"一词。这个问题关系到对"Appräsentation"的定性问题:被共现的东西究竟是以较为直接的、更接近当下拥有的方式,还是以较为间接的、更接近当下化的方式被一同意识到。我们在后面讨论"同感的共现"时还会回到这一点上来。

除此之外,胡塞尔在其研究文稿中偶尔还会使用"Mitgegen-wart"、"Mitsein"、"Mit-appräsentieren"、"mitbilden"、"Mit-habe"、"Mitbewußtsein"、"miterfahren"、"mitwahr-nehmen"等含义相近的概念。

---

① 对这两个典型德文词的英译"co-presenting"、"co-re-presenting"就其前缀的选择而言并不合适,因为"co-"与"kom-"相同,基本含义仍然是"共同"、"统合"、"一起"。但这个英译的选择很可能是不得已,因为"appresenting"的译名已经被"Appräsentation"的翻译所占用(参见 Held, "Husserl's Phenomenology of the Life-World", translated by Lanei Rodemeyer, in D. Welton [ed.], *The New Husserl—A Critical Reader*, Bloomington: Indiana University Press, 2003, p.39, p.45, p.50)。

　　"共现"概念本身的具体而完整的含义会在后面的阐释中逐步显露出来。我们将会看到,"共现"这个要素不仅包含在事物经验、他人经验和自我经验中,而且也包含在图像表象和符号表象中,最后还包含在本质直观中。概言之,我们在意识领域中至少可以发现以下六种互不相同的"共现"方式:"映射的共现"、"同感的共现"、"流动的共现"、"图像化的共现"、"符号化的共现"和"观念化的共现"。[①]

二、"映射的（abschattend）共现"

　　"共现"的一个尽管不是最初的但仍然十分重要和基本的含义,与在"事物感知"（Dingwahrnehmung）或外感知、空间感知中的一个基本现象有关。由于这个"共现"类型首先与视觉外感知中的空间事物的被给予方式有关,因此,虽然胡塞尔并没有对它做出特别的命名,我们却可以合理地将它称为"映射的共现"。

　　在 1916/1917 年的一份手稿中,亦即在胡塞尔开始将"共现"用于陌生感知的同一年,他已经开始思考这样的问题:"可以在事物感知这里谈论'共现'的不同种类吗?"（Hua XIII, 351）[②] 直至在

---

　　① 笔者曾在"超越笛卡尔:试论胡塞尔对意识之'共现'结构的揭示及其潜在作用"（载于《江苏社会科学》,1998 年第 2 期）文章中初步讨论过前三种"共现"形式。下面的第二节是在此基础上和在一个更大视野中对前三种"共现"形式的扼要复述和深化探讨。

　　② 尚无迹象表明胡塞尔在 1916 年之前曾用"共现"概念来刻画事物感知中的这种现象。无论是在 1907 年关于"事物与空间"的讲座中（Hua XVI）,还是在其他于1893 年至 1912 年期间讨论"感知与注意力"的文稿中（Hua XXXVIII）,胡塞尔在对事物感知的集中分析中都还没有使用"共现"的概念。

1925/1926 年以"逻辑学基本问题"为题 [①] 的讲座中，胡塞尔才明确指出在外感知中起作用的这种"共现"："感知是对一个个体对象、一个时间对象的原本意识，对于每一个现在而言，我们在感知中都具有它的一个原印象，在此原印象中，对象在现在中、在它的瞬间的原本点上被原本地把握到。但必须指出，原本的映射必然是与共现手拉手一起进行的。"（Hua XI, 18）如前所述，在看一张桌子时，我们每次都只能从某个角度看到它的某个面，而它每次都会有某些背面或里面或下面是我们所看不见的。这里所说的看见，是指对桌子的某些部分的直接把握，或者说，是指对它的直接被给予我们的部分、直接显现出来的方面的把握，但我们在感知中并不将桌子理解为这些直接显现的面 A1、A2、A3、An……，而是理解为一个整体 A。显然，前者并不等同于后者，即是说，直接显现的面、直接被我们看到的面，并不等同于我们所意指的桌子整体。在看到事物的一个部分时，我们会将它理解为整体，因为其他剩余的部分也以某种方式一同被我们意识到。类似的例子还可以举出很多，例如，房间里的地毯被我们感知到，但实际上我们只是看到它直接显露给我们的那个面或那个部分，诸如此类。

　　通常所说的也是最容易理解的意义上的"共现"，就是指这些没有直接显现的，但却又以某种方式被我们一同意识到的空间对象的背面或部分。它既可以是指这些一同被意识到的内容，也可以是指这些内容一同被意识到的方式。毫无疑问，被共现的内容不是直接地、以体现的当下拥有的方式显现出来，而是以某种间接的方式

---

　　① 后来作为《胡塞尔全集》第十一卷出版，冠名为《被动综合分析》。

被一同意识到，但这种间接的方式也不是一种类似回忆的再造，因为我们有可能是第一次看见地毯，遑论它的被共现的部分。但这个被共现的部分或共现性的内涵是以一种特别的方式被给予的，它不像桌子的体现性内涵那样确定，但也不像自由想象的代现性内涵那样不确定。在前引"逻辑学"讲座中，胡塞尔曾以对一座房屋的**视觉的**外感知为例来说明，在对房屋的外感知中有许多东西并非以真正体现的方式被给予："一个在一个直观中自身给予的对象的一些块片或面，有可能始终处在真正的自身给予之外。在每个外感知那里，例如在对一所房屋的外感知那里，这所房屋的看不见的各个面和部分就是如此；我们就是要将这些本真地被感知到的东西、本真地被体现的部分区分于那些单纯被共感知到的，但实际上只是空泛地被表象的东西。"（Hua XI, 202）当然，胡塞尔在这里用"空泛地被表象的东西"，或随后用"空乏的外视域"（Außenhorizont）来定义"共现"的做法可以被视作他在讲座中的一时夸张。后来他在《笛卡尔式沉思》中的观点更为准确，即认为"共现"有其"或多或少确定的内涵"（Hua I, 139）。[①]

　　值得注意的是，胡塞尔在这里接下来还以"**再回忆**"的情况为例来说明**听觉的**外感知中的"共现"。尽管他在这里揭示的"共现"类型仍然属于外感知的"共现"，但已经与空间事物无关，而更多是与时间事物和声音现象有关："一个场景或一个在时间中继续延伸

---

　　① 此外，索默尔曾用"在我之中的陌生之物，或者，超越论意识的异质"来刻画胡塞尔意义上的"共现"（参见 M. Sommer, „Fremderfahrung und Zeitbewusstsein. Zur Phänomenologie der Intersubjektivität", in *Zeitschrift für Philosophische Forschung*, Band 38, 1984, S.3—18）。

的进程，如一首交响曲，直观地出现，但仔细看来，只有这个场景的一个片段是直观的，即这首交响曲的一个小段落是本真地自身被给予的，而我们'意指的'却是这整首交响曲。我们在这里也具有一个单纯被共现的外视域。"（Hua XI, 202）

这个例子之所以被称作"再回忆"，是因为在这里谈到的交响曲对于听者来说是被听过的，因而是熟悉的曲子，当它被奏响时会在听者那里引发一个统觉，它包含对当下听到的交响曲段落的体现性的以及对交响曲其余部分的共现性的总体把握。虽然胡塞尔所举的这个例子是一个听觉的共现的例子，但它显然也适用于视觉的共现，例如在观看一部熟悉的电影时，每个当下体现性的片段都伴随着对整部电影的其余部分的共现。对一曲熟悉的音乐的聆听和对一部熟悉的电影的观看，完全不同于对不熟悉的音乐和电影的聆听与观看。[①] 在这个差异上恰恰可以发现这种"共现"的作用。它的要点不在于其听觉的特征或视觉的特征，而在于它的时间性的再回忆特征。或许我们在这里的确可以专门用"再回忆的共现"来命名这个类型的"共现"现象。但是，考虑到胡塞尔自己也并未将"映射"的表达仅仅局限在视觉感知上，而是同样运用于听觉感知[②]，此外他在时间意识分析中也曾在术语上将时间性的"滞留"（Retention）或"前摄"（Protention）称作"映射"（Hua X, 29, 47），而这恰恰与我们这里遭遇的交响曲的情况相符，因此，我们在这里

---

　　① 我们可以跟随胡塞尔而将这个特征刻画应用到所有感知上："以特有的方式，每个感知被给予性都是一个由熟悉性与不熟悉性组成的持续混合体，不熟悉性指向新的可能感知，会将它变为熟悉性。"（Hua XI, 11）

　　② 参见 Aron Gurwitsch, „Beitrag zur phänomenologischen Theorie der Wahrnehmung", in *Zeitschrift für philosophische Forschung*, Band 13, 1959, S. 419。

也有理由将包括听觉的与视觉的感知、空间性的和时间性的感知在内的外感知（事物感知）中的"共现"都称作"映射的共现"，并将它们纳入到这个既包含空间映射也包含时间映射的"共现"范畴之中。

当然，如果我们对事物感知中的"共现"各种类型展开进一步的分析，"映射的共现"的名称可能就需要被突破，我们需要对更多的共现样式做出命名。胡塞尔本人除了谈及"视觉的"和"听觉的共现"之外，还曾提及"触觉的共现"（Hua XV, 305）。

三、"同感的（einfühlend）共现"

以上讨论的是在事物感知中包含的"共现"之经验方式。而事实上，胡塞尔本人对"共现"概念的最早和最多的运用还是在对"陌生感知"（Fremdwahrnehmung）或他人感知之结构的描述分析中，尤其是在《笛卡尔式沉思》的著作和《交互主体性现象学》的研究文稿中。[①] 胡塞尔自己将这种"共现"称作"同感的共现"（或"类比的共现"、"陌生共现"）[②]。

与感知外部事物一样，我们也可以直接地感知他人的躯体，如形体外表、声音表达、动作举止、表情眼神等，但是我们显然无法像了解自己内心活动那样直接地经验他人的心灵生活。即使如此，我们仍然会将他人不言自明地经验为他人，即经验为不是单纯的躯体或某种行尸走肉、蜡像、机器人等，而是经验为躯体与心灵结合为

[①]　参见 Hua I, §50, §53, §54; Hua XIV, Beilage LXVIV, LXVII, LXVIII, LXXII。

[②]　参见 Hua XIV, 495; Hua I, 142, 148。

一的人之身体或心理-物理的人。究其原因，也是由于在我们的他人感知中有"共现"的因素在起作用的缘故。他人的心灵生活是以一种特殊的方式被共现给我们的。概言之，"人是外经验的客体、对象，以课题的方式被感知到的是他的躯体的身体，而被共现的是他的心灵生活"（Hua IX, 493）。这里所说的"共现"，基本上与"同感"（Einfühlung）同义。它意味着：我们设想自己就在他人之中，设身处地见其所见、闻其所闻、感其所感、思其所思，以及如此等等。他人的心灵生活以此方式随其身体外表的体现而一同被共现给我。与他人身体的"物理体现"不同，他人的心理层面是被共现的，它仍然属于"当下化"的范围①，属于"当下化的最宽泛组群的行为"（Hua XIII, 188）②，因而与对他人身体的直接感知或"当下拥有"相比是间接的。胡塞尔据此而将"同感的共现"称作"他人经验的间接意向性"（Hua I, 138）。

应当说，胡塞尔本人在总体上将"同感的共现"看作是"间接的"，即借助于某种当下化来完成的。③但他时而也会将"共现"称作"直接的"（Hua IX, 453）。④这是他的诠释者们之所以做出不同

---

① 即胡塞尔所说的"同感的当下化"（die einfühlende Vergegenwärtigung）（Hua XIV, 363）。

② 胡塞尔对此还附加了如下的说明："这样的话，每个空乏意向就都是当下化。"

③ 例如参见 Hua XIII, Nr. 2, 24ff.; Hua XIV, Nr. 29, 488；尤其是 Hua IV, 164："我无法在直接的共现中在他人的大脑上'看见'所属的心理过程"，以及 Hua XV, 41："我通过当下同感而对他人的认识是'直接的'，但在另一种意义上是间接的。在我的当下生活中通过动机引发而出现的同感自身是间接当下拥有的"。

④ 胡塞尔在 1900/1911 年冬季学期以"现象学的基本问题"为题的讲座中曾明确表达过他的犹豫："我们根据一个描述而在想象中造出一个对被描述的实事的图像，并清楚地意识到，这仅仅是一个'想象的图像'。以此方式，我们常常也会图像化地设想他人是何种心态。但对同感的这种诠释仍会引发顾虑：因为我们在他人那里明视到

说明的主要原因。例如耿宁和黑尔德都将"同感的共现"称作"间接的"①，而罗德迈耶则一再谈到"同感"和"共现"的"直接"。② 也许单纯用"直接"和"间接"这对概念来界定作为"同感"的"共现"并不十分合适。当然，如果我们将他人感知理解为一种在总体上是直观的意识行为，那么罗德迈耶的说法就可以是确切的。即是说，同感作为共现虽然不是一种感知，却是一种想象，而想象仍然属于直观，因而在直观性的意义上是直接的。然而如果我们考虑到：在他人感知中真正直接的是被体现的他人身体，而被同感的他人心灵永远是被共现的，那么同感就应当被归入间接的范畴。因此我们在这里或许有必要区分第一直接性和第二直接性，或者说，第一间接性和第二间接性。胡塞尔本人也曾用"原本的"和"非原本的"（或"次原本的"［Hua XXIX, 6］③）这些或许更为合适的概念来刻画他人经验中的"体现"和"共现"："每个作为客体而被经验到的东西对于每个人来说都是可以原本地经验到的（'感知到的'、曾感知到的等），但这并不是说：所有客体因素都是可以原本经验到的。所有客体感知都是通过共现完成的经验，而且被共现的东西对于经验

（einschauen）他的体验活动，完全直接地和不带有任何印象的或想象的图像化，而如果我们仅仅造出关于他的体验的图像，那么我们会将它感觉为某种特别的东西。出于这个原因，我不能决定让同感采用这个好得多的第二种类比方式。"（Hua XIII, 188）

　　① 参见黑尔德和耿宁所撰"共现"（Appräsentation）和"同感"（Einfühlung）条目，载于笔者：《胡塞尔现象学概念通释（增补版）》，第 56 页和第 121 页。

　　② Lanei Rodemeyer, "Developments in the Theory of Time-Consciousness", in D. Weton [ed.], *The New Husserl — A Critical Reader*, Indiana University Press, 2003, pp.143—144.

　　③ 胡塞尔也曾用不同程度的"原初性"（ursprünglich）概念来说明事物感知、自身感知和陌生感知的不同被给予方式（Hua XIII, 347）。

者而言有可能是无法以原本经验的形式来达及的。"(Hua IX, 448)

　　除了"原本-非原本、次原本"的表达之外,胡塞尔在这段文字的最后一句话中,还触及在他人感知中的"同感的共现"与事物感知中的"映射的共现"之间存在的一个本质区别:在前者中,与他人外部的"体现"同时进行的是他人心灵的"共现",即他人心灵的一同被意识到。在这里,"被共现的东西"不可能转变为"体现",它"对我来说永远不可能成为体现"(Hua XI, 434)①,因为我永远无法以当下拥有的方式把握到他人的心灵生活。而在后者那里的情况则不同:例如桌子的当下未被体现而仅仅被共现的背面,如胡塞尔所说,"有可能是无法以原本经验的形式来达及的",倘若我只是在一次性路过时匆匆对它瞥上一眼,而后再也没有机会再看见它;但是,这个桌子的被共现的背面完全也有可能会在下一瞬间转变为体现,即被我看见、被我感知到,只要我有兴趣停下来并转到它后面去看一下。

四、"流动的(strömend)共现"

　　除了以上两种"共现"的类型之外,还有一种"共现"的类型也已经被胡塞尔或多或少地注意到并指出来,这就是我们在对自己进

---

　　① 也可以参见 Hua I, 139:"这里必定存在着意向性的某种间接性,……它表明一种共在此(Mit da),但这个'共在此'并不自身在此,永远不可能是一种'自身在此'(Selbst-da)。因而这里关涉的是一种'使其共当下'(Mitgegenwärtig-machen),一种'共现'";以及 Hua XIII, 375:"但被共现者现在应当是这样一种共现,它对我来说从来不是并且永远不会是可能的感知对象,而只是一个陌生主体连同其具体的主体领域。"

行自身感知（Selbstwahrnehmung）的过程中也会出现的一种与时间
或时间化相关的"共现"形式。这个意义上的"共现"也被胡塞尔
称作"共现"的"时间性样式"（Modus der Zeitlichkeit）（Hua Mat.
VIII, 400）。在涉及事物经验与他人感知中的"共现"时，胡塞尔已
经或多或少地指出了这种时间性的、在流动着的自身感知中的"共
现"的特点：就事物经验这一方面而言，它不仅可以包含着"空间
映射的共现"，也可以包含"时间映射的共现"；而就他人经验另一
方面而言，它不仅包括对他人的"共当下"（Mitgegenwart）的心灵
生活的"同感共现"，而且也可以包含对其超出这个"共当下"的"共
过去"（Mitvergangenheit）与"共未来"（Mitzukunft）的"同感共
现"。需要指出，这个对他人的"共过去"与"共未来"的"同感共现"
与前一种对他人"共当下"的"同感共现"相比是次级的，可以说是
"共现的共现"。

　　暂时撇开这个在陌生经验中的"次级共现"不论，自身经验与
陌生经验有相似的地方，如胡塞尔所说，"就像我的合乎回忆的过
去**超越出**作为其变异的我的活的当下一样，被共现的陌生存在也以
类似的方式超越出本己的存在（在现在这个纯粹的和最底层的原真
本己性的意义上）"（Hua I, 145）。这里存在着的自身构造和他人构
造的相似性在于：如果对我自己身体的观看与对他人身体的观看是
"体现性的"，那么被同感到的他人心灵与在当下的自身感知中一同
被给予的自身过去和自身未来就同样是"共现性的"①，尽管是在不

---

　　①　参见 Klaus Held, *Lebendige Gegenwart*, a.a.O., S.151ff.。还可以参见 Hua IX,
586, Hua Mat VIII, 57, 401, 尤其是 S. 436："我在同感的共现中经验到与他人的共同
体，与再回忆相类似。"

尽相同的意义上。但他人经验和自身经验之间的原则差异也是无法忽视的，在此问题上胡塞尔的态度是坚定的："心理的东西可以'真实地'被感知吗？我当然会说：是的。但永远不可能是他人的心理，而更多只是我自己的心理。"（Hua XV, 84）对我来说，只有我自己的心理，而且是我当下的心理，才是可以真实被感知的、被体现的。而我的过去的和未来的心理生活则只能以回忆或再现的方式被当下化。但在我的当下自身感知中，被感知的心灵生活同样也是带着共现的内涵一同出现的。在这里随着对当下心理的感知而被共现的东西，不仅仅是只能以回忆的（后回忆的）、当下化的、共现的方式被给予的我自己的过去，而且还有以期待的（前回忆的），同样也是共现的方式被给予的我的未来。换言之，唯有我的当下心理生活是我当下拥有的，是以体现的方式被给予我的，而且是双重意义上的体现：当下的身体与当下的心灵生活的体现。但自身经验不单纯是我自身的当下体现，而是由我的"自身当下"的体现与我的所谓"共过去"和"共未来"的"共现"一同组成的。因此，当我们谈论自我时，自我并不必定是一个在外感知中呈现的躯体，也并不必定是一个在内感知中的空乏的极点，或"一个在杂多体验的上空飘浮着的怪物"①，而应当并可以是一个在"体现"与"共现"方面内容丰富的，包含我的现在、过去和未来的统一集合体。

由此可见，"流动的共现"与其说是一种"自我"构造于其中的"自身经验"之特别的、横向的经验方式，即类似于那种某个空间事

---

① 参见胡塞尔：《逻辑研究》（第二卷第一部分），倪梁康译，北京：商务印书馆，2017 年，第五研究，第一章第四节。

物通过"映射的共现"而被构造的经验方式，倒不如说是一种在其中既构造出"自我"也构造出"他人"的纵向的、发生的、时间的经验方式。正如胡塞尔所说，"每个他人、每个其他自我都是超越论的-流动的-当下-存在，在我之中作为流动的共当下的主体性被构造起来，它具体地是自己，是流动的、活的、具体的当下，就像我自己存在的时间性在我之中作为过去存在流动地被构造起来……。我作为流动的当下存在着，但我的为我的存在本身是在这个流动的当下中被构造起来的"（Hua Mat. VIII, 56）。

总结一下，如果我们将自身经验仅仅理解为像他人经验一样"体现的"身体与"共现的"心灵的结合体，那么在自身经验中包含的"共现"形式与在陌生经验中包含的"共现"形式，原则上就属于同一种类型：伴随体现的身体一同出现的共现的心灵。但是，如果我们进一步将自身经验理解为"体现的"自身当下、"共现的"自身过去（或"共过去"，即一同意识到的自身过去）和自身将来（或"共将来"，即一同意识到的自身将来）的结合体，那么在自身经验中的"流动的共现"就构成了既不同于在事物经验中，也不同于在他人经验中的共现形式：自身经验中的"共现"首先并主要以其时间的、发生的结构为其特点。所以我们将它称作"流动的共现"。

此外，虽然胡塞尔本人在他对时间意识的三位一体的结构描述中，并未明确用"体现"和"共现"来标示"原印象"、"前摄"和"滞留"，以及与它们相衔接的"回忆"与"期待"，但从我们时间意识分析中的"当下拥有"与"当下化"概念中实际上已经可以得出相关的结论：一方面，在时间意识中唯有"原印象"才是严格意义上当下的或在场的；而"前摄"与"滞留"都已经是在一定的意义上既非"体

现的",也非"再现的",而是"共现的"。这也正是胡塞尔在 1905
年"内时间意识现象学讲座"的第十九节中以"滞留与再造的区别"
为题所要说明的东西:"滞留"既不同于"体现的"原印象,也不同
于"代现的"回忆,而是一种介于这两者之间的时间经验方式。另
一方面,从自我发生或人格发生的角度来看,当我们对自己当下的
心灵生活进行反思时,这个自我的当下心灵生活可以说是"被体现
的",而它的过去和将来的心灵生活则是以回忆的方式"被共现的"。
我们当然也可以沉浸在对自我的过去心灵生活的某个阶段的回忆
中,以及对它的将来心灵生活的某个阶段的期待中,只是这时的这
个被回忆或被期待的[①]自我心灵生活阶段就是"被体现的",而它的
其他阶段就成为"被共现的"。

　　胡塞尔曾用"双层性"(Zweischichtigkeit)来描述外感知的体
现＋共现的特征:"在一个层次上,它是本真体现着的,在另一个层
次上,它是单纯共现着的。"(Hua Mat. IV, 39)[②] 现在可以说,这个
"双层性"原则上适用于以上所说的所有三种意识体验:直向的事
物经验、直向的他人经验和反思的自身经验。

　　当然,如前所述,在这个双层性中还可以进一步区分出更多的
层次,即各种原本性或直接性的层次:空间事物的可见面与不可见
面的原本性层次差异、原印象与滞留–前摄之间的原本性层次差异、
我的心灵生活与他人心灵生活之间的原本性层次差异、他人心灵生
活的当下与其过去–将来的原本性层次差异、我的心灵生活的当下

---

　　① 胡塞尔也会说"被后回忆的(Nacherinnerung)和被前回忆的(Vorerinnerung)"
(参见 Hua XIV, 188)。

　　② 关于"双层性"的说法还可以参见 Hua IV, 169。

与其过去-将来的原本性层次差异，如此等等。

以上这些阐释还只是对胡塞尔所确定和描述的"共现"方式的总结性复述以及略微的扩展尝试。它们尚未涉及我们在这里主要想讨论的另外两种类型的"共现"。第一种是在图像意识中含有的"共现"结构。

五、"图像化的（abbildend）共现"

胡塞尔在进行图像意识分析时，曾区分在每个图像意识中都必然包含的三个客体以及与之相关的三种立义：其一，物理图像，其二，精神图像，其三，图像主题。它们构成每一个图像意识的"图像-本质"（Bild-Wesentliches）（Hua XXIII, 489）。这意味着，它们是使图像意识成为可能的根本因素。如果缺少其中的任何一个，图像意识就不再是图像意识。胡塞尔在其研究文稿中曾详细地思考它们之间的关系，以及对它们的相应立义之间的关系。尽管从现有的资料来看，胡塞尔在这些研究与分析描述中并未使用"共现"概念，但我们仍然可以在图像意识中清楚地把握到"共现"结构的存在。

就图像意识所属的种类而言，胡塞尔在1904/1905年的一份研究文稿中，用一对带有强烈布伦塔诺烙印的概念（"本真表象"与"非本真表象"）来区分两种基本的意识类型："本真表象"是直接的直观，由体现性的感知和代现性的想象组成；而"非本真表象"由图像表象和符号表象所组成，其中的图像表象又可以分为体现的和代现的，前者是指对图像的感知，而后者，即代现性的图像表象，是指对图像的想象或回忆，而且在胡塞尔看来，它就是较为宽泛意义

上的符号表象(Hua XXIII, 141)。[①]这些图像表象和符号表象与胡
塞尔后来所说的图像意识和符号意识是基本同义的。它们之所以
还被称作"表象",乃是因为图像与符号最终都通过直接的直观或
本真的表象才得以可能,例如对图像的看,或对符号的看或听,如
此等等。

所谓对图像的看,是指在任何图像意识中都必定有某个物理
图像以视觉体现的方式显现出来,它是图像意识中唯一的"物理客
体",例如在印刷的纸张、显示屏的表面上以感知的方式显现出来
的、带有特定的色彩、点阵、尺寸等的图像事物。[②]在这个意义上,
对物理图像的表象是一种体现性的、当下拥有的意识体验。

但图像意识并不只是对物理图像的表象,否则这里存在的就不
是图像意识,而是一个将某个东西立义为物理事物(显示屏、纸张、
画卷等)的单纯外感知了。在图像意识中必然还包含另一个客体,
即"图像客体"(Bildobjekt),它实际上是在图像意识中真正可以被
叫作"图像"的东西。以梵高的一张"向日葵"绘画为例,"向日葵"
在这里不是指某个实际存在的,但在这里并不显现出来的向日葵本
身,即胡塞尔所说的"图像主题",也不是指画布上堆积的大量黄色

---

① 传统(包括布伦塔诺的传统在内)的"表象"概念由于带有杂多的并且不易区
分的含义,从一开始便被胡塞尔视为"无法被坚持的"概念(Hua XIX/2, A471/B₁507;
还可以参阅胡塞尔对布伦塔诺"表象"概念的批判:Hua XXIII, S.8—9)。他在《逻
辑研究》中便已区分出传统"表象"概念所带有的四个基本含义以及其他九个进一步
的含义(参见 Hua XIX/2, A 471ff./B₁ 499ff.;还可以参见 Karl Schuhmann, „Husserls
doppelter Vorstellungsbegriff: Die Texte von 1893", in Karl Schuhmann, *Selected Papers
on Phenomenology*, Dordrecht: Kluwer Academic Publishers, 2005, S. 101—117)。尽
管如此,胡塞尔始终没有放弃使用这个概念。这个意义上的"表象"与"判断"一同构
成"客体化行为"的总体(Hua XIX/2, A 447/B₁ 479)。

② 参见 Hua XXIII, 44, 53, 120。

和少量绿色等颜料，即胡塞尔所说的"物理客体"，而是一个建基于物理客体之上，但以一种特殊方式显现出来的图像，它曾一度被胡塞尔称作"感性的假象"（sinnlicher Schein）（Hua XXIII, 32）。

这里所说的"某个实际存在的，但在这里并不显现出来的向日葵本身"，也被胡塞尔称作"实在"或"实事本身"（Hua XXIII, 102, 138），它构成图像意识中的第三客体："图像主题"。它是图像意识中被展示的客体，但本身实际上并没有在图像意识中显现出来："图像主题不需要显现出来，而如果它真地显现出来的话，我们所具有的便是一个想象或一个回忆了。"（Hua XXIII, 489）易言之，如果我们的注意力不再朝向图像客体，而是转而朝向图像主题，那么我们所具有的就不再是图像意识，而是一个普通的想象意识了：我们想象一个实在的向日葵，无论它是否曾被我见过。最后，关于"图像主题"为何在图像意识中不显现出来的原因，还可以参考胡塞尔所做的如下说明："可以作为立义内容而起作用的现有感性感觉材料已经完全被耗尽了，不可能再构造起一个新的显现，它已经不具备可供使用的立义内容了。"（Hua XXIII, 29）

据此是否可以说，在任何一个图像意识中都至少会有两个图像显现出来：以体现的方式被感知的"物理图像"和以代现的方式被想象的"精神图像"？胡塞尔在其关于图像意识的思考中曾一度倾向于此：他将物理图像及其立义称为"体现"，将"精神图像"及其立义称为"代现"（Hua XXIII, 120）。但这里需要注意：与"物理图像"不同于通常的感知对象一样，"精神图像"也不同于通常意义上的想象对象，这里可以再举梵高所画的"向日葵"为例，作为图像被感知到的"向日葵"显然不同于自己正在看的一棵向日葵，也不同于自己正在想象或回忆的一棵向日葵,当然也不同于对梵高所画的"向日葵"图像的想象或回忆。因此,这里必须尽早指明一点:严格说来,对在图像意识中的两个或三个可能显现的客体的划分,只是对图像意识的理论上的分析描述,它们并不是真正的和实际的意义上的三个客体。易言之,并非有两个或三个客体同时或先后出现在一个图像意识中。若果如此,我们就会有两个或三个意识行为,而不是一个图像意识了。胡塞尔显然已经意识到这一点,因此他也曾说:"我们只有一个显现,即图像客体的显现。"(Hua XXIII, 30)但这个显现的确是一种特殊的、复杂的显现方式。

图像的显现方式之所以特殊而复杂,乃是因为如前所述,"图像表象"虽然必须建立在感知的基础上,但本身却并非单纯的感知。因为图像客体的显现一方面缺少感知所必然具有的存在信仰(Hua XXIII, 240, 489),也就是说,图像意识中的图像客体不是被感知为真实存在(wahrgenommen),而只是被感知(perzipiert)[1];另一方面,图像客体也不是作为一个感知对象、一个被当下拥有的事物显现出来,而是更多显现为一个"精神图像"[2]、一个共同被当下化的东西。

---

[1] "感知"(Wahrnehmung)与"知觉"(Perzeption)的区别可以参见 Hua XIX/2, A 554/B₂ 82。对此还可以参见 Hans Rainer Sepp, „Bildbewußtsein und Seinsglaube", in *Recherches husserliennes*, vol. 6, 1996, S. 124:"如果说胡塞尔开始时还认为,在把握一个物理图像时存在着两个相互蕴含的感知立义(Hua XXIII, 152),那么这个看法在以后讨论图像意识的特殊存在信仰时被相对化了。"

[2] 胡塞尔在 1904/1905 年期间通常采用这样一种说法(Hua XXIII, 17, 21, 29)。此外值得注意的是梅洛-庞蒂在考察绘画的时候也同样是用"精神图像"(image mentale)的概念来标识图像客体(参见 Maurice Merleau-Ponty, *L'Œil et l'Esprit*, Paris: Éditions Gallimard, 1964, 23—24)。但严格说来,图像意识中的图像或图像客体不单单是"精神的",而且还是"物理的"和"精神的"的结合体。

而由于图像并未真正引发我们对实在或实事本身（图像主题）的想象，因此图像也不单单是一种被当下化的、被代现的东西。

作为图像意识中的真正客体的"图像"实际上具有与事物感知、他人感知和自身感知的"共现"相类似的结构。这里存在着一种可以被称作"图像意识的统觉"的现象：我们具有一个立义，它们由一个体现和一个共现组成，通过这个立义，我们获得了一个既是物理的也是精神的图像客体。对此，胡塞尔曾做出如下的描述尝试："这个建立在感性感觉之上的立义不是一个单纯的感知立义，它具有一种变化了的特征"，是一种"感知性的想象"（Hua XXIII, 26, 476）。胡塞尔也说：它"不是'普通的'事物显现"，而是一个"虚构"（Fiktum），但又不是一个"幻想的（illusionäres）虚构"（Hua XXIII, 490）。

胡塞尔用"感知性的想象"或"非幻想的虚构"这些说法，所要表达的无非就是我们在前面所说的三种意识体验（事物经验、他人经验和自身经验）中所发现的东西：体现与共现的混合立义方式。它也意味着图像意识的基本结构：图像的物理部分或感知部分是被体现的，这一点毋庸置疑；而图像的精神部分或想象部分是被共现的。对后一点还要做一个补充说明：它之所以是被共现的而非被代现的，乃是因为图像的精神部分一旦作为代现单独出现，图像意识便被回忆或想象所取代。

由此可见，在图像意识这里也存在着胡塞尔所说的"双层性"的本质结构：同一个图像显现的"双层性"。胡塞尔曾对"同感的共现"中的双层性做过一个本质刻画，现在它以一种变化了的方式在"图像化的共现"的情况中发挥特别的效用："这两个层次彼此相互切入，或者说，第一个共现，躯体方面的共现，在共现着心理的东西，

这个心理的共现转过来始终在共现着躯体的东西。"（Hua XV, 85）
按照这个说法，如果在他人经验中，他人的外部身体和他人的心灵
生活可以随注意力变化而以不同的方式被给予，即各自忽而以体现、
忽而以共现的方式被给予，那么在图像意识中，物理图像内涵和精
神图像内涵彼此间的关系就更是如此，随图像观看者的注意力的变
化，它们各自可以忽而将自己展示为体现，忽而将自己展示为共现。
只是这里存在着一个限度：它们中的任何一个都不能将自己强化到
将对方完全排除出去的地步，因为这将意味着图像意识的消失。

六、"符号化的（bezeichnend）共现"

这种"共现"的本质结构同样也出现在作为非本真表象的符号
意识之中。虽然胡塞尔在总体上将符号行为与直观行为加以对置，
并认为图像意识属于直观行为，符号意识属于象征行为，但他早期
从布伦塔诺那里接受的对"本真表象"与"非本真表象"的分类仍
然有其合理性，因为这个分类更明确地表明了纯粹符号行为的不可
能性：符号行为没有直观是不能单独成立的。具体地说，符号表象
之所以与图像表象一样也可以被称作"表象"，乃是因为符号与图
像一样，必须以直观的（体现的和代现的）方式被给予，无论是通过
看还是通过听，或是通过回忆或想象；而符号表象之所以与图像表
象一样又被称作"非本真的"，乃是因为符号与图像一样，本身不是
实事，而只是关于实事的符号或关于实事的图像，也就是说，符号
与图像都不仅仅是物理的显现，而且还有其精神的、意向的、心智
的层面。如果"桌子"这个中文词不能被人理解，那么它就只是一

堆笔划或一个物理符号。但一旦"桌子"的词义被理解，它就成为一个精神符号。在这种情况中，就有一个符号行为得以进行。在这里可以说，物理符号唤起精神符号，而精神符号又指明被符号所标识的东西。[①] 因此，与图像意识相似，在符号意识这里也可以划分出三个层面：物理表达（物理符号）、符号（符号客体）与符号所标示的东西（实事）。

　　当然，与图像意识不同，在符号意识这里，作为笔划或声音得到理解的"天安门"，与那个现实的、具有典型中国建筑风格的天安门之间不存在丝毫的相似性。这是将符号意识与图像意识区分开来的要点：在符号表象中，我们可以完全自由地将某物，例如将这些字母理解为某个东西，如将"三角形"理解为 ▲。我们可以随意地决定，是用"A"还是用"B"或"X"来标示一张桌子或一个叫苏格拉底的人，以及如此等等。而在图像意识中，我们必须受限于图像与图像所展示的东西之间的相似性。

　　然而，图像与符号之间的界限在很多情况下并不是可以明确界定的，就像古埃及文或中文这些象形文字所表明的那样，或者就像许多现代艺术所展示的那样。似乎还有一些共同的特征贯穿在图像意识与符号意识之中，并使得我们有理由将它们纳入到"非本真表象"这同一个属中。我们在这里可以确定的正是"共现"这个特征，它是贯穿在图像意识与符号意识之中的一个共性：符号与图像的物理方面是以体现的方式被给予我的，符号与图像的精神方面是以共现的方式被给予我的。而且如前所述，物理与精神两个方面并

----

① 这里可以参考胡塞尔对图像表象的特征刻画："物理图像唤起精神图像，而精神图像又表象着另一个图像：图像主题。"（Hua XXIII, 29）

不始终束缚在体现与共现的意向性样式上，它们会随注意力的变化而变换自己的显现方式：无论是物理方面，还是精神方面，都既能以体现的方式也能以共现的方式被给予。

我们在这里并不准备像胡塞尔在第一逻辑研究中所做的那样，对符号以及它与表达和含义的关系做进一步的考察，[①] 而是仅仅满足于将它作为"非本真表象"中的一个案例来说明：无论是在本真表象（感知、想象）中，还是在非本真表象（图像意识、符号意识）中，都有"共现"在起作用，无论是以"图像化共现"的方式，还是以"符号化共现"的方式；无论是以"共现"的方式，还是以各种"共现之变异"的方式。

接下来我们会在与观念直观的衔接中讨论图像、符号与观念的关系。

七、"观念化的（ideierend）共现"

我们至此为止尚未穷尽表象的所有类型，例如我们尚未涉及"普遍表象"的问题类型。我们在"普遍表象"的案例中也可以像在符号表象那里一样谈论"共现"吗？答案应当是肯定的：符号表象与普遍表象之间存在着某种相似性或同构性，而且它们彼此之间有相交的领域。胡塞尔将符号区分为有含义的符号和无含义的符号，前者才可称作"表达"。表达因此都是有含义的，但它并不等于含

---

① 对此问题的更为详细的讨论可以参见笔者的论文："现象学如何理解符号与含义？（一、二）"，载于《现代哲学》，2003 年第 3、4 期；"何为本质，如何直观？——关于现象学观念论的再思考"，载于《学术月刊》，2012 年第 9 期。

义。因为并非每个含义都会被表达出来。所以胡塞尔也区分含义
"自身"与表达性的含义（Hua XIX/1, A 104/B$_1$ 104）。对于有含义
的符号与被表达的含义之间的关系，胡塞尔指出，"可以说，含义
不可能悬在空中，但就它所意指的东西而言，指称这个含义的符号
是什么，这是完全无关紧要的"（Hua XIX/2, A 564/B$_2$ 92）。[①] 这个
状况与符号表象中符号与被符号标识的东西之间的关系是一致的。
从这个角度来看，符号表象与观念直观之间存在着某种相似性：它
们都是"非综合意指，但却又是被奠基的意指。符号行为与观念化
都属于此类意指"（Hua XX/2, 5）。我们甚至可以说，有含义的符号
表象就是观念直观。因为只要我们像胡塞尔那样，将这种在符号行
为中被表达的"含义"理解为观念或"观念的统一"[②]，那么我们在这
里就已经涉及了观念表象的领域。

　　当然，观念表象可以在符号表象的基础上进行，例如通过"三
角形"这个符号进行的三角形的观念表象；但观念表象也可以在图
像表象的基础上进行，例如通过"三角形"这个符号进行的三角形
的观念表象；但观念表象也可以通过图像表象进行，例如通过 ▲ 这
个图形进行的三角形的观念表象。此外，不言而喻，观念表象还可
以在感知与想象的基础上进行，例如通过对一个三角尺的感知或想
象来进行三角形的观念表象。无论以何种本真表象和非本真表象
为出发点，观念表象或观念直观的共同特点都在于一种"观念化的
抽象"，通过这种抽象，"这个客体的观念、它的普遍之物成为现时

---

①　还可以参见 Hua XIX/2, A 578/B$_2$ 106；Hua XX/2, 174。

②　参见 Hua XIX/1, A 77/ B$_1$ 77, A 89/ B$_1$ 89。

的被给予性"（Hua XIX/2, A 634/B$_2$ 162）。

因此，胡塞尔在《逻辑研究》的第一研究"表达与含义"中，对与符号表象相关的表达与含义的关系所做的分析，事实上已经隐含了与他在随后第二研究"种类的观念统一与现代抽象理论"的第四章"抽象与共现"中对"普遍表象"如何可能问题的思考。[①] 在第二研究中，胡塞尔用"普遍表象"这个概念来表达对"普遍对象"、"观念统一性"的直观，或"关于普遍之物的意识"（Hua XIX/1, A 169/B$_1$ 170—171），它作为"概念表象"对应于"直观表象"（Hua XIX/1, A114/B$_1$114）。尽管胡塞尔在第六研究中涉及对康德的批评时谈到**本真的普遍表象**"（Hua XIX/2, A675/B$_2$ 203），但他始终没有说明：建基于"本真表象"和"非本真表象"之上的"普遍表象"或"概念表象"，其本身究竟应当属于"本真表象"还是"非本真表象"的范畴。究其原因，可能主要是因为"表象"的概念过于含糊，而首先区分"本真表象-非本真表象"的布伦塔诺根本不具有，也不会承认"普遍表象"的概念，因而"普遍表象"一词看起来很像是胡

[①] 对于胡塞尔对观念及其直观方式问题的论证为何要从"表达与含义"开始这个问题，最简单的回答就是：胡塞尔首先想要在《逻辑研究》的第一研究中通过语言行为分析，而后在第五、第六研究中通过意识行为分析指明，无论是在语言陈述行为中，还是在纯粹意识活动中，都可以发现他所理解的"既不是思维的实在对象，也不是现实的思维行为"（Hua XVIII, A 217/B 217）的观念以及对它们的表象或直观。这是我们从作为意识行为的普遍表象或观念直观的角度出发所做的概括。而如果从第一研究讨论的语言表达活动的角度来看，那么可以说，在胡塞尔这里，"含义"在与表达行为相关联时可以称作"语义"，而在与直观行为相关联时则可以称作"观念"。换言之，"观念"或"本质"或"先天"在与语言发生联系时会以"语义"的方式表现出来。对此问题详见倪梁康："何为本质，如何直观？——关于现象学观念论的再思考"，载于《学术月刊》，2012 年第 9 期，第 50—51 页。

塞尔在《逻辑研究》中的一个勉强的临时选择，它在他日后的文本中的确也很少出现。

对这种直接把握观念或本质的意识行为本身的意向分析和描述，很可能是胡塞尔在现象学的反思性研究中所要完成的最困难的一项工作。对这种行为的描述分析不同于我们至此为止对其他类型的直观行为和符号行为所做的描述分析，因为许多人并不承认这种行为的存在，"普遍直观"的说法"对于一些人来说，听上去并不比木质的铁这种表达更好"（Hua XIX/2, A634/B$_2$162）。在这里，现象学的反思性描述所面对的任务不仅仅在于分析和说明如感知、想象、回忆、图像意识等被公认为现存的种种意识行为，而且还要指明观念直观或本质把握这种并不被普遍认可的意识行为的明见存在及其结构特性。

还在讨论观念表象的《逻辑研究》第六研究中，胡塞尔便已开始更多地使用"观视"（Erschauung）概念来刻画观念把握的这种特殊的直接性。[①] 他似乎是想用这个词来做一个双重的区分：一方面将这种对观念的直接把握的行为与带有布伦塔诺色彩的"表象"（Vorstellung）行为分离开来，无论是本真的还是非本真的表象；另一方面也将它区别于带有康德烙印的"直观"（Anschauung）行为，无论是感性的还是个别的直观。胡塞尔在这里说："在那些并不必

---

① 胡塞尔在《纯粹现象学与现象学哲学的观念》中开始使用"本质观视"（Wesenserschauung），同时也用"本质直观"（Wesensanschauung），作为"个体直观"（individuelle Anschauung）的对应项（参见第3、4节）。此外他还使用"普遍直观"、"普遍感知"、"普遍想象"、"普遍代现"和"普遍意识"等术语。

须例如必然地借助于一个指称来进行的抽象行为中，普遍之物**自身被给予**我们；我们并不像在对普遍名称之单纯理解的情况中那样，只是以单纯符号性的方式来思考它，而是把握它，**观视**它（erschauen）。也就是说，在这里，关于**直观**的说法，并且更切近地说，关于**对普遍之物的感知**之说法确实是一个完全合理的说法。"（Hua XIX/2，A 634/B₂ 162—163）这里所说的通过"观视"而把握到的东西，也就是"观念"，或"纯粹本质"①。它们以观念化抽象的方式在经验直观的基础上直接地被把握到。

　　在许多年后以"现象学的心理学"或"意向心理学"为题所做的多次系列讲座中，胡塞尔还给出对这种"观念的观视"的进一步说明和诠释："需要注意：观视在这里并不意味着谈论一些含糊地被表象的实事及其相似性和共同性，以及从含糊的东西中意指某些东西，而是**意味着拥有自己经验到的、自己看见的实事，并且在这种自己看见的基础上也在眼前拥有这种相似性**：而后进行那种精神的叠加（Überschiebung），在这种叠加中，共同的东西、红、形态'本身'被把握到、被观视到。这当然不是感性的看见（Sehen）。普遍的红是无法像看见一个个体的和个别的红一样被看见的；但对看见这个说法的扩展是不可避免的，这个说法并非平白无故地在日常语言中通行。这里表达出来的东西就在于，就像一个个体的、个别的东西在感性感知中直接地作为它自己而为我们所拥有的方式，与此完全相类似，也会有任意多的、个别地被看见的案例的一个共同

---

　　①　胡塞尔在《纯粹现象学与现象学哲学的观念》第一卷中将这个意义上的"被观视的东西"称作"纯粹本质或埃多斯，无论它是最高的范畴，还是这个范畴的一个殊相，直至完全的具相"（参见 Hua III/1, 13）。

的和普遍的东西为我们所拥有,但却是在那种当然是复杂的**对主动比较的叠加与重合**(Überschiebung und Kongruenz)**的观视**中。这一点因而对任何一种对个体性和普遍性的**观视把握**都有效。"(Hua IX,85,强调为笔者所加)

　　从胡塞尔在这里以及在其他地方对"观念观视"或"本质直观"所做的描述中可以看出,他一方面用"基础"、"主动比较"、"叠加"和"重合"这些概念来指明和说明"观念观视"与"经验直观"之间的内在**奠基关系**:前者奠基于后者之中并且必须以后者为出发点,易言之,"观念观视"是奠基于"个别直观"之中的,首先须要有感性直观存在,而后才可能在此基础上进行相应的观念观视;另一方面,胡塞尔也不断地强调在"观念观视"与"感性直观"之间的"**相似性**"、"**共同性**",甚至是"**本底的共同性**"①,并因此而将"观念直观"视作"感性直观"的一个类例,而这种"本底的共同性"首先并且主要在于:它们都是直接直观的意识,都是在"切身的自身性(Selbstheit)"(Hua III/1,15)或"原初的自身性"(Hua IX,83)② 中的意识。

　　所谓"切身的自身性"或"原初的自身性",在通常情况下是我

---

　　①　对此还可以参见 Hua III/1,14:"这里存在的不是一种单纯外在的类似性,而是**本底的共同性**。本质观视恰恰也是直观,就像本质对象恰恰也是对象一样。"(强调为笔者所加)

　　②　Hua IX,83:"观念观视(Ideenschau)本身是素朴直观的一个类例,当然它是一个更高的和主动创造的意识,在它之中有一个新型的对象性、普遍之物成为自身被给予。我们从经验出发在观念化标题下能够进行的东西,我们同样可以从任何其他类型的意识出发来进行,只要它能够做出类似的事情,即:使我们在原初的自身性中意识到一种对象性。"

们在所有那些可被称作"感性直观"或"本真表象"的意识行为中都或多或少能够发现的特性，是使直观成为直观的东西。它在这里也是对"在场"（Präsenz）、"当下"（Gegenwart）或"充盈"（Fülle）的另一种表达。而现在如我们所见，"观念观视"或"本质直观"与个体直观、感性直观一样，也是"原本给予"、"自身给予"、"自身体现"的行为，也以"切身的自身性"或"原初的自身性"为其基本特性。但这种"自身性"与在个体直观中的"自身性"是同一回事吗？接下来的问题还有：如果在感性直观的结构中存在着"共现"的要素，那么在与感性直观具有"本底共同性"的本质直观或观念观视中，情况是否也是如此？在观念直观中是否也存在"体现"与"共现"、"自身被给予性"与"共被给予性"的双层性？它们是否也在共同发挥作用？

如果答案是肯定的，那么这将意味着，无论是在"素朴的、个体的、感性的直观"中，还是在以这种通常所理解的直观为基础的"观念观视"或"本质直观"中，"在场"或"充盈"都是不可或缺的，而在此意义上谈论某种意义上的"观念化的共现"就是没有问题的。这里的可能问题仅仅在于，在"观念观视"中涉及的"切身自身性"或"原初自身性"，究竟是与"观念的体现"有关，还是与"感性的体现"或"充盈"有关？或者说，这种自身性究竟是一种实项的（reelle）自身性，即"感觉材料的自身在场"，还是一种意项的（ideelle）自身性，即与个别直观不同的、为本质直观所特有的一种"观念的自身在场"？

这个问题也是胡塞尔在《逻辑研究》的第一版与第二版中反复斟酌过并已给出一定答案的问题。他将这个问题表达为："一般认为，普遍观念是从个体-直观表象中发生形成的。尽管对普遍之物的意识一而再、再而三地是**由个体直观所引起的**，而且它从个体直观中吸取其清晰性和明见性，这种意识也并不因此就是直接从个别直观中产生的。因而我们如何做到：**超出个体直观，不去意指显现的个别之物，而是意指其他的东西，意指那个在个体直观中得以个别化的，但却非实项地包含在它之中的普遍之物？**"(Hua XIX/1, A 188/B₁ 189)①

　　这里当然会引发进一步的问题，即如何理解胡塞尔的这个说法：本质直观只是由个别直观所引发的，却并不是从个别直观中产生的？至少在《逻辑研究》直至《纯粹现象学与现象学哲学的观念》期间，胡塞尔趋向于认为，在拥有同一些感觉材料的情况下，或者说，在拥有相同的被直观到的东西的情况下，我们这一次可以将它们统摄为、立义为一个个别的对象，另一次则可以通过目光的变换而将它们统摄为、立义为一个普遍的对象。他在《逻辑研究》中曾写道："现象学的本质直观使观念化的目光唯独朝向被直观的体验的本己实项的或意向的组成，并且使这些分散在单个体验中的种类体验本质以及它们所包含的(即'先天的'、'观念的')本质状态被相即地直观到。"(Hua XIX/1, B₁ 440)而在《纯粹现象学与现象学

---

① 　强调为笔者所加。——还可以参见 Hua XIX/1, A 109/B₁ 109："这一个相同的现象却承载着两种不同的行为。这一次，这现象是一个**个体**的意指行为的表象基础，这个个体的意指行为是指我们在素朴的朝向中意指显现者本身，意指这个事物或这个特征，意指事物中的这个部分。另一次，这现象是一个**种类**化的立义与意指的行为的表象基础；这就是说，当这个事物，或毋宁说，当事物的这个标记显现时，我们所意指的并不是这个对象性的标记，不是这个此时此地，而是它的**内容**、它的'观念'；我们所意指的不是在这所房屋上的这个红的因素，而是**这个红**。"

哲学的观念》第一卷中，他与此基本一致地阐释说："可以确定，本质直观的特性就在于，它的基础是由个体直观的一个主要部分构成的，即由个体的一个显现、一个可见存在所构成的，尽管这个个体显然没有被把握，没有被设定为现实；可以确定，因此之故，如果没有指向'相应'个体的目光转向以及一种范例意识之构成的自由可能性，本质直观也就是不可能的。"（Hua III/1, 15）

据此，所谓"本质直观只是由个别直观所引发的，却并不是从个别直观中产生的"说法便可以被解释为：并不是先有一个通过个体直观构造出的个体对象，而后从这个个体对象中抽象出一个本质对象，而是在个体直观中通过目光转向直接把握到本质对象。换言之，感性直观的对象并不加入到观念直观的行为中，但感性的、实项的内涵，即"在场"与"充盈"，却成为另一次立义的基础，成为观念观视的立义内涵。因此胡塞尔会说："个体被直观的东西不再完全像它所显现的那样被意指；相反，这里被意指的忽而是一个在其观念统一中的种类（例如'音阶 c'，'数字 3'），忽而是一个作为分有普遍之物的个别性总体的阶别（'这个音阶上的所有声音'；从形式上说：'所有 A'），忽而是这个种类（'一个 A'）中或这个阶别（'在 A 中的某个东西'）中的一个不定个别之物，忽而是这个被直观的个别之物，但被看作是属性的载体（'这里的这个 A'），如此等等。"（Hua XIX/1, A 170/B₁ 172）

胡塞尔将这种通过目光转向而在个别被直观到的东西上直观到普遍之物的意识活动称为"变异"（Modifikation）（Hua XIX/1, A 171/B₁ 172—173）。通常他用这个词来标示从感知到想象的意识行为性质的变化：想象是相应感知的变异。但在我们这里讨论的情况中，本质直观是相应的个别直观的变异。它意味着一种新的意向性或一种不同的意指方式，而且这种意指方式是贯穿在图像表象、符号表象与观念直观之中的①，并构成它们的共同性："我们强调，那种赋予名称或图像以代现特征的新观点是一种新的表象行为；在意指中（并且不仅是在普遍意指中）进行着一种相对于'外'感性或'内'感性的单纯直观而言新的意指方式，它具有与单纯直观中的意指完全不同的意义，并且常常也具有完全不同的对象。"（Hua XIX/1, A 170/B₁ 171）

胡塞尔进一步认为："每一个这样的变异都对意向的'内容'或**'意义'**有所改变；换言之，每走一步，那种在逻辑学意义上叫作'表象'的东西，即就像在逻辑上被理解和被意指地那样被表象的东西，都会发生变化。各种相伴的个体**直观**是否保持不变，这是无关紧要的；如果意指（表达的意义）发生变化，逻辑表象就会变化，而只要对它的意指不变，逻辑表象也就保持同一。我们在这里甚至无须强调，**奠基性的显现可以完全忽略不计**。"（Hua XIX/1, A 170—171/B₁ 172—173，重点为笔者所加）

在这里以修辞方式特别为胡塞尔所强调的是：在被奠基的本质直观中并不含有在奠基性的个体直观中被构造的个体的东西。②因

---

①　胡塞尔曾在一份研究文稿中提到"普遍变异论"："我需要事先考虑：像在印象、观念、空乏意识之间的区别是否必须位居顶点：一门关于贯穿在种种思维活动（cogitationes）的整个领域中的普遍变异的学说。"（手稿：Ms. L II 14, S. 7a，转引自马尔巴赫："编者引论"，载于 Hua XXIII, S. XLII）

②　还可以参见胡塞尔表达这一思想的其他说法，例如，"虽然个体直观以某种方式为新的、建立在它们之上的思想表象行为（无论是'象征的'表象，还是'本真的'表象）提供了基础，**但它们本身连同它们本己的感性-直观意向却根本不进入到思想内容之中**"（Hua XIX/1, A 169f./B₁ 171，强调为笔者所加）；再如："**奠基性行为的对象**并不一同进

而这里似乎可以谈论一种"纯粹的观念直观"，即没有夹杂任何非自身给予的"共现"的纯粹本质直观，在它之中自身被给予、自身被构造的是"纯粹的普遍性"，"即纯粹于对某个事实性的此在的预设，即纯粹于对某个红的、某个有颜色的事实现实性的预设"（Hua IX, 85）。

　　然而需要注意，胡塞尔虽然排除了个体对象或个体显现被包含在本质直观之中的可能性，但并未否认本质直观中含有实项内容或体现性内容，亦即含有感性直观的"在场"、"当下"和"充盈"的部分。他在致安通·马尔梯的信中明确地说："与任何表象一样，对一个普遍之物的表象需要一个代现的内容，而对普遍之物的直观是在对一个相应的个体之物的立义的基础上构造起自身的。"（Hua Brief. I, 82）因此，他所说的观念直观奠基于个体直观之中或以个体直观为出发点，并不是指观念直观从个体对象中观念化地抽象出作为普遍对象的观念，而更多是指一种观念化统摄意义上的观念化抽象，即将实项的体现部分与观念的共现部分统摄为一个观念的对象。

　　我们在这里还可以参考库尔特·哥德尔对胡塞尔的概念感知或观念直观所做的描述，它显得明晰简洁而且别具一格。这个描述既出现哥德尔的文字中，也更清晰地出现在他与王浩口头交谈的记录中：

　　在哥德尔于 1964 年为"什么是康托尔的连续统问题（1947 年）"文章修订版撰写的"增补篇"中，哥德尔写道："需要指出，数学直

────────────

入到**被奠基行为的意向之中**，并且只是在联系行为中才宣示出它们与这些行为的相近关系。这里便是**普遍直观**的区域。"（Hua XIX/2, A 634/B$_2$ 162，强调为笔者所加）

觉无须被视作一种提供有关客体的**直接**知识的能力。看起来这更像是物理经验的情况，我们同样在并**不是**直接被给予的其他东西的基础上形成我们的那些客体观念。只是这里所说的其他东西并**不是**感觉，或并不首先是感觉。"① 哥德尔在这里指明：我们的数学直观或概念感觉至少不首先建立在感觉的基础上，而是建立在某些其他东西的基础上。

　　对此更为清晰和详细的解释还可以在王浩的记录中找到，根据他的报道："哥德尔要求我们承认两种材料：A.感觉，这对于我们指涉物理课题的观念来说，是首要的材料；B.第二种材料，这包括 B_1，即那些感觉之外直接被给予的材料。在其基础之上，我们**形成**物理观念（即哥德尔所称的'我们的经验观念所包含的抽象元素'），还有 B_2，'支撑着数学的"所与"'。哥德尔看到，B_1 与 B_2 '密切相关'。在两种情形里，这两种材料都使我们**形成**有综合作用的概念。"哥德尔本人似乎并未对第二种材料做直接刻画。而王浩倾向于将数学直观中的第二种材料称作"数学材料"，而依此类推，在物理观念直观中的第二种材料也可以叫作"物理材料"。他认为，"第二种材料构成一种基础，我们在其上**形成**康德的知性范畴，又**形成**像集合和数那样的数学概念"。②

　　我们在这里完全可以将哥德尔所说的第一种"A 材料"称作"体现材料"，将第二种"B 材料"称作"共现材料"。这样的 A + B 的

------

　　① 　哥德尔：《文集》第二卷，第 268 页。也可参见王浩：《逻辑之旅》，杭州：浙江大学出版社，2009 年，第 290 页。两段英文的文字略有出入。原先的中译文中有差误。这里的中译文出自笔者本人。

　　② 　参见王浩：《逻辑之旅》，第 292—293 页。

组合结构实际上适用于所有"共现"在其中起作用的意识行为。而在观念直观(概念感知、数学直观、物理直观、心理直观)情况中，"A材料"意味着"感性体现"的材料，"B材料"则是指"观念共现"的材料。

因此，本质直观的情况与图像表象和符号表象相似，在它们之中都有"充盈"或"在场"作为基础起作用，而后通过统摄而成为被构造的对象的一个部分；否则图像表象不再是图像表象，符号表象也不再是符号表象，而是幻想或空乏表象。但在图像意识和符号意识中的"充盈"不同于直观意识(感知意识与想象意识)中的"充盈"(感知性的内涵或想象性的内涵)。胡塞尔曾说："然而，这实际上并不是充盈，不仅我们对符号代现所做的阐述，而且我们前面对本真的和非本真的直观化所做的阐述都说明了这一点。或者毋宁说，这虽然是充盈，但不是符号行为的充盈，而是那个为它奠基的、在其中符号作为直观客体符号而得以构造的行为的充盈。"(Hua XIX/1，A568/B_1 96)即是说，在图像意识、符号意识、本质直观中作为基础起作用的"充盈"("感觉材料"或"想象材料")并不能被视作这些行为本身的"充盈"，因为它们实际上并没有以体现或代现的方式被包含在作为图像、符号和观念而被构造起来的相应对象中，而更多是以共现的方式在这些对象中一同意识到。

这里还需要对此做更为明确的描述和定义：我们在图像意识、符号意识、本质直观中可以发现一种贯穿在它们之中的共同性，即一种新的意指方式："原本的自身性"是精神性的、观念性的体现，而构成这些特殊意指方式之基础的"充盈"(感知内涵或想象内涵)则成为直观性的共现。胡塞尔曾偶尔区分"观念的共现"与"实在的共现"（Hua IV, 341）。就观念直观的情况而言，也许我们可以通过必要的修正说：它的特点在于"观念的体现（自身存在）"与"实在的共现（共存在）"。而且不难看出，与图像化共现和符号化共现的情况相符，在观念化共现中也存在着经验内涵与观念内涵两个层次相互切入和相互转换的可能性。也就是说，在观念直观的情况中，随注意力的不同，被共现的也有可能是观念的、意项的内涵，而此时被体现的便是其经验的、实项的内涵。

　　通过这些现象学的意向分析，我们可以发现："纯粹的感性直观"的说法是可疑的，因为在外感性直观中有"映射的共现"的掺杂，在内感性直观中则有"流动的共现"的掺杂。同样可疑的还有"纯粹的图像行为"与"纯粹的符号行为"的说法，因为它们必定是由"物理的共现"与"精神的体现"共同组成，换言之，它们是由实项的或物理的成分与意项的或精神的成分构成的复合体。最后，"纯粹的观念直观"也只是一种理论的抽象，因为在它之中，实项的共现内涵不可或缺。与其他直观一样，观念直观也服从于作为意向性之结构的共现的本质合规律性。

八、结尾的思考

　　与休谟将所有"知觉"或"经验"根据强度和活力的不同区分为"印象"与"观念"的做法相似，胡塞尔也将构成所有思维活动之基础的、带有康德烙印的"直观"分为两种类型："感知"与"想象"。它们作为"体现–代现"或"当下拥有–当下化"各自具有其"活的意向性"连同其"本己内涵"。

　　然而，前面的阐释已经表明，"体现"与"代现"显然并不足以穷尽直观的意识行为的基本类型。这里所讨论的"共现"或"共当下拥有-共当下化"便代表了一种既不同于"体现"，也不同于"代现"的意识方式。这种意识方式不是"原本的、合乎感知的自身拥有（Selbsthabe）"，也不是"合乎再回忆的或事先已经滞留的、仍然在握的拥有（noch im Griff Haben）"，而是"作为与一个原本被给予之物的共此在的共拥有（Mithabe）"（Hua XVII, 285）。而在所有客体意识或意向意识中都可以发现的"共现性内涵"（Hua I, 148），也既不能被归入体现性的或原本的内涵之中，也不能归入代现性的或再造的内涵之中，既不是"感觉材料"（hyle），也不是"想象材料"（Phantama），而是一种特殊的意识内容。我们在许多意识行为中，甚至可以在扩展的意义上说，在所有意识行为中都可以发现它，以及它的各种样式和变项。由于"共现"的模式杂多纷繁，我们在这里必须用复数的形式来指称它们。胡塞尔本人已经谈及并确定多种"共现"的模式。除了前面已经提到的"同感的-类比的"共现之外，他还曾谈及"视觉的-触觉的"（Hua XV, 305）、"滞留的"和"再回忆的"（Hua XVII, 422）、"实在的"和"观念的"、"经验的"和"直观的"（Hua XV, 454, 471）、"心理的和物理的"（Hua I, 144）①、"时间的和空间的"（Hua Mat VIII, 56）、"本真的"和"现实的"（Hua XIII, 225）、"直接的-间接的"（Hua XIII, 475）、"不确定的"（Hua XV, 688）共现，以及"内共现-外共现"（Hua XIII, 466—468）、"前行的（直向的）和回返的（反向的）共现"（Hua XIII, 34）、"可达及的和不可达及的共现"（Hua XV, 95）、"指示性的（indizierend）共

---

　　① 　还可以参见 Hua XIII, 225; Hua XIV, 97; Hua XV, 246。

现"（Hua XIV, 285），如此等等。

从这些概念已经可以看出，虽然胡塞尔对"共现"的描述分析大多数是在陌生经验的领域中进行的，而且"共现"的概念贯穿在他的交互主体性研究的始终，但他已经将这个概念做了相当大的扩展运用，直至任何一个客体的领域。胡塞尔认为："共现在每个客体那里都起作用，无论是'人'还是'事物'。"（Hua XIV, 486）① 我们从前面的分析可以看出，无论我们面对的是事物，还是他人，还是自己，只要涉及对象意识，包括观念对象的意识②，共现的现象就会出现。它展示着一个基本的意向性结构：我们的"原本经验"总是被某种被称为"共现"的"次级经验"（Hua XV, 30）所伴随。因而胡塞尔一再尝试从中发现某些对于共现而言"基本本质的东西"（Hua XV, 26）或共现意向的"普全合规律性"（Hua XI, 338），即某种使得共现成为共现的东西。他在这里确定了共现的一个普遍特征："共现的成就在于，通过与一个被经验到的东西的联结，一个未被经验的东西可以被设定为当下的。"（Hua XIII, 375）

这里的"原本经验"和"次级经验"以及"被经验的"和"未被经验的"之间的关系构成对"共现"研究的一个重要课题。我们在胡塞尔那里可以找到一些对此问题的并非系统的思考，例如对它们之间，亦即对在"体现"与"共现"之间存在的可能奠基关系的思

---

① 　还可以参见胡塞尔的另一个说法："在每个经验中的共现"（Hua XXXVI, 177）。

② 　参见 Hua III/1, 15："与此完全相同，本质直观是关于某物的意识、关于一个'对象'的意识、关于一个它的目光所指向的并在它之中'自身'被给予的某物；而后这个某物也可以在其他行为中'被表象'，或含糊或清楚地被思考，成为真假述谓判断的主项——就像在形式逻辑的必要的宽泛意义上的'对象'。"

考:"所有共现都奠基在体现之中",因此"共现是体现的第二种方式"(Hua XXXIX, 410),并且在此意义上是"第二存在层次"(Hua XIV, 494)。但由于每个感知都由体现与共现组成,缺少其中任何一个,感知都无法成立,因此体现与共现之间的这种奠基关系又可以说是相互的,[1] 如此等等。

在这些问题上显然还需要进一步的深入研究与展开论述。但无论如何,我们在胡塞尔这里已经可以看到一门"共现学"或"共现现象学"的雏形。对"共现"的研究一方面与对"统觉"的考察有内在的联系,另一方面也无法与"视域"的思想相分离。因而共现现象学是与统觉现象学和视域现象学并肩而行的。我们可以借助黑尔德的阐释来刻画意识中"共现"与"统觉"以及"视域"的关系之性质:"对于意识来说,在共现中已经包含着更广泛经验的权能性,因而共现开辟了权能性的活动空间,亦即视域。由于共现属于统觉,所以统觉为意识创造了视域。"[2]

这个意义上的"统觉",意味着意识的总体的构造能力或构造权能性,而"共现"是其中最奇特的部分,无论是在包括各种感性直观的行为中,还是在图像行为、符号行为与本质直观的行为中。因而凡是在统觉起作用的地方,我们都可以发现"共现"的因素,以各种不同的式样。胡塞尔将此表达为:"所有这些共现都是在一个受固定本质结构规定的统觉环境中活动的。"(Hua XIV, 497)

除此之外,"共现"在一定意义上与"视域"密切相关,甚至它

---

① 例如参见 Hua XXXIX, 410—411。

② Held, „Einleitung", in E. Husserl, *Phänomenologie der Lebenswelt, Ausgewählte Texte II*, Stuttgart: Reclam, 1986, S. 17.

们在许多情况下都可以是同义的,因为"体现"与"共现"的关系基础是由事物与其视域的本质形态规定的。我们可以说,共现是视域的普全形式。胡塞尔曾说:"对每个个别事物的经验都已经以其视域的形式根本本质地包含着共现。"(Hua XV, 26—27)他区分"第一性的对某物的朝向和对某物的从事"以及"第二性的在视野中的拥有,作为共在把握中的拥有,或背景性的根本已不在把握中的拥有和仍然共在视野中的拥有"(Hua XVII, 422)。前者作为体现构成注意力现象学的研究课题,后者作为共现则已经是十分宽泛意义上的共现现象学的研究领域了。

当然,在胡塞尔那里,最宽泛意义上的共现现象学的范围还要更广,它包含"共现"的各种不同阶段与各种不同的意向变异形式,它不仅可以在"映射的共现"之样式中一直延伸到判断和推理的领域,[1] 还可以在"同感的共现"之样式中一直延伸到他人与自我的超越论的生死问题领域,[2] 最后还可以在"符号化的共现"之样式中一

---

① 参见 Hua XXXVI, 178:"在共现的范围内我可以进行判断,也可以进行推理的判断。例如,由于我走近时在对象上看到,它的原初被共现的均匀的红色继续显现为均匀的红色。我就可以推论:它会继续如此,它'确实'是一种均匀的红。在这个连续的感知过程中,处在推论之前的是继续进行的共现,以及继续的和连续活动的对'均匀的红'的预期。"

② 参见 Hua XLII, 3—5。——胡塞尔在这里表达出一个思想,即自我在不同的共现阶段上或在共现的意向变异中对他人的生活与死亡的同感,是在与他人与本己的超越论存在的意向相合中进行的。他人是在流动的意向性中被共现给我。而在死亡的案例中,唯有当我经历了他人的死亡,我才能意识到作为世俗事件的我自己的死亡。这个思想后来在舒茨的现象学社会学中以共同的时间性为标题得到展开。对此可以参见 M. Sommer, „Fremderfahrung und Zeitbewusstsein. Zur Phänomenologie der Intersubjektivität", a.a.O., S.10:"各种主体的意识随时间的流逝而具备了同一的或类似的内容,舒茨对此方式的最常用的表达叫作:'共同衰老'(gemeinsam altern)。"

直延伸到联想和动机引发的领域。①

　　胡塞尔在其"逻辑学基本问题"（"被动综合分析"）讲座的一开始便将外感知定义为"一种不断的非分要求（Prätention），即要求自己做一些根据其本己的本质来说无法做到的事情"（Hua XI，3）。②而在这里随之得到刻画的恰恰是外感知中的"共现"现象的特征，虽然这里并未提到"共现"这个词。而这种所谓的自身的非分要求也许就是意识创造力的来源所在。或许可以说，无论是在艺术创造与科学发明的活动领域中，还是在逻辑运算和理性思维的活动领域中，"共现"都在作为意识活动的基本创造力和想象力起作用，它很可能是将人类智能区别于人工智能的一个关键点。

　　在胡塞尔的词典中，"想象力"（Einbildungskraft）并不是一个关键词，而且它通常是被当作"想象"（Phantasie）的同义词来使用。实际上，这个词的真正和确切的含义在胡塞尔现象学中主要是通过"共现"而得到表达和刻画的。几乎可以说，"想象力"在胡塞尔这里就叫作"共现力"（appräsentative Kraft）（Hua XIV, 2）。

――――――――――

　　① 参见 Hua XXXVI, 411。――胡塞尔在这里以"野兽足迹指示着野兽的共当下"为例说明"被共现的是一个'事物'"。这种作为"指示"（Anzeige）的"共现"情况还在他的另一个例子中出现，例如在进入朋友家的前厅时闻到雪茄的味道，他的共当下被共现（Hua XIV, 494）。这个意义上的"共现"，仍然是我们在本文开篇时所说的严格意义上的"共现"，它不是独立的意识行为，因为被共现的不是野兽或朋友本身，而是在感知中伴随着"体现"或在想象中伴随着"代现"一同出现的特殊意识成分及其特殊显现方式，在这里只是对并未显现的野兽或朋友的联想性指示。但在这里已经可以谈论"间接的共现"了。这也是胡塞尔在共现分析中不断指明其"指示"（indizierend）特征的原因（参见 Hua XIV, 494; Hua XV, 299 等）。我们可以将这类共现称作"指示的共现"。

　　② 索默尔将胡塞尔的"非分要求"翻译和解释为意识主体的"自身过分要求"（Selbstüerforderung）（M. Sommer, „Fremderfahrung und Zeitbewusstsein. Zur Phänomenologie der Intersubjektivität", a.a.O., S.3）。

附录 8　关于几个西方心理学和哲学核心概念的含义及其中译问题的思考

在笔者撰写《意识现象学教程》的过程中，以往在对相关的西方心理学和哲学术语的理解、翻译和解释时遭遇的问题又一次直接摆到了面前，而且是以系统的方式陆续不断地重复出现。具体说来，原先在翻译胡塞尔的认识现象学、舍勒的情感现象学和耿宁心性现象学的几部巨著中，首先需要考虑的是如何用恰当的中译名来应对原作者使用的德文概念，而如今在对意识现象学的阐述中则主要面对如何选择恰当的中文概念来指称相关的意识体验类型——既涉及其意向活动的各种类型，也涉及其意向相关项的各种类型。

这里的文字是对这些问题的重新思考记录，同样是以系统的方式进行某种程度的梳理。所谓的"系统"还包含这样的意思：这里的思考不仅涉及德文和中文的概念及其彼此间的对应，而且关系德文与英文、中文与日文等语言之间的内在差异。或许除了西方哲学的研究者之外，对这里讨论的问题感兴趣的更多是比较语言学家和翻译学家。他们或许会借此而再次考虑语言的可译和不可译的原则问题，以及译者的可背叛和不可背叛的原则问题。

不过笔者的意图主要还是在于指出这些问题，只有其中少数几个在笔者看来是可以解决的或已经解决了的。无论如何，能够看到问题就意味着已经向问题的解决迈近了一步。

一、"精神"（Geist）与"心理"（Psyche）

在德语心理学概念的汉译历史上，用"精神"取代"心理"的做法从一开始便频繁出现并一直传习至今，尤其是在心理病理学的领域。雅斯贝尔斯的"心理病理学"（Psychopathologie）本身就被译作"精神病理学"；弗洛伊德的"心理分析"（Psychoanalyse）也被译作"精神分析"；"心理诊疗术"（Psychiatrie）被译作"精神病治疗学"；"心理医生"（Psychiater）被译作"精神病医生"；"心理疗法"（Psychotherapie）被译作"精神疗法"；"心理病人"（Psycho）被译作"精神病人"，"心理发生"被译作"精神发生"，"schizophrenia"被译作"精神分裂"，以及如此等等。

究其原因，很可能这是因为心理学汉译过程中受日文翻译的影响。[①]但这个词的翻译会影响我们对德语哲学与心理学中的"心理科学"（Psychologie）与"精神科学"（Geisteswissenschaft）的根本差异的理解，至少会造成理解的混乱和引发很大的困扰。[②]

---

① 例如参见日中英医学对照用语辞典编集委员会编：《日中英医学对照用語辞典》，东京：朝倉書店，1994年，第284页。
② 对此问题的论述还可以参见笔者："始创阶段上的心理病理学与现象学：雅斯贝尔斯与胡塞尔的思想关系概论"的第一节（载于《江苏行政学院学报》，2014年第2期），尤其是第17页注2。

　　当然，在德文"Geist"的次要含义中也包含"鬼神"的意思，而且在德文中也有"精神疾病"（Geisteskrankheit）的组词。但有一点可以确定，它的基本含义是在英文的"spirit"和"mind"之中，而不是在"psyche"之中。此外，尽管"精神"是一个基本的德文概念，但在希腊文中与它相近的词是"νοῦς"和"πνεῦμα"，在希伯来文中是"ruach"，在拉丁文中是"spiritus"和"mens"，在意大利文中是"spirit"，在法文中是"esprit"，如此等等。[①]

　　由于"精神"一词在德国思想史上被赋予了崇高的意义，例如在黑格尔的"精神现象学"那里，或在狄尔泰的相对于自然科学而言的"精神科学"（人文科学、社会科学）那里，因此，将病态心理的语境中的"Geist"与"psych-"都译成"精神"显然是不合适的和不可取的。

　　这种做法对于心理病理学创始人卡尔·雅斯贝尔斯而言，就是混淆了心理学的对象，他明确区分"心灵"（心理）与"精神"[②]。他的传记作者汉斯·萨尼尔曾将雅斯贝尔斯的理论批判的最终基础理解为"探究心理学本身的对象"，"这个对象作为普遍的心灵统一体来理解，即是心灵；作为精神（Geist）来理解，它即是人格；作为生

---

　　①　对此可以参见 Joachim Ritter, Karlfried Gründer und Gottfried Gabriel, *Historisches Wörterbuch der Philosophie*, Bd. III, Basel: Schwabe Verlag, 1971—2007, S. 154。但"Geist"一词在这里对应的希腊文不是"nous"，而是"pneuma"，笔者对此并不认同。
　　②　雅斯贝尔斯曾提出"精神的心理病理学"（Psychopathologie des Geistes）的概念（参见 Karl Jaspers, *Allgemeine Psychopathologie*, Berlin: Springer, 1973, S. 609）。——雅斯贝尔斯的这部重要著作若仍按照目前流行的"精神病理学"的译法来翻译，在遭遇这个概念时自然就会面临窘境。

命力来理解，它即是生命；作为心灵、肉体和精神的统一体来理解，它即是人"。①

　　一百多年来，汉语的翻译词"精神病"在日常使用和学术使用中，都被用来指称某些因为大脑功能紊乱而导致在认知、情感、意志的心理活动与行为方面所形成的不同程度障碍的心理疾病，这种情况虽然有所收敛，例如"精神病院"的名称大都已被取消，但至今仍在延续，例如大家仍在使用"精神专科"这样的名称；眼下人们常常会将"精神专科"治疗的"精神病"视作"心理专科"治疗的"心理病"的危重版。这种状况亟须得到改正！

　　在几近完成本文之际，笔者已经高兴地看到，在目前汉语心理学的学术研究领域，用"心理"来翻译"psych-"的做法已经渐成趋势。但愿这会在不久的将来会成为研究人类各种正常和不正常心理状态的心理学家们和心理哲学家们的共识！但愿日后无论在学术论述和日常表达中，都不再会出现类似"精神病"（也包括"神经病"）这样的既在学术上不正确也在政治上不正确的说法！

二、"同感"（Einfühlung）与 "移情"（Übertragung）

　　在意识现象学的历史上，对他人的感知起初都是用"Einfüh-lung"这个概念来表述的。不仅埃迪·施泰因对此问题著有专门

---

　　①　汉斯·萨尼尔：《卡尔·雅斯贝尔斯》，张继武、倪梁康译，北京：生活·读书·新知三联书店，1988 年，第 107 页。

的博士论文 ①，她的老师胡塞尔本人也在施泰因专著发表的十年前
(1908)就已使用这个概念来表述对他人的感知："我具有自身意
识，即是说，我具有现时的心理体验，关于他人，我具有同感（Ein-
fühlung）意识，他的'意识'是以同感的方式（einfühlungsmäßig）被
设定的。"（Hua XIII, 11）

　　笔者将"Einfühlung"译作"同感"，并在接下来的论述中给出
这个译法的理由。

　　这个概念此前在德文不曾有过。从目前可以找到的资料来
看，它的创造使用者和阐释者是德国艺术理论家和审美学家罗伯
特·费舍尔（Robert Vischer, 1847—1933）。至少可以确认，这个
词最早出现在他于 1872 年完成、1873 年正式出版的博士论文《论
视觉的形式感：一篇关于审美学的论稿》②中。费舍尔在书中对"同
感"做了相当系统的论述，将它理解为"一种无意识的移动，即将本
己身体形式并随之也将心灵无意识地移动到客体形式中。由此而
产生出我称之为同感（Einfühlung）的概念"。③接下来他还对不同

---

　　① *Zum Problem der Einfühlung. Teil II–IV der unter dem Titel: Das Einfühlungsproblem
in seiner historischen Entwicklung und in phänomenologischer Betrachtung vorgelegten
Dissertation*, Edith Stein Gesamtausgabe V, Freiburg i.Br.: Verlag Herder, 2010.——中译本可
以参见艾迪特·施泰因：《论移情问题》，张浩军译，上海：华东师范大学出版社，2014 年。

　　② 参见 Robert Vischer, *Über das optische Formgefühl – Ein Beitrag zur Ästhetik*,
Dissertation, Tübingen, 1872; Leipzig: Verlag Herm. Credner, 1873。——补注：感谢中
山大学张伟教授和首都师范大学叶磊蕾教授提供的信息："Einfühlung"在赫尔德和康
德的著作中便已出现过。

　　③ Robert Vischer, *Über das optische Formgefühl – Ein Beitrag zur Ästhetik*,
a.a.O., S. VII. ——费舍尔在这里还提及：他在完成书稿后才读到，洛采在其著作中已
经使用过相近的"共同经历的移动"（mitlebendes Versetzen）的说法（Hermann Lotze,
Mikrokosmos, Band II, Leipzig, 1869, S. 199），但洛采"并未做系统的评价"。

类型的"同感"做出区分, 例如对静止的物体的"滞留同感"和对运动物体的"活动同感"的区分, 如此等等。此外, 在该书中, 费舍尔不仅生造了"Einfühlung"这个德文词, 而且还生造了与之相关联和相环绕的一组词, 如"Anfühlung"、"Zufühlung"、"Nachfühlung"等。[①] 从总体上说, 费舍尔是用"Einfühlung"来表述一种将主观感受投射到客观事物中去的审美活动过程。

"同感"的这个含义后来在德国哲学家和心理学家特奥多尔·利普斯(Theodor Lipps, 1851—1914)那里得到了一定程度的保留。利普斯至迟自 1900 年起开始将"Einfühlung"作为其"审美学的主要概念"来使用。德文的"-fühlen"(感受)词干使得利普斯最初能够主要用它来标识在审美或感性方面(ästhetisch)的一个特殊的意识种类。[②]

基于同样的理由, 铁钦纳(Edward Bradford Titchener, 1867—1927)在其 1909 年出版的《思维过程的实验心理学讲座》中将这个词译作英文"empathy", 即采用了希腊文"-pathy"(情感)的词干, 与"sympathy"相对应。[③] 这个生造的英文概念一直延续至今, 甚至

---

① Robert Vischer, *Über das optische Formgefühl – Ein Beitrag zur Ästhetik*, a.a.O., S. 21—26.

② 参见 Theodor Lipps, „Ästhetische Einfühlung", in *Zeitschrift für Psychologie und Physiologie der Sinnesorgane*, Bd. 22, 1900, S. 415—450。

③ 参见 E. B. Titchener, *Lectures on the Experimental Psychology of Thought Processes*. New York: Macmillan, 1909。——实际上这个译名导致特定问题的产生: 它只能是名词或形容词, 而不能作为动词被使用。但德文的"Einfühlung"则首先是动词, 而后才是动名词。当胡塞尔使用它的动词被动态来进行表达时, 如"die eingefühlten Subjekte und Bewusstseine"(Hua XIII, 4, 189), "empathy"的译名就无法使用。"Einfühlung"作为被动态使用的情况在胡塞尔那里十分常见, 实际上它在利普斯那里就已经出现, 而且在施泰因那里也被频繁使用。

德文中也对应地出现了"Empathie"的回译概念。而另一个英文的相应译法"feeling into"则只是在辞典的相关条目中被附带地列出，用于"同感"的含义解释。

　　所有这些都导致了"同感"最初在心理学和心理分析和心理诊疗领域更多被理解为一种转移情感的意识活动，也包括将自己的情感从一个主体转移到另一个主体上，甚至转移到一个客体上。不过在非常敬仰利普斯的弗洛伊德那里，"同感"（Einfühlung）的含义并未被误解和被改变，他还是将它理解为是我们对他人的陌生自我的理解活动。[①] 弗洛伊德和荣格所说的而且如今在汉语心理学界同样被译作"移情"的心理活动，则是用"Übertragung"而非"Einfühlung"来表达的。[②]

　　因此，目前在汉译"移情"的标题下，"Einfühlung"很容易与"Übertragung"概念相混淆。[③]

　　不过现在已经可以发现一些将"Einfühlung"译作"共情"的趋向。这个译法显然要好于"移情"的译法。[④] 但"共情"的翻译仍然

---

　　① 参见 C. G. Jung, *Psychologie der Übertragung: Erläutert anhand einer alchemistischen Bilderserie*, Zürich: Rascher, 1946。中译本:《移情心理学》,梅圣洁译, 北京: 世界图书出版公司, 2014 年。

　　② 例如参见 Sigmund Freud, *Massenpsychologie und Ich-Analyse*,Leipzig / Wien / Zürich: Internationaler Psychoanalytischer Verlag G. M. B. H.,1921,VII. „Die Identifizierung"; Carl Gustav Jung, *Die Psychologie der Übertragung – Erläutert anhand einer alchemistischen Bilderserie*, Zürich: Rascher Verlag, Erstausgabe, 1946。

　　③ "Einfühlung" 在艺术心理学与哲学心理学中常常被译作"移情",例如参见王才勇翻译的沃林格《抽象与移情: 对艺术风格的心理学研究》(北京: 金城出版社, 2010 年)和张浩军翻译的施泰因的《论移情问题》(上海: 华东师范大学出版社, 2014 年)。

　　④ 当然, 这两个译名都会像英译名一样在特定的情况下遭遇翻译技术方面的问题,"移情"与"共情"在作为动词使用时,它们的被动态(eingefühlt)都很难用中文表达:

包含很大的误解并会造成误导。事实上，利普斯本人在 1903 年的
著述中便已经将这个概念加以扩展 ①，用它来表达一种进入（ein-）
他人心灵世界并感知、理解和体会非本己的、陌生的意识体验的能
力，或者说，一种与他人心心相印或换位思考的能力。这与佛教中
的"他心通" ② 或"他心智" ③ 的表达相近，也与当代英美心灵哲学中
的"他心知"说法和译法相近。

　　就此而论，一方面，"Einfühlung"不只是某种形式的"移情"
（类似"移情别恋"所表达的那样），而更多是"同感"（类似"深有
同感"或"感同身受"所表达的那样）；另一方面，"Einfühlung"并
不局限于"情感"领域，而且更多在认知领域中活动：对他人和其
他自我的认知。在此意义上，"Einfühlung"更多是指一种**"同感知"**
而非**"同情感"**。而且这个"感觉"或"感知"的含义还在最早创

"被移情的"或"被共情的"不仅中文说不通，而且还会因指称不明而造成误解。但"被
同感的"或"被同感知到的"就可以避免这里的尴尬，如前例 "die eingefühlten Subjekte
und Bewusstseine"（Hua XIII, 4）可以译作"被同感的主体和意识"。

　　此外，在翻译丹尼尔·戈尔曼的《情商》（北京：中信出版社，2018 年。——准确的
书名应当是《情感智力》[*Emotional Intelligence*]。关于"情商"的准确说法应当是"情
感智商"）时，第七章中的"Empathy"被译作"同理心"。目前也有一些关于"empathy"
的中译使用这个译名。这个译名要好于"移情"，但仍然会面临上面的问题，因为它同
样无法作为动词使用。

　　① 参见 Theodor Lipps, *Ästhetik – Psychologie des Schönen und der Kunst*, Bd.
I, Zweiter Abschnitt, Hamburg und Leipzig: Verlag von Leopold Voss, 1903; ders., *Leitfaden
der Psychologie*, Leipzig: Verlag von Wilhelm Engelmann, 1903, S. 187ff.; ders., „Einfühlung,
innere Nachahmung, und Organempfindungen", in *Archiv für die gesamte Psychologie*, Nr.1,
1903, S. 185—204。

　　② 佛教中常常被讨论的"六通"之一，其余为：神足通、天耳通、宿命通、天眼通、
漏尽通。

　　③ 佛教中常常被讨论的"十智"之一，其余为：世俗智、法智、类智、苦智、集智、
灭智、道智、尽智、无生智。

造它的费舍尔那里就可以发现：他也将"Einfühlung"等同于"Ein-
empfinden"[1]，即"同感觉"。我们在这里也可以将它理解为一种"同
感知"（Einwahrnehmung）。

　　这也是区分"Empathie"与"Sympathie"的一个要点：对别人
悲伤的觉知（einfühlen）并不是对别人悲伤的分担（mitfühlen）。前
者完全可以是中立的，并不需要自己情感的参与。因而"同感"不
是"同情感"，而是"同感知"。这也是胡塞尔认为"einfühlen"的
概念不恰当的原因。

　　事实上，如果用德文来表达，那么"einverstehen"（同理解）应
该是最为妥当和贴切的，但目前只有它的过去分词"einverstanden"
（同意）[2]留存下来并被使用，这个动词本身却已不再通用，除非我
们将它作为心理哲学的特殊表达再刻意地加以恢复。胡塞尔本人
的确也曾这样做过。在他思考交互主体性问题的三十年中，他一直
都在断断续续地将"einverstehen"与"einfühlen"并列使用，同时
也将他人感知中的"立义"或"统摄"或"把握"刻画为"einverste-
hend"[3]。

　　而另一个比较好的表达则还需要再生造一个德文词，即

---

　　①　Robert Vischer, *Über das optische Formgefühl – Ein Beitrag zur Ästhetik*,
a.a.O., S. 24.

　　②　通常我们所说的"同意"，是指赞同或认同或附和某个人或某些人的某个"意
见"或"看法"或"主张"。而在这里的"同感"意义上的"同意"之"意"，是指"意思"、"意
见"、"意图"等。但它不是"意义"中的"意"。在后一种情况下我们常常会说"同义"，
即同一个"涵义"或"含义"或"意义"。但我们在这里并不想展开中文的语言哲学分析，
而只是要通过这方面的思考来开启对一个心灵现象的揭示和解释。

　　③　参见 Hua XIII, 52, 59, 252, 267, 311; Hua XIV, 161, 218, 289, 294, 318, 320,
527; Hua XV, 57, 86, 159, 529。

"Ein-erleben/Ein-erlebnis"，即"同体验"。

无论如何，我们这里偏向于使用"同感"或"同感知"的汉译概念。这也与后来的现象学家们如胡塞尔、埃迪·施泰因等对此概念的接续理解与使用有关。如今的"同感知"（Einfühlung）包含了十分宽泛的几重词义："其一是作为对我们关于他人知识产生的理论说明，其二是用作对一个需要通过向其他原理的回溯才能澄清的现象的标识，其三是对一种在交互个体方面各有不同的显著能力的标识，这能力是指对他人的心理状态与观点的评判能力。"[①] 从这些基本含义中可以看出，"同感知"更多意味着一种认知活动，而不仅仅是指某种情感活动。

原则上这也是胡塞尔在使用这个概念时所理解的意义，主要是其中的第一个和第三个含义，即使他早就意识到"同感是一个错误的表达"（Hua XIII, 335ff.），并在交互主体性问题的分析和操作中更多使用"他人感知"或"异己感知"等概念，他也仍然一直附带地使用在"同感知"，而非"移情"或"共情"意义上的"同感"（Einfühlung）。[②]

简言之，"同感"一词在胡塞尔和施泰因那里的基本含义是对他人的感知，更确切地说，对他人心灵的"觉知"方式。

[①]　O. Ewert, „Einfühlung", in *Historisches Wörterbuch der Philosophie*, Basel: Schwabe Verlag, 1971—2007, Bd. 2, S. 396.

[②]　在新近关于"镜像神经元"的译著中，相关的"Einfühlung"和"empathy"分别被译作"移情"与"共情"（参见贾科莫·里佐拉蒂、安东尼奥·尼奥利：《我看见的你就是我自己》，孙阳雨译，北京：北京联合出版公司，2018年，第3页）。这显然是有问题的，无论是就如上所述的西文的词源来看，还是就译名的中文含义而言。

三、"感知"（Wahrnehmung）与
"知觉"（Perzeption）

　　德文中的"感知"（Wahrnehmung）是一个原生的德语概念，对德语的特点有特别的体现。它的基本意思用中文表达应当是"认-真"，即"认之为真"，这是"wahr-"与"-nehmen"的基本意思。[①] 这个词的构词与它的词义是基本一致的：凡是被感知的（wahrnehmen），都是"被认之为真的"（Für-wahr-halten）或"被认之为在的"（Für-seiend-halten），即在此时此地存在着的。这也是胡塞尔在其感知分析中赋予"感知"的两个最基本定义：感知是"存在意识"（Hua XXIII, 286）以及"原本意识"（Hua XI, 3）。

　　这里的情况与德文中的"Einfühlung"十分相似，它的对应中文应当是"同-意"。不过，无论是"认-真"还是"同-意"，都已经被用作其他含义的表达，因而不能指望将它们再用作"Wahrnehmung"和"Einfühlung"的理想中译。

　　"Wahrnehmung"（感知）常常被视为源于拉丁语"perceptio"的"Perzeption"（知觉）的同义词，因而比较常见的中译就是将它们都译作"知觉"。不过在德国哲学中，通常用来表达我们这里所说

---

　　① 　与此有相同构词形式的另一个德语词可能是胡塞尔生造的，即"Wertnehmen"，他在自 1902 年以来所做的"形式的价值论与实践论"讲座使用过它（Hua XXVIII, 370），早于后来接受并继续使用它的迪特里希·希尔德勃兰特、马克斯·舍勒和尼古拉·哈特曼。这个词的基本含义是"认-价"，即"认之为有价"，因此也被英译作"价值感知"（value-perception）等。

的"感知意识"的概念还是"Wahrnehmung",而非"Perzeption"。
胡塞尔最初在哥廷根时期指导的博士研究生威廉·沙普(Wilhelm
Schapp, 1884—1965)是第一位以现象学为题,而且是以"感知
(Wahrnehmung)现象学"为题完成博士论文的学生。他的《感知现
象学论稿》①发表于1910年。而思想史上对"知觉"(perception)
讨论最多且最具代表性的哲学家是梅洛-庞蒂,他的相关著作便
被译作《知觉的首要地位及其哲学结论》(1946)和《知觉现象
学》(1945)②。但梅洛-庞蒂著作的德译本都将"perception"改译作
"Wahrnehmung",而不用"Perzeption"去对应它。③

　　究其原因,一方面固然是因为相关的德文词在日常生活中被
运用得更普遍,另一方面也是因为德文词的特定构词效果也可以
更好地保留它们的词义。德语中的许多心理学术语都带有这种
特殊的德语词源优势。其他的例子还有"Erinnerung"(回忆)、
"Erwartung"(期待)、"Vorstellung"(表象),如此等等。

　　笔者之所以偏好使用"感知"而非"知觉"来对应翻译德文中的

---

① Wilhelm Schapp, *Beiträge zur Phänomenologie der Wahrnehmung*, Halle: Max Niemeyer Verlag, 1910.

② Maurice Merleau-Ponty, *Le primat de la perception et ses conséquences philosophiques. Précédé de: Projet de travail sur la nature de la perception, 1933,* Paris: Verdier, 1996. ——中译本:梅洛-庞蒂:《知觉的首要地位及其哲学结论》,王东亮译,北京:生活·读书·新知三联书店,2002年; Maurice Merleau-Ponty, *Phénoménologie de la perception*, Paris: Gallimard, 1945. ——中译本:梅洛-庞蒂:《知觉现象学》,姜志辉译,北京:商务印书馆,2001年。如果不出意外,杨大春、张尧均主编的《梅洛-庞蒂文集》的译者也会按照这个"知觉"的译名来翻译这两本书的中文新版。

③ Maurice Merleau-Ponty, *Phänomenologie der Wahrnehmung*, übersetzt von Rudolf Boehm, Berlin: W. De Gruyter, 1966; ders., *Das Primat der Wahrnehmung*, übersetzt von Jürgen Schröder, Frankfurt a.M.: Surkamp, 2003.

"Wahrnehmung"和英文、法文中的"perception"，主要的原因在于，"感知"中的"感"可以特别凸显在它之中所含有的感觉要素。所有感知都建立在感觉材料的基础上。感觉材料在佛教唯识学中叫作"五识"：眼识、耳识、鼻识、舌识与身识，相当于心理学中所说的"五觉"：视觉、听觉、味觉、嗅觉与触觉（即身觉）。但单纯的五识并不能构成独立的意识行为。我们不可能有单纯的感觉，它们总是作为在感知意识中的某个因素出现。首要的和根本的意识行为是"感知"，即建立在感觉材料基础上的"知"。这个"知"是依据"感觉材料"的"知"，因而叫作"感知"，即"倚感而知"或"随感而知"。唯识学家将这个意义上的"知"称作第六识：意识。伴随五识升起的意识叫作"五俱意识"。这就是西方哲学和心理学所说的"感知"。[①]因此，唯识学的"第六意识"的一个主要含义是感知中的意向活动，它通过对感觉材料的统摄和激活而使得一个对象或客体得以可能，使它成为意识的一个相关项。在此意义上，"感知"，即"五识"与"第六识"的合谋，构成了最典型的一种客体化行为。

　　其次，笔者偏重"感知"而非"知觉"的中译名的另一个原因在

---

　　①　除此之外，剩下的就是各种不同类型的"不俱意识"，即不伴随五识、而是独立升起的第六"意识"。对此可以参见《佛教辞典》中的"意识"条目："唯识宗又将意识分为五俱意识与不俱意识两种。（一）五俱意识，与前五识并生，明了所缘之境，故又称明了意识。复可分为：（1）五同缘意识，系与前五识俱起，且缘同一对境之意识。（2）不同缘意识，虽与前五识俱起，然缘其他之异境。（二）不俱意识，不与前五识俱起，而系单独发生作用之意识。亦分二种：（1）五后意识，虽不与前五识俱起并生，然亦不相离而续起。（2）独头意识，有定中、独散、梦中等三种之别。1.定中意识，又称定中独头意识。系与色界、无色界等一切定心俱起之意识，乃禅定中发生之意识活动。2.独散意识，又称散位独头意识。系指脱离前五识而单独现起，追忆过去、预卜未来，或加以种种想象、思虑等计度分别之意识。3.梦中意识，又称梦中独头意识。乃于睡梦中朦胧现起之意识作用。"（宽忍主编：《佛学辞典》，北京：中国国际广播出版社，1993 年，第 1315 页）

于技术的层面："知觉"只是名词，而不是动名词，因而无法作被动态使用，例如不能说"被知觉"。贝克莱所说的"Esse est percipi"只能译作"存在就是被感知"而不能译作"存在就是被知觉"。

当然，"感知"与"知觉"之间没有明显的优劣之分，这与"同感"和"移情"的译名抉择情况略有不同。

从总体上看，"感知"的中译名的长处在于它与"认知"、"觉知"、"良知"、"证知"、"理知"等相对应，形成一个认识论、伦理学方面的术语群。

而"知觉"的中译名也有它的长处：它可以与"感觉"、"幻觉"、"错觉"等一并使用，形成一个心理学、生理学方面的术语群。

四、"直观"（Anschauung）与
"直觉"（Intuition）

这里要讨论的德文概念"直观"（Anschauung）和"直觉"（Intuition）的含义和中文对应翻译，十分类似于前面已经讨论过的"感知"（Wahrnehmung）和"知觉"（Perzeption）的情况。从它们的构词情况来看，原生的德文词"Anschauung"是动名词，而源自拉丁文的"Intuition"则主要以名词形式出现。[①]这个差异不算大，但也不算小，

---

① 按照《哲学概念历史辞典》的说法，"Anschauung"作为哲学概念在柏拉图那里就以"观看"（εἶδος）或"旁观"（θεωρία）的形式出现（后来在胡塞尔哲学中，前者代表"观念"和"本质"，后者则代表"理论"和"静观"）。而"Intuition"则最初来源于希腊文"ἐπιβολή"，是伊壁鸠鲁哲学的概念，意指对认识对象整体的突然把握（ἀθρόα ἐπιβολή），有别于"局部认识"（κατὰ μέρος）。参见 *Historisches Wörterbuch der Philosophie*, Basel: Schwabe Verlag, 1971—2007, Bd. 1, S. 340, Bd. 4, S. 524。

我们这里先置而不论。不过即使我们在这里用后者的动词 "intuit" 来代替名词"intuition"，"Anschauung"与"Intuition"的意思也各不相同，前者的基本词义是直接看到，后者的基本词义是直接进入。

　　而在日常的使用中，德文与中文的"直观"（Anschauung）与"直觉"（Intuition）也都带有含义上的明显差异。尽管它们的含义范围有彼此重合的地方，胡塞尔也会因此将它们当作同义词使用，但需要注意的是：在许多情况下它们都不能被互换使用。对于德国人和中国人来说，这两个概念的差异乃至对立都是可以理解的。例如我们说："虽然没有任何迹象表露出来，但我们的直觉告诉我们危险就在附近。"与此类似，我们常常也谈及"女性的直觉"、"盲人的直觉"，以及如此等等。

　　丹尼尔·丹尼特所阐释的所谓"直觉泵"[①]，指的是汲取直觉的工具，而非汲取直观的工具。胡塞尔所说的"一切原则的原则：每个原本给予的直观都是认识的合法源泉"，同样不能理解为"直觉是一切原则的原则"。[②]

　　这是一个基本的事实：在许多情况下，**我们直觉到的东西恰恰是我们没有直观到的**；而且这一点反过来也成立：**我们能够直观到的东西恰恰是我们不需要去直觉的。**

　　我们或许还可以借着丹尼特和胡塞尔的语言说：直觉可以是思

---

　　① 参见 Daniel C. Dennett, *Intuition Pumps and Other Tools for Thinking*, London: Penguin Books Ltd., 2014。——中译本参见丹尼尔·丹尼特：《直觉泵和其他思考工具》，冯文婧等译，杭州：浙江教育出版社，2018 年。

　　② 参见 Hua III/1, S. 51, 原文为："Am Prinzip aller Prinzipien: daß jede originär gebende Anschauung eine Rechtsquelle der Erkenntnis sei." 接下来胡塞尔还在"原本直观"的意义上使用了 "Intuition" 的概念，但特意加上了引号。

想的源泉，直观应当是认识的源泉。

值得注意的是，在英文与法文中并没有这个语词区别，因为在这两种文字中通常是用同一个拉丁词"intuition"来表达"直觉"和"直观"这两个含义。具体说来，英文、法文中的"intuition"既可以表示非感性的直觉，例如柏格森的"创造的直觉"，也可以表示感性的直观，例如康德的"经验的直观"。因此，"直觉"和"直观"所具有的这两个含义在中文、德文中找到了两个不同的对应语词："直觉/Intuition"和"直观/Anschauung"，而在英文、法文中，这两个含义则只能通过同一个词来表达，于是它们便构成了"intuition"同一个语词的两极含义。这里的含义差异和对立与在其他哲学概念中（例如"ethos"、"logos"、"道"、"心"、"性"等）包含的歧义与矛盾一样，会因为那些与这些语词一同给出的语境而得到或多或少的分辨和理解。

但在将这些含有歧义的概念翻译成外文时，尤其是在那些有相对语词分别的语言中，例如在德文和中文中，译者就需要根据在语境中一同被给予的相关含义来选择相关的语词，例如在柏格森、罗素那里需要用"直觉"，在康德那里需要用"直观"，如此等等。

但目前我们的翻译现状却并非如此。例如康德的"智性直观"译成英文便成了"intellectual intuition"，而后再通过牟宗三的中译而成为"智的直觉"，且流传甚广。胡塞尔的"本质直观"在被用于数学思想史时也被称作"直觉主义"。而当我们看到西田几多郎那里的"宗教直觉"和"艺术直觉"时，我们很难将它们与康德的"智性直观"联系在一起。

我们还可以看胡塞尔的加拿大籍学生贝尔在 1922 年末致胡塞

尔信中的一段话："'本质认识'不仅仅是诉诸一个神秘'直觉'之气质的不可控的格言，这个观念在英国还是新的。这意味着，逻辑**直觉**通过罗素而获得认可。但作为一般哲学中的原则，人们在这里尚未看到支点何在。柏格森在最难以理解的结论上诉诸直觉。是的！一旦将智性直觉用于'含有实事的'（sachhaltig）问题，那么为什么任何一个唯灵论者和耽于幻想的人就不可以随意引述一个'直觉'的明见性呢？**因此，真实的和真实可用的本质认识之明见性的地位、作用、界限：**这是一个应当受到重视的论题。"（Hua Brief. III, 37）

很可能因为其母语是英语，因此贝尔对"intuition"一词用得比较顺手。他在这里不仅始终使用"直觉"一词来讨论胡塞尔的"本质认识"的方式，而且同时也将柏格森的"创造性直觉"、罗素的"逻辑直觉"和康德的"智性直观"概念都统一在"直觉"的名义下。而这里涉及的大都是上面所说的"直觉"的一个含义极，即：既非借助感性直观、亦非借助逻辑推理的直接觉知。因而胡塞尔的"本质直观"也因此而沾染上了过多的神秘气氛。

接下来当然可以进一步讨论这样的问题：胡塞尔的"本质直观"与柏格森的"创造性直觉"以及罗素的"逻辑直觉"是一回事吗？或者也可以讨论这样的问题：胡塞尔的"本质直观"就是康德所否定的"智性直观"吗？——我们会在对作为意识体验的"直觉"行为分析中，以及在对作为意识哲学方法的"本质直观"的方法讨论中分别处理这些问题。

而在这里我们仅仅满足于对"直观"和"直觉"两个概念的语词含义与中译问题的关注与说明。

五、"表象"（Vorstellung）与
"表征"（representation）

　　"表象"（Vorstellung）是从德国古典哲学翻译中产生的一个现代中文哲学概念，而"表征"（representation）则是从英美当代哲学翻译中产生的一个现代中文哲学概念。

　　"Vorstellung"（表象）与前面所说的"直观"（Anschauung）和"感知"（Wahrnehmung）一样，是一个典型的德语词，也就是说，它既非来自拉丁语，也非来自希腊语。也正因为此，在它与英语、法语中的相应概念之间会产生隔阂。最简单的例子是叔本华的《作为意志与表象的世界》（*Welt als Wille und Vorstellung*）被译成英文时叫作："The World as Will and Representation"[①]。如果我们一开始从英文而非从德文翻译这部书，那么该书现在大半会被叫作《作为意志与表征的世界》。

　　但与"representation"一词对应的概念是"presentation"。如果后者主要意味着"体现"或"呈现"，那么前者更多是指"再现"或"代现"，即以某种方式将原先当下在场的东西再造出来。这个原先当下在场的东西（presence）可以是曾被体现的人或事物，也可以是曾被体现的图像或符号等。就此而论，英文的"representation"和相应的中译文"表征"涵盖面比较大，不仅包含了表象的意思，

---

　　① 参见 Arthur Schopenhauer, *The World as Will and Representation*, 2 volumes, translated from the German by E. F. J. Payne, New York: Dover Publications, 1966。

也包含了象征的意思；或者说，英文"representation"的所指可以
是具体形象的东西，也可以是概念抽象的东西。

　　事实上，"representation"的意义比较清楚，它的对应德文是
"Repräsentation"。含义比较模糊的是"Vorstellung"，它的日常意
思就是"摆到"（stellen）"面前"（vor）。胡塞尔在《逻辑研究》第二
研究的第十五节中就已经指出："人们没有看到，这个错误主要是
产生于'idea'（观念）这个词——同样还有'Vorstellung'（表象或
观念）这个德文词——的含糊多义性之中，而且对于一个概念来说
是荒谬的东西，对于另一个概念则能够是可能的和合理的。"（Hua
XIX/1, A 142/B₁ 143）而后他在第五研究中列出了"表象"概念的四
个基本的、传统的含义以及其他九个进一步的含义（Hua XIX/1, A
471ff./B₁ 499ff.）。它的意思是如此宽泛不定，以至于胡塞尔自己在
许多地方都将"表象"与"意识"互换使用，例如概念表象、时间表象、
图像表象、想象表象、符号表象、思维表象等等。

　　但无论如何，最基本意义上的表象还是与"摆到"（stellen）"面
前"（vor）的基本含义有关。即便上述十分抽象的东西，如时间、概
念、思维等，在与表象结合后也具有了建基于直观基础上的含义。
在胡塞尔这里，"表象"的最主要含义还是在于，这是一种对象性
的意识行为，是客体化行为的基础部分；它与判断一起，构成客体
化行为的总体。其他的非客体化意识行为，如情感行为、意欲行为
等，都建基于客体化行为之上。

　　现在可以看出，当我们用英文的"representation"或与之相应
的中文"表征"来翻译"Vorstellung"时，我们已经迈出了偏离"表象"
含义的一步。

但似乎没有办法避免这种偏离。我们可以允许自己再次夸张地强调思想语言的不可译性，即便这样做最终还是无济于事。或者我们可以指出用"Repräsentation"来翻译"representation"不会成为问题。但这两者实际上都不是英文或德文的翻译，而本身仍然是拉丁文。

不过，这个情况实际上并不适用源自希腊文的"idea"。即使英文和德文中都保留了这个词的原形"idea"或"Idee"，但两个词即使不是翻译也都已经各自染上了英文和德文的特定含义色彩，并且与希腊原文"ιδέα"的原义都有或多或少的偏离。这个状况可以说是已经路人皆知。这里之所以还要老生再谈，主要是因为一方面它与我们这里讨论表象和表征掺和在一起。不仅在前引胡塞尔的《逻辑研究》引文中已经提到了这个"idea"的语词，而且在上述叔本华代表作的最早英译本上也已经可以发现，"idea"被用来翻译叔本华的"表象"一词。① 当然，不仅是在英译本中，而且在英文著作的德译本中也可以发现用"Vorstellung"来翻译"idea"的案例，例如在特奥多尔·利普斯翻译的休谟《人性论》中，休谟那里的"印象"（impression）与"观念"（idea）的对立，被利普斯翻译为"Empfindung"与"Vorstellung"的对立。②

---

① 参见 Arthur Schopenhauer, *The World as Will and Idea*, 3 volumes, translated from the German by R. B. Haldane and J. Kemp, London: Kegan Paul, Trench, Trübner & Co., 1909。

② David Hume, *Traktat über die menschliche Natur, ein Versuch die Methode der Erfahrung in die Geisteswissenschaft einzuführen* (*Treatise on Human Nature. An Attempt to Introduce the Experimental Method of Reasoning Into Moral Subjects*), übersetzt von Theodor Lipps, Hamburg: Felix Meiner Verlag, 2013.

　　事实上,这个用"idea"和"representation"来翻译"Vorstellung"的现象从另一个方面说明,在英文的"idea"和"representation"之间有紧密的联系,而这个联系更多涉及"概念"、"语言"、"符号"方面的含义,即与"印象"、"感觉"、"直观"正相对立的含义。

　　当代英美的认知科学主要是在"心理表征"的意义上使用"representation"。这个意义同样负载了较多的概念语言的色彩,而用它来表述"表象",那么后者本身中含有的"直观"成分会丧失许多。

　　这里想要表达的意思仅仅在于:如果我们从一个英译本出发来翻译一部德文原著,那么在遇到"表象"以及许多类似概念时特别要留意,不要因为有双重的语言转渡和意义转换而做出双重的"背叛"。[①]这个提醒应当适用于所有不是直接的、而是双重的甚至三重的思想翻译及其意义转换。

六、"无意识"(Unbewußtsein)与 "未被意识之物"(Unbewußtes)

　　与中文的"无意识"相对应的德文形容词是"unbewußt",而与它们相应的德文名词则有两个:一个是"Unbewußtsein",另一个是"Unbewußtes"。在哲学中最初提出"无意识哲学"的爱德华·封·哈特曼使用的是后者;"无意识心理学"创始人西格蒙德·弗洛伊德所使用的大都也是后者,偶尔会在特定的意义上谈及

----

　　① 这里是指翻译理论中的一个著名说法:"翻译即背叛"(traduttore traditore)。

前者，主要是在后期的《自我与艾斯》中（SFGW XIII, 244, 247）。而无意识现象学的代表人物埃德蒙德·胡塞尔则大都使用前者，偶尔也使用后者。

需要注意：这两个语词在胡塞尔那里可以说是被刻意区分开来的。简单地说："Unbewußtsein"是意向活动方面的"无"或缺失，"Unbewußtes"则是指意向相关项方面的"无"或缺失。对于胡塞尔来说，它们各自代表着意识的两种"不活动性"（Inaktivität）的模态（Hua XXXIX, 461）：前者是"没有意识（Unbewußtsein）、记忆"，即在意向活动方面的"无意识"，它在这里基本上等同于**没有意向活动被意识到**，例如昏迷、无梦的睡眠、生前、死后等；后者则是"在直观之内的背景"，即意向相关项方面的"无意识"，即**特定的意向相关项没有被意识到**。换言之，前者可以说是在意向活动方面的"没有意识"，例如昏迷、无梦的睡眠、生前、死后等；后者则是指在意向相关项方面"未被意识到的东西"，例如未被意识到的前视域和背景视域：窗台上的花处在我的视域中，但在风吹动它并因此引起我的注意之前，它是未被我意识到的。——这里的术语和分类是胡塞尔的，例子则为笔者本人所举。

胡塞尔在另一处还进一步将后者即"未被意识到的东西"（Unbewußtes）一分为二：其一是"非课题的背景"；其二是"未唤起的共同起作用的东西"（Hua XXXIX, 101）。前者就是我们前面举例所说明的状况，后者则相当于潜隐的机能，例如未唤起的记忆、未唤起的本能，如此等等。

在此意义上，弗洛伊德以及通常所说的"无意识"（Unbewußtes）在胡塞尔那里仅仅是意向相关项意义上的"未被意识到的东西”；真正的"无意识"，即意向活动意义上的"无意识"（Unbewußtsein），在胡塞尔的意义上就是确切意义上的"没有意识"（ohne Bewußtsein, Bewußtlos）。按照《胡塞尔全集》第四十二卷《现象学的边缘问题》编者索瓦的说法："无意识（Unbewußtsein）的意向相关项内容就是胡塞尔意义上的未被意识到的东西（Unbewußtes）；其中尤其包括从思维、评价和意欲的行为领域的现时意识中沉积下来的东西和'积淀下来的东西'，以及习性化了的东西。"①

　　这个真正意义上的"无意识"（Unbewußtsein）是无法用意识现象学或意识心理学来研究的，否则我们就不得不再次面对布伦塔诺就已经指出过的"无意识的意识"的"语词矛盾"。即使我们可以通过生物学和物理学来了解作为**客观对象**的"无意识"，例如脑死亡状态，麻醉和昏迷状态等，就像我们在物理学中讨论黑洞或真空一样，但我们仍然无法用意识现象学和意识心理学来研究作为**主观现象**的无意识。反过来也可以说，根本没有作为主观现象的无意识，因而也就没有所谓"无意识的意识现象学"。②

　　在弗洛伊德那里并未发现类似胡塞尔这种无意识意向分析的分别。弗洛伊德使用的"无意识的"（unbewußt）原则上应当被译作"未被意识到的"，而"Unbewußtes"实际上是指"未被意识到的

---

　　① 参见 Rochus Sowa, „Einleitung", in Hua XLII, S. XXXII.
　　② 《胡塞尔全集》第四十二卷的编者将胡塞尔与无意识分析相关的手稿部分（该卷的第一部分）命名为"无意识现象学"（Phänomenologie des Unbewußtseins），实际上并非胡塞尔的本意。他最多会认可该卷副标题中列出的所谓"无意识分析"（Analyse des Unbewußtseins）。这里给出的对无意识的意向活动方面和意向相关项方面的划分便属于这种**无意识分析**。下面将要谈到的弗洛伊德对三种"无意识"的区分也属于**无意识分析**。在严格的意义上它们都是对无意识的区分与划界。

东西"，即未被意识到的心理活动、心理状态或心理过程。但如今通行的中译名是"无意识"，而且在弗洛伊德这里也方便可行，因而我们在这里也就沿袭用之。如前所述，这个意义上的"无意识"首先被弗洛伊德划分作"前意识的"（vorbewußt, vbw）和"无意识的"（unbewußt, ubw）。

而"Unbewußtsein"意义上的"无意识"在弗洛伊德那里仅仅出现过两三次，在研究文献中往往会被忽略不计。在早期"W. 简森《格拉迪瓦》中的妄想与梦"（1907）的文章中，弗洛伊德曾有过用它来标示特定的"无意识"类型的考虑："对于那些有活动，但却未达到相关个人的意识的心理过程，我们暂时还没有比'无意识'（Unbewußtsein）更好的名称。"（SFGW VII, 74）但在后期的重要论著《自我与艾斯》（1923）中，弗洛伊德在区分出第三种无意识概念即"未被压抑的无意识"概念时，同时认为"'Unbewußtsein'的特征对我们来说正在失去意义"（SFGW XIII, 244f.）。弗洛伊德每次都用这个词的全称，从未用标识"Unbewußtes"的简称"ubw"来标识"Unbewußtsein"。

这里需要对弗洛伊德的三种"无意识"概念做一说明，或者说，对他的三种"未被意识到的东西（Unbewußtes）"概念做一说明。弗洛伊德在后期区分的这个意义上的三种"无意识"：在完成了上述"前意识"和"无意识"的划分之后，他还进一步将"无意识"再一分为二，因被压抑而形成的无意识（例如乱伦愿望）和未被压抑便形成的无意识（例如大多数记忆）："我们认识到：无意识的并不等同于被压抑的；所有被压抑的都是无意识的，这一点仍然是正确的；然而并非所有无意识的也都是被压抑的。"（SFGW XIII, 244）通过这种划分,弗洛伊德实际上承认了无意识不仅仅是心理病理学的研究课题,而且也是普通心理学(例如记忆心理学、联想心理学)的研究课题。

在英文的"无意识"(unconscious)概念中没有这方面的明确区分。弗洛伊德的两个"无意识"概念被翻译为"unconscious"和"being unconscious"[①]。这导致对应的中文翻译的误解,"being unconscious"会被理解为和翻译为"处于无意识中"[②]。

而在新近译自德文本的中译本中,译者并未注意到"Unbewußtes"和"Unbewußtsein"之间的这个分别,从而将它们都译作"潜意识"[③]。

与此相关的还有"前意识"的概念。它在弗洛伊德和舍勒那里都是以"Vorbewußtes"(Scheler, BSB Ana 315, CB. IV. 40)的形式出现,而在胡塞尔那里则是以"Vorbewußtsein"(Hua LVII, 509)的形式出现。

笔者在此只是要指出"Unbewußtes"与"Unbewußtsein"以及"Vorbewußtes"与"Vorbewußtsein"这两对概念在胡塞尔那里的含义区别,但目前还未能提供对它们的恰当的中译名建议。或许我们可以将它们分别译作"无能意"与"无所意"以及"前能意"与"前所意"? 若如此,"Bewußtes"与"Bewußtsein"是否也应当相应一

---

① Sigmund Freud, *The Ego and the Id*, translated by James Strachey, New York / London: W. W. Norton & Company, 1960, p. 9, p. 11.

② 参见弗洛伊德:《自我与本我》,张唤民等译,上海:上海译文出版社,2011年,第203页。

③ 参见弗洛伊德:《自我与本我》,徐胤译,天津:天津人民出版社,2020年,第153页。

致地译作"所意"与"能意"？当然，这样的刻意区别翻译只是在胡塞尔那里才显得必要，而在弗洛伊德与其他心理学家或现象学家那里很少发现这种术语的区分，因此无涉翻译的根本原则。但这反过来也说明，胡塞尔通过这种特别的概念分别与概念使用，指明了一些唯有他看到而其他人未曾看到的东西。

七、"感受"（Gefühl, fühlen, feeling, feel）、"情绪"（Stimmung）、"感情"（Gemüt）、"心情"（Zustand）、"情感"（sentiment）、"感觉"（Empfindung, sensation）、"情绪"（emotion）及其他

在这里列出的这组语词中有纯粹的德文概念和英文概念，也有德语和英语共用的拉丁词源词。在翻译胡塞尔的《逻辑研究》和《内时间意识现象学》，以及翻译舍勒的《伦理学中的形式主义与质料的价值伦理学》和耿宁的《人生第一等事》等书的过程中，笔者已经一再意识到，人类——无论是欧洲人还是中国人或印度人——用来表达情感的语词要比用来表达认知的概念多出很多。这也是笔者在这节标题中列出的语词概念比其他各节多出很多的原因。

西方哲学中从柏拉图和亚里士多德起就有对心灵生活可能性的三分：知、情、意。关于"知"，笔者在前文的讨论中已经涉及，它也被理解为知识行为、思维活动、智识、表象、感知、对象化或客体化行为，如此等等。这里不再赘述。

这里需要讨论的"情",也有下面列出的种种对应概念。它的种类繁多,难以计数。在儒家文献中通常会提到"恻隐、羞恶、辞让、是非"的"四端"①(《孟子·公孙丑上》),以及"喜怒哀乐爱恶欲"的"七情"(《礼记·礼运》)。而在佛教唯识宗和禅宗的传统中还有更多的情感范畴的列举。尽管如此,它们也仍然远远不能穷尽人们能够体会和讨论的所有情感模态。

现有的中文翻译在对这些情感词的处理上表现出两方面的问题,其一是许多译名不妥当,其二是各种译名不统一。这里的问题或许比在知识词的情况中更复杂,但并不比在意志词的情况中更简单。

我们先来尝试处理几个核心的情感词:

1. sentiment/Gemüt(情感)

在所有现有的,包括作为《亚当·斯密全集》第一卷的新译中文本中,亚当·斯密的"theory of moral sentiments"都被统一译作"道德情操论",而这恰恰代表了一种典型的过度翻译。"情操"概念在汉语中的基本含义是感情与操守,而操守意味着节操的树立与坚守。因而"情操"一词实际上只能被用来指称和表达一些正面的、通过修习获得的道德意境。"情怀"、"情义"、"情分"等也属于这类情感词,它们都属于后天文化的而非先天本然的范畴。

就此而论,斯密所讨论的中性的"moral sentiments",因为在"道

---

① 这里暂且搁置"四端"是否都属于情感活动的问题,至少"是非之心"就被孟子本人视作"智之端",因而更应当属于"知情意"中的"知"的范畴。

德情操"的中译中一方面被赋予了过多的积极意义（类似于中译概念"美德"），另一方面也被添加了过多后天修习的成分。而这两点与斯密的初衷都不相符。

此外，"moral sentiments"中的"moral"是"与道德有关"的意思。这个意义上的"道德情感"的对立面是"非道德的情感"（例如审美的情感），而不是"不道德的情感"或"坏道德情感"。即是说，它们既包含道德的情感等，也包含不道德的情感等。例如，斯密在其书中不仅讨论同情、友好、感激、责任、仁慈、正义感，也讨论自私、不友好、野心、畏惧、悔恨、轻视、怠慢、自我欺骗等等。

这个意义上的"moral sentiments"更应当译作"道德情感"。在这一点上，它们与海德格尔的"基本情绪"（Grundstimmung）倒有一定的相似之处，后者作为"原初现象"或"现身情态"或"生存模式"是"烦"（Sorge）或"畏"（Angst）等，它们同样是原生的、中性的，无法纳入"情操"的范畴。

这里的"情感"或"情绪"，都属于心灵生活的三种可能性"知情意"之一。这个三分按照布伦塔诺的说法，至迟从亚里士多德开始便在西方哲学中存在，并通过希腊文、拉丁文、德文、法文、英文的各种词汇表达流传下来。

无论如何，斯密使用的"sentiment"颇具英文的特色，它彰显了在"感受"与"感觉"之间的内在关联。另一位英语心理学家鲍德温用"sensibility"来表达"知情意"中的"情"[①]，也是基于同一个

---

　　① 参见 James Mark Baldwin, *Elements of Psychology,* New York: Henry Holt and Company, 1893, p. 222。

状况：英文中的"sense"、"sensation"和"sensibility"与中文中的"感觉"和"感受"一样指示着它们对于感官的共同依赖：最简单的感受与感觉几乎是无法分离的，就像"苦"和"痛"。

2. feeling, feel/Gefühl, fühlen（感受）

在德文中，表达"情"的语词相对比较统一。从冯特到利普斯，从舍勒到胡塞尔，许多讨论情感问题的德国心理学家和哲学家都偏重使用"Gefühl"与"fühlen"来表达"情感"意义上的"感受"。

"fühlen"是及物动词，因而多半被用来表达意向情感，即指向对象的情感，如愤怒、喜悦、敬畏、嫉妒、爱、恨等。而另一些非意向的情感则只是没有对象的心情状态，如寂寞、孤独、忧郁、悠闲、无聊等，尽管最终也可能找到它们与某些对象的隐秘的、深层的关联，可以用"**情绪**"或"**心情**"或"心态"等语词来表达，对应的德文是"Emotion"、"Gemüt"、"Zustand"、"Stimmung"、"Laune"等，它们往往是名词或形容词，即使是动词，也是不及物的，例如"zumute sein"。

德文中的"感觉"（empfinden）可以是最简单的"感知"（wahrnehmen），也可以是最简单的"感受"（fühlen）。与此相似，英文中的"感觉"（sensation）可以是最简单的"感知"（perception），也可以是最简单的"感受"（emotion）。

通常英德概念之间有比较对应的互译：如在本文的第三部分中讨论的"感知"与"知觉"的互译。这里同样存在比较常用的"感受"一词的英德互译，即"feeling"与"Gefühl"以及"feel"与"fühlen"的互译。

　　在英德心理词汇上的特定互译情况是否与早期的科学心理学家之间的交流有关？这是一个可以进一步思考和探究的问题。无论如何，像詹姆斯、鲍德温、铁钦纳等当时美国心理学界的领袖人物都与德国的重要心理学家，如冯特、利普斯、施通普夫等人有密切的往来和相互的影响，其中还存在不少师承关系，大都是美国心理学家到德国去学习而非相反。但他们还是各自使用自己的概念来表达"情感"的大类，如鲍德温主要用"feeling"和"sensibility"，詹姆斯则主要使用"emotion"。

3. emotion（情绪）

　　在英文中，拉丁词"emotion"的使用频率显然高于德文。它的一个重要特点在于，它只能作为名词和形容词被使用，因而在它这里往往不存在及物和不及物的分别。目前对"emotion"的中文翻译看起来以"情绪"为主，偶尔也有译作"情感"的。

　　自 20 世纪末开始流行的"情感智能"（emotional intelligence）或"情商"（EQ）概念，可以说是对"知情意"的心灵生活三分模式起到了某种转换性的作用。这个概念是于 1900 年由美国心理学家彼德·萨洛维（Peter Salovey）与约翰·梅耶（John D. Mayer）提出来的。它代表一种控制自我情感能力的指数。

　　"情感智能"中的"情感"是一个形容词，用于定义"智能"具有的一个属性，而不是像以往那样与其相并列，不是像例如原先心理学哲学所说的"理智"与"情感"或"知"与"情"的并行不悖。倒是后来它大都被简称作"情商"，反而恢复了与"智商"的并列关系。不过，1995 年出版了《情感智能：为什么它可以比智商更重

要》①畅销书,并使"情商"概念广为流传的丹尼尔·戈尔曼(Daniel
Goleman)还是坚持:"我认为用'情智'(EI)作为'情感智能'的
简称比用'情商'(EQ)更为准确。"②

　　"情商"概念无法像"智商"概念那样被严格地维持下去的一
个原因似乎在于,关于情商,心理学家们至今尚未提供一个像一百
多年前法国心理学家比奈(Alfred Binet)为智商提供的"智能量表"
那样的"情感量表"。因而在"情商"这里,"情"虽已有之,"商"
则暂付阙如。

八、Wille/will, wollen/willing, volonté：
意志、意欲、意愿

　　与情感词相比,意志词的数量相对较少。在"意志哲学"或"意
志现象学"标签下讨论的相关心灵活动在英文中的名词和动词形式
都是"will",在德文中则分别是名词"Wille"、动词"wollen"和动
名词"Wollung"。它们都作为术语和论题在哲学家们的论著中出现
过,例如,叔本华的《作为意志和表象的世界》,尼采的《权力意志》,

---

　　①　Daniel Goleman, *Emotional Intelligence — Why it can matter more than IQ*, New
Yorck: Bantam Books, 1995. 中译本参见丹尼尔·戈尔曼:《情商:为什么情商比智商更
重要》,杨春晓译,北京:中信出版社,2018 年,第 2 页。——根据后面将要给明的理由,
笔者对这本书的标题做了一定的修改,即改为:《情感智能:为什么它可以比智商更重
要》。

　　②　丹尼尔·戈尔曼:《情感智能:为什么它可以比智商更重要》,第 2 页。

普凡德尔的《意愿现象学》①，施瓦茨的《意欲心理学》② 等。

德文英文中的 "Wille/wollen, will/willing" 至少在三个方面有共同性：首先，它们作为名词具有强弱的两个方面，中文可以按其强烈程度分别译作"意志"、"意欲"、"意愿"等；其次，它们作为动词，在及物的情况下是动词，如"意欲何物"，在不及物的情况下是助动词，如"意欲何为"；最后，它们作为助动词都可以涉及未来，都带有"将会……"的意思。与此相比，法国现象学家利科的重要著作《意志哲学》使用的法文词是作为名词的 "volonté" ③，它与德文英文的 "Wille/will" 用语相比缺少了在动词与助动词两个方向上的意蕴。

尽管西文中 "Wille/will/volonté" 概念的含义已经涵盖了"意志"、"意欲"、"意愿"等方面，但仍然不够宽泛，至少还无法——我们马上就可以看到——与中文的单字词"意"相对应，不过它们本身还是具有一个在双重方向上可以伸展相当远的含义圈：它的含义一方面延展到打算、动机、欲念、愿望、意愿、旨意、意志，甚至期望、期待等之上，这也是在它作为助动词时可以涉及未来的原因。另一方面，它也蕴含了决断、决心、意动、毅力、意志力（volition）

---

① 参见 Alexander Pfänder, *Phänomenologie des Wollens. Eine Psychologische Analyse,* Leipzig: J. A. Barth, 1900。

② 参见 Hermann Schwarz, *Psychologie des Willens. Zur Grundlegung der Ethik*, Leipzig: W. Engelmann, 1900。

③ 参见 Paul Ricoeur, *Philosophie de la volonté I: Le volontaire et l'involontaire*, Paris: Aubier-Montaigne 1949; *Philosophie de la volonté II: Finitude et volonté*, Paris: Aubier-Montaigne, 1960。

等行动意向或行动能力的含义，即心理学上称作克服行动障碍的意志构成过程。

我们已经看到，与西文的意愿词相关的中文大都带有"意"的词干，但中文的"意"的含义显然更宽泛，尤其是它包含了"意思"、"意义"、"意念"、"意向"等构词的可能性，因而使用单字词"意"往往会导致含义不明的状况出现。

以儒家主张的"正心诚意"中的"意"为例，在它之中包含了较多的"意念"、"意向"方面的含义。朱熹和王阳明都赞同"意者，心之所发"的一面，而刘宗周又强调"心之所存"这另一面。它在刘宗周那里被等同于"良知"，而且也被区别于"志"。显然不可能用叔本华和尼采使用的"Wille"，或利科使用的"volonté"来翻译儒家的"意"。甚至在儒家"诚意"意义上的同一个"意"字，耿宁采用的译名也不尽相同：在《大学》原典中译作"Wille"（意志），在朱熹那里译作"Wille"（意愿），在王阳明那里译作"Intention"（意向）或"Absicht"（意图），在王畿那里译作"Meinung"（意见），而在刘宗周那里使用的译名则是"conation"（意能）[1]，如此等等，不一而足。

---

[1]　参见 Iso Kern, *Das Wichtigste im Leben – Wang Yangming (1472—1529) und seine Nachfolger über die „Verwirklichung des ursprünglichen Wissens"*, Basel: Schwabe Verlag, 2010, S. 57, S. 75, S. 86, S. 157; 尤其还可以参见耿宁在第 174—175 页上对"在王阳明的使用术语中存在着一种不准确性"的说明，其中很大部分与"意"的概念有关。——中译本参见耿宁：《人生第一等事：王阳明及其后学论"致良知"》，倪梁康译，北京：商务印书馆，2014 年，原书的页码以中译本边码的方式标明。

九、"本能"（Instinkt）的含义与中译：
"官能"（Sinne）、"机能"（Funktion）、
"权能"（Vermögen）

汉语"本能"一词的对应西语概念通常是"instinct"。它的最主要意思是指天赋的、本有的能力，与汉语中原有的语词"本领"相近。心理学或意识现象学意义上的"本能"与各种心理的"机能"（Funktionen）或意识的"权能"（Vermögen）有关；而生理学意义上的"本能"则通常与感官的"官能"（Sinne）有关，常常被解释为"动物性本能"。告子所说"食色，性也"[①]，指的便是这个本性意义上的"本能"。

但这里还需要对"本能"的多重含义与相关的中译做一个分析和梳理。

心理学或意识现象学所说的"机能"或"权能"可以分为两种：一种是与生俱来的，无须学习就有的，因而可以在确切的意义上被翻译为和命名为"本能"，而且严格的意义上也被称作"第一本能"，例如听音乐的能力。而另一种"本领"则是后天习得的，例如弹钢琴的能力，因而也可以被称作"第二本能"。它们实际上更应当被称作"自然本能"和"文化本能"。

"第二本能"或"文化本能"的说法和翻译固然有不太合适之

---

① 朱熹：《四书章句集注·孟子集注·告子章句上》，北京：中华书局，1983年，第326页。

处：如果它是指原本没有而后来习得的能力，那么它就不能再被称作"本能"，而更应当称作"习能"。但这些不合适多半是由中译造成的，并非包含在这个最初源自拉丁文的"instinguere"概念本身之中，因为这个拉丁词的含义不仅仅是指某种能力，无论是自然的能力还是传习的能力；而且它还含有另一层意思：某种直觉的能力，即不假思索、直接应对的能力。

胡塞尔大都会用两个概念来标示他的意义上的"本能"，首先是"Instinkte"，它来自拉丁语的"instinguere"，意思是驱赶、推动，我们通常会用"本能"来翻译它们；其次是"Triebe"（欲求），它从德文的动词"treiben"而来，基本的含义也是"驱动"或"推动"。[①]

事实上，在"Instinkt"和"Trieb"语词本身中都没有"本"的意思。这是中文翻译加入的解释，用来说明它们都是"本来的"和"原本的"，而非"习得的"。唯当胡塞尔特别强调这一点时，他才会使用"原本能"（Urinstinkt）和"原欲求"（Urtrieb）的概念，或者也使用"原权能"（Urvermögen）（Hua XLII, 102），实际上它们才可以确切地译作"本能"或"本欲"。

与他区分"本能"和"原本能"的做法一样，胡塞尔也谈论两种意义上的"欲求"，一种是"本能的欲求"（instinktive Triebe），可以简称为"本欲"，即"原初存在的"或与生俱来的欲求，也是确切

---

① 还在《逻辑研究》中，胡塞尔就已经谈到这个意义上的"自然本能"和"欲求"。他将它们归于作为非意向、非客体化行为的"欲求和意愿的领域"，"我们常常受一些含糊的要求与渴望的推动，而且被驱赶向一个未被表象的终极目标"。（笔者在现有的《逻辑研究》中译版本中对这段话的翻译均有误。这里改正之。）而这里的"含糊"是指它们"至少在原初时缺乏有意识的目标表象"（Hua XIX/1, A 373/B₁ 395f.）。这也是我们通常所说的"盲目的本能"。

意义上的"原本欲";另一种是"习得的欲求"(erworbene Triebe),即后天形成的欲求(Hua IV, 255, Hua XLII, 83ff.)。原则上可以说,前者属于本性现象学的论题,后者已经属于习性现象学的论题。

尤其需要注意的是,这里所说的各种本来的和习得的"能力"和"欲求",都是意识现象学意义上的"心灵权能"(Seelenvermögen)(Hua XLII, 171),而非生物学意义上的"感官机制"(Sinnesorganismen)。以我们前面讨论过的"同感"(Einfühlung, Empathie)问题为例:发生现象学或人格现象学意义上的"同感"是作为天生的自然能力的"同感",即孟子所说的"良知"、"良能";而静态现象学或结构现象学意义上的"同感"是作为当下意识体验的"同感行为";最后,生物学意义上的"同感"是神经系统中的"镜像神经元"。再以羞愧心为例:发生现象学意义上的"羞愧"是一种与生俱来的、无法习得的能力,结构现象学意义上的"羞愧"是一种自己感受到并可能通过脸红而表现出来的意识活动,生物学意义上的"羞愧"是一种尚未在、但有可能在神经系统中找到的"羞愧神经元"。对于爱、恨、恐惧、喜悦等心理能力和意识活动都可以做这样划分。

需要指出的是,胡塞尔的意识现象学意义上的"本性学说"或"本能学说"(Hua XLII, 114),还是不同于他的同时代人、人智学的创始人斯坦纳(Rudolf Steiner)所说的"感官学说"(Sinneslehre)。后者曾于1909年至1920年的十多年间提出并阐述了他的"十二感官(Sinne)"学说,在传统的眼耳鼻舌身五种感官机制划分之外还列出七种"感官"或"官能":作为"社会官能"的听觉、声觉、思想觉、自我觉;作为"环境官能"的嗅觉、味觉、视觉、温暖觉;作为"身体官能"的触觉、平衡觉、运动觉、生命觉。[①]

　　笔者曾将这些"觉"理解和解释为"本能"[②]，主要是因为德文的"Sinn"一词与英文的"sense"一样，除了表明"意义"之外，还带有"感觉"、"感官"和"官能"这一方面的含义，而这些都是与生俱来的能力。但这个理解现在看来是有问题的，因为"感官机制"不同于"意识权能"，就像"镜像神经元"不同于"同感"能力一样。

　　不过值得注意的是，斯坦纳在其同时期出版的著作《论心灵之谜》中提到"感官意识"（Sinnenbewußtsein）概念。它是由费希特的儿子伊曼努尔·海尔曼·费希特（Immanuel Hermann Fichte）在其关于人类学的著述中使用的。而斯坦纳将自己的人智学视作小费希特的人类学思想的最终发展结果。[③]这个意义上的"感官意识"与唯识学的"五识"十分接近，而明显有别于"五根"，即斯坦纳十二觉中包纳的传统"五觉"。

---

　　①　斯坦纳在许多著述和手稿中阐释过他的"感官学说"或"官能学说"。首先可以参见他发表于 1916 年的讲演集：Rudolf Steiner, Gesamtausgabe Band 169, *Weltwesen und Ichheit – Sieben Vorträge*, Dritter Vortrag, Berlin, 20. Juni 1916, „Die zwölf Sinne des Menschen", RUDOLF STEINER ONLINE ARCHIV, http://anthroposophie.byu. edu, 4. Auflage 2010, S. 45—70. 关于三种官能的划分可以参见：Martin Errenst, „Der Sinnesorganismus des Menschen", S. 2（https://12-sinne.de/docs/Der Sinnesorganismus des Menschen [Errenst 2015].pdf）。

　　②　笔者在 2017 年 5 月 20 日于成都华德福学校所做报告中曾提出将斯坦纳的十二官能理解为十二本能。现在看来这个看法是不成熟的。因为在斯坦纳关于十二感官的讲演中，他曾将它们定义为某种生物机制，是神经的出发点和目的地："神经从十二感官出发，像小树一样向内伸展"（Rudolf Steiner, *Weltwesen und Ichheit*, a.a.O., S. 46）。如果斯坦纳生活在今天，也许他会认为这"十二种感官"都可以用相关的"神经元"来说明，或至少可以在神经系统中找到对应项。

　　③　Rudolf Steiner, *Von Seelenrätseln*, Dornach / Schweiz: Rudolf Steiner Verlag, 5. Auflage, 1983, S. 62f..

　　另一个与此相关的"本能"概念的含义问题出现在关于人类的语言能力的理解方面。例如语言哲学家威廉·洪堡所说的"语觉"（Sprachsinn）并不是我们今天常常谈论的"语感"（Sprachgefühl），但这个词所含有的"-sinn"的词根也不是指我们在斯坦纳那里理解的"感官"或"官能"。洪堡明确将"内语觉"（innerer Sprachsinn）视作语言的两个原则之一，认为它是"与语言的构成和使用相关的全部精神权能"①。

　　这个至关重要的语言学思想经过许多代人的讨论，一直流传并影响到乔姆斯基及其后学平克那里。乔姆斯基在20世纪50年代提出语言是一种与生俱来的生物内部机制，是某种包含在人类天性之中的东西，他用"内语言结构"、"心灵语法"（mental grammar）或"普遍语法"（Universal Grammar）等概念来展开讨论，有效地反驳了盛行的行为主义或习性决定论。在与斯金纳及其习性决定论的论争中，乔姆斯基及其本性决定论无疑占了上风。镜像神经元的发现者里佐拉蒂在近期的访谈中还认为，"毫无疑问，胜利偏向了乔姆斯基一边"。②

　　但这里的本性问题仍然悬而未决。对天性或本性的理解往往

---

　　①　关于"Sprachsinn"的基本含义，可以参见 Rainhard Roscher, *Sprachsinn: Studien zu einem Begriff Wilhelm von Humboldts*, Dissertation zur Erlangung des Grades eines Doktors der Philosophie der Freien Universität Berlin, 1. Dezember 2001, "Einleitung-10"。——原则上我们只是在特定的语境中，主要是在胡塞尔意识现象学那里才将"Vermögung"和"Vermöglichkeit"等德文概念译作"权能"和"权能性"。但因为洪堡所说的是"geistiges Vermögen"，与胡塞尔通常理解"意识权能"十分接近，因而译作"权能"并不会显得突兀。

　　②　参见贾科莫·里佐拉蒂、安东尼奥·尼奥利：《我看见的你就是我自己》，孙阳雨译，北京：北京联合出版公司，2018年，第45页。

取决于我们的立场是生物学的，还是心理学的，或者是现象学的。

乔姆斯基的立场最终是偏向生物学的。他似乎在期待最终可以通过"语法基因"的发现和研究来把握"普遍语法"的问题。尽管施太格缪勒认为有一天分子生物学或许能够达到一个能够证明乔姆斯基设想的水平，[①] 但乔姆斯基的许多追随者似乎也不同意他把语法与基因联系在一起的观点。在平克《语言本能》一书中，他实际上是用"语言本能"的概念来提出对乔姆斯基的反驳并与他分道扬镳。因而他为该书设定的"最佳起点"是这样的问题："为什么有人会认为语言是人类生物的一部分？ 为什么语言是一个本能?"[②] 在这里可以看到在本性决定论自己内部的两种观点的对立。

也许乔姆斯基不会反对平克的说法："语言与直立的姿势一样，不是文化的发明"，但他仍会反对平克的"语言本能"的定义，而宁可将语言能力建基于生物机制上。平克在书中曾列出一批认知心理学家对语言的理解："一种心理能力"（psychological faculty）、"一个心灵器官"（mental organ）、"一个神经系统"（neural system），以及"一个计算模块"（computational module）[③]。

这与我们这里讨论的与"本能"和"本性"有关的术语与含义问题已经相差无几了。我们这里的问题最终可以归结为：在"本能"

---

① 参见施太格缪勒:《当代哲学主流（下卷）》，王炳文等译，北京：商务印书馆，1986年，第36页。

② Steven Pinker, *The Language Instinct — The New Science of Language and Mind*, London: Penguin Books, 1995. p. 18. ——对此语言作为本性和习性问题的讨论还可以参见笔者："在民族心智与文化差异之后：以威廉·洪堡的语言哲学思想为出发点"，载于《江苏社会科学》，2007年第2期。尤其参见第一节"语觉：天赋与习得的问题"。

③ Steven Pinker, *The Language Instinct*, ibid., p. 24.

标题下被理解的人的原本能力中,究竟哪些是属于生物学的"官能"(Sinne)的,还有哪些是属于心理学的"机能"(Funktion)的,以及最后哪些是属于现象学的"权能"(Vermögen)的?

对此我们在这里还是仅仅提出问题。至于对问题的回答,我们会在关于本性与习性及其相互关系问题的专门讨论中尝试给出。①

十、"自我"(Ich)与"自己"(Selbst)以及 "单子"(Monade)与"人格"(Person)

与对物理世界或自然世界的统一标示不同,对心理世界或精神世界的标示往往呈现出各自为政的,乃至杂乱无章的迹象。理解和把握在不同的语词概念背后的相同或相近的含义核心或观念核心,这应当是跨文化的和多语言的语言哲学或意义哲学的首要任务。

1. 关于"自我"或"自身"或"自己",在各种语言和各种文化中都有林林总总的表达方式。不过,在讨论"Ich"与"selbst"之前,这里先要对拉丁文的"ego"概念做一个说明。它与近现代西方哲学的关系最为密切。而之所以如此,首先是因为笛卡尔用它来表达"我思"(cogito)中隐含的个体主体,或者说,第一人称单数。

胡塞尔对笛卡尔的超越论传统有自觉和不自觉的继承,他所使用的"ego"与笛卡尔有关,但也有其特定的含义:它是指自我(Ich)

------

① 参见笔者的未刊稿:《人格现象学研究的一条进路:追踪发生的脉络》。这里的文字本来就是其中专门讨论"本性"和"本能"术语及其中译问题的部分。

连同其全部体验流。胡塞尔《笛卡尔式沉思》的第一沉思的标题就是"通向超越论本我道路"（Der Weg zum transzentalen ego）（Hua I, 48ff.）。他还用第四沉思的第 30 节来强调："超越论本我与其种种体验不可分"（Hua I, 99f.）。笔者将胡塞尔意义上的"ego"译作"本我"，并将与之相关的"Egologie"译作"本我论"。

同样处在笛卡尔传统影响下的弗洛伊德那里也有"本我"的中译名。但这与其说是一个翻译，不如说是一个解释，而且这个解释不一定符合弗洛伊德本人的原意。他使用的相关德文是"Es"，即无人称代词"它"（es）的大写。[①]这个中性代词之所以刻意地被大写，是为了表明"它"不是一个代词，而是一个名词。我们用"它"来翻译"Es"，仍然会有因此而产生含义不叠合的问题，除非我们每次用"它"时都加上引号。

较之于相关中文翻译有更多选择的是英文翻译：英译实际上对弗洛伊德的心灵生活的三重构造做了拉丁化处理：用"Id"来翻译"Es"，又用拉丁词"Ego"来翻译"Ich"，再用"Super-Ego"来翻译"Über-Ich"[②]，"艾斯"（Es）、"自我"（Ich）与"超我"（Über-Ich）也不失为一种行之有效的策略，而且显然得到过弗洛伊德本人的认可。

弗洛伊德所说的"Es"与胡塞尔使用的"前自我"（Vor-Ich）基

---

① 这个概念取自与《自我与艾斯》同年出版的格罗代克书信集：Georg Groddeck, *Das Buch vom Es. Psychoanalytische Briefe an eine Freundin*, Leipzig/Wien/Zürich: Internationaler Psychoanalytischer Verlag, 1923。

② Sigmund Freud, *The Ego and the Id*, translated by Joan Riviere, revised and edited by James Strachey, New York · London: W.W. Norton & Company, 1989.

本一致。但用"Vor-Ich"来翻译弗洛伊德的"Es"也不合适，因为这个译法仍然是解释和命名而非翻译。

目前笔者尚未想到更好的中译名。或许"艾斯"或"伊德"的音译可以像唯识学中"阿赖耶"（Ālaya）和"末那"（Manas）的音译一样成为不错的选择，至少可作权宜之计。

"阿赖耶"和"末那"的音译提供了中译名的虽然很难说是最早的，但却是最成功的先例。前者的含义是"种子"或"藏"，后者的含义是"思量"或"意"。由于专有名词的音译不会遇到动词音译无法避免的窘困，因而可以成为现代汉语中少数几个仅存的中译名成果。

值得注意的是，这两个音译名称都与个体心灵生活的发生阶段有关，并且被用来标示这两个发生阶段的统一性。

2. 我们这里的主要意向是讨论胡塞尔的两个概念："自我"（ich, das Ich）与"自身"（selbst, das Selbst），后者也可用双字词译作"自己"或用单字词译作"自"等。

英文中的"self"多半被用作名词，而德文中的"selbst"则基本上是代词，类似英文中的"me"。但德文的"selbst"也常常被用作前缀，它在这点上又不同于英文的"me"。这个在"selbst"与"self"之间的语词差异看起来好像是先天地决定了欧陆意识哲学和英美语言哲学的不同路径。

笔者在《自识与反思：近现代西方哲学的基本问题》一书中曾建议将德文的"selbst-"译作"自身"，或者"自己"。"自识"一词因而可以理解为"自身意识"（或"自身认识"），有别于"自我认识"

等。而在作单纯代词时则译作"自己"或"自身"。

这里可以引述笔者在二十年前于《自识与反思》(商务印书馆，2020 年，第 23—24 页)中所做的，如今看来仍然有效的一个插入说明：

> 将"selbst"和"ich"都译作"自我"，这无论如何是不妥的，因为在"selbst"这个概念中并**不一定**包含"自我"的含义，自身意识**也并不一定**就是关于自我的意识，它也可以是指**对意识活动本身之进行的意识**。况且在德文中对应于"自我意识"的概念还有"Ichbewußtsein"。此外，当代的研究已经表明，"自身意识"是对"自我"之确立和把握的前提；后面在讨论笛卡尔"我思故我在"的过程中，我们将会看到，没有自身意识，对自我的反思是不可能的，因而"**自身**意识"在逻辑顺序上要先于"**自我**意识"的形成。当代的一些思想家如海德格尔也曾在自己的特定意义上明确无疑地说："自身性(Selbstheit)绝不与自我性(Ichheit)相等同"(GA 5, 104)。据此，以下在引用相应的中译文时，我将"自我意识"统改作"自身意识"，并且只是在严格的意义上使用"自我意识"(Ichbewußtsein)。当然，说到底，用"自身"来对应"selbst(self, soi)"仍留弊端未尽："身"字常会使人想到"身体"；更好的译法应当是"自己"，然而"自己意识"在汉语中又显得过于生硬，不易被接受。这里只好执两用中，做此权宜之译。相信读者只要不把语法学中"反身动词"的"身"看作"身体"，也就不会对"自身意识"中的"身"做类似的理解。

此后，在已经出版的《心性现象学》(商务印书馆，2021年，第58页，注1)一书中，笔者还对"自身"的译名补充了来自儒家的思想资源：

> 在儒家的"克己"和"修身"的自我修为之要求中实际上已经包含了"自身"、"自己"和"自我"这三个方面的同等词义。

据此笔者在这里也可以接着说：相信读者只要不把儒家的"修身"的"身"看作"身体"，也就不会对"自身意识"中的"身"作类似的理解。

3. 胡塞尔在其研究手稿中也偶尔使用"selbst"的名词形式："das Selbst"。例如在1921年6月的一份研究手稿中，他一开始便感慨地写道："也许我不说'自我'(Ich)而始终说'自己'(Selbst)要更好些。"(Hua XIV, 48)这个感慨与胡塞尔当时正在阅读的莱布尼茨《人类理智新论》有关。胡塞尔接下来引用其中的一段他标为出自莱布尼茨(即书中的德奥斐勒)，实则为莱布尼茨引自洛克(即书中的斐拉莱特)的话：

> 人格(Person)这个词表示一种进行思想的、有智力的存在物，这个存在物有理性的能力和反思的能力，这个存在物能够将自己表象为一个同一的主体，这个主体在不同的时间和不同的地点进行思想，而且是有意识地做所有这一切，以至于它自己构成它的诸行为之基础。当这些感觉和表象足够清晰的

时候，这种意识就总是伴随着我们当下的感觉和表象，而且正因为此，每个人都自为地是那种我们在反思的意义上称作**自己**（soi-méme）的东西。意识能够延伸到过去的行动和思想有多么远，人格的同一性也就能够延伸到多么远，而这个时刻的自己和那个时刻的自己是同一个自己。①

这一段文字所讨论的问题主要是"人格同一性"（personal identity）。洛克（斐拉莱特）的论证结论是："意识构成人格的同一性"（consciousness makes personal identity）。莱布尼茨（德奥斐勒）也认可这个结论："我也是这个意见，认为对自己的意识或知觉证明了一种道德的或人格的同一性。"②

这里提到的"自己"，在洛克那里是"self"，在莱布尼茨那里是"soi-méme"，在费舍尔这里是"das Selbst"。它们都是指在反思中成为主体同一性的东西。而洛克的论证在于，人格或主体之

---

① 这份手稿后来被收入《胡塞尔全集》第十四卷发表，该卷的编者耿宁将其冠名为"作为非被奠基的统一的自己"（DAS SELBST ALS NICHT-FUNDIERTE EINHEIT）（Hua XIV, 48—50）。——该卷的中译本将此标题误译作"作为不稳定的统一的自己"（参见胡塞尔：《共主观性的现象学》，第二卷［1921—1928］，王炳文译，北京：商务印书馆，2018 年，第 67—68、71 页）。这里的引文出自该书中译本的第 67 页（Hua XIV, 48），但有所改动。这段出自《人类理智论》的文字原初是洛克用英文写成，该书的中译本由英文运译自英文；后来莱布尼茨在其《人类理智新论》中将其从英文翻译成法文，该书的中译本由陈修斋译自法文；而最后是胡塞尔在这里引用的费舍尔（Kuno Fischer）的德译本，王炳文将其从德文译成中文。英法德三个文本的内容以及它们的对应中译文并不完全相合。但由于胡塞尔本人是在阅读德文本的过程中形成自己的思考并记录自己的想法，因而我们这里应当也主要立足于这个德文本来理解胡塞尔与此相关的感想。

② 对此可以参见洛克《人类理智论》与莱布尼茨《人类理智新论》的英文原著与中译的第二卷，第二十七节，第 9 段落（Locke, *An Essay Concerning Human Understanding* (1690), Leibniz, *Nouveaux essais sur l'entendement humain*［1704］, II, §27）。

附　　录

所以能够保持同一，首先是因为它的所有意识活动，即这里所说的
"在不同的时间和不同的地点进行思想"①，都是"有意识"（mit dem
Bewußtsein）进行的，或者说，意识活动在进行过程中始终意识到
自身的进行。正因为如此，当主体进行反思时，它会依据这个作为
各个意识行为之基础的意识同一性而将此时的自己与彼时的自己
认定为同一个自己。为此，胡塞尔在接下来的感想中写道，"流动的
诸体验构成体验流的统一"，但他紧接着又说，"但自己（Selbst）的
统一并不在同一个意义上处在这些流动的体验之中"（Hua XIV, 48）。

　　按照胡塞尔的解释，"自我"（Ich）是在直向的意识活动中的功
能中心，所有意向活动从它这里发出，但它本身不具有任何内涵。
它在意识流中始终是同一个，而且始终处在当下的时段。而如果我
们在对它进行反思，反思的意识可以将这个被反思的"自我"称作
"自己"（Selbst）。由于进行反思的意识也是从一个作为功能中心
的自我发出的，因而在反思的"自我"与被反思的"自己"之间存在
一种关系，一种类似米德（George H. Mead）所说的"I"与"Me"的
关系，或萨特（Jean-Paul Sartre）所说的"Je"与"Moi"的关系——
它们都可以被理解为"主我"与"客我"的关系问题。关于这个问题，
笔者在前引拙著《自识与反思》中已经做了展开的说明，这里不再
重复。

----

① 　这里的"主体……进行思想"就是笛卡尔所说的"我思"，即不仅包括思想活
动，也包括情感活动、意欲活动等。文德尔班认为对笛卡尔的"cogito"的最好德译就
是"意识"（W. Windelband, *Lehrbuch der Geschichte der Philosophie*, Tübingen: C. B.
Mohr[Paul Siebeck], 1957, S. 335）。

4. 这里只还需要补充以下四个方面：

其一，胡塞尔这里特别指出这个"自我"与"自己"都可以是抽象的、无内涵的，无论是在直向的还是在反思的意识行为中。就此而论，我们也可以在术语上使用"纯粹自我"（或"纯粹主我"）与"纯粹自己"（或"纯粹客我"）的说法。据此我们也就可以理解胡塞尔的下列说法："莱布尼茨在这点上是有道理的，即自己意识（Selbstbewußtsein）与被界定的体验必然是重合的。从本己体验中的提升与自我中心化必然是共属的。"（Hua XIV, 49）这里所说的"从本己体验中的提升"此后在胡塞尔的同时期手稿中还再次被提到，它指的是自我从体验中脱出而在反思中被对象化的过程："被提升的东西与自我有关，而自我作为极是处在功能中的，而且是自为地在此的。唯有这时才能进行反思。自我只有通过对自我的一个对象性之物（一个自为地被意识的、自为地以某种方式被表象的东西）的反思才能被给予，但而后就始终以可能的方式被给予。"（Hua XIV, 53）这也意味着，直向意识活动中的"自我"是在反思过程中被提升的，它随之而成为"自己"，而反思实际上要以"自我"为前提：没有作为意识活动统一的自我，反思就无从着手。

其二，除了非对象、非课题的"主体自我"与对象化了的、课题化了的"客体自我"之间的区别之外，在"纯粹自我"与"纯粹自己"之间还存在着另一个根本差异：前者"并不实项地处在计划中，并不是在内在时间中'被构造的'"（Hua XIV, 49），而后者则恰恰相反。对"自己"（Selbst）的反思把握也就相对于在内在时间中对"自己"的构造，而且这个"自己"始终是同一个"自己"，只是处在不同的内在时间中。胡塞尔因此写道："如果我将我的童年和我的成年的自己'进行比较',那么我发现我自己,发现自己绝对是数量上的同一个。"(Hua XIV, 50)他将这个"关于一个在晦暗的(赤裸的)单子中的自我与自己的问题"称为"一个动力学的问题"(Hua XIV, 50)。这里的"动力学"应当作动词的时态理解。据此可以说,在直向意识生活中的非对象的"自我"是一个空无内容的当下点,而在反思的意识生活中的对象化了的"自己"是一个空无内容的时间线。它们都意味着意识生活的同一性,而且如前所述,前者构成后者的前提。

其三,就像存在具体的、经验的"自我"一样,也存在具体的、经验的"自己"。前者无非就是带有一个"自我极"的原本的、直向的意识体验,后者是它在反思中的复现:带有一个"自己极"的再造的、反思的意识体验。这两者都可以叫作"本我"(ego)。胡塞尔常常使用的"单子"概念事实上是它的同义词。它是自我或自己连同其丰满的体验内涵。

其四,在完全具体的单子与完全抽象的自我之间还有一个中间阶段:人格。可以按抽象性程度依次区分:纯粹自我、人格自我、单子自我。胡塞尔在手稿中写道:"'自我'是抽象而不确定的。它恰恰从下述情况中抽象出来,即它作为单子自我必然是'人格的'。"(Hua XIV, 48)接下来我们还会另文讨论,"人格"本身较之于"纯粹自我"至少有四个方面的基本内涵:1."个体性"(*Persön*lichkeit)与"人格性"(*Person*alität),2."本性"(Naturalität)与"习性"(Habitualität)。[①]

[①]　对此问题的讨论首先可以参见笔者:《胡塞尔与舍勒:人格现象学的两种可能性》,第二章第 2 节"从狄尔泰到胡塞尔和舍勒的人格问题研究",北京:商务印书馆,2018 年,第 22—27 页。

十一、intellectus：含义与中译

"intellectus" 是少数几个在西方哲学概念史上起到关键作用的拉丁术语。至今它还通过"知识分子"（intellects）表达方式为我们标示出一批不同于大众的特殊人士；而且今天的"人工智能"、"智商"、"智力"等外来词都来自这个拉丁语的词源。即使还会有学者认为它有可能源自对希腊化时期一些哲学家使用概念的翻译，如"νοῦς"（努斯或精神）、"νοερόν"（意识或思想）等，但它作为拉丁文的概念本身已经有了独立的效果史。在这方面，能够与它相比拟的只有为数不多的其他拉丁词，如"道德"（mores）、"人格"（persona）、"本能"（instinguere）等。

在德国观念论中，"intellectus" 并未被当作主要术语使用。或许是因为它的含义过于宽泛，包含了诸如"理智"（Verstand）、"理性"（Vernunft）、"努斯"、"心灵"、"精神"、"思想原则"、"理性意识"等含义 [①]，因而从康德开始，费希特、谢林、黑格尔等都用特定的德文概念来更为细致地指称他们要表达的特定对象。但几乎同时期的德国哲学家叔本华以及后来的尼采还会不时地在"智识主义"（Intellektualismus）的意义上将德语化了的"Intellekt"理解为"智识"。与这个"智识主义"立场相对立的后来不仅有"感觉主义"

[①] 参见 Rudolf Eisler, *Wörterbuch der philosophischen Begriffe*, Bd.1, Berlin, 1904, S. 518。也可以参见 *Historisches Wörterbuch der Philosophie*, Basel: Schwabe, Bd. 4, S. 435。——在钱钟书那里还被理解和翻译为艺术家的"才情"。参见钱钟书：《谈艺录》，北京：中华书局，1993 年，第 314 页。

（Sensualismus），而且还有"意志主义"（Voluntarismus）和"情感主义"（Emotionalismus），但这已是后话了。

这个"智识"意义上的"intellectus"还在康德那里已经开始起作用了。康德本人创造的"智性直观"（intellektuelle Anschauung）和"悟性直观"（intelligible Anschauung）的概念，都与这个意义上的"智性"、"理智"、"知性"、"智识"相关联。"知性"在这里已经成为与"感性"相对立的概念。这里需要指出：并不是康德制作了或指明了这个对立，事实上我们在洛克和莱布尼茨那里已经见证了这个对立的产生；康德只是用"intellectuell"和"sensitiv"这对拉丁词来命名和指称这个对立，从而为我们这里追踪的"知性"概念从近代哲学到现代哲学的过渡提供了中介。他在《纯粹理性批判》的 B 版中还特别指出了他那个较新时代的哲学家们对"感性世界与知性世界"（mundi sensibilis und intelligibilis）这两个表达的使用"完全偏离了古人的意思"。他说明只能用"intellectuell"和"sensitiv"来定义"认识"，而"intelligibel"或"sensibel"则应当用于对"客体"的定义。[①]

自这个时候起，"intellectus"已经作为"知性"或"理智"的同义词被理解和使用，而它的广义"心灵"、"理性"、"精神"等已经日趋明显地被弃而不用。这从康德放弃使用拉丁语词源的"纯粹理性"（intellectus puru）或"理论理性"（intellectus contemplativus）以及"实践理性"（intellectus activus）的做法就已经可以看出端倪。

[①]　参见 I. Kant, *Kritik der reinen Vernunft*, Hamburg: Felix Meiner Verlag, 1998, B 312f.。

当然，这个狭义上的"intellectus"，即在"智识主义"（或"理智主义"）方向上的理解，一直可以追溯到莱布尼茨那里。他的《人类理智新论》主要是针对洛克的《人类理智论》而作。洛克用英文的"understanding"来表达人类的理智或知性，而理智在这里代表了人类心灵的最重要特征。洛克的命题"一切观念都来源于感觉或反思"开启了英国经验论的先河，因为这两种行为都属于后天的经验活动。他认为在能够进行经验活动之前，人的心灵只是一块"白板"而已。后来在莱布尼茨那里这也被称作"白板（tabula rasa）说"。他用自己的"天赋观念论"来反对洛克的"心灵白板说"，并由此开启理智论与经验论的论争。他的"天赋观念论"可以在苏格拉底-柏拉图的灵魂论中找到依据：观念是人的灵魂所固有的，只是需要通过回忆或借助哲学家的精神助产术来为它们接生。

胡塞尔在他写于 1916 年的一份手稿中开篇就列出小标题"助产术"，而后一再提到"知性本身"（intellectus ipse）（Hua XLII, 170）。这里的"intellectus ipse"与莱布尼茨引用的名言有关："知性中的一切，无一不是来源于感觉的，**知性本身**除外"（Nihil est in intellectu quod non fuerit in sensu, excipe: nisi ipse intellectus）①。

这里的"知性本身"（intellectus ipse）在卡尔·沙尔施密特的德译本中被译作"心灵本身"（Seele selbst）和"思维本身"（das

---

①　参见 Gottfried Wilhelm Leibniz, *Neue Abhandlungen über den menschlichen Verstand*, Zweites Buch: Von den Vorstellungen, Kapitel I, § 2。——胡塞尔依据的德译本应当是卡尔·沙尔施密特 1873 年的第一版或 1904 年的第二版：Gottfried Wilhelm Leibniz, *Neue Abhandlungen über den menschlichen Verstand*, übersetzt von Carl Schaarschmidt, Berlin: L. Heimann's Verlag, 1873; zweite Auflage. Leipzig: Dürr, 1904。

Denken selbst)[1]。此后在卡西尔于 1926 年出版的德译本中也被译作"心灵本身"（Seele selbst）[2]，陈修斋的中译本也相应地译作"灵魂本身"[3]。这样的翻译在今天初看来似乎有些问题，因为我们现在已经在"智识主义"的背景下来理解"intellectus"。然而在当时的语境中，由于洛克将人类心灵理解为"一张没有任何字符的白纸"，而莱布尼茨在用拉丁文回应的过程中的确也是用"intellectus"对应洛克的"心灵"（mind, soul），因而德译者和中译者的译名选择是切实妥当的。事实上这也就是洛克和莱布尼茨二人，包括后来的康德所共同理解的"人类理智"（understanding, entendement, Verstand）。[4]

接下来的问题是胡塞尔上述手稿中向自己提出的：如果知性中的一切都是来源于感觉的，唯有知性本身（intellectus ipse）是例外，那么知性本身是什么？胡塞尔的回答是：这个知性本身，意味着纯

---

[1]　参见 Gottfried Wilhelm Leibniz, *Neue Abhandlungen über den menschlichen Verstand*, übersetzt von Carl Schaarschmidt, Zweite Auflage. Leipzig: Dürr, 1904, S. 77.——莱布尼茨引用的这句话，最终可以追溯到亚里士多德那里，对此可以参见亚里士多德的《论灵魂》（*De anima*, Γ 8. Bd. 1, 301 Δ）等著述，而后可以回溯到托马斯·阿奎那对亚里士多德的接受上，对此可以参见托马斯的《论真理》（*De veritate*, q. 2 a. 3 arg. 19）。关于这个问题的讨论还可以参见黑格尔的《哲学科学全书纲要》（*Enzyklopädie 1*, § 8）。——这里要特别感谢我的同事古特兰德（Christopher Gutland）的提示！

[2]　参见 Gottfried Wilhelm Leibniz, *Neue Abhandlungen über den menschlichen Verstand*, übersetzt von Ernst Cassirer, Leipzig: Felix Meiner Verlag, 1926, S. 84。

[3]　参见莱布尼茨：《人类理智新论》，陈修斋译，北京：商务印书馆，1982 年，第 80—82 页。

[4]　这里的情况，与"subiectum"一词在笛卡尔之前主要具有"基质"的含义和在笛卡尔之后主要具有"主体"的含义的情况是一致的。就像我们没有权利将莱布尼茨所说的"intellectus"译作"知性"一样，与此同理，我们同样也不能将笛卡尔著作中出现的"subiectum"译作"主体"。

粹可能性的总和，意味着**天生的先天**（eingeborene a priori），意味
着**原本天赋予心灵的理性与知性的权能**（Vermögen）（Hua XLII,
170）。

　　这里的"权能"，在胡塞尔的意识现象学中首先被理解为意识
的最普遍本质："意向性"。它不是指意识构造出的各种意向相关项
（noemata）或意识客体，而是指构造它们的各种意向活动（noesen）
或意识主体。其次它还不仅与"理性与知性"的权能有关，而且还
与情感、意愿等意识权能有关。由此胡塞尔完全可以再次从头展开
他的通向超越论本质现象学的道路：一条不同于笛卡尔道路和康德
道路的莱布尼茨道路。

主要参考文献

一、胡塞尔原著

Hua I : *Cartesianische Meditationen und Pariser Vorträge*. Den Haag: Martinus Nijhoff, 1973.

Hua II: *Die Idee der Phänomenologie*. Den Haag: Martinus Nijhoff, 1973.
[中译本:胡塞尔:《现象学的观念》,倪梁康译,北京:商务印书馆,2018 年。]

Hua III/1: *Ideen zu einer reinen Phänomenologie und phänomenologischen Philosophie. Erstes Buch: Allgemeine Einführung in die reine Phänomenologie.* Den Haag: Martinus Nijhoff, 1976.

Hua IV: *Ideen zu einer reinen Phänomenologie und phänomenologischen Philosophie. Zweites Buch: Phänomenologische Untersuchungen zur Konstitution.* Den Haag: Martinus Nijhoff, 1952.

Hua V: *Ideen zu einer reinen Phänomenologie und phänomenologischen Philosophie. Drittes Buch: Die Phänomenologie und die Fundamente der Wissenschaften.* Den Haag: Martinus Nijhoff, 1952.

Hua VI: *Die Krisis der Europäischen Wissenschaften und die Transzendentale Phänomenologie*. Den Haag: Martinus Nijhoff, 1954.
[中译本:胡塞尔:《欧洲科学的危机与超越论的现象学》,王炳文译,北京:商务印书馆,2001 年。]

Hua VII: *Erste Philosophie (1923/24). Erster Teil: Kristische Ideengeschichte.* Den Haag: Martinus Nijoff, 1956.

Hua VIII: *Erste Philosophie (1923/24). Zweiter Teil: Theorie der phänomenologischen Reduktion.* Den Haag: Martinus Nijoff, 1956.

Hua IX: *Phänomenologische Psychologie. Vorlesungen Sommersemester 1925.* Den Haag: Martinus Nijhoff, 1968.

Hua X: *Zur Phänomenologie des inneren Zeitbusstseins (1893—1917).* Den Haag: Martinus Nijhoff, 1969.

［中译本：胡塞尔：《内时间意识现象学》，倪梁康译，北京：商务印书馆，2017 年。］

Hua XI: *Analysen zur passiven Synthesis. Aus Vorlesungs- und Forschungs-manuskripten (1918—1926).* Den Haag: Martinus Nijhoff, 1966.

［中译本：胡塞尔：《被动综合分析》，李云飞译，北京：商务印书馆，2018 年。］

Hua XIII: *Zur Phänomenologie der Intersubjektivität. Texte aus dem Nachlass. Erster Teil: 1905—1920.* Den Haag: Martinus Nijhoff, 1973.

Hua XIV: *Zur Phänomenologie der Intersubjektivität. Texte aus dem Nachlass. Zweiter Teil: 1921—1928.* Den Haag: Martinus Nijhoff, 1973.

Hua XV: *Zur Phänomenologie der Intersubjektivität. Texte aus dem Nachlass. Dritter Teil: 1929—1935.* Den Haag: Martinus Nijhoff, 1973.

Hua XVI: *Ding und Raum. Vorlesungen 1907.* Den Haag: Martinus Nijhoff, 1973.

Hua XVII: *Formale und transzendentale Logik. Versuch einer Kritik der logischen Vernunft. Mit ergänzenden Texten.* Den Haag: Martinus Nijhoff, 1974.

Hua XVIII: *Logische Untersuchungen. Band I: Prolegomena zur reinen Logik.* Den Haag: Martinus Nijhoff, 1975.

［中译本：胡塞尔：《逻辑研究（第一卷）：纯粹逻辑学导引》，倪梁康译，北京：商务印书馆，2017 年。］

Hua XIX/1: *Logische Untersuchungen. Band II: Untersuchungen zur Phänomenologie und Theorie der Erkenntnis. I. Teil.* Dordrecht: Kluwer Academic Publishers, 1984.

［中译本：胡塞尔：《逻辑研究（第二卷）：现象学与认识论研究（第一部分）》，倪梁康译，北京：商务印书馆，2017 年。］

Hua XIX/2: *Logische Untersuchungen. Band II: Untersuchungen zur Phänomenologie und Theorie der Erkenntnis. II. Teil.* Dordrecht: Kluwer Academic

Publishers, 1984.

[中译本：胡塞尔：《逻辑研究（第二卷）：现象学与认识论研究（第二部分）》，倪梁康译，北京：商务印书馆，2017 年。]

Hua XX/1: *Logische Untersuchungen. Ergänzungsband. Erster Teil. Entwürfe zur Umarbeitung der VI. Untersuchung und zur Vorrede für die Neuauflage der Logischen Untersuchungen (Sommer 1913).* Dordrecht: Springer, 2002.

Hua XX/2: *Logische Untersuchungen. Ergänzungsband. Zweiter Teil. Texte für die Neufassung der VI. Untersuchung: Zur Phänomenologie des Ausdrucks und der Erkenntnis (1893/94 — 1921).* Dordrecht: Springer, 2005.

Hua XXII: *Aufsätze und Retention (1890—1910).* Den Haag: Martinus Nijhoff, 1979.

[中译本：胡塞尔：《文章与书评（1890—1910）》，高松译，北京：商务印书馆，2018 年。]

Hua XXIII: *Zur Phänomenologie der anschaulichen Vergegenwärtigungen. Texte aus dem Nachlass (1898—1925),* Den Haag: Martinus Nijhoff, 1980.

Hua XXIV: *Einleitung in die Logik und Erkenntnistheorie. Vorlesungen 1906/07,* Dordrecht: Kluwer Academic Publishers, 1984,

Hua XXV: *Aufsätze und Vorträge (1911—1921),* Dordrecht: Kluwer Academic Publishers, 1987.

[中译本：胡塞尔：《文章与讲演（1911—1921 年）》，倪梁康译，北京：商务印书馆，2020 年。]

Hua XXVIII: *Vorlesungen über Ethik und Wertlehre (1908—1914),* Dordrecht: Kluwer Academic Publishers, 1988.

Hua XXIX: *Die Krisis der europäischen Wissenschaften und die transzendentale Phänomenologie. Ergänzungsband. Texte aus dem Nachlass 1934—1937,* Dordrecht: Kluwer Academic Publishers, 1993.

Hua XXX: *Logik und allgemeine Wissenschaftstheorie. Vorlesungen Wintersemester 1917/18. Mit ergänzenden Texten aus der ersten Fassung von 1910/11,* Dordrecht: Kluwer Academic Publishers, 1996.

Hua XXXII: *Natur und Geist. Vorlesungen Sommersemester 1927,* Dordrecht:

Kluwer Academic Publishers, 2001.

Hua XXXIII: *Die Bernauer Manuskripte über das Zeitbewusstsein (1917/18)*, Dordrecht: Kluwer Academic Publishers, 2001.

Hua XXXIV: *Zur phänomenologischen Reduktion. Texte aus dem Nachlass (1926—1935)*, Dordrecht: Kluwer Academic Publishers, 2002.

Hua XXXVI: *Transzendentaler Idealismus. Texte aus dem Nachlass (1908—1921)*, Dordrecht: Kluwer Academic Publishers, 2003.

Hua XXXVII: *Einleitung in die Ethik. Vorlesungen Sommersemester 1920 und 1924*, Dordrecht: Kluwer Academic Publishers, 2004.

Hua XXXVIII: *Wahrnehmung und Aufmerksamkeit. Texte aus dem Nachlass (1893—1912)*, Dordrecht: Kluwer Academic Publishers, 2004.

Hua XXXIX: *Die Lebenswelt. Auslegungen der vorgegebenen Welt und ihrer Konstitution. Texte aus dem Nachlass (1916—1937)*, Dordrecht: Springer, 2008.

Hua XLI: *Zur Lehre vom Wesen und zur Methode der eidetischen Variation. Texte aus dem Nachlass (1891—1935)*, Dordrecht: Springer, 2012.

Hua XLII: *Grenzproblem der Phänomenologie. Analysen des Unbewusstseins und der Instinkte. Metaphysik. Späte Ethik.* New York: Springer, 2014.

Hua Brief.: *Briefwechsel* Band.I-X. Dordrecht: Kluwer Academic Publishers, 1994.

Hua Mat. IV: *Natur und Geist. Vorlesungen Sommersemester 1919*, Dordrecht: Kluwer Academic Publishers, 2002.

Hua Mat. VIII: *Späte Texte über Zeitkonstitution (1929—1934). Die C-Manuskripte.* New York: Springer, 2006.

——:《埃德蒙德·胡塞尔的"私人札记"》, 倪梁康译, 载于《世界哲学》, 2009 年第 1 期。

——:《生活世界现象学》, 倪梁康译, 上海: 上海译文出版社, 2002 年。

二、其他外文文献

Adler, A., *Über den nervösen Charakter – Grundzüge einer vergleichenden Individual-Psychologie und Psychotherapie*, Berlin/Heidelberg: Springer, 1912.

Aguirre, A., *Genetische Phänomenologie und Reduktion – Zur Letztbegründung der Wissenschaft aus der radikalen Skepsis im Denken E. Husserls*, Phaeno-menologica 38, Den Haag: Martinus Nijhoff, 1970.

Antes, P., u.a., *Ethik in nichtchristlichen Kulturen*, Stuttgart: W. Kohlhammer Verlag, 1984.

Ave-Lallemant. U. u. E., „Alexander Pfänders Grundriss der Charakterolo-gie ",in Herbert Spiegelberg und Eberhard Ave-Lallemant (eds.), *Pfänder-Stu-dien*, The Hague: Martinus Nijhoff, 1982.

Baars, B. J., Gage, N. M., *Cognition, Brain, and Consciousness: Introduction to Cognitive Neuroscience, 2nd Edition*, Burlington: Academic Press, 2010.
[中译本: 伯纳德·J. 巴斯、尼科尔·M. 盖奇 (主编):《认知·大脑和意识: 认知神经科学引论》, 王兆新等译, 上海: 上海人民出版社, 2015 年。]

Bain, A., *The Emotions and the Will*, New York: D. Appleton & Company, 1876.

Baldwin, J. M., *Elements of Psychology*, New York: Henry Holt and Company, 1893.

Bauer, J., *Das Gedächtnis des Körpers: Wie Beziehungen und Lebensstile unsere Gene steuern*, Eichborn, 2002.

——, *Warum ich fühle, was Du fühlst: Intuitive Kommunikation und das Ge-heimnis der Spiegelneurone*, Hamburg: Hoffmann und Campe Verlag, 2005.

——, Joachim Bauer, *Schmerzgrenze: Vom Ursprung alltäglicher und globaler Gewalt*, München: Karl Blessing Verlag, 2011.

——, *Selbststeuerung – Die Wiederentdeckung des freien Willens*, München: Karl Blessing Verlag, 2015.

——, *Wie wir werden, wer wir sind: Die Entstehung des menschlichen Selbst durch Resonanz*, München: Karl Blessing Verlag, 2019.

Berger, E., *Beiträge zur Psychologie des Sehens – Ein experimenteller Einblick in das unbewußte Seelenleben*, Berlin/Heidelberg: Springer-Verflag, 1925.

Bernet, R., Kern, I., Marbach, E., *Edmund Husserl. Darstellung seines Denkens*, Hamburg: Felix Meiner, 1989.

——, "Unconscious consciousness in Husserl and Freud" , in *Phenomenology and the Cognitive Sciences*,vol.1, 2002.

Binswanger, L., *Grundformen und Erkenntnis menschlichen Daseins*, Zürich: Niehans, 1942.

——, *Zur phänomenologischen Anthropologie. Ausgewählte Vorträge und Aufsätze*, Band I, Bern: Francke-Verlag, 1961.

Blackmore, S., Troscianko, E. T., *Consciousness: An Introduction*, London: Routledge, 2018.

Bleuler, P. E., *Lehrbuch der Psychiatrie*, Berlin / Heidelberg / New York: Springer, 1972.

Blumenberg, H., *Theorie der Unbegrifflichkeit*, Frankfurt am Main: Suhrkamp, 2007.

Brentano, F., *Psychologie vom empirischen Standpunkt*, Leipzig: Duncker & Humblot, 1874.

——, *Deskriptive Psychologie*, Hamburg: Felix Meiner, 1982.

Bumke, O., „Über die materiellen Grundlagen der Bewußtseinserscheinungen ", in *Psychologische Forschung*, Vol 3, 1923.

Cairns, D., *Conversations with Husserl and Fink*, The Hague: Martinus Nijhoff, 1976.

Cassirer, E., *Philosophie der symbolischen Formen III, Phänomenologie der Erkenntnis*, Darmstadt: Wissenschaftliche Buchgesellschaft, 1982.

Chalmers, D.J., *The Conscious Mind*, New York: Oxford University Press, 1996. ［中译本：查尔默斯：《有意识的心灵：一种基础理论研究》，朱建平译，北京：中国人民大学出版社，2012 年。］

Cornelius, H., *Psychologie als Erfahrungswissenschaft*, Leipzig: B.G. Teubner, 1897.

Damböck C.,〈*Deutscher Empirismus*〉— *Studien* zur *Philosophie im deutschsprachigen Raum* 1830 — 1930, Dordrecht: Springer, 2017.

Dennett, D. C., *Kinds of Minds — Toward an Understanding of Consciousness*, New York: Basic Books, 1997. ［中译本：丹尼尔·丹尼特：《心灵种种：对意识的探索》，罗军译，上海：上

海科学技术出版社, 2010 年。]

——, *Intuition Pumps and Other Tools for Thinking*, London: Penguin Books Ltd., 2014.

［中译本：丹尼尔·丹尼特：《直觉泵和其他思考工具》, 冯文婧等译, 杭州：浙江教育出版社, 2018 年。]

Descartes, *Oeuvres*. Paris: Publiées par Ch. Adam et P. Tannery, 1897—1913.

Diels, H. und Kranz, W. (Hrsg.), *Die Fragmente der Vorsokratiker* Bd. I, Zürich:Weidmann, 1996.

Dilthey, W.:

Gesammelte Schriften I: *Einleitung in die Geisteswissenschaften. Versuch einer Grundlegung für das Studium der Gesellschaft und der Geschichte*, Göttingen: Vandenhoeck & Ruprecht, 1990.

Gesammelte Schriften V: *Abhandlungen zur Grundlegung der Geisteswissenschaften*, Göttingen: Vandenhoeck & Ruprecht, 1990.

Gesammelte Schriften VI: *Die geistie Welt. Einleitung in die Philosophie des Lebens. Zweite Hälfte:Abhandlungen zur Poetik, Ethik und Pädagogik*, Göttingen: Vandenhoeck & Ruprecht, 1994.

Gesammelte Schriften VII: *Der Aufbau der geschichtlichen Welt in den Geisteswissenschaften*, Göttingen: Teubner, 1992.

Gesammelte Schriften, XXI—XXIV: Göttingen: Vandenhoeck & Ruprecht, 1997—2005.

——, „Beiträge zum Studium der Individualität ", in *Sitzungsberichte der Königlich Preußischen Akademie der Wissenschaften zu Berlin*, 1896.

—— u. Paul Yorck, *Briefwechsel zwischen Wilhelm Dilthey und dem Grafen Paul Yorck v. Wartenburg 1877—1897*, Halle: Niemeyer, 1923.

——, *Briefwechsel, Band III: 1896—1905*, Göttingen: Vandenhoeck & Ruprecht, 2018.

Dreyfus, H. L., *What Computers Can't Do: A Critique of Artificial Reason*, New York: Harper, 1972.

——, *What Computers Still Can't Do: A Critique of Artificial Reason*, Cambridge, MA: MIT Press, MA, 1992.

Drummond, "Husserl on the ways to the performance of the reduction", in *Man and World,* vol. 8, 1975.

Dufrenne, M., *Phénoménologie de l'expérience esthétique*, Paris: Presses Universitaires de France, 1953.

Dufourcq, A., *Merleau-Ponty: une ontologie de l'imaginaire*, Dordrecht: Springer, 2012.

Ebbinghaus, H., „Über erklärende und beschreibende Psychologie", in *Zeitschrift für Psychologie und Physiologie der Sinnesorgane*, Nr. 9, 1896.

——, *Grundzüge der Psychologie*, Band I, Leipzig: Veit & Comp, 1905.

——, *Abriss der Psychologie*, Leipzig: Veit & Comp, 1908.

——, *Grundzüge der Psychologie*, Band II, Leipzig: Veit & Comp, 1913.

——, *Urmanuskript „Ueber das Gedächtniß"* 1880, Passau: Passavia Universitätsverlag, 1983.

——, *Über das Gedächtnis: Untersuchungen zur experimentellen Psychologie*, Darmstadt: Wissenschaftliche Buchgesellschaft, 2011.

Ehrenfels, C. v., *Über Fühlen und Wollen. Eine psychologische Studie*, Wien: Kaiserliche Akademie der Wissenschaften, 1887.

——, *System der Werttheorie*, Bd. I, Leipzig: O. Reisland, 1897.

Ehrlich, P. R., *Human Natures: Genes, Cultures, and the Human Prospect*, Washington: Island Press, 2000.

［中译本：埃力克：《人类的天性：基因、文化与人类前景》，李向慈、洪佼宜译，北京：金城出版社，2014 年。］

Ewert, O. „Einfühlung", in *Historisches Wörterbuch der Philosophie*, Basel: Schwabe Verlag, 1971—2007, Bd. 2.

Figal, G., *Martin Heidegger – Phänomenologie der Freiheit*, Tübingen: Mohr Siebeck, 2013.

Franck, G., *Ökonomie der Aufmerksamkeit. Ein Entwurf*, München: Hanser, 1998.

Freud, S.:

Gesammelte Werk VIII: *Werke aus den Jahren 1909—1913*, Frankfurt am Main: S. Fischer Verlag, 1967.

Gesammelte Werk X: *Werke aus den Jahren 1913—1917*, Frankfurt am Main: S. Fischer Verlag, 1967.

Gesammelte Werk XIII: *Werke aus den Jahren 1920—1924*, Frankfurt am Main: S. Fischer Verlag, 1967.

——, *Die Traumdeutung*, Leizig und Wien: Franz Deuticke, 1900.

——, *Massenpsychologie und Ich-Analyse*, Leipzig/Wien/Zürich: Internationaler Psychoanalytischer Verlag G. M. B. H., 1921.

——, *Aus den Anfängen der Psychoanalyse, Briefe an Wilhelm Fließ, Abhandlungen und Notizen aus den Jahren 1887—1902*, Hamburg: Fischer Verlag,1962.

——, *Psychologie des Unbewußten*, Studienausgabe, Bd. III, Frankfurt am Main: S. Fischer Verlag, 1975.

——, *The Ego and the Id*, translated by Joan Riviere, revised and edited by James Strachey, New York/London: W.W. Norton & Company, 1989.

Fuchs, A. H., "Ebbinghaus's Contributions to Psychology after 1885", in *The American Journal of Psychology*, vol. 110, no. 4, 1997.

Gallagher, S. and Zahavi, D., *The Phenomenological Mind*, London: Routledge, 2008.

Gallinger, A., *Zur Grundlegung einer Lehre von der Erinnerung*, Halle a.S.: Niemeyer, 1914.

Galliker, M., *Psychologie der Gefühle und Bedürfnisse – Theorien, Erfahrungen, Kompetenzen*, Stuttgart: W. Kohlhammer, 2009.

Geiger, M., *Beiträge zur Phänomenologie des ästhetischen Genusses*, in *Jahrbuch für Philosophie und phänomenologische Forschungen*, Bd. I, Tübingen: Max Niemeyer Verlag, 1913.

——, „Alexander Pfänders methodische Stellung ", in *Neue Münchener Philosophische Abhandlungen: Alexander Pfänder zu seinem sechzigsten Geburtstag gewidmet von Freunden und Schülern*, Leipzig: Barth 1933.

Goleman, D., *Emotional Intelligence — Why it can matter more than IQ*, New Yorck: Bantam Books, 1995.

［中译本：丹尼尔·戈尔曼：《情商：为什么情商比智商更重要》，杨春晓译，北京：中信出版社，2018年。］

Gruhle, H. W., *Verstehende Psychologie (Erlebnislehre)*, Stuttgart: Georg Thieme Verlag, 1948.

Aron Gurwitsch, „Beitrag zur phänomenologischen Theorie der Wahrnehmung ", in *Zeitschrift für philosophische Forschung*, Band 13, 1959.

Habermas, J., *Erkenntnis und Interesse*, Frankfurt am Main: Suhrkamp, 1991.

Hartmann, E. v., *Philosophie des Unbewußten*, Berlin: Carl Duncker's Verlag, 1869.

——, *Phänomenologie des sittlichen Bewußtseins*, Berlin: Carl Duncker's Verlag, 1879.

Hawking, S., & Mlodinow, L., *The Grand Design*, New York: Bantam Books, 2011.

［中译本：史蒂芬·霍金：《大设计》，吴忠超译，长沙：湖南科学技术出版社，2011年。］

Harari, Y. N., *Sapiens: A Brief History of Humankind*, London: Vintage, 2015.

［中译本：尤瓦尔·赫拉利：《人类简史：从动物到上帝》，林俊宏译，北京：中信出版社，2014年。］

——, *Homo Deus: A Brief History of Tomorrow*, London: Harvill Secker, 2016.

［中译本：尤瓦尔·赫拉利：《未来简史：从智人到智神》，林俊宏译，北京：中信出版社，2017年。］

Heidegger, M.:

GA 2: *Sein und Zeit*, Frankfurt am Main: Verlag Vittorio Klostermann, 1977.

［中译本：海德格尔：《存在与时间》，陈嘉映、王庆节译，北京：商务印书馆，2016年。］

GA 3: *Kant und das Problem der Metaphysik*, Frankfurt am Main: Verlag Vittorio Klostermann, 1991.

GA 5: *Holzwege*, Frankfurt am Main: Verlag Vittorio Klostermann, 1977.

GA 6.1: *Nietzsche. Erster Band*, Frankfurt am Main: Verlag Vittorio Klostermann, 1996.

［中译本：海德格尔：《尼采》上卷，孙周兴译，北京：商务印书馆，2003 年。］

GA 20: *Prolegomena zur Geschichte des Zeitbegriffs*, Frankfurt am Main: Verlag Vittorio Klostermann, 1979.

GA 29/30: *Die Grundbegriffe der Metaphysik. Welt – Endlichkeit – Einsamkeit*, Frankfurt am Main: Verlag Vittorio Klostermann,1983.

GA 59: *Phänomenologie der Anschauung und des Ausdrucks. Theorie der philosophischen Begriffsbildung (Sommersemester 1920)*, Frankfurt am Main: Verlag Vittorio Klostermann, 1993.

GA 65: *Beiträge zur Philosophie. Vom Ereignis (1936 — 1938)*, Frankfurt am Main: Verlag Vittorio Klostermann, 1994.

——, *Der Satz vom Grund*, Pfullingen: Gunther Neske, 1986.

Hegel, G. W. F., *Phänomenologie des Geistes*, Bamberg und Würzburg, 1807.

Held, K., *Lebendige Gegenwart – Die Frage nach der Seinsweise des transzendentalen Ich bei Edmund Husserl, entwickelt am Leitfaden der Zeitproblematik*, Den Haag: Martinus Nijhoff, 1966.

——, „Einleitung ", in E. Husserl, *Phänomenologie der Lebenswelt, Ausgewählte Texte II*, Stuttgart: Reclam, 1986.

［中译本："前言"，载于胡塞尔：《生活世界现象学》，倪梁康译，上海：上海译文出版社，2005 年。］

——, "Husserl's Phenomenology of the Life-World", translated by Lanei Rodemeyer, in D. Welton (ed.), *The New Husserl—A Critical Reader*, Bloomington: Indiana University Press, 2003.

Herbart, J. F., *Psychologie als Wissenschaft: neu gegründet auf Erfahrung, Metaphysik und Mathematik*, Königsberg: Unzer, 1824.

Heymans, G., „Zur Parallelismusfrage ", in *Zeitschrift für Psychologie und Physiologie der Sinnesorgane*, Nr.17, 1898.

Hickok, G., *The Myth of Mirror Neurons. The Real Neuroscience of Communication and Cognition*, New York / London: W. W. Norton & Company, 2014.

［中译本：格雷戈里·希克科：《神秘的镜像神经元》，李婷燕译，杭州：浙江人民出版社，2016 年。］

Hoffmann, H., *Vererbung und Seelenleben – Einführung in die Psychiatrische Konstitutions- und Vererbungslehre*, Berlin: Verlag Von Julius Springer, 1922.

Höfler, A., *Psychische Arbeit*, Hamburg und Leipzig, 1894.

Ingarden, R., *Das literarische Kunstwerk. Eine Untersuchung aus dem Grenzgebiet der Ontologie, Logik und Literaturwissenschaft*, Halle: Niemeyer, 1931.

——, *Untersuchungen zur Ontologie der Kunst: Musikwerk. Bild. Architektur. Film*, Tübingen: Niemeyer, 1962.

James, W., *The Principles of Psychology*, New York: Holt, 1890.

Jaspers, K. *Allgemeine Psychopathologie*, Berlin: Springer, 1973.

Jaynes, J., *The Origin of Consciousness in the Break Down of the Bicameral Mind*, Boston/ New York: Houghton Mifflin Company, 1976.

Jones, E., *Das Leben und Werk von Sigmund Freud*, Bd. I, Bern: Huber, 1960.

Jung, C. G., *Psychologische Typen*, Zürich: Verlag Rascher & Cie, 1921.

——, *Psychologie der Übertragung: Erläutert anhand einer alchemistischen Bilderserie*, Zürich: Rascher, 1946.

［中译本：《移情心理学》，梅圣洁译，北京：世界图书出版公司，2014 年。］

——, *Von den Wurzeln des Bewusstseins. Studien über den Archetypus*, Zürich: Rascher Verlag, 1954.

——, *Psychological Types, Collected Works of C.G. Jung.* vol 6, trans. by H. G. Baynes, Princeton, N.J.: Princeton University Press, 1976.

——, *Psychologische Typen*, Stuttgart: Patmos Verlag, 2018.

Kant, I., *Kritik der reinen Vernunft*, Hamburg: Felix Meiner Verlag, 1998.

Kerckhoven, G. v., Lessing, H., (Hrsg.), *Wilhelm Dilthey: Leben und Werk in Bildern*, Freiburg/München: Verlag Karl Alber, 2008.

Kern, I., „Die drei Wege zur transzendental-phänomenologischen Reduktion in der Philosophie Edmund Husserls ", in *Tijdschrift voor Filosofie,* 24ste Jaarg., Nr. 2, 1962.

——, Iso Kern, *Husserl und Kant. Studie über Husserls Verhältnis zu Kant und zum Neukantianismus*, Den Haag: Nijhoff, 1964.

——, *Das Wichtigste im Leben Wang Yangming (1472—1529) und seine Nachfolger über die „Verwirklichung des ursprünglichen Wissens "*, Basel: Schwabe Verlag, 2010.

Kloecker, M. und Tworuschka, U., *Ethik der Weltreligionen*, Darmstadt: Wissenschaftliche Buchgesellschaft, 2005.

Kortooms, T., "Following Edmund Husserl on one of the paths leading to the transcendental reduction" , in *Husserl Studies,* vol. 10, 1994.

Kries, J. v., *Über die materiellen Grundlagen der Bewußtseinserscheinungen*, Freiburg i.Br.: Lehmann, 1898.

Külpe, O., „Einfluß der Aufmerksamkeit auf Empfindungsintensität ", Bericht über den III. Internationalen Kongreß für Psychologie, 1897.

Lee, Nam-In., *Edmund Husserls Phänomenologie der Instinkte*, Dordrecht usw.: Kluwer Academic Publishers, 1993.

Leibniz, G. W., *Neue Abhandlungen über den menschlichen Verstand*, übersetzt von Carl Schaarschmidt, Leipzig: Dürr, 1904.

——, *Neue Abhandlungen über den menschlichen Verstand*, übersetzt von Ernst Cassirer, Leipzig: Felix Meiner Verlag, 1926.
［中译本：莱布尼茨：《人类理智新论》，陈修斋译，北京：商务印书馆，
. 1982 年。］

Lewin, K., *Vorsatz, Wille und Bedürfnis, Mit Vorbemerkungen über die psychischen Kräfte und Energien und die Struktur der Seele*, Berlin Heidelberg: Springer-Verlag, 1926.

——, „Die Entwicklung der experimentellen Willens- und Affektpsychologie und die Psychotherapie ", in *Archiv für Psychiatrie*, Nr.85, 1928.

Lipps, T., *Grundtatsachen des Seelenlebens*, Bonn: Max Cohen and Sohn Verlag, 1883.

——, „Ästhetische Einfühlung ", in *Zeitschrift für Psychologie und Physiologie der Sinnesorgane*, Bd. 22, 1900.

——, *Vom Fühlen, Wollen und Denken*, Leipzig: J. A. Barth, 1902.

——, *Leitfaden der Psychologie*, Leipzig: Verlag von Wilhelm Engelmann, 1903.

——, *Ästhetik – Psychologie des Schönen und der Kunst*, Bd. I, Zweiter Abschnitt, Hamburg und Leipzig: Verlag von Leopold Voss, 1903.

——, „Einfühlung, innere Nachahmung, und Organempfindungen ", in *Archiv für die gesamte Psychologie*, Nr.1, 1903.

——(Hrsg.), *Psychologische Untersuchungen,* Bd.I, Leipzig: Verlag von Wilhelm Engelmann, 1907.

Locke, J., *An Essay Concerning Human Understanding*, New York: Oxford University Press, 2015.

Lohmar, D., "Mirror Neurons and the Phenomenology of Intersubjectivity", in *Phenomenology and the Cognitive Sciences*, vol.5, 2006.

Ni, Liangkang, *Seinsglaube in der Phänomenologie Edmund Husserls*, Phaenomenologica 153, Dordrecht: Kluwer Academic Publishers, 1999.

—— „‚Appräsentation ‘ — Ein Versuch nach Husserl ", in Cathrin Nielsen, Karel Novotný, Thomas Nenon (Herausgeber), *Kontexte des Leiblichen*, Nordhausen: Traugott Bautz, 2016.

[中译文: 洛马尔: "镜像神经元与主体间性现象学", 陈巍译, 载于《世界哲学》, 2007 年第 6 期。]

——, „Zur Vorgeschichte der transzendentalen Reduktion in den *Logischen Untersuchungen*. Die unbekannte ‚Reduktion auf den reellen Bestand ‘ ", in *Husserl Studies*, vol. 28.

Mahnke, D. „Rezension von Wilhelm Diltheys Gesammelten Schriften, Bd. VII ", in *Deutsche Literaturzeitung*, N.F. IV, Heft 44, 1927.

Maslow, A. H., *Motivation and Personality*, New York: Harper & Row Publishers, 1954.

[中译本: 亚伯拉罕·马斯洛:《动机与人格》, 许金声等译, 北京: 中国人民大学出版社, 2012 年。]

——, "Psychological Data and Value Theory", in A. H. Maslow (ed.), *New Knowledge In Human Values*, New York: Harper & Brothers, 1959.

——, *The Farther Reaches of Human Nature*, New York: Viking Press, 1971.

Melle, U., *Das Wahrnehmungsproblem und seine Verwandlung in phänomenologischer Einstellung. Untersuchungen zu den phänomenologischen Wahrnehmungstheorien von Husserl, Gurwitsch und Merleau-Ponty*, Den Haag u.a.:Martinus Nijhoff, 1983.

——, „Husserls Phänomenologie des Willens ", in *Tijdschrift voor Filosofie*, 54ste Jaarg., Nr. 2, 1992.

——, „‚Studien zur Struktur des Bewusstseins ': Husserls Beitrag zu einer phänomenologischen Psychologie ", in Marta Ubiali/Maren Wehrle (Editors), *Feeling and Value, Willing and Action. Essays in the Context of a Phenomenological Psychology*, Phaenomenologica 216, Switzerland: Springer International Publishing, 2015.

Merleau-Ponty, M., „Compte-rendu de *L'imagination* de J. P. Sartre ", in *Journal de Psychologie Normale et Pathologique*, 33ème année, nos 9 — 10, novembre-décembre 1936.

——, *Phénoménologie de la perception*, Paris: Gallimard, 1945.

［中译本: 梅洛-庞蒂:《知觉现象学》, 杨大春等译, 北京: 商务印书馆, 2022 年。］

——, *Phänomenologie der Wahrnehmung*, übersetzt von Rudolf Boehm, Berlin: W. De Gruyter, 1966.

——, *Le primat de la perception et ses conséquences philosophiques. Précédé de: Projet de travail sur la nature de la perception (1933)*. Paris : Verdier, 1996.

［中译本: 梅洛-庞蒂:《知觉的首要地位及其哲学结论》, 王东亮译, 北京: 生活·读书·新知三联书店, 2002 年。］

——, *Das Primat der Wahrnehmung*, übersetzt von Jürgen Schröder, Frankfurt a.M.: Surkamp, 2003.

——, *L'Œil et l'Esprit*, Paris: Éditions Gallimard, 1964.

——, *Die Struktur des Verhaltens*, übers. und mit einem Vorw. versehen von Bernhard Waldenfels, Berlin: De Gruyter, 1976.

Metzinger, T. (Hg.), *Bewußtsein. Beiträge aus der Gegenwartsphilosophie*, Paderborn: Schöningh, 1996.

Mey, G., Mruck, K. (Hrsg.), *Handbuch Qualitative Forschung in der Psychologie*, Wiesbaden: VS Verlag, 2010.

Mitchell, S. A., and Black, M. J., *Freud and Beyond — A History of Modern Psychoanalytic Thought*, New York: Basic Books, 1995.

Moran, D., "The Ego as Substrate of Habitualities: Edmund Husserl's Phenomenology of the Habitual Self", in *Journal of the British Society for Phenomenology*, vol. 42, No. 1, 2011.

Müller, G. E., und Schumann, F., „Experimentelle Beiträge zur Untersuchung des Gedächtnisses ", in *Zeitschrift für Psychologie und Physiologie der Sinnesorgane*, Nr.6, 1894.

Offner, M., „Alfred Kühtmann: Maine de Biran, *Ein Beitrag zur Geschichte der Metaphysik und Psychologie des Willens*, Bremen: M. Nößler, 1901. 195 S. ", in *Zeitschrift für Psychologie und Physiologie der Sinnesorgane*, Nr.27, 1902. (Literaturbericht)

Peucker, H., „Hat Husserl eine konsistente Theorie des Willens? Das Willensbewusstsein in der statischen und der genetischen Phänomenologie ", in *Husserl Studies*, vol.31, 2015.

Pfänder, A.:

—— „Das Bewußtsein des Wollens ", in *Zeitschrift für Psychologie und Physiologie der Sinnesorgane*, Nr.17, 1898.

——*Phänomenologie des Wollens. Eine psychologische Analyse,* Leipzig: J. A. Barth, 1900.

——, „Grundprobleme der Charakterologie ", in Emil Utitz (Hrsg.), *Jahrbuch der Charakterologie*, Berlin: Pan-Verlag R. Heise, 1924.

——*Phänomenologie des Wollens und »Motive und Motivation«,* Leipzig: J. A. Barth, 1930.

——*Phenomenology of Willing and Motivation*, translated by Herbert Spiegelberg, Evanston, Illinois: Northwestern University Press, 1967.

Pieper, A., *Einführung in die Ethik*, Tübingen: UTB GmbH, 1994.

Pinker, S. *The Language Instinct — The New Science of Language and Mind*, London: Penguin Books, 1995.

Plessner, H., „Bei Husserl in Göttingen ", in *E. Husserl, 1859—1959. Recueil commémoratif publié à l'occasion du centenaire de la naissance du philosophe*, Den Haag: Martinus Nijhoff, 1959.

——, *Schriften zur Philosophie*, GS IX, Frankfurt am Main: Suhrkamp Verlag, 1985.

Ploder, A., *Qualitative Forschung als strenge Wissenschaft?: Zur Rezeption der Phänomenologie Husserls in der Methodenliteratur*, Köln: Herbert von Halem Verlag, 2014.

Pöggeler, O., „Phänomenologie und philosophische Forschung bei Oskar Becker ", in Annemarie Gethmann-Siefert und Jürgen Mittelstraß (Hrsg.), *Die Philosophie und die Wissenschaften. Zum Werk Oskar Beckers*, München: Wilhelm Fink Verlag, 2002.

Pohlenz, M., *Griechische Freiheit, Wesen und Werden eines Lebensideals*, Heidelberg: Quelle & Meyer, 1955.

Rauthmann, J. F., *Grundlagen der Differentiellen und Persönlichkeitspsychologie – Eine Übersicht für Psychologie-Studierende*, Wiesbaden: Springer, 2016.

Reinach, A., *Sämtliche Werke*, Bd. I, München/Hamden/Wien: Philosophia Verlag, 1989.

Rentsch, Th., *Martin Heidegger. Das Sein und der Tod*, München: Piper, 1989.

Petraschek, K. O., *Die Logik des Unbewussten, Eine Auseinandersetzung mit den Prinzipien und Grundbegriffen der Philosophie Eduards von Hartmann*, 2 Bände, Bd. 1. *Logisch-erkenntnistheoretischer und naturphilosophischer Teil*, Bd. 2. *Metaphysisch-religionsphilosophischer Teil*, München: E. Reinhardt, 1926.

Ricoeur, P., *Philosophie de la volonté, tome I. Le volontaire et l'involontaire*, Paris: Aubier-Montaigne, 1949.

——, *Philosophie de la volonté, tome II. Finitude et culpabilité*, Paris: Aubier-Montaigne, 1960.

——, „Phänomenologie des Wollens und Ordinary Language Approach ", in H. Kuhn, E. Avé-Lallemant, R. Gladiator (Hrsg.), *Die Münchener Phänomenologie. Vorträge des Internationalen Kongresses in München 13.—18. April 1971*, Phaenomenologica 65, Den Haag: Martinus Nijhoff, 1975.

Ridley, M., *Nature Via Nurture: Genes, Experience, and What Makes Us Human*, New York: Harper Collins, 2011.

［中译本：马特·里德利:《先天后天: 基因、经验及什么使我们成为人》, 黄菁菁译, 北京: 机械工业出版社, 2015 年。]

Ritter, J., Gründer, K. und Gabriel, G., *Historisches Wörterbuch der Philosophie*, Bd. III, Basel: Schwabe Verlag, 1971—2007.

Rodemeyer, L., "Developments in the Theory of Time-Consciousness", in D. Welton (ed.), *The New Husserl — A Critical Reader*, Indiana University Press: Bloomington, 2003.

Rombach, H., *Strukturontologie – Eine Phänomenologie der Freiheit*, Freiburg: Alber, 1988.

［中译本:海因里希·罗姆巴赫:《结构存在论:一门自由的现象学》, 王俊译, 杭州: 浙江大学出版社, 2015 年。]

Rogers, C. R., *On Becoming a Person — A Therapist's View of Psychotherapy*, Boston: Houghton Mifflin Company, 1995.

［中译本:卡尔·R. 罗吉斯:《个人形成论: 我的心理治疗观》, 杨广学等译, 北京: 中国人民大学出版社, 2004 年。]

Roscher, R., *Sprachsinn: Studien zu einem Begriff Wilhelm von Humboldts*, Dissertation zur Erlangung des Grades eines Doktors der Philosophie der Freien Universität Berlin, 1. Dezember 2001.

Rubin, D. C. (ed.), *Remembering Our Past. Studies in Autobiographical Memory*, New York: Cambridge University Press, 1996.

Ryle, G., *The Concept of Mind*, London: Hutchinson & Company, 1949.

Searle, J. R., *The Rediscovery of the Mind*, Cambridge, MA: MIT Press, 1992.

〔中译本：塞尔：《心灵的再发现》，王巍译，北京：中国人民大学出版社，2005 年。〕

Sepp, H. R., „Bildbewußtsein und Seinsglaube ", in *Recherches husserliennes*, vol. 6, 1996.

Schapp, W., *Beiträge zur Phänomenologie der Wahrnehmung*, Halle: Max Niemeyer Verlag, 1910.

——, *Die neue Wissenschaft vom Recht. Eine phänomenologische Untersuchung*, Bd. 1: *Der Vertrag als Vorgegebenheit. Eine phänomenologische Untersuchung*, Berlin-Grunewald: Dr. Walther Rothschild, 1930.

——, *Auf dem Weg einer Philosophie der Geschichten*, Teilband I, Freiburg / München: Verlag Karl Alber, 2016.

Scheler, M.:

Gesammelte Werke II: *Der Formalismus in der Ethik und die materiale Wertethik*, Bern: Francke-Verlag, 1980.

〔中译本：舍勒：《伦理学中的形式主义与质料的价值伦理学》，倪梁康译，北京：商务印书馆，2019 年。〕

Gesammelte Werke VII: *Wesen und Formen der Sympathie*, Bern: A. Francke AG Verlag, 1973.

Gesammelte Werke X: *Schriften aus dem Nachlaß*, Bd. 1: *Zur Ethik und Erkenntnislehre*, Bern: Francke-Verlag, 1986.

Nachlass: BSB Ana 315, CB. IV. 40.

——, *Zur Phänomenologie und Theorie der Sympathiegefühle und von Liebe und Hass*, Halle a.S.: Max Niemeyer, 1913.

Schwarz, H., *Psychologie des Willens. Zur Grundlegung der Ethik*, Leipzig: W. Engelmann, 1900.

Schuhmann, K. (Hrsg.), *Husserl-Chronik – Denk- und Lebensweg Edmund Husserls*, The Hague: Martinus Nijhoff, 1977.

——, „Husserls doppelter Vorstellungsbegriff: Die Texte von 1893 ", in Karl Schuhmann, *Selected Papers on Phenomenology*, Dordrecht: Kluwer Academic Publishers, 2005.

Simmel, G., „Skizze einer Willenstheorie ", in: *Zeitschrift für Psychologie und Physiologie der Sinnesorgane* Nr.9, 1896.

Sokolowski, R., *The Formation of Husserl's Concept of Constitution,* Phaenomenologica 18, The Hague: Martinus Nijhoff, 1970.

Sommer, M., "Fremderfahrung und Zeitbewusstsein. Zur Phänomenologie der Intersubjektivität", in *Zeitschrift für Philosophische Forschung*, Band 38, 1984.

Stein, E., *Selbstbildnis in Briefen III. Briefe an Roman Ingarden*, Freiburg i.Br.: Herder Verlag, 2005

——, *Zum Problem der Einfühlung. Teil II–IV der unter dem Titel: Das Einfühlungsproblem in seiner historischen Entwicklung und in phänomenologischer Betrachtung vorgelegten Dissertation*, Edith Stein Gesamtausgabe V, Freiburg i.Br.: Verlag Herder, 2010.

[中译本：施泰因：《论移情问题》，张浩军译，上海：华东师范大学出版社，2014 年。]

——, *Aus dem Leben einer jüdischen Familie und weitere autobiographische Beiträge*, Edith Stein Gesamtausgabe (ESGA), Bd. 1, Freiburg i.Br.: Verlag Herder 2010.

Steiner, Rudolf, *Von Seelenrätseln*, Dornach / Schweiz: Rudolf Steiner Verlag, 5. Auflage, 1983.

——, *Geisteswissenschaft als Erkenntnis der Grundimpulse sozialer Gestaltung*, Dornach/Schweiz: Rudolf Steiner Verlag, 1985

——, *Weltwesen und Ichheit*, Dornach: Rudolf Steiner Verlag, 1998.

Stern, W., *Allgemeine Psychologie auf personalistischer Grundlage*, Den Haag: Martinus Nijhoff, 1935.

Stumpf, C., „Aufmerksamkeit und Wille ", in Carl Stumpf, *Tonpsychologie*, 2 Bde., Leipzig, 1883/1890.

Taguchi, Shigeru., *Das Problem des ‚Ur-Ich ' bei Edmund Husserl. Die Frage nach der selbstverständlichen ‚Nähe' des Selbst*, Dordrecht usw.: Kluwer Academic Publishers, 2006.

Tegmark, M., *LIFE 3.0 — Being Human in the Age of Artificial Intelligence*, New York: Alfred A. Knopf, 2017.
［中译本：迈克斯·泰格马克：《生命 3.0：人工智能时代人类的进化与重生》，汪婕舒译，杭州：浙江教育出版社，2018 年。］

Titchener, E. B. *Lectures on the Experimental Psychology of Thought Processes*. New York: Macmillan, 1909.

——, "The past decade in experimental psychology", in *American Journal of Psychology*, vol.21, 1910.

Tugendhat, E., *Philosophische Aufsätze*, Frankfurt a. M.: Suhrkamp, 1992.

Tulving, E., *Elements of Episodic Memory*, New York: Oxford University Press, 1983.

Vischer, R., *Über das optische Formgefühl – Ein Beitrag zur Ästhetik*, Dissertation, Tübingen, 1872; Leipzig: Verlag Herm. Credner, 1873.

Walther, G., *Phänomenologie der Mystik*, Olten und Freiburg im Breisgau: Walter Verlag, 1923.

——, *Ahnen und Schauen unserer germanischen Vorfahren im Lichte der Parapsychologie*, Leipzig: Hummel, 1938

Windelband, W., *Lehrbuch der Geschichte der Philosophie*, Tübingen: Mohr (Siebeck), 1957.

——, „Geschichte und Naturwissenschaft ", in *Rede zum Antritt des Rektorats der Kaiser-Wilhelms-Universität Straßburg*, gehalten am 1. Mai 1894.

Wittgenstein, L., *Trastatus logico-philosophicus*, Werkausgabe Band 1, Frankfurt am Main: Suhrkamp 1984.

——, *Wittgenstein und der Wiener Kreis*, Gespräche, aufgezeichnet von Friedrich Waismann, Frankfurt am Main: Suhrkamp Verlag, 1984.

Wundt, W., *Grundriss der Psychologie*, Leipzig: Wilhelm Engelmann, 1896.

——, *Vorlesungen über die Menschen- und Thierseele*, 2 Bde, 3. umgearb. Aufl., Hamburg, 1897.

——, *Grundzüge der Physiologischen Psychologie*, 1. Bd., Leipzig: Verlag von Wilhelm Engelmann, 1902.

——, „Psychologismus und Logizismus ", in Wilhelm Wundt, *Kleine Schriften*, Bd. 1, Leipzig: Engelmann, 1910.

Yao Zhihua, *The Buddhist Theory of Self-Cognition*, London:Routledge, 2005.

Yorck, P. v., *Bewußtseinsstellung und Geschichte: Ein Fragment aus dem philoso-phischen Nachlass*, Tübingen: M. Niemeyer. 1956.

日中英医学対照用語辞典編集委員会(編):《日中英医学対照用語辞典》,东京：朝倉書店,1994 年。

三、其他中文文献

北京大学哲学系外国哲学史教研室(编译):《古希腊罗马哲学》,北京：商务印书馆,1962 年。

柏格森:《道德与宗教的两个来源》,王作虹等译,贵阳：贵州人民出版社,2000 年。

布洛菲尔德:《西藏佛教密宗》,耿昇译,北京：中国藏学出版社,2005 年。

慈怡(编著):《佛光大辞典》,北京：北京图书馆出版社,2004 年。

陈巍:《神经现象学：整合脑与意识经验的认知科学哲学进路》,北京：中国社会科学出版社,2016 年。

——,何静："镜像神经元、同感与共享的多重交互主体性——加莱塞的现象学神经科学思想及其意义",载于《浙江社会科学》,2017 年第 7 期。

——,"同感等于镜像化吗？——镜像神经元与现象学的理论兼容性及其争议",载于《哲学研究》,2019 年第 6 期。

狄金森:《希腊的生活观》,彭基相译,上海：华东师范大学出版社,2006 年。

笛卡尔:《第一哲学沉思集》,庞景仁译,北京：商务印书馆,1986 年。

丁福保(编):《佛学大辞典》,上海：上海书店出版社,2015 年。

高楠顺次郎:《佛教哲学要义》,蓝吉富译,台北：正文书局,1973 年。

耿宁:《心的现象：耿宁心性现象学研究文集》,北京：商务印书馆,2012 年。

——,《人生第一等事：王阳明及其后学论"致良知"》,倪梁康译,北京：商务印书馆,2014 年

海德格尔:《谢林论人类自由的本质》,薛华译,沈阳：辽宁教育出版社,1999 年。

黑尔德:"胡塞尔与希腊人",倪梁康译,载于《世界哲学》,2002 年第 3 期。

黑格尔:《哲学史讲演录》,贺麟、王太庆译,北京:商务印书馆,1978年。

护法等:《成唯识论》,玄奘译,《大正新修大藏经》第31册。

康德:《未来形而上学导论》,庞景仁译,北京:商务印书馆,1982年。

库朗热:《古代城邦》,谭立铸等译,上海:华东师范大学出版社,2005年。

窥基:《成唯识论述记》,《大正新修大藏经》第43册。

莱恩:《能量、性、死亡:粒线体与我们的生命》,林彦纶译,台北:猫头鹰出版,
　　2013年。

——,《生命的跃升:40亿年演化史上的十大发明》,张博然译,北京:科学出
　　版社,2017年。

利科:“意志现象学的方法与任务(1952)”,刘国英译,载于《面对实事本身:现
　　象学经典文选》,北京:东方出版社,2000年。

里佐拉蒂、尼奥利:《我看见的你就是我自己》,孙阳雨译,北京:北京联合出版
　　公司,2018年。

卢梭:《人类不平等的起源与基础》,李平沤译,北京:商务印书馆,1982年。

吕澂:《吕澂佛学论著选集》第1册,济南:齐鲁书社,1991年。

——,《印度佛学源流略讲》,上海:上海人民出版社,2018年。

罗尔斯:《正义论》,何怀宏等译,北京:中国社会科学出版社,1997年。

门施:“胡塞尔的‘未来’概念”,倪梁康译,载于《中国现象学与哲学评论》第
　　6辑,上海:上海译文出版社,2004年。

弥勒说、无着《瑜伽师地论》,玄奘译,《大正新修大藏经》第30册。

牟宗三:《中国哲学十九讲:中国哲学之简述及其所涵蕴之问题》,台北:台湾
　　学生书局,1983年。

尼布尔:《道德的人与不道德的社会》,蒋庆等译,贵阳:贵州人民出版社,
　　1998年。

倪梁康:《现象学及其效应:胡塞尔与当代德国哲学》,北京:生活·读书·新
　　知三联书店,1994年。

——,《自识与反思》,北京:商务印书馆,2020年。

——,《胡塞尔现象学概念通释(增补版)》,北京:商务印书馆,2016年。

——,《胡塞尔与海德格尔:弗莱堡的相遇与背离》,北京:商务印书馆,2016年。

——,《胡塞尔与舍勒:人格现象学的两种可能性》,北京:商务印书馆,2018年。

——，(编)：《回忆埃德蒙德·胡塞尔》，北京：商务印书馆，2018 年。

——，《意识的向度》，北京：商务印书馆，2019 年。

——，《缘起与实相：唯识现象学十二讲》，北京：商务印书馆，2019 年。

——，"胡塞尔哲学中的原意识与后反思"，载于《哲学研究》，1998 年第 1 期。

——，"超越笛卡尔：试论胡塞尔对意识之'共现'结构的揭示及其潜在作用"，
载于《江苏社会科学》，1998 年第 2 期。

——，"图像意识的现象学"，载于《南京大学学报》(哲学·人文科学·社会科
学版)，2001 年第 1 期。

——，"'反思'及其问题"，载于《中国现象学与哲学评论》第 4 辑《现象学与
社会理论》，上海：上海译文出版社，2001 年。

——，"康德'智性直观'概念的基本含义"，载于《哲学研究》，2001 年第 10 期。

——，"'全球伦理'的基础：儒家文化传统问题与'金规则'"，载于《江苏社
会科学》，2002 年第 1 期。

——，"'智性直观'在东西方思想中的不同命运(上)"，载于《社会科学战线》，
2002 年第 1 期。

——，"'智性直观'在东西方思想中的不同命运(下)"，载于《社会科学战线》，
2002 年第 2 期。

——，"牟宗三与现象学"，载于《哲学研究》，2002 年第 10 期。

——，"聆听'神灵'，还是聆听'上帝'：以苏格拉底与亚伯拉罕案例为文本的
经典解释"，载于《浙江学刊》，2003 年第 3 期。

——，"现象学如何理解符号与含义？(一)"，载于《现代哲学》，2003 年第 3 期。

——，"现象学如何理解符号与含义？(二)"，载于《现代哲学》，2003 年第 4 期。

——，"TRANSZENDENTAL：含义与中译"，载于《南京大学学报》(哲学·人
文科学·社会科学版)，2004 年第 3 期。

——，"海德格尔思想的佛学因缘"，载于《求是学刊》，2004 年第 6 期。

——，"在民族心智与文化差异之后：以威廉·洪堡的语言哲学思想为出发
点"，载于《江苏社会科学》，2007 年第 2 期。

——，"道德本能与道德判断"，载于《哲学研究》，2007 年第 12 期。

——，"历史现象学的基本问题：胡塞尔'几何学的起源'中的历史哲学思想"，
载于《社会科学战线》，2008 年第 9 期。

——，"何为本质，如何直观？——关于现象学观念论的再思考"，载于《学术研究》，2012 年第 9 期。

——，"始创阶段上的心理病理学与现象学：雅斯贝尔斯与胡塞尔的思想关系概论"，载于《江苏行政学院学报》，2014 年第 2 期。

——，"现象学与心理学的绞缠：关于胡塞尔与布伦塔诺的思想关系的回顾与再审"，载于《同济大学学报》（社会科学版），2014 年第 3 期。

——，"哥德尔与胡塞尔：观念直观的共识"，载于《广西大学学报》，2015 年第 4 期。

——，"心目：哥德尔的数学直觉与胡塞尔的观念直观"，载于《学术研究》，2015 年第 5 期。

——，"现象学的数学哲学与现象学的模态逻辑：从胡塞尔与贝克尔的思想关联来看"，载于《学术月刊》，2017 年第 1 期。

——，"意欲现象学的开端与发展：普凡德尔与胡塞尔的共同尝试"，载于《社会科学》，2017 年第 2 期。

——，"现象学美学的起步：胡塞尔与盖格尔的思想关联"，载于《同济大学学报》（社会科学版），2017 年第 3 期。

——，"关于'唯我论难题'、'道德自证分'、'八识四分'的再思考：佛教唯识学、儒家心学、意识现象学比较研究的三个案例分析"，载于《唯识研究》第 6 辑，北京：商务印书馆，2017 年。

——，"关于事物感知与价值感受的奠基关系的再思考：以及对佛教'心-心所'说的再解释"，载于《哲学研究》，2018 年第 4 期。

——，"法权现象学在早期现象学运动中的开端与发展：从胡塞尔到莱纳赫思想发展脉络"，载于《西北师范大学学报》，2019 年第 1 期。

——，"探寻自我：从自身意识到人格生成"，载于《中国社会科学》，2019 年第 4 期。

——，"超越论现象学的方法论问题：胡塞尔与芬克及其《第六笛卡尔式沉思》"，载于《哲学研究》，2019 年第 8 期。

——，"法权现象学在两次大战之间的思想发展脉络：从施泰因和沙普到凯尔森学派和 G. 胡塞尔"，载于《中国现象学与哲学评论》第 27 辑《现象学的边界与前沿》，上海：上海译文出版社，2020 年。

萨尼尔:《卡尔·雅斯贝尔斯》,张继武、倪梁康译,北京:生活·读书·新知三联书店,1988 年。

潘菽:《意识:心理学的研究》,北京:商务印书馆,2018 年,

亲光等造:《佛地经论》卷三,玄奘译,《大正新修大藏经》第 26 册。

单培根:《金刚经正义》,上海:上海佛学书局,2016 年。

绍科尔采:《反思性历史社会学》,凌鹏等译,上海:上海人民出版社,2008 年。

施太格缪勒:《当代哲学主流(下卷)》,王炳文等译,北京:商务印书馆,1986 年。

唐孝威:《意识论:意识问题的自然科学研究》,北京:高等教育出版社,2004 年。

梯利:《伦理学导论》,何意译,桂林:广西师范大学出版社,2002 年。

休谟:《人性论》(下册),关文运译,北京:商务印书馆,1983 年。

——,《道德原则研究》,曾晓平译,北京:商务印书馆,2001 年。

王浩:《逻辑之旅:从哥德尔到哲学》,邢滔滔等译,杭州:浙江大学出版社,2009 年。

王畿:《龙溪王先生全集》,济南:齐鲁书社,1997 年。

王肯堂:《成唯识论证义》,收于河村照孝编集:《新纂卍续藏》第 50 册,东京:株式会社国书刊行会,1975—1989 年。

无性:《摄大乘论释》卷九,玄奘译,《大正新修大藏经》第 31 册。

杨伯峻:《孟子译注》,北京:中华书局,1960 年。

杨惠南:《佛教思想新论》,台北:东大图书公司,1998 年。

伊利亚德:《宗教思想史》,晏可佳等译,上海:上海社会科学院出版社,2004 年。

印顺:《唯识学探源》,台北:正闻出版社,1992 年。

于连:《道德奠基:孟子与启蒙哲人的对话》,宋刚译,北京:北京大学出版社,2002 年。

詹姆斯:《宗教经验之种种》,唐钺译,北京:商务印书馆,2005。

《杂阿含经》,求那跋陀罗译,《大正新修大正藏经》第 2 册。

《大乘入楞伽经》,实叉难陀译,《大正新修大藏经》第 16 册。

概 念 索 引

616, 620, 663, 669, 675

观念直观　221, 369, 370, 419, 422,
423, 430, 431, 571, 604—607,
609, 610, 612—617

H

横截面　10, 71, 72, 110, 179, 183,
221, 242, 243, 253, 265, 266,
268, 279, 342, 348, 434, 435,
441, 554

横向　11, 79, 86, 105, 107, 150, 253,
277, 278, 281, 290, 296, 308,
391, 417, 420, 425—427, 432,
434, 435, 441, 540, 561, 594

横意向性　105, 109, 178, 179, 187,
224, 242, 253, 257, 265, 277,
434, 562

幻感知/虚幻感知　93, 95, 96

幻觉　77, 93, 95, 96, 636

回忆活动　21, 22, 45, 64, 129, 208,
411

回忆行为　19—21, 64, 127, 129,
130, 414, 427

回忆意识　76, 82, 109, 110, 117,
121, 125—127, 130, 410, 411

活的当下　110, 112, 253, 264, 475,
593, 596

J

机能　19, 153, 154, 199, 200, 206,
208, 236, 388, 428, 429, 644,
656, 662

机能心理学　8, 140, 144, 145, 192,
200, 206, 208, 212, 287, 388,
433

记忆　7, 17, 30, 44, 45, 59, 61, 64,
67, 126, 127, 130, 144, 193, 200,
206—208, 210, 212, 213, 227,
234, 237, 249, 250, 268, 301,
342, 454, 456, 462, 470, 473,
484, 491, 492, 573, 575, 644,
646, 647

价值感受　14, 19, 73, 148, 149, 150,
152, 155, 472, 551

见分　12, 14, 18, 20—22, 24, 72,
127, 138, 342, 490, 500, 512,
537, 544, 557, 559

交互主体　52, 54, 56, 57, 86, 99,
115, 199, 222, 245, 275, 300,
349, 391, 437, 523, 574, 589,
619, 631, 632

结对　99, 100

结构奠基　74, 75, 110, 265, 329,
472, 522, 550, 554, 557

精确性　281, 407, 415, 416, 439,
440, 562

精神科学　28, 30—36, 44, 45, 48,
54, 56—58, 62, 65, 66, 114,
116, 185—187, 194, 212, 232,
281, 297, 298, 379, 401, 404,

人 名 索 引

代跋一 写于前而置于后的话

这本小书付梓之日，《胡塞尔全集》的第四十三卷也应已面市多时。^①它是胡塞尔生前相关专题的研究手稿的选编汇集，按其内容而被编者冠之以"意识结构研究"的标题。

但需要说明，在"意识结构研究"标题中包含的"结构"（Struktur）二字是广义的：它既是指意识的静态结构，同时也是指意识的发生结构。因而这里的"结构"基本上是古希腊意义上的"系统"（system）或"秩序"（ordre）的同义词，或现代意义上的"道理"或"逻辑"的代名词。因此我们也可以将胡塞尔的这部遗稿称作"心理研究"、"心的逻辑研究"或"心的秩序研究"等。

这本小书最终也使用了与此相同的名称，主要是因为它的整个布局与胡塞尔在其意识研究中把握到的双重意义上的意识结构是基本一致的。胡塞尔后期实际上就将这个意识结构研究当作他的

---

① 亚马逊网络书店预计该书是在 2020 年 5 月 12 日出版并在 2019 年已经开始接受预订，但给出的胡塞尔全集卷是四十七卷（Edmund Husserl, *Studien zur Struktur des Bewusstseins* [*Gesammelte Werke*, Band 47], [Deutsch] Gebundenes Buch – 12. Mai 2020 von Ullrich Melle [Herausgeber], Thomas Vongehr [Herausgeber], Edmund Husserl [Autor], New York: Springer, 1. Auflage 2020）。—— 2021 年 2 月 5 日补记：笔者先后在 2020 年末和 2021 年初得到了该书的电子版和纸质版，为胡塞尔全集第四十三卷（Edmund Husserl, *Studien zur Struktur des Bewusstseins* [*Gesammelte Werke*, Band XLIII/1 — 4], New York: Springer, 2020）。

"哲学体系"之大书的构架。

笔者在 2019 年 3 月初开始酝酿和动笔时设想的题目是"意识现象学：关于意识的精神科学研究"。因为当时刚刚调入浙江大学，并且随即被邀请参加当时由校长吴朝晖院士主持的双脑计划。

时至 2020 年，即到浙江大学一年之后，我在 1 月 29 日写给老师耿宁的信中报告说："我还是一如既往，大都在家工作。关于《反思的使命：胡塞尔与他人的交互思想史》的著作已经大致完成，篇幅应该与你的《王阳明》①书差不多。但现在将它放一放，开始写一本《意识现象学引论》之类的书。起因主要是浙江大学希望我作为意识哲学的专家加入学校的一个 A（AI）B（Brain）C（Consciousness）的计划，或者说，双脑计划（人脑、电脑）。原先的一位浙江大学的院士唐孝威教授曾写过一本《意识论：意识问题的自然科学研究》②。我准备与他相对应地写一本关于意识问题的精神科学探究的论著。浙大的校长是做人工智能的，他一直在邀请我与他们合作。但我的合作方式也只能是将我理解的意识结构（静态的、发生的、动态的）端出来供他们参考。对他们是否有用还不得而知。五月份会出一本《胡塞尔全集》：Husserliana（*Verstand, Gemüt und Wille. Studien zur Struktur des Bewusstseins*, Husserliana: Edmund Husserl – Gesammelte Werke Band 43）。这书［在鲁汶大学胡塞尔文献馆］编完之后放在那里，至少已经拖了五

---

① 即耿宁：《人生第一等事：王阳明及其后学论"致良知"》，倪梁康译，北京：商务印书馆，2014 年。——编者

② 唐孝威：《意识论：意识问题的自然科学研究》，北京：高等教育出版社，2004年。

年了。我很期待它，或许可以将它译成中文，供人工智能的专家们参考，或许他们有朝一日可以将人工智能发展为人工意识。这也算是对浙江大学在我快退休时还接受我的一个回报。"

这封信主要是为了向老师汇报我一年工作的起因和进展，以及日后的可能翻译计划。这时的书名已经有了变化。此后随着写作的进展还有各种关于书名的想法产生，例如曾越来越觉得内容趋近于"意识现象学纲要"或"意识现象学的基本问题"之类。最终定名为《意识现象学教程》是一再思考斟酌的结果。

所有这些名称都是在思想史上，尤其是心理思想史上常见的书名。由于在这里的研究中参考和引用了许多思想史上的文献，多半是一百年前的现象学与心理学文献，因而最终的定名也与本书所受的这些思想传统影响有关。一百年的时间在思想史上不能算长，不能算是"陈旧"，但确属已经"过时"，它们在当今的科学心理学研究中已常常被视作陈列在博物馆中仅仅具有欣赏价值的古董。

笔者在这里之所以还关注它们，本意却并非是要做纯粹的思想史钩沉索隐，而是觉得它们仍有可供借鉴的现实价值。因为这些文献涉及的都是意识现象学或意识哲学的基本问题，当时处在开端时期的心理学还在讨论它们，而眼下的科学心理学已经不再向它们行注目礼。原因在于，如今在科学心理学中已经排斥了意识研究的基本问题与方法，因而也很难从中产生真正的意识研究的成果。

目前的中文心理学文献翻译是个很大的问题。它与国际心理学文献写作风格的变化有关，而且是同步的：目前的心理学文献写作与翻译都越来越向畅销书的方向发展，且方兴未艾。由此带来诸多问题：中译者的不专业和不认真，中译概念的不准确和不统一，中译书名的随意和夸张，包装和打造的过分，以及宣传和营销的铺张，早已让人辨不清什么是严格科学的研究著作，什么是通俗畅销的科普读物。不过这也不是在心理学著作和译作这里才显现的问题，看起来一些最为艰深的物理学著作和译作也在以这种方式博得些眼球和充实钱袋。毋庸赘言，这里的问题有一些是翻译者造成的，有一些是出版商造成的，但最终是科学研究的商业化导致的结果。或许这是社会历史发展过程的必然。体育运动、文化遗产等的商业化在许多年前就已经开始，也仍在受到抱怨。现在该轮到对科学研究商业化的抱怨了。当然，这种怨气也早已有之，只是现在日趋强烈而已。

随笔记录下这些感想，或日后可用作本书的"跋"。

2020 年新春

代跋二　现象学与心性思想

浙江大学现象学与心性思想研究中心成立与揭牌
——第二十四届中国现象学年会开幕式致辞

吴校长、各位同事、各位参会者：

感谢大家出席此次开幕式和会议！按理说大家来参加会议，应该感谢我们会议筹办者才是。但我个人的确有理由在这里感谢大家，因为我要借机请你们见证"浙江大学现象学与心性思想研究中心"的成立和揭牌。

在揭牌之前，我想对这个中心的名称做一个说明："现象学"在这里首先是指一种研究方法：现象学还原与本质直观的方法；其次是指一个研究领域：纯粹意识的领域，包括所有理性生物的意识，当然也包括人类的意识和未来可能的人工意识（这是吴朝晖校长特别关心的问题）。而"心性思想"则是对这个领域的思想资源的指明：东方的佛家瑜伽唯识学、儒家的心性论和道家的心性学，西方的意识哲学、精神哲学、心灵哲学、心理哲学，如此等等。

"心性"在这里首先意味着"心之性"，即胡塞尔所说的"意识的本质"，或舍勒意义上的"心的秩序"或"心的逻辑"，或佛教所说的"二种性"：心的本性与心的习性，或"自性"（svabhāva），此其第一义；"心性"还有第二义："心性"也可以意味着"心与性"，即孟子所说的"尽心知性"，或慧能所说的"明心见性"，或朱熹所说的"心为已发，性为未发"，或牟宗三所说的"心体与性体"，如此等等，甚至可以说是佛教中的"法相宗"与"法性宗"，或胡塞尔与海德格尔意义上的"意识现象学"与"存在本体论"。

在上述意义上，我们"现象学与心性思想研究中心"的座右铭应当是："直明心观"和"明心见性"，易言之，"现象学的心性思想"或"心性现象学"！

但"心性"这个中文词一旦译成英文就会有麻烦。我们的英译名"Mind-Nature"刚出台就有朋友来函质疑，因为它会让人首先联想到心物二元论。但如果我们将它译作"Nature of Mind"或"Mental Nature"也会有问题，因为这会将它的后一半含义弃之不顾。还有一种可能是按一些朋友的建议或按玄奘的说法不译，即只作音译：Xin-Xing。但这已经不是翻译了。到目前为止，中国两千年翻译史上仍然流行的哲学概念音译大概只有"逻辑"二字，而且即使是这个仅存的翻译也早已有人想改成在我看来更为恰当的译名"论理学"或"证理学"。

因此，即使会造成可能的误解，我们还是会使用这个英译名。而且这种误解在胡塞尔的许多同名的讲座名称和文稿名称那里实际上都或多或少地会被引发。我们知道，胡塞尔一生使用的讲座名称和文稿名称最多的当然是"现象学"，其次是"逻辑学"和"伦理学"，再次就是"自然与精神"（Natur und Geist）了。在最后这个名称下，他曾做过六次讲座，身后留下四份同名的讲座稿、论文稿和研究手稿；其中的两份已经译成中文并纳入我在主持的《胡塞尔文集》中译出版计划。就此而论，这里没有什么误解可言，即使有，也不会太多偏离胡塞尔自己引发的误解了。

这算是我对中心名称的一个简要说明。谢谢大家！

倪梁康

2019 年 10 月 26 日

杭州之江饭店

《现象学研究丛书》书目